Grundlagen der Schaltungsentwicklung

Grundlagen der Schaltungsentwicklung

Ausgewählte Beiträge

Von einem Autorenkollektiv unter der Leitung von
H. G. Schneider, Karl-Marx-Stadt
W. Kutzsche, Dresden
H.-G. Treiber, Karl-Marx-Stadt

Mit 205 Bildern und 39 Tabellen

AKADEMIE-VERLAG · BERLIN
1979

Studienmaterial für die Weiterbildung

Herausgegeben von **H. G. Schneider**, Technische Hochschule Karl-Marx-Stadt

Sachwortverzeichnis: **H. Wiegand**, Technische Hochschule Karl-Marx-Stadt

Erschienen im Akademie-Verlag, 108 Berlin, Leipziger Straße 3—4

Lizenznummer: 202 · 100/440/79

Gesamtherstellung: VEB Druckerei „Thomas Müntzer“, 582 Bad Langensalza

Bestellnummer: 762 295 8 (6341) · LSV 1154

Prindet in GDR

DDR 58,— M

Inhaltsverzeichnis

1. Einleitende Bemerkungen

Von *H. G. Schneider* und *H.-G. Treiber*

Technische Hochschule Karl-Marx-Stadt, Sektion Physik — Elektronische Bauelemente

Festverdrahtete Schaltungen werden aus einem bestimmten Systemkonzept heraus entwickelt, nach entsprechenden Schaltplänen für die Fertigung entworfen und hergestellt. Derartige Schaltungen sind nur für ganz besimmte Funktionen einsetzbar und sind auch so ausgelegt. In der Vergangenheit erfolgte die Fertigung in Handverdrahtung. Schritt für Schritt wurde das Blechchassis in der Folgezeit durch den Einsatz gedruckter Leiterplatten abgelöst und damit entscheidende technologische Verbesserungen und zunehmende Zuverlässigkeit solcher Schaltungen erreicht.
Aus dieser Entwicklung heraus entstanden auf der Grundlage des Einsatzes moderner diskreter Festkörperbauelemente, entsprechenden Kundenwünschen und dem klassischen Schaltungsentwicklungskonzept folgend immer komplexere Schaltungen. Auch integrierte mikroelektronische Festkörperschaltkreise wurden in das Ensemble der sich auf der Leiterplatte befindlichen diskreten Bauelemente aufgenommen, um die Vielfalt der erforderlichen Funktionen unterbringen und die Zuverlässigkeit solcher Schaltungen weiter steigern zu können, ohne jedoch den sich abzeichnenden eigentlichen Vorteil integrierter Schaltkreise zu nutzen.
Mit der fortschreitenden Entwicklung der Mikroelektronik zur Großintegration eröffnen sich völlig neue Aspekte für die Schaltungstechnik. Die Möglichkeit, auf der Grundlage höherintegrierter Schaltkreise programmierbare Schaltungen zur Verfügung zu haben, erfordert den Übergang zu anderen Systemkonzepten, die diesen fortgeschrittenen Bedingungen Rechnung tragen. Der breite Einsatz solcher zuverlässiger und preiswerter Mikroelektronik ist heute ein so entscheidender wirtschaftlicher Faktor geworden, daß diese Erkenntnis in allen fortgeschrittenen Industriestaaten erhebliche Konsequenzen bezüglich der volkswirtschaftlichen Kräfteverteilung mit der zunehmenden Erschließung weiterer Applikationsbereiche zur Folge hatte.
Mit dem vorliegenden Band „Grundlagen der Schaltungsentwicklung“, dem 10. in der Reihe „Studienmaterial für die Weiterbildung“, ist beabsichtigt, sich in einigen ausgewählten Beiträgen mit Fragen der Schaltungsentwicklung auseinanderzusetzen.
Bezüglich seiner inhaltlichen Konzeption und der Zusammensetzung des Autorenkollektivs geht dieser Band von den Problemdiskussionen des 1975 vom Weiterbildungszentrum „Elektronische Bauelemente“ der Technischen Hochschule Karl-Marx-Stadt durchgeführten Problemseminars „Schaltungstechnik“ und der 1976 darauf folgenden Fachtagung zum gleichen Themenkreis aus.

Die 4 Themenkomplexe:
- Schaltungsanalyse,
- Schaltungsentwurf
- Optimierung von Schaltungen,
- Realisierung von Schaltungen

kennzeichnen das wissenschaftliche Anliegen dieses Bandes.

Der „Entwurf mikroelektronischer Schaltungen" wurde bereits im Band 5 dieser Reihe, 1976 im gleichen Verlag erschienen, behandelt, so daß derartige Fragen hier nicht *explizit* behandelt werden müssen.

Einleitend nimmt *W. Kutzsche* zu der grundlegenden Frage des zunehmenden Einflusses der integrierten Technik auf die Konzipierung elektronischer Schaltungen Stellung. Damit werden die heutigen Forderungen an die Schaltungstechnik generell beleuchtet.

In der weiteren inhaltlichen Abfolge wurde besonderes Gewicht auf die Behandlung der Schaltungsanalyse gelegt, im Rahmen dieses Teiles wiederum der Netzwerkanalyse. Sie ist die Basis für alle folgenden Prozesse. Im ersten Beitrag dazu (*A. Reibiger*) wird über den Einsatz neuerer numerischer Verfahren und den Aufbau von Programmen nach dem Translationsprinzip informiert. Daraus ergeben sich neue Aspekte für die Netzwerkanalyse und den rechnergestützten Schaltungsentwurf, mit denen sich der Autor dieses Abschnittes auseinandersetzt.

Mit Hilfe der *Boole*'schen Algebra werden Struktur und Verhalten von Schaltnetzwerken in der Etappe der Struktursynthese analysiert (*D. Bochmann*). Insbesondere kommt es darauf an, das statische Verhalten kleiner Strukturen, das dynamische Verhalten bei Übergangsprozessen und die Ursachen von Fehlern in Schaltnetzwerken zu kennzeichnen. *H. Kieser* und *H. Lange* stellen ein dialogorientiertes Programmsystem zur Analyse digitaler Schaltnetzwerke vor. Besonderer Wert wird der Kommunikation mit dem Rechner beigemessen. Das Programmsystem stellt ein wichtiges Rationalisierungsmittel für den ingenieurtechnischen Teil des Schaltungsentwurfes dar. Modell und Simulation entsprechen den praktisch anzutreffenden Bedingungen.

Um dem Ingenieur der Informationstechnik einen geeigneten Einblick in das Gebiet der diskreten zellularen Systeme zu verschaffen, beschäftigt sich *A. Jugel* mit deren Analyse. Er versucht dabei mit verständlichen und relativ einfachen mathematischen Formulierungen auszukommen. Zellulare Schaltungen sind außerordentlich technologiefreundlich und fügen sich gut in mikroelektronische Konzepte ein.

Von diskreten Bauelementen ausgehend stellt *A. Rehn* ein graphisch-analytisches Verfahren vor, das es unter Einbeziehung der Bauelementeparametertoleranzen gestattet, den für vorgesehene Stabilitäten erforderlichen Gegenkopplungsgrad zu ermitteln. Von besonderer Aktualität ist die Lösung solcher Probleme bei der Entwicklung elektronischer Steuerungen im Maschinenbau.

Der große technologische Fortschritt auf dem Gebiet der Elektronik erfordert und erlaubt die Herstellung immer komplexerer Schaltungen, deren mathematische Behandlung rationell nur noch rechnergestützt vorgenommen werden kann. *P. Schwarz* nimmt sich der Charakterisierung des Einsatzes von Rechnerprogrammen (ANATOL, ECAP, LISA, PANE, OPTIMA u. a.) zum Entwurf analoger Schaltungen an. Dabei werden auch Fragen der Modellbildung behandelt. Die Einführung von black-box-Modellen führt zu einfachen, leistungsfähigen Ersatzschaltungen, die die rechnergestützte Analyse größerer Schaltungen ermöglichen.

Auf der Grundlage einer Sensibilitätsanalyse untersucht *M. Wolf* die Eignung bekannter *RC*-Filtertypen für den Aufbau elektronisch verstellbarer *RC*-Filter. Als besonders geeignet erwies sich dafür das *RC*-Filter mit Mehrfachgegenkopplung. Die elektronische Steuerung erfolgt mit MOS-Feldeffekttransistoren.

Anliegen dieses Beitrages ist es zu zeigen, wie auf der Grundlage des Einsatzes integrierter Operationsverstärker eine von den konventionellen Lösungen abweichende Filterkonzeption realisiert werden konnte.

Die Anwendung von Erkenntnissen der Graphentheorie vereinfacht die Lösung von Netzwerkproblemen sehr wesentlich.

Beispielhaft handelt *A. Sonkoly* die Ermittlung von Übertragungsfunktionen mit Hilfe graphentheoretischer Methoden in seinem Beitrag zum graphengestützten Schaltungsentwurf ab. *J. Elekes* und *L. Forgó* gehen abschließend zu diesem Kapitel auf einige Probleme des Schaltungsentwurfes für einen speziellen Anwendungsfall, nämlich für Trägerfrequenzeinrichtungen der Fernmeldetechnik der 3. Generation ein und erörtern damit ein repräsentatives Beispiel der Anwendung moderner Mikroelektronik in der Nachrichtentechnik. Der Abschnitt 4 ist bewußt knapp gehalten worden, da wesentliche Fragen des Entwurfs der heute interessanten mikroelektronischen Schaltungen, wie bereits erwähnt, in einem gesonderten Band spezifisch aufbereitet worden sind.
Anliegen der Optimierung ist es, bestmögliche Entwürfe hinsichtlich der Bauelementeparameter und technologischer Realisierung zu gewährleisten. Viele dieser Probleme sind mit linearen Verfahren lösbar. Lineare Verfahren kommen mit kleineren bis mittleren Rechnern aus, während nichtlineare Verfahren diesbezüglich größeren Aufwandes bedürfen. Wegen ihrer zunehmenden Bedeutung wird einer der folgenden Bände dieser Reihe explizit auf diesen Fragenkomplex eingehen.
G. Schulz behandelt vom rein mathematischen Standpunkt zwei Methoden der linearen Optimierung: die Winkel- und die Transversalmethode.
Die Winkelmethode ist dadurch charakterisiert, daß aus den Ungleichungen Schritt für Schritt Gleichungen ausgesondert werden, die jedesmal benutzt werden, um mit Hilfe des *Gauß*'schen Algorithmus in den Spalten des Rechenschemas eine Variable nach der anderen zu isolieren.
Die Transversalmethode ist vom Vorhandensein überflüssiger Nebenbedingungen unabhängig. Es werden mehrmals hintereinander je 2 Mittelpunkte von Sehnen senkrecht zum Zielvektor auf jeweils höherem Niveau miteinander geradlinig verbunden.
K. Lehmann gibt in seinem Beitrag einen Überblick über die wesentlichsten Optimierungsprobleme im Syntheseprozeß digitaler Schaltungen. Wiederum beispielhaft für aktive *RC*-Netzwerke berichtet *L. Kun* über deren Optimierung.
Abgeschlossen wird der Band durch einen Abschnitt über die Realisierung von Schaltungen. Hier beschränken wir uns auf 2 spezifische Beiträge, die den Einsatz von Zeichenautomaten in der Elektronikentwicklung (*W. Leonhardt*) und technologische Erfahrungen bei der Mehrlagenleiterplattenfertigung (*W. Palitzsch*) zum Gegenstand haben.

2. Einfluß der integrierten Technik auf die Konzeption elektronischer Schaltungen

Von *W. Kutzsche*

Technische Hochschule Ilmenau, Sektion Informationstechnik und Theoretische Elektronik

2.1. Zur Einführung

Die möglichen Verfahren zur Verarbeitung von Signalen lassen sich je nach der im Zeit- oder im Werte- bzw. Amplitudenbereich gewählten Arbeitsweise dem Bild 1 entsprechend in zwei Haupt- und zwei Kombinationsgruppen aufteilen. Bei der digitalen Signalverarbeitung wird sowohl im Zeitbereich unstetig, also mit Impulsen, gearbeitet, als auch im Wertebereich eine Quantisierung vorgenommen. Die analoge Signalverarbeitung erfolgt dagegen in beiden Bereichen stetig. Jedem Momentanwert des Eingangssignals entspricht ein Momentanwert auf der Ausgangsseite, der über

		Signalverarbeitung im Zeitbereich	
		stetig	unstetig
Signalverarbeitung im Amplitudenbereich	stetig	Analog-technik	teildigitale Technik z. B. PAM, PBM PPM
	unstetig	teilanaloge Technik z. B. Sequenz-technik	Digitale Technik

Bild 1. Einteilung der Signalverarbeitungsvarianten in der elektronischen Schaltungstechnik

einen der Funktion der Schaltung entsprechenden stetigen mathematischen Zusammenhang gebildet wird. Die Kombinationsgruppen, teilanaloge und teildigitale Verarbeitung, arbeiten in nur jeweils einem Bereich quantisiert. Zur Abgrenzung soll auf die wesentlichsten Merkmale und schaltungstechnischen Grundprinzipien der beiden Hauptgruppen eingegangen werden, soweit sie für die Ausführungen in integrierter Technik interessant sind:

1. Die Analogtechnik ist wegen der Forderung nach einem stetigen Zusammenhang zwischen Ein- und Ausgangsmomentanwert an eine entsprechende Kennlinie gebunden. Diese Forderung bedingt im allgemeinen eine zeitliche Konstanz aller, insbesondere der aktiven Bauelemente. Daraus folgt die Forderung nach Konstanz der Arbeitspunkte.
2. Wegen der Forderung nach Stetigkeit im Zeitbereich müssen bis auf wenige Ausnahmen die Arbeitspunkte der aktiven Bauelemente im aktiven Bereich ihrer Ausgangskennlinienfelder liegen. Es muß also Verlustleistung in Kauf genommen werden.

3. Die analoge Signalverarbeitung ist die älteste Form der Schaltungstechnik. Sie ist in einer Zeit gewachsen, als das aktive Bauelement, meist die Elektronenröhre, teuer und verlust- bzw. heizleistungsaufwendig war. Diese Bauelemente mußten also optimal ausgenutzt werden. Eine große Vielzahl von Schaltungsvarianten war die Folge. Dieser geringe Wiederholgrad der Teilschaltungen ist ein weiteres wesentliches Kennzeichen der Analogtechnik.

Die Digitaltechnik zeigt ein gegenüber der Analogtechnik völlig anderes Verhalten:

1. Da sie mit Impulsen arbeitet, deren Impulskennwerte konstant, also unabhängig vom Nachrichteninhalt sind, besteht keine Forderung an die Kennlinienform aktiver Bauelemente und an die zeitliche Konstanz der Arbeitspunkte.
2. Da der Nachrichteninhalt in Zahl und Inhalt der Einzelimpulse innerhalb einer Impulsgruppe zum Ausdruck kommt und die Impulsdauer stets klein gegenüber der stromlosen Zeit ist, kann die Verlustleistungsgrenze der aktiven Bauelemente wesentlich überschritten werden.
3. Die Digitaltechnik baut auf einem Minimum von Grundschaltungen, nämlich nur 3, auf. Damit ist vom Prinzip her bereits der Wiederholgrad innerhalb größerer Schaltungen sehr hoch.

2.2. Zur Ökonomie und den sie beeinflussenden Faktoren

2.2.1. Der Einfluß einiger technischer Kennwerte

In engem Zusammenhang mit den durch den Einsatz von integrierten Baugruppen erzielbaren ökonomischen Vorteilen steht neben den zu schaffenden Voraussetzungen auf der Schaltungsseite eine Betrachtung der sie beeinflussenden Merkmale und Bedingungen auf der Herstellerseite.

2.2.1.1. Zum Integrationsgrad

Unabhängig von der zum Einsatz gelangenden Bauelementetechnologie spielt der Integrationsgrad, also die Zusammenfassung von aktiven und passiven Bauelementen zu integrierten Schaltungseinheiten eine wesentliche Rolle bei der Betrachtung der erzielbaren ökonomischen Kennwerte. Dem Integrationsgrad kommt deswegen dieser Einfluß auf die Ökonomie der Bauelementeherstellung zu, weil mit etwa vergleichbarem Aufwand, wie er zur Herstellung eines Einzelbauelementes notwendig wäre, eine dem Integrationsgrad entsprechende Vielzahl von Bauelementen herstellbar ist. In dieser Tatsache liegt von der volkswirtschaftlichen Seite her ein wesentlicher Grund zur Forcierung der Mikroelektronik. Ohne den Einsatz dieser Technologien wäre das von der Geräteindustrie benötigte Bauelementevolumen nicht bereitstellbar. Die elektronische Rechen- und Datenverarbeitungstechnik z. B. verzehnfacht zur Zeit noch etwa alle 10 Jahre die in ihren Erzeugnissen eingesetzte Zahl von Bauelementen. Dieser starke Zuwachs findet seine Begründung in den stark steigenden, an die Geräte gestellten Forderungen. Ganz ähnliche Tendenzen gelten auch für alle anderen Zweige der elektronischen Gerätetechnik.
Die national und international zu beobachtende Entwicklung zu ständig steigendem Integrationsgrad mikroelektronischer Schaltungen hat in dieser genannten Tatsache eine Begründung. Die Zusammenfassung immer größerer und besonders bauelementeaufwendiger Schaltungsteile zu integrierten Einheiten hat zur Zeit den Wert von etwa $1-2 \cdot 10^4$ Bauelementen erreicht. An der Zunahme des Integrationsgrades der letzten 5 Jahre läßt sich abschätzen, daß ein jährlicher Zuwachs um etwa einen Faktor 2

erfolgt. Damit würden 1980/81 integrierte Schaltungen aus 1 — 2 · 10^5 Bauelementen hergestellt und angeboten werden.
Der Fortführung dieses Trends stehen jedoch natürliche physikalische und ökonomische Gesetze entgegen. In physikalischer Hinsicht erfordert steigender Integrationsgrad entweder eine gegenüber heute entsprechende Reduzierung der Bauelementeabmessungen oder aber eine Vergrößerung der Grundfläche (Chipgröße) sowie eine entsprechende Anpassung der Leiterbahnen an Chipgröße und Bauelementezahl. Vergrößerung der Grundfläche bedeutet neben höheren Kosten für das Basismaterial eine Zunahme der Ausschußwahrscheinlichkeit durch Störstellen in der Si-Oberfläche. Eine Verkleinerung der Bauelementeabmessungen erbringt neben einer erheblichen Kostensteigerung in den technologischen Voraussetzungen zur Bauelementeherstellung, wie Ausrüstung, Maskensätze usw., Schwierigkeiten in der Abführung der Verlustleistungswärme. In ökonomischer Hinsicht liegen die Grenzen für eine weitere Erhöhung des Integrationsgrades in der je Schaltkreistyp absetzbaren Stückzahl und damit in der Möglichkeit zur Amortisation der kostspieligen Vorleistungen mit vertretbarem Anteil an den Gesamtkosten. Es ist einleuchtend, daß meist eine Erhöhung des Integrationsgrades eine Reduzierung der Stückzahl bedeutet.

2.2.1.2. Zur Zuverlässigkeit

Ein wesentliches technisches Merkmal mit erheblichen ökonomischen Auswirkungen ist die mit integrierten Schaltungen erreichbare wesentliche Erhöhung der Gesamtzuverlässigkeit einer Schaltung. Diese Tatsache resultiert sowohl aus dem Einsatz sehr zuverlässiger Teilschaltungen, wie sie integrierte Schaltungen darstellen, als auch durch den Fortfall vieler Löt- und Verbindungsstellen. Die heute für die digitalen Schaltkreistypen unserer Fertigung nachgewiesene Betriebszuverlässigkeit liegt bei $\lambda_B \approx 1 \cdot 10^{-7}\ \mathrm{h}^{-1}$. Ein derartiger Schaltkreis enthält im Durchschnitt mehr als 10 Einzelbauelemente. Damit kommen ohne Betrachtung der inneren Verbindungsstellen für das Einzelbauelement Ausfallraten von $\lambda_{BE} < 10^{-8}\ \mathrm{h}^{-1}$ heraus.
Vor etwa 25 Jahren war die kommerzielle Röhre das zuverlässigste aktive Bauelement und zeigte eine Ausfallrate von $\lambda_{BR} \approx 10^{-5}\ \mathrm{h}^{-1}$. Damit ergibt sich, daß heute 100 Schaltkreise und unter Beachtung der Ausfallrate der Steckverbindungen an der Röhrenfassung etwa 1000 Schaltkreise die gleiche Ausfallwahrscheinlichkeit haben wie damals eine besonders zuverlässige Röhre. In dieser Tatsache liegt wahrscheinlich der größte Gewinn beim Einsatz integrierter Mikroelektronik. Die weiteren bekannten technischen Vorzüge wie Gewinn an Volumen- und Flächenausnutzung und damit einhergehend an Gewichtseinsparung sowie die wesentlich erhöhte thermische Stabilität sollen nebenher genannt werden.

2.2.2. Ökonomische Probleme

Den großen Vorteilen der integrierten Mikroelektronik steht die Frage der Kosten ihrer Erzeugnisse und nach der Beeinflußbarkeit dieser Herstellkosten gegenüber.
Infolge des technologisch sehr komplizierten und aufwendigen Herstellprozesses sind die Investitionen für die technische Ausrüstung sehr hoch. Darüber hinaus entstehen beträchtliche Kosten bei der Entwicklung der einzelnen Prozeßschritte und bei der Bereitstellung der erforderlichen meßtechnischen Ausrüstung. Außer diesen allgemeinen anfallenden Kosten ergeben sich weitere Aufwendungen bei der Bereitstellung der schaltkreistypischen Voraussetzungen. Diese hohen allgemeinen und schaltkreistypischen Kosten können zur Erzielung von Preisen, die den gebotenen technologischen Vorteilen angemessen sind, nur über ein entsprechendes Produktionsvolumen an Bauelementen amortisiert werden. Das gilt sowohl für das gesamte Fertigungs-

volumen als auch für die Produktionsstückzahlen jedes Einzeltyps. Da die typspezifischen Kosten wie Schaltungsentwurf, Herstellung der entsprechenden Maskensätze, Prüfprogramme usw. Festkosten sind, sinkt ihr Anteil an den Gesamtkosten proportional zur Fertigungsstückzahl ab. Von einer bestimmten Produktionszahl an verbleiben dann nur noch die eigentlichen Material- und Herstellungskosten sowie Amortisationsanteile für die Gesamtinvestition. Es ergibt sich damit der prinzipielle Kostenvorlauf für einen Schaltkreistyp als Funktion der Produktionsstückzahl (Bild 2) [1]. Die reinen Grundkosten werden wesentlich von der Chipgröße, von der Zahl der Außenanschlüsse des Schaltkreises, von der Art des eingesetzten Gehäuses und von der Ausbeute bestimmt. Die Ausbeute hängt vom Umfang der integrierten Schaltung und damit von der Chipgröße sowie von der gewählten Herstelltechnologie

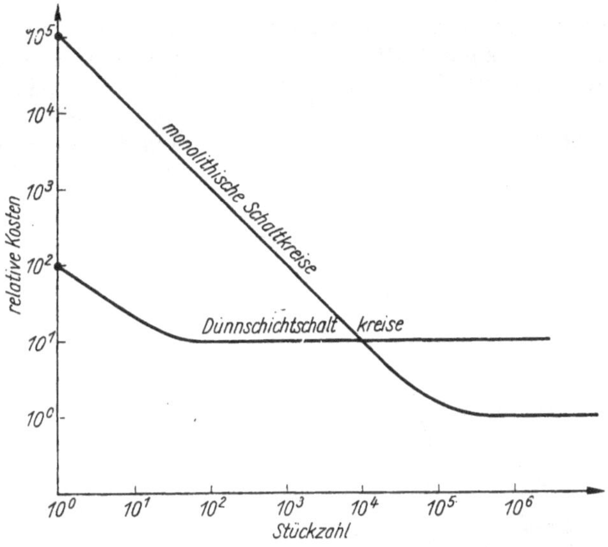

Bild 2. Kosten — Stückzahl — Beziehung für monolithische und Dünnschichtschaltkreise [2]

ab. Interessant ist an dieser Abbildung der wesentlich andere Verlauf des Kosten/Stückzahlzusammenhanges für Hybridschaltkreise. Infolge der wesentlich niedrigeren schaltkreistypischen und in gewissem Maße auch der allgemeinen Kosten liegt bei kleinen Stückzahlen die Kurve um nahezu drei Größenordnungen gegenüber monolithischen Ausführungen in den relativen Kosten niedriger. Aus dieser Tatsache folgt, daß die Hybridtechnik eine notwendige und wichtige Ergänzung zur monolithischen Technik darstellt und insbesondere für unser Land starke Beachtung verdient.

In Anbetracht des begrenzten Produktionsvolumens an elektronischen Anlagen und Geräten eines Landes von der Größe unserer Republik ergeben sich zwei prinzipielle Möglichkeiten, um zu günstigen ökonomischen Kennwerten zu gelangen:

1. Der Absatzbereich der Typenreihen integrierter Schaltungen muß dadurch vergrößert werden, daß die Produktion nicht nur für die eigene Geräteindustrie erfolgt. Das bedeutet ein Fortschreiten auf dem Wege der sozialistischen Integration und eine Aufteilung der Typenreihen auf die einzelnen sozialistischen Partnerländer.
2. Der Einsatzbereich der Schaltkreise muß so breit wie möglich gemacht werden. Das bedeutet, daß die Geräteindustrie in gleicher Weise wie die Bauelementeindu-

strie ihren Beitrag zur Entwicklung einer modernen leistungsfähigen Elektronik liefern muß. Sie muß Schaltungen entwickeln, die mit einem Minimum an Schaltkreistypen die geforderten Kennwerte erreichen. Die zu produzierenden Schaltkreistypen müssen in Abstimmung zwischen Geräte- und Bauelementeindustrie festgelegt werden. Es ist einzusehen, daß jeder zusätzliche Schaltkreistyp bei dem im allgemeinen für die Technologien der Mikroelektronik recht begrenzten Absatzvolumen das mögliche Produktionsvolumen aller anderen Typen schmälert.

2.3. Probleme eines integrationsgerechten Schaltungsentwurfes

2.3.1. Für den Bereich der Digitaltechnik

Wegen des genannten hohen Wiederholgrades dieser Technik ist sie vom Prinzip her integrationsgerecht. Auf die prinzipiell wirkenden Faktoren bei der Kostenentwicklung wurde bereits eingegangen. Bei allen Technologien sind die Kosten für ein integriertes Bauelement, wie Bild 3 zeigt, in einem relativ breiten Bereich annähernd konstant. Am breitesten ist dieser gleichbleibende Kostenverlauf bei der Unipolartechnik.

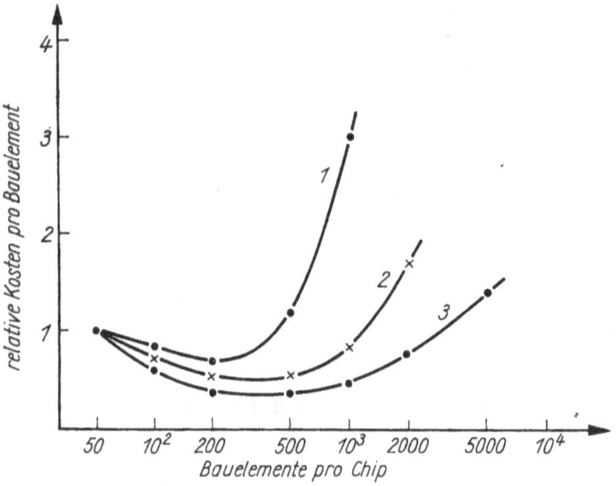

Bild 3. Darstellung der Auswirkung physikalischer Grenzen auf die Kostenentwicklung bei verschiedenen Grundtechnologien [1]
1 — Bipolartechnik
2 — Weiterentwicklung Bipolartechnik zu höherer Flächenausnutzung
3 — MOS-Technik
entspr. Stand 1968

An technischen Parametern wird sich die Entwicklung in der Zukunft auf eine Reduzierung des Verlustleistungsbedarfs, eine Verbesserung der Störfestigkeit, der Zuverlässigkeit und evtl. der Schaltgeschwindigkeit konzentrieren. Von besonderem Interesse ist eine Reduzierung des Verlustleistungsbedarfs einmal wegen der bereits erwähnten Wärmeentwicklung innerhalb des Chips und zum zweiten wegen der daraus resultierenden Kosten für die Stromversorgung bei Geräten mit umfangreichen elektronischen Schaltungen. Bei vielen Gerätekategorien liegen zur Zeit die Kosten für die Stromversorgung bei etwa 25% der gesamten Anlagenkosten. Aus dieser Zahl ergibt sich die Bedeutung dieses Kennwertes. Große Fortschritte in dieser Richtung wurden in den letzten Jahren insbesondere durch die *n*-Kanal-Silicon-Gate-Technik

erreicht. Durch Einführung dieser Technologie konnte in vielen Fällen, z. B. bei Kleinstrechnern und Speichern, die Verlustleistung um einen Faktor 10 gesenkt werden bei einer gleichzeitigen Verbesserung der Arbeitsgeschwindigkeit. Für die batteriebetriebenen Geräte spielt die Leistungsaufnahme einer Schaltung eine entscheidende Rolle, da sich das unmittelbar im Batteriegewicht bzw. in der Betriebszeit auswirkt.
Ein bevorzugtes Einsatzgebiet hochintegrierter Schaltkreise auf dem Gebiete der Digitaltechnik liegt bei der Bereitstellung von Halbleiterspeichern. Diese Form der Informationsspeicherung ist deshalb von besonderer Bedeutung, weil sich der Halbleiterspeicher bezüglich seiner Ein- und Ausgangspegel, seines Anspruchs an Speisespannung usw. völlig nahtlos in das übrige Konzept einer elektronischen Schaltung einfügt. Noch vor 10 Jahren, als der Ringkernspeicher damals das gesamte Speicheraufkommen beherrschte, haben nur Optimisten an eine solche Preisentwicklung beim Halbleiterspeicher geglaubt, daß er innerhalb relativ kurzer Zeit dem Ferritkernspeicher gleichgezogen bzw. seinen Preis unterboten hat. Heute liegen die Preise für 1 Bit bereits bei wenigen Pfennigen. Sie sinken mit der Weiterentwicklung der Technologien rasch weiter ab [2].
Die zur Zeit konzipierten Typen an Schreib/Lesespeichern mit 4 kBit Speicherinhalt werden sich in Zukunft sicher zu noch größeren Speicherinhalten entwickeln. Neue Technologien, die sich insbesondere für die Bereitstellung hochintegrierter Speicher eignen, werden sowohl auf dem bipolaren wie unipolaren Gebiet diese Entwicklung beschleunigen, so daß in der Zukunft der Halbleiterspeicher in allen Speicherbereichen außer beim Massenspeicher mit Speicherinhalten $>$1500 kBit dominieren wird. Das gilt sowohl für Schreib/Lese-, als auch für die verschiedenen Varianten des Festwertspeichers.
Recht ungewiß erscheint zur Zeit für Digitalschaltungen die perspektivische Entwicklung der Schaltgeschwindigkeit. Dieser Kennwert hat zur Zeit den ns-Bereich unterschritten. In zunehmendem Maße zeigen sich bereits bei der Ausnutzung dieser hohen Schaltgeschwindigkeit Schwierigkeiten bezüglich Schaltsicherheit durch Leiterzüge auf den Leiterkarten bzw. durch die Verbindungsleitungen über die Steckerleisten. Schätzt man die Fortpflanzungsgeschwindigkeit eines Impulses auf der einseitig mit Dielektrikum umgebenen Leiterbahn der Leiterkarte ab, so zeigt sich, daß diese Geschwindigkeit in die Größenordnung von $180-200 \cdot 10^3$ km/s kommt. Das bedeutet aber eine Fortpflanzungsgeschwindigkeit von $\approx$ 190 mm/ns! Damit ist klar, daß bei den möglichen Längen von mehreren cm auf der Leiterkarte bereits merkliche Echoerscheinungen auftreten können. Diese Reflexionen führen zu Fehlschaltungen. Man versucht, sie durch einen wellenwiderstandrichtigen Abschluß am Eingang des geschalteten Schaltkreises zu vermeiden. Wegen der stets vorhandenen Leitungsverzweigungen und der Inhomogenitäten des Leiterzuges ist das nur bedingt möglich. Daraus folgt, daß die Schaltgeschwindigkeit bei dem zur Zeit üblichen Schaltungsaufbau sicher um keine weitere Größenordnung zunehmen wird. Die Schaltgeschwindigkeit jedoch als Qualitätsparameter anzusehen, wie das oft geschieht, ist ebenfalls sehr problematisch, da viele Einsatzbereiche eine hohe Schaltgeschwindigkeit nicht brauchen, sie sogar schädlich ist, da sehr kurze Störspitzen, besonders in der Steuerungs- und Automatisierungstechnik, zu Fehlschaltungen führen.

2.3.2. Für den Bereich der Analogtechnik

Der für die integrierte Mikroelektronik sehr vorteilhafte Aufbau der Digitaltechnik aus nur 3 Grundschaltungen mag vor Jahren der Grund gewesen sein, der Analogtechnik den Untergang vorauszusagen. In neuerer Zeit hat sich ein Wandel in der Entwicklungstendenz zugunsten einer Neubelebung der Analogtechnik eingestellt. Die Gründe dafür waren eine wesentliche Verbesserung der Analogtechnik bezüglich einheitlicher Schaltungskonzeptionen und damit eine Verbesserung des Wiederholgrades und die im allgemeinen größere Flexibilität analoger Schaltungen. Sie sind meist leichter an gestellte Forderungen anzupassen, benötigen weniger Bauelemente, werden übersichtlicher und billiger und meist sind sie in der Fertigung leichter zu handhaben. Im Hinblick auf die für diesen Schaltungsbereich zu fordernde Konstanthaltung der Arbeitspunkte der aktiven Bauelemente kommt der thermischen Stabilität integrierter Teilschaltungen eine besondere Bedeutung zu. Technisch sind zur Zeit zur vollen Umsetzung analoger Schaltungen in integrierte Lösungen zwei Probleme noch nicht befriedigend gelöst. Es sind dies:

1. Die Erzeugung größerer Wechselleistung als ca. 25 W sowohl im Nieder- als auch im Hochfrequenzbereich.
2. Die Herstellung eines der Induktivität entsprechenden, aber integrierbaren Bauelementes einer Schaltung.

Zur Bereitstellung integrationsfreundlicher Konzeptionen wird zur Zeit in der Industrie in *zwei unterschiedlichen* Richtungen gearbeitet.

Die bisher benutzten Lösungen für analoge Schaltungen werden prinzipiell beibehalten und in ihnen enthaltene integrierfähige Teilschaltungen werden als Schaltkreise ausgeführt. Durch Herausführung von Schaltungspunkten können durch äußere Beschaltung Kennwerte und evtl. Arbeitsweise verändert und den jeweiligen Forderungen angepaßt werden. Auf diesem Wege wird versucht, die Einsatzbreite dieser Schaltkreise zu erhöhen, allerdings durch Inkaufnahme einer Vermehrung der Schaltkreisanschlüsse und damit der Kosten. Auf der Anwenderseite erfordert dieses Verfahren wenig Umdenken und damit wenig Umentwicklungskosten. Es ergibt ein relativ geringes Entwicklungsrisiko. Es führt schnell, besonders bei den Bedarfszahlen der Konsumgüterindustrie, zu kostenmäßig realisierbaren Lösungen. Nachteile sind, daß einmal Schaltkreise mit relativ großen Anschlußzahlen entstehen und zum anderen die Gefahr einer starken Typenzunahme wegen der „Kurzlebigkeit" der Geräteentwicklungen auf dem Konsumgütersektor besteht. Als schwerwiegendster Nachteil erscheint jedoch, daß diejenigen Industriezweige, deren Fertigung auf dem Gebiet der kommerziellen Geräte und Anlagen liegt, wenig Nutzen aus diesem Schaltkreissortiment ziehen können. Gerade an diese Erzeugnisse, wie z. B. an die Geräte der Industriezweige Nachrichten-, Meß- und Automatisierungstechnik, werden aber höchste Anforderungen an Zuverlässigkeit, Volumenausnutzung, Temperaturunabhängigkeit und Konstanz der Geräteparameter gestellt. Bei diesen Geräten erreichen die geforderten Stückzahlen selten die Höhe, von der ab eine kostengünstige Produktion möglich ist. Erschwerend kommt hinzu die gegenüber den Geräten der Konsumelektronik bestehende lange Generationsdauer von ca. 30 Jahren in der Nachrichtentechnik. Eine notwendige Lieferfähigkeit dort eingesetzter Schaltkreise über diese Zeit hinaus ist naturgemäß erforderlich. Dieses gesamte Verfahren der Integration von Schaltungsteilen führt also sehr leicht zu einer Beeinträchtigung der Leistungs- und Exportfähigkeit des kommerziellen Zweiges der elektronischen Geräteindustrie. Der genannte geringe Wiederholgrad ist zusammen mit dem gegenüber digitalen Schaltungen wesentlich kleineren Bauelementeaufwand analoger Konzeptionen die Ursache dafür, daß hochintegrierte Schaltkreise bislang kaum Eingang in die Analogtechnik gefunden haben. Der Integrationsgrad, der in diesem Zweig der elektronischen Schaltungstechnik zur Zeit zum Einsatz kommt, liegt zwischen 10^2 und 10^3 Bauelementen. Wegen der Schwierigkeit bezüglich integrierbarer Induktivitäten kann eingeschätzt werden, daß in den nächsten Jahren in zunehmendem Maße solche

Filteranordnungen zum Einsatz gelangen werden, die in ein oder zwei selektive Vierpole aufgeteilt die Gesamtselektion repräsentieren und zwischen 2 oder 3 Verstärkereinheiten angeordnet werden. In dieser Hinsicht werden akustische Oberflächenwellenfilter und piezokeramische Filteranordnungen Lösungen ergeben, die der integrierten Ausführung des Selektivverstärkers am besten gerecht werden.
Bezüglich der Möglichkeiten, größere Ausgangsleistungen mit monolothischen Schaltkreisen realisieren zu können, haben die letzten Jahre zumindest für den Niederfrequenzbereich Fortschritte gebracht. Zur Zeit werden Schaltkreise beherrscht, die bei einer Speisespannung von ± 22 V im Bereich von 40 Hz bis 15 kHz bei einer Nichtlinearität von $< 1\%$ 20 W an einen 4 Ohm-Lautsprecher abzugeben vermögen. [3]
Der *zweite Weg* zum Aufbau einer integrationsgerechten Analogtechnik erfordert umfangreichere Vorarbeit in der Geräteindustrie. Zielstellung ist dabei eine Reduzierung des Typensortimentes und der Aufbau einer induktivitätsfreien bzw. -armen Frequenzfiltertechnik. Dazu werden folgende neue Wege beschritten:

1. Für die analoge breitbandige Kleinleistungsverstärkung hat sich der Operationsverstärker wegen seiner großen Anpassungsfähigkeit ein breites Einsatzgebiet erobert. Wie umfangreiche Industrieermittlungen ergeben haben, genügt ein gut gestaffeltes und relativ geringes Typensortiment von ca. 10—12 Einzeltypen, um den Großteil der Anwendungen zur breitbandigen Kleinleistungsverstärkung bis zu ca. 100 MHz abzudecken. Das Schwergewicht muß jedoch darauf gelegt werden, daß sich möglichst alle Anwenderbereiche einschließlich der Konsumelektronik auf die gleiche Schaltungskonzeption einigen. Nur dann führt dieser Weg zu für alle ökonomisch vorteilhaften Lösungen. Daß diese Forderung mit relativ geringem technischen Aufwand möglich ist, zeigt die Betrachtung der Schaltung und der technischen Daten eines Videoverstärkers und eines ähnlich breitbandigen Operationsverstärkers. Ein anderer, zeitlich schneller gangbarer Weg ist die Mitverwendung von Schaltkreistypen der Konsumgüter durch die kommerzielle Industrie. Bei dieser Variante muß jedoch die Bauelementeindustrie eine entsprechend lange Lieferbarkeit gewährleisten. Diese Variante erscheint vorteilhaft für die Verwendung von Leistungsschaltkreisen in der kommerziellen Technik.
2. Abweichend von dieser Möglichkeit, die in erster Linie eine straffe Koordinierung der Forderungen und, daraus folgend, eine Optimierung des Typensortimentes erfordert, besteht eine weitere Möglichkeit, eine günstige Integrationsfähigkeit zu erreichen, darin, nach Möglichkeiten zu suchen, um sowohl frequenzselektive als auch Leistungsverstärker zu schaffen, die in ihren Teilschaltungen höhere Wiederholgrade besitzen. Vorteilhaft wäre außerdem, eine teilweise digitale Arbeitsweise anzustreben, um damit zu geringeren Anforderungen an die integrierten aktiven Bauelemente zu kommen.

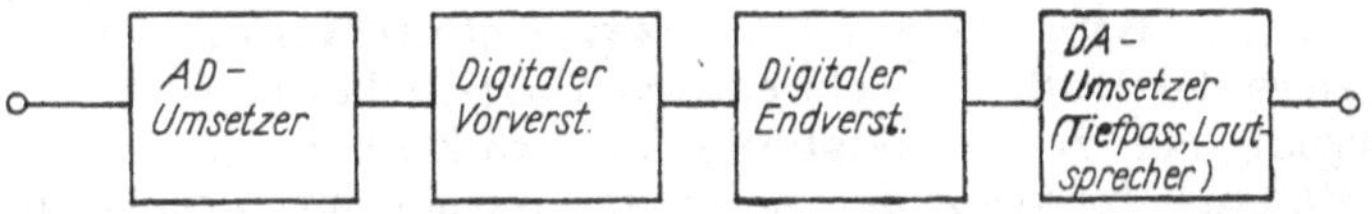

Bild 4. Blockschaltbild eines teilweise digital arbeitenden Leistungsverstärkers

Für die Leistungsverstärkung zeigt Bild 4 [5] [6] das Arbeitsprinzip einer möglichen, teilweise digital arbeitenden Variante. Ihr Vorzug ist, daß der hinter dem A/D-Umsetzer liegende Impulsvor- und -endverstärker im allgemeinen Sinne echte C-Verstärker sind. Sie arbeiten damit mit sehr kleiner Verlustleistung und hohem Wirkungsgrad. Er liegt höher als der eines B-Endverstärkers. Bei Vorliegen eines integrierten A/D-Umsetzers wäre diese Art der Leistungsverstärkung vorteilhaft [4]. Der Impulsend- und -vorverstärker, gegebenenfalls als integrierte Einheit, sind auch beispielsweise innerhalb der Peripherie von Rechen- und Datenverarbeitungsanlagen oder in Geräten der Regel- und Automatisierungstechnik einsetzbar.

Aufbauend auf der Arbeitsweise des alten Pendelaudions wurde an der Bereitstellung eines schnellen A/D-Umsetzers gearbeitet. Dieser ist in der Lage, eine analoge Eingangsspannung in eine breitemodulierte Impulsfolge umzusetzen (s. Bild 5). Ein Oszillator wird dazu durch eine Rechteckspannung periodisch

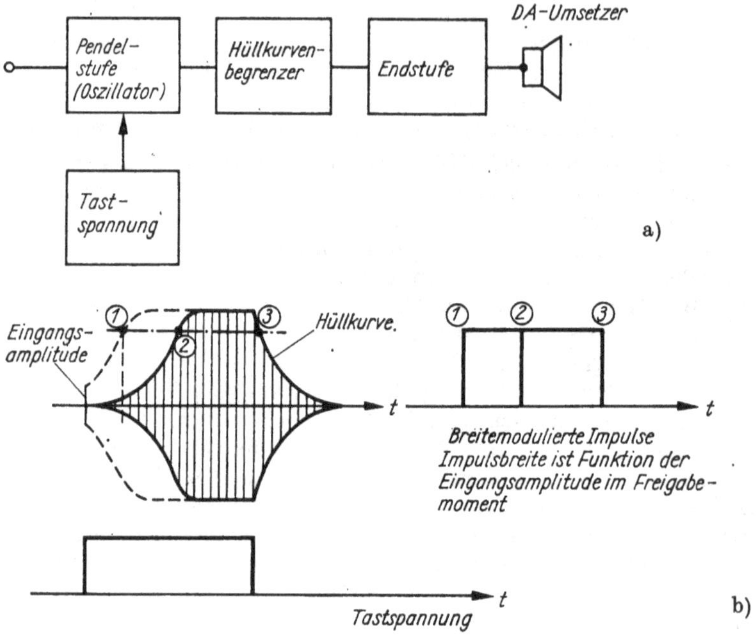

Bild 5. Blockschaltbild (a) und Arbeitsweise eines AD-Umsetzers nach dem Anschwingprinzip eines Oszillators (b)

ein- und ausgeschaltet. Die Frequenz dieser Schaltspannung liegt, dem Abtasttheorem entsprechend, höher als die doppelte obere Grenzfrequenz der Eingangsspannung. Im Freigabemoment schwingt der Oszillator mit einer dem Momentanwert der Eingangsspannung entsprechenden Anfangsspannung an. Der Abklingvorgang ist stets der gleiche. Er ist im wesentlichen durch die wirksame Schwingkreisgüte bestimmt. Wird nach Über- bzw. Unterschreiten eines bestimmten Amplitudenwertes der Hüllkurve ein elektronischer Schalter betätigt, so entsteht an dessen Ausgang eine breitemodulierte Impulsfolge konstanter Amplitude. Die Impulsbreite ist eine Funktion der Anfangsamplitude im Einschaltmoment. Mit diesem Ausgangspuls kann eine Leistungsstufe in digitaler Betriebsweise angesteuert werden. Für diese Schaltung wurden sowohl für lineare als auch für logarithmische Umsetzung die Teilschaltungen ermittelt. Für frequenzselektive Netzwerke und Verstärker sind viele Arbeiten zur Bereitstellung integrationsfähiger und damit spulenfreier Lösungen durchgeführt worden. Keiner dieser Wege hat bisher zu einem echten Durchbruch sowohl in der Geräte- als auch in der Bauelemente industrie geführt. Die Ursachen dafür sind bekannt: Eingeschränkter Frequenz-

bereich, Instabilität bezüglich Alterung und Temperatur, geringe Güte der elektronisch realisierten Impedanzen, Störfrequenzen bzw. Nebendurchlaßbereiche, um nur einige davon zu nennen.
Die Bemühungen um Lösungen für den integrierbaren Selektivverstärker scheinen sich sehr stark auf die Anwendung des akustischen Oberflächenwellenfilters zu konzentrieren. Auf diese Lösung wurde bereits früher hingewiesen. Ein weiteres Beispiel, um zu einer spulenlosen Lösung zu gelangen, stellt das sogenannte N-Pfad-Filter dar. Umfangreiche Untersuchungen wurden zur Klärung seiner Vor- und besonders seiner Nachteile und deren Beseitigungsmöglichkeiten durchgeführt. [7, 8, 9, 10] Dieser Filtertyp, der als Tief-Bandpaßtransformator arbeitet, zeigt bei aller Einfachheit in Arbeitsweise und Schaltung leider Mängel, die seine Vorteile, besonders den der leichten elektronisch durchführbaren Nachstimmung überwiegen und einem breiten Einsatz in der Geräteindustrie, vornehmlich der Konsumgüterindustrie, entgegenstehen. Nachteile sind besonders der geringe Störabstand zu den im Filter entstehenden Störfrequenzkomponenten und die im Zusammen-

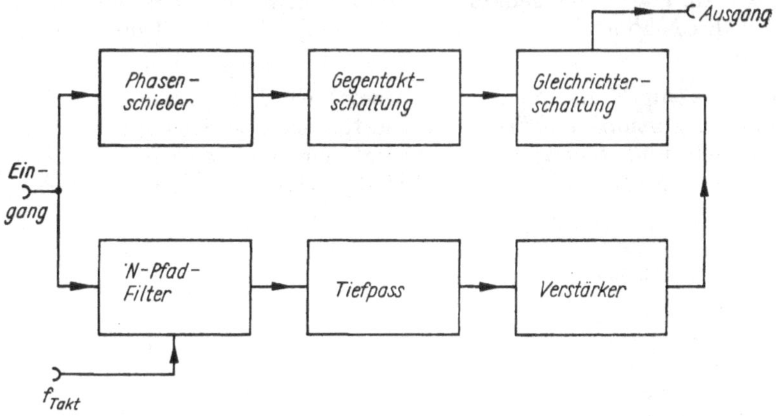

Bild 6. N - Pfad - Frequenz - Diskriminator

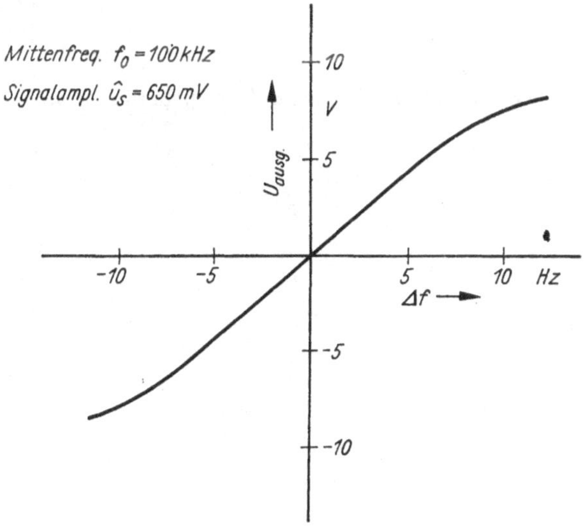

Bild 7. Kennlinien des N - Pfad - Filter - Diskriminators

hang damit vorhandenen Nebendurchlaßbereiche. Beide Erscheinungen lassen sich nur über konventionelle Vor- bzw. Nachselektionsschaltungen beherrschen. Damit aber steigt der Aufwand und der Preis. Völlig anders können die Verhältnisse jedoch dann liegen, wenn, wie z. B. in der Meßtechnik, die in diesem Filterkonzept enthaltenen Möglichkeiten voll genutzt werden und die Nachteile wirkungslos bleiben. Bild 6 zeigt das Blockschaltbild eines mit einem N-Pfad-Filter aufgebauten Frequenzdiskriminators [11]. Die mit diesem Filter erzielbare Schmalbandigkeit sowie die Nachstimmbarkeit ergeben neben einer vorzüglichen Linearität der Kennlinien eine ungewöhnlich hohe Frequenzauflösung von ca. 1 V/Hz bei einer Bandmittenfrequenz $f_0 = 100$ kHz. Bild 7 zeigt die Kennlinien dieses Diskriminators. Da 0,1 V noch sehr gut auswertbar ist, ergibt sich eine Frequenzauflösung von $1 \cdot 10^{-6}$. Damit sind sowohl beim Einsatz zur Frequenzstabilisierung frei schwingender und dabei in gewissem Bereiche frequenzvariabler Oszillatoren als auch bei der Verwendung von Doppler-Radargeräten Meßgenauigkeiten möglich, die sonst kaum oder nicht erreichbar wären. In derartigen Fällen, wo die Vorteile voll nutzbar sind und die genannten Mängel keine Auswirkung zeigen, ist die Konzeption des N-Pfad-Filters eine sehr leistungsfähige und integrierbare Filtervariante.

An Hand dieser wenigen Beispiele sollte gezeigt werden, in welcher Weise die Bemühungen um integrationsgerechte Lösungen für analoge Schaltungen laufen. Es ist volkswirtschaftlich und technisch notwendig, Arbeiten in dieser Richtung durch Forschungsstellen der Industrie, der AdW der DDR und des Meßwesens durchzuführen.

Literaturverzeichnis

[1] *Köhler, E.*: Mikroelektronik. Lehrbriefe, TH Ilmenau 1973.
[2] Mitteilung Fairchild-Ates 1975.
[3] *Domov, J.*: Dissertation, TH Ilmenau 1976.
[4] *Marey, M.*: Dissertation, TH Ilmenau 1968.
[5] *Heilmann, F.*: Dissertation, TH Ilmenau 1975.
[6] *Thomas, H.*: Dissertation, TH Ilmenau 1967.
[7] *Kowalski, J.*: Dissertation, TH Ilmenau 1974.
[8] *Boegel, J.*: Dissertation, TH Ilmenau 1974.
[9] *Jahn*: Dissertation, TH Ilmenau 1976.
[10] *Barthel*: Dissertation, TH Ilmenau 1975.
[11] *Völz, H.*: Elektronik für Naturwissenschaftler. Akademie-Verlag, Berlin 1974.

3. Schaltungsanalyse

3.1. Netzwerkanalyse als Grundlage für die rechnergestützte Schaltungsentwicklung

Von *Albrecht Reibiger*

Technische Universität Dresden, Sektion Informationstechnik

3.1.1. Einleitung

3.1.1.1. Einordnung des rechnergestützten Schaltungsentwurfs in den Entwicklungsprozeß

Der rechnergestützte Schaltungsentwurf gewinnt ständig an Bedeutung. Dafür sind in erster Linie folgende Gründe maßgebend:

- die erhöhten Anforderungen an Qualität und Zuverlässigkeit elektronischer Geräte, verbunden mit einer wachsenden Komplexität der zu realisierenden Funktionen;
- die Forderung nach Verkürzung der Entwicklungszeiten und schneller Überführung der Ergebnisse in die Produktion;
- die gewachsene Leistungsfähigkeit der zur Verfügung stehenden Rechenanlagen (z. B. BESM-6, ES 1040);
- die Fortschritte bei der Entwicklung numerischer Verfahren für die Netzwerkanalyse;
- die Entwicklung integrierter Schaltkreise, die eine empirische Entwurfsarbeit mit „Brettschaltungen" nicht mehr zuläßt;
- meßtechnische Schwierigkeiten, z. B. bei Toleranzproblemen, bei Mikrostrukturen oder im Bereich sehr hoher Frequenzen.

Unter Schaltungsentwurf soll hier die Festlegung der Schaltungsstruktur sowie der Nennwerte und der Toleranzklassen der Bauelemente, also die Festlegung der Daten, die im Stromlaufplan zusammengefaßt sind, einschließlich einer umfassenden Analyse der elektrischen Eigenschaften der Schaltung verstanden werden. Die dabei erzielten Resultate können u. a. als Grundlage für die Festlegung von Vorschriften für Prüf- und Abgleichprozesse sowie dem Service dienen. Nicht betrachtet werden im folgenden der für Digitalschaltungen erforderliche Logikentwurf, der Entwurf von Leiterplatten und die rechnergestützte Erstellung weiterer Fertigungsunterlagen.

Das Ziel des rechnergestützten Schaltungsentwurfs besteht nicht darin, die Entwurfsarbeit des Ingenieurs durch den Rechner zu ersetzen, sondern dem Entwickler zusätzliche leistungsfähige Entwurfsmittel in die Hand zu geben, die ihm qualitativ neue Möglichkeiten eröffnen, die ihn von rechnerischer und z. T. meßtechnischer Routinearbeit entlasten, die Zahl der Fehlerquellen bei der Entwurfsarbeit reduzieren und ihn zwingen, die Optimierungsgesichtspunkte zu objektivieren.

Die rechnergestützte Dimensionierung einer Schaltung ist dem Wesen nach ein iterativer Prozeß. Durch wiederholte Veränderungen und Analysen eines auf Grund von Erfahrungen und Überschlagsrechnungen gewonnenen ersten Entwurfs versucht man die Schaltungsdimensionierung herauszufinden, die den gegebenen Anforderungen am besten gerecht wird.

Im Idealfall ist das Analyseprogramm mit einem Optimierungsprogramm gekoppelt. Dadurch wird es möglich, den ersten Entwurf ohne zwischengeschaltete Kommunikation zwischen Entwickler und Rechner so zu verbessern, daß ein als Zielfunktion vorgegebenes Entwurfskriterium möglichst gut erfüllt wird.

Da sich letzten Endes nicht alle Forderungen an einen Schaltungsentwurf auf sinnvolle Weise mit einer solchen Zielfunktion quantitativ bewerten lassen, bleibt die endgültige Entscheidung, ob eine auf diese Weise erhaltene Schaltungsdimensionierung akzeptiert werden kann, nach wie vor der Erfahrung und dem Fingerspitzengefühl des Ingenieurs vorbehalten.
Bild 1 zeigt eine schematische Darstellung der hier skizzierten Gedanken.
Weitere Einzelheiten siehe [1, 2, 3].

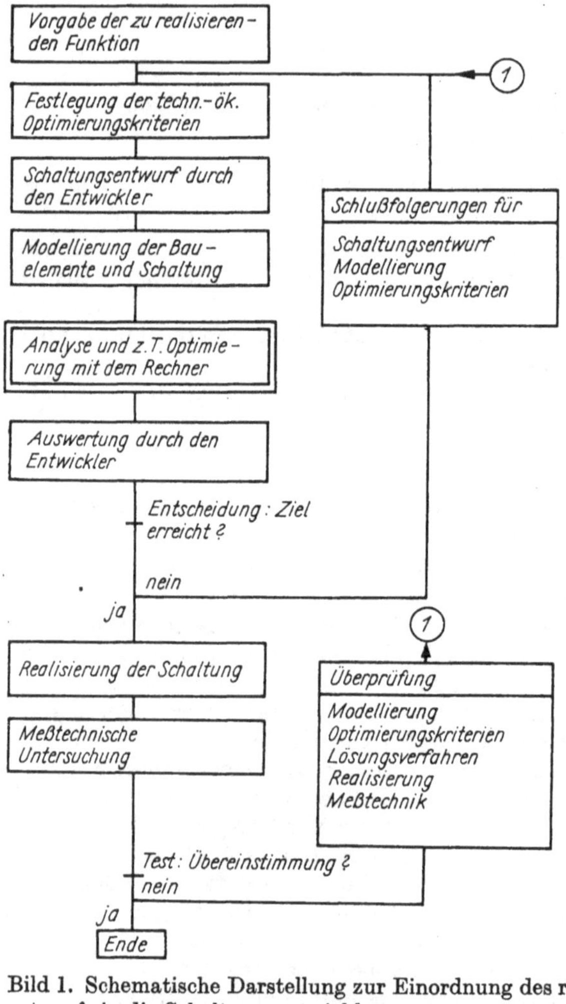

Bild 1. Schematische Darstellung zur Einordnung des rechnergestützten Schaltungsentwurfs in die Schaltungsentwicklung

3.1.1.2. Prinzipien moderner Netzwerkanalyseprogramme

In den letzten Jahren sind bei der Entwicklung von Programmen zur Analyse nichtlinearer Netzwerke entscheidende Fortschritte erzielt worden. Das gilt sowohl für die Größe der mit vertretbarem Aufwand analysierbaren Netzwerke als auch für die Zuverlässigkeit und den Nutzerkomfort, den diese Programme heute bieten.
Neben den wesentlich erweiterten Möglichkeiten der Rechenanlagen der 3. Generation, sind diese Fortschritte vor allem durch die Entwicklung geeigneter *impliziter*

Integrationsverfahren mit Schrittweiten- und Ordnungssteuerung, durch die Anwendung der *Technik schwachbesetzter Matrizen* und spezieller *Compilertechniken* erreicht worden. Das läßt sich folgendermaßen erklären:

Auf der Basis impliziter Integrationsformeln lassen sich Algorithmen zur direkten Integration von Algebro-Differentialgleichungssystemen entwickeln. Das System der Netzwerkgleichungen, das man aus den Kirchhoffschen Gesetzen und der u-i-Relation des zu analysierenden Netzwerks gewinnt, liegt unmittelbar in der Form eines solchen Algebro-Differentialgleichungssystems vor. Verwendet man ein Verfahren zur direkten Integration von Algebro-Differentialgleichungssystemen, so entfällt die bei nichtlinearen Netzwerken numerisch aufwendige Transformation des Systems der Netzwerkgleichungen in ein Zustandsgleichungssystem. (Bei Anwendung der klassischen Standardverfahren der numerischen Mathematik ist die Aufstellung eines Zustandsgleichungssystems hingegen unumgänglich, da mit den Standardverfahren grundsätzlich nur explizite Differentialgleichungssysteme gelöst werden können.)

Durch die Anwendung impliziter Integrationsformeln wird die numerische Integration im wesentlichen auf eine bei jedem Integrationsschritt zu wiederholende Auflösung nichtlinearer algebraischer Gleichungssysteme zurückgeführt. Löst man diese algebraischen Gleichungssysteme mit dem Newtonverfahren (und nicht nach der Methode der Fixpunktiteration, wie im Zusammenhang mit impliziten Integrationsverfahren in der Regel empfohlen wird), so lassen sich die gegenüber allen expliziten Integrationsformeln wesentlich günstigeren Stabilitätseigenschaften der ausgewählten impliziten Integrationsformeln zur Überwindung des *Zeitkonstantenproblems* ausnutzen.

Bei kleineren Beispielen lassen sich auf diese Weise bereits erstaunliche Rechenzeiteinsparungen erzielen (auf der BESM-6 statt Rechenzeiten in der Größenordnung eines Tages nur noch Rechenzeiten von weniger als einer Minute zur Berechnung des Einschwingverhaltens eines Flipflops).

Zur Berechnung des Einschwingvorgangs eines nichtlinearen Netzwerks sind ca. 1000 bis 10000 lineare algebraische Gleichungssysteme bei gleichbleibender Besetzungsstruktur der Koeffizientenmatrix mit unterschiedlichen Wertebelegungen aufzulösen. Bei größeren Beispielen läßt sich ein ähnlicher Durchbruch deshalb erst erzielen, wenn bei der Auflösung der linearen algebraischen Gleichungssysteme, auf die man durch die Anwendung des Newtonverfahrens geführt wird, konsequent von der schwachen Besetztheit der Netzwerkgleichungen Gebrauch macht. Und zwar, indem man nur noch die von Null verschiedenen Elemente der Jacobimatrix abspeichert und auch nur noch mit den von Null verschiedenen Elementen rechnet. Die Eliminationsstrategie wird zweckmäßigerweise so gewählt, daß während des Rechengangs möglichst wenig von Null verschiedene Elemente erzeugt werden und zur Auflösung des Gleichungssystems möglichst wenig Rechenoperationen mit diesen von Null verschiedenen Elementen durchgeführt werden müssen.

Eine solche, den soeben genannten widersprüchlichen Forderungen im Sinne eines gewissen Kriteriums optimal entsprechende Eliminationsreihenfolge wird von einem speziellen Unterprogramm in Abhängigkeit von der Besetzungsstruktur der Jacobimatrix des zu analysierenden Netzwerkes ausgewählt. Ausgehend von dieser optimalen Eliminationsreihenfolge werden dann die für die Auflösung der linearen algebraischen Gleichungssysteme erforderlichen Unterprogramme mit Hilfe eines gesonderten Compilers vom Rechner als Geradeausprogramm erzeugt. Dadurch erhält man ein günstiges Verhältnis zwischen Organisationsaufwand und eigentlicher Rechenarbeit bei der Abarbeitung dieser Programme.

Für hinreichend schwach besetzte Gleichungssysteme wächst der zu ihrer Auflösung erforderliche Rechenaufwand mit den auf diese Weise gewonnenen Unterprogrammen nur noch proportional mit der Ordnung des Gleichungssystems. Bei der konventionel-

len Programmierweise wächst dagegen der Rechenaufwand mit der 3. Potenz der Ordnung des zu lösenden Gleichungssystems.
Wie die Erfahrung zeigt, lohnt sich der Aufwand der Programmerzeugung bereits bei Gleichungssystemen mit etwa 20 Gleichungen und einer Besetzungsdichte der Koeffizientenmatrix von etwa 30%. Das Prinzip, rechenintensive Unterprogramme, die sehr oft aufgerufen werden, durch vom Rechner automatisch erzeugte Geradeausprogramme zu realisieren, kann auch noch bei den Unterprogrammen zur Auswertung der Netzwerkgleichungen und zur Berechnung der Jacobimatrix des Netzwerkgleichungssystems angewendet werden.
Die bei der Entwicklung dieser speziellen Compiler gewonnenen Erfahrungen werden außerdem benutzt, um die Bedienung des Programms, die Eingabe der Daten, die Steuerung der Ausgabe der Ergebnisse, die Steuerung des Programmablaufs, die Zwischenspeicherung von Ergebnissen in Dateien zu erleichtern oder überhaupt zu ermöglichen. In diesem Zusammenhang muß auch auf die zahlreichen Diagnose- und Fehlermaßnahmen hingewiesen werden, die diese Programme bieten. Durch diese Maßnahmen wird der Arbeits- und Rechenzeitaufwand zur Aufbereitung und Lösung einer Analyseaufgabe entscheidend herabgesetzt.
Zur Eingabe der Daten sind spezielle Eingabesprachen geschaffen worden, die u. a. eine Beschreibung der Struktur des zu analysierenden Netzwerks mit Hilfe mehrfach geschachtelter Unternetzwerke ermöglicht. Dadurch wird die Menge der Eingabedaten wesentlich reduziert. Eine solche Beschreibung entspricht weitgehend der Denkweise des Schaltungstechnikers, der seine Schaltungen ja auch aus Baugruppen, Unterbaugruppen usw. zusammensetzt.
Häufig benötigte Unternetzwerke (etwa Transistorersatzschaltbilder, Schaltungen für NOR- oder NAND-Glieder o. ä.) können aus einer vom Benutzer angelegten Bibliothek aufgerufen werden. Diese abgespeicherten Unternetzwerke dürfen auch noch freie Parameter enthalten, die erst beim Aufruf mit einem Wert belegt werden. Mit weiteren Befehlen kann beim Aufruf eines Unternetzwerks auch seine Struktur geändert werden.
Abschließend noch einige Bemerkungen zur *Analyse resistiver Netzwerke.* Resistive Netzwerke sind Idealisierungen von Schaltungen, bei denen im Zusammenhang mit einer bestimmten Aufgabenstellung die energiespeichernden Schaltelemente eine untergeordnete Rolle spielen und deshalb vernachlässigt werden. Die typischen Aufgabenstellungen bei der Analyse resistiver Netzwerke sind die *Berechnung von Arbeitspunkten,* an denen alle Quellen einen konstanten Wert haben, und die *Berechnung von Eingangs- und Übertragungskennlinien,* bei denen die eingeprägte Größe einer Quelle des Netzwerkes ihren Wert stetig ändert. Bei der Berechnung einzelner Arbeitspunkte treten mit den üblichen lokal konvergenten Iterationsverfahren erfahrungsgemäß Schwierigkeiten auf. Man führt diese Aufgabe deshalb zweckmäßigerweise auf eine Kennlinienberechnung zurück. Dieses Vorgehen ist eine Variante der in der numerischen Mathematik bekannten Einbettungsverfahren.
Die Berechnung des Einschwingverhaltens eines dynamischen Netzwerkes erfordert die Kenntnis des Anfangswertes. Dieser Anfangswert läßt sich unter gewissen Voraussetzungen als Arbeitspunkt eines dem dynamischen Netzwerk zugeordneten resistiven Netzwerks berechnen.
Nach unseren Erfahrungen ist das soeben erwähnte Verfahren zur Berechnung von Anfangswerten unzweckmäßig. Vielmehr ist es einfacher, den Anfangswert über eine dynamische Analyse des Gesamtwerks, das nur mit den Quellen zur Strom- und Spannungsversorgung beschaltet ist, zu berechnen. Der gesuchte Anfangswert ist dann gleich dem eingeschwungenen Zustand.
Zur Zeit liegen bei uns die nach diesen Prinzipien entwickelten Programmsysteme DELPHI [4], STADYNET-2 [5] und MISNET [6] vor. Während DELPHI und

STADYNET-2 zur Analyse allgemeiner nichtlinearer Netzwerke entwickelt worden sind, ist das Programmsystem MISNET speziell auf die Analyse von MIS-Schaltungen zugeschnitten.
Für Programme zur Analyse linearer Netzwerke im Zeit- und Frequenzbereich sei auf [3] verwiesen.

3.1.1.3. Übersicht

Der vorliegende Beitrag gliedert sich, von der Einleitung abgesehen, in vier Abschnitte.
In *Abschnitt 3.1.2.* werden die für den rechnergestützten Entwurf erforderlichen netzwerktheoretischen Grundlagen bereitgestellt. Den Schwerpunkt bilden die in der deutschsprachigen Lehrbuchliteratur bisher kaum behandelten nichtlinearen Netzwerke.
Dieser Abschnitt soll helfen, die auf diesem Gebiet bestehende Lücke zwischen der Lehrbuch- und der Zeitschriftenliteratur zu verringern und den Leser auf das Studium der in der Regel mathematisch sehr anspruchsvollen Originalarbeiten vorzubereiten. Der Abschnitt schließt mit der Diskussion einiger Anwendungsbeispiele. Diese Beispiele sollen zugleich motivierendes Material für die in den beiden folgenden Abschnitten behandelten numerischen Verfahren liefern.
Auf Fragen der Empfindlichkeits- und Toleranzanalyse wird nicht eingegangen. Hierzu sei auf [7, 8] und die dort angegebene Literatur verwiesen.
Abschnitt 3.1.3. behandelt numerische Verfahren zur Auflösung linearer und nichtlinearer algebraischer Gleichungssysteme. Im Mittelpunkt der Darstellung stehen das *Newton*verfahren zur Lösung nichtlinearer und das *Gauß*sche Eliminationsverfahren zur Lösung linearer algebraischer Gleichungssysteme.
In *Abschnitt 3.1.4.* werden numerische Verfahren zur Lösung gewöhnlicher Differentialgleichungen behandelt. Wir beschränken uns dabei auf die Klasse der Diskretisierungsverfahren. Vorrangig werden Verfahren zur numerischen Integration von Algebro-Differentialgleichungssystemen behandelt. Ausführlicher wird auch auf die mit dem Zeitkonstantenproblem zusammenhängenden Fragen eingegangen.
In dem als *Anhang* deklarierten letzten Abschnitt werden ständig gebrauchte mathematische Grundlagen aus der Mengenlehre, der linearen Algebra und der Graphentheorie zusammengestellt. Die Kenntnis des Anhangs wird in den Abschnitten 3.1.2., 3.1.3. und 3.1.4. vorausgesetzt.

3.1.2. Netzwerkanalyse

3.1.2.1. Einleitung

Elektrische Netzwerke sind Modelle zur mathematischen Beschreibung technischer Schaltungen. Sie sind demzufolge ein wichtiges Hilfsmittel für den Entwurf und insbesondere für den rechnergestützten Entwurf solcher Schaltungen.
Die Ausgangspunkte der folgenden Darstellung sind

- die im Abschnitt 3.1.2.2. angebene Definition des Begriffes *Netzwerk* durch ein 7-Tupel von Mengen und Abbildungen,
- die beiden *Kirchhoffschen Gesetze* und
- der Begriff *Netzwerkanalyse.*

Im Hinblick auf eine rechentechnische Umsetzung müssen diese Begriffe wesentlich stärker formalisiert und strenger gefaßt werden, als in den üblichen Einführungsdarstellungen.

Im wesentlichen definieren wir ein *Netzwerk* als einen endlichen orientierten Graphen, dem eine Menge $\mathscr{S}$ geordneter Paare von Zweigspannungs- und Zweigstromverteilungen und eine als Teilmenge von $\mathscr{S}$ erklärte zweistellige Relation $\mathcal{V}$ zwischen der Menge der Zweigspannungsverteilungen und der Menge der Zweigstromverteilungen zugeordnet werden.

Die Orientierung der Zweige liefert die Orientierung für die positiven Zählrichtungen für die Zweigspannungen und die Zweigströme. Auf diese Orientierungen nehmen sowohl die Relation $\mathcal{V}$ als auch die Kirchhoffschen Gesetze Bezug.

Eine gewisse, zunächst aber unwesentliche Modifikation dieser Definition ergibt sich, wenn nicht für jeden Zweig gleichorientierte (angepaßte) Zählrichtungen für Zweigspannung und Zweigstrom verwendet werden sollen.

Die Menge $\mathscr{S}$ ist die *Signalmenge* des Netzwerks. Ihre Elemente sind geordnete Paare von Zweigspannungs- und Zweigstromverteilungen. Sie werden auch als *Signale* bezeichnet. Die Relation $\mathcal{V}$ ist die *Zweigspannungs-Zweigstrom-Relation* des Netzwerks. Sie wird im folgenden meist als *u-i-Relation* bezeichnet.

Aufgabe der *Netzwerkanalyse* ist die Bestimmung aller geordneten Paare von Zweigspannungs- und Zweigstromverteilungen, die sowohl der *u-i*-Relation eines gegebenen Netzwerks als auch den Kirchhoffschen Gesetzen genügen.

Mit den Kirchhoffschen Gesetzen wird der Einfluß der Struktur des Netzwerks auf die Menge aller Lösungen der soeben definierten Analyseaufgabe erfaßt.

Die Zweigspannungs- und Zweigstromverteilungen eines Netzwerks sind Zeitfunktionen. Sie sollen die in einer technischen Schaltung ablaufenden (elektrischen) Vorgänge simulieren. Bei der Modellierung einer technischen Schaltung durch ein Netzwerk geht man im Prinzip so vor, daß man sich zunächst die Struktur des Netzwerks als einen endlichen orientierten Graphen und zwei Grundmengen möglicher Zweigspannungs- und Zweigstromverteilungen vorgibt und dann versucht, die Zweigspannungs-Zweigstrom-Relation des Netzwerks so zu definieren, daß sein Verhalten mit dem gemessenen Verhalten der nachzubildenden Schaltung möglichst gut übereinstimmt. Läßt sich keine befriedigende Übereinstimmung erzielen, so müssen die Struktur des Netzwerks oder/und die definierenden Eigenschaften der Grundmengen zulässiger Zweigspannungs- und Zweigstromverteilungen geändert werden, usf. (weitere Einzelheiten s. u.).

Die Grundmengen der Zweigspannungs- und Zweigstromverteilungen müssen zwei Forderungen genügen. Einmal muß man mit ihren Elementen alle meßbaren Spannungs- und Stromzeitfunktionen hinreichend genau nachbilden können. Zum anderen muß es möglich sein, mit diesen Mengen eine genügend reiche und nicht zu komplizierte Theorie aufzubauen, die eine Vielzahl allgemeingültiger Aussagen über die Eigenschaften der so definierten Netzwerke enthält und die Entwicklung leistungsfähiger Verfahren zur Analyse und Synthese von Netzwerken ermöglicht.

Im wesentlichen genügt die Menge aller hinreichend glatten Zeitfunktionen diesen Forderungen. Zur idealisierten Beschreibung von Schalt- und Kippvorgängen verwendet man zweckmäßigerweise stückweise stetige Zeitfunktionen. In der Regel kann man voraussetzen, daß diese stückweise stetigen Funktionen in ihren Stetigkeitsintervallen ein- oder auch mehrmals stetig differenzierbar sind. Durch diese Voraussetzung vereinfacht sich ihre mathematische Behandlung. Der Aufbau der Theorie der linearen Netzwerke vereinfacht sich wesentlich, wenn man von den bisher erwähnten Zeitfunktionenklassen zu einer geeigneten Klasse von Distributionen übergeht [9 bis 15].

Ein weiterer zentraler Begriff der Netzwerktheorie ist die Definition der *Zusammenschaltung* gegebener Netzwerke zu einem neuen, „größeren“ Netzwerk. Kompliziertere Netzwerke lassen sich in der Regel als Zusammenschaltungen einfacherer Netzwerke darstellen.

Die Netzwerke, aus denen ein gewisses Netzwerk durch Zusammenschaltung hervorgeht, können auch als *Unternetzwerke* des resultierenden Netzwerks angesehen werden. Eine allgemeinere Definition des Begriffs *Unternetzwerk* basiert auf der Definition der *verkoppelten* und *nichtverkoppelten Zweigmengen* eines Netzwerks. Diese Definition ist grundlegend für den weiteren Aufbau der Theorie.

Ist eine bestimmte Teilmenge der Zweigmenge eines Netzwerks nicht mit den Zweigen der entsprechenden Komplementärmenge verkoppelt, so läßt sich das gegebene Netzwerk als eine Zusammenschaltung von zwei Netzwerken darstellen, deren Zweigmenge je eine dieser beiden komplementären Zweigmengen ist. Diese beiden Teilnetzwerke lassen sich u. U. wiederum als eine Zusammenschaltung von Netzwerken darstellen, usf. Dieser Zerlegungsprozeß bricht (wegen der generell vorausgesetzten Endlichkeit der Zweigmengen) nach endlich vielen Schritten ab. Ein Netzwerk heißt *nichtzerlegbar*, wenn es keine echten Unternetzwerke enthält. Folglich ist im Sinne unserer Definition jedes Netzwerk entweder ein nichtzerlegbares Netzwerk oder es läßt sich auf eindeutige Weise als eine Zusammenschaltung endlich vieler nichtzerlegbarer Netzwerke darstellen.

Auf diesem Grundstock aufbauend lassen sich Begriffe wie lineare und nichtlineare, zeitinvariante und zeitvariable, resistive und dynamische, induktive und kapazitive, konzentrierte und nichtkonzentrierte, passive und aktive, reziproke und nichtreziproke, stabile und instabile Netzwerke definieren.

Die nichtzerlegbaren Netzwerke spielen in unserer Darstellung der Netzwerktheorie die Rolle der Gebilde, die man üblicherweise als Netzwerkelemente oder als Schaltelemente bezeichnet. Weil zwischen den nichtzerlegbaren Unternetzwerken eines gegebenen Netzwerks offensichtlich eine Teilmengen-Mengen-Relation und keine Element-Mengen-Relation besteht, erscheint es uns zweckmäßiger, die nichtzerlegbaren Netzwerke als *Elementarnetzwerke* und nicht als Netzwerk- oder Schaltelemente zu bezeichnen.

Wir führen den Begriff des Netzwerks in der oben geschilderten Weise bewußt als Ganzes und nicht als eine Zusammenschaltung geeignet zu definierender mehrpoliger Elementargebilde ein, weil nach unseren Erfahrungen ein strenger Aufbau der Netzwerktheorie, der von einer Definition solcher mehrpoliger Elementargebilde und den Gesetzen für ihre Zusammenschaltung zu Netzwerken ausgeht, ein komplizierteres System von Grundbegriffen und Axiomen erfordert.

Zu den wesentlichen Begriffen der Netzwerktheorie gehört auch die Definition des *Klemmenverhaltens* eines Netzwerks. Das Klemmenverhalten beschreibt das Verhalten eines Netzwerks, wenn es an einer fest vorgegebenen Teilmenge seiner Knoten, deren Elemente als *Klemmen* bezeichnet werden, mit beliebigen Netzwerken beschaltet wird. Wir definieren das Klemmenverhalten durch die Menge aller geordneten Paare aus Klemmenpaarspannungs- und Klemmenstromverteilungen, die sich zwischen den Klemmenpaaren bzw. an den Klemmen des gegebenen Netzwerks bei seiner Zusammenschaltung mit beliebigen anderen Netzwerken einstellen können.

Als Lösungen von Netzwerkanalyseaufgaben müssen die in diesen geordneten Paaren zusammengefaßten Klemmenpaarspannungs- und Klemmenstromverteilungen den Kirchhoffschen Gesetzen genügen (d. h., für jede Masche, die gewissermaßen aus den Zählpfeilen der entsprechenden Klemmenpaarspannungen gebildet wird, muß das Kirchhoffsche Maschengesetz erfüllt sein und die über die Klemmen einer Komponente des gegebenen Netzwerks unter Berücksichtigung ihrer Orientierungen gebildete Summe der Klemmenströme muß wegen des Kirchhoffschen Knotengesetzes verschwinden).

Aus dieser (zunächst noch etwas vage anmutenden) Definition des Klemmenverhaltens lassen sich tatsächlich allgemeine Verfahren zur Bestimmung des Klemmenverhaltens gewinnen.

Begriffe, wie *Ersatzschaltung* eines Netzwerks bezüglich einer als Menge der (Anschluß-)Klemmen ausgezeichneten Teilmengen seiner Knoten, *n-Pol* und *n-Tor* stehen in engem Zusammenhang mit dem Begriff des Klemmenverhaltens.

Zerlegt man ein gegebenes Netzwerk in Unternetzwerke, so läßt sich die Analyse dieses Netzwerks mit Hilfe von Ersatzschaltungen, die das Klemmenverhalten seiner Unternetzwerke bezüglich der Knotenmengen beschreiben, an denen diese Netzwerke wieder zu dem gegebenen Netzwerk zusammengeschaltet werden können, auf mehrere Analysen kleinerer Netzwerke zurückführen. Während dieses Vorgehen für lineare Netzwerke im Prinzip als geklärt angesehen werden kann (siehe z. B. [16, 17, 18] wird an entsprechenden Verfahren zur Analyse nichtlinearer Netzwerke z. Z. intensiv gearbeitet (man vgl. hierzu die in dem Tagungsbericht [19] zu dieser Problematik enthaltenen Beiträge). Beim derzeitigen Entwicklungsstand der Rechentechnik und der Programme zur Netzwerkanalyse sind solche Verfahren vor allem für Netzwerke mit mehr als 500 bis 1000 Zweigen von Interesse.

Auch der Begriff der *Netzwerksynthese* knüpft am Begriff des Klemmenverhaltens an. Aufgabe der Netzwerksynthese ist es, ein vorgegebenes Klemmenverhalten durch ein Netzwerk zu realisieren, das nur aus Netzwerken einer bestimmten, gleichfalls vorgegebenen Klasse von Elementarnetzwerken bestehen darf, wobei u. U. noch zusätzliche Struktureinschränkungen (wie „durchgehende Erde“, keine „Brückenschaltung“, keine „schwimmenden“ Gyratoren, o. ä.) berücksichtigt werden sollen.

Indem man den Elementarnetzwerken oder geeigneten Kombinationen von Elementarnetzwerken eines mit einem Syntheseverfahren entwickelten Netzwerks technische Bauelemente oder Zusammenschaltungen solcher Bauelemente so zuordnet, daß das Klemmenverhalten der einander zugeordneten Unternetzwerke und Baugruppen möglichst gut übereinstimmt, erhält man eine (näherungsweise) Realisierung des vorgegebenen Klemmenverhaltens durch eine technische Schaltung.

Bei der Modellierung einer gegebenen technischen Schaltung geht man den umgekehrten Weg. Zunächst ordnet man den Bauelementen (Widerständen, Transistoren, Kondensatoren, Spulen, Übertragern, usw.) und gewissen Baugruppen (wie Verstärkern, integrierten Schaltkreisen, usw.) jeweils ein Netzwerkmodell zu, das das Klemmenverhalten des entsprechenden Bauelements bzw. der entsprechenden Baugruppe hinreichend gut beschreibt. Durch Zusammenschaltung der Netzwerkmodelle der Bauelemente und Baugruppen erhält man ein Netzwerkmodell der Gesamtschaltung. Hat man erst einmal einen Katalog zusammengestellt, der für alle in einem bestimmten Anwendungsgebiet benötigten Bauelemente und Baugruppen ein Modell (oder sogar eine nach Genauigkeitsstufen hierarchisch geordnete Familie von Modellen) enthält, so lassen sich auch größere Schaltungen sehr rationell modellieren.

Durch die erforderliche Nachbildung des Klemmenverhaltens der Bauelemente und Baugruppen durch Netzwerkmodelle führt offensichtlich nicht nur der Schaltungsentwurf, sondern auch die Modellierung technischer Schaltungen auf Syntheseprobleme. Eine ausführliche Diskussion dieser Problematik aus netzwerktheoretischer Sicht findet man in [20]. Programme zur Bestimmung von Modellen für MIS- und Bipolartransistoren und eine Vielzahl praktischer Hinweise findet man in [21 bis 26].

Um die mathematische Beschreibung zu vereinfachen, sollen im folgenden ausschließlich *normierte Netzwerke* (z. B. [27]) behandelt werden. Bezeichnet man die *Bezugsgrößen* für Spannung, Strom, Widerstand, Leitwert, Induktivität, Kapazität, Zeit und

Kreisfrequenz der Reihe nach mit den Symbolen

$$U_B, I_B, R_B, G_B, L_B, C_B, t_B, \omega_B , \tag{1}$$

so erhält man die entsprechenden *normierten Größen*, indem man die physikalischen Größen durch die dazugehörige Bezugsgröße dividiert. Da keine Verwechslungen möglich sind, können wir auf eine besondere Kennzeichnung der normierten Größen verzichten.

Damit die Beziehungen zwischen den normierten Größen die gleiche Struktur haben wie die ihnen entsprechenden Beziehungen zwischen den nichtnormierten Größen, wird vorausgesetzt, daß die in (1) aufgeführten Bezugsgrößen den Bedingungen

$$\begin{aligned} U_B &= R_B I_B, \quad G_B = \frac{1}{R_B}, \\ L_B &= R_B t_B, \quad C_B = G_B t_B , \\ \omega_B &= \frac{1}{t_B} \end{aligned} \tag{2}$$

genügen (vgl. auch [28]).

Die folgenden Ausführungen basieren im wesentlichen auf Vorlesungen des Verfassers und auf den Arbeiten [28 bis 31].

3.1.2.2. Netzwerke, Netzwerkanalyse

3.1.2.2.1. Netzwerke

Ein 7-Tupel

$$\mathcal{N} = (\mathcal{Z}, \mathcal{K}, \mathcal{A}_u, \mathcal{A}_i, \mathcal{S}, \mathcal{V}, \zeta) \tag{3}$$

ist ein *Netzwerk* (genauer: ein *endliches Netzwerk*), falls die Zweigmenge $\mathcal{Z}$, die Knotenmenge $\mathcal{K}$, die Inzidenzabbildungen

$$\mathcal{A}_u, \mathcal{A}_i : \mathcal{Z} \to \mathcal{K} \times \mathcal{K} , \tag{4}$$

die Signalmenge $\mathcal{S}$, die u-i-Relation $\mathcal{V}$ und die Abbildung ζ die folgenden Voraussetzungen erfüllen:

1. Die Tripel

$$\mathcal{G}_u := (\mathcal{Z}, \mathcal{K}, \mathcal{A}_u), \qquad \mathcal{G}_i := (\mathcal{Z}, \mathcal{K}, \mathcal{A}_i) \tag{5}$$

   sind endliche orientierte Graphen, die sich höchstens in der Orientierung ihrer Zweige unterscheiden.

2. Die Abbildung ζ liefert eine Indizierung der Zweigmenge $\mathcal{Z}$, d. h. mit $z := |\mathcal{Z}|$ ist ζ eine bijektive Abbildung

$$\zeta : \boldsymbol{N}_z \to \mathcal{Z} . \tag{6}$$

3. Mit

$$\mathfrak{S}_T := \mathfrak{U}_T \times \mathfrak{I}_T \tag{7}$$

   gilt

$$\mathcal{S} := \bigcup_{T \in \mathfrak{T}} \mathfrak{S}_T , \tag{8}$$

   wobei $\mathfrak{T}$ die Menge

$$\mathfrak{T} := \{T \in P(\boldsymbol{R}) \mid T \text{ zusammenhängend}\} \tag{9}$$

   aller abgeschlossenen, halboffenen und offenen Intervalle $T \subseteq \boldsymbol{R}$ bezeichnet und die Mengen

$$\mathfrak{U}_T \subseteq (\boldsymbol{R}^z)^T, \qquad \mathfrak{I}_T \subseteq (\boldsymbol{R}^z)^T \tag{10}$$

lineare Teilräume der Mengen aller Abbildungen des Intervalls T in den z-dimensionalen Zahlenraum $\boldsymbol{R}^z$ $(z := |\mathscr{Z}|)$ sind, die für alle T, $T' \in \mathfrak{T}$ mit $T' \subseteq T$ der Verträglichkeitsbedingung

$$u \in \mathfrak{U}_T \Rightarrow u/T' \in \mathfrak{U}_{T'}\,, \tag{11}$$

$$i \in \mathfrak{J}_T \Rightarrow i/T' \in \mathfrak{J}_{T'} \tag{12}$$

und mit

$$\mathfrak{U}_T^{(j)} := \{u_j \in \boldsymbol{R}^T \mid u_j = pr_j \circ u,\, u \in \mathfrak{U}_T\}\,, \tag{13}$$

$$\mathfrak{J}_T^{(j)} := \{i_j \in \boldsymbol{R}^T \mid i_j = pr_j \circ i,\, i \in \mathfrak{J}_T\} \qquad (j = 1, \dots, z) \tag{14}$$

für alle $T \in \mathfrak{T}$ der Forderung

$$\mathfrak{U}_T = \{u \in (\boldsymbol{R}^z)^T \mid pr_j \circ u \in \mathfrak{U}_T^{(j)},\, j = 1, \dots, z\}, \tag{15}$$

$$\mathfrak{J}_T = \{i \in (\boldsymbol{R}^z)^T \mid pr_j \circ i \in \mathfrak{J}_T^{(j)},\, j = 1, \dots, z\} \tag{16}$$

genügen.

4. Die u-i-Relation $\mathcal{V}$ ist eine Teilmenge der Signalmenge $\mathscr{S}$, d. h.

$$\mathcal{V} \subseteq \mathscr{S}\,, \tag{17}$$

wobei die durch

$$\mathfrak{V}_T := \mathcal{V} \cap \mathfrak{S}_T \tag{18}$$

für alle $T \in \mathfrak{T}$ definierten Teilrelation von $\mathcal{V}$ für alle T, $T' \in \mathfrak{T}$ mit $T' \subseteq T$ der Bedingung

$$(u, i) \in \mathfrak{V}_T \Rightarrow (u/T', i/T') \in \mathfrak{V}_{T'}\,. \tag{19}$$

genügen müssen.

Die Elemente der in (13) und (14) für $T \in \mathfrak{T}$ und $j \in \boldsymbol{N}_z$ definierten linearen Räume $\mathfrak{U}_T^{(j)}$ bzw. $\mathfrak{J}_T^{(j)}$ sind wegen $u_j(t) = pr_j(u(t)) \in \boldsymbol{R}$ bzw. $i_j(t) = pr_j(i(t)) \in \boldsymbol{R}$ Abbildungen des Typs

$$u_j : T \to \boldsymbol{R} \quad \text{bzw.} \quad i_j : T \to \boldsymbol{R}\,. \tag{20}$$

Sie werden als die mit Hilfe der Abbildung $\zeta : \boldsymbol{N}_z \to \mathscr{Z}$ dem Zweig

$$\zeta_j := \zeta(j) \tag{21}$$

zugeordneten *Zweigspannungen* bzw. *Zweigströme* bezeichnet. Die linearen Räume $\mathfrak{U}_T^{(j)}$ bzw. $\mathfrak{J}_T^{(j)}$ sind die Mengen aller auf dem Intervall T definierten Zweigspannungen bzw. Zweigströme des Zweiges ζ_j.

Die Elemente der für alle $T \in \mathfrak{T}$ definierten linearen Räume $\mathfrak{U}_T$ und $\mathfrak{J}_T$ werden dementsprechend als *Zweigspannungs-* bzw. *Zweigstromverteilungen* bezeichnet. Sie sind Abbildungen

$$u : T \to \boldsymbol{R}^z \quad \text{bzw.} \quad i : T \to \boldsymbol{R}^z \tag{22}$$

des Intervalls T in den $\boldsymbol{R}^z$.

Aus den Bedingungen (15) und (16) folgt, daß die linearen Räume $\mathfrak{U}_T$ und $\mathfrak{J}_T$ der äußeren direkten Summe der Räume $\mathfrak{U}_T^{(1)}, \dots, \mathfrak{U}_T^{(z)}$ bzw. $\mathfrak{J}_T^{(1)}, \dots, \mathfrak{J}_T^{(z)}$ isomorph sind. Auf ihre Bedeutung werden wir in Abschnitt 3.1.2.3.2. eingehen.

Eine Zweigspannung $u_j \in \mathfrak{U}_T^{(j)}$, die für ein $u \in \mathfrak{U}_T$ der Bedingung $u_j = pr_j \circ u$ genügt, wird auch als die dem Zweig ζ_j durch die Zweigspannungsverteilung *u zugeordnete* Zweigspannung bezeichnet. Analog wird ein Zweigstrom $i_j \in \mathfrak{J}_T^{(j)}$, der für ein $i \in \mathfrak{J}_T$ der Bedingung $i_j = pr_j \circ i$ genügt, auch als der dem Zweig ζ_j durch die Zweigstromverteilung *i zugeordnete* Zweigstrom bezeichnet.

Wegen

$$\mathcal{V} \subseteq \mathcal{S} = \bigcup_{T \in \mathfrak{T}} \mathfrak{U}_T \times \mathfrak{J}_T \subseteq \left(\bigcup_{T \in \mathfrak{T}} \mathfrak{U}_T\right) \times \left(\bigcup_{T \in \mathfrak{T}} \mathfrak{J}_T\right) \tag{23}$$

ist die u-i-Relation $\mathcal{V}$ eine zweistellige Relation zwischen der Menge $\bigcup_{T \in \mathfrak{T}} \mathfrak{U}_T$ aller Zweigspann ungsverteilungen und der Menge $\bigcup_{T \in \mathfrak{T}} \mathfrak{J}_T$ aller Zweigstromverteilungen.

Die Elemente der Menge $\mathcal{S}$ werden als *Signale* bezeichnet. Gilt $(u, i) \in \mathcal{S}$, so gibt es wegen (8) ein $T \in \mathfrak{T}$ mit $u = pr_1(u, i) \in \mathfrak{U}_T$ und $i = pr_2(u, i) \in \mathfrak{J}_T$. Die Signale eines Netzwerks sind also geordnete Paare aus einer Zweigspannungs- und einer Zweigstromverteilung, die auf dem gleichen Intervall $T \in \mathfrak{T}$ definiert sind.

Die Verträglichkeitsbedingung (11) garantiert, daß die Menge $\{u' \in (\boldsymbol{R}^z)^{T'} \mid u' := u/T'$ $u \in \mathfrak{U}_T\}$ aller Restriktionen der Abbildungen $u \in \mathfrak{U}_T \subseteq (\boldsymbol{R}^z)^T$ auf das Intervall $T' \subseteq T$ eine Teilmenge von $\mathfrak{U}_{T'}$, ist,

$$\{u' \in (\boldsymbol{R}^z)^{T'} \mid u' := u/T', u \in \mathfrak{U}_T\} \subseteq \mathfrak{U}_{T'} . \tag{24}$$

Entsprechend folgen aus (12) und (19) die Inklusionen

$$\{i' \in (\boldsymbol{R}^z)^{T'} \mid i' := i/T', i \in \mathfrak{J}_T\} \subseteq \mathfrak{J}_{T'} \tag{25}$$

bzw.

$$\{(u', i') \in (\boldsymbol{R}^z)^{T'} \times (\boldsymbol{R}^z)^{T'} \mid u' := u/T', \ i' := i/T', (u, i) \in \mathfrak{S}_T\} \subseteq \mathfrak{S}_{T'} . \tag{26}$$

Anschaulich gesprochen bedeuten die Verträglichkeitsbedingungen (11), (12) und (19), daß man die auf einem Intervall $T \in \mathfrak{T}$ definierten Zweigspannungsverteilungen $u \in \mathfrak{U}_T$, und die dort definierten Zweigstromverteilungen $i \in \mathfrak{J}_T$ und Signale $(u, i) \in \mathfrak{S}_T$ auch auf jedem Intervall $T' \subseteq T$ beobachten kann.

Bei den wichtigsten Anwendungen der hier entwickelten Theorie wird die Signalmenge $\mathcal{S}$ mit Hilfe der Beziehungen (15), (16), (7) und (8) ausgehend von zwei Doppelfamilien $(\mathfrak{U}_T^{(j)})_{T \in \mathfrak{T}, j \in \boldsymbol{N}_z}$ und $(\mathfrak{J}_T^{(j)})_{T \in \mathfrak{T}, j \in \boldsymbol{N}_z}$ von Zweigspannungs- bzw. Zweigstrommengen definiert, deren Glieder $\mathfrak{U}_T^{(j)}$ bzw. $\mathfrak{J}_T^{(j)}$ lineare Teilräume der Menge $\boldsymbol{R}^T$ aller Abbildungen von T in $\boldsymbol{R}$ sind, die außerdem einer zu (11) bzw. (12) analogen Beobachtbarkeitsbedingung genügen.

Der Graph $\mathcal{G}_u = (\mathcal{Z}, \mathcal{K}, \mathcal{A}_u)$ wird als *Spannungsgraph* und der Graph $\mathcal{G}_i = (\mathcal{Z}, \mathcal{K}, \mathcal{A}_i)$ als *Stromgraph* des Netzwerks bezeichnet.

Da sich diese beiden Graphen höchstens in der Orientierung ihrer Zweige unterscheiden, gilt für alle $b \in \mathcal{Z}$

$$\mathcal{A}_u(b) = (m, n) \in \mathcal{K} \times \mathcal{K} \Rightarrow \mathcal{A}_i(b) \in \{(m, n), (n, m)\} \subseteq \mathcal{K} \times \mathcal{K} . \tag{27}$$

Die Orientierungen der Zweige von $\mathcal{G}_u$ bzw. $\mathcal{G}_i$ werden auch als die *positiven Zählrichtungen* der ihnen entsprechenden Zweigspannungen bzw. Zweigströme bezeichnet. Gilt zu einem Zeitpunkt $t \in T$ für die zu einer Zweigspannungsverteilung $u \in \mathfrak{U}_T$ gehörende Zweigspannung $u_j = pr_j \circ u$ des Zweiges ζ_j die Ungleichung

$$u_j(t) > 0 \quad \left(\text{oder } u_j(t) < 0\right) , \tag{28}$$

so sagt man, die Zweigspannung u_j *fällt* zum Zeitpunkt $t \in T$ *in* (bzw. *entgegengesetzt zu*) *der* durch $\mathcal{A}_u(\zeta_j)$ definierten *Richtung des Zweiges* ζ_j des Spannungsgraphen $\mathcal{G}_u$ *ab*. Entsprechend sagt man, der durch eine Zweigstromverteilung $i \in \mathfrak{J}_T$ definierte Zweigstrom $i_j = pr_j \circ i$ des Zweiges ζ_j *fließt in* (bzw. *entgegengesetzt zur*) *Richtung der*

Orientierung dieses Zweiges im Graphen $\mathcal{G}_i$, falls die Ungleichung

$$i_j(t) > 0 \quad (\text{bzw. } i_j(t) < 0) \tag{29}$$

gilt.
Während die Inzidenzabbildungen $\mathcal{A}_u$ und $\mathcal{A}_i$ eines Netzwerks stets die Bedingung (27) erfüllen müssen, ist die Bedingung $\mathcal{A}_u = \mathcal{A}_i$, d. h.

$$\forall b \in \mathcal{Z} : \mathcal{A}_u(b) = \mathcal{A}_i(b) , \tag{30}$$

nicht notwendig. Gilt (30), so spricht man auch von *angepaßten Zählrichtungen* für die Zweigspannungen und Zweigströme.
Der Fall, daß für gewisse Zweige $b \in \mathcal{Z}$ die Beziehung

$$\mathcal{A}_u(b) = \mathcal{A}_i(b) \in E_{\mathcal{K}} := \{(n, n) \mid n \in \mathcal{K}\} \tag{31}$$

gilt, braucht nicht ausgeschlossen zu werden. Ein Zweig, der dieser Bedingung genügt, bildet eine Schlinge.

3.1.2.2.2. Die Kirchhoffschen Gesetze

Gegeben sei ein Netzwerk $\mathcal{N} = (\mathcal{Z}, \mathcal{K}_i, \mathcal{A}, \mathcal{A}, \mathcal{S}, V, \zeta)$.
Ein Element $u \in \mathfrak{U}_T$ bzw. $i \in \mathfrak{J}_T$ ist eine *Kirchhoffsche Zweigspannungs-* bzw. *Kirchhoffsche Zweigstromverteilung*, falls die durch u definierten Zweigspannungen $u_j = pr_j \circ u$ $(j = 1 \dots, z)$ für alle orientierten Zyklen $(\mathcal{Z}_Z^+, \mathcal{Z}_Z^-)$ des Spannungsgraphen $\mathcal{G}_u = (\mathcal{Z}, \mathcal{K}, \mathcal{A}_u)$ von $\mathcal{N}$ der Bedingung

$$\sum_{\zeta_p \in \mathcal{Z}_Z^+} u_p - \sum_{\zeta_p \in \mathcal{Z}_Z^-} u_n = 0 \tag{32}$$

genügen bzw. falls die durch i definierten Zweigströme $i_j = pr_j \circ i$ $(j = 1, \dots, z)$ für alle orientierten Schnitte $(\mathcal{Z}_S^+, \mathcal{Z}_S^-)$ des Stromgraphen $\mathcal{G}_i = (\mathcal{Z}, \mathcal{K}, \mathcal{A}_i)$ von $\mathcal{N}$ der Bedingung

$$\sum_{\zeta_p \in Z_S^+} i_p - \sum_{\zeta_n \in Z_S^-} i_n = 0 \tag{33}$$

genügen. (Der Formulierung dieser Bedingungen liegt die Konvention $\sum_{\zeta_j \in \emptyset} u_j := 0$ bzw. $\sum_{\zeta_j \in \emptyset} i_j := 0$ zugrunde.)
Die Menge aller auf einem Intervall $T \in \mathfrak{T}$ definierten *Kirchhoff*schen Zweigspannungsverteilungen wird mit

$$\mathfrak{M}_T \subseteq \mathfrak{U}_T \tag{34}$$

und die Menge aller auf $T \in \mathfrak{T}$ definierten *Kirchhoff*schen Zweigstromverteilungen wird mit

$$\mathfrak{K}_T \subseteq \mathfrak{J}_T \tag{35}$$

bezeichnet.
Die Menge $\mathfrak{M}_T$ ist ein linearer Teilraum von $\mathfrak{U}_T$ und die Menge $\mathfrak{K}_T$ ein linearer Teilraum von $\mathfrak{J}_T$.
Die definierenden Bedingungen der Mengen $\mathfrak{M}_T$ und $\mathfrak{K}_T$ sind äquivalente Formulierungen des *Kirchhoffschen Maschen-* bzw. *Knotengesetzes*.
Sind die Matrizen Z_u und M_u reduzierte Zyklen- bzw. Maschenmatrizen des Spannungsgraphen $\mathcal{G}_u$ von $\mathcal{N}$, die bezüglich der Indizierung ζ der Zweigmenge von $\mathcal{N}$ aufgestellt worden sind, so gilt

$$\mathfrak{M}_T = \{u \in \mathfrak{U}_T \mid Z_u u = 0\} \tag{36}$$

bzw.

$$\mathfrak{M}_T = \{u \in \mathfrak{U}_T \mid M_u u = 0\} , \tag{37}$$

falls man die Elemente von $\mathfrak{U}_T$ mit entsprechenden Spaltenmatrizen identifiziert.

Analog gilt

$$\mathfrak{K}_T = \{i \in \mathfrak{J}_T \mid S_i i = 0\} \tag{38}$$

und

$$\mathfrak{K}_T = \{i \in \mathfrak{J}_T \mid K_i i = 0\}\ , \tag{39}$$

falls S_i bzw. K_i eine (bezüglich ζ aufgestellte) reduzierte Schnitt- bzw. Knotenmatrix des Stromgraphen $\mathcal{G}_i$ von $\mathcal{N}$ bezeichnet.

Die Menge

$$\mathfrak{M}_T \times \mathfrak{K}_T \subseteq \mathfrak{U}_T \times \mathfrak{J}_T = \mathfrak{S}_T \tag{40}$$

ist die Menge aller Signale von $\mathfrak{S}_T$, die den Kirchhoffschen Gesetzen genügen, sie ist ein linearer Teilraum von $\mathfrak{S}_T$.

Mit Hilfe einer reduzierten Schnitt- bzw. Knotenmatrix von $\mathcal{G}_u$ definiert man die Mengen

$$\mathfrak{U}_T^{S_u} := \{u^{S_u} \in (\boldsymbol{R}^{k^0})^T \mid S_u^t u^{S_u} \in \mathfrak{U}_T\} \tag{41}$$

bzw.

$$\mathfrak{U}_T^{K_u} := \{u^{K_u} \in (\boldsymbol{R}^{k^0})^T \mid K_u^t u^{K_u} \in \mathfrak{U}_T\} \qquad (k^0 = k - c) \tag{42}$$

aller *Schnittspannungsverteilungen* bezüglich der Schnittmatrix S_u bzw. aller *Knotenspannungsverteilungen* bezüglich der Knotenmatrix K_u (k bezeichnet die Anzahl der Knoten und c die Anzahl der Komponenten der Graphen $\mathcal{G}_u$ und $\mathcal{G}_i$).

Entsprechend definiert man mit einer reduzierten Zyklenmatrix Z_i bzw. einer reduzierten Maschenmatrix M_i von $\mathcal{G}_i$ die Mengen

$$\mathfrak{J}_T^{Z_i} := \{i^{Z_i} \in (\boldsymbol{R}^{z^0})^T \mid Z_i^t i^{Z_i} \in \mathfrak{J}_T\} \tag{43}$$

bzw.

$$\mathfrak{J}_T^{M_i} := \{i^{M_i} \in (\boldsymbol{R}^{z^0})^T \mid M_i^t i^{M_i} \in \mathfrak{J}_T\} \qquad (z^0 = z - k^0) \tag{44}$$

aller *Zyklenstromverteilungen* bezüglich Z_i bzw. aller *Maschenstromverteilungen* bezüglich M_i.

Mit den soeben eingeführten Mengen erhält man für die Menge $\mathfrak{M}_T$ aller Kirchhoffschen Spannungsverteilungen und für die Menge $\mathfrak{K}_T$ aller Kirchhoffschen Stromverteilungen die zu (36), (37) bzw. (38), (39) äquivalenten Darstellungen

$$\mathfrak{M}_T = \{u \in (\boldsymbol{R}^z)^T \mid u = S_u^t u^{S_u},\ u^{S_u} \in \mathfrak{U}_T^{S_u}\}\ , \tag{45}$$

$$\mathfrak{M}_T = \{u \in (\boldsymbol{R}^z)^T \mid u = K_u^t u^{K_u}\ ,\ u^{K_u} \in \mathfrak{U}_T^{K_u}\} \tag{46}$$

bzw.

$$\mathfrak{K}_T = \{i \in (\boldsymbol{R}^z)^T \mid i = Z_i^t i^{Z_i}\ ,\ i^{Z_i} \in \mathfrak{J}_T^{Z_i}\}\ , \tag{47}$$

$$\mathfrak{K}_T = \{i \in (\boldsymbol{R}^z)^T \mid i = M_i^t i^{M_i}\ ,\ i^{M_i} \in \mathfrak{J}_T^{M_i}\}\ . \tag{48}$$

Ist S_u eine Fundamentalschnittmatrix, die durch einen vollständigen Wald mit der Zweigmenge $\mathcal{Z}_W = \{\zeta_{w_1}, \dots, \zeta_{w_{k^0}}\}$ definiert worden ist, so gilt

$$\mathfrak{U}_T^{S_u} = pr_{w_1, \dots, w_{k^0}}\,[\mathfrak{M}_T]\ , \tag{49}$$

falls (mit den Bezeichnungen aus Abschnitt 3.1.5.3.3.) für $r = 1, \dots, k^0$ der orientierte Fundamentalschnitt (σ_r^+, σ_r^-) durch den Zweig $\zeta_{w_r} \in \mathcal{Z}_W$ definiert wird.

Ist M_i eine Fundamentalmaschenmatrix, die durch ein Verbindungszweigsystem $\mathcal{Z}_V = \{\zeta_{v_1}, \dots, \zeta_{v_{z^0}}\}$ definiert worden ist, so gilt

$$\mathfrak{J}_T^{M_i} = pr_{v_1, \dots, v_{z^0}}\,[\mathfrak{K}_T]\ , \tag{50}$$

falls die orientierte Fundamentalmasche (μ_s^+, μ_s^-) durch den Zweig $\zeta_{v_s} \in \mathcal{Z}_V$ definiert wird $(s = 1, \dots, z^0)$.

Für alle $u \in \mathfrak{M}_T$ und $u^{S_u} \in \mathfrak{U}_T^{S_u}$ gilt also

$$u_{w_j} = u_j^{S_u} \qquad (j = 1, \dots, k^0), \tag{51}$$

und für alle $i \in \mathfrak{K}_T$ und $i^{M_t} \in \mathfrak{J}_T^{M_t}$ gilt

$$i_{v_j} = i_j^{M_t} \quad (j = 1, \dots, z^0) . \tag{52}$$

Erfüllt das Netzwerk $\mathcal{N}$ die Voraussetzung $\mathcal{A}_u = \mathcal{A}_i$ (angepaßte Zählrichtungen für Zweigspannungen und Zweigströme), so kann wegen $\mathcal{G}_u = \mathcal{G}_i$ in (38), (41), (45), (49) und (51) für die Matrizen S_u und S_i eine beliebige reduzierte Schnittmatrix S des Graphen $\mathcal{G} := \mathcal{G}_u = \mathcal{G}_i$ eingesetzt werden. Entsprechend kann man dann für K_u und K_i, für M_u und M_i sowie für Z_u und Z_i jeweils die gleiche Matrix einsetzen.
Von den verschiedenen äquivalenten Gleichungssystemen, die aus dem Kirchhoffschen Maschen- und Knotengesetz folgen, wird man (zumindest bei der Analyse größerer Netzwerke) von vornherein auf diejenigen verzichten, deren Koeffizientenmatrix eine reduzierte Zyklenmatrix enthält, die keine reduzierte Maschenmatrix ist, weil solche Zyklenmatrizen in der Regel stärker mit von Null verschiedenen Elementen besetzt sind als entsprechend ausgewählte Maschenmatrizen (vgl. auch [32]).
Im übrigen fällt es schwer, einer dieser Darstellungen einen eindeutigen Vorteil gegenüber allen anderen zuzuordnen; auch bei der Analyse großer Netzwerke haben sich die verschiedensten Varianten bewährt. Zum Beispiel basiert das in [33] beschriebene Tableau-Gleichungssystem auf den Beziehungen (46), (39). In dem Programmsystem ASTAP [34] werden die Beziehungen (37), (38) verwendet, wobei die Fundamentalmatrizen M und S durch einen vollständigen Wald definiert werden, der so ausgewählt wird, daß diese Matrizen unter Berücksichtigung gewisser Nebenbedingungen möglichst schwach besetzt sind. Das Programmsystem DELPHI [35] basiert auf (37), (39), wobei für die Matrix M eine möglichst schwach besetzte Fundamentalmaschenmatrix ausgewählt wird.

3.1.2.2.3. Netzwerkanalyse

Aufgabe der *Netzwerkanalyse* ist es, zu einem gegebenen Netzwerk $\mathcal{N} = (\mathcal{Z}, \mathcal{K}, \mathcal{A}_u, \mathcal{A}_i, \mathcal{S}, V, \zeta)$ und einem Intervall $T \in \mathfrak{T}$ die Menge

$$\mathfrak{L}_T := \mathfrak{B}_T \cap (\mathfrak{M}_T \times \mathfrak{K}_T) \tag{53}$$

aller geordneten Paare $(u, i) \in \mathfrak{S}_T$, zu bestimmen, die auf dem Intervall T sowohl der u-i-Relation als auch den Kirchhoffschen Gesetzen genügen.
Diese Definition führt unmittelbar auf die Frage, ob die Menge $\mathfrak{L}_T$ aller Lösungen der soeben formulierten Analysenaufgabe wenigstens einer der folgenden Bedingungen

$$|\mathfrak{L}_T| \geqq 1 \quad (\mathfrak{L}_T \neq \emptyset) , \tag{54}$$

$$|\mathfrak{L}_T| \leqq 1 , \tag{55}$$

$$|\mathfrak{L}_T| = 1 \tag{56}$$

genügt.
Gilt (54) bzw. (55), so hat diese Aufgabe wenigstens eine bzw. höchstens eine Lösung; gilt (56), so existiert genau eine Lösung.
Existiert mehr als eine Lösung, so ergibt sich zwangsläufig die Frage, wie man die Menge aller Lösungen vollständig erfassen kann, und durch welche zusätzlichen Bedingungen eine Lösung $(u, i) \in \mathfrak{L}_T$ eindeutig festgelegt wird.
Abgesehen von einigen illustrierenden Beispielen im nächsten Abschnitt können wir hier auf diese Fragen, trotz ihrer entscheidenden praktischen Bedeutung, nicht eingehen. Es sei auf [36] bis [42] verwiesen.
Im Zusammenhang mit dem Begriff Netzwerkanalyse wollen wir noch einmal auf die in Abschnitt 3.1.2.2.1. angegebene Netzwerkdefinition zurückkommen.
Auf den ersten Blick könnte man versucht sein, auch die beiden Kirchhoffschen Gesetze als Forderungen in die Definition des Begriffs Netzwerk aufzunehmen, denen

die Zweigspannungs- und Zweigstromverteilungen eines Netzwerks neben den in der erwähnten Definition bereits genannten Bedingungen genügen müssen.
Ein solches Vorgehen erscheint uns (vor allem im Hinblick auf den in Mathematik und Technik üblichen Sprachgebrauch) nicht zweckmäßig, denn dann dürfte ein 7-Tupel $(\mathcal{Z}, \mathcal{K}, \mathcal{A}_u, \mathcal{A}_i, \mathcal{S}, \mathcal{V}, \zeta)$ nur als Netzwerk bezeichnet werden, wenn die Menge $\mathfrak{L}_T$ aller Lösungen der zugeordneten Netzwerkanalyseaufgabe für wenigstens ein Intervall $T \in \mathfrak{T}$ von der leeren Menge verschieden ist. (In Analogie dürfte man dann beispielsweise ein widersprüchliches Gleichungssystem auch nicht als Gleichungssystem bezeichnen!)

3.1.2.2.4. Beispiele

Beispiel 1:

$$\mathcal{N} = (\mathcal{Z}, \mathcal{K}, \mathcal{A}_u, \mathcal{A}_i, \mathcal{S}, \mathcal{V}, \zeta)$$

mit

$$\begin{aligned}
\mathcal{Z} &:= \{V, Q\},\ \mathcal{K} := \{p, m\},\ \zeta_1 := Q\,,\ \zeta_2 := V\,,\\
\mathcal{A}_u &:= \{(V, (p, m)),\ (Q, (p, m))\}\,,\\
\mathcal{A}_i &:= \{(V, (p, m)),\ (Q, (m, p))\}\,,\\
\mathfrak{U}_T^{(j)} &:= \mathfrak{J}_T^{(j)} := C^0(T)^{1)} \qquad (j = 1, 2;\ T \in \mathfrak{T}),\\
\mathcal{V} &:= \{(u, i) \in \mathcal{S}\ |u_1 = u^e/T,\ u_2 = Ri_2,\ T \in \mathfrak{T}\}\ (u^e \in C^0(\boldsymbol{R}),\ R \in \boldsymbol{R})\,.
\end{aligned} \tag{57}$$

Dieses Netzwerk besteht aus der Parallelschaltung einer unabhängigen Spannungsquelle mit einem linearen ohmschen Widerstand R. Die Funktion $u^e : \boldsymbol{R} \to \boldsymbol{R}$ definiert die eingeprägte Spannung der Spannungsquelle.
Wegen

$$\begin{aligned}
u \in \mathfrak{M}_T &\Leftrightarrow u_1 - u_2 = 0\,,\\
i \in \mathfrak{K}_T &\Leftrightarrow i_1 - i_2 = 0
\end{aligned} \tag{58}$$

erhält man für $\mathfrak{L}_T = \mathfrak{V}_T \cap (\mathfrak{M}_T \times \mathfrak{K}_T)$ die Menge

$$\mathfrak{L}_T = \left\{(u, i) \in \mathfrak{S}_T \mid u_1 = u_2 = u^e/T\,,\quad i_1 = i_2 = \frac{1}{R} u_1\right\}. \tag{59}$$

Bei diesem Beispiel enthält die Menge $\mathfrak{L}_T$ für alle $T \in \mathfrak{T}$, $R \neq 0$ genau ein Element.
Beispiel 2:

$$\mathcal{N} = (\mathcal{Z}, \mathcal{K}, \mathcal{A}_u, \mathcal{A}_i, \mathcal{V}, \mathcal{S}, \zeta)$$

mit

$$\begin{aligned}
\mathcal{Z} &:= \{1, 2\}, \qquad \mathcal{K} := \{①, ②\}\,,\\
\mathcal{A}_u &:= \mathcal{A}_i := \{(1, (①, ②)), (2, (①, ②))\}\,,\\
\zeta_1 &:= 1, \qquad \zeta_2 := 2\,,\\
\mathfrak{U}_T^{(j)} &:= C^1(T)^{2)}, \qquad \mathfrak{J}_T^{(j)} := C^0(T) \qquad (j = 1, 2;\ T \in \mathfrak{T})\,,\\
\mathcal{V} &:= \left\{(u, i) \in \bigcup_{T \in \mathfrak{T}} \mathfrak{S}_T \mid i_1 = C\dot{u}_1,\ u_2 = Ri_2\right\} \qquad (C, R \in \boldsymbol{R})\,.
\end{aligned} \tag{60}$$

Dieses Netzwerk besteht aus der Parallelschaltung einer linearen Kapazität mit einem linearen ohmschen Widerstand.

---

[1]) Das Symbol $C^0(T)$ bezeichnet die Menge aller auf dem Intervall T stetigen reellwertigen Funktionen.
[2]) Das Symbol $C^1(T)$ bezeichnet die Menge aller auf dem Intervall T einmal stetig differenzierbaren reellwertigen Funktionen.

Mit

$$u \in \mathfrak{M}_T \Leftrightarrow u_1 - u_2 = 0\,, \qquad i \in \mathfrak{K}_T \Leftrightarrow i_1 + i_2 = 0 \tag{61}$$

erhält man aus $\mathcal{V}$ über

$$\dot{u}_1(t) = -\frac{1}{RC}\,u_1(t) \qquad (t \in T)$$

für $\mathfrak{L}_T$ den Ausdruck

$$\mathfrak{L}_T = \Big\{(u, i) \in \mathfrak{S}_T \mid u_1(t) = u_2(t) = U_0 \exp\left[-(t - t_0)\frac{1}{RC}\right], \\ i_1(t) = -i_2(t) = -\frac{U_0}{R}\exp\left[-(t-t_0)\frac{1}{RC}\right],\ t \in T,\ U_0 \in \boldsymbol{R}\Big\} \\ (t_0 \in T\text{, fest}). \tag{62}$$

Bei diesem Beispiel ist die Menge $\mathfrak{L}_T$ für alle $T \in \mathfrak{T}$ ($RC \neq 0$) ein eindimensionaler linearer Teilraum des Raums $\mathfrak{S}_T$.
In (62) bezeichnet t_0 einen beliebigen aber festen Punkt des Intervalls T.
Ist T ein links abgeschlossenes Intervall mit der unteren Grenze $t_a := \min T \in \boldsymbol{R}$, so kann man für t_0 auch den Wert t_a wählen. Der Punkt $\left((-U_0, U_0), \left(\frac{-U_0}{R}, \frac{U_0}{R}\right)\right) = \left((1, 1), \left(\frac{-1}{R}, \frac{1}{R}\right)\right) U_0 \in \boldsymbol{R}^2 \times \boldsymbol{R}^2$ ist dann der Anfangswert der durch diesen Punkt und den Zeitpunkt $t_0 = t_a \in T$ eindeutig festgelegten Trajektorie $(u, i) \in \mathfrak{L}_T$.
Offensichtlich ist dieser Anfangswert durch die Struktur und die u-i-Relation des Netzwerks $\mathcal{N}$ bereits bis auf einen skalaren Faktor U_0 eindeutig festgelegt. Wegen $U_0 = u_1(t_0)$ wird also das Verhalten oder, wie man auch sagen könnte, der *Zustand* dieses Netzwerks für alle $t > t_0$ durch den Anfangswert der Kondensatorspannung zur Zeit $t = t_0$ eindeutig festgelegt.
Für ein links offenes Intervall T mit endlicher unterer Grenze $t_a := \inf T > -\infty$ gibt es in $\mathfrak{L}_T$ zu jedem Wert $U_0 \in \boldsymbol{R}$ genau eine Trajektorie, deren rechtsseitiger Grenzwert $\lim_{t \to t_a + 0} \big(u(t), i(t)\big) \in \boldsymbol{R}^2 \times \boldsymbol{R}^2$ an der Stelle t_a durch den Wert $\left((1, 1), \left(\frac{-1}{R}, \frac{1}{R}\right)\right) \times U_0 \in \boldsymbol{R}^2 \times \boldsymbol{R}^2$ eindeutig festgelegt wird.
Für $\inf T = -\infty$ kann man $t_0 \in T \subseteq \boldsymbol{R}$ nicht mit dem Anfangspunkt des Intervalls T identifizieren. In diesem Fall läßt sich auch $\left((1, 1), \left(\frac{-1}{R}, \frac{1}{R}\right)\right) U_0$ nicht als Anfangswert der entsprechenden Trajektorie $(u, i) \in \mathfrak{L}_T$ interpretieren.
Beispiel 3:

$$\mathcal{N} = (\mathcal{Z}, \mathcal{K},\ \mathcal{A}_u, \mathcal{A}_i, \mathcal{S},\ \mathcal{V}, \zeta)$$

mit

$$\begin{aligned} &\mathcal{Z} := \{a\},\ \mathcal{K} := \{\alpha\},\ \zeta_1 := a\,, \\ &\mathcal{A}_u := \mathcal{A}_i := \{(a, (\alpha, \alpha))\}\,, \\ &\mathfrak{U}_T = \mathfrak{U}_T^{(1)} := C^0(T)\,, \\ &\mathfrak{I}_T = \mathfrak{I}_T^{(1)} := C^0(T)\,, \\ &\mathcal{V} := \{(u, i) \in \mathfrak{S} \mid u = u^e/T,\ T \in \mathfrak{T}\} = \bigcup_{T \in \mathfrak{T}} \{u^e/T\} \times \mathfrak{I}_T \quad (u^e \in C^0(\boldsymbol{R}))\,. \end{aligned} \tag{63}$$

Dieses Netzwerk besteht aus einer kurzgeschlossenen Spannungsquelle mit der eingeprägten Klemmenspannung $u^e : \boldsymbol{R} \to \boldsymbol{R}$.

Aus

$$\mathfrak{M}_T \times \mathfrak{R}_T = \{0\} \times \mathfrak{J}_T \tag{64}$$

und der u-i-Relation $\mathcal{V}$ folgt unmittelbar

$$\mathfrak{L}_T = \begin{cases} \emptyset & \text{für } u^e/T \neq 0\,, \\ \{0\} \times \mathfrak{J}_T & \text{für } u^e/T = 0\,. \end{cases} \tag{65}$$

(In (64) und (65) bezeichnet das Symbol 0 die identisch verschwindende Abbildung aus der Menge $\boldsymbol{R}^T$ aller Abbildungen von T in $\boldsymbol{R}$.)
Verschwindet die Funktion $u^e : \boldsymbol{R} \to \boldsymbol{R}$ auf dem Intervall T nicht identisch, so hat die Analyseaufgabe wegen des Widerspruchs zwischen der u-i-Relation und dem Kirchhoffschen Maschengesetz keine Lösung. Gilt dagegen $u^e/T = 0$, so ist die Menge $\mathfrak{L}_T = \{0\} \times C^0(T)$ aller Lösungen dieser Analyseaufgabe (falls das Intervall T nicht zu einem Punkt entartet ist) ein unendlichdimensionaler linearer Raum über dem Körper der reellen Zahlen und enthält demzufolge überzählbar unendlich viele Lösungen, die sich auch nicht durch eine Anfangsbedingung o. ä. eindeutig festlegen lassen.
Dieses Beispiel läßt sich dahingehend verallgemeinern, daß ein Netzwerk notwendigerweise keine Masche aus unabhängigen Spannungsquellen enthalten darf, wenn die zugehörige Analyseaufgabe eine eindeutige Lösung haben soll.
Analog ist die Bedingung, daß ein Netzwerk keinen Schnitt aus unabhängigen Stromquellen enthalten darf, eine notwendige Voraussetzung für die Existenz einer eindeutigen Lösung der Analyseaufgabe.

Beispiel 4:

$$\mathcal{N} = (\mathcal{Z}, \mathcal{K}, \mathcal{A}_u, \mathcal{A}_i, \mathcal{S}, \mathcal{V}, \zeta)$$

mit

$$\begin{aligned} &\mathcal{Z} := \{Q, D\}, \quad \mathcal{K} := \{p, m\}, \quad \zeta_1 := Q, \quad \zeta_2 := D\,, \\ &\mathcal{A}_u := \{(Q, (p, m)), (D, (p, m))\}\,, \\ &\mathcal{A}_i := \{(Q, (m, p)), (D, (p, m))\}\,, \\ &\mathfrak{U}_T := \mathfrak{J}_T := \{f \in (\boldsymbol{R}^2)^T \mid f = T \times \{x\}, x \in \boldsymbol{R}^2\}\,, \\ &\mathcal{V} := \{(u, i) \in \mathcal{S} \mid i_1(t) = I^e, i_2(t) = I_S(e^{\frac{1}{U_0} u_2(t)} - 1), t \in T, T \in \mathfrak{T}\} \\ &(I^e, I_S, U_0 \in \boldsymbol{R};\ I_S, I_0 > 0)\,. \end{aligned} \tag{66}$$

Dieses Netzwerk besteht aus der Parallelschaltung einer unabhängigen Stromquelle mit einer Diode. Für die Mengen $\mathfrak{U}_T$ und $\mathfrak{J}_T$ ist in diesem Beispiel die Menge aller auf dem jeweiligen Intervall $T \in \mathfrak{T}$ konstanten Funktionen $f : T \to \boldsymbol{R}^2$ gewählt worden.
Wie man sofort nachrechnet, gilt mit

$$U_D := U_0 \ln\left(\frac{I^e}{I_S} + 1\right)$$

$$\mathfrak{L}_T = \begin{cases} (T \times \{(U_D, U_D)\}, T \times \{I^e, I^e\}) & \text{für} \quad I^e > -I_S\,, \\ \emptyset & \text{für} \quad I^e \leqq -I_S\,. \end{cases} \tag{67}$$

Für alle $I^e > -I_S$ existiert also genau eine Lösung, für $I^e \leqq -I_S$ existiert keine Lösung.
Für eine entsprechende technische Schaltung würde sich stets eine eindeutige Lösung einstellen, weil bei genügend großen negativen Werten der Klemmenspannung der

Klemmenstrom einer technischen Stromquelle „zusammenbricht" und weil eine technische Diode unterhalb der Durchbruchsspannung wieder eine größere Leitfähigkeit zeigt. Möglicherweise wird die Schaltung jedoch durch diese Belastung zerstört.
Die Situation ist insofern typisch, weil die Nichtexistenz oder Nichteindeutigkeit einer Lösung in der Regel einen Hinweis auf unzulässige Vereinfachungen bei der Modellbildung liefert.
An Hand der vorliegenden Beispiele macht man sich sofort klar, daß die Antwort auf die Frage nach der Existenz oder/und Eindeutigkeit einer Lösung nicht nur von der Struktur eines Netzwerks und den Eigenschaften, die seine u-i-Relation definieren, abhängt, sondern auch von der (gleichfalls zum Modell gehörenden) Signalmenge des Netzwerks. Zum Beispiel erhielte man mit der Signalmenge aus Beispiel 4 für das RC-Netzwerk aus Beispiel 2 die Lösungsmenge $\mathfrak{L}_T = \{(0, 0)\} \subseteq \mathfrak{S}_T$. Ihr einziges Element ist die triviale Lösung $u(t) = i(t) = 0$ für alle $t \in T$.
Läßt man in Beispiel 3 für die Elemente der Mengen $\mathfrak{U}_T$ und $\mathfrak{J}_T$ nur konstante Funktionen zu, so ist für $u^e = 0$ die entsprechende Menge $\mathfrak{L}_T$ nicht mehr unendlichdimensional, sondern nur noch eindimensional. Berücksichtigt man die Belastungsabhängigkeit der Klemmenspannung einer technischen Spannungsquelle durch einen von Null verschiedenen ohmschen Widerstand, so gilt, auch wenn die Signalmenge durch die Menge aller auf dem Intervall T stetigen Funktionen definiert wird, stets $|\mathfrak{L}_T| = 1$.

3.1.2.3. Zusammenschaltung von Netzwerken, Unternetzwerke

3.1.2.3.1. Zusammenschaltung von Netzwerken

Gegeben sei eine endliche Familie $(\mathcal{N}^l)_{l\in L}$ von Netzwerken

$$\mathcal{N}^l = (\mathcal{Z}^l, \mathcal{K}^l, \mathcal{A}_u^l, \mathcal{A}_i^l, \mathcal{S}^l, \mathcal{V}^l, \zeta^l)\,, \tag{68}$$

deren Zweigmengen $\mathcal{Z}^l$ paarweise disjunkt und nichtleer sind,

$$\begin{aligned} &\forall l, m \in L : \mathcal{Z}^l \cap \mathcal{Z}^m = \emptyset\,, \\ &\forall l \in L : \mathcal{Z}^l \neq \emptyset\,. \end{aligned} \tag{69}$$

Außerdem gelte die bei technisch motivierten Beispielen trivialerweise erfüllte Voraussetzung

$$\forall l, m \in L : \mathcal{Z}^l \cap \mathcal{K}^m = \emptyset\,. \tag{70}$$

(Die Knotenmengen der Netzwerke $\mathcal{N}^l$ werden nicht ausdrücklich als paarweise disjunkt vorausgesetzt.)
Mit den Definitionen

$$\begin{aligned} \mathcal{Z} &:= \bigcup_{l\in L} \mathcal{Z}^l, \qquad \mathcal{K} := \bigcup_{l\in L} \mathcal{K}^l\,, \\ \mathcal{A}_u &:= \bigcup_{l\in L} \mathcal{A}_u^l\,, \qquad \mathcal{A}_i := \bigcup_{l\in L} \mathcal{A}_i^l\,, \end{aligned} \tag{71}$$

einer willkürlich festgelegten bijektiven Abbildung

$$\zeta : \mathbf{N}_z \to \mathcal{Z} \qquad (z := |\mathcal{Z}|) \tag{72}$$

den mit Hilfe von ζ und den Abbildungen

$$\zeta^l : \mathbf{N}_{z^l} \to \mathcal{Z}^l \qquad (z^l := |\mathcal{Z}^l|) \tag{73}$$

der Netzwerke $\mathcal{N}^l$ durch

$$j^l := \zeta^{-1} \circ \zeta^l \tag{74}$$

definierten injektiven Abbildungen

$$j^l : \mathbf{N}_{z^l} \to \mathbf{N}_z\,, \tag{75}$$

den durch

$$P^l := pr_{j_1^l, \dots, j_{2l}^l} \tag{76}$$

definierten Projektionen

$$P^l : \boldsymbol{R}^z \to \boldsymbol{R}^{z^l}, \tag{77}$$

den Mengen

$$\mathfrak{S}_T := \{(u, i) \in (\boldsymbol{R}^z)^T \times (\boldsymbol{R}^z)^T \mid (P^l \circ u, P^l \circ i) \in \mathfrak{S}_T^l, l \in L\} \quad (T \in \mathfrak{T}), \tag{78}$$

$$\mathcal{S} := \bigcup_{T \in \mathfrak{T}} \mathfrak{S}_T, \tag{79}$$

und der mit

$$\mathfrak{V}_T := \{(u, i) \in \mathfrak{S}_T \mid (P^l \circ u, P^l \circ i) \in \mathfrak{V}_T, \ l \in L\} \tag{80}$$

definierten u-i-Relation

$$\mathcal{V} := \bigcup_{T \in \mathfrak{T}} \mathfrak{V}_T \tag{81}$$

wird der Netzwerkfamilie $(\mathcal{N}^l)_{l \in L}$ das 7-Tupel

$$\mathcal{N} := (\mathcal{Z}, \mathcal{K}, \mathcal{A}_u, \mathcal{A}_i, \mathcal{S}, \mathcal{V}, \zeta) \tag{82}$$

zugeordnet.
Dieses 7-Tupel erfüllt die Voraussetzungen 1 bis 4 der Netzwerkdefinition aus Abschnitt 3.1.2.2.1. und ist demzufolge ein Netzwerk. Dieses Netzwerk wird als die Zusammenschaltung der Netzwerke der Familie $(\mathcal{N}^l)_{l \in L}$ bezeichnet. Das so definierte Netzwerk (82) wird auch mit dem Symbol

$$\bigsqcup_{l \in L} \mathcal{N}^l := \mathcal{N} \tag{83}$$

bezeichnet.
Sollen mehrere zweig- und knotenfremde Netzwerke durch eine widerstandslose Verbindung gewisser Knoten zu einem neuen Netzwerk zusammengeschaltet werden, so müssen diese Kurzschluß-Verbindungen als speziell einzweigige Netzwerke in die Familie $(\mathcal{N}^l)_{l \in L}$ der zusammenzuschaltenden Netzwerke aufgenommen werden.

3.1.2.3.2. Unternetzwerke

Gegeben sei ein beliebiges Netzwerk

$$\mathcal{N} = (\mathcal{Z}, \mathcal{K}, \mathcal{A}_u, \mathcal{A}_i, \mathcal{S}, \mathcal{V}, \zeta). \tag{84}$$

Die Familie $(\mathcal{Z}^l)_{l \in L}$ definiere eine Klassenteilung der Zweigmenge $\mathcal{Z}$ von $\mathcal{N}$ in paarweise disjunkte, nichtleere Teilmengen $\mathcal{Z}^l$. Den $\mathcal{Z}^l$ werden mit Hilfe von $|L|$ willkürlich gewählten bijektiven Abbildungen

$$\zeta^l : \boldsymbol{N} z^l \to \mathcal{Z}^l \qquad (z^l := |\mathcal{Z}^l|) \tag{85}$$

und den Projektionen P^l aus (76) für alle $T \in \mathfrak{T}$ und alle $l \in L$ die Mengen

$$\mathfrak{S}_T^l := \{(u^l, i^l) \in (\boldsymbol{R}^{z^l})^T \times (\boldsymbol{R}^{z^l})^T \mid u^l = P^l \circ u, \ i^l = P^l \circ i, \ (u, i) \in \mathfrak{S}_T\}, \tag{86}$$

$$\mathcal{S}^l := \bigcup_{T \in \mathfrak{T}} \mathfrak{S}_T^l \tag{87}$$

und

$$\mathfrak{V}_T^l := \{(u^l, i^l) \in \mathfrak{S}_T^l \mid u^l = P^l \circ u, \ i^l = P^l \circ i, \ (u, i) \in \mathfrak{V}_T\} \tag{88}$$

zugeordnet.
Auf diese Weise erhält man eine Familie $(\mathcal{V}^l)_{l \in L}$ von Relationen

$$\mathcal{V}^l := \bigcup_{T \in \mathfrak{T}} \mathfrak{V}_T^l. \tag{89}$$

Aus den Projektionen $\mathcal{V}^l$ der u-i-Relation $\mathcal{V}$ des gegebenen Netzwerks (84) bilden wir die Relation

$$\hat{\mathcal{V}} := \{(u, i) \in \mathcal{S} \mid (P^l \circ u\, ,\, P^l \circ i) \in \mathcal{V}^l\, ,\, l \in L\}\, . \qquad (90)$$

Zwischen der Relation $\mathcal{V}$ und der soeben definierten Relation $\hat{\mathcal{V}}$ besteht stets die Beziehung

$$\mathcal{V} \subseteq \hat{\mathcal{V}}\, . \qquad (91)$$

Gilt dagegen

$$\mathcal{V} = \hat{\mathcal{V}}\, , \qquad (92)$$

so werden die Teilmengen $\mathcal{Z}^l$ und $\mathcal{Z}^m$ der Zweigmenge $\mathcal{Z}$ des Netzwerks (84) für alle $l, m \in L$ mit $l \neq m$ als *nicht miteinander verkoppelt* bezeichnet. Im Fall

$$\mathcal{V} \subsetneq \hat{\mathcal{V}} \qquad (93)$$

besteht zwischen wenigstens einem der Paare $\mathcal{Z}^l$, $\mathcal{Z}^m$ $(l \neq m)$ eine *Verkopplung.*
Ist das Netzwerk (84) gleich der Zusammenschaltung $\bigsqcup_{l \in L} \mathcal{N}^l$ von Netzwerken $\mathcal{N}^l = (\mathcal{Z}^l, \dots, \zeta^l)$, so folgt aus der in Abschnitt 3.1.2.3.1. beschriebenen Konstruktion der u-i-Relation der Zusammenschaltung einer Familie von Netzwerken unmittelbar die Beziehung $\mathcal{V} = \hat{\mathcal{V}}$. Die Zweigmengen $\mathcal{Z}^l$, $\mathcal{Z}^m$ der Netzwerke, aus denen das Netzwerk $\bigsqcup_{l \in L} \mathcal{N}^l$ entstanden ist, sind also im Sinne der soeben eingeführten Definition für alle $l \neq m$ nicht miteinander verkoppelt.
Ist $(\mathcal{Z}^l)_{l \in L}$ eine Klassenteilung der Zweigmenge $\mathcal{Z}$ eines Netzwerks $\mathcal{N} = (\mathcal{Z}, \mathcal{K}, \mathcal{A}_u, \mathcal{A}_i, \mathcal{S}, \mathcal{V}, \zeta)$ in paarweise nicht miteinander verkoppelte Zweigmengen, so läßt sich das Netzwerk $\mathcal{N}$ als eine Zusammenschaltung der Netzwerke $\mathcal{N}^l := (\mathcal{Z}^l, \mathcal{K}^l, \mathcal{A}^l_u, \mathcal{A}^l_i, \mathcal{S}^l, \mathcal{V}^l, \zeta^l)$, $(l \in L)$ darstellen, die durch

$$\mathcal{K}^l := \{n \in \mathcal{K} \mid n \text{ ist Endpunkt eines Zweiges } b \in \mathcal{Z}^l\}\, , \qquad (94)$$

$$\mathcal{A}^l_u := \mathcal{A}_u / \mathcal{Z}^l_i\, , \quad \mathcal{A}^l_i := \mathcal{A}_i / \mathcal{Z}^l \qquad (95)$$

sowie durch die Beziehungen (85) bis (89) definiert werden.
Die Bedingungen (15) und (16) aus Abschnitt 3.1.2.2.1. sind hinreichend dafür, daß die durch die Beziehungen (78), (79) des Abschnittes 3.1.2.3.1. definierte Signalmenge des Netzwerks $\bigsqcup_{l \in L} \mathcal{N}^l$ mit der Signalmenge $\mathcal{S}$ des gegebenen Netzwerks $\mathcal{N}$ übereinstimmt.
Die soeben konstruierten Netzwerke $\mathcal{N}^l$ werden als *Teil-* oder *Unternetzwerke* des gegebenen Netzwerks $\mathcal{N}$ bezeichnet.
Ein Netzwerk heißt *nichtzerlegbar,* falls es keine Klassenteilung seiner Zweigmenge in wenigstens zwei nicht miteinander verkoppelte Teilmengen gibt.
Jedes Netzwerk läßt sich auf eindeutige Weise als eine Zusammenschaltung nichtzerlegbarer Unternetzwerke darstellen.

Beispiel 5:
Das Netzwerk $\mathcal{N}$ aus Beispiel 2 läßt sich mit

$$\begin{aligned}
&\mathcal{Z}^r := \{2\}, && \mathcal{Z}^c := \{1\}\, ,\\
&\mathcal{K}^r := \mathcal{K}^c := \{①, ②\}\, ,\\
&\mathcal{A}^r_u := \mathcal{A}^r_i := \{(2, (①, ②))\}, && \mathcal{A}^c_u := \mathcal{A}^c_i := \{(1, (①, ②))\}\, ,\\
&\zeta^r := \{(1, 2)\}\, , && \zeta^c := \{(1, 1)\}\, ,\\
&\mathfrak{S}^r_T := C^1(T) \times C^0(T)\, , && \mathfrak{S}^c_T := C^1(T) \times C^0(T)\, ,\\
&\mathcal{S}^r := \bigcup_{T \in \mathfrak{T}} \mathfrak{S}^r_T\, , && \mathcal{S}^c := \bigcup_{T \in \mathfrak{T}} \mathfrak{S}^c_T\, ,\\
&\mathcal{V}^r := \{(u^r, i^r) \in \mathcal{S}^r \mid u^r = R i^r\}\, , \quad (R \in \boldsymbol{R})\, ,\\
&\mathcal{V}^c := \{(u^c, i^c) \in \mathcal{S}^c \mid i^c = C \dot{u}^c\} \quad (C \in \boldsymbol{R})\, ,
\end{aligned} \qquad (96)$$

als die Zusammenschaltung

$$\bigsqcup_{l \in \{r, c\}} \mathcal{N}^l = \mathcal{N} \tag{97}$$

der beiden einzweigigen Netzwerke

$$\mathcal{N}^r := (\mathcal{X}^r, \mathcal{K}^r, \mathcal{A}_u^r, \mathcal{A}_i^r, \mathcal{S}^r, \mathcal{V}^r, \zeta^r) \tag{98}$$

und

$$\mathcal{N}^c := (\mathcal{X}^c, \mathcal{K}^c, \mathcal{A}_u^c, \mathcal{A}_i^c, \mathcal{S}^c, \mathcal{V}^c, \zeta^c) \tag{99}$$

darstellen.

3.1.2.4. Wichtige Netzwerkklassen

3.1.2.4.1. Lineare und nichtlineare Netzwerke

Ein Netzwerk $\mathcal{N} = (\mathcal{X}, \mathcal{K}, \mathcal{A}_u, \mathcal{A}_i, \mathcal{S}, \mathcal{V}, \zeta)$ heißt *linear*, wenn die durch $\mathfrak{B}_T := \mathcal{V} \cap \mathfrak{S}_T$ definierten Teilrelationen seiner u-i-Relation $\mathcal{V}$ für alle $T \in \mathfrak{T}$ lineare Teilräume der Signalräume $\mathfrak{S}_T$ sind. Ist das nicht der Fall, so wird das Netzwerk als *nichtlinear* bezeichnet.

Ein Netzwerk, das aus linearen Teilnetzwerken und unabhängigen Quellen besteht, deren eingeprägte Größen von der identisch verschwindenden Nullfunktion verschieden sind, ist demzufolge ein nichtlineares Netzwerk. Seine u-i-Relation läßt sich aber als Vereinigung einer Familie $(\mathfrak{B}_T)_{T \in \mathfrak{T}}$ von Mengen der Form

$$\mathfrak{B}_T = \{(u, i) + (u^e, i^e) \in \mathfrak{S}_T \mid (u, i) \in L_T\} \qquad \big(L_T \subseteq \mathfrak{S}_T, (u^e, i^e) \in \mathfrak{S}_T\big) \tag{100}$$

darstellen, wobei die Mengen L_T lineare Teilräume der entsprechenden Signalräume $\mathfrak{S}_T$ $(T \in \mathfrak{T})$ sind und das Paar (u^e, i^e) jeweils ein festes Element der Menge $\mathfrak{S}_T$ bezeichnet. Eine Menge dieser Art ist eine lineare Mannigfaltigkeit oder, wie man auch sagt, eine affine Menge.

Dementsprechend bezeichnen wir ein Netzwerk $\mathcal{N} = (\mathcal{X}, \dots, \mathcal{V}, \zeta)$ als *affin*, wenn seine u-i-Relation $\mathcal{V}$ als Vereinigung einer Familie $(\mathfrak{B}_T)_{T \in \mathfrak{T}}$ linearer Mannigfaltigkeiten der Signalräume $\mathfrak{S}_T$ dargestellt werden kann.

Die Menge der linearen Netzwerke ist in der Menge der affinen Netzwerke als echte Teilmenge enthalten.

Die in den motivierenden Betrachtungen zur Definition des Begriffs der affinen Netzwerke enthaltene Aussage läßt sich auch umkehren. Das heißt, jedes affine Netzwerk $\mathcal{N}$ läßt sich als eine Zusammenschaltung unabhängiger Spannungs- und Stromquellen mit einem dem Netzwerk $\mathcal{N}$ zugeordneten linearen Netzwerk $\mathcal{N}_{lin}$ mit der u-i-Relation

$$\mathcal{V}_{lin} := \bigcup_{T \in \mathfrak{T}} L_T \tag{101}$$

darstellen.

Von den Beispielen aus Abschnitt 3.1.2.2.4. sind die Beispiele 1 und 3 affine Netzwerke, linear sind diese Netzwerke nur für $u^e = 0$. Beispiel 2 ist ein lineares und damit zugleich ein affines Netzwerk. Beispiel 4 ist ein nichtlineares Netzwerk, das nicht zur Klasse der affinen Netzwerke gehört.

Ersetzt man in Beispiel 2 die dort angegebene u-i-Relation durch

$$\mathcal{V} := \bigcup_{T \in \mathfrak{T}} \mathfrak{B}_T \tag{102}$$

mit

$$\mathfrak{B}_T := \{(u, i) \in \mathfrak{S}_T \mid i_1 = C\dot{u}_1,\ u_2 = Ri_2,\ u_1(t_T) = U_0 \exp(-t_T/RC),\ t_T \in T\} \qquad (U_0 \in \boldsymbol{R}),$$

wobei U_0 eine reelle Zahl bezeichnet, die ein für allemal fest gewählt wird, und $(t_T)_{T\in\mathfrak{T}}$ eine vorgegebene Familie von Punkten $t_T \in T$ bezeichnet, so erhält man ein affines Netzwerk, das für alle $U_0 \neq 0$ nicht zur Klasse der linearen Netzwerke gehört. Für alle $T \in \mathfrak{T}$ ist die Menge $\mathfrak{L}_T$ aller Lösungen der diesem Netzwerk zugeordneten Analyseaufgabe eine nulldimensionale lineare Mannigfaltigkeit, deren einziges Element die durch $t_T \in T$ und $\big(u(t_T),\ i(t_T)\big) = \left((1, 1), \left(\frac{-1}{R}, \frac{1}{R}\right)\right) U_0 \exp(-t_T/RC)$ eindeutig festgelegte Trajektorie $(u, i) \in \mathfrak{L}_T$ ist.

3.1.2.4.2. Zeitinvariante und zeitvariable Netzwerke

Ein Netzwerk $\mathcal{N} = (\mathcal{Z}, \ldots, \mathcal{V}, \zeta)$ wird als *zeitinvariant* bezeichnet, wenn für alle $T \in \mathfrak{T}$ und für alle $t_0 \in \boldsymbol{R}$ die Implikation

$$(u, i) \in \mathfrak{B}_T \subset \mathcal{V} \Rightarrow (\hat{u}, \hat{\imath}) \in \mathfrak{B}_{T+t_0} \subset \mathcal{V} \tag{103}$$

erfüllt ist, wobei die Funktionen $\hat{u}$ und $\hat{\imath}$ für alle

$$t \in T + t_0 := \{\tilde{t} \in \boldsymbol{R} \mid \tilde{t} = \bar{t} + t_0, \bar{t} \in T\} \tag{104}$$

durch die Beziehungen

$$\hat{u}(t) := u(t - t_0) \quad \text{bzw.} \quad \hat{\imath}(t) := i(t - t_0) \tag{105}$$

definiert werden.
Ist die Beziehung (4) für wenigstens ein Paar $(u, i) \in \mathcal{V}$ nicht erfüllt, so wird das Netzwerk $\mathcal{N}$ als *zeitvariabel* bezeichnet.
Von den bisher behandelten Beispielen sind die Netzwerke aus den Beispielen 2, 4 und 5 zeitinvariant. Die Netzwerke aus Beispiel 1 und 3 sind nur für $u^e = \boldsymbol{R} \times \{U^e\}$, $U^e \in \boldsymbol{R}$ zeitinvariant. Ersetzt man die u-i-Relation des Netzwerks aus Beispiel 2 durch die in (102) angegebene u-i-Relation, so erhält man ein zeitvariables Netzwerk.
Technisch wesentlich interessantere Beispiele zeitvariabler Netzwerke erhält man, wenn man die u-i-Relationen $\mathcal{V}^r$ und $\mathcal{V}^c$ der Netzwerke $\mathcal{N}^r$ bzw. $\mathcal{N}^c$ aus Beispiel 5 mit einer Funktion $R \in C^0(\boldsymbol{R})$ bzw. $C \in C^1(\boldsymbol{R})$ durch

$$\mathcal{V}^r := \{(u^r, i^r) \in \mathcal{S}^r \mid u^r(t) = R(t)\, i^r(t),\ t \in T,\ T \in \mathfrak{T}\} \tag{106}$$

bzw.

$$\mathcal{V}^c := \{(u^c, i^c) \in \mathcal{S}^c \mid i^c(t) = C(t)\, \dot{u}^c(t) + \dot{C}(t)\, u^c(t),\ t \in T, T \in \mathfrak{T}\}$$

ersetzt.

3.1.2.4.3. Resistive und dynamische Netzwerke

Ein Netzwerk $\mathcal{N} = (\mathcal{Z}, \ldots, \mathcal{V}, \zeta)$ heißt *resistiv*, wenn sich seine u-i-Relation $\mathcal{V}$ mit Hilfe einer Abbildung

$$\mathcal{V}_R : \boldsymbol{R} \to P(\boldsymbol{R}^z \times \boldsymbol{R}^z) \qquad (z := |\mathcal{Z}|) \tag{107}$$

in der Form

$$\mathcal{V} = \left\{(u, i) \in \bigcup_{T\in\mathfrak{T}} \mathfrak{S}_T \mid \big(u(t), i(t)\big) \in \mathcal{V}_R(t), t \in T\right\} \tag{108}$$

darstellen läßt.
Ist es nicht möglich, die u-i-Relation in dieser Form darzustellen, so wird das Netzwerk als *dynamisch* bezeichnet.
Durch die Abbildung (108) wird eine Schar zweistelliger Relationen

$$\mathcal{V}_R(t) \subseteq \boldsymbol{R}^z \times \boldsymbol{R}^z \tag{109}$$

definiert. Für jeden Wert $t \in T$, $(T \in \mathfrak{T})$ müssen die Momentanwerte $u(t)$ und $i(t)$ der Zeitfunktionenpaare $(u, i) \in \mathcal{S}$, die mit der u-i-Relation $\mathcal{V}$ verträglich sind, der Relation $\mathcal{V}_R(t)$ genügen. Anders ausgedrückt, bei einem resistiven Netzwerk gilt für alle

$T \in \mathfrak{T}$ die Beziehung

$$(u, i) \in \mathfrak{B}_T \Leftrightarrow \forall t \in T\colon \big(u(t), i(t)\big) \in \mathcal{V}_R(t)\,. \tag{110}$$

Die Relationen $\mathcal{V}_R(t)$ werden auch als die *Momentanwertrelationen* des resistiven Netzwerks $\mathcal{N}$ bezeichnet.
Die Momentanwertrelationen $\mathcal{V}_R(t) \subseteq \boldsymbol{R}^z \times \boldsymbol{R}^z$ eines resistiven Netzwerks sind Verallgemeinerungen der *Zweigspannungs-Zweigstrom-Kennlinie* eines zeitinvarianten einzweigigen resistiven Netzwerks.
Die Netzwerke aus den Beispielen 1, 3, 4 und das in Beispiel 5 definierte Netzwerk $\mathcal{V}^r$ sind resistive Netzwerke. Das Netzwerk aus Beispiel 2 und das Netzwerk $\mathcal{N}^c$ aus Beispiel 5 sind für alle $C \neq 0$ dynamische Netzwerke.
Für die Anwendungen sind diejenigen resistiven Netzwerke von besonderer Bedeutung, bei denen $\mathcal{V}_R(t)$ für alle $t \in \boldsymbol{R}$ eine in den Raum $\boldsymbol{R}^z \times \boldsymbol{R}^z$ eingebettete Mannigfaltigkeit [43, 44] (weiterführende Literatur siehe [45, 46 und 47], Anwendungen zur Beschreibung dynamischer Netzwerke findet man in [48 bis 51]) konstanter Dimension d ist. Offensichtlich gilt $0 \leqq d \leqq 2z$ $(z := |\mathcal{Z}|)$.
Von diesen Netzwerken sind wiederum diejenigen besonders wichtig, bei denen es für alle $t \in \boldsymbol{R}$ eine globale Darstellung der Mannigfaltigkeit $\mathcal{V}_R(t) \subseteq \boldsymbol{R}^z \times \boldsymbol{R}^z$ gibt.
Eine solche gobale Darstellung liegt vor, wenn eine der beiden folgenden Bedingungen (nicht notwendigerweise beide) erfüllt ist:

1. Es gibt eine auf einer offenen Menge $D_f \subseteq \boldsymbol{R}^z \times \boldsymbol{R}^z \times \boldsymbol{R}$ definierte und dort wenigstens einmal stetig partiell differenzierbare Funktion

$$f : D_f \subseteq \boldsymbol{R}^z \times \boldsymbol{R}^z \times \boldsymbol{R} \to \boldsymbol{R}^n \qquad (n := 2z - d)\,, \tag{111}$$

deren Definitionsbereich der Bedingung

$$\{t \in \boldsymbol{R} \mid \exists U, I \in \boldsymbol{R}^z : (U, I, t) \in D_f\} = \boldsymbol{R} \tag{112}$$

genügt, mit der sich $\mathcal{V}_R(t)$ für alle $t \in \boldsymbol{R}$ in der Form

$$\begin{aligned}\mathcal{V}_R(t) = \{(U, I) \in \boldsymbol{R}^z \times \boldsymbol{R}^z \mid f(U, I, t) = 0\,,\\ Rg\big(\partial_1 f(U, I, t),\ \partial_2 f(U, I, t)\big) = n\}\end{aligned} \tag{113}$$

darstellen läßt, wobei die Symbole $\partial_1 f(U, I, t)$ und $\partial_2 f(U, I, t)$ die durch

$$\partial_1 f(U, I, t) := \left.\begin{pmatrix} \dfrac{\partial f_1}{\partial U_1} \cdots \dfrac{\partial f_1}{\partial U_z} \\ \vdots \qquad \vdots \\ \dfrac{\partial f_n}{\partial U_1} \cdots \dfrac{\partial f_n}{\partial U_z} \end{pmatrix}\right|_{(U,\, I,\, t)} \tag{114}$$

bzw.

$$\partial_2 f(U, I, t) := \left.\begin{pmatrix} \dfrac{\partial f_1}{\partial I_1} \cdots \dfrac{\partial f_1}{\partial I_z} \\ \vdots \qquad \vdots \\ \dfrac{\partial f_n}{\partial I_1} \cdots \dfrac{\partial f_n}{\partial I_z} \end{pmatrix}\right|_{(U,\, I,\, t)} \tag{115}$$

definierten Jacobimatrizen von f bezüglich des 1. bzw. 2. Arguments bezeichnen.

2. Es gibt eine auf einer offenen Menge $D_F \subseteq \boldsymbol{R}^d \times \boldsymbol{R}$ definierte und dort wenigstens einmal stetig partiell differenzierbare Funktion

$$F : D_F \subseteq \boldsymbol{R}^d \times \boldsymbol{R} \to \boldsymbol{R}^z \times \boldsymbol{R}^z\,, \tag{116}$$

deren Definitionsbereich der Bedingung

$$\{t \in \boldsymbol{R} \mid \exists H \in \boldsymbol{R}^d : (H, t) \in D_F\} = \boldsymbol{R} \tag{117}$$

und deren Jacobimatrix $\partial_1 F(H, t)$ für alle $(H, t) \in D_F$ der Bedingung

$$\operatorname{Rg} \partial_1 F(H, t) = d \tag{118}$$

genügt, mit der sich $\mathcal{V}_R(t)$ für alle $t \in \boldsymbol{R}$ in der Form

$$\mathcal{V}_R(t) = \{(U, I) \in \boldsymbol{R}^z \times \boldsymbol{R}^z \mid (U, I) = F(H, t),\ (H, t) \in D_F\} \tag{119}$$

darstellen läßt.

Ein resistives Netzwerk $\mathcal{N}$, dessen Momentanwertrelationen $\mathcal{V}_R(t)$ der Bedingung

$$\dim \mathcal{V}_R(t) = z \tag{120}$$

genügen, heißt *normal*. Gilt

$$\dim \mathcal{V}_R(t) \neq z\,, \tag{121}$$

so wird das Netzwerk $\mathcal{N}$ als *ausgeartet* bezeichnet.

Die resistiven Netzwerke der Beispiele 1, 3, 4 und 5 sind normale resistive Netzwerke.

Bei einem linearen bzw. affinen resistiven Netzwerk $\mathcal{N}$ sind die Momentanwertrelationen $\mathcal{V}_R(t)$, für alle $t \in \boldsymbol{R}$ lineare Teilräume bzw. lineare Mannigfaltigkeiten des $2z$-dimensionalen linearen Raums $\boldsymbol{R}^z \times \boldsymbol{R}^z$. Auch hier sind wieder diejenigen Netzwerke für die Anwendungen besonders wichtig, bei denen die Dimension von $\mathcal{V}_R(t)$ für alle $t \in \boldsymbol{R}$ einen konstanten Wert $d \in \{0, 1, \dots, 2z\}$ hat.

In diesem Falle gibt es zwei Familien $\big(V_u(t)\big)_{t \in \boldsymbol{R}}$ und $\big(V_i(t)\big)_{t \in \boldsymbol{R}}$ linearer Abbildungen

$$V_u(t),\ V_i(t) : \boldsymbol{R}^z \to \boldsymbol{R}^n \tag{122}$$

mit

$$Rg\big(V_u(t),\ V_i(t)\big) = n \qquad (t \in \boldsymbol{R}) \qquad (n := 2z - d)$$

und eine Funktion

$$v^e : \boldsymbol{R} \to \boldsymbol{R}^n \tag{123}$$

sowie eine Familie $\big(W(t)\big)_{t \in \boldsymbol{R}}$ linearer Abbildungen

$$W(t) : \boldsymbol{R}^d \to \boldsymbol{R}^z \times \boldsymbol{R}^z$$

mit (124)

$$Rg\ W(t) = d \qquad (t \in \boldsymbol{R})$$

und eine Abbildung

$$w^e : \boldsymbol{R} \to \boldsymbol{R}^z \times \boldsymbol{R}^z\,, \tag{125}$$

mit denen sich die Momentanwertrelationen $\mathcal{V}_R(t)$ für alle $t \in \boldsymbol{R}$ durch die Beziehungen

$$\mathcal{V}_R(t) = \{(U, I) \in \boldsymbol{R}^z \times \boldsymbol{R}^z \mid V_u(t) U + V_i(t)\, I = v^e(t)\} \tag{126}$$

und

$$\mathcal{V}_R(t) = \{(U, I) \in \boldsymbol{R}^z \times \boldsymbol{R}^z \mid (U, I) = W(t)\, H + w^e(t),\quad H \in \boldsymbol{R}^d\} \tag{127}$$

darstellen lassen.

Ist das affine resistive Netzwerk $\mathcal{N}$ linear, so sind die Funktionen v^e und w^e gleich der Nullfunktion $0 \in (\boldsymbol{R}^n)^{\boldsymbol{R}}$ bzw. $0 \in (\boldsymbol{R}^z \times \boldsymbol{R}^z)^{\boldsymbol{R}}$.

Die Beziehungen (126) und (127) sind Sonderfälle von (113) bzw. (119).

Bei einem zeitinvarianten resistiven Netzwerk ist die Abbildung (106), mit deren Hilfe die Momentanwertrelationen (108) definiert werden, identisch konstant. Dann gilt für alle $t \in \boldsymbol{R}$

$$\mathcal{V}_R(t) = \mathcal{R} \subseteq \boldsymbol{R}^z \times \boldsymbol{R}^z\,, \tag{128}$$

wobei $\mathcal{R}$ eine feste Teilmenge des $\boldsymbol{R}^z \times \boldsymbol{R}^z$ ist.

In diesem Falle genügen die Abbildungen f und F aus (111) bzw. (116) für alle $t \in \boldsymbol{R}$ den Bedingungen $f(\cdot\,,\cdot\,,t) = f(\cdot\,,\cdot\,,0)$ bzw. $F(\cdot\,,t) = F(\cdot\,,0)$ und die Abbildungen V_u, V_i, v^e aus (122) und (123) sowie die Abbildungen W und w^e aus (124) und (125) für alle $t \in \boldsymbol{R}$ den Bedingungen $V_u(t) = V_u(0)$, $V_i(t) = V_i(0)$, $v^e(t) = v^e(0)$ bzw. $W(t) = W(0)$ und $w^e(t) = w^e(0)$.

Beispiel 6:
$\mathcal{N} = (\mathcal{X}, \dots, \mathcal{V}, \zeta)$ sei ein einzweigiges resistives Netzwerk, dessen Momentanwertrelationen für alle $t \in \boldsymbol{R}$ durch

$$\mathcal{V}_R(t) := \boldsymbol{R} \times \boldsymbol{R} \quad \text{bzw.} \quad \mathcal{V}_R(t) := \{(0, 0)\} \subset \boldsymbol{R} \times \boldsymbol{R} \tag{129}$$

definiert werden.
Offensichtlich gilt

$$\dim \mathcal{V}_R(t) = 2 \quad \text{bzw.} \quad \dim \mathcal{V}_R(t) = 0\,. \tag{130}$$

Dieses ausgeartete lineare resistive Netzwerk wird auch als *Norator* bzw. *Nullator* bezeichnet.
Die Zusammenschaltung eines Nullators mit einem Norator wird als *Nullor* bezeichnet. Ein Nullor ist ein normales Netzwerk. Nulloren liefern Modelle für Operationsverstärker mit unendlicher Verstärkung.
Bei der in [31] beschriebenen Definition des Klemmenverhaltens von Netzwerken werden Noratoren wesentlich verwendet.
Unabhängige Spannungs- und Stromquellen und lineare ohmsche Widerstände sind einfache Beispiele einzweigiger normaler affiner resistiver Netzwerke. Linear gesteuerte Quellen, Gyratoren, Negativ-Impedanzkonverter und ideale Übertrager sind typische Beispiele mehrzweigiger normaler linearer resistiver Netzwerke.
Das Gleichstromverhalten eines Transistors läßt sich durch ein zweizweigiges normales nichtlineares resistives Netzwerk beschreiben.
Gegenüber allgemeineren Netzwerken vereinfacht sich bei resistiven Netzwerken die Berechnung der Lösungen der zugeordneten Analyseaufgabe wesentlich, weil bei resistiven Netzwerken nicht nur in den Kirchhoffschen Gesetzen, sondern auch in der u-i-Relation lediglich Momentanwerte der Zweigspannungs- und Zweigstromverteilungen miteinander verknüpft sind. Kennt man die Lösungen der Netzwerkanalyseaufgabe für die speziellen einelementigen Mengen $\{t\} \in \mathfrak{T}$, so lassen sich daraus die Lösungen für beliebige Intervalle $T \in \mathfrak{T}$ zusammensetzen.
Eine in diesem Zusammenhang und im Hinblick auf die Fragen der Modellbildung interessante Diskussion von resistiven Netzwerken mit mehreren Lösungen findet man in [28].
Leistungsfähige Einbettungsverfahren zur Analyse nichtlinearer resistiver Netzwerke werden in [52, 53] beschrieben. Eine gut lesbare Darstellung von Verfahren zur Analyse sogenannter stückweise linearer Netzwerke findet man u. a. in [20].

3.1.2.4.4. Induktive und kapazitive Netzwerke

Ein Netzwerk $\mathcal{N} = (\mathcal{X}, \dots, \mathcal{V}, \zeta)$ mit der Signalmenge $\mathcal{S} = \bigcup_{T \in \mathfrak{T}} \mathfrak{U}_T \times \mathfrak{J}_T \subset \bigcup_{T \in \mathfrak{T}} (\boldsymbol{R}^z)^T \times \bigcup_{T \in \mathfrak{T}} (\boldsymbol{R}^z)^T$ und der u-i-Relation $\mathcal{V} \subseteq \mathcal{S}$ heißt *induktiv* bzw. *kapazitiv*, wenn die folgenden Bedingungen erfüllt sind:

1. Die Elemente der Mengen $\mathfrak{U}_T$ bzw. $\mathfrak{J}_T$ $(T \in \mathfrak{T})$ sind Funktionen, die auf jedem ganz in T enthaltenen abgeschlossenen Intervall $[t_1, t_2] \subseteq T$ im *Riemann*schen Sinne integrierbar sind.
2. Es gibt eine Familie $(\mathcal{V}_L(t))_{t \in \boldsymbol{R}}$ bzw. $(\mathcal{V}_C(t))_{t \in \boldsymbol{R}}$ von Momentanwertrelationen

$$\mathcal{V}_L(t) \subseteq \boldsymbol{R}^z \times \boldsymbol{R}^z \quad \text{bzw.} \quad \mathcal{V}_C(t) \subseteq \boldsymbol{R}^z \times \boldsymbol{R}^z \quad (z := |\mathcal{X}|)\,, \tag{131}$$

mit denen sich die Teilrelationen $\mathfrak{V}_T = V \cap \mathfrak{S}_T$ für alle $T \in \mathfrak{T}$ in der Form

$$\mathfrak{V}_T = \left\{(u, i) \in \mathfrak{S}_T \mid \big(i(t), \psi(t)\big) \in V_L(t), \psi(t) = \Psi_0 + \int_{t_0}^{t} u(\tau)\, d\tau, t \in T, \Psi_0 \in \boldsymbol{R}^z\right\}$$

$$(t_0 \in T) \tag{132}$$

bzw.

$$\mathfrak{V}_T = \left\{(u, i) \in \mathfrak{S}_T \mid \big(u(t), q(t)\big) \in V_C(t), q(t) = Q_0 + \int_{t_0}^{t} i(\tau)\, d\tau, t \in T, Q_0 \in \boldsymbol{R}^z\right\}$$

$$(t_0 \in T) \tag{133}$$

darstellen läßt.

Bei einem zeitinvarianten induktiven bzw. kapazitiven Netzwerk genügen die Momentanwertrelationen $V_L(t)$ bzw. $V_C(t)$ mit einer festen Menge $\mathscr{L} \subseteq \boldsymbol{R}^z \times \boldsymbol{R}^z$ bzw. $\mathscr{C} \subseteq \boldsymbol{R}^z \times \boldsymbol{R}^z$ für alle $t \in \boldsymbol{R}$ der Bedingung

$$V_L(t) = \mathscr{L} \quad \text{bzw.} \quad V_C(t) = \mathscr{C}\,. \tag{134}$$

Bei linearen oder affinen induktiven und kapazitiven Netzwerken sind die Momentanwertrelationen für alle $t \in \boldsymbol{R}$ lineare Teilräume bzw. lineare Mannigfaltigkeiten des $\boldsymbol{R}^z \times \boldsymbol{R}^z$.

Von gewissen Ausartungsfällen abgesehen, zu denen u. a. die idealen Übertrager gehören, gehören die induktiven und kapazitiven Netzwerke zur Klasse der dynamischen Netzwerke.

Auf Grund der Voraussetzung 1 sind die in (132) bzw. (133) durch

$$\psi(t) := \Psi_0 + \int_{t_0}^{t} u(\tau)\, d\tau \tag{135}$$

bzw.

$$q(t) := Q_0 + \int_{t_0}^{t} i(\tau)\, d\tau \tag{136}$$

definierten (Hilfs-)Funktionen

$$\psi : T \to \boldsymbol{R}^z \quad \text{bzw.} \quad q : T \to \boldsymbol{R}^z \tag{137}$$

an jedem inneren Punkt des Intervalls T stetig. Für $t_a := \inf T \in T$ sind sie an der Stelle t_a rechtsseitig und für $t_b := \sup T \in T$ sind sie an der Stelle t_b linksseitig stetig. Diese Tatsache läßt sich bei der Netzwerkanalyse zur Festlegung von Anfangsbedingungen ausnutzen.

Bei technisch motivierten Aufgabenstellungen interessiert man sich oftmals gar nicht für die Menge $\mathfrak{L}_T$ aller Lösungen auf einem Intervall $T = [t_0, t_e)$ oder $T = [t_0, t_e]$, sondern sucht eine Lösung $(u, i) \in \mathfrak{L}_T$, die eine für $t < t_0$ bekannte Lösung (z. B. die Lösung, die dem Ruhezustand des Netzwerks entspricht) fortsetzt. Den Wert Ψ_0 bzw. Q_0 erhält man dann wegen der soeben erwähnten Stetigkeit der Funktionen ψ bzw. q aus der „Vorgeschichte" des Netzwerks.

Zu Ψ_0 bzw. Q_0 muß ein Wert $i(t_0) =: I_0 \in \boldsymbol{R}^z$ bzw. $u(t_0) =: U_0 \in \boldsymbol{R}^z$ so gewählt werden, daß die Bedingung

$$(I_0, \Psi_0) \in V_L(t_0) \quad \text{bzw.} \quad (U_0, Q_0) \in V_C(t_0) \tag{138}$$

erfüllt ist. Der Wert von $u(t_0)$ bzw. $i(t_0)$ und im allgemeinen Fall auch der von I_0 bzw. U_0 wird durch $V_L(t_0)$ bzw. $V_C(t_0)$ nicht eindeutig festgelegt. Er wird durch die äußere Beschaltung des induktiven bzw. kapazitiven Netzwerks bestimmt.

Auf weitere Einzelheiten und auf die wichtige Frage unter welchen zusätzlichen Voraussetzungen ein so bestimmter Anfangswert eine Lösung $(u, i) \in \mathfrak{L}_T$ für $T = [t_0, t_e)$ oder $T = [t_0, t_e]$ eindeutig festlegt, können wir hier nicht eingehen.

Im allgemeinen sind für einen bestimmten Zeitpunkt t_0 für den Anfangswert Ψ_0 bzw. Q_0 nicht alle Werte des $\boldsymbol{R}^z$ verfügbar (d. h. durch die „Vorgeschichte" erreichbar). Vielmehr muß $\Psi_0 \in Nb\, \mathcal{V}_L(t_0) \subseteq \boldsymbol{R}^z$ bzw. $Q_0 \in Nb\, \mathcal{V}_C(t_0) \in \boldsymbol{R}^z$ gelten. (Fest gekoppelte Übertrager sind wichtige Beispiele, bei denen $Nb\, \mathcal{V}_L(t_0) \neq \boldsymbol{R}^z$ ist.)
Beispiele für Mengen $\mathfrak{U}_T$ und $\mathfrak{J}_T$, deren Elemente auf jedem abgeschlossenen Intervall $[t_1, t_2] \subseteq T$ im Riemannschen Sinne integrierbar sind, sind die Teilmengen aller auf T stetigen, stückweise stetigen oder stückweise stetig differenzierbaren Funktionen aus $(\boldsymbol{R}^r)^T$.
Sind die Elemente von $\mathfrak{U}_T$ bzw. $\mathfrak{J}_T$ stetige Funktionen, so erhält man aus (132) bzw. (133) für $\mathfrak{B}_T$ die Ausdrücke

$$\mathfrak{B}_T = \{(u, i) \in \mathfrak{S}_T \mid \big(i(t), \psi(t)\big) \in \mathcal{V}_L(t), \quad \dot{\psi}(t) = u(t)\,, \quad t \in T\} \tag{139}$$

bzw.

$$\mathfrak{B}_T = \{(u, i) \in \mathfrak{S}_T \mid \big(u(t), q(t)\big) \in \mathcal{V}_C(t), \quad \dot{q}(t) = i(t), \quad t \in T\}\,. \tag{140}$$

Ebenso wie bei den resistiven Netzwerken sind auch bei den induktiven und kapazitiven Netzwerken diejenigen für die Anwendungen besonders wichtig, bei denen $\mathcal{V}_L(t)$ bzw. $V_C(t)$ für alle $t \in \boldsymbol{R}$ eine in den $\boldsymbol{R}^z \times \boldsymbol{R}^z$ eingebettete Mannigfaltigkeit konstanter Dimension d ist.
Induktive bzw. kapazitive Netzwerke, bei denen $\mathcal{V}_L(t)$ bzw. $\mathcal{V}_C(t)$ für alle $t \in \boldsymbol{R}$ eine z-dimensionale Mannigfaltigkeit ist, werden als *normal* andernfalls als *ausgeartet* bezeichnet.
Im folgenden sollen nur noch normale induktive und kapazitive Netzwerke betrachtet werden, bei denen sich die Momentanwertrelationen mit einer Abbildung $f : D_f \subseteq \boldsymbol{R}^z \times \boldsymbol{R}^z \times \boldsymbol{R} \to \boldsymbol{R}^z$ $(d = n = z)$, die den im Zusammenhang mit (111) angegebenen Voraussetzungen genügt, für alle $t \in \boldsymbol{R}$ in der Form

$$\begin{aligned} \mathcal{V}_L(t) = \{(I, \Psi) \in \boldsymbol{R}^z \times \boldsymbol{R}^z \mid f(I, \Psi, t) = 0\,, \\ Rg\,\big(\partial_1 f(I, \Psi, t),\ \partial_2 f(I, \Psi, t)\big) = z\} \end{aligned} \tag{141}$$

bzw.

$$\begin{aligned} \mathcal{V}_C(t) = \{(U, Q)\,\} \boldsymbol{R}^z \times \boldsymbol{R}^z \mid f(U, Q, t) = 0\,, \\ Rg\,\big(\partial_1 f(U, Q, t),\ \partial_2 f(U, Q, t)\big) = z\} \end{aligned} \tag{142}$$

darstellen läßt.
Von gewissen Ausnahmen abgesehen, zu denen in der Klasse der induktiven Netzwerke im wesentlichen die idealen Übertrager gehören, sind die Momentanwertrelationen technisch interessanter induktiver und kapazitiver Netzwerke rechtseindeutig. (Bei einzweigigen induktiven bzw. kapazitiven Netzwerken spricht man dann auch von *stromgesteuerten Induktivitäten* bzw. *spannungsgesteuerten Kapazitäten.*)
Sind $\mathcal{V}_L(t)$ und $\mathcal{V}_C(t)$ für alle $t \in \boldsymbol{R}$ rechtseindeutige Relationen und zugleich z-dimensionale Mannigfaltigkeiten mit einer globalen Darstellung der Form (141) bzw. (142), so kann die Funktion f in der Regel so gewählt werden, daß sie mit einer geeigneten stetig partiell differenzierbaren Funktion

$$g : D_g \subseteq \boldsymbol{R}^z \times \boldsymbol{R} \to \boldsymbol{R}^z \tag{143}$$

mit dem Definitionsbereich

$$D_g := \{(x, t) \in \boldsymbol{R}^z \times \boldsymbol{R} \mid (x, t) = pr_{1,3}\,(x, y, t), (x, y, t) \in D_f\} \tag{144}$$

für alle $(x, y, t) \in D_f$ der Bedingung

$$f(x, y, t) = y - g(x, t) \tag{145}$$

genügt.

Dann gilt

$$\mathcal{V}_L(t) = \{(I, \Psi) \in \boldsymbol{R}^z \times \boldsymbol{R}^z \mid \Psi = g(I, t),\ (I, t) \in D_g\}\ , \tag{146}$$

$$\mathcal{V}_C(t) = \{(U, Q) \in \boldsymbol{R}^z \times \boldsymbol{R}^z \mid Q = g(U, t),\ (U, t) \in D_g\}\ . \tag{147}$$

Aus (144) folgt wegen $\partial_2 f(x, y, t) = E$

$$Rg\big(\partial_1 f(x, y, t),\ \partial_2 f(x, y, t)\big) = z \tag{148}$$

für alle $(x, y, t) \in D_f$, so daß in (146) und (147) auf die diesbezüglichen Forderungen aus (141) bzw. (142) verzichtet werden kann.

Sind bei einem induktiven bzw. kapazitiven Netzwerk die Elemente der Mengen $\mathfrak{U}_T$ bzw. $\mathfrak{J}_T$ $(T \in \mathfrak{T})$ stetige Funktionen, so erhält man aus (139) und (146) bzw. aus (140) und (147) für $\mathfrak{B}_T$ die Ausdrücke

$$\mathfrak{B}_T = \{(u, i) \in \mathfrak{S}_T \mid \psi(t) = g\big(i(t), t\big),\ \dot{\psi}(t) = u(t),\ t \in T\} \tag{149}$$

bzw.

$$\mathfrak{B}_T = \{(u, i) \in \mathfrak{S}_T \mid q(t) = g\big(u(t), t\big),\ \dot{q}(t) = i(t)\ ,\ t \in T\}\ , \tag{150}$$

in denen die Elemente von $\mathfrak{B}_T$ durch ein Algebro-Differentialgleichungssystem charakterisiert werden.

Sind darüberhinaus die Elemente der Mengen $\mathfrak{J}_T$ bzw. $\mathfrak{U}_T$ für alle $T \in \mathfrak{T}$ stetig differenzierbare Funktionen, so lassen sich in (149) und (150) die Funktionen $\psi : T \to \boldsymbol{R}^z$ bzw. $q : T \to \boldsymbol{R}^z$ eliminieren. Man erhält

$$\mathfrak{B}_T = \{(u, i) \in \mathfrak{S}_T \mid u(t) = \partial_1 g\big(i(t), t\big)\ \dot{i}(t) + \partial_2 g\big(i(t), t\big)\ ,\ t \in T\}\ , \tag{151}$$

$$\mathfrak{B}_T = \{(u, i) \in \mathfrak{S}_T \mid i(t) = \partial_1 g\big(u(t), t\big)\ \dot{u}(t) + \partial_2 g\big(u(t), t\big),\ t \in T\}\ . \tag{152}$$

In (151) und (152) werden die Teilrelationen $\mathfrak{B}_T$ durch Differentialgleichungssysteme charakterisiert.

Bei linearen und affinen induktiven und kapazitiven Netzwerken hängt die Jacobimatrix $\partial_1 g\big(i(t), t\big)$ bzw. $\partial_2 g\big(u(t), t\big)$ für alle $t \in \boldsymbol{R}$ nicht von ihrem ersten Argument ab.

Bei zeitinvarianten induktiven und kapazitiven Netzwerken entfällt die Abhängigkeit dieser Jacobimatrizen von ihrem zweiten Argument und die Jacobimatrizen $\partial_2 g\big(i(t), t\big)$ bzw. $\partial_2 g\big(u(t), t\big)$ verschwinden identisch.

Für die Anwendungen sind diejenigen Darstellungen der u-i-Relationen induktiver und kapazitiver Netzwerke am besten geeignet, die auf ein Algebro-Differentialgleichungssystem oder auf ein Differentialgleichungssystem führen. Diese Feststellung gilt vor allem im Hinblick auf die z. Z. verfügbaren numerischen Verfahren zur Lösung der entsprechenden Gleichungssysteme.

Die gegenüber (132) bzw. (133) bei den Darstellungen (149) bzw. (150) stärkeren Voraussetzungen an die Stetigkeit der Elemente der Mengen $\mathfrak{U}_T$ bzw. $\mathfrak{J}_T$ und für die Darstellungen (151) bzw. (152) auch noch an die der Mengen $\mathfrak{J}_T$ bzw. $\mathfrak{U}_T$ haben für die Mehrzahl der Anwendungen keine wesentlichen Einschränkungen zur Folge, weil bei den technisch interessanten linearen und nichtlinearen Netzwerken in der Regel die Punkte des Intervalls T, an denen eine Trajektorie $(u, i) \in \mathfrak{L}_T$ unstetig ist, mit den Punkten zusammenfallen, an denen sich die eingeprägten Größen der das Netzwerk erregenden unabhängigen Spannungs- und Stromquellen unstetig ändern. Diese Zeitpunkte sind aber von vornherein bekannt und können deshalb durch eine geeignete Unterteilung des Intervalls T berücksichtigt werden.

Ausnahmen von dieser Regel gibt es z. B. bei stark idealisierten Netzwerkmodellen von Relaxationsoszillatoren (Kippschwinger). Diese Netzwerke interessieren jedoch, abgesehen von ihrer theoretischen Bedeutung [48], nur für die Grobdimensionierung solcher Schaltungen, nicht aber für den rechnergestützten Schaltungsentwurf.

Damit man die durch die soeben erwähnten stärkeren Stetigkeitsforderungen vereinfachten Netzwerkmodelle zur Berechnung der stetigen Abschnitte der Lösungen induktiver und kapazitiver Netzwerke anwenden kann, muß man über leistungsfähige Verfahren verfügen, mit denen man für jedes stetige Stück der Lösung den rechtsseitigen Anfangswert aus dem linksseitigen Endwert des vorangehenden Lösungsabschnitts berechnen kann. Solche Verfahren lassen sich, wie weiter oben bereits erwähnt, aus den Darstellungen (132), (133) herleiten. Sie erfordern an den Unstetigkeitspunkten jeweils die Berechnung der Lösung eines dem zu analysierenden dynamischen Netzwerks zugeordneten resistiven Netzwerks. Ist dieses zugeordnete resistive Netzwerk nichtlinear, so muß jedesmal ein nichtlineares algebraisches Gleichungssystem gelöst werden. Wenn man bedenkt, daß sich solche Gleichungssysteme in der Regel nur mit einem geeigneten Einbettungsverfahren lösen lassen, ist es rechentechnisch meist ökonomischer die Unstetigkeiten der eingeprägten Größen (die letzten Endes ja auch nur idealisierte Abbilder technischer Schaltvorgänge sind) in geeigneter Weise „auszurunden" und die Lösung im gesamten interessierenden Intervall ohne Unterteilungen in einem Lauf zu berechnen.

3.1.2.4.5. Konzentrierte und nichtkonzentrierte Netzwerke

Ein Netzwerk $\mathcal{N} = (\mathcal{X}, \ldots, \mathcal{S}, V, \zeta)$, dessen Signalräume $\mathfrak{S}_T$ für alle $T \in \mathfrak{T}$ aus geordneten Paaren von Funktionen bestehen, die für alle $t \in T$ stetig nach t differenzierbar sind, gehört zur Klasse der *konzentrierten Netzwerke,* wenn es eine Familie $(\mathfrak{H}_T)_{t \in \mathfrak{T}}$ von Funktionenmengen $\mathfrak{H}_T \subseteq (\boldsymbol{R}^n)^T$ ($n \in \boldsymbol{N} \cap \{0\}$, fest) und eine Familie $\big(\mathcal{V}_{\text{konz}}(t)\big)_{t \in \boldsymbol{R}}$ 6-stelliger Relationen $\mathcal{V}_{\text{konz}}(t) \subseteq \boldsymbol{R}^z \times \boldsymbol{R}^z \times \boldsymbol{R}^n \times \boldsymbol{R}^z \times \boldsymbol{R}^z \times \boldsymbol{R}^n (z := |\mathcal{X}|)$ gibt, mit denen sich die Teilrelationen $\mathfrak{V}_T = V_T \cap \mathfrak{S}_T$ für alle $T \in \mathfrak{T}$ in der Form

$$\begin{aligned}\mathfrak{V}_T = \{(u, i) \in \mathfrak{S}_T \mid \exists h \in \mathfrak{H}_T,\ \forall t \in T:& \\ \big(u(t), i(t), h(t), \dot{u}(t), \dot{i}(t), \dot{h}(t)\big) \in \mathcal{V}_{\text{konz}}(t)\}&\end{aligned} \tag{153}$$

darstellen lassen.

Existiert keine solche Darstellung, so gehört das Netzwerk zur Klasse der *nichtkonzentrierten Netzwerke.*

Resistive, induktive und kapazitive Netzwerke und ihre Zusammenschaltungen gehören zur Klasse der konzentrierten Netzwerke.

Leitungen sind typische Beispiele nichtkonzentrierter dynamischer Netzwerke.

In der Regel lassen sich auch die Momentanwertrelationen konzentrierter Netzwerke für alle $t \in \boldsymbol{R}$ durch Algebro-Differentialgleichungssysteme charakterisieren.

Für $n = 0$ erhält man mit einer geeigneten Funktion

$$f : D_f \subseteq \boldsymbol{R}^z \times \boldsymbol{R}^z \times \boldsymbol{R}^z \times \boldsymbol{R}^z \times \boldsymbol{R} \to \boldsymbol{R}^m \quad (m \in \boldsymbol{N}) \tag{154}$$

die Beziehung

$$\mathfrak{V}_T = \{(u, i) \in \mathfrak{S}_T \mid \forall t \in T : f\big(u(t), i(t), \dot{u}(t), \dot{i}(t), t\big) = 0\}\ , \tag{155}$$

wobei auch hier im „Normal"-Fall $m = z$ gilt.

Für $n > 0$ erhält man mit einer geeigneten Funktion

$$F : D_F \subseteq \boldsymbol{R}^z \times \boldsymbol{R}^z \times \boldsymbol{R}^n \times \boldsymbol{R}^z \times \boldsymbol{R}^z \times \boldsymbol{R}^n \times \boldsymbol{R} \to \boldsymbol{R}^m \ (m \in \boldsymbol{N}) \tag{156}$$

die Darstellung

$$\begin{aligned}\mathfrak{V}_T = \{(u, i) \in \mathfrak{S}_T \mid \exists h \in \mathfrak{H}_T, \forall t \in T:& \\ F\big(u(t), i(t), h(t), \dot{u}(t), \dot{i}(t), \dot{h}(t), t\big) = 0\}\ .&\end{aligned} \tag{157}$$

Im „Normal"-Fall gilt $m = z + n$.

Einen wichtigen Sonderfall erhält man, wenn sich das Gleichungssystem aus (157) mit einer Abbildung

$$G : D_G \subseteq \boldsymbol{R}^z \times \boldsymbol{R}^z \times \boldsymbol{R}^n \times \boldsymbol{R} \to \boldsymbol{R}^m \quad (m \in \boldsymbol{N}) \tag{158}$$

und zwei injektiven Abbildungen

$$l: \boldsymbol{N}_{z^l} \to \boldsymbol{N}_z\,, \quad c: \boldsymbol{N}_{z^c} \to \boldsymbol{N}_z\,, \tag{159}$$

die den Bedingungen

$$z^l + z^c = n$$

und

$$\{l_1, \dots, l_{z^l}\} \cap \{c_1, \dots, c_{z^l}\} = \emptyset \tag{160}$$

genügen, in der Form

$$\begin{aligned} &G\big(u(t), i(t), h(t), t\big) = 0\,, \\ &\dot{h}(t) = \big(u_{l_1}(t), \dots, u_{l_{z^l}}(t), i_{c_1}(t), \dots, i_{c_{z^c}}(t)\big) \end{aligned} \tag{161}$$

darstellen läßt.
In (158) gilt für den in diesem Abschnitt nicht näher definierten „Normal"-Fall die Beziehung $m = z$.
Das Gleichungssystem (161) beschreibt die u-i-Relation eines Netzwerks mit z Zweigen, das aus der Zusammenschaltung eines resistiven Netzwerks mit $z^r = z - z^l - z^c$ Zweigen, eines induktiven Netzwerks mit z^l Zweigen und eines kapazitiven Netzwerks mit z^c Zweigen entstanden ist. Man erhält (161) unmittelbar aus den Darstellungen (113), (149) und (150) der u-i-Relationen der entsprechenden Teilnetzwerke.
Durch Elimination von $h(t)$ erhält man aus (161) wieder das Gleichungssystem, das in (155) zur Charakterisierung von $\mathfrak{B}_T$ angegeben worden ist.
In der Literatur wird verschiedentlich beschrieben, daß das Gleichungssystem (161) bei der Analyse konzentrierter Netzwerke, die *nichtlineare* induktive oder/und kapazitive Teilnetzwerke enthalten, gegenüber (155) günstigere numerische Eigenschaften hat [54], vgl. auch [17, 20, 30]. Eigene Erfahrungen liegen hierzu nicht vor.
Gleichungssysteme zur Beschreibung der u-i-Relation von Netzwerken, die verlustfreie Leitungen als Unternetzwerke enthalten, gehen auf [55] zurück, vgl. auch [17 und 56].

3.1.2.5. Gleichungssysteme zur Analyse konzentrierter Netzwerke

3.1.2.5.1. Zusammenstellung wichtiger Gleichungssysteme

Gegeben sei ein konzentriertes dynamisches Netzwerk

$$\mathcal{N} = (\mathcal{Z}, \mathcal{K}, \mathcal{A}_u, \mathcal{A}_i, \mathcal{S}, \mathcal{V}, \zeta)\,. \tag{162}$$

Ohne wesentliche Einschränkung der Allgemeinheit wollen wir im folgenden voraussetzen, daß die Inzidenzabbildungen der Bedingung

$$\mathcal{A}_u = \mathcal{A}_i \tag{163}$$

genügen.
Die u-i-Relation von $\mathcal{N}$ werde durch eins der in Abschnitt 3.1.2.4.4. näher beschriebenen Gleichungssysteme

$$f\big(u(t), i(t), \dot{u}(t), \dot{i}(t), t\big) = 0; \tag{164}$$

$$F\big(u(t), i(t), h(t), \dot{u}(t), \dot{i}(t), \dot{h}(t), t\big) = 0; \tag{165}$$

$$\begin{aligned} &G\big(u(t), i(t), h(t), t\big) = 0\,, \\ &\dot{h}(t) - \big(u_{l_1}(t), \dots, u_{l_{z^l}}(t), i_{c_1}(t), \dots, i_{c_{z^c}}(t)\big) = 0 \end{aligned} \tag{166}$$

beschrieben.
Aus den Darstellungen (113) und (119) der u-i-Relationen resistiver Netzwerke erhält man Gleichungssysteme, die sich von den Gleichungssystemen (164) bzw. (165)

im wesentlichen durch das Fehlen der Terme $\dot{u}(t)$, $\dot{i}(t)$ bzw. $\dot{u}(t)$, $\dot{i}(t)$, $\dot{h}(t)$ unterscheiden. Diese Gleichungssysteme sind also in (164) bzw. (165) als Sonderfälle enthalten. Wir brauchen deshalb im folgenden auf Gleichungssysteme zur Analyse resistiver Netzwerke nicht gesondert einzugehen.

Unter Berücksichtigung von (2) genügen die Kirchhoffschen Zweigspannungsverteilungen und die Kirchhoffschen Zweigstromverteilungen für jedes Intervall $T \in \mathfrak{T}$ den Beziehungen

$$u \in \mathfrak{M}_T \Leftrightarrow Mu = 0 \Leftrightarrow u = K^t u^K \Leftrightarrow u = S^t u^S \tag{167}$$

bzw.

$$i \in \mathfrak{K}_T \Leftrightarrow Ki = 0 \Leftrightarrow Si = 0 \Leftrightarrow i = M^t i^M . \tag{168}$$

Die Aufgabe der Netzwerkanalyse besteht darin, zu einem gegebenen Netzwerk $\mathcal{N}$ und einem Intervall $T \in \mathfrak{T}$ genau diejenigen geordneten Paare $(u, i) \in \mathfrak{S}_T$ von Zweigspannungs- und Zweigstromverteilungen zu bestimmen, die der Menge

$$\mathfrak{L}_T := \mathfrak{B}_T \cap (\mathfrak{M}_T \times \mathfrak{K}_T) \tag{169}$$

angehören.

Aus (169) folgt, daß genau die Elemente $(u, i) \in \mathfrak{S}_T$ Lösungen der dem Netzwerk $\mathcal{N}$ für ein Intervall $T \in \mathfrak{T}$ zugeordneten Analyseaufgabe sind, die einer der in (167), einer der in (168) angegebenen Beziehungen und — je nach der Darstellung von $\mathfrak{B}_T$ — einem der Gleichungssysteme (164), (165) oder (166) genügen.

Auf diese Weise erhält man bereits 27 verschiedene Gleichungssysteme, von denen wir uns für die folgenden Betrachtungen auf das *u-i-Gleichungssystem*

$$\begin{aligned} &Mu(t) = 0 , \\ &Ki(t) = 0 , \\ &f\big(u(t), i(t), \dot{u}(t), \dot{i}(t), t\big) = 0 , \end{aligned} \tag{170}$$

das *u-i-u^K-Gleichungssystem*

$$\begin{aligned} &u(t) - K^t u^K(t) = 0 , \\ &Ki(t) = 0 , \\ &f\big(u(t), i(t), \dot{u}(t), \dot{i}(t), t\big) = 0 , \end{aligned} \tag{171}$$

das *u-i-i^M-Gleichungssystem*

$$\begin{aligned} &Mu(t) = 0 , \\ &i(t) - M^t i^M(t) = 0 , \\ &f\big(u(t), i(t), \dot{u}(t), \dot{i}(t), t\big) = 0 , \end{aligned} \tag{172}$$

das *u-i-u^K-i^M-Gleichungssystem*

$$\begin{aligned} &u(t) - K^t u^K(t) = 0 , \\ &i(t) - M^t i^M(t) = 0 , \\ &f\big(u(t), i(t), \dot{u}(t), \dot{i}(t), t\big) = 0 \end{aligned} \tag{173}$$

und das erstmals in [30] beschriebene *u-i-u^K-h-Gleichungssystem*

$$\begin{aligned} &u(t) - K^t u^K(t) = 0 , \\ &Ki(t) = 0 , \\ &G\big(u(t), i(t), h(t), t\big) = 0 , \\ &\dot{h}(t) - \big(u_{l_1}(t), \dots , i_{c_1}(t), \dots\big) = 0 \end{aligned} \tag{174}$$

beschränken wollen.

Durch Elimination von $u(t)$ erhält man aus (171) das (für affine Netzwerke) erstmals von *Cauer* [67] angegebene *i-u^K-Gleichungssystem*

$$\begin{aligned} &Ki(t) = 0\,, \\ &f\big(K^t u^K(t), i(t), K^t \dot{u}^K(t), \dot{i}(t), t\big) = 0\,. \end{aligned} \tag{175}$$

Durch die Elimination von $i(t)$ bzw. $u(t)$ und $i(t)$ erhält man aus (172) bzw. (173) das *u-i^M-Gleichungssystem*

$$\begin{aligned} &Mu(t) = 0\,, \\ &f\big(u(t), M^t i^M(t), \dot{u}(t), M^t \dot{i}^B(t), t\big) = 0 \end{aligned} \tag{176}$$

bzw. das *u^K-i^M-Gleichungssystem*

$$f\big(M^t u^K(t), K^t i^M(t), M^t u^K(t), K^t \dot{i}^M(t), t\big) = 0\,. \tag{177}$$

Läßt sich das Gleichungssystem (164) eindeutig nach $u(t)$ bzw. $i(t)$ auflösen, d. h. gibt es Funktionen

$$r : D_r \subseteq \boldsymbol{R}^z \times \boldsymbol{R}^z \times \boldsymbol{R} \to \boldsymbol{R}^z \tag{178}$$

bzw.

$$g : D_g \subseteq \boldsymbol{R}^z \times \boldsymbol{R}^z \times \boldsymbol{R} \to \boldsymbol{R}^z\,, \tag{179}$$

der Art, daß die Gleichungssysteme

$$u(t) - r\big(i(t), \dot{i}(t), t\big) = 0 \tag{180}$$

und

$$i(t) - g\big(u(t), \dot{u}(t), t\big) = 0 \tag{181}$$

dem Gleichungssystem (164) äquivalent sind, so erhält man aus (170) das (für affine resistive Netzwerke) erstmals von *Kirchhoff* [58] angegebene *i-Gleichungssystem*

$$\begin{aligned} &Ki(t) = 0\,, \\ &Mr\big(i(t), \dot{i}(t), t\big) = 0\,, \end{aligned} \tag{182}$$

aus (15) das *i^M-Gleichungssystem*

$$Mr\big(M^t i^M(t), M^t \dot{i}^B(t), t\big) = 0 \tag{183}$$

und aus (14) das *u^K-Gleichungssystem*

$$Kg\big(K^t u^K(t), K^t \dot{u}^K(t), t\big) = 0\,. \tag{184}$$

Unter der gleichen Voraussetzung wie (184) erhält man das *u^S-Gleichungssystem*

$$Sg\big(S^t u^S(t), S^t \dot{u}^S(t), t\big) = 0\,. \tag{185}$$

Ein grundsätzlicher Vorteil der Gleichungssysteme (170) bis (177) gegenüber den im Anschluß an (180), (181) hergeleiteten Gleichungssystemen ist in der Tatsache zu sehen, daß sie für wesentlich allgemeinere u-i-Relationen aufgestellt werden können als die Gleichungssysteme (182) bis (185).
Ist es nicht möglich, das Gleichungssystem (164) in eine der beiden in (180), (181) angebenen Formen zu bringen, so existiert in vielen Fällen eine sogenannte Hybrid-Darstellung der u-i-Relation, mit deren Hilfe man durch geeignete Teileliminationen eine Vielzahl weiterer Gleichungssysteme herleiten kann. Von diesen Gleichungssystemen sei hier nur noch auf die verschiedenen Varianten der *Zustandsgleichungssysteme* [33, 20, 59, 60 und 61] und auf ein in [62] beschriebenes *modifiziertes u^K-Gleichungssystem* hingewiesen, das neben den Knotenspannungen die Zweigströme der Zweige des zu analysierenden Netzwerks als Unbekannte enthält, zu denen keine Admittanz- sondern nur eine Impedanzdarstellung der u-i-Relation existiert.

Die Zustandsgleichungssysteme sind explizite Differentialgleichungssysteme. Alle bisher von uns betrachteten Gleichungssysteme sind dagegen implizite Algebro-Differentialgleichungssysteme.
Solange man noch keine praktisch brauchbaren numerischen Verfahren zur Lösung von Algebro-Differentialgleichungssystemen kannte, waren die Zustandsgleichungen die Grundlage der Programme zur Analyse nichtlinearer dynamischer Netzwerke. Wegen des großen Rechenaufwandes, der für die Auswertung der Zustandsgleichungen erforderlich ist, haben sie heute ihre Bedeutung für die numerische Analyse großer nichtlinearer Netzwerke verloren [69, 64 und 30], vgl. auch [63].

3.1.2.5.2. Beispiele

Beispiel 7:

$$\mathcal{N} = (\mathcal{Z}, \mathcal{K}, \mathcal{A}_u, \mathcal{A}_i, \mathcal{S}, V, \zeta)$$

mit

$$\begin{aligned} &\mathcal{Z} := \{1, 2, 3, 4\}, \quad \mathcal{K} := \{①, ②, ③\}, \\ &\mathcal{A}_u := \mathcal{A}_i := \{(1, (①, ③)), (3, (①, ③)), (4, (①, ②)), (2, (②, ③))\}, \\ &\zeta_1 := 1, \ \zeta_2 := 2, \ \zeta_3 := 3, \ \zeta_4 := 4, \\ &\mathfrak{U}_T^{(j)} = \mathfrak{J}_T^{(j)} = C^1(T) \quad (j = 1, \dots, 4), \\ &\mathfrak{H}_T^{(1)} = \mathfrak{H}_T^{(2)} = C^1(T) \end{aligned} \tag{186}$$

und der durch

$$\begin{pmatrix} C_1u_1 - q_1 \\ C_2u_2 - q_2 \\ G_3u_3 - i_3 \\ G_4u_4 - i_4 \end{pmatrix} = \begin{pmatrix} 0 \\ 0 \\ 0 \\ 0 \end{pmatrix}, \tag{187}$$

$$\begin{pmatrix} \dot{q}_1 - i_1 \\ \dot{q}_2 - i_2 \end{pmatrix} = \begin{pmatrix} 0 \\ 0 \end{pmatrix} \tag{188}$$

$$(C_1, C_2, G_3, G_4 \in \boldsymbol{R})$$

charakterisierten u-i-Relation. (Zur Vereinfachung der Schreibweise haben wir in (187), (188) bei allen Zeitfunktionen auf die Angabe ihrer Argumente verzichtet. Diese Schreibweise werden wir auch im folgenden beibehalten.)
Differenziert man die beiden ersten Gleichungen in (187), so kann man mit dem Teilsystem (188) die Ladungen q_1 und q_2 eliminieren und erhält die zu (187), (188) äquivalente Darstellung

$$\begin{pmatrix} C_1\dot{u}_1 - i_1 \\ C_2\dot{u}_2 - i_2 \\ G_3\dot{u}_3 - i_3 \\ G_4\dot{u}_4 - i_4 \end{pmatrix} = \begin{pmatrix} 0 \\ 0 \\ 0 \\ 0 \end{pmatrix}. \tag{189}$$

Aus (186) erhält man die Matrizen

$$K = \begin{pmatrix} 1 & 0 & 1 & 1 \\ 0 & 1 & 0 & -1 \end{pmatrix} \tag{190}$$

und

$$M = \begin{pmatrix} -1 & 0 & 1 & 0 \\ 0 & 1 & -1 & 1 \end{pmatrix}. \tag{191}$$

Mit dem Differentiationsoperator

$$D := \frac{\mathrm{d}}{\mathrm{d}t} \tag{192}$$

erhält man aus (187), (188) und (190) das u-i-u^K-q-Gleichungssystem

$$\left(\begin{array}{cccc|cccc|cc|cc}
1 & \cdot & \cdot & \cdot & 0 & 0 & 0 & 0 & -1 & 0 & 0 & 0 \\
\cdot & 1 & \cdot & \cdot & 0 & 0 & 0 & 0 & 0 & -1 & 0 & 0 \\
\cdot & \cdot & 1 & \cdot & 0 & 0 & 0 & 0 & -1 & 0 & 0 & 0 \\
\cdot & \cdot & \cdot & 1 & 0 & 0 & 0 & 0 & -1 & 1 & 0 & 0 \\
\hline
0 & 0 & 0 & 0 & 1 & 0 & 1 & 1 & 0 & 0 & 0 & 0 \\
0 & 0 & 0 & 0 & 0 & 1 & 0 & -1 & 0 & 0 & 0 & 0 \\
\hline
C_1 & \cdot & & & 0 & 0 & 0 & 0 & 0 & 0 & -1 & \cdot \\
\cdot & C_2 & & & 0 & 0 & 0 & 0 & 0 & 0 & \cdot & -1 \\
\hdashline
& & G_3 & \cdot & 0 & 0 & -1 & \cdot & 0 & 0 & 0 & 0 \\
& & \cdot & G_4 & 0 & 0 & \cdot & -1 & 0 & 0 & 0 & 0 \\
\hline
0 & 0 & 0 & 0 & -1 & \cdot & 0 & 0 & 0 & 0 & D & \cdot \\
0 & 0 & 0 & 0 & \cdot & -1 & 0 & 0 & 0 & 0 & \cdot & D
\end{array}\right)
\begin{pmatrix} u_1 \\ u_2 \\ u_3 \\ u_4 \\ i_1 \\ i_2 \\ i_3 \\ i_4 \\ u_1^K \\ u_2^K \\ q_1 \\ q_2 \end{pmatrix}
=
\begin{pmatrix} 0 \\ 0 \\ 0 \\ 0 \\ 0 \\ 0 \\ 0 \\ 0 \\ 0 \\ 0 \\ 0 \\ 0 \end{pmatrix} \tag{193}$$

Aus (189), (190) und (191) erhält man das u-i-u^K-Gleichungssystem

$$\left(\begin{array}{cccc|cccc|cc}
1 & \cdot & \cdot & \cdot & 0 & 0 & 0 & 0 & -1 & 0 \\
\cdot & 1 & \cdot & \cdot & 0 & 0 & 0 & 0 & 0 & -1 \\
\cdot & \cdot & 1 & \cdot & 0 & 0 & 0 & 0 & -1 & 0 \\
\cdot & \cdot & \cdot & 1 & 0 & 0 & 0 & 0 & -1 & 1 \\
\hline
0 & 0 & 0 & 0 & 1 & 0 & 1 & 1 & 0 & 0 \\
0 & 0 & 0 & 0 & 0 & 1 & 0 & -1 & 0 & 0 \\
\hline
C_1D & \cdot & \cdot & \cdot & -1 & \cdot & \cdot & \cdot & 0 & 0 \\
\cdot & C_2D & \cdot & \cdot & \cdot & -1 & \cdot & \cdot & 0 & 0 \\
\cdot & \cdot & G_3 & \cdot & \cdot & \cdot & -1 & \cdot & 0 & 0 \\
\cdot & \cdot & \cdot & G_4 & \cdot & \cdot & \cdot & -1 & 0 & 0
\end{array}\right)
\begin{pmatrix} u_1 \\ u_2 \\ u_3 \\ u_4 \\ i_1 \\ i_2 \\ i_3 \\ i_4 \\ u_1^K \\ u_2^K \end{pmatrix}
=
\begin{pmatrix} 0 \\ 0 \\ 0 \\ 0 \\ 0 \\ 0 \\ 0 \\ 0 \\ 0 \\ 0 \end{pmatrix}, \tag{194}$$

das u-i-Gleichungssystem

$$\left(\begin{array}{cccc|cccc}
-1 & 0 & 1 & 0 & 0 & 0 & 0 & 0 \\
0 & 1 & -1 & 1 & 0 & 0 & 0 & 0 \\
\hline
0 & 0 & 0 & 0 & 1 & 0 & 1 & 1 \\
0 & 0 & 0 & 0 & 0 & 1 & 0 & -1 \\
\hline
C_1D & \cdot & \cdot & \cdot & -1 & \cdot & \cdot & \cdot \\
\cdot & C_2D & \cdot & \cdot & \cdot & -1 & \cdot & \cdot \\
\cdot & \cdot & G_3 & \cdot & \cdot & \cdot & -1 & \cdot \\
\cdot & \cdot & \cdot & G_4 & \cdot & \cdot & \cdot & -1
\end{array}\right)
\begin{pmatrix} u_1 \\ u_2 \\ u_3 \\ u_4 \\ i_1 \\ i_2 \\ i_3 \\ i_4 \end{pmatrix}
=
\begin{pmatrix} 0 \\ 0 \\ 0 \\ 0 \\ 0 \\ 0 \\ 0 \\ 0 \end{pmatrix}, \tag{195}$$

das u^K-i^M-Gleichungssystem

$$\left(\begin{array}{cc|cc}
C_1D & 0 & 1 & 0 \\
0 & C_2D & 0 & -1 \\
G_3 & 0 & -1 & 1 \\
G_4 & -G_4 & 0 & -1
\end{array}\right)
\begin{pmatrix} u_1^K \\ u_2^K \\ i_1^M \\ i_2^M \end{pmatrix}
=
\begin{pmatrix} 0 \\ 0 \\ 0 \\ 0 \end{pmatrix} \tag{196}$$

und das u^K-Gleichungssystem

$$\begin{pmatrix} C_1D + G_3 + G_4 & -G_4 \\ -G_4 & C_2D + G_4 \end{pmatrix} \begin{pmatrix} u_1^K \\ u_2^K \end{pmatrix} = \begin{pmatrix} 0 \\ 0 \end{pmatrix}. \tag{197}$$

Aus (197) erhält man über

$$\begin{pmatrix} C_1 & 0 \\ 0 & C_2 \end{pmatrix} \begin{pmatrix} \dot{u}_1^K \\ \dot{u}_2^K \end{pmatrix} = \begin{pmatrix} -(G_3 + G_4) & G_4 \\ G_4 & -G_4 \end{pmatrix} \begin{pmatrix} u_1^K \\ u_2^K \end{pmatrix} \tag{198}$$

durch Multiplikation mit der Diagonalmatrix $(\mathrm{diag}\,(C_1, C_2))^{-1}$ von links

$$\begin{pmatrix} \dot{u}_1^K \\ \dot{u}_2^K \end{pmatrix} = \begin{pmatrix} -(G_3 + G_4)/C_1 & G_4/C_1 \\ G_4/C_2 & -G_4/C_2 \end{pmatrix} \begin{pmatrix} u_1^K \\ u_2^K \end{pmatrix}. \tag{199}$$

Das Gleichungssystem (199) ist ein lineares explizites Differentialgleichungssystem 1. Ordnung. Seine Lösung wird in jedem Intervall $[t_0, t_e) \subset \boldsymbol{R}$ durch die willkürlich vorgebbaren Anfangswerte $u_1^K(t_0) = u_1(t_0)$ und $u_2^K(t_0) = u_2(t_0)$ der Kondensatorspannungen eindeutig festgelegt.

Das Gleichungssystem (199) ist ein Zustandsgleichungssystem für das betrachtete Netzwerk.

Der Zustandsbegriff ist einer der zentralen Begriffe der modernen Systemtheorie [14, 65 und 66].

Der Zustand eines dynamischen Systems wird durch eine gewisse Menge von solchen Parametern charakterisiert, deren Kenntnis zu einem beliebigen Zeitpunkt $t = t_0$ zusammen mit der Kenntnis der Eingangsgrößen im Intervall $[t_0, +\infty)$ ausreicht, um das Verhalten des Systems für alle $t \in [t_0, +\infty)$ vollständig bestimmen zu können. Für ein elektrisches Netzwerk liefern die Anfangswerte der energiespeichernden Schaltelemente, die sich frei vorgeben lassen, ohne die übrigen Netzwerkgleichungen zu verletzen, eine solche den Zustand definierende Parametermenge. Von Ausnahmen, bei denen sich die Anzahl der Zustandsvariablen verringern oder auch vergrößern kann [60], einmal abgesehen, bilden die Anfangsspannungen aller Kondensatoren, die auf einem sogenannten Normalbaum liegen, und die Anfangsströme aller Induktivitäten, die auf dem zu diesem Baum komplementären Verbindungszweigsystem liegen, ein solches System von Zustandsvariablen. Ein Normalbaum ist ein vollständiger Baum des Netzwerks, der alle unabhängigen Spannungsquellen, maximal viele Kondensatoren, keine unabhängigen Stromquellen und eine minimale Anzahl von Induktivitäten enthält. Einen derartigen Normalbaum kann man aus der Inzidenzmatrix des Graphen z. B. mit Hilfe des *Gauß*schen Eliminationsverfahrens bestimmen [67].

Die hier vorgeschlagene Auswahl der Zustandsvariablen genügt in gewissem Sinne einer Minimalitätsforderung. Durch eine kleinere Anzahl von Parametern wird der Zustand eines Netzwerks nicht eindeutig festgelegt. Eine größere Anzahl von Parametern kann man nicht unabhängig voneinander vorschreiben, ohne in Widerspruch zu den Kirchhoffschen Regeln und der u-i-Relation des Netzwerks zu geraten. Außerdem existieren bei elektrischen Netzwerken für eine größere Anzahl von Parametern zur Beschreibung des Zustands im allgemeinen keine expliziten Zustandsgleichungen.

Beispiel 8:

$$\mathcal{N} = (\mathcal{Z}, \mathcal{K}, \mathcal{A}_u, \mathcal{A}_i, \mathcal{S}, \mathcal{V}, \zeta)$$

mit

$$\begin{aligned}
&\mathcal{Z} := \{1, 2\}, \qquad \mathcal{K} := \{①, ②\}, \\
&\mathcal{A}_u := \mathcal{A}_i := \{(1, (①, ②)), (2, (①, ②))\}, \\
&\zeta_1 := 1, \qquad \zeta_2 := 2, \\
&\mathfrak{U}_T^{(j)} := \mathfrak{J}_T^{(j)} := C^1(T) \qquad (j = 1, 2;\ T \in \mathfrak{T}), \\
&\mathfrak{V}_T = \{(u, i) \in \mathfrak{S}_T \mid \dot{u}_1(t) = i_1(t),\ i_2(t) = 1 + (u_2(t))^2,\ t \in T\}.
\end{aligned} \tag{200}$$

Aus diesen Angaben erhält man mit $u^K := u_1$ für das u^K-Gleichungssystem die Differentialgleichung

$$\dot{u}_1(t) = -1 - \left(u_1(t)\right)^2 . \tag{201}$$

Diese Differentialgleichung läßt sich geschlossen lösen.
Für das Intervall $T = (0, \pi)$ enthält die Menge $\mathfrak{L}_{(0,\pi)}$ genau ein Element. Diese eine Lösung wird durch

$$\begin{aligned} u(t) &= (1, 1) \cot t , \\ i(t) &= (-1, 1) \sin^{-2} t \end{aligned} \tag{202}$$

beschrieben. Sie läßt sich nicht über das Intervall $(0, \pi)$ hinaus fortsetzen.
Analog hat dieses Netzwerk auf jedem (beidseitig) offenen Intervall der Länge π genau eine Lösung.
Auf jedem kürzeren Intervall gibt es überabzählbar unendlich viele Lösungen.

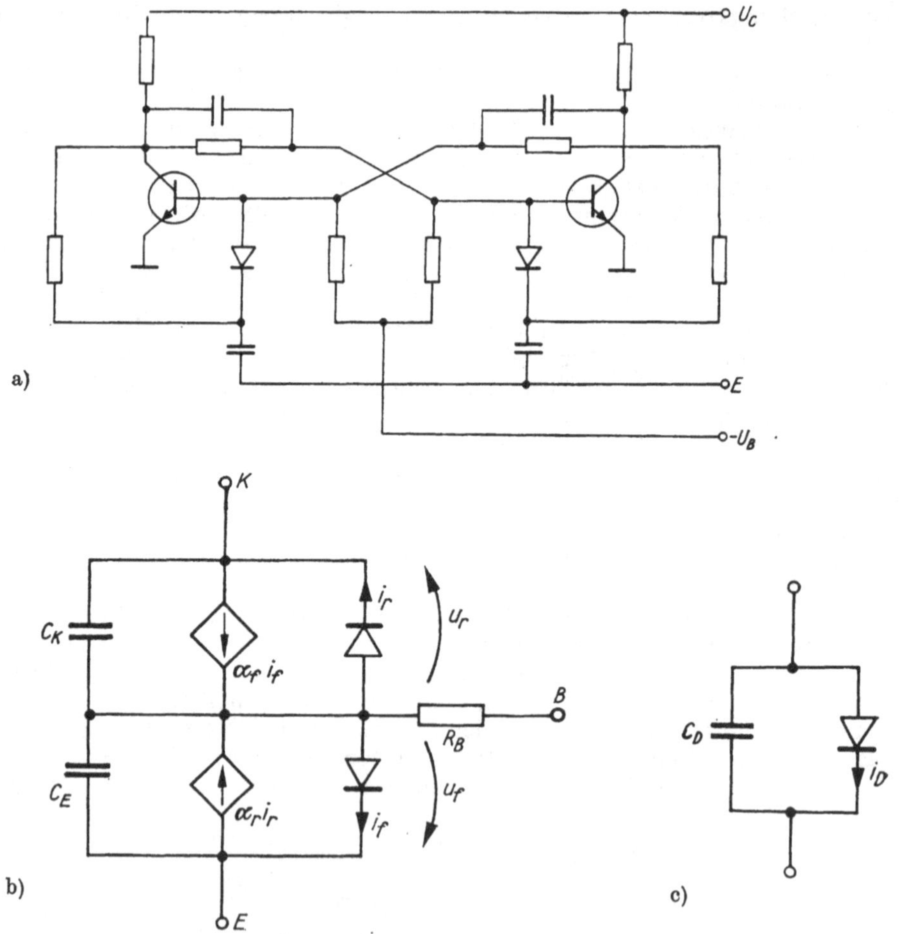

Bild 2. Bipolar-Flipflop mit Triggereingang
a) Schaltbild
b) Transistormodell
c) Diodenmodell

3.1.2.6. Anwendungsbeispiele

3.1.2.6.1. Getriggertes Flipflop [68]

Für das in Bild 2a dargestellte Bipolar-Flipflop mit Triggereingang erhält man unter Berücksichtigung des in Bild 2b und 2c dargestellten Transistor- bzw. Diodenmodells ein Netzwerk mit $z = z^r + z^l + z^c = 23 + 0 + 10 = 33$ Zweigen, $k = 12$ Knoten und $c = 1$ Komponenten.
Bild 3a zeigt das Besetzungsschema der in der Anordnung

$$\underbrace{\begin{pmatrix} \partial_2 G & \partial_1 G & 0 & \partial_3 G_3 \\ K & 0 & 0 & 0 \\ 0 & E_z & -K^t & 0 \\ (0, E_{z^c}) & 0 & 0 & \frac{1}{b_0 h} E_{z^c} \end{pmatrix}}_{33 \quad 33 \quad 11 \quad 10} \begin{matrix} \} 33 \\ \} 11 \\ \} 33 \\ \} 10 \end{matrix} \tag{203}$$

abgespeicherten *Jacobi*matrix des u-i-u^K-q-Gleichungssystems. (E_z bzw. E_{z^c} ist eine $z \times z$- bzw. $z^c \times z^c$-Einheitsmatrix. Der Faktor $1/b_0h$ ergibt sich durch Diskretisierung des Differentiationsoperators, vgl. Abschnitt 3.1.4. Die Bezifferung am Rand gibt die Zeilen- und Spaltenanzahl der einzelnen Teilmatrizen an.)
Von den 87×87 Elementen dieser Matrix sind nur 230, d. h. etwa 3%, von Null verschieden.
Ohne Berücksichtigung der schwachen Besetztheit benötigt man zur Auflösung eines linearen algebraischen Gleichungssystems mit einer solchen Koeffizientenmatrix mit dem Gaußschen Eliminationsverfahren 227 041 Multiplikationen. Das in [68] entwickelte sparse-matrix-Programm liefert ein der Besetzungsstruktur angepaßtes Geradeausprogramm (vgl. Abschnitt 3.1.3.), in dem nur die von Null verschiedenen Elemente berechnet und abgespeichert werden. Mit diesem Programm benötigt man zur Berechnung der LU-Zerlegung der Koeffizientenmatrix und zur Berechnung der Lösung nur noch 552 Multiplikationen.
Bild 3b zeigt das Besetzungsschema der mit diesem Geradeausprogramm berechneten LU-Zerlegung. Diese LU-Zerlegung enthält 302 von Null verschiedene Elemente.
Bild 4a zeigt das Besetzungsschema der in der Anordnung

$$\underbrace{\begin{pmatrix} \partial_2 G & \partial_1 G & \partial_3 G \\ S & 0 & 0 \\ 0 & M & 0 \\ (0, E_{z^c}) & 0 & \frac{1}{b_0 h} E_{z^c} \end{pmatrix}}_{33 \quad 33 \quad 10} \begin{matrix} \} 33 \\ \} 11 \\ \} 22 \\ \} 10 \end{matrix} \tag{204}$$

abgespeicherten Jacobimatrix eines u-i-q-Gleichungssystems.
Wählt man für die Matrizen S und M Fundamentalschnitt- und Maschenmatrizen in bezug auf einen möglichst stark verzweigten („sternförmigen“) vollständigen Baum, so enthält diese *Jacobi*matrix die in Bild 4a durch Punkte markierten 234 von Null verschiedenen Elemente. Mit einem dieser Besetzungsstruktur angepaßten Geradeausprogramm benötigt man zur Berechnung der LU-Zerlegung dieser Matrix und zur Berechnung der Lösung eines linearen algebraischen Gleichungssystems mit einer solchen Koeffizientenmatrix 682 Multiplikationen. Das in Bild 4b gezeigte Besetzungsschema der LU-Zerlegung enthält 318 von Null verschiedene Elemente.

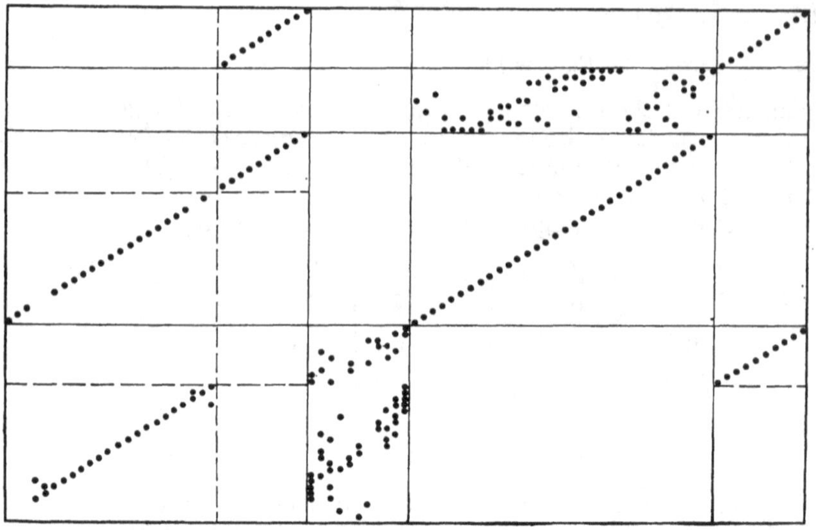

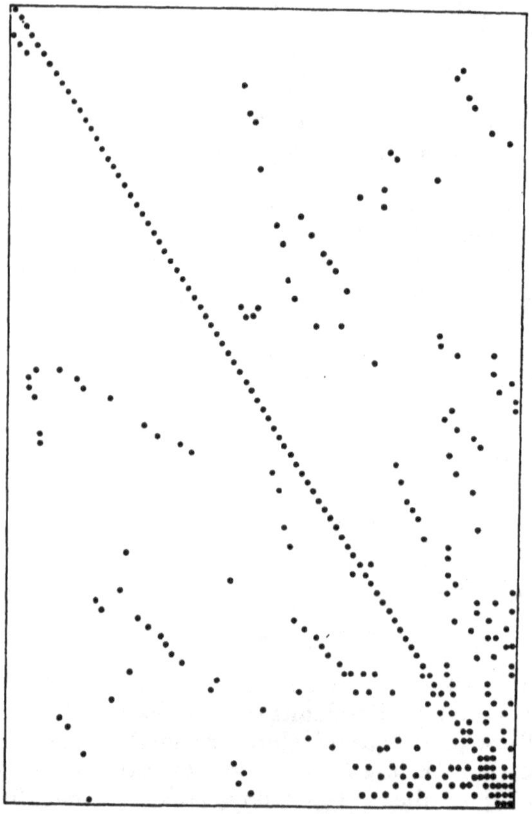

Bild 3. Jacobimatrix des u-i-u^K-q-Gleichungssystems
a) Besetzungsschema der Jacobimatrix
b) Besetzungsschema ihrer LU-Zerlegung
(Bild a) um 90° entgegengesetzt zum Uhrzeigersinn gedreht.)

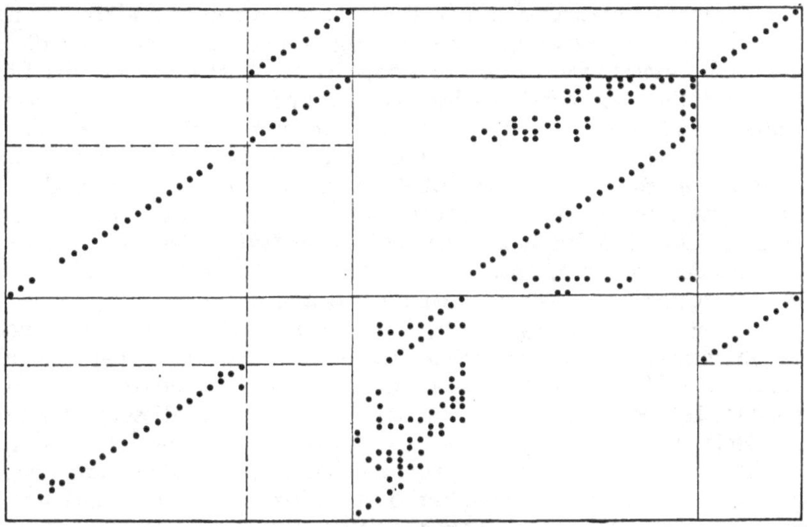

a)

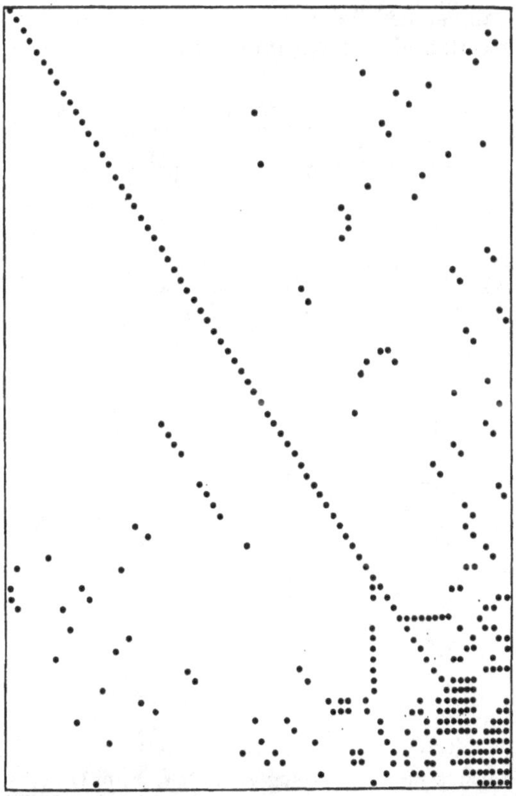

b)

Bild 4. Jacobimatrix des u-i-q-Gleichungssystems
a) Besetzungsschema der Jacobimatrix
b) Besetzungsschema ihrer LU-Zerlegung
(Bild a) um 90° entgegengesetzt zum Uhrzeigersinn gedreht.)

Mit Fundamentalmatrizen S und M, die in bezug auf einen anderen wenig verzweigten („wegähnlichen") vollständigen Baum aufgestellt worden sind, ist die Jacobimatrix (204) stärker besetzt. Für die Berechnung der LU-Zerlegung und der Lösung des entsprechenden linearen algebraischen Gleichungssystems benötigt man dann mehr Multiplikationen und Speicherplatz. Bei einem in [68] durchgerechneten Beispiel enthält die Matrix (204) dann 283 und die LU-Zerlegung 387 von Null verschiedene Elemente. Zur Berechnung der LU-Zerlegung und der Lösung des zugeordneten linearen algebraischen Gleichungssystems benötigt man dann bereits 990 Multiplikationen. Das sind $990/552 \approx 1{,}8$ mal soviel Multiplikationen als zur Berechnung der Lösung des größeren, aber schwächer besetzten, in bezug auf die Variablen u, i und q aber äquivalenten u-i-u^K-Gleichungssystems.
Zum Vergleich sei noch angegeben, daß man mit einem entsprechenden Geradeausprogramm zur Berechnung der Lösung eines linearen algebraischen Gleichungssystems, dessen Koeffizientenmatrix gleich der Jacobimatrix des in bezug auf den oben erwähnten „sternförmigen" vollständigen Baums zu diesem Netzwerk aufgestellten u^S-Gleichungssystems ist, 185 Multiplikationen benötigt, und daß man mit einem entsprechenden Programm auf der Basis des u^K-Gleichungssystems für einen geeignet ausgewählten Bezugsknoten 118 Multiplikationen benötigt.
Neben den soeben für das Gaußsche Eliminationsverfahren angedeuteten Rechenaufwands- und Speicherbedarfsbetrachtungen gibt es noch eine Reihe weiterer Gesichtspunkte, die die Auswahl eines Gleichungssystems maßgeblich beeinflussen, das einem bestimmten Netzwerkanalyseprogramm zugrunde gelegt werden soll.

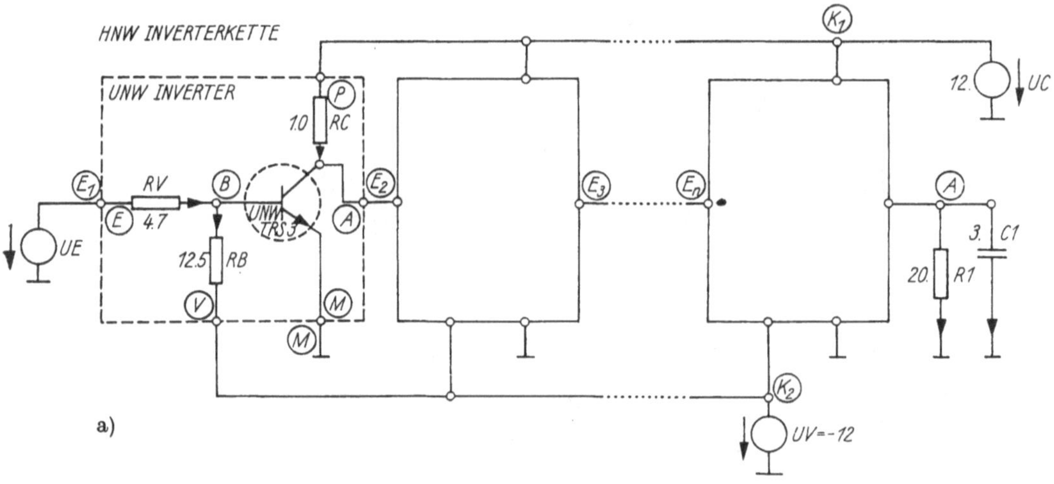

a)

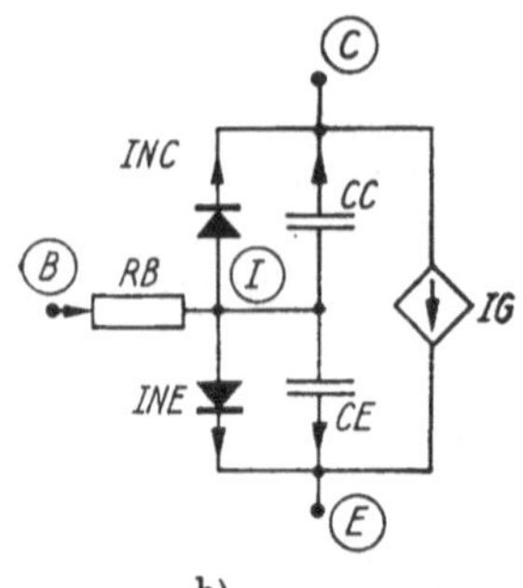

b)

Bild 5. Verzögerungskette mit Invertern

a) Prinzipschaltbild (Bezugseinheiten: V, mA, ns)

b) Netzwerkmodell für den Bipolartransistor TRS 3 (modifizierte *Ebers-Moll*-Ersatzschaltung)

Dazu gehören u. a. die für das geplante Anwendungsgebiet zulässigen Einschränkungen bei der Beschreibung der *u*-*i*-Relationen der zu analysierenden Netzwerke, die zur Verfügung stehende Rechenanlage, der Gesamtspeicherbedarf, der gewünschte Programmkomfort u. ä., aber auch numerische und rechentechnische Gesichtspunkte. Eine ausführliche Diskussion ist an dieser Stelle nicht möglich.

3.1.2.6.2. Inverterkette [69]

Bild 5a zeigt eine mit Bipolar-Invertern aufgebaute Verzögerungskette.
Dieses Netzwerk ist mit dem auf der BESM-6 implementierten Programmsystem DELPHI [32] unter Berücksichtigung des in Bild 5b angegebenen Transistormodells für den in Bild 6a angegebenen Eingangsimpuls UE analysiert worden. Mit zwei

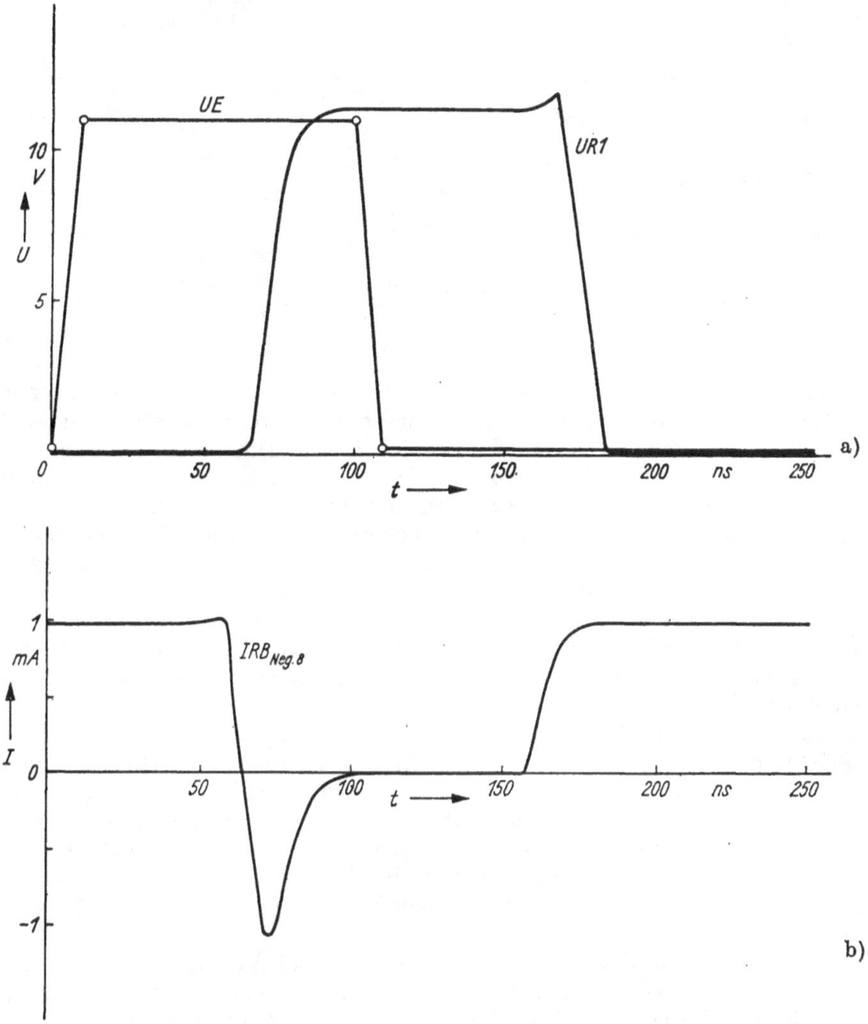

Bild 6. Einschwingvorgänge der 8-gliedrigen Inverterkette
a) Eingangsspannung UE und Ausgangsspannung UR1
b) Strom IRB für den 8. Inverter

verschiedenen Programmregimen sind Beispiele mit 1, 2, 4 und 8 Invertern durchgerechnet worden.
Bild 6a zeigt die Eingangsspannung *UE* und die Ausgangsspannung *UR*1 der 8-gliedrigen Inverterkette. Bild 6b zeigt den Strom *IRB* im Negator 8.
Tabelle 1 enthält für diese Beispiele eine Reihe von Angaben zur Größe der analysierten Netzwerke sowie zum Rechenaufwand der wichtigsten Unterprogramme und zum Gesamtaufwand.

Tabelle 1. Angaben zum Rechenaufwand bei der Analyse von Inverterketten

1	2	3		4	5		6		7		8	
n	z	t_{GSJ}/s		t_{GAUSS}/s	t_{DS}/s / N_{DC}		t_{TR}/s / N_{TR}		t_{ges}/s		K/M	
		o	m		o	m	o	m	o	m	o	m
1	14	50,22	60,02	40,34	13,94 / 208	13,42 / 208	19,38 / 189	15,12 / 186	234	249	149	154
2	24	57,20	70,04	55,28	31,98 / 283	22,64 / 283	52,26 / 321	29,12 / 279	299	286	197	182
4	42	75,34	93,94	92,92	78,08 / 283	37,28 / 283	188,08 / 497	67,58 / 493	540	392	374	263
8	78	136,72	167,70	185,72	342,16 / 467	82,52 / 393	1081,98 / 972	218,64 / 950	1893	751	1413	534

In Spalte 1 ist die Anzahl n der Inverter des jeweiligen Beispiels angegeben worden.
Spalte 2 enthält die Anzahl z der Zweige der jeweils zu analysierenden Netzwerke. (Da das Programmsystem DELPHI in der z. Z. vorliegenden Ausbaustufe auf einem u-i-Gleichungssystem basiert, hat die Jacobimatrix des bei der Berechnung der Lösungen verwendeten Gleichungssystems die Dimension $2z \times 2z$.)
Spalte 3 enthält Angaben über die Rechenzeit t_{GSJ}, die zur Erzeugung und Übersetzung der Geradeausprogramme zur Auswertung des Residuenvektors des u-i-Gleichungssystems und der Jacobimatrix dieses Gleichungssystems erforderlich ist. In der Variante 0 wird die Jacobimatrix spaltenweise durch Differenzenquotienten berechnet. In der Variante m werden die von Null verschiedenen Elemente durch vom Rechner automatisch erzeugte Programme zur symbolischen Differentiation berechnet.
Spalte 4 enthält die Rechenzeit t_{GAUSS}, die zur Erzeugung und Übersetzung der Geradeausprogramme für das Gaußsche Eliminationsverfahren erforderlich ist.
Spalte 5 enthält für die Programmregime o und m die Rechenzeit t_{DC} und die Anzahl der Integrationsschritte N_{DC}, die zur Berechnung der durch die Betriebsspannungen U_{0C} und U_B bedingten Arbeitspunkte erforderlich sind. (Diese Arbeitspunkte werden im Programmsystem DELPHI standardmäßig als Grenzwerte von Einschwingvorgängen für $t \to +\infty$ berechnet, die sich beim Einschalten der Betriebsspannungen ergeben.)
Spalte 6 enthält die Rechenzeit t_{TR} und die Anzahl N_{TR} der Integrationsschritte, die in den Programmregimen o und m zur Berechnung des Einschwingvorgangs benötigt wird, der durch das in Bild 5b dargestellte Eingangssignal verursacht wird.
Spalte 7 enthält die für die Abarbeitung der entsprechenden Jobs im Stapelbetrieb auf der BESM-6 erforderliche Rechenzeit.
Spalte 8 enthält die Kosten K der einzelnen Jobs.

Bereits bei den kleineren Beispielen, deutlich sichtbar aber bei den größeren, zahlt sich der in Spalte 3 ausgewiesene Mehraufwand zur Aufstellung der oben erwähnten Geradeausprogramme für die Berechnung der Jacobimatrix mit Hilfe exakter Ableitungen durch eine Verringerung des Gesamtaufwandes aus. Die Ursache dieser Verringerung des Gesamtaufwandes ist vor allem in einer schnelleren Konvergenz des Newtonverfahrens bei der iterativen Auflösung der Netzwerkgleichungen in den einzelnen Integrationsschritten, aber auch in einem geringeren Rechenaufwand bei der wiederholten Berechnung der Jacobimatrix zu sehen.
Wegen weiterer Beispiele für die Analyse von Analog- und Digitalschaltungen und Bipolar- und MIS-Technik sei auf [69, 70, 71 und 23] verwiesen.

3.1.3. Verfahren zur numerischen Lösung nichtlinearer algebraischer Gleichungssysteme

3.1.3.1. Übersicht

Sowohl die Berechnung des statischen Verhaltens von elektronischen Schaltungen als auch die Lösung gewöhnlicher Differentialgleichungssysteme, wie sie bei der Analyse dynamischer Vorgänge auftreten (siehe Abschnitt 3.1.4), erfordern die Auflösung nichtlinearer algebraischer oder transzendenter[1]) Gleichungssysteme der Form

$$f(x) = 0\,, \tag{205}$$

wobei die Funktion f eine Abbildung

$$f : D_f \subseteq \boldsymbol{R}^n \to \boldsymbol{R}^n \tag{206}$$

ist, die jedem Punkt

$$x = (x_1\,, \ldots\,, x_n)^t \tag{207}$$

ihres Definitionsbereiches D_f einen Punkt

$$f(x) = \begin{pmatrix} f_1\,(x_1\,, \ldots\,, x_n) \\ \cdot \\ \cdot \\ \cdot \\ \cdot \\ f_n(x_1\,, \ldots\,, x_n) \end{pmatrix} \tag{208}$$

des n-dimensionalen Zahlenraumes $\boldsymbol{R}^n$ zuordnet.
Ein Punkt $x \in D_f$, der der Bedingung (205) genügt, heißt *Lösung* des Gleichungssystems.
Die nichtlinearen Gleichungssysteme, auf die man bei der Bearbeitung technischer Probleme geführt wird, sind in der Regel nicht geschlossen lösbar. Man ist deshalb auf die Anwendung iterativer numerischer Lösungsverfahren angewiesen.
Eines der wichtigsten Iterationsverfahren dieser Art ist das bekannte *Newtonverfahren* mit seinen verschiedenen Modifikationen.
Die Grundidee des Newtonverfahrens besteht in der Linearisierung der in (206) definierten Abbildung f. Dadurch wird dem zu lösenden nichtlinearen algebraischen Gleichungssystem bei jedem Iterationsschritt ein lineares algebraisches Gleichungssystem zugeordnet. Folglich bilden leistungsfähige Verfahren zur Auflösung linearer algebraischer Gleichungssysteme einen entscheidenden Bestandteil aller auf dem

[1]) Im folgenden soll auf eine Unterscheidung zwischen algebraischen und transzendenten Gleichungssystemen verzichtet werden und nur noch von algebraischen Gleichungssystemen gesprochen werden.

Newtonverfahren basierenden Rechenprogramme zur Auflösung nichtlinearer Gleichungssysteme.
Viele technisch wichtige Probleme führen auf relativ große nichtlineare Gleichungssysteme. Typische Werte liegen zwischen 50 und 500 Gleichungen mit der entsprechenden Anzahl von Unbekannten.
Die Mehrzahl dieser Gleichungssysteme ist *schwach besetzt*, d. h. in ihren einzelnen Gleichungen sind jeweils nur einige wenige Unbekannte miteinander verknüpft.
Durch die in den letzten Jahren entwickelten speziellen Algorithmen zur Auflösung schwachbesetzter linearer algebraischer Gleichungssysteme ist die Auflösung von linearen Gleichungssystemen mit mehr als 1000 Unbekannten mit einem vertretbaren Rechenzeitaufwand möglich geworden.
Wie die Erfahrung zeigt, lassen sich mit dem Newtonverfahren zusammen mit einem solchen Algorithmus zur Auflösung der anfallenden linearen algebraischen Gleichungssysteme auch sehr große schwachbesetzte nichtlineare Gleichungssysteme auflösen.
Durch die Technik der schwachbesetzten Matrizen läßt sich erreichen, daß der Gesamtzeitaufwand bei der Auflösung hinreichend schwachbesetzter nichtlinearer algebraischer Gleichungssysteme nur noch *proportional* mit der Dimension der Gleichungssysteme anwächst.
Diese Tatsache hat in verschiedenen Disziplinen zu einem völligen Umdenken geführt.
Beispielsweise lohnt es sich bei der Analyse nichtlinearer Netzwerke nun nicht mehr, ein Gleichungssystem mit einer möglichst kleinen Anzahl von Variablen zu wählen und durch besondere Kunstgriffe, sowie vom jeweiligen Problem wesentlich abhängende „Tricks“ die Anzahl der Unbekannten vor der numerischen Berechnung der Lösung weiter zu reduzieren. Im Gegenteil, man schränkt dadurch die Möglichkeit eines Programms, das die schwache Besetztheit des zu lösenden Gleichungssystems ausnutzt, unnötig ein, was letzten Endes eine größere Gesamtrechenzeit zur Folge hat.
Da sich außerdem diese größeren Gleichungssysteme für die Analyse nichtlinearer Netzwerke sehr einfach aufstellen lassen und allgemeinere u-i-Relationen zugelassen werden können, sind die Programme zur Netzwerkanalyse wesentlich leistungsfähiger geworden.
Durch die Technik der schwachbesetzten Matrizen ist es ferner möglich geworden, auch große (schwachbesetzte) nichtlineare Differentialgleichungssysteme mit impliziten Integrationsverfahren zu lösen. In der Klasse der impliziten Integrationsverfahren gibt es Algorithmen, bei denen das *Zeitkonstantenproblem* (siehe Abschnitt 3.1.4.6.) nicht mehr auftritt. Dadurch läßt sich ein weiterer entscheidender Rechenzeitgewinn bei der dynamischen Analyse großer nichtlinearer Systeme erzielen.
Im folgenden behandeln wir ausschließlich das Newtonverfahren zur Auflösung nichtlinearer und das Gaußsche Eliminationsverfahren zur Auflösung linearer algebraischer Gleichungssysteme.
Für weitergehende Informationen sei auf das Standardwerk von *Ortega* und *Rheinbold* [72] und die Monographie [141] von *Schwetlick* verwiesen.

3.1.3.2. Das Newtonverfahren

Gegeben sei das Gleichungssystem

$$f(x) = 0 \tag{209}$$

wobei $f : D_f \subseteq \boldsymbol{R}^n \to \boldsymbol{R}^n$ eine auf einer offenen Teilmenge D_f des $\boldsymbol{R}^n$ definierte und dort wenigstens zweimal stetig partiell differenzierbare Funktion bezeichnet. Entwickelt man f in der Umgebung einer Näherungslösung x^i von (209) in eine Taylorreihe

$$f(x^i + \Delta x^i) = f(x^i) + \partial f(x^i)\, \Delta x^i + \dots \tag{210}$$

und vernachlässigt die Glieder höherer Ordnung, so erhält man aus $f(x^i + \Delta x^i) = 0$ die Iterationsvorschrift

$$x^{i+1} := x^i + \Delta x^i \qquad (i = 0, 1, 2, 3, \ldots), \tag{211}$$

wobei sich der Korrekturvektor Δx^i aus der Lösung des Gleichungssystems

$$\partial f(x^i)\, \Delta x^i = -f(x^i) \tag{212}$$

berechnet.

Das in (210) und (212) verwendete Symbol $\partial f(x)$ bezeichnet die *Jacobimatrix*

$$\partial f(x) := \left(\frac{\partial f_i(\ldots, x_j, \ldots)}{\partial x_j}\right)_{i,j=1,\ldots,n} \tag{213}$$

der Funktion f an der Stelle $x \in D_f$.

Das Gleichungssystem (212) ist ein lineares algebraisches Gleichungssystem. Es wird zweckmäßigerweise nach der Methode der LU-Zerlegung (siehe Abschnitt 3.1.3.3.3.) gelöst. Der Hauptrechenaufwand bei dieser Variante des Gaußschen Eliminationsverfahrens steckt in der Berechnung der LU-Zerlegung der Koeffizientenmatrix des zu lösenden linearen Gleichungssystems.

Verwendet man das *vereinfachte Newtonverfahren*, so wird (212) durch die einfachere Vorschrift

$$\partial f(x^0)\, \Delta x^i = -f(x^i) \tag{214}$$

ersetzt. Hier muß die *Jacobi*matrix und ihre LU-Zerlegung während der gesamten Iteration nur einmal berechnet werden. Obgleich das vereinfachte Newtonverfahren langsamer konvergiert als das durch die Iterationsvorschrift (211), (212) definierte allgemeine Newtonverfahren, benötigt man oftmals für die Auflösung eines nichtlinearen Gleichungssystems mit dem vereinfachten Newtonverfahren einen geringeren Rechenzeitaufwand.

Das *Newton*verfahren ist im allgemeinen nur lokal konvergent, d. h. die mit (211), (212) berechnete Folge (x^i) konvergiert nur dann gegen eine Lösung des Gleichungssystems (209), wenn die Anfangsnäherung x^0 bereits in einer hinreichend kleinen Umgebung dieser Lösung liegt.

Geeignete Anfangsnäherungen lassen sich mit Hilfe der in Abschnitt 3.1.2. erwähnten *Einbettungsverfahren* gewinnen.

Mitunter läßt sich der Konvergenzbereich des Newtonverfahrens vergrößern, wenn man an Stelle von (211) mit der modifizierten Vorschrift

$$x^{i+1} := x^i + d_i \Delta x^i \tag{215}$$

rechnet, wobei der *Dämpfungsfaktor* d_i so zu wählen ist, daß

$$d_i \in (0, 1] \tag{216}$$

und

$$\|f(x^{i+1})\| < \|f(x^i)\| \tag{217}$$

gilt.

Das Symbol $\|\cdot\|$ bezeichnet in (217) eine allgemeine *Vektornorm*.

Für unsere Zwecke genügt die *Maximumnorm*

$$\|x\| := \max\,\{|x_1|, \ldots, |x_n|\}\,. \tag{218}$$

Eine andere Möglichkeit, einen Dämpfungsfaktor in das Newtonverfahren einzuführen, besteht darin, das Gleichungssystem (212) durch

$$(\partial f(x^i) + d_i E)\, \Delta x^i = -f(x^i) \tag{219}$$

zu ersetzen. (Mit dem Symbol E wird in (219) die Einheitsmatrix bezeichnet.)

Auch hier muß mit dem Dämpfungsfaktor d_i berechnete Vektor x^{i+1} der Bedingung (217) genügen.

Durch die in (219) definierte Modifikation des Newtonverfahrens ist es u. U. möglich, noch eine Lösung des Gleichungssystems (209) zu berechnen, wenn für gewisse der Iterierten x^i die Jacobimatrix $\partial f(x^i)$ singulär ist (weitere Einzelheiten siehe [72]). Diese Tatsache läßt sich in einem *Fehlermaßnahme-Programm* ausnutzen [73].
Die Newtoniteration wird für $i = i_0$ abgebrochen, wenn die Iterierte x^{i_0} bei einer vorgegebenen *Abbruchschranke* ε der Bedingung

$$||f(x^{i_0})|| < \varepsilon \tag{220}$$

genügt.
Für die zweckmäßige Wahl der Abbruchschranke ε lassen sich kaum allgemeingültige Hinweise geben. Sie hängt vom Problem und von der Dimension des Gleichungssystems ab.
Bei den Anwendungen ist es oftmals erforderlich, die Jacobimatrix durch Differenzenquotienten zu approximieren.
Bezeichnet man die Spalten- bzw. Zeilenvektoren einer $m \times n$-Matrix A mit den Symbolen

$$A_{\cdot j} := \begin{pmatrix} A_{1j} \\ \cdot \\ \cdot \\ \cdot \\ A_{mj} \end{pmatrix} \tag{221}$$

bzw.

$$A_{i\cdot} := (A_{i1}, \ldots, A_{in}), \tag{222}$$

und mit e^j den j-ten Einheitsvektor

$$e^j := E_{\cdot j}, \tag{223}$$

so erhält man zur Berechnung dieser Differenzenquotienten die Rechenvorschrift

$$\big(\partial f(x)\big)_{\cdot j} = \big(f(x + h_j e^j) - f(x)\big)/h_j, \tag{224}$$

wobei mit h_i das Inkrement der Komponente x_j des Vektors $x = (x_1, \ldots, x_j, \ldots, x_n)^t$ bezeichnet wird.
Auch für die zweckmäßige Wahl der Größe der Inkremente lassen sich kaum allgemeingültige Hinweise angeben. Bei schwachbesetzten Gleichungssystemen ist die Anwendung der sehr einfach programmierbaren Vorschrift (224) zur Berechnung der Jacobimatrix unzweckmäßig.
Bei einem hinreichend schwachbesetzten Gleichungssystem sollte man nur noch die von Null verschiedenen Elemente der Jacobimatrix von f berechnen. Wenn man bedenkt, daß man bei größeren technischen Problemen auf Gleichungssysteme mit einer relativen Besetztheit von 5% bis 2% (und weniger) geführt wird, so leuchtet unmittelbar ein, daß sich bereits dadurch beachtliche Rechenzeiteinsparungen erzielen lassen.

3.1.3.3. Das Gaußsche Eliminationsverfahren

3.1.3.3.1. Vorbemerkungen

Für die Auflösung linearer algebraischer Gleichungssysteme gibt es iterative und nichtiterative Verfahren.
Die wichtigsten nichtiterativen Verfahren sind das *Gaußsche Eliminationsverfahren* und seine verschiedenen Varianten (wie das Austauschverfahren von *Jordan* und die verketteten Versionen des Gaußschen Eliminationsverfahrens, die in der Literatur unter den Namen *Banachiewicz, Crout* und *Doolittle* bekanntgeworden sind).

Wichtige iterative Verfahren sind das Verfahren von *Gauß-Seidel* und das Verfahren von *Jacobi* sowie die aus diesen Verfahren entwickelten Relaxationsverfahren. Weiterführende Literatur findet man in [74, 75 und 76].
In Bezug auf den Rechenaufwand erweisen sich bei *vollbesetzten* Koeffizientenmatrizen die nichtiterativen Verfahren für Systeme mit 100 bis 200 Gleichungen den iterativen Verfahren eindeutig als überlegen. Bei vollbesetzten Koeffizientenmatrizen liegt die Grenze, bis zu der man nichtiterative Verfahren sinnvoll einsetzen kann, bei etwa 1000 Gleichungen. Sie ergibt sich aus dem erforderlichen Speicherplatz (eine vollbesetzte $10^3 \times 10^3$-Matrix hat 10^6 Nicht-Null-Elemente) der Rechenzeit und der Gefahr, daß die Ergebisse durch die aufgelaufenen Rundungsfehler völlig verfälscht werden. Größere Systeme könnte man u. U. noch schrittweise durch geeignete Partitionierungen mit nichtiterativen Verfahren lösen. Wesentlich größere Gleichungssysteme müssen iterativ gelöst werden.
Für die praktisch viel häufiger vorkommenden Gleichungssysteme mit schwachbesetzten Koeffizientenmatrix ist es noch schwieriger, eine eindeutige Antwort auf die Frage zu geben, wann man ein Gleichungssystem am zweckmäßigsten iterativ löst und wann nicht.
In den letzten Jahren sind auf der Basis des Gaußschen Eliminationsverfahrens Rechenprogramme entwickelt worden, mit denen man durchaus (schwachbesetzte) Gleichungssysteme mit 1000 und mehr Gleichungen lösen kann, auch wenn sich ihre Koeffizientenmatrix nicht durch Umordnen der Zeilen und Spalten auf die Struktur einer Bandmatrix bringen läßt. Andererseits können bei schwachbesetzter Koeffizientenmatrix iterative Verfahren unter gewissen Zusatzvoraussetzungen (*positiv definite Koeffizientenmatrix, stark überwiegende Hauptdiagonalelemente,* usw.) auch schon für Gleichungssysteme mit etwa 100 Gleichungen ausreichend schnell konvergieren, um mit einem nichtiterativen Verfahren konkurrieren zu können.

Tabelle 2. Rechenzeiten zur Auflösung linearer algebraischer Gleichungssysteme auf einem Rechenautomaten mit einer Operationszeit von 2 µs/Mult.

n	t_{GAUSS}	t_{CRAMER}
5	0,13 ms	5,76 ms
10	0,86 ms	11,98 min
20	6,12 ms	6,16 10^7 Jahre[1])
30	19,78 ms	1,51 10^{22} Jahre
100	0,69 s	—
1000	11,14 min	—

[1]) Das Alter des Weltalls wird gegenwärtig auf 10^{10} Jahre geschätzt

Um die Ausführungen dieses Abschnitts noch durch einige quantitative Angaben zu ergänzen, haben wir in Tabelle 2 Abschätzungen für die Rechenzeiten zusammengestellt, die man für die Auflösung linearer Gleichungssysteme verschiedener Dimensionen benötigt. Diesen Abschätzungen ist ein Rechenautomat mit einer Operationszeit von 2 µs/Mult. zugrunde gelegt worden. (Zum Vergleich, die BESM-6 benötigt 2.3 µs/Mult.) Bei der Berechnung dieser Rechenzeiten sind nur die Multiplikationen berücksichtigt worden. Durch die sonstigen Operationen und die gesamte Programmorganisation werden sich die tatsächlich gebrauchten Rechenzeiten etwa verdoppeln. Werden bei großen Gleichungssystemen zusätzlich periphere Speicher benötigt, so wird die Rechenzeit mit wachsender Ordnung n stärker zunehmen.
Der Kuriosität halber sind in Tabelle 2 auch noch einige Abschätzungen der Rechenzeit aufgenommen worden, die man benötigt, wenn man die Lösung eines linearen algebraischen Gleichungssystems mit Hilfe der *Cramer*schen Regel berechnet und

die dafür erforderlichen $n + 1$ Determinanten nach dem *Laplace*schen Entwicklungssatz auswertet. Offensichtlich ist die *Cramer*sche Regel für numerische Berechnungen völlig ungeeignet.

3.1.3.3.2. Prinzip des Gaußschen Eliminationsverfahrens

Der Grundgedanke des Gaußschen Eliminationsverfahrens besteht darin, einem gegebenen linearen Gleichungssystem

$$Ax = b \tag{225}$$

aus n Gleichungen mit n Unbekannten durch eine Folge *elementarer Umformungen* (*Vertauschen von Zeilen oder/und Spalten, Multiplikation von Zeilen mit Zahlen* und *Linearkombination von Zeilen*) ein Gleichungssystem

$$Uy = c \tag{226}$$

zuzuordnen, dessen Koeffizientenmatrix U eine *obere Dreiecksmatrix*

$$U = \begin{pmatrix} U_{11} & U_{12} & \cdots & U_{1n} \\ & U_{22} & \cdots & U_{2n} \\ & & \ddots & \vdots \\ & 0 & & \vdots \\ & & & U_{nn} \end{pmatrix} \tag{227}$$

ist.
Sind die Diagonalelemente $U_{11}, \ldots, U_{nn}$ der Koeffizientenmatrix von (2) sämtlich von Null verschieden, so ist die Matrix U regulär. Das Gleichungssystem ist dann eindeutig auflösbar. Seine Lösung läßt sich durch eine sogenannte *Rücksubstitution* auf einfache Weise berechnen:

$$\begin{aligned} y_n &= c_n U_{nn}\,, \\ y_{n-1} &= (c_{n-1} - U_{n-1,n}\, y_n)/U_{n-1,n-1}\,, \\ &\vdots \\ y_1 &= (c_1 - U_{1n} y_n - \cdots - U_{12} y_2)/U_{11}\,. \end{aligned} \tag{228}$$

Das Vertauschen von Zeilen, die Multiplikation einer Zeile mit einer Zahl und die Bildung einer Linearkombination von Zeilen kann als eine mehrfache Multiplikation des Gleichungssystems (225) mit geeigneten nichtsingulären Matrizen von links interpretiert werden. Mit anderen Worten, mit den soeben noch einmal aufgeführten elementaren Umformungen erhält man stets Gleichungssysteme, die dem gegebenen äquivalent sind und demzufolge die gleichen Lösungen haben.
Das Vertauschen von Spalten der Koeffizientenmatrix eines linearen algebraischen Gleichungssystems hat ein gleichartiges Vertauschen der Komponenten des Vektors der Unbekannten zur Folge. Die Komponenten des Lösungsvektors x von (225) erhält man aus der Lösung von (226) durch eine geeignete Vertauschung der Komponenten von y.
Solche Vertauschungen werden im folgenden mehrfach gebraucht.
Mit Hilfe der $m \times n$-*Basismatrizen* $E^{ij} := e^i(e^j)^t$ definierten wir die $m \times n$-*Permutationsmatrix*

$$P_{(i_1, \ldots, i_n)} := E^{1i_1} + E^{2i_2} + \cdots + E^{ni_n}\,, \tag{229}$$

wobei das n-Tupel $(i_1, i_2, \dots, i_n)$ eine Permutation der Folge $(1, 2, \dots, n)$ ist. Ebenso wie bei den Basismatrizen E^{ij} und den Basisvektoren e^j wollen wir zur Vereinfachung der Schreibweise auch bei den Permutationsmatrizen auf eine explizite Angabe ihrer Dimension verzichten.
Man erhält aus der Matrix

$$A = \begin{pmatrix} A_{1.} \\ \cdot \\ \cdot \\ \cdot \\ A_{m.} \end{pmatrix} = (A_{.1}, \dots, A_{.n}) \tag{230}$$

durch Multiplikation mit $P_{(i_1, \dots, i_m)}$ von links die Matrix

$$P_{(i_1, \dots, i_m)} A = \begin{pmatrix} A_{i_1.} \\ \cdot \\ \cdot \\ \cdot \\ A_{i_m.} \end{pmatrix} \tag{231}$$

und durch Multiplikation mit $P^t_{(j_1, \dots, j_n)}$ von rechts

$$A P^t_{(j_1, \dots, j_n)} = (A_{.j_1}, \dots, A_{.j_n}) \,. \tag{232}$$

Alle quadratischen Permutationsmatrizen sind invertierbar. Ihre Inverse erhält man aus

$$P^{-1}_{(i_1, \dots, i_n)} = P^t_{(i_1, \dots, i_n)} \,. \tag{233}$$

D. h. die quadratischen Permutationsmatrizen sind orthonormierte Matrizen.
Das Vertauschen von Spalten in der Koeffizientenmatrix eines linearen algebraischen Gleichungssystems läßt sich wegen (232) und (233) als eine Variablentransformation mit einer nichtsingulären Transformationsmatrix erklären. Entsprechen speziell in dem Gleichungssystem (226) die Spalten $j_1, \dots, j_n$ den Spalten $1, \dots, n$ des Gleichungssystems (225), so gilt

$$y = P_{(j_1, \dots, j_n)} x \,, \quad x = P^t_{(j_1, \dots, j_n)} y \,,$$

d. h. (234)

$$y_k = x_{j_k} \quad (k = 1, \dots, n) \,.$$

Mit (234) erhält man aus (226) das Gleichungssystem

$$U P^t_{(j_1, \dots, j_n)} x = c \,, \tag{235}$$

das auf Grund der Konstruktion von (226) dem gegebenen Gleichungssystem (225) äquivalent ist.

3.1.3.3.3. Berechnung der LU-Zerlegung einer regulären Matrix, Berechnung der Lösung eines linearen algebraischen Gleichungssystems mit Hilfe der LU-Zerlegung

Im folgenden soll ein Algorithmus zur Berechnung der LU-Zerlegung einer regulären Matrix A bei allgemeiner Pivotwahl beschrieben werden.
In den Indexmengen I_k und J_k werden jeweils die Indizes der Zeilen und Spalten zusammengefaßt, die in den vorhergehenden Eliminationsschriften *noch nicht* als Eliminationszeilen bzw. -spalten herangezogen worden sind.
Die Eliminationskoeffizienten werden schrittweise in den Matrizen $\bar{A}^k$ zusammengefaßt.

Zunächst setzt man

$$\bar{A}^1 := 0\,, \quad A^1 := A$$

und (236)

$$I_1 := J_1 := \{1, 2, \dots, n\}\,.$$

Für $k = 1, 2, \dots, n-1$ werden folgende Schritte durchgeführt:
In der Matrix A^k wird ein Element

$$A^k_{j_k j_k} \neq 0 \quad \text{mit} \quad (i_k, j_k) \in I_k \times J_k \tag{237}$$

als *k-tes Pivotelement* ausgewählt.
Dann bildet man die Indexmengen

$$I_{k+1} := I_k \setminus \{i_k\} \quad \text{und} \quad J_{k+1} := J_k \setminus \{j_k\}\,, \tag{238}$$

die Matrix

$$\bar{A}^{k+1} := \bar{A}^k + \sum_{i \in I_{k+1}} \left(A^k_{ij_k} \frac{1}{A^i_{i_k j_k}}\right) E^{ij_k} \tag{239}$$

und die Matrix A^{k+1}, deren Zeilen durch die Vorschrift

$$A^{k+1}_{i\cdot} := \begin{cases} A^k_{i\cdot} & \text{für} \quad i \in I_1 \setminus I_{k+1}\,, \\ A^k_{i\cdot} - \bar{A}^{k+1}_{ij_k} \cdot A^k_{i_k\cdot} & \text{für} \quad i \in I_{k+1} \end{cases} \tag{240}$$

definiert werden.
Nach $n-1$ Schritten erhält man die einelementigen Indexmengen $I_k = \{i_n\}$ und $J_n = \{j_n\}$, sowie die Matrizen $\bar{A}^n$ und A^n, aus denen man gemäß

$$L_{kl} := \begin{cases} \bar{A}^n_{i_k j_l} & \text{für} \quad k > l\,, \\ 1 & \text{für} \quad k = l\,, \\ 0 & \text{für} \quad k < l \end{cases}$$

und (241)

$$U_{kl} := \begin{cases} 0 & \text{für} \quad k > l\,, \\ A^n_{i_k j_l} & \text{für} \quad k \leqq l \end{cases} \qquad (k, l = 1, \dots, n)$$

die Matrizen L und U erhält.
Durch die Folge

$$r := \big((i_1, j_1), \dots, (i_n, j_n)\big) \tag{242}$$

wird die gewählte Eliminationsreihenfolge beschrieben.
Aus (242) erhält man die Permutationsmatrizen $P_{(i_1, \dots, i_n)}$ und $P_{(j_1, \dots, j_n)}$.
Damit erhalten wir die folgende Zerlegung der Matrix A:

$$A = P^t_{(i_1, \dots, i_n)} LUP_{(j_1, \dots, j_n)} \tag{243}$$

Die Darstellung (242) wird als *LU-Zerlegung* der Matrix A bezeichnet.
Mit Hilfe der LU-Zerlegung von A berechnet man die Lösung des Gleichungssystems $Ax = b$ folgendermaßen:
Aus

$$P^t_{(i_1, \dots, i_u)}\, u = b \tag{244}$$

berechnet man den Hilfsvektor u.
Man erhält (vgl. (234))

$$u_k = b_{i_k} \quad (k = 1, \dots, n)\,. \tag{245}$$

Aus

$$Lz = u \tag{246}$$

berechnet man in Analogie zu (226) und (228) den Hilfsvektor z durch *Vorwärts-* und aus

$$Uy = z \tag{247}$$

den Hilfsvektor y durch *Rückwärtssubstitution*.

Die gesuchte Lösung x erhält man aus

$$P_{(j_1, \dots, j_n)}\, x = y\,, \tag{248}$$

d. h. aus

$$x_{j_k} = y_k \quad (h = 1, \dots, n)\,. \tag{249}$$

Das angegebene Verfahren ist für eine reguläre Matrix A stets durchführbar. Auch wenn man die Pivotwahl von vornherein durch eine der beiden Festlegungen

$$i_k = k \tag{250}$$

oder

$$j_k = k \quad (k = 1, \dots, n) \tag{251}$$

einschränkt, erhält man Verfahren, die für jede reguläre Matrix A durchführbar sind.
Dagegen ist der durch die Forderung

$$i_k = j_k = k \tag{252}$$

festgelegte Algorithmus nicht mehr für jede reguläre Matrix A durchführbar.
Auf die Beweise aller dieser Aussagen soll hier verzichtet werden [74, 75].
Von Ausnahmen abgesehen wird durch das oben beschriebene Verfahren zur Berechnung der LU-Zerlegung einer regulären Matrix die Eliminationsreihenfolge nicht eindeutig festgelegt. Die verbleibenden Freiheitsgrade können ausgenutzt werden, um die Ausbreitung der Rundungsfehler klein zu halten oder/und um bei schwachbesetzten Matrizen den Rechenaufwand und den Speicherplatzbedarf herabzusetzen (vgl. Abschnitt 8.1.3.3.5.).

Tabelle 3. Beispiel für die Berechnung der LU-Zerlegung einer regulären Matrix

k	$\bar{A}^k$				A^k				I^k	J^k	$I^k \times J^k$				$\bar{A}^k + A^k$			
1	0	0	0	0	0	1	1	1	1	1	11	12	13	14	0	1	1	1
	0	0	0	0	1	1	0	0	2	2	21	22	23	24	1	1	0	0
	0	0	0	0	0	−1	1	0	3	3	31	32	33	34	0	−1	1	0
	0	0	0	0	0	0	−1	1	4	4	41	42	43	44	0	0	−1	1
2	0	0	−1	0	0	1	0	2	1	1	11	12	.	14	0	1	−1	2
	0	0	0	0	1	1	0	0	2	2	21	22	.	24	1	1	0	0
	0	0	−1	0	0	−1	0	1	3	.	31	32	.	34	0	−1	−1	1
	0	0	0	0	0	0	−1	1	.	4	.	.	.	.	0	0	−1	1
3	0	−1	−1	0	0	0	0	3	1	1	11	.	.	14	0	−1	−1	3
	0	−1	0	0	1	0	0	1	2	.	21	.	.	24	1	−1	0	1
	0	0	−1	0	0	−1	0	1	.	.	.	.	.	.	0	−1	−1	1
	0	0	0	0	0	0	−1	1	.	4	.	.	.	.	0	0	−1	1
4	0	−1	−1	0	0	0	0	3	1	.	.	.	.	14	0	−1	−1	3
	0	−1	0	0	1	0	0	1	.	.	.	.	.	.	1	−1	0	1
	0	0	−1	0	0	−1	0	1	.	.	.	.	.	.	0	−1	−1	1
	0	0	0	0	0	0	−1	1	.	4	.	.	.	.	0	0	−1	1

In der Tabelle haben wir zur Illustration ein einfaches Zahlenbeispiel angegeben. Die Koeffizientenmatrix dieses Beispiels entspricht der des Zweigstrom-Gleichungssystems eines Netzwerks, das aus einer einzigen Masche besteht, die eine unabhängige Spannungsquelle mit der Klemmenspannung $u_1^e = 1$ und drei linearen Widerständen R_2, R_3, $R_4 = 1$ enthält.
Mit (241) erhält man aus den Matrizen $\bar{A}^4$ und A^4 (oder — was dem gleichwertig ist — aus $(\bar{A}^4 + A^4)$) für A die LU-Zerlegung

$$A = P^t_{(4321)} \begin{pmatrix} 1 & & & 0 \\ -1 & 1 & & \\ 0 & -1 & 1 & \\ -1 & -1 & 0 & 1 \end{pmatrix} \begin{pmatrix} -1 & 0 & 0 & 1 \\ & -1 & 0 & 1 \\ & & 1 & 1 \\ 0 & & & 3 \end{pmatrix} P_{(3214)} . \qquad (253)$$

Mit $b = e^1$ erhält man aus (233) bis (238) die Vektoren

$$u = \begin{pmatrix} 0 \\ 0 \\ 0 \\ 1 \end{pmatrix} z = \begin{pmatrix} 0 \\ 0 \\ 0 \\ 1 \end{pmatrix} y = \begin{pmatrix} 1/3 \\ 1/3 \\ -1/3 \\ 1/3 \end{pmatrix} x = \begin{pmatrix} -1/3 \\ 1/3 \\ 1/3 \\ 1/3 \end{pmatrix} \qquad (254)$$

Bei der rechentechnischen Realisierung des oben beschriebenen Verfahrens kann man die Elemente der gegebenen Matrix A schrittweise mit den Elementen von $\bar{A}^k$ und A^k überschreiben.

Entsprechend kann das zur Speicherung des Vektors der rechten Seite vorgesehene Feld schrittweise mit den Elementen der Vektoren u, z, y und x überschrieben werden.

Die Kehrwerte $1/A^k_{i_k j_k}$ der Pivotelemente können schrittweise auf den Plätzen (i_k, j_k) des für die Koeffizientenmatrix vorgesehenen zweidimensionalen Feldes gespeichert werden. Mit Hilfe dieser Kehrwerte lassen sich die bei der Berechnung der Eliminationskoeffizienten (vgl. (230)) erforderlichen Divisionen auf Multiplikationen zurückführen. Auch die gemäß (228) bei der Rücksubstitution erforderlichen Divisionen können dann auf Multiplikationen zurückgeführt werden.

Durch die Abspeicherung der Kehrwerte erfordert die Berechnung der LU-Zerlegung nur noch genau n Divisionen und bei der Vor- und Rücksubstitution brauchen nur noch Addition und Multiplikationen durchgeführt werden. Dieses Vorgehen ist zweckmäßig, weil bei nahezu allen Rechenautomaten die Operationszeiten für eine Division wesentlich größer als für eine Multiplikation sind.

Ferner ist es bei der rechentechnischen Realisierung des Algorithmus zur Berechnung der LU-Zerlegung nicht erforderlich, die Permutationsmatrizen $P_{(i_1, \dots, i_n)}$ und $P_{(j_1, \dots, j_n)}$ abzuspeichern. Ihre wesentliche Information ist in den n-Tupeln $I = (i_1, \dots, i_n)$ und $J = (j_1, \dots, j_n)$ enthalten, die in eindimensionalen Feldern abgespeichert werden können.

Diese Felder werden im Laufe der Rechnung schrittweise mit den Indizes der Pivotelemente gefüllt.

Man beginnt mit $I^1 = i_1 e^1$ und $J^1 = j_1 e^1$. Im nächsten Schritt bildet man $I^2 = I^1 + i_2 e^2$ und $J^2 = J^1 + j_2 e^2$ usw. Im letzten Schritt erhält man die Felder $I = I^n$ und $J = J^n$.

Hat man l lineare Gleichungssysteme mit gleicher Koeffizientenmatrix A und l verschiedenen rechten Seiten $b^1, \dots, b^l$ aufzulösen, so läge es nahe, zunächst die Matrix A^{-1} zu berechnen und dann die Vektoren $x^1, \dots, x^l$ nach der Vorschrift

$$x^i = A^{-1} b^i \quad (i = 1, \dots, l) \qquad (255)$$

durch eine Matrizenmultiplikation zu bestimmen.

Wie wir im nächsten Abschnitt zeigen wollen, ist es aber in bezug auf den Rechenaufwand wesentlich zweckmäßiger, die Lösungen x^i der l Gleichungssysteme

$$A x^i = b^i \quad (i = 1, \dots, l) \qquad (256)$$

aus der LU-Zerlegung von A jeweils durch Vor- und Rücksubstitution zu berechnen.

3.1.3.3.4. Abschätzung des Rechenaufwandes beim Gaußschen Eliminationsverfahren

In diesem Abschnitt wollen wir Abschätzungen für den Rechenaufwand der einzelnen Teilschritte des Gaußschen Eliminationsverfahrens zusammenstellen und diskutieren.

Da die Multiplikationen und Divisionen wesentlich mehr Rechenzeit erfordern als die Ausführung der Additionen, Transportbefehle usw. ist die Anzahl der Multiplikationen und Divisionen erfahrungsgemäß ein brauchbares Maß, um den Rechenaufwand verschiedener Algorithmen miteinander vergleichen zu können.
Mit elementaren Überlegungen zeigt man, daß die Berechnung der LU-Zerlegung einer $n \times n$-Matrix

$$m_{LU} = \frac{n^3}{3} - \frac{n}{3} \approx \frac{n^3}{3} \tag{257}$$

Multiplikationen und

$$d_{LU} = n \tag{258}$$

Divisionen erfordert. (Die Näherungen sind für hinreichend große n ausreichend.)
Wenn man die Kehrwerte der Pivotelemente speichert, benötigt man für die Vor- und Rücksubstitution zusammen

$$m_{\mathrm{VRS}} = n^2 \quad \text{bzw.} \quad d_{\mathrm{VRS}} = 0 \tag{259}$$

Multiplikationen bzw. Divisionen.
Die Inversion einer $n \times n$-Matrix erfordert

$$m_{\mathrm{IN}} = n^3 + \frac{n^2}{2} - \frac{n}{2} \approx n^3 + \frac{n^2}{2} \approx n^3$$

bzw. (260)

$$d_{\mathrm{IN}} = n$$

Multiplikationen bzw. Divisionen.
Die Multiplikation einer $n \times n$-Matrix mit einem Vektor erfordert

$$m_{\mathrm{MV}} = n^2 \tag{261}$$

Multiplikationen.
Folglich benötigt man zur Auflösung eines linearen algebraischen Gleichungssystems mit l verschiedenen rechten Seiten

$$m_{\mathrm{GS/LU}} = \left(\frac{n^3}{3} - \frac{n}{3}\right) + ln^2 \tag{262}$$

Multiplikationen, wenn man zuerst die LU-Zerlegung der Koeffizientenmatrix berechnet und die x^i durch Vor- bzw. Rücksubstitution aus den b^i bestimmt.
Berechnet man erst die Inverse und dann die Lösungen durch Multiplikation der Inversen mit den rechten Seiten b^i, so benötigt man

$$m_{\mathrm{GS/IN}} = \left(n^3 + \frac{n^2}{2} - \frac{n}{2}\right) + ln^2 \tag{263}$$

Multiplikationen.
Bevor man nach der zweiten Strategie überhaupt mit der Bestimmung der Lösungen x^i beginnen kann, hat man nach der ersten Strategie schon $l \approx \frac{2}{3}n$ (bei $n = 100$ also etwa 60) Lösungen berechnet.
Ein weiteres Argument, das gegen die Berechnung der Lösungen eines linearen algebraischen Gleichungssystems mit Hilfe der inversen Matrix spricht, ergibt sich aus einem Vergleich des Speicherplatzbedarfs. Auch wenn die Matrix A schwach besetzt ist, ist ihre Inverse in der Regel nahezu vollständig besetzt. Bei geeigneter Auswahl der Pivotelemente ist dagegen die Matrix $\bar{A}^n + A^n$, die die wesentlichen Elemente der LU-Zerlegung von A enthält, gleichfalls schwach besetzt. Diese Tatsache läßt sich zu einer entscheidenden Verringerung der Rechenzeit und des Speicherplatzbedarfs

bei der Auflösung großer schwachbesetzter linearer algebraischer Gleichungssysteme ausnutzen. Darauf wollen wir im folgenden Abschnitt etwas ausführlicher eingehen.

3.1.3.3.5. Auswahl der Eliminationsreihenfolge

Von Ausnahmen abgesehen wird durch das in Abschnitt 3.1.3.3.3. beschriebene Verfahren zur Berechnung der *LU*-Zerlegung die Eliminationsreihenfolge nicht eindeutig festgelegt.
Eine in bezug auf die Ausbreitung der Rundungsfehler günstige Eliminationsstrategie erhält man, wenn man diese Vorschrift durch die Forderung

$$|A^k_{i_k j_k}| := \max \{|A^k_{ij}| \mid (i, j) \in I_k \times J_k\} \tag{264}$$

ergänzt.
Man bezeichnet diese Strategie üblicherweise als *vollständige Pivotisierung*.
Schränkt man die Pivotwahl von vornherein durch die Bedingung (250) bzw. (251) ein, so erhält man mit (237) und

$$|A^k_{kj_k}| := \max \{|A^k_{kj}| \mid j \in J_k\} \tag{265}$$

bzw.

$$|A^k_{i_k k}| := \max \{|A^k_{ik}| \mid i \in I_k\} \tag{266}$$

eine Strategie, die üblicherweise als *Spalten-* bzw. als *Zeilenpivotisierung* bezeichnet wird.
Man kann jedoch die Freiheitsgrade bei der Pivotwahl auch benutzen, um bei schwachbesetzten Matrizen den Rechenaufwand oder/und den Speicherplatzbedarf zu minimisieren.
Die Anwendung solcher Verfahren lohnt sich bereits, wenn nur ein Drittel der Elemente der Koeffizientenmatrix verschwindet. Bei vielen technisch interessanten Problemen wird man sogar auf wesentlich schwächer besetzte Gleichungssysteme geführt (vgl. Abschnitt 3.1.3.1.).
Diese Verfahren werden vor allem dann mit Vorteil eingesetzt, wenn man sehr viele Gleichungssysteme aufzulösen hat, deren Koeffizientenmatrizen stets die gleiche Besetzungsstruktur haben, sich aber in der Belegung der Werte der von Null verschiedenen Koeffizienten unterscheiden. Gerade diese Problemklasse ist für die von uns ins Auge gefaßte Anwendung von besonderer Bedeutung.
Beispielsweise wird man bei der iterativen Lösung schwachbesetzter nichtlinearer Gleichungssysteme mit dem Newtonverfahren auf Probleme dieser Art geführt. Wie wir in Abschnitt 3.1.4.5. noch im einzelnen zeigen werden, erfordert die numerische Integration nichtlinearer Algebro-Differentialgleichungssysteme in jedem Integrationsschritt die iterative Lösung eines nichtlinearen algebraischen Gleichungssystems.
Mit speziell für diese Aufgabenklasse geschriebenen Compilern ist es möglich, optimierte Rechenprogramme zu erzeugen, in denen nur noch mit den von Null verschiedenen Werten gearbeitet wird. Um den Organisationsaufwand bei der Abarbeitung der erzeugten Programme möglichst klein zu halten, werden diese Programme in der Regel als Geradeausprogramme angelegt und alle dabei zu verknüpfenden Daten und Zwischenergebnisse in eindimensionalen Feldern abgespeichert.
Wie man sich an Hand kleiner Beispiele leicht überzeugt, hängt die Anzahl der nichttrivialen Operationen bei der Auflösung von linearen algebraischen Gleichungssystemen mit schwach besetzten Koeffizientenmatrizen und die relative Besetztheit der dabei berechneten Matrix $(\bar{A}^n + A^n)$ (vgl. (241)) wesentlich von der gewählten Eliminationsreihenfolge ab.
Um den Rechenaufwand oder/und den Speicherplatzbedarf zu minimisieren, müßte man das Optimum dieser Größen in bezug auf die (endliche) Menge aller Eliminations-

reihenfolgen bilden, die für die gegebene Matrix möglich sind. Das ist aber mit den z. Z. bekannten Verfahren nur möglich, indem man die Menge aller Eliminationsreihenfolgen elementweise durchmustert. Da diese Menge für eine $n \times n$-Matrix $(n!)^2$ Elemente enthält, führt dieses Vorgehen bereits bei kleineren Gleichungssystemen auf ähnlich utopische Rechenzeiten wie die Anwendung der *Cramer*schen Regel bei der Auflösung von linearen algebraischen Gleichungssystemen (vgl. Abschnitt 3.1.3.3.1.). Der einzig mögliche Ausweg ist der, daß man für jeden Eliminationsschritt die Anzahl der Rechenoperationen (Multiplikationen, Divisionen und Additionen usw.) oder/und die Anzahl der bei diesem Eliminationsschritt neu entstehenden von Null verschiedenen Elemente minimisiert. Hierfür ist eine Reihe von Strategien bekannt geworden [77 bis 82], auf die nicht im einzelnen eingegangen werden soll.
Ist mit einem solchen Algorithmus die Eliminationsreihenfolge festgelegt worden, so wird vom Rechenautomaten die für die Auflösung des linearen algebraischen Gleichungssysteme nach dieser Eliminationsreihenfolge erforderliche Befehlsfolge als Zeichenkette erzeugt.
Um einen gewissen Eindruck zu vermitteln, soll dafür ein kleines Beispiel angegeben werden. Diesem Beispiel liegt die Matrix

$$A = \begin{pmatrix} 0 & A_1 & A_2 & A_3 \\ A_4 & A_5 & 0 & 0 \\ 0 & A_6 & A_7 & 0 \\ 0 & 0 & A_8 & A_9 \end{pmatrix} \tag{267}$$

zu Grunde.
Die Matrix A aus Tabelle 3 hat das gleiche Besetzungsschema wie die Matrix (267). Von den 16 Elementen dieser Matrix sind nur 9 von Null verschieden.
Durch die Minimisierung der Anzahl der bei jedem Eliminationsschritt erforderlichen Multiplikation [83], erhält man die Eliminationsreihenfolge

$$((2, 1), (3, 2), (4, 4), (1, 3)) \,. \tag{268}$$

Für die Berechnung der LU-Zerlegung erhält man dann das folgende FORTRAN-(Unter-) Programm:

```
SUBROUTINE LUZERL (A)
DIMENSION A(9)
A(4) = 1/A(4)
A(6) = 1/A(6)
A(1) = A(1) * A(6)
A(2) = A(2) - A(1) * A(7)                    (269)
A(9) = 1/A(9)
A(3) = A(3) * A(9)
A(2) = A(2) - A(3) * A(8)
A(2) = 1/A(2)
RETURN
END
```

Im Gegensatz zu der Eliminationsreihenfolge, die in dem in Tabelle 3 wiedergegebenen Beispiel gewählt worden ist, entstehen mit der Eliminationsreihenfolge (268) bei der Berechnung der LU-Zerlegung keine zusätzlichen von Null verschiedenen Elemente.
Speichert man die Elemente der rechten Seite in dem eindimensionalen Feld B(4) und die Komponenten der Lösungen in dem eindimensionalen Feld X(4) ab, so kann

die Lösung des Gleichungssystems $Ax = b$ mit dem folgenden Unterprogramm berechnet werden:

```
SUBROUTINE LOESX (A, B, X)
DIMENSION A(10), B(4), X(4)
B(1) = B(1) - A(1) * B(3) - A(3) * B(4)
B(1) = A(2) * B(1)
B(4) = (B(4) - A(8) * B(1)) * A(9)
B(3) = (B(3) - A(7) * B(1)) * A(6)
B(2) = (B(2) - A(5) * B(3)) * A(4)                    (270)
X(1) = B(2)
X(2) = B(3)
X(3) = B(1)
X(4) = B(4)
RETURN
END
```

Die Berechnung der Lösung des linearen algebraischen Gleichungssystems $Ax = b$ mit der Koeffizientenmatrix (267) mit Hilfe der beiden FORTRAN-Unterprogramme (269) und (270) erfordert insgesamt 13 Multiplikationen, während man mit dem in Abschnitt 3.1.3.3.3. für vollbesetzte Matrizen beschriebenen Algorithmus 30 Multiplikationen benötigt.
Bei größeren, schwächer besetzten Gleichungssystemen fällt dieses Verhältnis noch wesentlich günstiger aus.
Hinreichend schwachbesetzte Koreffizientenmatizen vorausgesetzt, lassen sich auf diese Weise ohne weiteres lineare algebraische Gleichungssysteme mit mehr als 1000 Gleichungen lösen.

3.1.4. Numerische Lösung von Differential- und Algebro-Differentialgleichungssystemen

In diesem Abschnitt sollen numerische Verfahren zur Lösung von Anfangswertaufgaben für Systeme aus gewöhnlichen Differentialgleichungen erster Ordnung und für Systeme aus algebraischen Gleichungen und gewöhnlichen Differentialgleichungen erster Ordnung behandelt werden.

3.1.4.1. Aufgabenstellung

Mit den Symbolen x, y, X und $\dot{X}$ wollen wir im folgenden Spaltenmatrizen der Länge m bezeichnen. Um die Schreibweise der Formeln zu vereinfachen, soll die Menge $\boldsymbol{R}^{m \times 1}$ aller $m \times 1$-Spaltenmatrizen mit reellen Elementen mit dem $\boldsymbol{R}^m$ identifiziert werden. Die Symbole f und F bezeichnen Funktionen, die mit $T := [t_0, t_e]$ für alle $(x, t) \in D_F \subseteq \subseteq \boldsymbol{R}^m \times T$ bzw. $(x, y, t) \in D_F \in \boldsymbol{R}^m \times \boldsymbol{R}^m \times T$ definiert sind. Der Wertebereich von f bzw. F soll eine Teilmenge des $\boldsymbol{R}^m$ sein. Die Funktionen f bzw. F sind also Abbildungen des Typs

$$f : D_f \subseteq \boldsymbol{R}^m \times T \to \boldsymbol{R}^m \tag{271}$$

bzw.

$$F : D_F \subseteq \boldsymbol{R}^m \times \boldsymbol{R}^m \times T \to \boldsymbol{R}^m \,. \tag{272}$$

Unter einem *Anfangswertproblem* verstehen wir die Aufgabe, zu einem gegebenen *Anfangswert*

$$x^0 \in \boldsymbol{R}^m \tag{273}$$

eine differenzierbare Funktion

$$x : T \to \boldsymbol{R}^m \tag{274}$$

zu bestimmen, deren Funktionswert $x(t)$ für $t = t_0$ der Anfangsbedingung

$$x(t_0) = x^0 \tag{275}$$

und für alle $t \in T$ dem *Differentialgleichungssystem*

$$\dot{x}(t) = f(x(t), t) \tag{276}$$

bzw. dem *Algebro-Differentialgleichungssystem*

$$F(x(t), \dot{x}(t), t) = 0 \tag{277}$$

genügt.

Das Differentialgleichungssystem (276) ist ein Sonderfall des Algebro-Differentialgleichungssystems (277). Im allgemeinen Fall enthält ein Algebro-Differentialgleichungssystem jedoch auch „rein“ algebraische Gleichungen. Folglich kann man das implizite Gleichungssystem $F(x(t), \dot{x}(t), t) = 0$ im allgemeinen nicht nach $\dot{x}(t)$ auflösen, um (277) in ein Differentialgleichungssystem des Typs (276) zu überführen.

Wie wir in Abschnitt 3.1.2.5. gezeigt haben, führt die Analyse konzentrierter dynamischer Netzwerke unmittelbar auf Algebro-Differentialgleichungssysteme. Bei technisch interessanten nichtlinearen Netzwerken läßt sich diesen Algebro-Differentialgleichungssystemen in der Regel nur über langwierige Umformungen, deren numerische Durchführung schwierig ist, ein explizites Differentialgleichungssystem zuordnen.

In den Lehrbüchern der Analysis, aber auch in denen der allgemeinen Systemtheorie werden die impliziten Differential- und Algebro-Differentialgleichungssysteme üblicherweise mit der kurzen Bemerkung abgetan, daß sie sich bei praktischen Problemen meistens auf einfache Weise in eine explizite Form bringen ließen und es deshalb keine wesentliche Einschränkung der Allgemeinheit bedeute, wenn man sich dann nur noch mit expliziten Differentialgleichungssystemen beschäftigt.

Diese überall anzutreffende Lehrmeinung ist sicherlich eine der Ursachen für die Sackgasse, in der man durch eine Überbetonung expliziter Zustandsgleichungen bei der numerischen Analyse nichtlinearer Netzwerke jahrelang gesteckt hat [84] (vgl. auch [85, 86 und 87]). Für theoretische Überlegungen haben die Zustandsgleichungen dagegen durchaus ihre Berechtigung (s. u.).

Der allgemeinere Fall der Anfangswertaufgabe für Algebro-Differentialgleichungssysteme ist bisher in der mathematischen Literatur kaum untersucht worden. Das gilt sowohl für die Analysis als auch die numerische Mathematik. Dementsprechend findet man dort weder Aussagen über die Existenz und Eindeutigkeit der Lösungen dieser Aufgaben noch numerische Verfahren zur Berechnung von Näherungslösungen. Erste Hinweise findet man erst in neueren Veröffentlichungen, z. B. im letzten Abschnitt des Buchs [88] von *Gear* (1971), in [86] (1972) und in den Zeitschriftenveröffentlichungen [85, 89, 90, 91 und 92] von *Gear, Calahan, Branin* u. a., *Brayton* u. a., *Hachtel.*

Aus den soeben erörterten Gründen werden wir im folgenden auf Aussagen über die Existenz und Eindeutigkeit der Lösungen und über die Konvergenz der beschriebenen Verfahren zur Berechnung von Näherungslösungen weitgehend verzichten müssen.

Auf ein Problem dieser Art möchten wir an dieser Stelle jedoch noch hinweisen.

Analysiert man die oben gegebene Definition der hier betrachteten Anfangswertaufgaben, so sieht man, daß bei Anfangswertaufgaben für Differentialgleichungssysteme die Bedingung (273) ohne weiteres schärfer gefaßt werden könnte. Weil die Funktion $f(x, t)$ auf der Menge $D_f \subseteq \boldsymbol{R}^m \times T$ definiert ist, ist die Bedingung

$$(x^0, t_0) \in D_f \tag{278}$$

sicherlich eine *notwendige* Voraussetzung *für* die *Existenz* einer Lösung.

Versucht man, eine analoge Bedingung für die Anfangswertaufgaben für Algebro-Differentialgleichungssysteme anzugeben, kommt man bereits in Schwierigkeiten. Hier läßt sich bestenfalls fordern, daß es zu dem vorgegebenen Anfangswert x^0 wenigstens ein $y^0 \in \boldsymbol{R}^m$ mit

$$\begin{aligned} &(x^0, y^0, t_0) \in D_F \\ \text{und} \quad & \\ &F(x^0, y^0, t_0) = 0 \end{aligned} \tag{279}$$

geben muß, damit die oben formulierte Anfangswertaufgabe eine Lösung hat. Enthält die Menge

$$M(x^0) := \{y \in \boldsymbol{R}^m \mid F(x^0, y, t_0) = 0\} \tag{280}$$

kein Element, d. h. gilt

$$M(x^0) = \emptyset\,, \tag{281}$$

so existiert sicherlich keine Lösung.

U. U. wird durch den Anfangswert x^0 die Lösung nicht eindeutig festgelegt, falls die Menge $M(x^0)$ mehr als ein Element enthält.

Bei einem technisch motivierten Anfangswertproblem kennt man in der Regel auch schon für $t < t_0$ eine Lösung des entsprechenden Algebro-Differentialgleichungssystems. Diese Lösung beschreibt das Verhalten des technischen Systems für $t < t_0$. Im einfachsten Falle befindet sich das System für $t < t_0$ in einem Gleichgewichtszustand. Dann gilt $x \equiv$ konst. und $\dot{x} \equiv 0$ für $t < t_0$. Der energielose Anfangszustand ($x \equiv 0$ und $\dot{x} \equiv 0$) ist ein Sonderfall eines Gleichgewichtszustandes.

Bei einem solchen Anfangswertproblem handelt es sich also darum, die für $t < t_0$ bekannte Lösung x in das Intervall T fortzusetzen.

Verzichtet man für $t > T$ auf sprunghafte Erregungen des Systems und läßt für die Eingangssignale nur glatte, d. h. einmal stetig differenzierbare Zeitfunktionen zu, so gilt (ein realistisches Modell vorausgesetzt),

$$\begin{aligned} &x(t_0 - 0) = x(t_0 + 0) \\ \text{und} \quad & \\ &\dot{x}(t_0 - 0) = \dot{x}(t_0 + 0)\,. \end{aligned} \tag{282}$$

Damit sind beide Anfangswerte bekannt.

Über alle diese Probleme werden wir im folgenden stets stillschweigend hinweggehen. Eine gewisse Absicherung erhält man immerhin durch die Tatsache, daß sich unter ziemlich allgemeinen Voraussetzungen (Einzelheiten siehe [93, 94]) auch für nichtlineare Netzwerke die Existenz expliziter Zustandsgleichungen beweisen läßt, woraus dann unter weiteren Voraussetzungen an die betrachteten Netzwerke mit den aus der Analysis bekannten Aussagen die Existenz und Eindeutigkeit der Lösung der Zustandsgleichungen folgt. Da man aus der Lösung der Zustandsgleichungen sämtliche Ströme und Spannungen eines Netzwerkes berechnen kann, haben (zumindest unter diesen Voraussetzungen, vermutlich aber unter allgemeineren) die in Abschnitt 3.1.2. vornehmlich behandelten Algebro-Differentialgleichungssysteme gleichfalls eine eindeutige Lösung.

3.1.4.2. Grundbegriffe, Bezeichnungen

Für nichtlineare Differentialgleichungssysteme und Algebro-Differentialgleichungssysteme gibt es zu den in Abschnitt 3.1.4.1. charakterisierten Anfangswertaufgaben in der Regel keine geschlossenen Lösungen. Man ist deshalb bei der Berechnung von Näherungslösungen auf numerische Verfahren angewiesen.

Für die hier betrachteten Anfangswertaufgaben haben sich die sogenannten *Diskretisierungsverfahren* praktisch bewährt. Bei ihnen wird das Intervall T durch eine Menge

$$T_N := \{t_n \mid n = 0, \dots, N\} \subset T \tag{283}$$

diskreter *Stützstellen* t_n ersetzt.
Die Werte

$$h_n := t_{n+1} - t_n \quad (n = 0, \dots, N-1) \tag{284}$$

werden als *Schrittweiten* bezeichnet.
Die obere Schranke der Schrittweiten h_n wird mit h bezeichnet, d. h.

$$h := \max \{h_n \mid n = 0, \dots, N-1\}\,. \tag{285}$$

Die *Aufgabe eines numerischen Integrationsverfahrens* besteht darin, zwei Folgen

$$(X^n)_{n=0,\dots,N} \quad \text{und} \quad (\dot{X}^n)_{n=0,\dots,N} \tag{286}$$

zu berechnen, deren Elemente X^n bzw. $\dot{X}^n$ Näherungswerte für die Funktionswerte liefern, die die exakte Lösung x bzw. deren Ableitung $\dot{x}$ an den Stützstellen t_n annehmen, d. h.

$$X^n \approx x(t_n) \quad \text{bzw.} \quad \dot{X} \approx \dot{x}(t_n)\,. \tag{287}$$

Die Bezeichnung der Elemente der zweiten Folge aus (286) mit dem Symbol $\dot{X}^n$ ist lediglich aus mnemotechnischen Gründen gewählt worden. Wir hätten diese Elemente ebensogut mit Y^n bezeichnen können. (Der Punkt bedeutet also nicht, daß man die Folge $(\dot{X}^n)$ durch „Differentiation" aus der Folge (X^n) erhält.)
Bei der Integration expliziter Differentialgleichungssysteme wird stets

$$\dot{X}^n := f(X^n, t_n) \tag{288}$$

gesetzt. Verfahren für die Integration von Algebro-Differentialgleichungssystemen werden erst im Abschnitt 3.1.4.5. behandelt.
Der Wert

$$E^n := X^n - x(t_n) \tag{289}$$

ist der *globale Diskretisierungsfehler* der Näherungslösung an der Stelle $t_n \in T_N$.
Ein Integrationsverfahren heißt *konvergent*, falls für eine immer feiner werdende Unterteilung des Integrationsintervalls T der Maximalwert des globalen Fehlers gegen Null konvergiert.
Ein Integrationsverfahren ist also konvergent, wenn

$$\lim_{\substack{N \to +\infty \\ h \to +0}} \max_{n=0,\dots,N} \|E^n\| = 0 \tag{290}$$

gilt.
Das Symbol $\|\cdot\|$ bezeichnet eine *Vektornorm*. Für unsere Zwecke ist die durch

$$\|x\| := \max \{|x_1|, \dots, |x_m|\} \tag{291}$$

definierte *Maximumnorm* am besten geeignet.
Für den zunächst vornehmlich betrachteten Sonderfall konstanter Schrittweite gilt

$$t_n = t_0 + nh \quad (n = 0, \dots, N)\,. \tag{292}$$

Ein fest vorgegebener Zeitpunkt $t \in T$ kann von t_0 nur mit einem Vielfachen einer Schrittweite h aus

$$H(t) := \{h \mid (t - t_0)/i = h,\ i \in \boldsymbol{N}\}\,, \tag{293}$$

erreicht werden. (Das Symbol $\boldsymbol{N}$ bezeichnet die Menge der natürlichen Zahlen.)

Der globale Diskretisierungsfehler der mit der Schrittweite $h \in H(t)$ an einer festgehaltenen Stelle $t \in T$ berechneten Näherungslösung soll mit $E(t, h)$ bezeichnet werden. Aus (289) und (293) erhält man für $E(t, h)$ die Beziehung

$$E(t, h) := E^N \quad \text{für} \quad h \in H(t),\ N := \frac{t - t_0}{h}\,. \tag{294}$$

Ist die Lösung eines Differentialgleichungssystems hinreichend glatt, so lassen sich über (290) hinausgehende asymptotische Aussagen über das Verhalten des Diskretisierungsfehlers der Näherungslösungen beweisen, die man mit einem konvergenten Verfahren erhält. Dazu wird der Begriff der *Genauigkeitsordnung* eines Integrationsverfahrens eingeführt.

Ein Integrationsverfahren ist bezüglich des globalen Diskretisierungsfehlers *wenigstens von der Ordnung p*, falls für den globalen Diskretisierungsfehler der Näherungslösungen, die man mit diesem Verfahren zu einer beliebigen Differentialgleichung erhält, deren exakte Lösung p-mal stetig differenzierbar ist, die Abschätzung

$$E(t, h) = 0(h^p) \tag{295}$$

gilt.

Zur Vereinfachung der Schreibweise haben wir in (295) das Landausche Ordnungssymbol O (sprich „Groß-O") benutzt. Die Beziehung (295) ist gleichwertig mit der Existenz einer positiven Konstanten K, so daß für alle hinreichend kleinen $h > 0$ die Abschätzung

$$||E(t, h)|| \leqq Kh^p \tag{296}$$

gilt (vgl. Bild 7a).

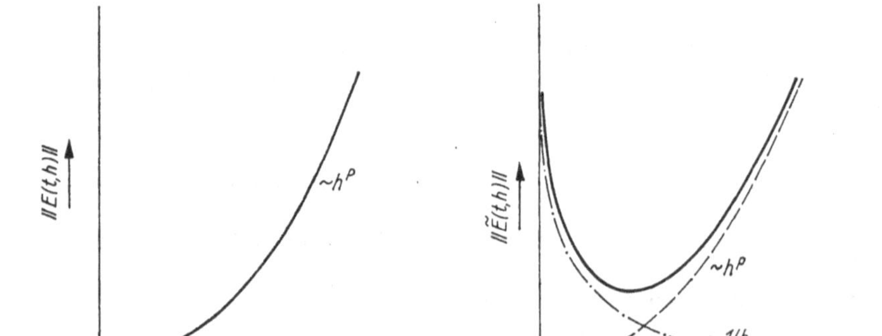

Bild 7. Abhängigkeit des globalen Diskretisierungsfehlers und des Gesamtfehlers eines numerischen Integrationsverfahrens von der Schrittweite
a) globaler Diskretisierungsfehler
b) Gesamtfehler

Ein Integrationsverfahren ist bezüglich des gobalen Diskretisierungsfehlers *genau von der Ordnung* p_0, falls es eine Differentialgleichung gibt, für die die Abschätzung (295) zwar für $p \leqq p_0$, nicht aber für $p > p_0$ ($p, p_0 \in \boldsymbol{N}$) erfüllt ist.

Die Ordnung eines Integrationsverfahrens ist ein grobes Maß für die Geschwindigkeit, mit der der Diskretisierungsfehler $E(t, h)$ für $h \to +0$ gegen Null konvergiert.

Realisiert man ein Integrationsverfahren mit einem Digitalrechner, so folgt aus (295) allerdings nicht, daß man durch eine hinreichend kleine Schrittweite die Abweichung zwischen den berechneten Näherungswerten und der exakten Lösung beliebig klein machen kann, denn bei der Rechnung auf dem Digitalrechner treten zusätzlich zu dem verfahrensabhängigen Diskretisierungsfehler auch noch automatenabhängige *Rundungsfehler* auf. Diese Rundungsfehler sind letzten Endes gleichfalls eine Art von Diskretisierungsfehlern. Sie kommen jedoch dadurch zustande, daß man bei der numerischen Rechnung alle reellen Zahlen durch spezielle rationale Zahlen (z. B. durch die Elemente der diskreten Menge aller Gleitkommazahlen mit 10-stelliger Mantisse und einem Exponentenbereich von —50 bis +50) approximieren muß.

Bezeichnet man die mit dem Digitalrechner berechneten Näherungswerte mit $\tilde{X}^n$, so gilt für den resultierenden Gesamtfehler

$$\tilde{E}(t, h) := \tilde{E}^N \quad \text{für} \quad h \in H(t),\ N := \frac{t - t_0}{h}. \tag{297}$$

$$\left(\tilde{E}^N := \tilde{X}^N - x(t_N)\right) \tag{298}$$

keinesfalls eine zu (294) analoge Abschätzung. Vielmehr wird der Wert von $||\tilde{E}(t, h)||$ für $h \to +0$ wieder ansteigen, sobald die Schrittweite kleiner als eine vom Integrationsverfahren und vom verwendeten Rechenautomaten abhängige kritische Schrittweite $h_{\min}$ ist.

Eine genauere Untersuchung [88, 95] liefert für $||\tilde{E}(t, h)||$ den in Bild 7b gezeigten prinzipiellen Verlauf.

Durch Erhöhung der Zahl der mitgeführten Stellen läßt sich der Rundungsfehler reduzieren. Der Diskretisierungsfehler ist ein Verfahrensfehler. Er läßt sich durch eine Erhöhung der Stellenzahl nicht herabsetzen.

In den beiden folgenden Abschnitten werden Verfahren zur Integration expliziter Differentialgleichungssysteme behandelt. In Abschnitt 3.1.4.5. werden Verfahren behandelt, mit denen man sowohl Differentialgleichungssysteme als auch Algebro-Differentialgleichungssysteme lösen kann.

Weitere Einzelheiten über Verfahren zur Integration expliziter Differentialgleichungssysteme findet man in [95 bis 99].

3.1.4.3. Elementare Integrationsverfahren

Eine Reihe einfacher Integrationsverfahren erhält man, indem man den Differentialquotienten $\dot{x}(t)$ durch einen Differenzenquotienten approximiert. Ist $x(t)$ stetig differenzierbar, so gilt

$$\begin{aligned} \dot{x}(t) &= \lim_{h \to 0} \frac{x(t+h) - x(t)}{h}, \\ \dot{x}(t) &= \lim_{h \to 0} \frac{x(t) - x(t-h)}{h}, \\ \dot{x}(t) &= \lim_{h \to 0} \frac{x(t+h) - x(t-h)}{2h}. \end{aligned} \tag{299}$$

Führt man in (299) die Grenzübergänge nicht aus, sondern setzt für h eine positive Konstante ein, so erhält man die Formeln

$$\begin{aligned} \dot{x}(t_n) &\approx \frac{x(t_{n+1}) - x(t_n)}{h}, \\ \dot{x}(t_n) &\approx \frac{x(t_n) - x(t_{n-1})}{h}, \\ \dot{x}(t_n) &\approx \frac{x(t_{n+1}) - x(t_{n-1})}{2h}. \end{aligned} \tag{300}$$

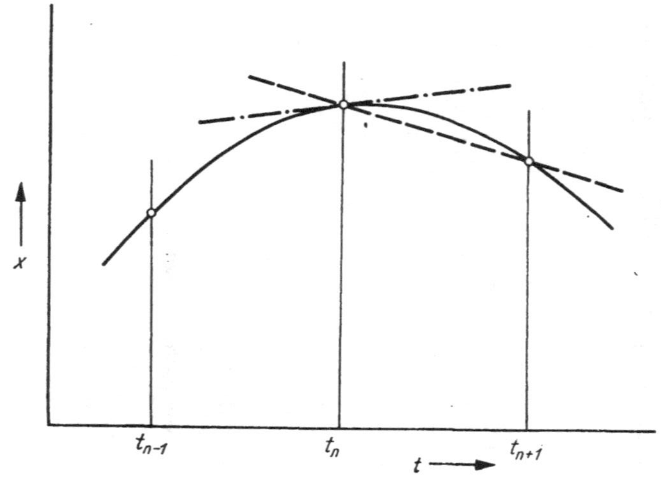

a)

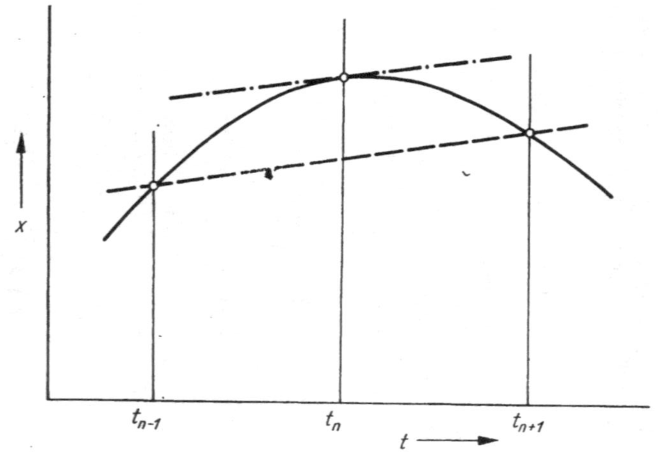

b)

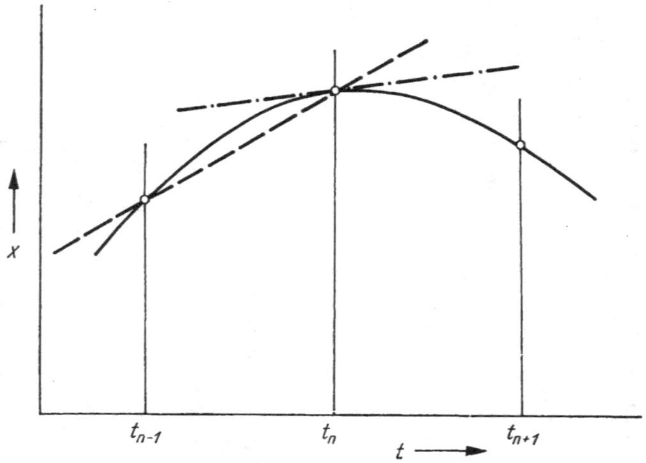

c)

Bild 8. Approximation des Differentialquotienten $\dot{x}(t_n)$ durch numerische Differentiation

a) mit einer vorwärts genommenen Differenz
b) mit einer rückwärts genommenen Differenz
c) mit einer auf die Schrittweite $2h$ bezogenen zentralen Differenz

Wie ein Vergleich der Bilder 8a, 8b und 8c nahelegt, wird im allgemeinen die letzte der Formeln (300) die beste Approximation für den Wert von $\dot{x}(t_n)$ liefern. Wie wir noch sehen werden, folgt aus dieser Tatsache aber nicht, daß man deshalb aus dieser Beziehung auch eine praktisch brauchbarere Integrationsformel erhält, als aus den beiden anderen (vgl. Abschnitt 3.1.4.6.).
Substituiert man in (300) den Ausdruck $\dot{x}(t_n)$ durch $f(x(t_n), t_n)$, die Werte $x(t_{n-1})$, $x(t_n)$, $x(t_{n+1})$ durch X^{n-1}, X^n, X^{n+1} und ersetzt die Ungefährzeichen durch Gleichheitszeichen, so erhält man aus (300) die Integrationsformeln

$$X^{n+1} = X^n + hf(X^n, t_n) , \tag{301}$$

$$X^n = X^{n-1} + hf(X^n, t_n) , \tag{302}$$

$$X^{n+1} = X^{n-1} + 2hf(X^n, t_n) . \tag{303}$$

Gleichung (301) ist die bekannte *Eulersche Integrationsformel.* Sie soll im folgenden als *explizite Eulerformel* bezeichnet werden.
Sie liefert offensichtlich eine explizite Rekursionsvorschrift, nach der man ausgehend vom Startwert $X^0 = x(t_0)$ schrittweise die Elemente $\dot{X}^0$, X^1, $\dot{X}^1$, X^2, ... der Folgen (X^n) und $(\dot{X}^n)$ berechnen kann (vgl. Bild 9a). Dabei muß für jeden Integrationsschritt einmal die Funktionsvorschrift für $f(x, t)$ ausgewertet werden.
Gleichung (302) liefert dagegen eine implizite Vorschrift zur Berechnung der Elemente von (X^n). Hier muß bei jedem Integrationsschritt ein (im allgemeinen nichtlineares) Gleichungssystem aufgelöst werden. Wir wollen (302) im folgenden als *implizite Eulerformel* bezeichnen (vgl. Bild 9b). Die sogenannte *Mittelpunktsregel* (303) ist wieder eine explizite Integrationsformel. Der wesentliche Rechenaufwand zur Bestimmung eines Elements der Folge (X^n) steckt bei dieser expliziten Integrationsformel wieder in der Auswertung der Funktion $f(x, t)$.
Gegenüber der expliziten Eulerformel tritt aber auch hier eine Besonderheit auf. Während man bei der Eulerformel zur Berechnung von X^{n+1} nur auf X^n zurückgreifen muß, wird bei der Mittelpunktsregel X^{n+1} aus zwei zurückliegenden Funktionswerten berechnet (vgl. Bild 9c). Die Mittelpunktsregel wird deshalb auch als *Zweischrittverfahren* bezeichnet. Um überhaupt mit der rekursiven Berechnung der Folgen (X^n) und $(\dot{X}^n)$ beginnen zu können, benötigt man hier die zwei Startwerte X^0 und X^1. X^0 erhält man aus dem Anfangswert $x(t_0)$, der zusätzliche Startwert X^1 muß durch eine gesonderte *Anlaufrechnung* ermittelt werden (vgl. Bild 9c).
Die beiden Eulerformeln gehören dagegen zur Klasse der *Einschrittverfahren.*
Einschrittverfahren benötigen als Startwert nur den Anfangswert, sie sind *selbststartend.*
Die für die Mehrschrittverfahren erforderlichen Anlaufrechnungen werden im allgemeinen mit einem Einschrittverfahren durchgeführt (vgl. auch Abschnitt 3.1.4.5.).
Ein Vergleich der Bilder 9a und 9b motiviert die Definition der *Trapezregel*

$$X^n = X^{n-1} + \tfrac{1}{2} h\big(f(X^{n-1}, t_{n-1}) + f(X^n, t_n)\big) . \tag{304}$$

Die Trapezregel gehört zur Klasse der impliziten Integrationsformeln. Sie ist eine Einschrittformel.
Die im allgemeinen nichtlinearen Gleichungssysteme (302) und (304) kann man z. B. nach der *Methode der sukzessiven Approximation* (siehe etwa [99, 98]) iterativ lösen. Man erhält dann die Iterationsvorschriften

$$X^{n,i+1} = X^{n-1} + hf(X^{n,i}, t_n) \tag{305}$$

und

$$X^{n,i+1} = X^{n-1} + \tfrac{1}{2} h\big(f(X^{n,i}, t_n) + f(X^{n-1}, t_{n-1})\big) \quad (i = 0, 1, \dots) . \tag{306}$$

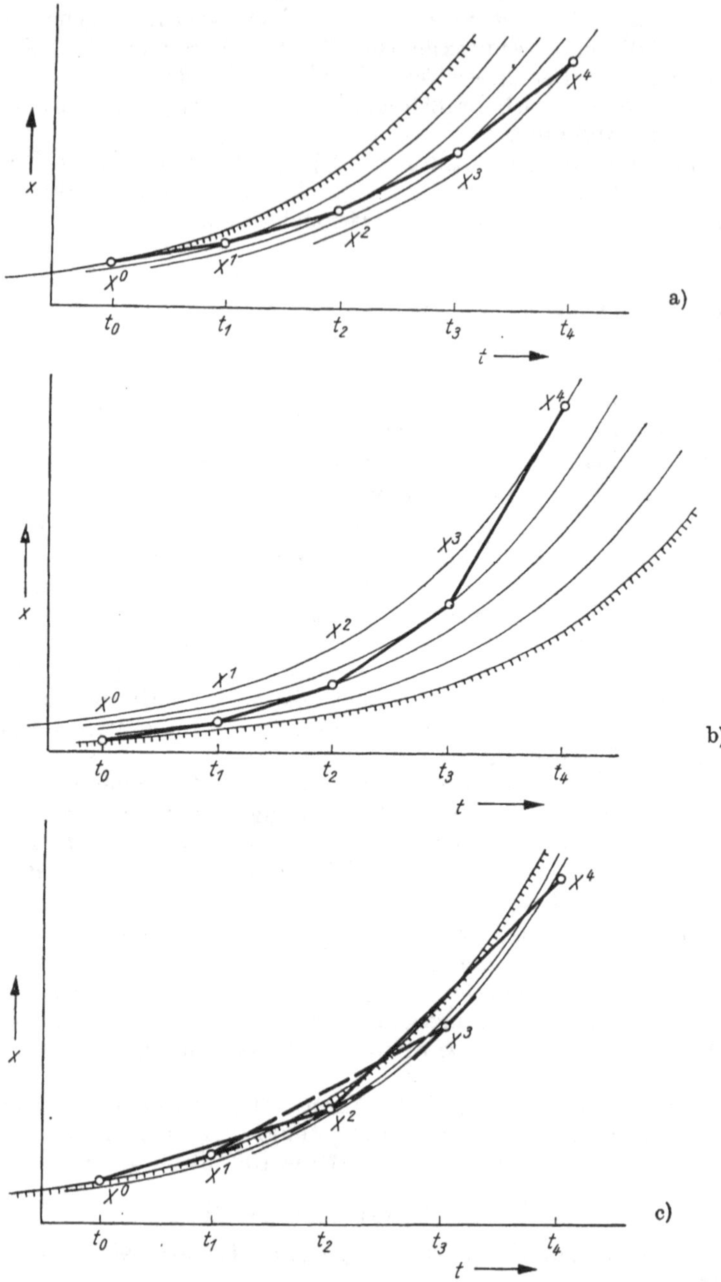

Bild 9. Beispiele für die Anwendung der elementaren Integrationsformeln (Die eingetragenen Kurven stellen Ausschnitte aus der allgemeinen Lösung der Differentialgleichung $\dot{x}(t) = f(x(t), t)$ dar. Die durch Striche markierte Kurve ist die jeweils durch den Anfangswert festgelegte Lösung.)
Die eingetragenen Polygonzüge erhält man

a) mit der expliziten Eulerformel
b) mit der impliziten Eulerformel
c) mit der Mittelpunktsregel

Für hinreichend kleine Schrittweiten gilt

$$X^n = \lim_{i\to\infty} X^{n,i} . \qquad (307)$$

Man kann die Gleichungssysteme (302) und (304) auch nach einem anderen Iterationsverfahren lösen. Insbesondere für die Integration *steifer Differentialgleichungssysteme* (siehe Abschnitt 3.1.4.6.) hat sich das *Newtonverfahren* praktisch bewährt. Auf dieser Basis kann man auch Verfahren zur Integration von Algebro-Differentialgleichungssystemen gewinnen. Um die Anzahl der Iterationen bei der Lösung der Gleichungssysteme (302) und (304) möglichst klein zu halten, benötigt man eine geeignete Anfangsnäherung $X^{n,0}$. Diese Anfangsnäherung berechnet man zweckmäßigerweise mit einer expliziten Integrationsformel. In unserem Falle kann man dafür die explizite Eulerformel heranziehen.

Integrationsverfahren, die ebenso wie der durch das Formelpaar (301), (302) oder (301), (304) definierte Algorithmus auf einer Kombination einer expliziten und einer impliziten Integrationsformel basieren, werden als *Prädiktor-Korrektor-Verfahren* bezeichnet. Die explizite Formel, der *Prädiktor*, liefert eine Anfangsnäherung für die iterative Lösung der impliziten *Korrektor*-Gleichung.

Üblicherweise führt man zur Lösung der Korrektorgleichung nur 2 oder 3 Iterationsschritte durch. „Steht" dann die Iteration noch nicht, so wird die Schrittweite reduziert.

Führt man mit (306) und der Anfangsnäherung

$$X^{n,0} = X^{n-1} + hf(X^{n-1}, t_{n-1}) \qquad (308)$$

nur einen Iterationsschritt durch, so erhält man die auf *Heun* [88, 99] zurückgehende Einschrittformel

$$X^n = X^{n-1} + \tfrac{1}{2} h \left(f(X^{n-1}, t_{n-1}) + f(X^{n-1} + hf(X^{n-1}, t_{n-1}), t_n)\right) . \qquad (309)$$

Das Verfahren von *Heun* gehört zur Klasse der *expliziten Runge-Kutta-Verfahren*.

Um die Analogie zu dem bekannten Formelsatz für das klassische Runge-Kutta-Verfahren 4. Ordnung (siehe Abschnitt 3.1.4.4.) deutlicher werden zu lassen, wollen wir (309) umschreiben.

Mit den Hilfsgrößen

$$\begin{aligned} K^1 &:= f(X^{n-1}, t_{n-1}) , \\ K^2 &:= f(X^{n-1} + hK^1, t_n) \end{aligned} \qquad (310)$$

erhält man zur Berechnung von X^n den zu (309) äquivalenten Ausdruck

$$X^n = X^{n-1} + h\,(\tfrac{1}{2} K^1 + \tfrac{1}{2} K^2) . \qquad (311)$$

Es gibt auch *implizite Runge-Kutta-Formeln*. Die implizite Eulerformel und die Trapezregel sind die einfachsten Beispiele dieser Art.

Abschließend sollen noch die Genauigkeitsordnungen der bisher zusammengestellten Integrationsformeln angegeben werden.

Bezüglich des globalen Diskretisierungsfehlers sind die Formeln (301) und (302) genau von erster Ordnung. Die Integrationsvorschrift (306), (307) und die Vorschrift (309) sind genau von zweiter Ordnung. Beginnt man die Iteration (305) bzw. (306) mit der Anfangsnäherung (308) und setzt $X^n := X^{n,i+1}$, so erhält man für jeden festen Wert von $i = 0, 1, 2, \ldots$ eine Integrationsformel erster bzw. zweiter Ordnung.

3.1.4.4. Allgemeine Ein- und Mehrschrittverfahren

In diesem Abschnitt sollen allgemeinere Verfahren zur Integration expliziter Differentialgleichungssysteme 1. Ordnung behandelt werden. Dabei soll zunächst nur der Fall konstanter Schrittweite zugelassen werden. Die bisher betrachteten Beispiele für Integrationsformeln sind Sonderfälle der allgemeinen Vorschrift

$$X^n = a_1 X^{n-1} + \dots + a_k X^{n-k} + hJ(X^n, \dots, X^{n-k}, t_n, \dots, t_{n-k}, h)\,. \quad (312)$$

die wir mitunter auch in der Form

$$a_0 X^n + \dots + a_k X^{n-k} + hJ(X^n, \dots, X^{n-k}, t_n, \dots, t_{n-k}, h) = 0$$
$$(a_0 = -1,\ n = k, \dots, N)$$

schreiben werden.
Die Koeffizienten $a_1, \dots, a_k$ sind für ein bestimmtes Verfahren gegebene Konstanten. Die Definition der Inkrementfunktion J hängt vom Verfahren und von der zu lösenden Differentialgleichung ab.
Die rekursive Berechnung der Folge (X^n) mit der Integrationsformel (312) erfordert die Startwerte

$$X^0, X^1, \dots, X^{k-1}\,. \quad (313)$$

Diese Startwerte müssen mit einer gesonderten Anlaufrechnung bereitgestellt werden. Für $k = 1$ liefert (312) eine *Einschritt-* und für $k \geqq 2$ eine *Mehrschrittformel.*
Bei einer *expliziten Integrationsformel* hängt die Inkrementfunktion nicht von X^n ab. Dann kann man X^n durch Auswertung der rechten Seite von (312) berechnen. Bei einer *impliziten Integrationsformel* hängt J auch von X^n ab. Dann muß man zur Berechnung von X^n ein im allgemeinen nichtlineares Gleichungssystem lösen.
Ein wichtiger Spezialfall von (312) ist die durch

$$X^n = a_1 X^{n-1} + \dots + a_k X^{n-k} + h(b_0 f^n + \dots + b_k f^{n-k})$$

und (314)

$$f^{n-i} := f(X^{n-i}, t_{n-i}) \quad (i = 0, 1, \dots, k)$$

definierte Klasse der *linearen k-Schritt-Formeln.*
Die beiden Eulerformeln, die Mittelpunkts- und die Trapezregel sind als Sonderfälle in (314) enthalten.
Mit

$$\dot{X}^{n-i} := f^{n-i} \quad \text{und} \quad a_0 = -1 \quad (315)$$

kann man (314) auch in der Form

$$a_0 X^n + \dots + a_k X^{n-k} + h(b_0 \dot{X}^n + \dots + b_k \dot{X}^{n-k}) = 0 \quad (316)$$

schreiben.
Der gegenüber (314) allgemeinere Fall von Integrationsformeln, die in (312) enthalten sind, sind die *nichtlinearen k-Schritt-Formeln.*
Das Verfahren von *Heun* ist ein Beispiel für eine nichtlineare Einschrittformel.
Ein weiteres Beispiel ist das durch den Formelsatz

$$K^1 := f(X^{n-1}, t_{n-1})\,,$$
$$K^2 := f\left(X^{n-1} + \frac{h}{2} K^1, t_{n-1} + \frac{1}{2} h\right),$$
$$K^3 := f\left(X^{n-1} + \frac{h}{2} K^2, t_{n-1} + \frac{1}{2} h\right),$$
$$K^4 := f(X^{n-1} + hK^3, t_n)$$

und (317)

$$X^n := X^{n-1} + \tfrac{1}{6} h\,(K^1 + 2K^2 + 2K^3 + K^4)$$

definierte (*klassische*) *explizite Runge-Kutta-Verfahren 4. Ordnung.*

Bei einem Einschrittverfahren benötigt man zur Berechnung von X^n nur den vorangehenden Wert X^{n-1} als Startwert. Es ist deshalb ohne weiteres möglich, die Schrittweite von Integrationsschritt zu Integrationsschritt zu ändern.
Bei den Mehrschrittverfahren ist es anders. Einigermaßen einfach lassen sich noch ganzzahlige Vervielfachungen der Schrittweite realisieren, da man dann aus den bereits berechneten Werten einen neuen Satz von Startwerten auswählen kann, die dem vergrößerten Rastermaß der Stützstellen entsprechen. Bei einer Reduktion der Schrittweite oder einer nichtganzzahligen Erhöhung der Schrittweite muß entweder die Anlaufrechnung wiederholt werden oder die neuen Startwerte müssen aus den bereits bekannten Werten durch eine geeignete mehrstellige Interpolation gewonnen werden.
Diese Tatsache wird im allgemeinen als ein entscheidender Nachteil der Mehrschrittverfahren gegenüber den Einschrittverfahren angesehen.
Dieser Einwand läßt sich jedoch entkräften. Mit Hilfe einer auf *Nordsieck* [100] und *Gear* [88, 101] zurückgehenden Matrizendarstellung der Mehrschrittverfahren läßt sich der erwähnte Interpolationsprozeß so organisieren, daß die Mehrschrittverfahren in bezug auf die Möglichkeit der Schrittweitenänderung den Einschrittverfahren gleichwertig sind.
Das Differentialgleichungssystem (276) aus Abschnitt 3.1.4.1. kann als ein lokales Entwicklungsgesetz der Trajektorie $x : T \to \boldsymbol{R}^m$ angesehen werden, die durch den Anfangswert x^0 festgelegt wird [102]. Die Integrationsformel (312) liefert eine Approximation dieses lokalen Engwicklungsgesetzes.
Der *lokale Diskretisierungsfehler*

$$\begin{aligned} e(t, h) &:= x(t) - a_1 x(t-h) - \dots - a_k x(t-kh) \\ &\quad - hJ\big(x(t), \dots, x(t-kh), t, \dots, t-kh, h\big)\,, \\ h &\in H(t),\ t \in [t_0 + kh, t_e] \end{aligned} \tag{318}$$

ist ein Maß für die Güte dieser Approximation. Die Größe $e(t, h)$ ist das Residuum, das man erhält, wenn man die exakte Lösung des Anfangswertproblems (275), (276) in (312) einsetzt.
Konvergieren die mit einem Integrationsverfahren berechneten Folgen (X^n) für $h \to +0$ gegen die exakte Lösung x des Differentialgleichungssystems (276), so muß notwendigerweise der lokale Diskretisierungsfehler für $h \to +0$ verschwinden.
Ein Integrationsverfahren, das diese notwendige Konvergenzbedingung erfüllt, für das also

$$\lim_{h \to +0} \max_{\substack{t \in [t_0 + hk, t_0] \\ h \in H(t)}} ||e(t, h)|| = 0 \tag{319}$$

gilt, wird als ***konsistent mit dem Differentialgleichungssystem*** (276) bezeichnet.
Aus dieser Definition lassen sich weitere Kriterien für die Konsistenz eines Integrationsverfahrens herleiten. Wir gehen darauf nicht weiter ein, siehe z. B. [88, 95, 97, 98].
Berechnet man die Folge (X^n) mit der Integrationsformel (312), so pflanzen sich bei jedem Schritt die auftretenden lokalen Diskretisierungsfehler fort. Diese Fehlerausbreitung ist die Ursache für den in Abschnitt 3.1.4.2. definierten globalen Diskretisierungsfehler.
In Abhängigkeit von der Integrationsformel und dem zu lösenden Differentialgleichungssystem können sich die lokalen Fehler von Schritt zu Schritt *gedämpft* oder *verstärkt* ausbreiten. Das Ausbreitungsverhalten kann auch in verschiedenen Bereichen des Integrationsintervalls unterschiedlich sein. Aus diesem Grunde ist der globale Diskretisierungsfehler nur in Sonderfällen gleich der Summe der lokalen Diskretisierungsfehler. (Ein solcher Sonderfall liegt vor, wenn man die Differential-

gleichungen $\dot{x}(t) = f(t)$ mit einem Einschrittverfahren integriert. Wegen $x(t) = = \int_{t_0}^{t} f(\tau)\, d\tau + x^0$ entspricht diese Aufgabenstellung der numerischen Integration.)

Ein sehr starkes Anwachsen des Diskretisierungsfehlers E^n für steigendes n hat eine *numerische Instabilität* zur Folge. Die Werte $||X^n||$ nehmen dann mitunter so rasch zu, daß die Zwischenergebnisse schon nach wenigen Schritten den Zahlenbereich des Automaten überschreiten. Auf diese Problematik wollen wir in Abschnitt 3.1.4.6. ausführlicher eingehen.

Neben der Konsistenzbedingung muß deshalb eine konvergente Integrationsformel noch gewissen *Stabilitätsbedingungen* genügen, die eine hinreichende Dämpfung der Ausbreitung der lokalen Diskretisierungsfehler sichern.

Aus der Vielzahl der in der Literatur [88, 95, 97] in diesem Zusammenhang betrachteten Stabilitätsbedingungen wollen wir uns hier auf die Definition der *absoluten Stabilität* beschränken [88]. Auf diese Definition werden wir in Abschnitt 3.1.4.6. bei der Untersuchung der sogenannten *steifen Differentialgleichungssysteme* zurückgreifen.

Ein Integrationsverfahren heißt für eine gegebene Schrittweite h und ein gegebenes Differentialgleichungssystem *absolut stabil*, falls durch eine Störung Δ^{n_0}, die man an den Wert X^{n_0} angebracht hat, die Werte, die man für $n > n_0$ aus $X^0, X^1, \ldots, X^{n_0-1}, X^{n_0} + \Delta^{n_0}$ erhält, gegenüber den ungestörten Werten um weniger als Δ^{n_0} abweichen. Genauer, falls die Abweichung Δ^n für $n > n_0$ der Bedingung

$$||\Delta^n|| < ||\Delta^{n_0}|| \tag{320}$$

genügen.

Ist die Lösung x des Anfangswertproblems (275), (276) hinreichend glatt, so lassen sich bei einem konsistenten Integrationsverfahren über (319) hinausgehende *asymptotische Abschätzungen* für den lokalen Diskretisierungsfehler angeben.

Ein Integrationsverfahren ist bezüglich des lokalen Diskretisierungsfehlers *wenigstens von der Ordnung* $p + 1$, falls für alle Differentialgleichungssysteme der Form (276) mit einer $(p + 1)$-mal stetig differenzierbaren Lösung die Beziehung

$$e(t, h) = O(h^{p+1}) \tag{321}$$

gilt.

Entsprechend ist ein Integrationsverfahren bezüglich des lokalen Diskretisierungsfehlers genau von der Ordnung $p_0 + 1$, falls es ein Differentialgleichungssystem gibt, für das die Abschätzung (321) zwar für $p \leqq p_0$ gilt, nicht aber für $p = p_0 + 1$.

Ein konsistentes Integrationsverfahren ist bezüglich des lokalen Diskretisierungsfehlers wenigstens von der Ordnung 2.

Ist ein Integrationsverfahren konvergent und bezüglich des lokalen Diskretisierungsfehlers genau von der Ordnung $p + 1$, so ist es bezüglich des globalen Diskretisierungsfehlers genau von der Ordnung p.

Für ein lineares k-Schritt-Verfahren, das bezüglich des lokalen Diskretisierungsfehlers genau von der Ordnung $p + 1$ ist, erhält man für eine $(p + 1)$-mal stetig differenzierbare Lösung an Stelle von (321) die Abschätzung

$$e(t, h) = Ch^{p+1}\, x^{(p+1)}(t) + O(h^{p+2}) \qquad (h \in H(t))\,. \tag{322}$$

Die Größe C ist eine Konstante, die nur vom Verfahren, nicht aber vom zu lösenden Differentialgleichungssystem, der Schrittweite h oder der Zeit t abhängt. Sie wird als *Fehlerkonstante* des Verfahrens bezeichnet.

Speziell erhält man für die explizite Eulerformel den Ausdruck

$$\exp\,[EE(t, h)] = \tfrac{1}{2}\, h^2 x(t) \times + O(h^3)\,, \tag{323}$$

für die implizite Eulerformel gilt

$$\exp\,[IE(t, h)] = -\tfrac{1}{2}\, h^2 x(t) + O(h^3)\,, \tag{324}$$

für die Trapezregel gilt

$$\exp\,[TR(t, h)] = -\tfrac{1}{12}\,h^3x(t) + O(h^4) \tag{325}$$

und für die Mittelpunktsregel gilt

$$\exp\,[MP(t, h)] = \tfrac{1}{3}\,h^3x(t) + O(h^4)\,. \tag{326}$$

Mitunter wird auch der Quotient

$$K = C \,/\, \sum_{i=0}^{k} b_i \tag{327}$$

als Fehlerkonstante bezeichnet. Die Konstante K ist von der willkürlichen Normierung der Koeffizienten der linearen k-Schritt-Formel (314) unabhängig. Sie soll als *normierte Fehlerkonstante* bezeichnet werden.
Mit Hilfe der Funktion $Kx^{(p+1)}$ läßt sich eine für hinreichend kleine Schrittweiten gültige asymptotische Abschätzung des *globalen* Diskretisierungsfehlers der Näherungslösung berechnen, die mit einem linearen k-Schritt-Verfahren bestimmt worden ist.
Ist $x : T \to \boldsymbol{R}^m$ die Lösung des Anfangswertproblems (275), (276) und $x^{(p+1)}: T \to \boldsymbol{R}^m$ die $(p + 1)$-te Ableitung von x, bezeichnet $\partial_1 f(y, t)$ die Jacobimatrix

$$\partial_1 f(y, t) = \left(\frac{\partial f_i(y, t)}{\partial y_j}\right)_{i, j=1, \dots, m} \tag{328}$$

der Funktion (271) an der Stelle $(y, t) \in D_f$, ist K die normierte Fehlerkonstante eines linearen k-Schritt-Verfahrens und $d : T \to \boldsymbol{R}^m$ die Lösung des Anfangswertproblems

$$\begin{aligned} d(t_0) &= 0\,, \\ \dot{d}(t) &= \partial_1 f\big(x(t), t\big) + Kx^{(p+1)}(t)\,, \end{aligned} \tag{329}$$

so gilt für den globalen Diskretisierungsfehler der Näherungswerte, die mit diesem linearen k-Schritt-Verfahren unter der Voraussetzung exakter Startwerte berechnet worden sind, die Abschätzung

$$E(t, h) = h^p d(t) + O(h^{(p+1)})\,. \tag{330}$$

Die Störfunktion des Differentialgleichungssystems (329) ist dem lokalen Diskretisierungsfehler des verwendeten Integrationsverfahrens asymptotisch proportional. Für hinreichend kleine Schrittweiten beschreibt die Lösung dieses Differentialgleichungssystems, wie sich der lokale Diskretisierungsfehler im Integrationsintervall ausbreitet.
Diese Beziehung läßt sich auch auf den Fall fehlerbehafteter Startwerte verallgemeinern. Ähnliche Beziehungen lassen sich für (nichtlineare) Einschrittverfahren angeben [88, 95 und 96].
Die Beziehung (322) läßt sich zur Schrittweitensteuerung heranziehen. Gilt an der Stelle t für eine vorgegebene Fehlerschranke ε die Ungleichung

$$||e(t, h)|| > \varepsilon\,, \tag{331}$$

so muß die Schrittweite reduziert (z. B. halbiert) werden.
Gilt

$$||e(t, h)|| < \delta\varepsilon \tag{332}$$

(z. B. mit $\delta = 10^{-1}$), so darf die Schrittweite vergrößert (z. B. verdoppelt) werden. Um die Beziehung (322) in dieser Form ausnutzen zu können, braucht man allerdings an der Stelle t die $(p + 1)$-te Ableitung der gesuchten (!) Lösung x.
Verwendet man zur Integration ein Prädiktor-Korrektor-Verfahren, bei dem die Prädiktor- und die Korrektor-Formel bezüglich des lokalen Diskretisierungsfehlers

von der gleichen Genauigkeitsordnung sind, so kann man sich auf einfache Weise zumindest eine Abschätzung für $x^{(p+1)}(t)$ verschaffen. Mit einer Herleitung, die wir hier unterdrücken wollen (siehe [95], 103]) folgt aus

$$e^P(t_n, h) = C^P h^{p+1} x^{(p+1)}(t_n) + O(h^{p+2})$$

und (333)

$$e^C(t_n, h) = C^C h^{p+1} x^{(p+1)}(t_n) + O(h^{p+2})$$

für $h^{p+1}x^{(p+1)}(t_n)$ die Abschätzung

$$h^{p+1}x^{(p+1)}(t_n) = \frac{1}{C^P - C^C}(X^{n,P} - X^{n,C}) + O(h^{p+2}), \tag{334}$$

woraus man schließlich

$$e^C(t_n, h) = \frac{C^C}{C^P - C^C}(X^{n,P} - X^{n,C}) + O(h^{p+2}) \tag{335}$$

erhält. In diesen Beziehungen haben wir alle Größen, die sich auf die Prädiktor- bzw. Korrektor-Formel beziehen, mit einem oberen Index P bzw. C bezeichnet.
Für das auf den beiden Eulerformeln basierende Prädiktor-Korrektor-Verfahren erhält man mit (323) und (324) aus (335)

$$e^{IE}(t_n, h) = \tfrac{1}{2}(X^{n,P} - X^{n,C}) + O(h^3). \tag{336}$$

Die Beziehung (325) liefert die Grundlage für eine Korrektur der Näherungswerte durch eine *Richardson*-Extrapolation [95, 99, 103 und 104].
Auch auf dieser Basis lassen sich Kriterien für die Schrittweitensteuerung herleiten.
Wegen des geringen Rechenaufwandes werden bei der numerischen Integration mit Hilfe von linearen k-Schritt-Prädiktor-Korrektor-Verfahren im allgemeinen Schrittweitensteuerungen bevorzugt, die auf einer Abschätzung des lokalen Diskretisierungsfehlers mit der Prädiktor-Korrektor-Differenz beruhen. Auch das in Abschnitt 3.1.4.5. erwähnte *Verfahren zur kombinierten Schrittweiten- und Ordnungssteuerung* basiert letzten Endes auf der Abschätzung des lokalen Diskretisierungsfehlers mit der Prädiktor-Korrektor-Differenz.
Bezüglich der Schrittweitensteuerung bei der Integration steifer Differentialgleichungssysteme (siehe Abschnitt 3.1.4.6.) sei auf die Ausführungen in [116] verwiesen.

3.1.4.5. Verfahren zur Integration von Algebro-Differentialgleichungssystemen

Aus der linearen k-Schritt-Formel (316) erhält man mit der Abkürzung

$$R^n := a_1X^{n-1} + \ldots + a_kX^{n-k} + h(b_1\dot{X}^{n-1} + \ldots + b_k\dot{X}^{n-k}) \tag{337}$$

den Ausdruck

$$X^n - b_0h\dot{X}^n = R^n. \tag{338}$$

Zusammen mit dem Algebro-Differentialgleichungssystem (277) erhält man dann das nichtlineare Gleichungssystem

$$\begin{aligned} X^n - b_0h\dot{X}^n &= R^n, \\ F(X^n, \dot{X}^n, t_n) &= 0. \end{aligned} \tag{339}$$

mit dem man die Elemente der Folgen (X^n) und $(\dot{X}^n)$ rekursiv berechnen kann. Bezeichnet man mit

$$\partial_1F(x, y, t) := \left(\frac{\partial F_i(x, y, t)}{\partial x_j}\right)_{i,j=1,\ldots,m} \tag{340}$$

und

$$\partial_2 F(x, y, t) := \left(\frac{\partial F_i(x, y, t)}{\partial y_j}\right)_{i, j=1, \dots, m} \tag{341}$$

die Jacobimatrizen von $F(x, y, t)$ nach dem ersten bzw. zweiten (vektoriellen) Argument, so, erhält man zur iterativen Lösung von (339) nach dem Newtonverfahren die Vorschrift

$$\begin{aligned} X^{n,i+1} &= X^{n,i} + \Delta X^{n,i}, \\ \dot{X}^{n,i+1} &= \dot{X}^{n,i} + \Delta\dot{X}^{n,i} \qquad (i = 1, 2, \dots). \end{aligned} \tag{342}$$

Die Korrekturvektoren $\Delta \dot{X}^i$ und $\Delta \dot{X}^i$ bilden die Lösung des linearen algebraischen Gleichungssystems

$$\begin{pmatrix} E & -b_0 hE \\ \partial_1 F^{q,j} & \partial_2 F^{q,j} \end{pmatrix} \begin{pmatrix} \Delta X^{n,i} \\ \Delta \dot{X}^{n,i} \end{pmatrix} = -\begin{pmatrix} X^{n,i} - b_0 h\dot{X}^{n,i} - R^n \\ F(X^{n,i}, \dot{X}^{n,i}, t_n) \end{pmatrix} \tag{343}$$

Die Jacobimatrizen $\partial_1 F^{q,j}$ und $\partial_2 F^{q,j}$ sind an der Stelle $(X^{q,j}, \dot{X}^{q,j}, t_q)$ zu berechnen. Das Symbol E bezeichnet die Einheitsmatrix.
Für $q = n$ und $j = i$ ist (342), (343) die Iterationsvorschrift für das Newtonverfahren. Für $q = n$ und $j = 0$ erhält man das vereinfachte Newtonverfahren. Bei den praktischen Anwendungen kommt man in der Regel sogar mit einer noch weitergehenden Vereinfachung zum Ziel, bei der man die Jacobimatrizen erst dann wieder neu berechnet, wenn das Newtonverfahren nicht mehr schnell genug konvergiert (eine übliche Schranke sind 3, 4 oder 5 Newtoniterationen). Bezeichnet man mit n_J den Index, bei dem zum letzten Male eine neue Jacobimatrix und die dazugehörige LU-Zerlegung berechnet worden ist, so gilt $q = n_J$.
Indem man die Linearität des in der ersten Zeile von (339) stehenden Teilsystems ausnutzt, um in (339) entweder den Vektor $X^n \in \boldsymbol{R}^m$ oder den Vektor $\dot{X}^n \in \boldsymbol{R}^m$ zu eliminieren, läßt sich die Anzahl der Unbekannten des linearen algebraischen Gleichungssystems, auf das man bei der Auflösung von (339) mit Newtonverfahren geführt wird, auf die Hälfte reduzieren.
Ist das zu lösende Gleichungssystem tatsächlich ein Algebro-Differentialgleichungssystem und nicht nur ein implizit geschriebenes Differentialgleichungssystem, so enthält die Jacobimatrix $\partial_2 F$ eine oder mehrere Nullzeilen. In diesem Falle gilt für alle $(x, y, t) \in D_f \in \boldsymbol{R}^m \times \boldsymbol{R}^m \times T$ die Identität

$$\det \partial_2 F(x, y, t) = 0 . \tag{344}$$

Verwendet man für (338) eine explizite Integrationsformel, so folgt wegen $b_0 = 0$ und (344) aus

$$\det \begin{pmatrix} E & -b_0 hE \\ \partial_1 F & \partial_2 F \end{pmatrix} = \det \begin{pmatrix} E & -b_0 hE \\ 0 & \partial_2 F + b_0 h\, \partial_1 F \end{pmatrix} = \det\,(b_0 h\, \partial_1 F + \partial_2 F) \tag{345}$$

die Singularität der Jacobimatrix des Gleichungssystems (339).
Für eine explizite Integrationsformel ist deshalb dieses Gleichungssystem (unabhängig vom verwendeten Iterationsverfahren) nicht eindeutig auflösbar.
Für die Integration eines Algebro-Differentialgleichungssystems muß deshalb notwendigerweise eine implizite Integrationsformel herangezogen werden.
Zu Beginn der rekursiven Berechnung der Folgen (X^n) und $(\dot{X}^n)$ muß der Vektor

$$R^k := a_1 X^{k-1} + \dots + a_k X^0 + h(b_1 \dot{X}^{k-1} + \dots + b_k \dot{X}^0) \tag{346}$$

bekannt sein. R^k läßt sich berechnen, wenn die Startwerte

$$X^0, X^1, \dots, X^{k-1} \quad \text{und} \quad \dot{X}^0, \dot{X}^1, \dots, X^{k-1} \tag{347}$$

bekannt sind.

Da nicht notwendigerweise alle der Koeffizienten $a_1, \ldots, a_k$ und $b_1, \ldots, b_k$ in (346) von Null verschieden sein müssen, sind für die Berechnung von R^k und die der darauffolgenden Terme $R^{k+1}, \ldots$ im allgemeinen nicht alle der in (347) aufgeführten Vektoren erforderlich.
Für eine allgemeine Beschreibung dieses Sachverhaltes definieren wir die Größen

$$r := \max \{i \mid a_i \neq 0, i = 1, 2, \ldots, k\} \tag{348}$$

und

$$s := \max \{i \mid b_i \neq 0, i = 1, 2, \ldots, k\}. \tag{349}$$

Im Falle $s \neq 0$ benötigt man die Startwerte

$$X^{k-r}, \ldots, X^{k-1} \quad \text{und} \quad \dot{X}^{k-s}, \ldots, \dot{X}^{k-1}. \tag{350}$$

Im Falle $s = 0$ benötigt man nur noch die Vektoren

$$X^{k-r}, \ldots, X^{k-1} \tag{351}$$

als Startwerte.
Dem Fall $s = 0$ entspricht die Klasse der Integrationsformeln

$$X^n = a_1 X^{n-1} + \ldots + a_k X^{n-k} + b_0 h \dot{X}^n. \tag{352}$$

Durch die Forderung, daß diese Integrationsformeln bezüglich des lokalen Diskretisierungsfehlers genau von der Ordnung $k + 1$ sind, werden die Koeffizienten von (352) eindeutig festgelegt. Für $k = 1, \ldots, 6$ definieren diese Formeln für die expliziten Differentialgleichungssysteme (277) bei denen die Abbildung $f : D_f \subseteq \boldsymbol{R}^m \times T \to \boldsymbol{R}^m$ einer Lipschitzbedingung genügt, ein konvergentes Integrationsverfahren [95]. Die Koeffizienten dieser Integrationsformeln haben wir in Tabelle 4 zusammengestellt.

Tabelle 4. Koeffizienten der Korrekturformel für den *Gear*-Algorithmus

k	b_0	a_1	a_2	a_3	a_4	a_5	a_6
1	1	1	0	0	0	0	0
2	2/3	4/3	−1/3	0	0	0	0
3	6/11	18/11	−9/11	2/11	0	0	0
4	12/25	48/25	−36/25	16/25	−3/25	0	0
5	60/137	300/137	−300/137	200/137	−75/137	12/137	0
6	60/137	360/147	−450/147	400/147	−225/147	72/147	−10/147

In der impliziten Eulerformel

$$X^n = X^{n-1} + h\dot{X}^n \tag{353}$$

haben wir bereits eine Integrationsformel dieses Typs kennengelernt.
Wie die Diskussionen in Abschnitt 3.1.4.1. gezeigt haben, stößt die Berechnung der Startwerte $\dot{X}^0, \ldots, \dot{X}^{k-1}$ bei Anfangswertproblemen für Algebro-Differentialgleichungssysteme auf große Schwierigkeiten. Schon aus diesem Grunde erscheinen die Integrationsformeln der durch (352) definierten Klasse linearer k-Schritt-Formeln für die Anwendung als besonders attraktiv.
Einen weiteren entscheidenden Vorteil dieser Formeln werden wir im Abschnitt 3.1.4.6. kennenlernen, wenn wir die Stabilitätseigenschaften dieser und anderer Integrationsformeln untersuchen.
Auch die Berechnung der Startwerte $X^1, X^2, \ldots$ kann umgangen werden. Beginnt man nämlich die Integration eines Algebro-Differentialgleichungssystems mit der impliziten Eulerformel, so benötigt man, wie aus (351) sofort folgt, nur noch den Anfangswert $x(t_0) = X^0$ als Startwert. Hat man dann mit der Eulerformel einige der Werte-

paare $(X^1, \dot{X}^1)$, $(X^2, \dot{X}^2)$, ... berechnet, so kann man eine Integrationsformel höherer Ordnung verwenden. Die Änderung der Ordnung der Integrationsformel erfolgt zweckmäßigerweise nach dem von *Gear* [88, 101] entwickelten *Prinzip der kombinierten Schrittweiten- und Ordnungssteuerung* (vgl. auch [86, 119] wegen algorithmischer Einzelheiten sei auf [107] verwiesen).
Um eine schnelle Konvergenz bei der numerisch aufwendigen Newtoniteration zu gewährleisten, benötigt man in jedem Integrationsschritt gute Anfangsnäherungen $X^{n,0}$ und $\dot{X}^{n,0}$ für die zu berechnenden Werte X^n und $\dot{X}^n$. Die einfachste Möglichkeit wäre die, $X^{n,0} = X^{n-1}$ und $\dot{X}^{n,0} = \dot{X}^{n-1}$ zu setzen. Wesentlich günstiger sind dagegen Prädiktorformeln, die von der gleichen Genauigkeitsordnung sind, wie die zur Berechnung von X^n und $\dot{X}^n$ verwendete implizite Integrationsformel. Einige Beispiele für explizite Formeln, mit denen man $X^{n,0}$ berechnen könnte, haben wir bereits kennengelernt. Auf die Frage nach einer geeigneten Prädiktorformel zur Berechnung von $\dot{X}^{n,0}$ aus den bereits bekannten Werten, soll hier nicht weiter eingegangen werden. Eine ausführliche Herleitung findet man in [119].

3.1.4.6. Über die Integration steifer Differentialgleichungssysteme

3.1.4.6.1. Das Zeitkonstantenproblem

In diesem Abschnitt wollen wir uns mit einem Komplex von Fragen auseinandersetzen, für den sich in der technischen Literatur das Schlagwort *Zeitkonstantenproblem* eingebürgert hat.
Wir beginnen mit einem Beispiel.
Da die Problematik um die es hier geht, sowohl bei der Analyse linearer als auch bei der Analyse nichtlinearer Netzwerke auftritt, wollen wir uns bei diesen einführenden Betrachtungen auf eine Diskussion linearer Netzwerke beschränken. Wir greifen dazu auf das Beispiel 7 aus Abschnitt 3.1.2.5.2. zurück. Wählen wir für die Parameter dieser Schaltung die (normierten) Werte $C_1 = C_2 = 1$, $G_3 = 1000$ und $G_4 = 1$, so folgt wegen der Linearität des Netzwerkes mit einfachen Überlegungen aus der Schaltungsstruktur sofort, daß sich alle Einschwingvorgänge dieses Netzwerkes als eine Überlagerung (genauer, als eine Linearkombination) der beiden Zeitfunktionen $\exp(-t/\tau_1)$ mit $\tau_1 \approx C_1/G_3 = 1/1000$ und $\exp(-t/\tau_2)$ mit $\tau_2 \approx C_2G_4 = 1$ darstellen lassen.
Für $t = 10\,\tau_1$ ist die erste dieser Zeitfunktionen bereits auf weniger als 0,01% ihres Anfangswertes abgesunken, während sich die zweite erst um etwa 1% ihres Anfangswertes geändert hat.
Im Intervall $[0{,}01, +\infty)$ werden also die Einschwingvorgänge dieser Schaltung im wesentlichen durch die Zeitfunktion $\exp(-t/\tau_2)$ bestimmt. Erst bei $t = 5\tau_2 \approx 5000\,\tau_1$ ist diese Funktion auf weniger als 1% ihres Anfangswertes abgeklungen.
Dementsprechend erscheint es sinnvoll, bei der numerischen Integration der Netzwerkgleichungen dieser Schaltung im Bereich $t \in [0, 0.01]$ eine Schrittweite zu verwenden, die klein gegenüber der Zeitkonstante τ_1 ist (etwa $h_{\text{anf}} := \tau_1/10$), im Bereich $t > 0{,}01$ dagegen die Schrittweite wesentlich zu vergrößern (z. B. auf $h_{\text{end}} := \tau_2/10 \approx \approx 1000\,h_{\text{anf}}$), um dann mit dieser Schrittweite die Lösung bis $t = 5000\,\tau_1 \approx 5$ zu berechnen.
Leider ist es bei der Mehrzahl der bekannten Integrationsverfahren nicht möglich, die Schrittweite soweit zu vergrößern. Vielmehr muß bei diesen Verfahren die Schrittweite stets in der Größenordnung der kleinsten Zeitkonstante $\tau_{\min}$ der Schaltung liegen, da andernfalls der globale Diskretisierungsfehler der berechneten Folge (X^n) dem Betrage nach so rasch anwächst, daß der zu berechnenden Einschwingvorgang

dadurch völlig verdeckt wird. Diesen Effekt bezeichnet man als *numerische Instabilität.*

Um diese Störung zu vermeiden, darf die Schrittweite bei den soeben erwähnten Verfahren nicht größer als eine bestimmte verfahrensspezifische Schrittweite h_S gewählt werden. Diese Einschränkung muß im *gesamten* Integrationsintervall beachtet werden, also auch in den Bereichen, in denen (etwas vereinfacht ausgedrückt) die Schaltelemente, die die kleinste Zeitkonstante der Schaltung bedingen, überhaupt nicht umgeladen werden. Je nach dem verwendeten Integrationsverfahren gilt für h_S die Beziehung $h_S \approx 2\tau_{\min}, \ldots, h_S \approx 10\,\tau_{\min}$.

Diese Tatsache ist für den rechnergestützten Schaltungsentwurf von einschneidender Bedeutung, denn für viele technisch wichtige Schaltungen sind große Zeitkonstantenunterschiede typisch ($\tau_{\max}/\tau_{\min} = 10^6$ und mehr) [110, 111 und 112].

Das wird vor allem dann der Fall sein, wenn man versucht das Netzwerkmodell einer technischen Schaltung den praktischen Gegebenheiten möglichst gut anzupassen, indem man Streukapazitäten, Verlustwiderstände, Zuleitungsinduktivitäten u. ä. berücksichtigt.

Das Dilemma bei der Analyse solcher Schaltungen besteht darin, daß man aus Gründen der numerischen Stabilität die Schrittweite nicht wesentlich über $\tau_{\min}$ hinaus vergrößern darf, aber den Einschwingvorgang in einem Intervall berechnen muß, dessen Länge in der Größenordnung der maximalen Zeitkonstante liegt. Die dadurch bedingten langen Rechenzeiten lassen den rechnergestützten Schaltungsentwurf unökonomisch werden. In extremen Fällen ist es (abgesehen von der Kostenfrage) gänzlich unmöglich, einen Einschwingvorgang zu berechnen, weil man die Schrittweite so klein wählen müßte, daß man in den Bereich kommt, in dem der Verfahrensfehler bereits durch die Rundungsfehler bestimmt wird (siehe Bild 7).

Andererseits soll der rechnergestützte Schaltungsentwurf aber gerade das Hilfsmittel sein, das es dem Ingenieur ermöglicht, die Auswirkung der oben erwähnten Schaltkapazitäten, Verlustwiderstände usw. beim Schaltungsentwurf zu berücksichtigen, was mit den klassischen Entwurfsverfahren nicht möglich ist.

Es sei darauf hingewiesen, daß ein Zeitkonstantenproblem auch dann vorliegt, wenn man den Einschwingvorgang einer Schaltung berechnen muß, deren Eigenwerte selbst sich nicht notwendigerweise wesentlich unterscheiden müssen, die aber durch eine — im Verhältnis zu den Eigenschwingungen dieser Schaltung — langsam veränderliche Zeitfunktion erregt wird.

Wegen seiner zentralen Bedeutung für den rechnergestützten Schaltungsentwurf soll der Begriff der Stabilität eines Integrationsverfahrens genauer untersucht werden. Wir wollen dazu den in Abschnitt 3.1.4.4. eingeführten Begriff der *absoluten Stabilität* heranziehen.

Bei diesen Betrachtungen wollen wir uns von vornherein auf den einfacheren Fall der Integration linearer Differentialgleichungssysteme mit konstanten Koeffizienten beschränken. Das müssen wir schon deshalb tun, weil für die Integration nichtlinearer Differentialgleichungssysteme die entsprechenden theoretischen Grundlagen noch nicht in genügendem Maße ausgebaut worden sind. Das liegt zweifellos in der Natur der Sache, weil Aussagen über die Stabilität eines Integrationsverfahrens wesentlich vom Typ der Nichtlinearitäten des untersuchten Differentialgleichungssystems abhängen und es deshalb schwierig ist, Aussagen von hinreichender Allgemeinheit zu beweisen. Bekannt sind bisher im wesentlichen asymptotische Aussagen über die Fortpflanzung der Diskretisierungs- und Rundungsfehler für den Fall $h \to +0$ [95, 96 und 88]. Diese Beziehungen lassen sich jedoch hier nicht anwenden, denn sie basieren auf der Voraussetzung, daß man für hinreichend kleine Schrittweiten gewisse Glieder höherer Ordnung vernachlässigen kann. Diese Voraussetzung ist sicher-

lich nicht erfüllt, wenn ein Integrationsverfahren für eine Schrittweite $h = h_S$ instabil ist (vgl. [117]).
Für die folgenden Überlegungen sollen einige Hilfsmittel aus der linearen Algebra und der Theorie der linearen Differentialgleichungen mit konstanten Koeffizienten bereitgestellt werden (siehe z. B. [113]).
Bezeichnet M eine quadratische $m \times m$-Matrix $M \in \boldsymbol{C}^{m\times m}$, so ist

$$\dot{x}(t) = MX(t), \quad t \in (t_0, +\infty), \quad x(t_0) = x^0 \in \boldsymbol{C}^m \tag{354}$$

ein lineares (homogenes) Differentialgleichungssystem mit konstanten Koeffizienten.
Der Einfachheit halber sollen im folgenden für M nur *diagonal-ähnliche* Matrizen zugelassen werden. Alle wesentlichen Ergebnisse gelten jedoch auch für beliebige quadratische Matrizen.
Ist die Matrix M diagonalähnlich, so hat sie m linear unabhängige Eigenvektoren $v^1, \dots, v^m \in \boldsymbol{C}^m$ die gemäß

$$Mv_i = \lambda_i v^i \tag{355}$$

mit den Eigenwerten $\lambda_1, \dots, \lambda_m$ von M korrespondieren.
Fassen wir die Eigenvektoren von M in der Matrix $V = (v^1, \dots, v^m)$ und die Eigenwerte in der Diagonalmatrix $\Lambda = \text{diag}\,(\lambda_1, \dots, \lambda_m)$ zusammen, so gilt

$$M = V\Lambda V^{-1} \quad \text{und} \quad \Lambda = V^{-1}MV\,. \tag{356}$$

Mit der Variablensubstitution

$$x(t) =: Vy(t)\,, \quad y(t) = V^{-1}x(t) \tag{357}$$

erhält man aus (354) wegen $\frac{\mathrm{d}}{\mathrm{d}t} V = 0$ und (356) über $V\dot{y}(t) = M\big(Vy(t)\big)$

$$\dot{y}(t) = \Lambda y(t), \quad t \in T,\ y(t_0) = y^0 := V^{-1}x^0 \in \boldsymbol{C}^m \tag{358}$$

Das Differentialgleichungssystem (358) besteht aus m entkoppelten Differentialgleichungen des Typs

$$\dot{x}(t) = \lambda\, x(t), \quad t \in [t_0, +\infty), x(t_0) = x^0 \in \boldsymbol{C}\,. \tag{359}$$

Ist der Eigenwert λ in (359) eine *negative reelle Zahl*, so ist es in der technischen Literatur üblich, die Differentialgleichung (359) in der Form

$$\dot{x}(t) = -\frac{1}{\tau}\, x(t) \tag{360}$$

zu schreiben. Die Größe $\tau := -\frac{1}{\lambda}$ wird dann auch als *Zeitkonstante* bezeichnet.
Die allgemeine Lösung von (360) mit dem Anfangswert x^0 lautet

$$x(t) = e^{\lambda(t-t_0)}\, x^0\,. \tag{361}$$

Entsprechend gilt für (358)

$$y(t) = \text{diag}\,\big(e^{\lambda_1(t-t_0)}, \dots, e^{\lambda_m(t-t_0)}\big)\, y^0\,. \tag{362}$$

Aus (362) erhält man mit (357) für die Lösung von (354) den Ausdruck

$$x(t) = V\,\text{diag}\,(e^{\lambda_1(t-t_0)}, \dots, e^{\lambda_m(t-t_0)})\, V^{-1}x^0\,. \tag{363}$$

An Hand des Beispiels 7 aus Abschnitt 3.1.2.5.2. wollen wir die soeben zusammengestellten Begriffe durch ein konkretes Beispiel illustrieren.
Mit den normierten Werten

$$C_1 = 1\,, \quad C_2 = 891/10$$

und

$$G_3 = 100\,, \quad G_4 = 891 \tag{364}$$

erhält man für dieses Netzwerk das System

$$\begin{pmatrix} \dot{u}_1(t) \\ \dot{u}_2(t) \end{pmatrix} = \begin{pmatrix} -991 & 891 \\ 10 & -10 \end{pmatrix} \begin{pmatrix} u_1(t) \\ u_2(t) \end{pmatrix} \tag{365}$$

der Zustandsgleichungen.
Die Koeffizientenmatrix M des Gleichungssystems (365) hat die Eigenwerte $\lambda_1 = -1000$ und $\lambda_2 = -1$. Ihnen entsprechen die Matrizen

$$\Lambda = \begin{pmatrix} -1000 & 0 \\ 0 & -1 \end{pmatrix},$$

$$V = \begin{pmatrix} -99 & 9 \\ 1 & 10 \end{pmatrix} \tag{366}$$

und

$$V^{-1} = \frac{1}{999} \begin{pmatrix} -10 & 9 \\ 1 & 99 \end{pmatrix}.$$

Mit den Anfangswerten $u_1(0) = u_2(0) = 1$ erhält man aus (363) für die geschlossene Lösung von (365) den Ausdruck

$$\begin{aligned} u_1(t) &= \frac{1}{999} [99 \exp(-1000\, t) + 900 \exp(-t)], \\ u_2(t) &= \frac{1}{999} [-\exp(-1000\, t) + 1000 \exp(-t)]. \end{aligned} \tag{367}$$

Mit der in (364) angegebenen Dimensionierung hat dieses Netzwerk also exakt die Zeitkonstanten $\tau_1 = 1/1000$ und $\tau_2 = 1$.
Mit den Beziehungen (356) und (357) läßt sich (von der u. U. verschiedenen Fortpflanzung der Rundungsfehler einmal abgesehen) auch die numerische Integration des Differentialgleichungssystems (354) auf die des entkoppelten Systems (358) zurückführen. Es bedeutet also keinerlei weitere Einschränkung der Allgemeinheit, wenn wir von nun an nur noch die numerische Integration der Differentialgleichung (359) untersuchen.

3.1.4.6.2. A_D-Stabilität

Für lineare Differentialgleichungssysteme des Typs (354) ist die in Abschnitt 3.2.4.4. angegebene Definition der absoluten Stabilität eines Integrationsverfahrens äquivalent mit der Forderung, daß die Elemente der Folge (X^n) der mit dem Integrationsverfahren berechneten Näherungswerte für alle $n = 0, 1, \ldots, N$ der Bedingung

$$||X^n|| < ||X^0|| \tag{368}$$

genügen.
Wegen der Linearität des Differentialgleichungssystems kann hier auf die Überlagerung einer Störung Δ^{n_0} verzichtet werden (weitere Einzelheiten siehe [116]).
Zunächst soll die absolute Stabilität eines Integrationsverfahrens bei der Integration der Differentialgleichung (359) betrachtet werden.
Wendet man die explizite und die implizite Eulerformel, die Trapezregel und das Verfahren von *Heun* auf die Differentialgleichung (359) an, so erhält man mit der Abkürzung

$$q := h\lambda \tag{369}$$

für die Elemente der Folge (X^n) der Reihe nach die Beziehungen

$$X^n = (1 + q)^n X^0 , \tag{370}$$

$$X^n = \frac{1}{(1 - q)^n} X^0 , \tag{371}$$

$$X^n = \left(\frac{1 + q/2}{1 - q/2}\right)^n X^0 , \tag{372}$$

$$X^n = (1 + q + q^2/2)^n X^0 \qquad \big(X^0 = x(t_0)\big) . \tag{373}$$

Wegen (368) sind diese Verfahren nur absolut stabil, wenn die Schrittweiten so gewählt werden, daß in (370) bis (373) der auf der rechten Seite stehende Koeffizient des Anfangswertes dem Betrag nach kleiner als 1 ist.

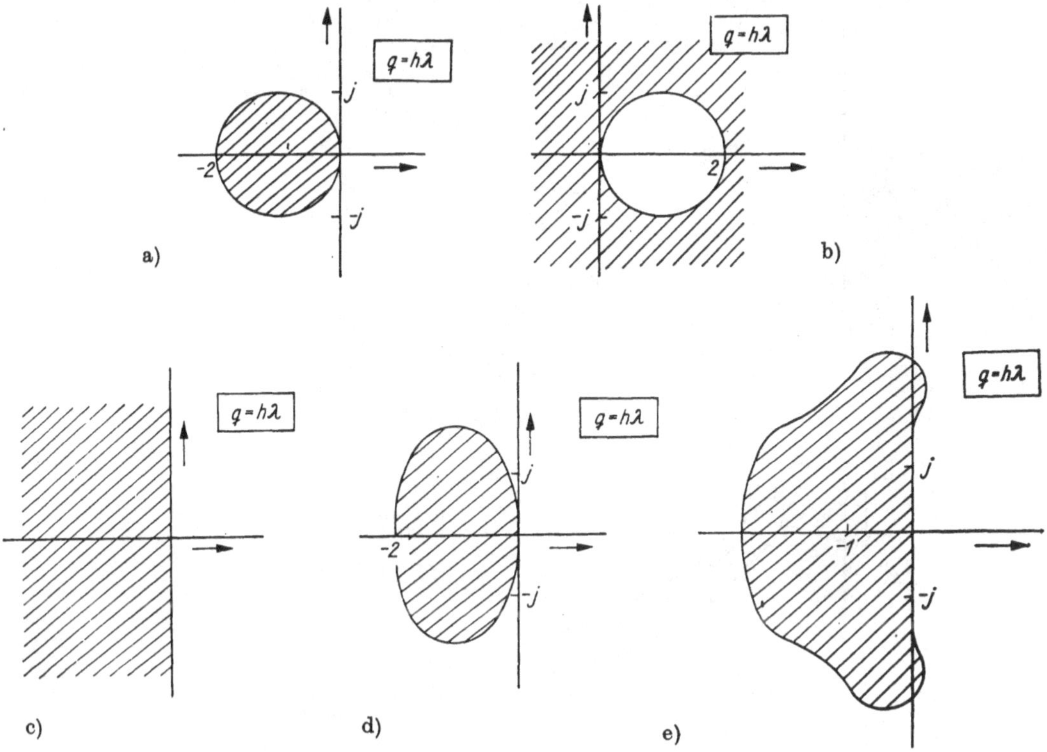

Bild 10. Bereiche der absoluten Stabilität für
a) die explizite Eulerformel
b) die implizite Eulerformel
c) die Trapezregel
d) die Integrationsformel von *Heun*
e) das explizite Runge-Kutta-Verfahren 4. Ordnung

Die Menge der komplexen Werte $q = h\lambda$, die dieser Bedingung genügen, bilden den *Bereich D der absoluten Stabilität* des Integrationsverfahrens in bezug auf die Testgleichung (359). Eine Integrationsformel, die in bezug auf die Testgleichung (359) für alle $q = h\lambda \in D$ absolut stabil ist, wird als *A_D-stabil* bezeichnet [114].
Bild 10 zeigt die Stabilitätsbereiche der beiden Eulerformeln, der Trapezregel, der Formel von *Heun* und des durch (3.1.4.4.6.) definierten expliziten Runge-Kutta-Verfahrens.

Die Stabilitätsbereiche der expliziten Verfahren sind relativ klein. Sie liegen im Inneren gewisser geschlossener Kurven.
Für die Mehrzahl der bekannten „klassischen" Integrationsverfahren, wie die expliziten Runge-Kutta-Verfahren, die expliziten linearen Mehrschrittformeln von *Adams*-

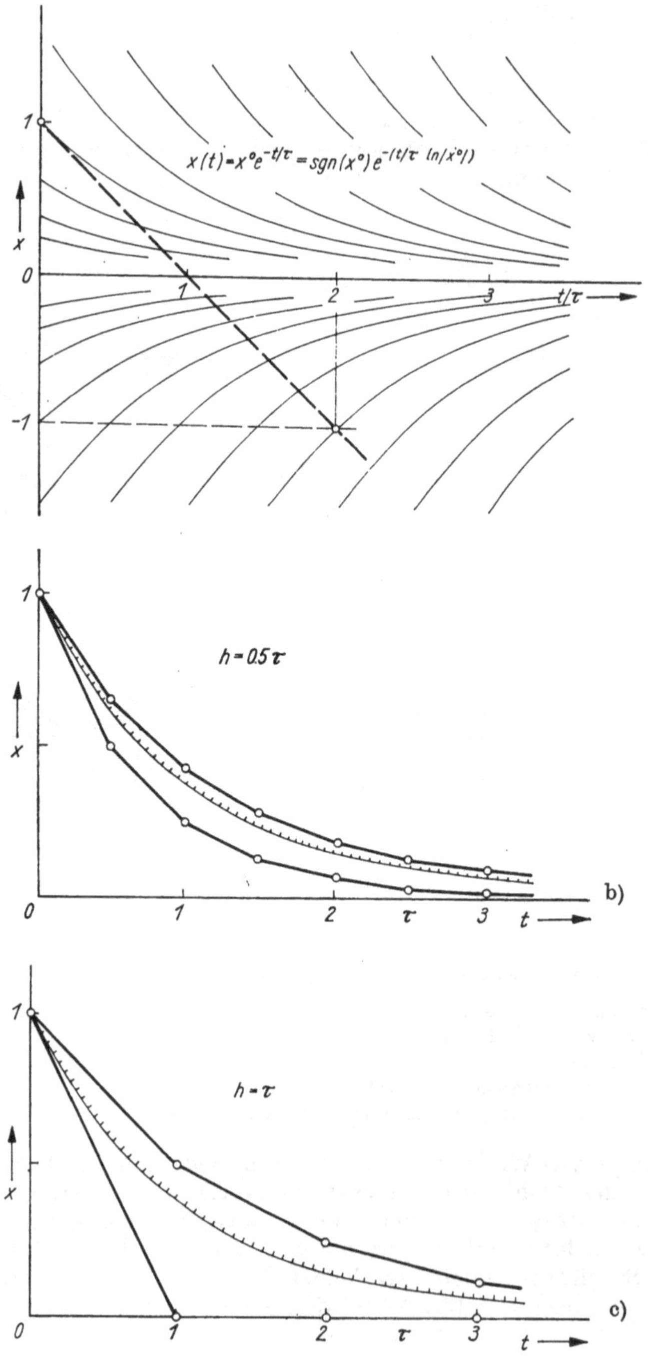

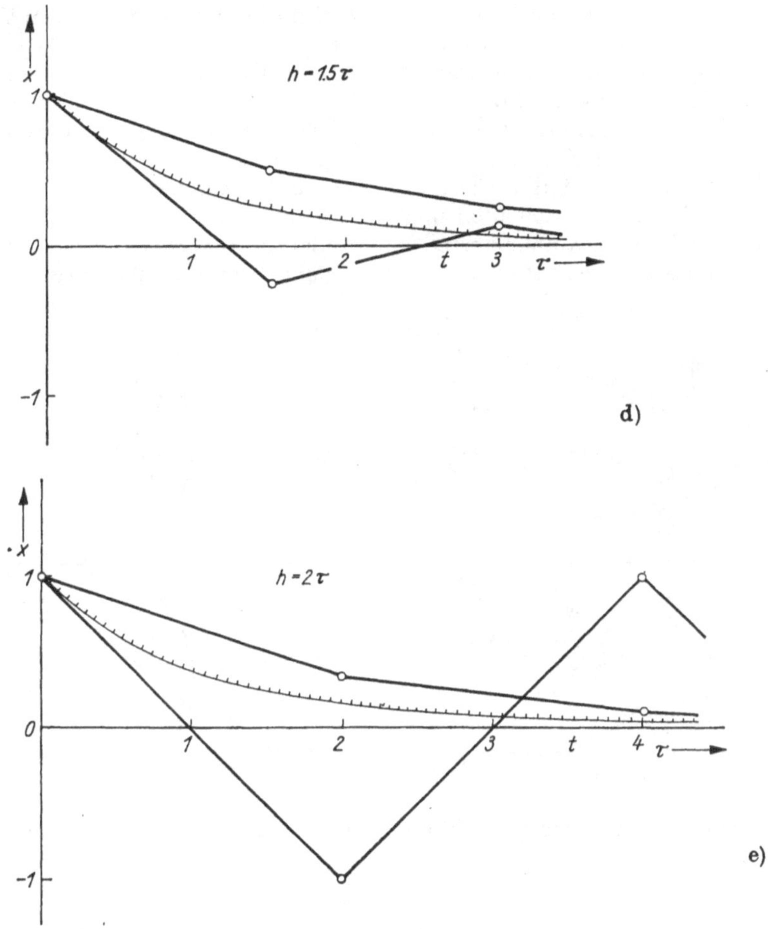

Bild 11. Beispiele für die Integration der Testdifferentialgleichung $\dot{x} = \frac{1}{\tau}$ mit der expliziten und der impliziten Eulerformel

a) Ausschnitt aus der allgemeinen Lösung der Differentialgleichung
b) $h = 0{,}5\,\tau$
c) $h = \tau$
d) $h = 1{,}5\,\tau$
e) $h = 2\,\tau$

Bashfort und die impliziten linearen Mehrschrittformeln von *Adams-Moulton* [88, 95 und 103] erhält man ähnliche beschränkte Stabilitätsbereiche.
Für die Mittelpunktsregel entartet der Stabilitätsbereich. Hier gilt $D_{MP} = \{0\}$. Der Stabilitätsbereich enthält also nur noch den Punkt $q = 0$.
In Bild 11 haben wir einige Beispiele für die Integration der Differentialgleichung (360) mit der expliziten und der impliziten Eulerformel zusammengestellt. An Hand dieser Bilder sieht man sofort, daß die explizite Eulerformel für $h > 2\,\tau$ eine alternierende, dem Betrage nach monoton wachsende (und damit instabile) Folge (X^n) liefert. Aus dieser Konstruktion folgt besonders augenscheinlich, daß diese Instabilität durch den Diskretisierungsfehler hervorgerufen wird und nichts mit einer Ausbreitung der Rundungsfehler zu tun haben kann. Die Stabilitätsbereiche der impliziten Eulerformel

und der Trapezregel sind dagegen keine beschränkten Gebiete. Sie enthalten die offene linke Halbebene der komplexen q-Ebene.
Allgemein wird eine Integrationsformel, deren Stabilitätsbereich die offene linke Halbebene umfaßt, als A-stabil bezeichnet.
Enthält der Stabilitätsbereich den unendlich fernen Punkt der komplexen q-Ebene, so spricht man von einer A_∞-*stabilen* Integrationsformel.
Die implizite Eulerformel und die Trapezregel sind demzufolge A-stabil. Die implizite Eulerformel ist darüber hinaus auch noch A_∞-stabil.
Für die in Tabelle 4 zusammengestellten impliziten Integrationsformeln des Typs (352) erhält man ähnliche Stabilitätsbereiche, siehe Bild 12. Alle diese Formeln sind

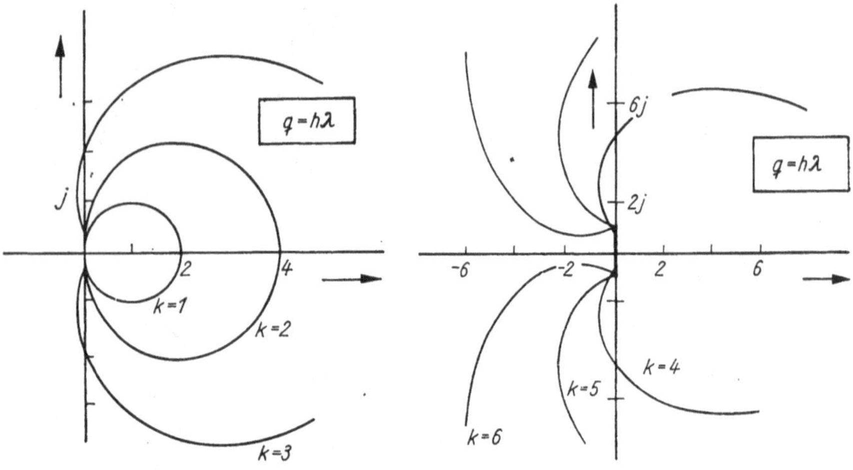

a) b)

Bild 12. Stabilitätsbereiche der in Tabelle 4 zusammengestellten impliziten Integrationsformeln
a) $k = 1, 2$ und 3
b) $k = 4, 5$ und 6

A_∞-stabil. Ihre Stabilitätsbereiche bilden das Äußere gewisser geschlossener Kurven der komplexen q-Ebene [88 und 103]. Für $k = 1$ und $k = 2$ sind diese Integrationsformeln A-stabil.

3.1.4.6.3. Steife Differentialgleichungssysteme

Ein lineares Differentialgleichungssystem des Typs (354) wird (in Anlehnung an das englische Wort stiff) als *steif* bezeichnet, wenn sich seine Eigenwerte dem Betrage nach wesentlich unterscheiden. Die Grenze zwischen steifen und „normalen" Differentialgleichungssystemen läßt sich nicht streng ziehen. Üblicherweise bezeichnet man Differentialgleichungssysteme mit einem Eigenwertverhältnis $|\lambda_{\max}| / |\lambda_{\min}| > 100$ als steif.
Die Übertragung dieser Definition auf nichtlineare Differentialgleichungssysteme ist schwierig. Einige Hinweise geben wir am Schluß dieses Abschnittes (vgl. auch [116]).
In diesem Abschnitt sollen die Konsequenzen diskutiert werden, die sich aus den vorangegangenen Stabilitätsbetrachtungen und insbesondere aus der unterschiedlichen Größe der Stabilitätsbereiche der einzelnen Integrationsverfahren, für die Wahl der Schrittweite bei der numerischen Integration eines *Systems* von Differentialgleichungen ergeben. Im Gegensatz zu den Überlegungen in Abschnitt 3.1.4.6.2., bei denen es

lediglich um eine Diskussion der absoluten Stabilität ging, ohne daß dabei die Frage der Integrationsgenauigkeit auch nur in Erwägung gezogen wurde. ist die Schrittweite der bei tatsächlichen Berechnung der numerischen Lösung eines Differentialgleichungssystems stets so zu wählen, daß zu allen Zeitpunkten $t \in T$ der Diskretisierungsfehler eine vorgegebene Schranke nicht übersteigt.

Um den Rahmen dieser Arbeit nicht zu sprengen und um langwierigen Fallunterscheidungen aus dem Wege zu gehen, müssen wir uns im folgenden auf die Diskussion eines typischen Beispiels beschränken.

Für dieses Beispiel wollen wir wiederum das Zustandsgleichungssystem (199) der im Beispiel 7 des Abschnitts 3.1.2.5.2. definierten linearen RC-Schaltung heranziehen. Für die in Abschnitt 3.1.4.6.1. angegebene Dimensionierung hat dieses Differentialgleichungssystem die Eigenwerte $\lambda_1 = -1000$ und $\lambda_2 = -1$. Weil beide Eigenwerte negativ reell sind, klingen für $t \to +\infty$ alle Eigenschwingungen dieser Schaltung ab. Dem Eigenwert λ_1 entspricht die am stärksten gedämpfte Eigenschwingung der Schaltung. Ist die zu λ_1 gehörende Eigenschwingung praktisch abgeklungen (vgl. Abschnitt 3.1.4.6.1.), so erscheint es sinnvoll, die Schrittweite auf etwa das 100fache der Anfangsschrittweite zu vergrößern. Aus Stabilitätsgründen ist eine Vergrößerung der Anfangsschrittweite h_{anf} auf einen Wert $h_{\text{end}} = sh_{\text{anf}}$ nur möglich, wenn sowohl $q_2 = -sh_{\text{anf}}$ als auch $q_1 = -1000\,sh_{\text{anf}}$ noch zu dem Bereich D der komplexen q-Ebene gehören, in dem das Integrationsverfahren absolut stabil ist.

Bei einem A-stabilen Integrationsverfahren ergeben sich aus einer solchen Forderung keinerlei Einschränkungen, wenn, wie in unserem Beispiel, alle Eigenwerte des Differentialgleichungssystems einen negativen Realteil haben. In diesem Falle kann man also, ohne die Brauchbarkeit des Ergebnisses durch eine numerische Instabilität zu gefährden, ein Verfahren zur Schrittweitensteuerung wählen, bei dem lediglich der lokale Diskretisierungsfehler berücksichtigt wird.

Soll die Lösung des Differentialgleichungssystems (365) dagegen mit dem Verfahren von *Heun* oder der expliziten Eulerformel berechnet werden, so ist gegenüber $h_{\text{anf}} = 10^{-4}$ nur eine Schrittweitenvergrößerung um einen Faktor $s < 20$ möglich, um der Forderung $-2 < q_{1,2} < 0$ zu genügen. Bei der Integration von (365) mit dem Runge-Kutta-Verfahren (3.1.4.4.6.) ist eine Schrittweitenvergrößerung um einen Faktor $s < 27.85$ möglich, um der entsprechenden Forderung $-2{,}785 < q_{1,2} < 0$ zu genügen.

Es sei ausdrücklich hervorgehoben, daß für $a > 20$ bzw. $s > 27{,}85$ selbst dann eine numerische Instabilität eintritt, wenn man die Anfangswerte so vorgibt, daß nur die zu $\lambda_2 = -1$ gehörende Eigenschwingung $\exp(-t)$ angeregt wird, da infolge der bei einer praktischen Rechnung unvermeidliche Rundungsfehler schon nach wenigen Integrationsschritten auch die Eigenschwingung $\exp(-1000\,t)$ angeregt wird. In diesem Falle spielen die Rundungsfehler die Rolle der in Abschnitt 3.1.4.4. bei der Definition des Begriffs der absoluten Stabilität betrachteten Störung Δ^{n_0}.

Liegen die Eigenwerte noch weiter auseinander (bei technisch interessanten Netzwerken können Eigenwerte vorkommen, deren Beträge sich um den Faktor $10^6, \ldots, 10^8$ unterscheiden), so wird der für eine Schrittweitensteuerung mögliche Spielraum noch stärker eingeschränkt.

Offensichtlich lassen sich deshalb zusammen mit einem geeigneten A_∞-stabilen Integrationsverfahren und einer zweckmäßigen Schrittweitensteuerung bei der Integration von Differentialgleichungssystemen mit weit auseinander liegenden Eigenwerten beachtliche Verkürzungen der Rechenzeit erzielen.

Wie verheerend sich bereits kleine Überschreitungen der Stabilitätsgrenze h_S auf die erreichte Genauigkeit auswirken, soll am Beispiel der Integration von (365) mit dem Runge-Kutta-Verfahren (317) demonstriert werden. Für die Integration von (365) im Intervall $T = [0, +\infty)$ mit dem durch $u_1(0) = u_2(0) = 1$ festgelegten Anfangswert erhält man für den globalen Diskretisierungsfehler $E(t, h)$ den Ausdruck

$$E(t, h) = \begin{pmatrix} 99\,A + 900\,B \\ -\,A + 1000\,B \end{pmatrix}$$

mit

$$A := \left(1 - 10^3 h + \frac{(10^3 h)^2}{2} - \frac{(10^3 h)^3}{6} + \frac{(10^3 h)^4}{24}\right)^{t/h} - \exp - 1000\,t\,,$$

$$B := \left(1 - h + \frac{h^2}{2} - \frac{h^3}{6} + \frac{h^4}{24}\right)^{t/h} - \exp - t\,, \tag{374}$$

$$h > 0\,, \qquad t = Nh\ (N \in \mathbf{N})\,.$$

Weil das Runge-Kutta-Verfahren von 4. Ordnung ist, gibt es zu jeder festen Zeit $t > 0$ eine Konstante K der Art, daß sich die Norm $||E(t, h)||$ des globalen Diskretisierungsfehlers für $h \to +0$ asymptotisch wie Kh^4 verhält. Wir werden diese Konstante hier nicht ermitteln. Tabelle 5 zeigt am Verlauf der 1. Komponente $E_1(1, h)$ der Fehlerfunktion $E(t, h)$ an der Stelle $t = 1$. Die Werte von $E_1(1, h)$ sind auf der Rechenanlage BESM-6 mit doppelter Genauigkeit — 20stellige Mantisse, absolute Größe der Zahlen zwischen 10^{-2467} und 10^{+2465} — ermittelt worden, um sie für kleine Werte von h richtig zu erfassen (Auslöschung) und bei größeren Werten von h (Überlauf) zu verhindern.

Tabelle 5. **Beispiel für eine Instabilität des expliziten *Runge-Kutta*-Verfahrens 4. Ordnung**

N	$h = 1/N$	$E_1(1, h)$
2000	0,0005	−4,20 − 018
1000	0,001	1,34 − 016
365	0,002740	1,35 − 012
360	0,002778	1,67 − 003
355	0,002817	2,13 + 006
200	0,005	2,47 + 226
100	0,01	2,43 + 245
20	0,05	4,25 + 106
10	0,1	1,05 + 065
1	1	4,11 + 009

Charakteristisch an diesen Ergebnissen sind

— die infolge der hohen Ordnung des Verfahrens sehr kleinen Werte der Fehlerkomponente $E_1(1, h)$ für Schrittweiten bis in die unmittelbare Nähe der Stabilitätsschranke $h_S = 0{,}002785$,

— das sehr kleine Intervall $0{,}002740 \leqq h \leqq 0{,}002817$, in dem der Fehler $E_1(1, h)$ von 10^{-12} auf 10^{+6} wächst, und

— die ausnahmslos sehr großen Fehler für Schrittweiten oberhalb der Stabilitätsschranke ([116]).

Damit ist überzeugend demonstriert, welche Rolle die Stabilitätsschranke sogar bei Rechnungen bis zu einer festen (nicht allzu großen) Zeit $t > 0$ spielt, und daß die Güte eines Verfahrens bei der störungsfreien Integration stabiler linearer Differentialgleichungen nicht nur durch die Ordnung, sondern in gleicher Weise durch die Größe der Stabilitätsschranke bestimmt wird.

Es kommt darauf an, Verfahren hoher Ordnung zu konstruieren, die für möglichst viele stabile Differentialgleichungen (zumindest für die wichtige Klasse der stabilen linearen Differentialgleichungen mit konstanter Koeffizientenmatrix) große Stabilitätsschranken besitzen. Wegen des größeren Spielraums bei der Schrittweitenwahl zu vorgegebener Genauigkeit ist bei solchen Verfahren zu erwarten, daß sich der Rechenaufwand zur Integration steifer (linearer) Differentialgleichungen bei Verwendung einer geeigneten automatischen Schrittweitensteuerung gegenüber den bekannten klassischen Verfahren wesentlich reduzieren läßt.

Bei den Motivierungen für die Existenz einer Stabilitätsschranke wird entscheidend davon Gebrauch gemacht, daß die zu lösende Differentialgleichung stabil ist, also Störungen des Anfangswertes bzw. (bei linearen Differentialgleichungen) die Lösung selbst dem Betrage nach abklingen. Betrachtet man dagegen eine (lineare) Differentialgleichung, bei der eine Störung bzw. die Lösung dem Betrage nach über alle Grenzen wachsen, so kann man im allgemeinen nicht erwarten, daß ein zur Lösung verwendetes Verfahren hoher Ordnung in unserem Sinne für Schrittweiten $h > 0$ stabil ist, weil das Verfahren im Fall einer Störung einer Lösung der Differentialgleichung folgt, die sich von der gesuchten Lösung immer mehr entfernt. Hier ist es sinnvoll zu fordern, daß die Störung des Verfahrens nicht schneller wächst als die Störung des Anfangswertproblems. Man kommt so zur sogenannten *relativen Stabilität* im Unterschied zu der steifen Differentialgleichungen zugrunde liegenden absoluten Stabilität. Auf die relative Stabilität und weitere hier nicht erwähnte Stabilitätsbegriffe gehen wir hier nicht ein. Wir möchten nur ausdrücklich darauf hinweisen, daß die in der Literatur verwendete Sprechweise für die verschiedenen Stabilitätsarten nicht einheitlich ist und stets im Zusammenhang zu sehen ist.

Alle derzeit bekannten A_∞-stabilen Integrationsverfahren sind *implizite* Integrationsverfahren. Sie erfordern bei jedem Integrationsschritt die Auflösung eines im allgemeinen nichtlinearen algebraischen Gleichungssystems. Deshalb ist ihr Einsatz bei der Integration steifer Differentialgleichungssysteme größerer Dimension erst durch die Fortschritte in der Technik schwachbesetzter Matrizen (vgl. Abschnitt 3.1.3.) sinnvoll möglich geworden.

Es sei an dieser Stelle nochmals ausdrücklich darauf hingewiesen, daß sich alle Stabilitätsaussagen, die wir in den vorangegangenen Abschnitten zusammengestellt haben, ausnahmslos auf die Integration linearer Differentialgleichungssysteme mit konstanten Koeffizienten beziehen.

Während sich der Begriff der absoluten Stabilität ohne weiteres auf den allgemeineren Fall

$$\dot{x}(t) = f(x(t), t)\,, \quad x(t_0) = x^0\,, \quad t \in [0, +\infty) \tag{375}$$

der Anfangswertprobleme für Systeme mit m nichtlinearen Differentialgleichungen übertragen läßt, ist eine solche Übertragung für die in diesem und dem vorangehenden Abschnitt beschriebenen Ergebnisse nicht möglich. Das gilt insbesondere für die angegebenen Stabilitätskriterien und die daraus abgeleiteten Einschätzungen der Integrationsverfahren. Der Grund dafür ist, daß das Störungsgleichungssystem

$$\Delta\dot{x}(t) = f(x(t) + \Delta x(t), t) - f(x(t), t) \tag{376}$$

$$t \in [0, +\infty), \qquad \Delta x(t_0) = \Delta x^0\,,$$

$$x \text{ Lösung von } (375)$$

des Differentialgleichungssystems (375) kein lineares Differentialgleichungssystem mit konstanten Koeffizienten ist und auch das entsprechende Störungsgleichungssystem des Integrationsverfahrens kein lineares Differenzengleichungssystem mit konstanten Koeffizienten ist.

Stabilitätsaussagen für das Anfangswertproblem (375) und für Diskretisierungsverfahren zur Berechnung einer Näherungslösung von (375) sind deshalb nur in Sonderfällen möglich [117], und es ist in keiner Weise gesichert, daß Verfahren, die bezüglich

der Integration stabiler linearer Differentialgleichungssysteme des Typs (354) gute Stabilitätseigenschaften haben, sich im Vergleich zu anderen Verfahren durch diesen Vorteil auch bezüglich der stabilen nichtlinearen Probleme auszeichnen.
Um die Stabilität des zu lösenden nichtlinearen Problems (375) zu erkennen und die Stabilität des verwendeten Integrationsverfahrens zu sichern, wird in der Literatur oftmals vorgeschlagen, an jedem Punkt (X^n, t_n) die Jacobimatrix $\partial_1 f(X^n, t_n)$ der Funktion f auf der rechten Seite der Differentialgleichung (375) zu berechnen, die Stabilität des linearen Differentialgleichungssystems mit konstanten Koeffizienten

$$y(t) = \partial_1 f(X^n, t_n)\,(yt) \tag{377}$$

nachzuweisen und die an der Stelle t_n durch automatische Schrittweitensteuerung ermittelte Schrittweite h_n dann zu akzeptieren, wenn das verwendete Integrationsverfahren bezüglich (377) für die Schrittweite h_n stabil ist.
Eine gewisse Rechtfertigung erhält dieses Vorgehen auch durch die Tatsache, daß man durch Linearisierung von f im Punkt (X^n, t_n) wegen

$$\begin{aligned} f\big(x(t), t\big) &= f(X^n, t_n) + \partial_1 f(X^n, t_n)\big(x(t_n) - X^n\big) \\ &\quad + \partial_2 f(X^n, t_n)\,(t - t_n) + \dots \end{aligned} \tag{378}$$

aus dem nichtlinearen Differentialgleichungssystem (375) mit

$$b(t) := f(X^n, t_n) + \partial_2 f(X^n, t_n)\,(t - t_n) \tag{379}$$

das lineare Differentialgleichungssystem

$$y(t) = \partial_1 f(X^n, t_n)\, y(t) + b(t) \tag{380}$$

erhält und daß man analog aus dem Differenzengleichungssystem, das durch das zur Berechnung einer Näherungslösung von (375) verwendete Diskretisierungsverfahren definiert wird, durch Linearisierung auf ein lineares Differenzengleichungssystem geführt wird, das mit demjenigen übereinstimmt, das man mit dem gleichen Diskretisierungsverfahren aus (380) erhält. Man hofft nun, daß für nicht zu große Schrittweiten h_n im Intervall $[t_n, t_n + h_n]$ sowohl die Störempfindlichkeiten von (375) und (380) als auch die der entsprechenden Differenzengleichungssysteme, die man mit dem gewählten Diskretisierungsverfahren aus (375) bzw. (380) erhält, qualitativ übereinstimmen. (Die Inhomogenität $b(t)$ hat auf die hier interessierenden Stabilitätsprobleme keinen Einfluß.)
Die beschriebene Vorgehensweise ist rein heuristisch. Für jede dieser Behauptungen gibt es Gegenbeispiele (siehe [118], S. 93). Ferner ist der Aufwand erheblich, weil an jedem Punkt (X^n, t_n) die Eigenwerte der Jacobimatrix $\partial_1 f(X^n, t_n)$ berechnet werden müssen. Der gegenwärtige Stand der Theorie läßt jedoch für den allgemeinen Fall keine andere Methode zu.
Die vorangehenden Überlegungen machen deutlich, daß gerade in den Bereichen starker Nichtlinearität der Funktion f, in denen das linearisierte Differentialgleichungssystem (380) nur eine sehr grobe Näherung liefert und in denen sich in der Regel auch die Matrix $\partial_1 f(X^n, t_n)$ sehr rasch ändert, die Zuverlässigkeit der auf diese Weise erhaltenen Aussagen über eine maximal zulässige Schrittweite nicht allzu hoch veranschlagt werden darf. Bei der Analyse typischer Digitalschaltungen (Flip-flops, Inverter, usw.) entsprechen die Beispiele starker Nichtlinearität den Bereichen, in denen die Schaltung ihren Schaltzustand ändert. In einem von *Allen* [112] diskutierten Beispiel eines monostabilen Multivibrators ändert sich in diesen Bereichen das Verhältnis der Beträge des größten zum kleinsten Eigenwert um 3 bis 4 Größenordnungen.
Bei der Integration von Algebro-Differentialgleichungssystemen des Typs (277) könnte man fordern, daß die Nullstellen der verallgemeinerten charakteristischen

Gleichung

$$\det\left(\partial_1 F(X^n, \dot{X}^n, t_n) - \partial_2 F(X^n, \dot{X}^n, t_n)\right) = 0 \tag{381}$$

den für lineare Differentialgleichungssysteme mit konstanten Koeffizienten entsprechenden Stabilitätsbedingungen genügen müssen.

3.1.5. Anhang

In diesem Abschnitt sollen Begriffe und Bezeichnungen aus der Mengenlehre, Algebra und Graphentheorie mit einer einheitlichen Symbolik zusammengestellt und erläutert werden. Ergänzende und weiterführende Literatur findet man in [121 bis 140].

3.1.5.1. Mengen, Relationen, Funktionen

3.1.5.1.1. Grundbegriffe der Mengenlehre

Die Symbole $\neg$, $\wedge$, $\vee$, $\Rightarrow$ und $\Leftrightarrow$ bezeichnen der Reihe nach die *logische Negation*, das *logische Und*, das nichtausschließende *logische Oder*, die *logische Implikation* und die *logische Äquivalenz*.
Der größeren Deutlichkeit halber werden wir in verbalen Formulierungen das Zeichen für das *logische Oder* durch die Fügung „*oder/und*" ersetzen.
Die Zeichen $:=$ und $=:$ werden als Definitionszeichen für Terme und Ausdrücke verwendet. Der jeweils auf der Seite des Doppelpunktes stehende Term ist eine neueingeführte Bezeichnung für den auf der anderen Seite des Definitionszeichen stehenden Term.
Beispielsweise kann man durch $x^2 := x \cdot x$ (gelesen: x^2 ist definitionsgemäß gleich $x \cdot x$) das Symbol x^2 als abkürzende Bezeichnung für $x \cdot x$ einführen.
Die Zeichen $:\Leftrightarrow$ und $\Leftrightarrow:$ (gelesen: ...*gilt definitionsgemäß genau dann, wenn* ...) werden analog als Definitionszeichen für Eigenschaften und Beziehungen verwendet.
Unter einer *Menge* wollen wir eine Zusammenfassung gegebener realer oder abstrakter Objekte zu einer neuen Gesamtheit verstehen. Diese Objekte sind die *Elemente* der entsprechenden Menge. Ist X eine Menge und x ein Element, so definiert man

$$x \in X :\Leftrightarrow x \textit{ ist Element von } X \tag{382}$$

und

$$x \notin X :\Leftrightarrow \neg\, x \in X\,. \tag{383}$$

Folglich gilt für ein beliebiges Element x und eine beliebige Menge X stets genau eine der beiden Beziehungen $x \in X$ oder $x \notin X$.
Eine Menge kann selbst wieder Element einer anderen Menge sein.
Die Menge, die genau das Element a enthält, wird mit $\{a\}$ bezeichnet. Die Menge, die genau die Elemente a_1, a_2 oder $a_1, a_2, \ldots, a_n$ enthält, wird mit $\{a_1, a_2\}$ bzw. $\{a_1, a_2, \ldots, a_n\}$ bezeichnet.
Mengen, die, wie die soeben angeführten Beispiele, *endlich* viele Elemente enthalten, werden als *endliche Mengen* bezeichnet.
Die *Anzahl* der Elemente einer endlichen Menge X soll mit $|X|$ bezeichnet werden. Es gilt also $|\{a\}| = 1$, und für $a_1 \neq a_2 \neq \ldots \neq a_n$ gilt $|\{a_1, a_2, \ldots, a_n\}| = n$ (vgl. hierzu die auf Formel (386) folgende Bemerkung).
Neben endlichen Mengen gibt es auch *unendliche Mengen*. Ihre Elemente lassen sich nicht in einer endlichen Folge auflisten.
In unserem Zusammenhang wichtige Beispiele unendlicher Mengen sind die Menge $\boldsymbol{N} := \{1, 2, 3, \ldots\}$ aller *natürlichen Zahlen*, die Menge $\boldsymbol{Z} := \{\ldots, -1, 0, 1, 2, \ldots\}$ aller *ganzen Zahlen*, sowie die Mengen $\boldsymbol{Q}$, $\boldsymbol{R}$ und $\boldsymbol{C}$ aller *rationalen, reellen* bzw. *komplexen Zahlen*.

Es ist zweckmäßig, noch eine Menge zu definieren, die überhaupt kein Element enthält. Diese Menge ist die *leere Menge*. Sie soll durch das Symbol $\emptyset$ bezeichnet werden.
Die leere Menge wird als endliche Menge angesehen. Man setzt $|\emptyset| := 0$.
Es sei X eine Menge und $B(x)$ eine Bedingung, von der sich für jedes $x \in X$ eindeutig feststellen läßt, ob das Element x dieser Bedingung genügt oder nicht. ($B(\cdot)$ wird auch als eine auf X definierte *Aussageform* bezeichnet, für jedes $x \in X$ ist $B(x)$ entweder eine *wahre* oder eine *falsche Aussage*.) Ein einfaches Beispiel dieser Art erhält man mit $X := \boldsymbol{N}$ und $B(x) :\Leftrightarrow x \geqq 5$.
Eine in einem solchen Zusammenhang oftmals wichtige Fragestellung ist die, ob die Bedingung $B(x)$ für *alle* $x \in X$ erfüllt ist, oder ob diese Bedingung für *wenigstens ein* $x \in X$ erfüllt ist. Die Aussagen „*$B(x)$ ist für alle $x \in X$ erfüllt*" bzw. „*Es gibt ein $x \in X$, für das $B(x)$ erfüllt ist*", kann man mit Hilfe der *Quantifikatoren* $\forall$ bzw. $\exists$ abgekürzt durch $\forall x \in X$: $B(x)$ bzw. $\exists x \in X$: $B(x)$ bezeichnen. Der Qantifikator $\forall$ bzw. $\exists$ wird auch *Generalisator* bzw. *Partikularisator* genannt.
Sind X und Y zwei Mengen und ist jedes Element von X auch Element von Y, so wird X als *Teil-* oder *Untermenge* von Y und Y als *Obermenge* von X bezeichnet. Durch diese Beziehung wird die *Inklusion*

$$X \subseteq Y :\Leftrightarrow \forall x \in X: x \in X \Rightarrow x \in Y \tag{384}$$

definiert.
Für jede Menge X gilt

$$X \subseteq X \quad \text{und} \quad \emptyset \subseteq X. \tag{385}$$

Zwei Mengen X und Y sind *gleich*, in Zeichen $X = Y$, wenn zugleich $X \subseteq Y$ und $Y \subseteq X$ gilt, d. h.

$$X = Y \quad :\Leftrightarrow X \subseteq Y \wedge Y \subseteq X. \tag{386}$$

Speziell gilt also $\{a, b\} = \{b, a\}$ und für $a = b$ sogar $\{a, b\} = \{a\} = \{b\}$.
In naheliegender Weise definiert man

$$X \neq Y :\Leftrightarrow \neg X = Y. \tag{387}$$

Besteht zwischen zwei Mengen X und Y die durch

$$X \subset Y :\Leftrightarrow X \subseteq Y \wedge X \neq Y \tag{388}$$

definierte Beziehung, so ist X eine *echte Teilmenge* von Y.
Die Menge aller Teilmengen einer Menge X ist die *Potenzmenge* von X. Sie wird mit dem Symbol $P(X)$ bezeichnet. Es gilt

$$Y \subseteq X \Leftrightarrow Y \in P(X). \tag{389}$$

Mit (385) folgt daraus

$$X \in P(X) \quad \text{und} \quad \emptyset \in P(X). \tag{390}$$

Ist X eine Menge und $B(\cdot)$ eine auf X definierte Bedingung, so ist

$$T := \{x \in X \mid B(x)\} \tag{391}$$

die Menge aller Elemente von X, die der Bedingung $B(x)$ genügen.
Für $X := \boldsymbol{R}$ und $B(x) :\Leftrightarrow (\exists\, p, q \in \boldsymbol{Z}: x = p/q)$ ist die durch $T := \{x \in X \mid B(x)\}$ definierte Teilmenge $T \subset \boldsymbol{R}$ gleich der Menge $\boldsymbol{Q}$ aller rationalen Zahlen.
Für jede natürliche Zahl $n \in \boldsymbol{N}$ bezeichnen wir mit

$$\boldsymbol{N}_n := \{i \in \boldsymbol{N} \mid i \leqq n\} \tag{392}$$

die Menge der ersten n natürlichen Zahlen.
Der *Durchschnitt* und die *Vereinigung* zweier Mengen $U, V \subseteq X$ werden durch

$$U \cap V := \{x \in X \mid x \in U \wedge x \in V\} \tag{393}$$

bzw.

$$U \cup V := \{x \in X \mid x \in U \vee x \in V\} \tag{394}$$

definiert.
Ist I eine Menge und bezeichnen die Symbole U_i für alle $i \in I$ Teilmengen einer Menge X, so definiert man in Vefallgemeinerung von (393) bzw. (394)

$$\bigcap_{i \in I} U_i := \{x \in X \mid \forall\, i \in I : x \in U_i\} \tag{395}$$

bzw.

$$\bigcup_{i \in I} U_i := \{x \in X \mid \exists\, i \in I : x \in U_i\}\,. \tag{396}$$

Für $I = \boldsymbol{N}_n$ schreibt man auch

$$\bigcap_{i=1}^{n} U_i := \bigcup_{i \in \boldsymbol{N}_n} U_i \tag{397}$$

bzw.

$$\bigcup_{i=1}^{n} U_i := \bigcup_{i \in \boldsymbol{N}_n} U_i\,. \tag{398}$$

Gilt $X \cap Y = \emptyset$, so werden die Mengen X und Y als *disjunkt* bezeichnet.
Die Menge aller Elemente von X, die nicht zu einer Menge Y gehören, heißt *Differenz* der Mengen X und Y. Sie wird mit dem Symbol

$$X \setminus Y := \{x \in X \mid x \notin Y\} \tag{399}$$

bezeichnet.
Im allgemeinen gilt $X \setminus Y \neq Y \setminus X$.
Durch

$$X \triangle Y := (X \setminus Y) \cup (Y \setminus X) \tag{400}$$

wird die *symmetrische Differenz* zweier Mengen X, Y definiert.
Offensichtlich gilt $X \triangle Y = (X \cup Y) \setminus (X \cap Y)$.

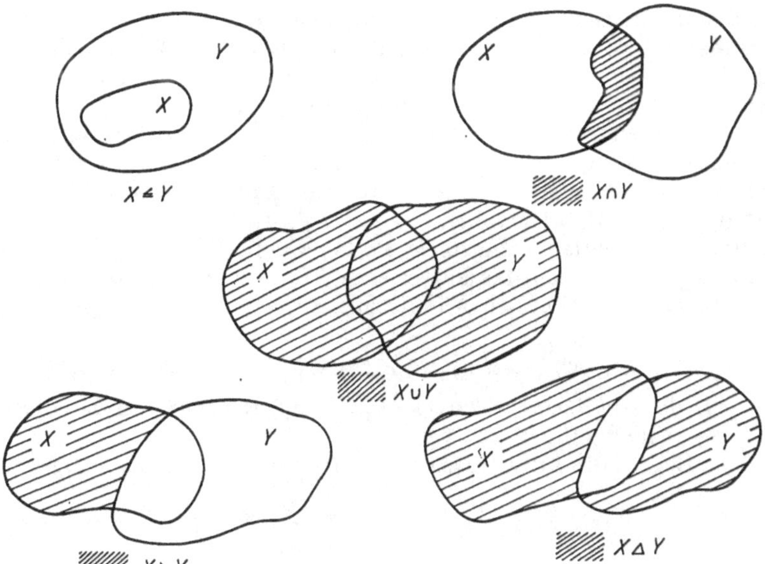

Bild 13. Beispiele für *Venn*-Diagramme

Die Beziehung $\subseteq$ und die Operationen $\cap$, $\cup$, $\setminus$, Δ lassen sich mit Hilfe von *Venn-Diagrammen* veranschaulichen. Bild 13 zeigt einige einfache Beispiele.
Das *geordnete Paar* (x, y) zweier Elemente x, y wird durch die Beziehung

$$(x, y) := \{\{x\}, \{x, y\}\} \tag{401}$$

definiert.
Wegen $\{\{x\}, \{x, x\}\} = \{\{x\}, \{y, x\}\} = \{\{x, y\}, \{x\}\} = \{\{y, x\}, \{x\}\}$ wird durch diese Definition das Element x gegenüber dem Element y (unabhängig von „unseren" Schreibgewohnheiten) als dasjenige Element ausgezeichnet, das stets einer einelementigen Menge angehört, die wiederum ein Element von $(x, y) = \{\{x\}, \{x, y\}\}$ ist.
Für $x = y$ folgt $(x, y) = \{\{x\}, \{x, x\}\} = \{\{x\}\}$.
Aus (401) erhält man die für geordnete Paare charakteristische Eigenschaft

$$(x, y) = (u, v) \Leftrightarrow x = u \wedge y = v\,. \tag{402}$$

Ist $x = (x_1, x_2)$ ein geordnetes Paar, so wird x_1 bzw. x_2 als *erste* bzw. *zweite Koordinate* (oder *Projektion*) von x bezeichnet:

$$pr_1(x_1, x_2) := x_1 \text{ bzw. } pr_2(x_1, x_2) := x_2\,. \tag{403}$$

Offensichtlich gilt

$$(x, y) \subset P(\{x, y\}) = \{\emptyset, \{x\}, \{y\}, \{x, y\}\}\,, \tag{404}$$

woraus wegen (389)

$$(x, y) \in P\big(P(\{x, y\})\big) \tag{405}$$

folgt.
Das *kartesische Produkt*

$$X \times Y := \{p \in P\big(P(X \cup Y)\big) \mid p = (x, y) \wedge x \in X \wedge y \in Y\} \tag{406}$$

zweier Mengen X und Y besteht aus der Menge aller geordneten Paare, deren erste Projektion ein Element von X und deren zweite Projektion ein Element von Y ist.
Für jede Menge X gilt

$$X \times \emptyset = \emptyset \quad \text{und} \quad \emptyset \times X = \emptyset\,. \tag{407}$$

Für zwei endliche Mengen X und Y kann man sich das kartesische Produkt $X \times Y$ in naheliegender Weise durch einen orientierten Graphen $\mathcal{G} = (\mathcal{Z}, \mathcal{K}, \mathcal{A})$ (vgl. Abschnitt 3.1.5.3.) veranschaulichen. Dieser Graph hat die Zweigmenge $\mathcal{Z} := X \times Y$ die Knotenmenge $\mathcal{K} := X \cup Y$ und die durch $\mathcal{A}(b) := (x, y) \in \mathcal{K} \times \mathcal{K}$ für alle $b := (x, y) \in \mathcal{Z}$ definierte Inzidenzabbildung $\mathcal{A} : \mathcal{Z} \to \mathcal{K} \times \mathcal{K}$. (Wegen $\mathcal{Z} \subset \mathcal{K} \times \mathcal{K}$ ist die Inzidenzabbildung $\mathcal{A}$ dieses Graphen gleich der durch Restriktion der identischen Abbildung $E : \mathcal{K} \times \mathcal{K} \to \mathcal{K} \times \mathcal{K}$ auf die Teilmenge $\mathcal{Z}$ erklärten Injektion $\mathcal{A} = E/\mathcal{Z}$ (vgl. Abschnitt 3.1.5.1.3.)).
In Bild 14 sind einige einfache Beispiele solcher Graphen dargestellt worden.
Für $X, Y \subset \boldsymbol{R}$ kann man sich das kartesische Produkt $X \times Y$ durch Punktmengen in einer x-y-Ebene veranschaulichen (vgl. Bild 15).
Mit Hilfe von

$$(x_1, \ldots, x_{n-1}, x_n) := \big((x_1, \ldots, x_{n-1}), x_n\big) \qquad n = 3, 4, 5, \ldots \tag{408}$$

wird der Begriff des *geordneten n-Tupels* $(x_1, \ldots, x_n)$ rekursiv auf den Begriff des geordneten Paares zurückgeführt.
Ebenso wird der Begriff des *kartesischen Produktes* von n Mengen $X_1, \ldots, X_{n-1}, X_n$ durch

$$\mathop{\times}_{i=1}^{n} X_i := X_1 \times \ldots \times X_{n-1} \times X_n := (X_1 \times \ldots \times X_{n-1}) \times X_n \qquad n = 3, 4, 5, \ldots \tag{409}$$

rekursiv auf den des kartesischen Produktes $X_1 \times X_2$ zurückgeführt.

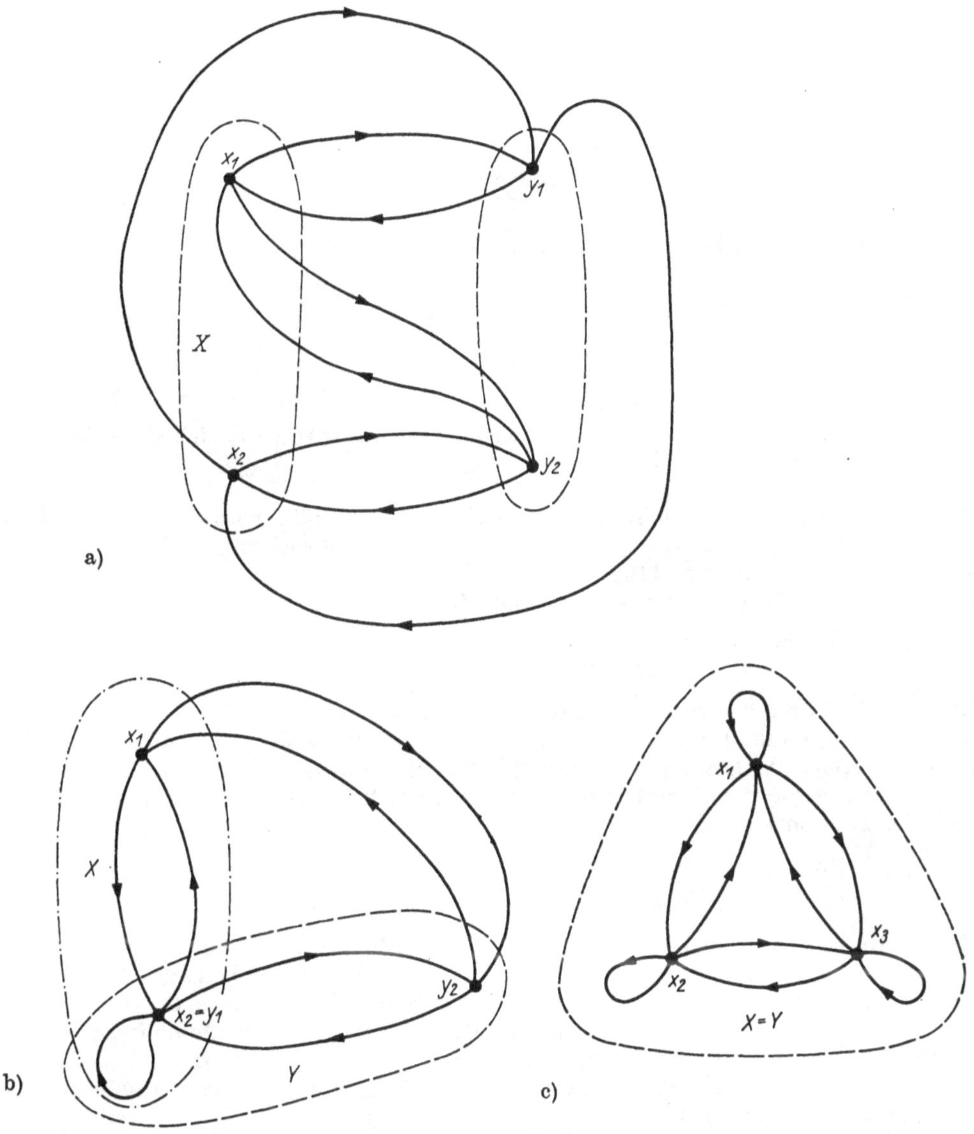

Bild 14. Beispiele für Graphen zur Veranschaulichung kartesischer Produkte von endlichen Mengen
a) $X = \{x_1, x_2\}$, $Y = \{y_1, y_2\}$, $X \cap Y = \emptyset$
b) $X = \{x_1, x_2\}$, $Y = \{y_1, y_2\}$, $X \cap Y = \{x_1\}$
c) $X = Y = \{x_1, x_2, x_3\}$

Die Elemente von (409) sind geordnete n-Tupel $x := (x_1, x_2, \dots, x_n)$, die der Bedingung $x_i \in X_i$ $(i \in \boldsymbol{N}_n = \{1, 2, \dots, n\})$ genügen.
Sind $i_1, i_2, \dots, i_k$ verschiedene Indizes aus $\boldsymbol{N}_n$, so definiert man durch

$$pr_{i_1, i_2, \dots, i_k}(x) := (x_{i_1}, x_{i_2}, \dots, x_{i_k}) \in X_{i_1} \times X_{i_2} \times \dots \times X_{i_k} \tag{410}$$

die *Projektion* $pr_{i_1, i_2, \dots, i_k}$ von $X_1 \times X_2 \times \dots \times X_n$ auf $X_{i_1} \times X_{i_2} \times \dots \times X_{i_k}$.

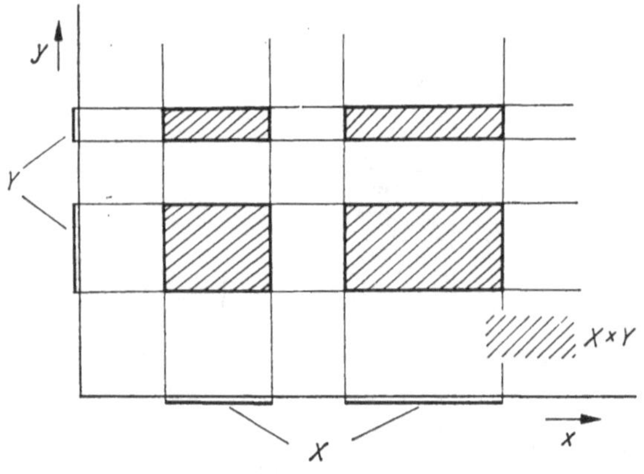

Bild 15. Beispiel zur Veranschaulichung des kartesischen Produkts von Teilmengen der Menge der reellen Zahlen

Durch die Projektion pr_i von $X_1 \times \ldots \times X_n$ auf X_i erhält man die *i-te Koordinate* $x_i = pr_i(x)$ des n-Tupels $x = (x_1, \ldots, x_i, \ldots, x_n)$. Diese Beziehung und die Beziehung (403) sind Sonderfälle von (410).

Für $X_i = X$ $(i \in \boldsymbol{N}_n)$ erhält man als Sonderfall

$$X^n := \underbrace{X \times X \times \ldots \times X}_{n \text{ mal}} . \tag{411}$$

Sind A, B, C drei Mengen, so gilt definitionsgemäß $A \times B \times C = \big((A \times B) \times C\big)$. Wir wollen uns nun fragen, in welcher Beziehung diese Menge zu der Menge $A \times \times (B \times C)$ steht. Die Elemente der ersten Menge sind Ausdrücke der Form $\big((a,b),c\big)$, die der zweiten haben die Struktur $\big(a, (b, c)\big)$. Sowohl für Ausdrücke der ersten Art als auch der zweiten Art gilt

$$\begin{aligned} \big((a, b), c\big) &= \big((u, v), w\big) \Leftrightarrow a = u \wedge b = v \wedge c = w ,\\ \big(a, (b, c)\big) &= \big(u, (v, w)\big) \Leftrightarrow a = u \wedge b = v \wedge c = w . \end{aligned} \tag{412}$$

Stellt man diese Ausdrücke jedoch mit Hilfe von (398) durch entsprechende Mengensysteme dar, so sieht man, daß $\big((a, b), c\big) \neq \big(a, (b, c)\big)$ und damit auch $(A \times B) \times C$ zwar definitionsgemäß gleich $A \times B \times C$, aber ungleich $A \times (B \times C)$ ist. Man kann aber zwischen diesen beiden Mengen eine spezielle, sogenannte *kanonische bijektive Abbildung* (siehe Abschnitt 3.1.5.1.3.) φ: $A \times B \times C \to A \times (B \times C)$ definieren, durch die für alle $a \in A$, $b \in B$ und $c \in C$ dem Element (a, b, c) gerade das Element $\big(a, (b, c)\big)$ zugeordnet wird.

Dann gilt $\varphi[A \times B \times C] = A \times (B \times C)$. Zur Vereinfachung der Symbolik identifiziert man diese beiden (im Hinblick auf (412) als nicht wesentlich verschieden anzusehenden) Mengen oftmals und schreibt an Stelle von $A \times (B \times C) = \varphi[A \times B \times C]$ stillschweigend $A \times (B \times C) = A \times B \times C$. Wegen (412) führt diese Identifikation im allgemeinen nicht zu Mißverständnissen.

3.1.5.1.2. Relationen

Eine *n-stellige Relation R zwischen den Mengen* $X_1, \ldots, X_n$ ist eine Teilmenge

$$R \subseteq X_1 \times \ldots \times X_n . \tag{413}$$

Die Mengen $X_1, \ldots, X_n$ müssen nicht notwendigerweise voneinander verschieden sein Gilt speziell $R \subseteq X^n$, so ist R eine *n-stellige Relation in der Menge X*.

Gilt für ein n-Tupel $x := (x_1, \dots, x_n) \in R$, so sagt man, x *genügt der Relation R.* Im folgenden wollen wir uns nur noch mit *zweistelligen Relationen*

$$R \subseteq X \times Y \tag{414}$$

befassen. Bei einer zweistelligen Relation wird an Stelle von $(x, y) \in R$ in der Regel die durch

$$xRy :\Leftrightarrow (x, y) \in R \tag{415}$$

definierte *Relationenschreibweise* verwendet.

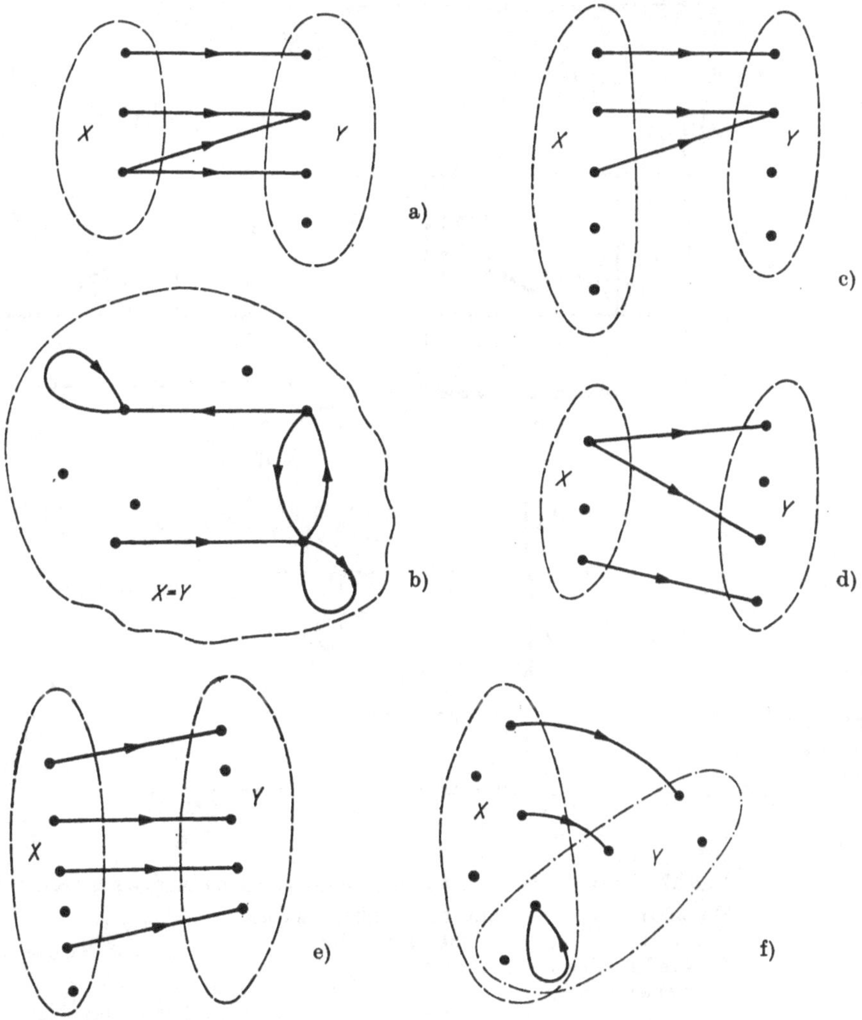

Bild 16. Beispiele für Relationengraphen

a) Relation $R \subseteq X \times Y$ weder rechts- noch linkseindeutig ($X \cap Y = \emptyset$)
b) Relation $R \subseteq X \times Y$ weder rechts- noch linkseindeutig ($X = Y$)
c) Relation $R \subseteq X \times Y$ ist rechts-, aber nicht linkseindeutig ($X \cap Y = \emptyset$)
d) Relation $R \subseteq X \times Y$ ist links-, aber nicht rechtseindeutig ($X \cap Y = \emptyset$)
e) Relation $R \subseteq X \times Y$ ist eineindeutig ($X \cap Y = \emptyset$)
f) Relation $R \subseteq X \times Y$ ist eineindeutig ($X \cap Y \neq \emptyset$)

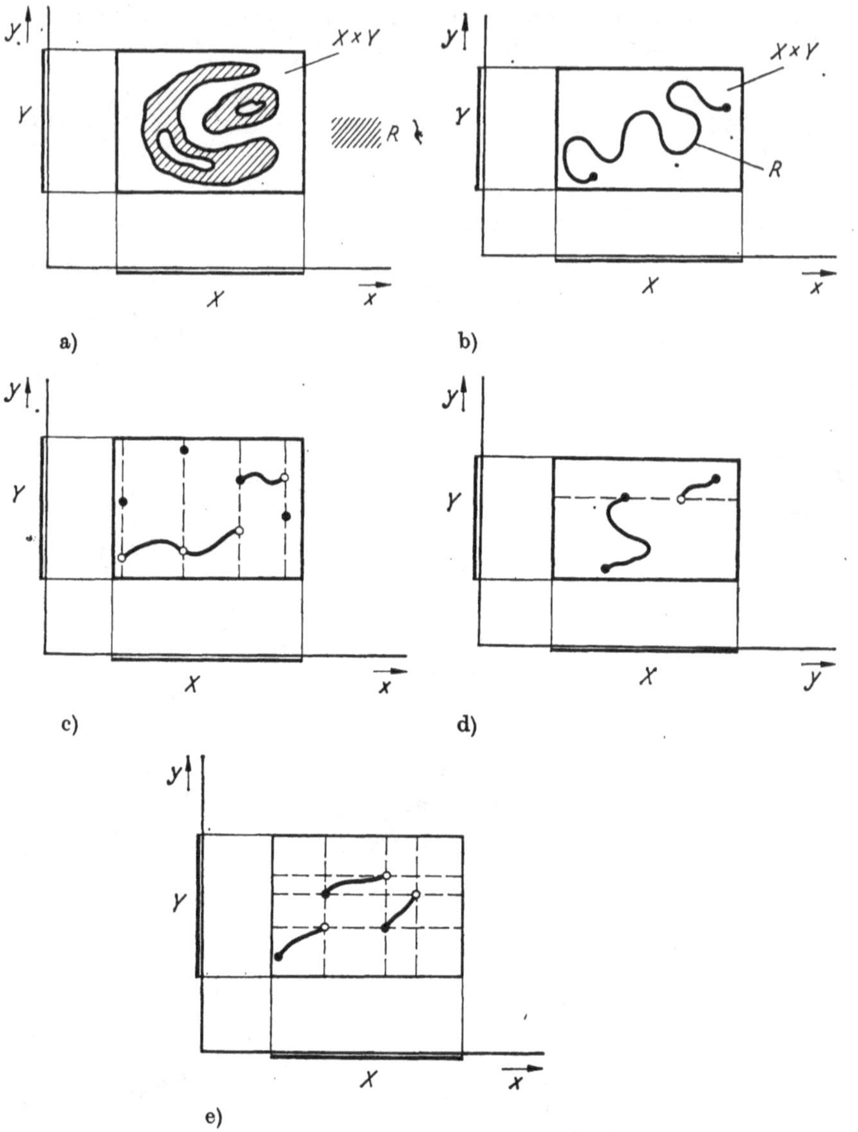

Bild 17. Beispiele für zweistellige Relationen in der Menge der reellen Zahlen

a) und b) R weder rechts- noch linkseindeutig

c) R rechts-, aber nicht links eindeutig

d) R links-, aber nicht rechtseindeutig

e) R eineindeutig

Ist beispielsweise X eine Menge von Müttern und Vätern und Y eine Menge von Kindern, so sind die für gewisse Paare $(x, y) \in X \times Y$ erfüllten Beziehungen „*x ist Vater von y*" oder „*x ist Mutter oder Vater von y*" einfache Beispiele zweistelliger Relationen. Für endliche Mengen veranschaulicht man sich eine zweistellige Relation zweckmäßigerweise durch einen *Relationengraphen*. Dieser Graph hat die Knotenmenge $\mathcal{K} := X \cup Y$ und genau $|R|$ Zweige, die diejenigen Knotenpaare verbinden, die der Relation R genügen. Gilt xRy, so werden die Knoten x und y durch einen von x nach y

orientierten Zweig verbunden. Gilt xRx, so bildet der entsprechende Zweig eine mit dem Knoten x inzidierende Schlinge. Man erhält den Relationengraphen also, indem man aus dem in Abschnitt 3.1.5.1.1. zur Veranschaulichung des kartesischen Produktes $X \times Y$ eingeführten Graphen genau die Zweige $b \in (X \times Y) \setminus R$ entfernt.
Eine zweistellige Relation $R \subseteq X \times Y \subset \boldsymbol{R}^2$ veranschaulicht man sich zweckmäßigerweise durch eine Punktmenge in einer x-y-Ebene.
Die Bilder 16 und 17 zeigen einfache Beispiele für diese Veranschaulichungen.
Die Menge

$$xR := \{y \in Y \mid xRy\} \tag{416}$$

bzw.

$$Ry := \{x \in X \mid xRy\} \tag{417}$$

ist das durch die zweistellige Relation $R \subseteq X \times Y$ vermittelte *Bild* des Elementes $x \in X$ bzw. das bez. R zu einem Element $y \in Y$ gehörende *Urbild* (vgl. Bild 18).
Wie man sofort einsieht, gilt nicht notwendigerweise für alle $x \in X$ bzw. $y \in Y$ die Beziehung $xR = \emptyset$ bzw. $Ry = \emptyset$.

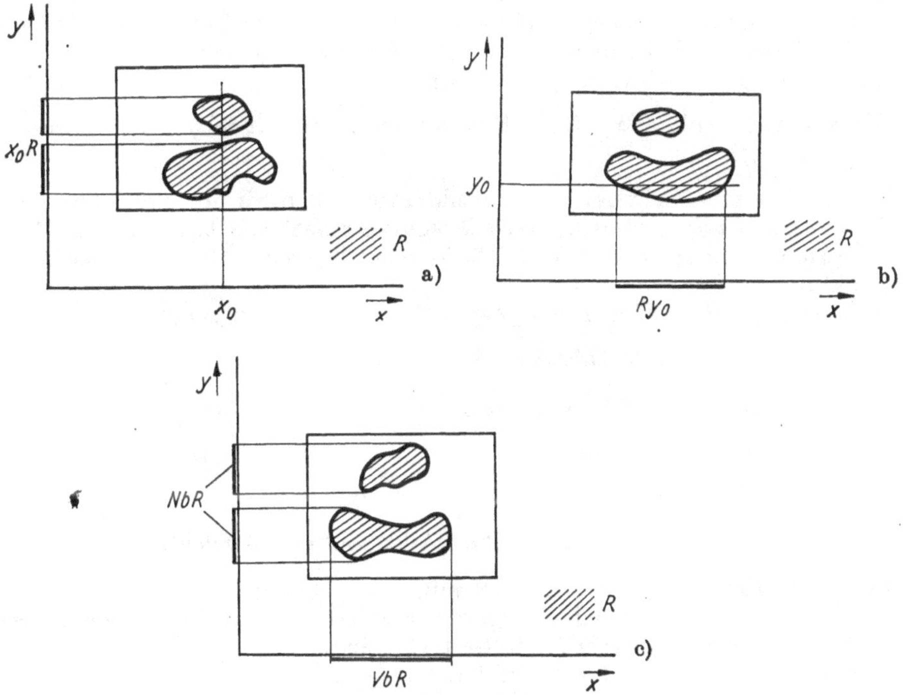

Bild 18. Beispiele für die Begriffe Bild, Urbild, Vor- und Nachbereich bei zweistelligen Relationen in der Menge der reellen Zahlen

a) Bild x_0R des Punktes $x_0 \in \boldsymbol{R}$
b) Urbild Ry_0 des Punktes $y_0 \in \boldsymbol{R}$
c) Vorbereich und Nachbereich der zweistelligen Relation $R \subseteq X \times Y \subseteq \boldsymbol{R}^2$

Für $U \subseteq X$ bzw. $W \subseteq Y$ werden die Mengen

$$U\tilde{R} := \bigcup_{x \in U} xR \tag{418}$$

und

$$\tilde{R}W := \bigcup_{y \in W} Ry \tag{419}$$

als das durch $R \subseteq X \times Y$ vermittelte *volle Bild* der Menge U bzw. als das durch R vermittelte *volle Urbild* von W bezeichnet.
Das volle Bild der Menge X wird auch als *Nachbereich*

$$NbR := X\widetilde{R} \tag{420}$$

der zweistelligen Relation $R \subseteq X \times Y$ bezeichnet. Entsprechend heißt die Menge

$$VbR := \widetilde{R}Y \tag{421}$$

Vorbereich von R.
Stets gilt

$$R \subseteq VbR \times NbR \subseteq X \times Y\,. \tag{422}$$

Jeder zweistelligen Relation $R \subseteq X \times Y$ wird durch

$$\overset{-1}{R} := \{(y, x) \in Y \times X \mid (x, y) \in R\} \tag{423}$$

die *inverse* oder *entgegengesetzte Relation* $\overset{-1}{R}$ zugeordnet. (In der Literatur wird die zu einer Relation R inverse Relation oftmals mit dem Symbol R^{-1} bezeichnet. Wir wollen dieses Symbol jedoch für die Umkehrfunktion einer eineindeutigen Abbildung reservieren (siehe Abschnitt 3.1.5.1.3.)).
Offensichtlich gilt $\forall\, x \in X\colon\ xR = \overset{-1}{R}x,\ \ \forall\, y \in Y\colon Ry = y\overset{-1}{R},\ \ldots,\ VbR = Nb\overset{-1}{R}$ und $NbR = Vb\overset{-1}{R}$.
Von der Vielzahl wichtiger Relationenklassen wollen wir uns hier im wesentlichen auf die *rechtseindeutigen* und die *linkseindeutigen* Relationen beschränken. Diese Begriffe benötigen wir im Abschnitt 3.1.5.1.3. für eine allgemeine Definition des Begriffes einer Funktion.
Wiederum sei $R \subseteq X \times Y$ eine zweistellige Relation, dann gilt

$$R \text{ ist rechtseindeutig} :\Leftrightarrow \tag{424}$$

$$\forall x \in X,\quad \forall y, z \in Y\colon xRy \vee xRz \Rightarrow y = z\,,$$

$$R \text{ ist linkseindeutig}: \tag{425}$$

$$\forall x, z \in X,\quad \forall y \in Y\colon xRy \wedge zRy \Rightarrow x = z\,,$$

$$R \text{ ist eineindeutig} :\Leftrightarrow R \text{ ist links- und rechtseindeutig}\,. \tag{426}$$

Die Bilder 16 und 17 sollen diese Definitionen illustrieren.
Die weiter oben als Beispiel herangezogene Relation „... *ist Vater von* ...“ ist linkseindeutig, aber nicht notwendigerweise rechtseindeutig.
Aus diesen Definitionen folgen die Kriterien

$$R \text{ ist rechtseindeutig} \Leftrightarrow \forall x \in X\colon |xR| \in \{0, 1\}\,, \tag{427}$$

$$R \text{ ist linkseindeutig} \Leftrightarrow \forall y \in Y\colon |Ry| \in \{0, 1\}\,, \tag{428}$$

$$R \text{ ist eineindeutig} \Leftrightarrow \forall x \in X,\quad \forall y \in Y\colon |xR|, |Ry| \in \{0, 1\}\,, \tag{429}$$

d. h. bei einer rechts- bzw. linkseindeutigen Relation enthält jedes Bild bzw. Urbild höchstens 1 Element und bei einer eineindeutigen Relation enthalten sowohl die Bilder als auch die Urbilder höchstens 1 Element oder, anders ausgedrückt, bei einer rechts- bzw. linkseindeutigen Relation ist jeder Knoten $x \in X$ bzw. $y \in Y$ des zugeordneten Relationengraphen Startpunkt bzw. Zielpunkt für höchstens einen orientierten Zweig.

Eine rechts-, aber nicht linkseindeutige Relation kann auch als eine *einmehrdeutige Relation* angesehen werden. Entsprechend kann man eine links-, aber nicht rechtseindeutige Relation als eine *mehreindeutige Relation* bezeichnen.
Ist R eine rechts- bzw. linkseindeutige zweistellige Relation, so ist $\overset{-1}{R}$ links- bzw. rechtseindeutig. $\overset{-1}{R}$ ist genau dann eineindeutig, wenn auch R eineindeutig ist.

3.1.5.1.3. Abbildungen und Funktionen

Eine *Funktion* F ist eine rechtseindeutige zweistellige Relation $F \subseteq X \times Y$.
Begriffe wie *Zuordnung, Abbildung, Transformation* oder *Operator*, um nur einige zu nennen, werden im mathematischen Sprachgebrauch synonym mit dem Begriff Funktion verwendet. In der Regel spricht man von Funktionen, wenn die Mengen X und Y Zahlenmengen oder kartesische Produkte solcher Mengen sind. Soll der geometrische Aspekt der durch F vermittelten Zuordnung betont werden, so bevorzugt man die Bezeichnung Abbildung, die Elemente von X und Y werden dann auch als Punkte bezeichnet. Sind X und Y Mengen, deren Elemente eine kompliziertere Struktur als die der Zahlenmengen haben (man denke etwa an Mengen deren Elemente Funktionen sind), so spricht man von Operatoren oder Transformationen (typische Beispiele sind der Differentiationsoperator, der jeder differenzierbaren Funktion ihre Ableitung zuordnet, sowie die Laplace- und Fouriertransformation).
Ist die zweistellige Relation $F \subseteq X \times Y$ eine Abbildung (Funktion, ...), so wird ihr Vorbereich üblicherweise als *Definitionsbereich*

$$D_F := D(F) := VbF \tag{430}$$

und ihr Nachbereich als *Wertebereich*

$$W_F := W(F) := NbF \tag{431}$$

bezeichnet.
Ist $F \subseteq D_F \times W_F \subseteq X \times Y$ eine Abbildung, so wird F als eine *Abbildung von D_F in Y* oder als eine *Abbildung von D_F auf W_F* bezeichnet, man schreibt dafür

$$F : D_F \subseteq X \to Y \quad \text{bzw.} \quad F : D_F \subseteq X \to W_F \tag{432}$$

oder auch

$$F : D_F \to Y \quad \text{bzw.} \quad F : D_F \to W_F\,. \tag{433}$$

Für $D_F \neq X$ spricht man auch von einer *Abbildung aus X in Y* bzw. von einer *Abbildung aus X auf W_F*.
Da eine Abbildung $F \subseteq X \times Y$ definitionsgemäß eine rechtseindeutige zweistellige Relation ist, enthält das Bild xF für jeden Punkt $x \in D_F$ genau ein Element. Dieses Element ist der *Funktionswert* von F an der Stelle x. Er wird mit dem Symbol $F(x)$ bezeichnet,

$$\forall x \in D_F\colon \quad \{F(x)\} := xF\,. \tag{434}$$

Es ist wichtig, streng zwischen dem Funktionswert $F(x)$ von F an der Stelle x und der Funktion F zu unterscheiden, $F(x)$ ist ein Element von Y, die Funktion F dagegen ein Element von $P(X \times Y)$.
Mitunter werden wir auch das durch

$$F(\cdot) := F \tag{435}$$

definierte Symbol zur Bezeichnung einer Funktion F benutzen. Das Zeichen „·" repräsentiert eine Leerstelle, in die man das *Argument* x einsetzen muß, um den zugeordneten Funktionswert zu erhalten.
Um die durch eine Abbildung $F : D_F \to Y$ vermittelte Zuordnung zwischen den Elementen von D_F und Y zu betonen, schreibt man an Stelle von (432) auch

$$F : x \in D_F \mapsto y \in Y\,, \tag{436}$$

wobei $y = F(x)$ den Funktionswert von F an der Stelle x bezeichnet.

In Anlehnung an die durch (434) erklärte Funktionssymbolik, ist es üblich, die Bezeichnung des durch F vermittelten *vollen Bildes* einer Menge $U \subseteq X$ gemäß

$$F[U] := U\widetilde{F} \tag{437}$$

abzuwandeln. Für das durch eine Funktion F vermittelte *volle Urbild* einer Menge $V \subseteq Y$ schreibt man dann wegen $\widetilde{F}V = V\widetilde{\overset{-1}{F}}$

$$\overset{-1}{F}[V] := \widetilde{F}V\,, \tag{438}$$

wobei $\overset{-1}{F} \subseteq Y \times X$ die in (423) eingeführte inverse Relation zu $F \subseteq X \times Y$ bezeichnet.

Weil eine Abbildung F zwar stets eine rechtseindeutige, aber nicht notwendigerweise auch eine linkseindeutige zweistellige Relation sein muß, ist ihre inverse Relation $\overset{-1}{F}$ zwar stets linkseindeutig, aber im allgemeinen nicht rechtseindeutig und damit im allgemeinen auch keine Funktion.

Die Menge aller Abbildungen mit dem Definitionsbereich X und Werten in einer Menge Y soll mit

$$Y^X := \{F \subseteq X \times Y \mid F : X \to Y\} \tag{439}$$

bezeichnet werden.

Es seien X, Y und $U \subset X$ Mengen und $F \in Y^X$ bzw. $G \in Y^U$ Abbildungen von X in Y bzw. von $U \subset X$ in Y. Genügt G für alle $x \in U$ der Beziehung $G(x) = F(x)$, so ist G die *Restriktion* von F auf die Menge U und F eine *Fortsetzung* von G auf die U umfassende Menge $X \supset U$. Mit

$$F/U := F \cap (U \times Y) \tag{440}$$

gilt $G = F/U$ (vgl. hierzu auch Bild 19).

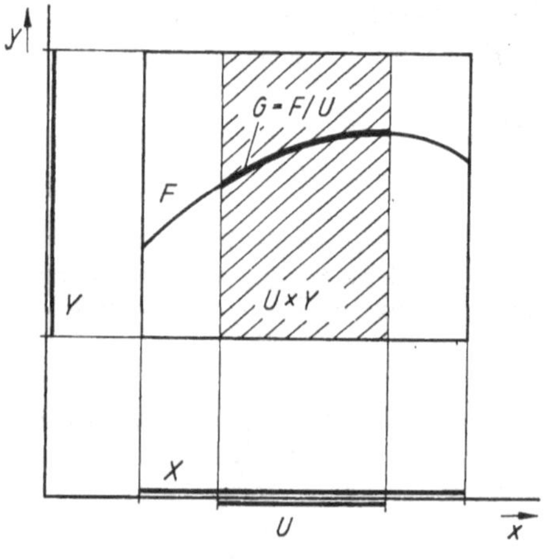

Bild 19. Beispiel für die Restriktion $G = F/U$ einer Abbildung $F: X \subseteq \boldsymbol{R} \to Y \subseteq \boldsymbol{R}$ auf eine Teilmenge $U \subseteq X$

Für jede Abbildung $F : D_F \subseteq X \to Y$ von D_F in Y gilt die Beziehung $W_F \subseteq Y$. Ist der Wertebereich von F keine echte Teilmenge von Y, gilt also $W_F = Y$, so heißt die Abbildung F *surjektiv*. Eine surjektive Abbildung ist also eine Abbildung von D_F *auf* Y. Bei ihr wird jeder Wert von Y für wenigstens einen Punkt $x \in X$ als Funktionswert angenommen.

Eine eineindeutige Abbildung $F : D_F \subseteq X \to Y$ wird auch als *injektiv* bezeichnet. Bei ihr wird (wie bei einer eineindeutigen Relation) jeder Punkt von Y höchstens ein, mal und jeder Punkt von $W_F \subseteq Y$ *genau* einmal als Funktionswert angenommen.
Eine Abbildung $F : D_F \subseteq X \to Y$, die zugleich injektiv und surjektiv ist, wird als *bijektiv* bezeichnet. Bei ihr wird jeder Punkt von Y genau einmal als Funktionswert angenommen.
Jede injektive Abbildung $F : X \to Y$ von X in Y ist eine bijektive Abbildung von X in $F[X] = W_F \subseteq Y$.
Für den allgemeinen Fall einer Abbildung $F : D_F \subseteq X \to Y$, bei dem einige Punkte der Menge Y einmal, andere Punkte von Y mehrmals und ein Teil der Punkte von Y überhaupt nicht als Funktionswerte angenommen werden, gibt es keine besondere Bezeichnung. In diesem Falle ist die inverse Relation F nur links-, aber nicht rechtseindeutig und damit keine Funktion.
Ist dagegen die Funktion $F : D_F \subseteq X \to W_F \subseteq Y$ eine injektive Abbildung von D_F in Y, so läßt sich ihr die durch

$$\{F^{-1}(y)\} := Fy \quad (y \in W_F) \tag{441}$$

die *Umkehrfunktion*

$$F^{-1}: W_F \subseteq Y \to D_F \subseteq X \tag{442}$$

zuordnen. Aus der Definition dieser Abbildung folgen unmittelbar die für alle $x \in D_F$ bzw. alle $y \in W_F$ geltenden Identitäten

$$F^{-1}(F(x)) = x \quad \text{bzw.} \quad F(F^{-1}(y)) = y\,. \tag{443}$$

Ist $F : X \to Y$ eine auf X definierte bijektive Abbildung von X auf Y, so ist wegen $D_F = X$ und $W_F = Y$ die Umkehrfunktion F^{-1} eine auf Y erklärte, gleichfalls bijektive Abbildung $F^{-1}: Y \to X$ von Y auf X. Jedem Element von X entspricht genau ein Element von Y und umgekehrt. Aus diesem Grunde spielen bijektive Abbildungen eine besondere Rolle, wenn zwischen zwei Mengen X und Y eine gegenseitige Zuordnung erklärt werden soll.
Bijektive Abbildungen $F \in X^X$ von X in sich selbst, werden auch als *Permutationen* bezeichnet.
Ein einfaches Beispiel einer injektiven (nicht surjektiven) Abbildung $F : \boldsymbol{R} \to \boldsymbol{R}$ ist die für $x \in \boldsymbol{R}$ durch $F(x) := \exp x$ definierte Funktion. Ihre für $y \in W_F\ (0, +\infty)$ durch $F^{-1}(y) := \ln y$ definierte Umkehrfunktion F^{-1} ist eine Abbildung des Intervalls $(0, +\infty)$ auf die Menge $\boldsymbol{R}$ und nicht eine Abbildung von $\boldsymbol{R}$ auf $\boldsymbol{R}$.
Die Funktion $G : \boldsymbol{R} \to \boldsymbol{R}$ mit den Funktionswerten $G(x) := \sinh x$ ist dagegen bijektiv. Ihre Umkehrfunktion G^{-1} ist gleichfalls eine (bijektive) Abbildung von $\boldsymbol{R}$ auf $\boldsymbol{R}$.
Die durch $K(x) := x^3 - x$ definierte kubische Parabel $K: \boldsymbol{R} \to \boldsymbol{R}$ ist ein Beispiel einer surjektiven, aber nicht injektiven Funktion.
Die durch $Q(x) := x^2$ definierte quadratische Parabel $Q: \boldsymbol{R} \to \boldsymbol{R}$ ist ein Beispiel für eine Funktion, die weder injektiv noch surjektiv ist.
An dieser Stelle muß noch etwas zu den sogenannten „mehrdeutigen Funktionen“ gesagt werden.
Es ist ohne weiteres möglich, einmehrdeutige Relationen zu definieren. (Ein einfaches Beispiel ist die durch $W := \{(x, y)\ \}\ [0, +\infty) \times \boldsymbol{R} \mid x = y^2\}$ definierte Relation „Wurzel“. Bei ihr gilt $0W = \{0\}$, d. h. $|0W| = 1$. Für alle $x > 0$ gilt $|xW| = 2$. Z. B. erhält man für $x = 4$ zweielementige Menge $4W = \{+2, -2\}$ als Bild.) Es ist aber nicht möglich, für einmehrdeutige Relationen, die einfachsten algebraischen Operationen so zu definieren, daß damit zuverlässig gerechnet werden kann, ohne laufend in Widersprüche zu geraten. (So läßt sich z. B. für die soeben als Beispiel an-

geführte Relation W mit $\sqrt{x} := xW$ nicht einmal die Beziehung $2\sqrt{x} = \sqrt{x} + \sqrt{x}$ sinnvoll erklären, denn läßt man nach der obigen Definition auf dem Intervall $(0, +\infty) \subset [0, +\infty)$ für die linke Seite 2 Werte zu, so muß man für die rechte Seite 3 Werte zulassen.)

Für rechtseindeutige Relationen, d. h. für Funktionen, ist es dagegen ohne weiteres möglich, die algebraische Struktur der Menge Y auf die Menge Y^X aller Abbildungen einer *beliebigen* Menge X in die Menge Y zu übertragen. Ist beispielsweise die Operation $*$ eine eindeutige zweistellige Verknüpfung der Elemente von Y, gibt es also für alle $y_1, y_2 \in Y$ ein eindeutig bestimmtes Element $y_3 \in Y$ mit $y_3 = y_1 * y_2$, so kann man durch $F_3(x) := F_1(x) * F_2(x)$ den Funktionen $F_1, F_2 \in Y^X$ eindeutig eine Funktion $F_1 * F_2 := F_3 \in Y^X$ zuordnen.

Zu einer brauchbaren Definition der sogenannten „mehrdeutigen Funktionen" kommt man nicht, indem man „mehrfache Funktionswerte" zuläßt, sondern indem man ihre Definitionsbereiche geeignet modifiziert. Wie in der Funktionentheorie gezeigt wird, läßt sich auf diese Weise die Quadratwurzel zu einer bijektiven Abbildung $\sqrt{\cdot} : \mathfrak{R} \to \boldsymbol{C}$ fortsetzen, deren Definitionsbereich eine spezielle 2-blättrige Riemannsche Fläche ist.

Es seien F und G zwei Abbildungen $F \in Y^X$ bzw. $G \in Z^Y$. Wegen $F(x) \in Y$ und $D_G = Y$ ist der Ausdruck $G(F(x))$ für alle $x \in X$ erklärt. Durch

$$\forall x \in X : G \circ F(x) := G(F(x)) \tag{444}$$

wird die zusammengesetzte (oder verkettete) Funktion $G \circ F \in Z^X$ definiert (vgl. Bild 20).

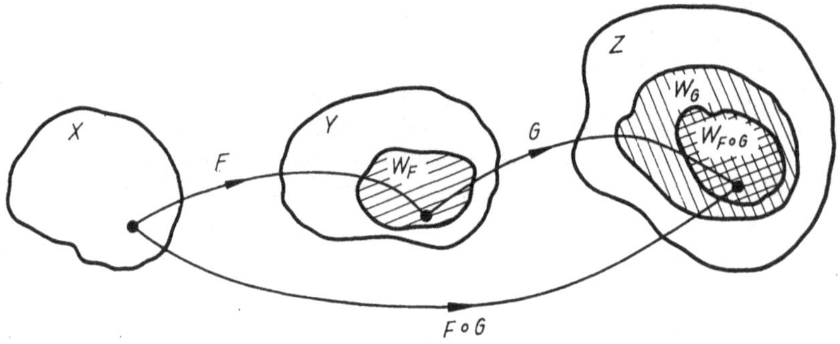

Bild 20. Beispiel für die Verkettung $G \circ F : X \to Z$ der Funktionen $F : X \to Y$ und $G : Y \to Z$

Ist der Definitionsbereich einer Abbildung $F : D_F \to Y$ eine Teilmenge eines n-fachen kartesischen Produktes, d. h. gilt $D_F \subseteq X_1 \times \ldots \times X_n$, so ordnet F jedem n-Tupel $x = (x_1, \ldots, x_n) \in D_F$ den Funktionswert

$$F(x_1, \ldots, x_n) := F((x_1, \ldots, x_n)) = F(x) \in Y \tag{445}$$

zu. Im Hinblick auf die in (445) eingeführte Bezeichnung dieses Funktionswertes wird eine solche Funktion auch als *Funktion mit n Argumenten* bezeichnet. Man schreibt dann auch $F(\cdot, \cdot, \ldots, \cdot) := F$, wobei die Zeichen „ · " n „Leerstellen" für die Argumente von F symbolisieren.

Offensichtlich ist diese Bezeichnung nicht eindeutig festgelegt. Ist nämlich eine der Mengen X_i ($i \in \boldsymbol{N}_n$) selbst Teilmenge eines kartesischen Produktes $Y_1 \times \ldots \times Y_{m_i}$, so kann man F auch als eine Funktion von $n + m_i - 1$ Argumenten auffassen, usf. Die dieser Bezeichnung anhaftende Unschärfe läßt sich ausnutzen, um die Sprechweise dem jeweils untersuchten Problem anzupassen. Ist etwa $F : \boldsymbol{R}^n \to \boldsymbol{R}^m$, so kann man F sowohl als Funktion der einen („vektoriellen") Veränderlichen $x \in \boldsymbol{R}^n$, aber auch als eine Funktion von n („gewöhnlichen") reellen Veränderlichen $x_1, \dots, x_n \in \boldsymbol{R}$ auffassen.

Die in (410) eingeführten Projektionen

$$pr_{i_1, \dots, i_k} : X_1 \times \dots \times X_n \to X_{i_1} \times \dots \times X_{i_k} \tag{446}$$

sind einfache Beispiele für Funktionen mit n Argumenten.

Ist $F : X \to Z$ eine Abbildung einer Menge X in eine Menge Z und gibt es eine injektive Abbildung $\varphi : X \to Y_1 \times \dots \times X_n$ ihres Definitionsbereiches in ein n-faches kartesisches Produkt, so kann der Abbildung F durch

$$\hat{F} := F \circ \varphi^{-1} : W_\varphi \subseteq Y_1 \times \dots \times Y_n \to Z \tag{447}$$

eine Funktion von n Argumenten zugeordnet werden.

Beispielsweise kann durch $\hat{F}((x_3, x_1), (x_4), (x_2, x_5)) := F(x_1, \dots, x_5)$ einer Funktion $F : \boldsymbol{R}^5 \to Z$ eine Funktion $\hat{F} : \boldsymbol{R}^2 \times \boldsymbol{R} \times \boldsymbol{R}^2 \to Z$ zugeordnet werden. (Man vergleiche hierzu auch die Diskussion der Beziehung $(A \times B) \times C \neq A \times (B \times C)$ auf S. 132).

Ein weiteres Beispiel einer Funktion mit n Argumenten ist das durch

$$F_1 \boxtimes \dots \boxtimes F_n(x_1, \dots, x_n) := (F_1(x_1), \dots, F_n(x_n)) \tag{448}$$

definierte *direkte Produkt*

$$F_1 \boxtimes \cdots \boxtimes F_n : X_1 \times \dots \times X_n \to Y_1 \times \dots \times Y_n \tag{449}$$

der Funktionen $F_i : X_i \to X_i$ $(i = 1, \dots, n)$.

Ist $F : D_F \subseteq X_1 \times X_2 \times X_3 \to Y$ eine Abbildung mit 3 Argumenten, sind $x_1 \in X_1$ und $x_3 \in X_3$ festgehaltene Elemente der betreffenden Mengen und gilt die Voraussetzung

$$D_F \cap \{x_1\} \times X_2 \times \{x_3\} \neq \emptyset , \tag{450}$$

so wird durch

$$F(x_1, \cdot\, , x_3) : x_2 \in D(F(x_1, \cdot\, , x_3)) \subseteq X_2 \mapsto F(x_1, x_2, x_3) \in Y$$

mit

$$D(F(x_1, \cdot\, , x_3)) := pr_2 [D_F \cap \{x_1\} \times X_2 \times \{x_3\}] \tag{451}$$

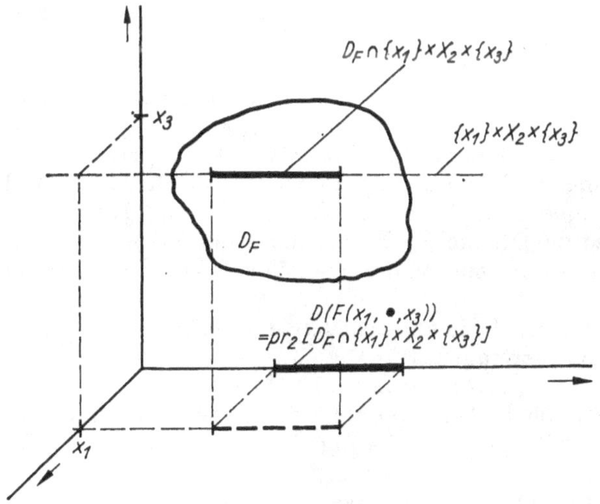

Bild 21. Beispiel für die Konstriktion des Definitionsbereiches der partiellen Abbildung $F(x_1, \cdot, x_3)$ einer Abbildung $F : D_F \subseteq X_1 \times X_2 \times X_3 \to Y$ für $X_1 \times X_2 \times X_3 \subseteq \boldsymbol{R}^3$

die *partielle Abbildung* $F(x_1, \cdot, x_3)$ erklärt. $F(x_1, \cdot, x_3)$ ist eine Abbildung aus X_2 in Y (vgl. auch Bild 21).
Entsprechend definiert man die partiellen Abbildungen $F(\cdot, x_2, x_3)$ und $F(x_1, x_2, \cdot)$ als Abbildungen aus X_1 bzw. X_3 in Y.
Diese Begriffe lassen sich analog auf Abbildungen mit n ($n \geqq 2$) Argumenten übertragen.

3.1.5.1.4. Familien, Folgen, Matrizen

Der Begriff der Familie ist eine weitere, mitunter zweckmäßige Sprechweise für den Funktionsbegriff.
Sind X und I Mengen, so ist eine *Familie*

$$(x_i)_{i \in I} := x \in X^I \tag{452}$$

definitionsgemäß eine Abbildung $x : I \to X$ der Menge I in die Menge X. Der Definitionsbereich I einer Familie x wird auch als die *Indexmenge* der Familie bezeichnet. Die für alle $i \in I$ definierten Funktionswerte

$$x_i := x(i) \in X \tag{453}$$

sind die *Glieder* der Familie x. Die *Elemente* der Familie x sind dagegen die geordneten Paare

$$(i, x_i) \in x \subseteq I \times X\,. \tag{454}$$

Ist $J \subseteq I$ eine Teilmenge der Indexmenge I einer Familie $x = (x_i)_{i \in I}$, so erhält man durch die Restriktion

$$(x_i)_{i \in J} := x/J \in X^J \tag{455}$$

eine *Teilfamilie* von x.
Gilt $I = K \times L$, so wird die Familie

$$(x_{kl})_{(k,l) \in K \times L} \in X^{K \times L} \tag{456}$$

auch als *Doppelfamilie* bezeichnet.
Die Indexmenge einer Familie kann eine beliebige endliche oder unendliche Menge sein. Ist die Indexmenge I einer Familie $x \in X^I$ eine *endliche* bzw. *unendliche* Teilmenge der Menge der natürlichen oder ganzen Zahlen, so spricht man statt von einer Familie auch von einer *endlichen* oder *unendlichen Folge*.
Einfache Beispiele sind die durch $x_i := 1/i$ bzw. $y_i := 1$ für alle $i \in \boldsymbol{N}$ definierten unendlichen Folgen x bzw. y. Während die von der Folge x „durchlaufene" Menge $x[\boldsymbol{N}] = \{\xi \in \boldsymbol{N} \mid \xi = x_i \ \forall i \in \boldsymbol{N}\}$ unendlich ist, gilt $y[\boldsymbol{N}] = \{1\}$.
Eine bijektive Abbildung $\iota : \boldsymbol{N}_n \to X$ der Menge $\boldsymbol{N}_n = \{1, 2, \ldots, n\}$ der ersten n natürlichen Zahlen auf eine endliche Menge X mit $n = |X|$ Elementen bezeichnen wir auch als *Indizierung* der Menge X. Wegen der Bijektivität wird mit einer Indizierung jedem Element $x \in X$ auf eindeutige Weise der Index $\iota^{-1}(x) \in \boldsymbol{N}_n$ zugeordnet.
Mit Hilfe einer Indizierung wird die auf der Menge $\boldsymbol{N}_n$ erklärte natürliche Ordnungsrelation auf die Menge X übertragen.
Mit $\iota_k := \iota(k)$ ($k \in \boldsymbol{N}_n$) gilt $X = \{\iota_1, \iota_2, \ldots, \iota_n\}$.
Ist I eine endliche Menge mit n Elementen und X eine beliebige endliche oder unendliche Menge, so läßt sich mit einer Indizierung ι von I durch die für alle $f \in X^I$ definierte Vorschrift

$$\varphi(f) := \big(f(\iota_1), f(\iota_2), \ldots, f(\iota_n)\big) \in X^n \tag{457}$$

eine bijektive Abbildung

$$\varphi : X^I \to X^n \tag{458}$$

der Menge X^I aller Abbildungen von $I = \{\iota_1, \iota_2, \dots, \iota_n\}$ in X auf das n-fache kartesische Produkt der Menge X definieren.
Auf Grund dieser Tatsache ist es üblich, eine endliche Folge $x = (x_i)_{i \in N_n}$ mit dem n-Tupel $(x_1, x_2, \dots, x_n)$ zu identifizieren.
Für eine Mengenfamilie $(X_i)_{i \in I}$ mit einer endlichen oder unendlichen Indexmenge I definiert man durch

$$\prod_{i \in I} X_i := \left\{x \in (\bigcup_{i \in I} X_i)^I \mid \forall\, i \in I : x_i \in X_i\right\} \tag{459}$$

das *Produkt der Mengen* X_i als die Menge aller Abbildungen $x : I \to \bigcup_{i \in I} X_i$ mit $x_i \in X_i$ oder, anders gesprochen, als die Menge aller Familien $x = (x_i)_{i \in I}$ mit $x_i \in X_i$.
Ist I eine endliche Indexmenge mit n Elementen, so läßt sich analog zu (457) mit Hilfe einer Indizierung $\iota : N_n \to I$ eine bijektive Abbildung φ von $\prod_{i \in I} X_i$ auf das kartesische Produkt $\times_{j=1}^{n} X_{\iota_j} = X_{\iota_1} \times \dots \times X_{\iota_n}$ definieren. (Man beachte, daß zwar $\varphi\left[\prod_{i \in I} X_i\right] = \times_{j=1}^{n} X_{\iota_j}$, aber $\prod_{i \in I} X_i \neq \times_{j=1}^{n} X_{\iota_j}$ gilt.)
Durch (459) wird der Begriff des kartesischen Produktes $\times_{i=1}^{n} X_i$ einer Mengenfamilie $(X_i)_{i \in N_n}$ mit endlichen Indexmenge auf Mengenfamilien mit beliebiger Indexmenge übertragen.
Weil die Elemente des in (459) definierten Mengenproduktes Familien sind, wird dieses Produkt auch als *Familienprodukt* der Mengen X_i $(i \in I)$ bezeichnet. Entsprechend bezeichnet man das kartesische Produkt (409), dessen Elemente n-Tupel sind, auch als *Tupelprodukt* der Mengen X_i $(i \in N_n)$.
Es seien m und n zwei natürliche Zahlen und X eine beliebige Menge. Eine $m \times n$-*Matrix* M ist eine Doppelfamilie

$$(M_{ij})_{(i,j) \in I \times J} := M \in X^{I \times J} \qquad (I := N_m, J := N_n)\,. \tag{460}$$

Die Funktionswerte $M_{ij} := M(i, j)$ von M an der Stelle $(i, j) \in I \times J$ heißen (traditionsgemäß, also abweichend von der im Zusammenhang mit (453) getroffenen Festlegung) *Elemente* der Matrix M.
Die Ausdrücke

$$M =: (M_{ij})_{i \in I,\, j \in J}\,, \tag{461}$$

$$M =: (M_{ij})_{i=1 \dots, m,\, j=1, \dots, n} \tag{462}$$

und

$$M =: \begin{pmatrix} M_{11} & M_{12} \dots & M_{1n} \\ \vdots & \vdots & \vdots \\ M_{m1} & M_{m2} \dots & M_{mn} \end{pmatrix} \tag{463}$$

sind verschiedene, in der Literatur übliche Darstellungen für eine Matrix $M \in X^{I \times J}$.
Um den Unterschied zwischen Matrizen $M, N, \dots \in X^{I \times J}$ mit Elementen aus einer Menge X und den Elementen von X auch im Schriftbild hervorzuheben. ist es in der Literatur oftmals üblich, Matrizen mit fettgedruckten Symbolen zu bezeichnen, während die Elemente von X, also auch die Matrizenelemente, durch Symbole normaler Schriftstärke bezeichnet werden. In Anlehnung an die in (463) angegebene Darstellung einer Matrix $M \in X^{I \times J}$ als ein rechteckiges, nach Zeilen und Spalten geordnetes Schema ihrer Elemente wird für alle $i \in I$ die partielle Abbildung

$$M_{i\cdot} := M(i, \cdot) : J \to X \tag{464}$$

als *i-te Zeile* von M und die für alle $j \in J$ erklärte partielle Abbildung

$$M_{\cdot j} := M(\cdot\,, j) : I \to X \tag{465}$$

als j-te Spalte von M bezeichnet.

Zur Vereinfachung der Schreibweise werden wir die Menge $X^{N_m \times N_n}$ aller $m \times n$-Matrizen mit Elementen aus einer Menge X mit dem Symbol $X^{m \times n}$ bezeichnen, d. h.

$$X^{m \times n} := X^{N_m \times N_n} \qquad (m, n \in \boldsymbol{N}) \tag{466}$$

Die Elemente von $X^{1 \times n}$ heißen *Zeilenmatrizen* (*der Länge* n), die Elemente von $X^{n \times 1}$ heißen *Spaltenmatrizen* (*der Länge* n).
Zwischen den Mengen X^n, X^{N_n}, $X^{n \times 1} := X^{N_n \times \{1\}}$ und $X^{1 \times n} := X^{\{1\} \times N_n}$ lassen sich (vgl. (457) auf natürliche Weise bijektive Abbildungen definieren, durch die die Elemente $t \in X^n$, $f \in X^{N_n}$, $s \in X^{n \times 1}$ und $z \in X^{1 \times n}$ einander zugeordnet werden, die für alle $i = 1, \ldots, n$ der Bedingung $pr_i t = f_i = s_{i1} = z_{1i}$ genügen.
Es ist üblich, mit Hilfe dieser Abbildungen die Zeilen $M_{i.}$ bzw. Spalten $M_{.j}$ einer Matrix $M \in X^{m \times n}$, die in (464) bzw. (465) als Elemente von X^{N_n} bzw. X^{N_m} definiert worden sind mit den entsprechenden Zeilen- bzw. Spaltenmatrizen aus $X^{1 \times n}$ bzw. $X^{m \times 1}$ zu identifizieren.
Ist $M \in X^{m \times n}$ eine $m \times n$-Matrix und sind

$$\begin{aligned} &i : K := \boldsymbol{N}_p \to I := \boldsymbol{N}_m \qquad (p \leqq m) \\ \text{und} \quad & \\ &j : L := \boldsymbol{N}_q \to J := \boldsymbol{N}_n \qquad (q \leqq n) \end{aligned} \tag{467}$$

injektive Abbildungen, so ist

$$M \circ (i \boxtimes j) = (M_{i_k, j_l})_{k \in K,\, l \in L} \in X^{p \times q} \tag{468}$$

diejenige *Untermatrix* von M, die aus den Elementen von M besteht, die den Zeilen $i_1, \ldots, i_p$ und den Spalten $i_1, \ldots, j_q$ von M angehören.
Für

$$M = \begin{pmatrix} 1 & 2 & 3 & 4 \\ 2 & 1 & 3 & 4 \\ 4 & 1 & 2 & 3 \end{pmatrix}$$

erhält man mit $p = q = 2$ und $i_1 = 1$, $i_2 = 3$ sowie $j_1 = 2$, $j_2 = 4$ die Matrix

$$N := M \circ (i \boxtimes j) = \begin{pmatrix} 2 & 4 \\ 1 & 3 \end{pmatrix}.$$

Ein in diesem Zusammenhang besonders wichtiges Beispiel injektiver Abbildungen $i : K \to I$ und $j : L \to J$ sind streng monotone Abbildungen von K in I bzw. L in J.
Sind $i, \hat{i} : K \to I$ und $j, \hat{j} : L \to J$ injektive Abbildungen mit jeweils gleichem Wertebereich, d. h. gelten die Identitäten $i[K] = \hat{i}[K] \subseteq I$ bzw. $j[L] = \hat{j}[L] \subseteq J$, so unterscheiden sich die Matrizen $M \circ (i \boxtimes j)$ und $M \circ (\hat{i} \boxtimes \hat{j})$ durch eine Permutation ihrer Zeilen oder/und Spalten.
Mit $i_1 = 1$, $i_2 = 3$ und $j_1 = 4$, $j_2 = 2$ erhält man aus der Matrix M des soeben behandelten Beispiels die Untermatrix

$$\hat{N} := M \circ (\hat{i} \boxtimes \hat{j}) = \begin{pmatrix} 4 & 2 \\ 3 & 1 \end{pmatrix}.$$

Die Matrizen N und $\hat{N}$ unterscheiden sich durch eine Vertauschung ihrer Spalten voneinander.
Die Menge

$$Y := \bigcup_{u,\, v \in \boldsymbol{N}} X^{u \times v} \tag{469}$$

ist die Menge aller Matrizen mit Elementen aus X.
Eine $p \times q$-Matrix

$$B \in Y^{p \times q} \tag{470}$$

heißt *Blockmatrix*, falls es zwei Familien $m = (m_i)_{i \in N_p}$ und $n = (n_j)_{j \in N_q}$ gibt, so daß die Elemente von B der Bedingung

$$\forall (i, j) \in \boldsymbol{N}_p \times \boldsymbol{N}_q : B_{ij} \in X^{m_i \times n_j} \tag{471}$$

genügen.
Eine $p \times q$-Blockmatrix $B \in Y^{p \times q}$ läßt sich für $u := \sum_{i=1}^{p} m_i$ und $v := \sum_{j=1}^{q} n_j$ mit einer $u \times v$-Matrix $M \in X^{u \times v}$ kanonisch identifizieren, wobei die Elemente $B_{gh}(k, l)$ und $M_{rs}\left(r := k + \sum_{i=1}^{g-1} m_i,\ s := l + \sum_{j=1}^{h-1} n_j\right)$ einander entsprechen. In diesem Falle sagt man auch, die Blockmatrix B sei eine *Partitionierung* der Matrix M.
Ein einfaches Beispiel erhält man mit $p = q = 2$, $m = (2, 1)$, $n = (1, 3)$ und

$$B_{11} = \begin{pmatrix} 1 \\ 2 \end{pmatrix}, \quad B_{12} = \begin{pmatrix} 2 & 3 & 4 \\ 1 & 3 & 4 \end{pmatrix},$$

$$B_{21} = (4)\,, \quad B_{22} = (1 \quad 2 \quad 3)\,.$$

Offensichtlich läßt sich die 2×2-Blockmatrix dieses Beispiels mit der 3×4-Matrix M des weiter oben angegebenen Beispiels identifizieren.
Einer beliebigen $m \times n$-Matrix $M \in X^{m \times n}$ wird durch

$$M_{ij}^t := M_{ij}\,, \quad i \in \boldsymbol{N}_n, \quad j \in \boldsymbol{N}_m \tag{472}$$

die $n \times m$ Matrix $M^t \in X^{n \times m}$ zugeordnet. M^t ist die zu M *transponierte Matrix.* Offensichtlich gilt $(M^t)^t = M$.
Ist die Menge X Trägermenge der algebraischen Struktur eines Ringes (vgl. Abschnitt 3.1.5.2.), so kann man durch

$$M + N := (M_{ij} + N_{ij})_{(i, j) \in \boldsymbol{N}_m \times \boldsymbol{N}_n} \tag{473}$$

und

$$\alpha M := (\alpha M_{ij})_{(i, j) \in \boldsymbol{N}_m \times \boldsymbol{N}_n} \quad (\alpha \in X) \tag{474}$$

in der Menge der $m \times n$-Matrizen $X^{m \times n}$ eine *Matrizenaddition* und eine *Multiplikation von Matrizen mit Elementen der Menge X* definieren.
Die *Nullmatrix*

$$0 = (0_{ij})_{(i, j) \in \boldsymbol{N}_m \times \boldsymbol{N}_n}$$

mit (475)

$$0_{ij} := 0$$

ist das neutrale Element der Matrizenaddition.
Außerdem kann man durch

$$M \cdot N := \left(\sum_{j=1}^{n} M_{ij} N_{jk}\right)_{(i, k) \in \boldsymbol{N}_m \times \boldsymbol{N}_q} \tag{476}$$

eine *Multiplikation von Matrizen* definieren, die jedem Paar $(M, N) \in X^{m \times n} \times X^{n \times q}$ eine Matrix $M \cdot N \in X^{m \times q}$ zuordnet.
Diese Matrizenmultiplikation ist in der Menge $X^{n \times n}$ aller $n \times n$-Matrizen mit Elementen aus X eine innere Operation. Ihr neutrales Element ist die Einheitsmatrix

$$E = (E_{ij})_{i, j \in \boldsymbol{N}_n} \tag{477}$$

mit

$$E_{ii} := 1, \quad E_{ij} := 0 \quad (i \neq j)\,. \tag{478}$$

Ist die Menge X Trägermenge der algebraischen Struktur eines Körpers (vgl. Abschnitt 3.1.5.2.), so läßt sich den sogenannten *nichtsingulären Matrizen* $M \in X^{n \times n}$, die durch

$$M^{-1} \cdot M = M \cdot M^{-1} = E \tag{479}$$

eindeutig festgelegte *inverse Matrix* M^{-1} zuordnen.

Abschließend sei noch darauf hingewiesen, daß die in (472), (474) bzw. (473) und (476) erklärten Matrizenoperationen auch für Blockmatrizen bzw. zueinander passende Paare von Blockmatrizen definiert werden können. Diese verallgemeinerten Matrizenoperationen sind mit der im Anschluß an (471) erklärten kanonischen Zuordnung zwischen Blockmatrizen und (gewöhnlichen) Matrizen verträglich.

3.1.5.2. Grundbegriffe der linearen Algebra

In diesem Abschnitt sollen Definitionen und Ergebnisse aus der Theorie der linearen Räume zusammengestellt werden.
Ein linearer Raum ist eine algebraische Struktur, in der die elementare Vektoralgebra des Anschauungsraums verallgemeinert wird. Ebenso wie in der elementaren Vektoralgebra kann man auch in diesen allgemeinen linearen Räumen zwei beliebige Vektoren addieren und jeden Vektor mit einem Skalar multiplizieren. Ein linearer Raum ist also eine Struktur, die aus zwei Mengen, einer Menge V der Vektoren und einer Menge K der Skalare besteht, zwischen deren Elementen gewisse als Addition und skalare Multiplikation bezeichnete Verknüpfungen definiert sind, die bestimmten Rechengesetzen genügen müssen.
Die Menge K wird auch als Operatorbereich des linearen Raums bezeichnet. In der elementaren Vektoralgebra ist der Operatorbereich gleich dem Körper der reellen Zahlen. Bei einem allgemeineren linearen Raum kann der Operatorbereich auch ein vom Körper der reellen Zahlen verschiedener Körper sein.

3.1.5.2.1. Lineare Räume

Eine algebraische Struktur $(K, \mathfrak{a}, \mathfrak{m}, 0, 1)$ ist ein *Körper*, falls die (nichtleere) Trägermenge K, die als Addition und Multiplikation bezeichneten inneren Verknüpfungen

$$\mathfrak{a}: K \times K \to K \quad \text{bzw.} \quad \mathfrak{m}: K \times K \to K \tag{480}$$

und die beiden ausgezeichneten Elemente $0, 1 \in K$ mit

$$x + y := \mathfrak{a}(x, y), \qquad xy := \mathfrak{m}(x, y) \tag{481}$$

den folgenden Voraussetzungen genügen:

$$\begin{aligned}
&1^0\ \forall x, y \in K: && x + y = y + x \quad \wedge \quad xy = yx,\\
&2^0\ \forall x, y, z \in K: && (x + y) + z = x + (y + z) \wedge (xy)z = x(yz),\\
&3^0\ \forall x, y, z \in K: && x(y + z) = xy + xz,\\
&4^0\ \forall x \in K: && 0 + x = x \wedge 1x = x,\\
&5^0\ \forall x \in K,\ \exists y \in K: && x + y = 0,\\
&6^0\ \forall x \in K \setminus \{0\}, \exists z \in K: && xz = 1.
\end{aligned} \tag{482}$$

Die Bedingungen 1^0 und 2^0 garantieren die Kommutativität bzw. Assoziativität der Addition und Multiplikation. Bedingung 3^0 sichert die Distributivität der Multiplikation bezüglich der Addition. Wegen Bedingung 4^0 sind die Elemente 0 und 1 von K das neutrale Element der Addition bzw. Multiplikation.
Das Element 0 wird auch als *Nullelement* und 1 als *Einselement* bezeichnet. Aus den Voraussetzungen (482) folgt sofort, daß es in K außer 0 und 1 keine weiteren neutralen Elemente bezüglich der Addition bzw. Multiplikation geben kann.

Die Bedingungen 5^0 und 6^0 besagen, daß es in K zu jedem Element x ein bezüglich der Addition *entgegengesetztes Element*

$$y =: -x \tag{483}$$

bzw. zu jedem von 0 verschiedenen Element $x \in K \setminus \{0\}$ ein bezüglich der Multiplikation *inverses Element*

$$z =: x^{-1} =: 1/x \tag{484}$$

gibt. Aus den Voraussetzungen (482) folgt ferner, daß es zu jedem Element $x \in K$ bzw. $x \in K \setminus \{0\}$ genau ein entgegengesetztes bzw. inverses Element gibt.
Wegen $0 = 0x = \big(1 + (-1)\big)\, x = x + (-1)\, x$ gilt für alle $x \in K$ die Beziehung $-x = (-1)\, x$.
Erfüllt eine algebraische Struktur $(K, \mathfrak{a}, \mathfrak{m}, 0, 1)$ die in (482) angegebenen Voraussetzungen, so ist es im vereinfachten Sprachgebrauch üblich, bereits die Trägermenge K dieser Struktur als Körper zu bezeichnen.
Wichtige Beispiele von Körpern sind die Mengen $\boldsymbol{Q}$, $\boldsymbol{R}$ und $\boldsymbol{C}$ der rationalen, reellen bzw. komplexen Zahlen sowie die Menge aller gebrochen rationalen Funktionen mit reellen oder komplexen Koeffizienten.
Die Menge $\boldsymbol{Z}$ der ganzen Zahlen sowie die Menge aller Polynome in einer Unbestimmten mit reellen oder komplexen Koeffizienten sind keine Körper. Bei ihnen ist die Voraussetzung 6^0 aus (482) nicht erfüllt. Sie sind deshalb lediglich *kommutative Ringe mit Einselement.*
Für eine beliebige Menge X ist $\big(P(X), \Delta, \cap, \emptyset, X\big)$ gleichfalls ein kommutativer Ring mit Einselement.
Verzichtet man auch noch auf die Gültigkeit des Kommutativgesetzes der Multiplikation, so erhält man *Ringe mit Einselement.*
Die Mengen $\boldsymbol{R}^{n\times n}$ und $\boldsymbol{C}^{n\times n}$ aller $n \times n$-Matrizen mit reellen bzw. komplexen Elementen sind wichtige Beispiele für solche Ringe.
Eine algebraische Struktur $(K, V, \mathfrak{a}, \mathfrak{m}, 0, 1)$ mit dem Körper K als Operatorbereich der Trägermenge V, der inneren Verknüpfung

$$\mathfrak{a}: V \times V \to V\,, \tag{485}$$

der äußeren Verknüpfung

$$\mathfrak{m}: K \times V \to V \tag{486}$$

sowie dem Einselement $1 \in K$ von K und dem Element $0 \in V$ als ausgezeichneten Elementen heißt *Vektor-* oder *linearer Raum* über dem Körper K, falls mit den Abkürzungen

$$\begin{aligned} &x + y := \mathfrak{a}(x, y) \\ \text{und} \quad & \\ &\alpha x := \mathfrak{m}(\alpha, x) \end{aligned} \tag{487}$$

die folgenden Voraussetzungen erfüllt sind:

$$\begin{array}{lll} 1^0 & \forall x, y, \in V: & x + y = y + x\,, \\ 2^0 & \forall x, y, z \in V: & (x + y) + z = x + (y + z)\,, \\ 3^0 & \forall x \in V: & 0 + x = x\,, \\ 4^0 & \forall x \in V, \exists\, (-x) \in V: & x + (-x) = 0\,, \\ 5^0 & \forall \alpha, \beta \in K, \forall x \in V: & (\alpha + \beta)\, x = \alpha x + \beta x\,, \\ 6^0 & \forall \alpha \in K, \forall x, y \in V: & \alpha(x + y) = \alpha x + \alpha y\,, \\ 7^0 & \forall \alpha, \beta \in K, \forall x \in V: & \alpha(\beta x) = (\alpha\beta) x\,, \\ 8^0 & \forall x \in V: & 1x = x\,. \end{array} \tag{488}$$

Die Elemente von V werden oftmals als *Vektoren* und die Elemente von K als *Skalare* bezeichnet. Die innere Verknüpfung $\mathfrak{a}$ wird als *Addition* und die äußere Verknüpfung $\mathfrak{m}$ als *skalare Multiplikation* bezeichnet. Auch hier wird im vereinfachten Sprachgebrauch bereits die Trägermenge V dieser algebraischen Struktur als Vektorraum über K oder, falls aus dem Zusammenhang kein Zweifel über die Wahl von K besteht einfach als Vektorraum bezeichnet.
Für einen beliebigen Körper K und eine beliebige einelementige Menge $V = \{0\}$ lassen sich die Operationen $\mathfrak{a}$ und $\mathfrak{m}$ so definieren, daß $\{0\}$ die Trägermenge eines linearen Raums ist.
Mit der Körperaddition als Addition und der Körpermultiplikation als skalarer Multiplikation ist jeder Körper K auch ein Vektorraum über K.
Sind V und W lineare Räume über dem gleichen Körper K, so ist $V \times W$ mit der Addition

$$(v_1, w_1) + (v_2, w_2) := (v_1 + v_2, w_1 + w_2) \qquad (v_1, v_2 \in V, w_1, w_2 \in W) \tag{489}$$

und der skalaren Multiplikation

$$\alpha(v, w) := (\alpha v, \alpha w) \qquad (\alpha \in K, v \in V, w \in W) \tag{490}$$

gleichfalls ein linearer Raum über K.
Aus den beiden vorangehenden Beispielen folgt unmittelbar, daß die kartesischen Produkte $K^2 = K \times K$, $K^3 = K^2 \times K, \ldots$ lineare Räume über K sind.
Mit den üblichen Regeln zur Matrizenaddition und zur Multiplikation von Matrizen mit Zahlen ist die Menge $K^{m \times n}$ aller $m \times n$-Matrizen mit Elementen aus einem Körper K ein linearer Raum.
Für eine beliebige Menge X und einen Körper K ist die Menge K^X aller Abbildungen von X in K ein linearer Raum, wenn man die Addition zweier Elemente $f, g \in K^X$ durch die Definition

$$\forall x \in X : (f + g)(x) := f(x) + g(x) \tag{491}$$

und die skalare Multiplikation von $f \in K^X$ mit $\alpha \in K$ durch die Definition

$$\forall x \in X : (\alpha f)(x) := \alpha f(x) \tag{492}$$

auf eine punktweise Addition der Funktionswerte von f und g bzw. eine entsprechende Multiplikation der Funktionswerte von $f \in K^X$ mit den Elementen von K definiert.
Als Sonderfall enthält dieses Beispiel die Aussage, daß die Menge $K^{m \times n} := K^{N_m \times N_n}$ aller $m \times n$-Matrizen mit Elementen aus K ein linearer Raum über K ist.
Ein weiteres Beispiel dieser Art ist die Menge $\boldsymbol{R}^{\boldsymbol{N}}$ aller unendlichen Folgen $(x_i)_{i \in \boldsymbol{N}}$ mit reellen Gliedern.

3.1.5.2.2. Lineare Teilräume

Ein linearer Raum $(K, U, \bar{\mathfrak{a}}, \bar{\mathfrak{m}}, 0, 1)$ über einem Körper K, dessen Trägermenge U Teilmenge der Trägermenge V eines linearen Raumes $(K, V, \mathfrak{a}, \mathfrak{m}, 0, 1)$ über dem gleichen Körper K ist, ist ein *linearer Teilraum* von $(K, V, \mathfrak{a}, \mathfrak{m}, 0, 1)$ (kurz: U ist ein *Teilraum* von V), wenn die Beziehungen

$$\bar{\mathfrak{a}} = \mathfrak{a}/(U \times U) \quad \text{und} \quad \bar{\mathfrak{m}} = \mathfrak{m}/(K \times U) \tag{493}$$

gelten.
Eine Teilmenge $U \subseteq V$ ist genau dann ein linearer Teilraum von V, wenn die Bedingung

$$\forall \alpha, \beta \in K, \quad \forall x, y \in U : \alpha x + \beta y \in U \tag{494}$$

erfüllt ist.
In jedem Vektorraum V sind die Teilmengen $\{0\}$ und V Teilräume. Diese beiden Teilräume werden auch als die trivialen Teilräume von V bezeichnet.

Die Menge $\{x \in \boldsymbol{R}^3 \mid pr_2 x = 0\}$ aller Elemente des $\boldsymbol{R}^3$, deren 2. Koordinate verschwindet, ist ein Teilraum des $\boldsymbol{R}^3$. Wie man an Hand des oben angegebenen Kriteriums leicht nachprüft, sind auch die Mengen $\{x \in \boldsymbol{R}^3 \mid x_1 + x_2 + x_3 = 0\}$ und $\{x \in \boldsymbol{R}^3 \mid x = \alpha(1, 2, -1), \alpha \in \boldsymbol{R}\}$ lineare Teilräume des $\boldsymbol{R}^3$.
Die Menge aller symmetrischen $n \times n$-Matrizen $S \in \boldsymbol{R}^{n \times n}$ ist ein Teilraum des $\boldsymbol{R}^{n \times n}$.
Eine Teilmenge M eines Vektorraums V ist eine *lineare Mannigfaltigkeit* oder, wie man auch sagt, eine *affine Menge*, wenn es einen linearen Teilraum U von V gibt, so daß sich M mit einem beliebigen Punkt $a \in M$ in der Form

$$M = \{x \in V \mid x = a + u, \ u \in U\} \tag{495}$$

darstellen läßt.
Dieser lineare Teilraum U wird durch die Mannigfaltigkeit M eindeutig festgelegt. Der Vektor a der Darstellung (495) kann mit einem beliebigen Vektor $y \in U$ durch $b := a + y$ ersetzt werden.
Eine Menge M ist genau dann eine lineare Mannigfaltigkeit, wenn für zwei beliebige Vektoren $x, y \in M$ die Bedingung $\forall \alpha \in K: x + \alpha(x - y) \in M$ gilt. Daraus folgt, daß eine Menge M mit wenigstens 2 Elementen eine Mannigfaltigkeit ist, wenn mit den Punkten x und y $(x \neq y)$ auch die durch diese Punkte eindeutig festgelegte Gerade $\{v \in V \mid v = x + \alpha(x - y), \alpha \in K\}$ in M enthalten ist.
Folglich sind die Ebene $\{x \in \boldsymbol{R}^3 \mid x_1 + x_2 + x_3 = b\}$ und die Gerade $\{x \in \boldsymbol{R}^3 \mid x = (c, 0, 0) + \alpha(1, 2, -1), \alpha \in \boldsymbol{R}\}$ für alle $b, c \in \boldsymbol{R}$ lineare Mannigfaltigkeiten des $\boldsymbol{R}^3$. Für $b = c = 0$ sind die zugleich lineare Teilräume des $\boldsymbol{R}^3$.
Weil die Menge $\{0\}$ Teilraum eines beliebigen Vektorraums V ist, folgt aus (495), daß alle einelementigen Teilmengen von V auch lineare Mannigfaltigkeiten von V sind.
Man zeigt sofort, daß der Durchschnitt $U_1 \cap U_2$ zweier Teilräume von V wiederum ein Teilraum von V ist, möglicherweise gilt $U_1 \cap U_2 = \{0\}$.
Der Durchschnitt $M_1 \cap M_2$ zweier linearer Mannigfaltigkeiten M_1 und M_2 aus V ist entweder leer, d. h. $M_1 \cap M_2 = \emptyset$, oder gleichfalls eine lineare Mannigfaltigkeit von V.

3.1.5.2.3. Erzeugendensysteme, Basen

Gegeben sei eine endliche Familie $(x_i)_{i \in \boldsymbol{N}_n}$ von Vektoren $x_i \in V$ eines linearen Raums V über einem Körper K und eine Familie $(\alpha_i)_{i \in \boldsymbol{N}_n}$ von Skalaren $\alpha_i \in K$. Dann liefert die Summe $\alpha_1 x_1 + \dots + \alpha_n x_n$ einen eindeutig bestimmten Vektor

$$x := \sum_{i=1}^{n} \alpha_i x_i \in V\,. \tag{496}$$

Der in (496) definierte Vektor ist eine *Linearkombination* der x_i.
Man beachte, daß eine Linearkombination stets eine *endliche* Summe ist. Unendlichen Summen läßt sich mit der in (488) definierten rein algebraischen Struktur eines linearen Raums kein Wert zuordnen. Um die Summe einer unendlichen Reihe etwa als Grenzwert der Folge ihrer Teilsummen erklären zu können, müßte die algebraische Struktur noch durch eine topologische Struktur ergänzt werden. Wichtige Sonderfälle solcher *topologischen Vektorräume* sind die (vollständigen) *normierten Räume*, deren Topologie mit Hilfe einer *Vektornorm* definiert wird. Darauf soll an dieser Stelle nicht weiter eingegangen werden.
Die Menge aller Linearkombinationen aus einer endlichen oder unendlichen Familie $(x_i)_{i \in I}$ von Vektoren eines linearen Raums V, d. h. die Menge

$$H := \left\{x \in V \mid x = \sum_{j \in J} \alpha_j x_j, \ \ \alpha_j \in K, J \subseteq I, |J| \in \boldsymbol{N}\right\} \tag{497}$$

ist ein linearer Teilraum von V. H wird auch als *lineare Hülle* der Menge $\{x_i \in V \mid i \in I\}$ bezeichnet.
Eine nicht notwendigerweise endliche Familie $(x_i)_{i\in I}$ von Vektoren $x_i \in V$ ist ein *Erzeugendensystem* von V, wenn sich jedes Element $x \in V$ als eine Linearkombination einer *endlichen* Teilfamilie $(x_j)_{j\in J}$ von $(x_i)_{i\in I}$ darstellen läßt. Anders ausgedrückt, eine Familie $(x_i)_{i\in I}$ ist ein Erzeugendensystem von V, wenn V gleich der in (497) definierten linearen Hülle der Menge $\{x_i \in V \mid i \in I\}$ ist.
Eine Familie $(x_i)_{i\in I}$ von Vektoren $x_i \in V$ heißt *frei*, wenn sich keiner der Vektoren x_i als eine Linearkombination einer endlichen Teilfamilie der Familie $(x_j)_{j\in I\setminus\{i\}}$ darstellen läßt.
Ist $(x_i)_{i\in I}$ eine freie Familie, so werden die Vektoren der Menge $\{x_i \in V \mid i \in I\}$ auch als *linear unabhängig* bezeichnet.
Eine Familie $(x_i)_{i\in I}$ ist genau dann frei, wenn für jede *endliche* Teilmenge $J \subseteq I$ aus $\sum_{j\in J} \alpha_j x_j = 0$ die Beziehung $\alpha_i = 0\ \forall j \in J$ folgt.
Eine freie Familie $(b_i)_{i\in I}$, die zugleich ein Erzeugendensystem von V ist, wird auch als *Basis* bezeichnet.
Man kann zeigen, daß jeder Vektorraum V über einem Körper K eine Basis hat.
Mit Hilfe einer Basis $(b_i)_{i\in I}$ lassen sich alle Elemente von V auf eindeutige Weise als eine (endliche) Linearkombination der b_i darstellen, d. h. für jeden Vektor $x \in V$ gibt es eine endliche Teilmenge $J \subseteq I$ und eine Familie $(\alpha_j)_{j\in J}$ von Skalaren $\alpha_j \in K$, so daß die Beziehung

$$x = \sum_{j\in J} \alpha_j b_j \qquad (498)$$

gilt.
Die durch (498) eindeutig definierten Skalare α_j werden als die *Koordinaten* und die Vektoren $\alpha_j x_j$ als die *Komponenten* von x in bezug auf die Basis $(b_i)_{i\in I}$ bezeichnet. (In bezug auf die Vektoren b_i mit $i \in I \setminus J$ hat der Vektor x die Koordinaten 0.)
Ist $(b_i)_{i\in I}$ eine freie und erzeugende Familie von V, so wird in der Literatur häufig auch die durch diese Familie definierte Menge $B := \{v \in V \mid v = b_i,\ i \in I\}$ als Basis bezeichnet. Um die Zuordnung zwischen den Koordinaten eines Vektors $x \in V$ und den entsprechenden Basisvektoren einer Basis von V eindeutig formulieren zu können, ist es jedoch zweckmäßig, eine Basis von vornherein als eine indizierte Menge (also als eine Familie) zu definieren.
Ein linearer Raum heißt *endlichdimensional*, wenn er eine endliche Basis $(b_i)_{i\in \boldsymbol{N}_n}$ enthält. Dann besitzt jede Basis von V genau n Elemente. Die Anzahl n der Vektoren dieser Basen ist die *Dimension* von V.
Enthält ein linearer Raum V keine endliche Basis, so ist er *unendlich dimensional.*
Die *Dimension einer linearen Mannigfaltigkeit* ist gleich der Dimension des linearen Teilraums, mit dem sie sich in der Form (495) darstellen läßt.
Die Mengen $\boldsymbol{R}^n$, $\boldsymbol{R}^{m\times n}$ bzw. $\boldsymbol{C}^n$, $\boldsymbol{C}^{m\times n}$ sind endlichdimensionale lineare Räume über dem Körper $\boldsymbol{R}$ der reellen bzw. dem Körper $\boldsymbol{C}$ der komplexen Zahlen. Für ihre Dimensionen gilt $\dim \boldsymbol{R}^n = \dim \boldsymbol{C}^n = n$ und $\dim \boldsymbol{R}^{m\times n} = \dim \boldsymbol{C}^{m\times n} = m \cdot n$. Faßt man die Mengen $\boldsymbol{C}^n$ und $\boldsymbol{C}^{m\times n}$ als lineare Räume über dem Körper $\boldsymbol{R}$ der reellen Zahlen auf, so gilt dagegen $\dim \boldsymbol{C}^n = 2n$ und $\dim \boldsymbol{C}^{m\times n} = 2m \cdot n$.
Die Mengen $\boldsymbol{R}[x]$ und $\boldsymbol{C}[x]$ aller Polynome in einer Unbestimmten x mit reellen bzw. komplexen Koeffizienten sind unendlich dimensionale lineare Räume über dem Körper der reellen bzw. komplexen Zahlen. Die Familie $(x^i)_{i\in \boldsymbol{N}\cup\{0\}}$ aller Potenzen x^0, $x^1, x^2, \ldots, x^n, \ldots$ der Unbestimmten x ist eine Basis dieser Vektorräume.
Die Menge $C^0(\boldsymbol{R})$ aller stetigen und die Menge $C^n(\boldsymbol{R})$ aller n-mal stetig differenzierbaren Funktionen aus $\boldsymbol{R}^{\boldsymbol{R}}$ und die Menge $\boldsymbol{R}^{\boldsymbol{N}}$ aller unendlichen Folgen mit reellen Gliedern sind unendlichdimensional.

Die Menge aller Lösungen einer homogenen linearen Differentialgleichung n-ter Ordnung mit konstanten Koeffizienten ist ein n-dimensionaler Teilraum der Menge $C^n(\boldsymbol{R})$. Die Menge aller Lösungen einer inhomogenen linearen Differentialgleichung n-ter Ordnung mit konstanten Koeffizienten ist eine n-dimensionale lineare Mannigfaltigkeit von $C^n(\boldsymbol{R})$.

3.1.5.2.4. Lineare Abbildungen

Sind V und W lineare Räume über dem gleichen Körper K, ist $L : V \to W$ eine Abbildung von V in W und gilt

$$\forall \alpha, \beta \in K,\ \forall x, y \in V : L(\alpha x + \beta y) = \alpha L(x) + \beta L(y)\,, \tag{499}$$

so wird L als eine *lineare Abbildung* bezeichnet.
Sind die Mengen $X_1, X_2, \ldots, X_n$ lineare Räume über dem gleichen Körper K, so sind die in (410) eingeführten Projektionen $pr_{i_1,\ldots,i_k} : X_1 \times \ldots \times X_n \to X_{i_1} \times \ldots \times X_{i_k}$ einfache Beispiele linearer Abbildungen.
Jede Matrix $M \in K^{m\times n}$ definiert durch die Zuordnung $L(x) := Mx$ eine lineare Abbildung $L : K^{n\times 1} \to K^{m\times 1}$ des linearen Raums aller Spaltenmatrizen der Länge n in den Raum aller Spaltenmatrizen der Länge m. Die Spalten der Matrix M sind die Funktionswerte von L bezüglich der kanonischen Basis $e^1 = (1, 0, 0, \ldots)^t$, $e^2 = (0, 1, 0, \ldots)^t$, $e^3 = (0, 0, 1, \ldots)^t$, ... des $K^{n\times 1}$, d. h. $M_{.1} = L(e^1)$, $M_{.2} = L(e^2)$, ... Offensichtlich läßt sich durch diese Vorschrift auch jeder linearen Abbildung $L : K^{n\times 1} \to K^{m\times 1}$ eine Matrix $M \in K^{m\times n}$ zuordnen, die der Bedingung $L(x) = Mx$ für alle $x \in K^{n\times 1}$ genügt. Es ist oftmals üblich, eine lineare Abbildung $L : K^{n\times 1}\ K^{m\times 1}$ mit der ihr zugeordneten Matrix $M \in K^{m\times n}$ zu identifizieren.

Der Differentiationsoperator $(Df)(x) := \frac{\mathrm{d}}{\mathrm{d}x} f(x)$ ist eine lineare Abbildung $D : C^n(\boldsymbol{R}) \to C^{n-1}(\boldsymbol{R})$.
Eine Abbildung $A : V \to W$ eines linearen Raums V in einen linearen Raum W heißt *affin*, wenn es eine lineare Abbildung $L : V \to W$ und einen festen Vektor $b \in W$ gibt, so daß für alle $x \in V$ der Zusammenhang $A(x) = b + L(x)$ gilt.
Ist $X \subseteq V$ ein linearer Teilraum von V und $Y \subseteq W$ ein linearer Teilraum von W, so ist das durch eine lineare Abbildung $L : V \to W$ vermittelte volle Bild $L(X)$ der Menge X ein linearer Teilraum von W und das volle Urbild $\overset{-1}{L}[Y]$ von Y ein linearer Teilraum von V.
Speziell sind also das *Bild*

$$L[V] = \{y \in W \mid y = L(x),\ x \in V\} \tag{500}$$

und der *Kern*

$$\overset{-1}{L}(0) = \{x \in V \mid L(x) = 0\} \tag{501}$$

einer linearen Abbildung L lineare Teilräume von W bzw. V.
Aus (500) und (501) folgt unmittelbar, daß die Mengen

$$\{x \in V \mid L(x) = a\} \tag{502}$$

bzw.

$$\{y \in W \mid y = b + L(x), x \in V\} \tag{503}$$

für jedes feste $a \in W$ bzw. $b \in W$ lineare Mannigfaltigkeiten von V bzw. W sind.
Ist L die mit $D := \frac{\mathrm{d}}{\mathrm{d}x}$ durch $L := a_n D^n + \ldots + a_1 D + a_0$ definierte lineare Abbildung $L : C^n(\boldsymbol{R}) \to C^0(\boldsymbol{R})$, so ist die Menge $\{f \in C^n(\boldsymbol{R}) \mid L(f) = g\}$ für alle $g \in C^0(\boldsymbol{R})$ eine lineare Mannigfaltigkeit von $C^n(\boldsymbol{R})$.

Zu jeder endlichdimensionalen linearen Mannigfaltigkeit M eines endlichdimensionalen Raumes gibt es eine Abbildung K, mit der man M wahlweise in der Form (502) oder der Form (503) darstellen kann.

Eine lineare Abbildung $L : V \to W$ ist surjektiv, wenn $L[V] = W$ gilt. Wegen $L(x) = L(y) \Leftrightarrow L(x - y) = 0$ ist eine lineare Abbildung L genau dann injektiv, wenn ihr Kern der Bedingung $\overset{-1}{L}(0) = 0$ genügt.

Ist $L : V \to W$ eine bijektive lineare Abbildung, so ist ihre inverse Abbildung L^{-1}: $W \to V$ gleichfalls eine lineare Abbildung.

Eine bijektive lineare Abbildung $L : V \to W$ wird als *Isomorphismus* von V auf W bezeichnet.

Zwei lineare Räume V und W sind *isomorph*, wenn ein Isomorphismus von V auf W existiert.

Sind V und W isomorphe endlichdimensionale Räume über dem gleichen Körper K, so gilt $\dim V = \dim W$.

Ist V ein n-dimensionaler linearer Raum über einem Körper K und $(b_1, \ldots, b_n)$ eine Basis von V, dann gibt es zu jedem Vektor $x \in V$ ein n-Tupel $(\xi_1, \ldots, \xi_n) \in K^n$ von Koeffizienten $\xi_i \in K$, mit denen sich x in der Form (498) darstellen läßt. Umgekehrt wird durch (498) auch jedem n-Tupel $(\xi_1, \ldots, \xi_n) \in K^n$ ein Vektor von V zugeordnet. Offensichtlich ist diese Zuordnung linear und wegen der Eindeutigkeit der Darstellung (498) auch bijektiv. Folglich ist der gegebene n-dimensionale Raum V über K dem n-Tupel-Raum K^n isomorph.

Daraus folgt weiter, daß alle n-dimensionalen linearen Räume über dem gleichen Körper K zueinander isomorph sind.

Speziell sind also der lineare Raum $\boldsymbol{R}^{n \times 1}$ aller $n \times 1$-Spaltenmatrizen, der lineare Raum $\boldsymbol{R}^{1 \times n}$ aller $1 \times n$-Zeilenmatrizen, der lineare Raum $\boldsymbol{R}^{N_n}$ aller n-gliedrigen reellen Folgen und der n-dimensionale Raum $\boldsymbol{R}^n$ aller reellen n-Tupel isomorph.

Die Menge $\boldsymbol{R}^{m \times n}$ aller reellen $m \times n$-Matrizen ist dem $m \cdot n$-dimensionalen Raum $\boldsymbol{R}^{(m \cdot n)}$ isomorph.

Ist V ein unendlichdimensionaler linearer Raum über einem Körper K und $(b_i)_{i \in I}$ eine Basis von V, so ist V dem Raum $K^{(I)}$ aller Familien $(\xi_i)_{i \in I}$, bei denen nur endlich viele Glieder von Null verschieden sind, isomorph. (Für eine unendliche Menge I ist $K^{(I)}$ ein Teilraum von K^I. Für eine endliche Menge I gilt offensichtlich $K^{(I)} = K^I$.)

Die Mengen $\boldsymbol{R}[x]$ und $\boldsymbol{C}[x]$ aller Polynome mit reellen bzw. komplexen Koeffizienten sind isomorph zu $\boldsymbol{R}^{(N)}$ bzw. $\boldsymbol{C}^{(N)}$.

Es sei $L : V \to W$ eine lineare Abbildung. Dann wird die Dimension des Bildes $L[V]$ als *Rang der Abbildung* L bezeichnet.

$$\operatorname{Rg} L := \dim L[V] . \tag{504}$$

Die Abbildung L ist von *endlichem Rang*, falls ihr Bild $L[V]$ ein endlichdimensionaler Teilraum von W ist, andernfalls hat L einen *unendlichen Rang*.

Ist V endlichdimensional und $(b_i)_{i=1,\ldots,n}$ eine Basis von V, so ist eine lineare Abbildung $L : V \to W$ genau dann injektiv, wenn $\big(L(b_i)\big)_{i=1,\ldots,n}$ eine freie Familie von W ist. Ist diese Familie zugleich ein Erzeugendensystem von W, so ist L bijektiv und die Räume V und W sind einander isomorph.

Ist W endlichdimensional, so gilt $\operatorname{Rg} L \leq \dim W$. L ist genau dann surjektiv, wenn die Bedingung $\operatorname{Rg} L = \dim W$ erfüllt ist.

Ist V endlichdimensional, so gilt $\dim \overset{-1}{L}(0) \leq \dim V$. Hat die Abbildung L den Rang $\operatorname{Rg} L = r$, so gilt

$$\dim \overset{-1}{L}(0) = \dim V - r . \tag{505}$$

Ist L eine lineare Abbildung $L: \boldsymbol{R}^{n \times 1} \to \boldsymbol{R}^{m \times 1}$ und $M \in \boldsymbol{R}^{m \times n}$ die dieser Abbildung zugeordnete Matrix, so ist die Familie $(M_{.j})_{j=1,\ldots,n}$ der Spalten von M ein Erzeugendensystem des Bildes $L[\boldsymbol{R}^{n \times 1}]$.
Der Rang dieser Abbildung L ist gleich der Maximalzahl der linear unabhängigen Vektoren der Menge $\{M_{.1}, \ldots, M_{.n}\}$.
Ist $M \in \boldsymbol{R}^{m \times n}$ die der Abbildung $L: \boldsymbol{R}^{n \times 1} \to \boldsymbol{R}^{m \times 1}$ zugeordnete Matrix, so definiert man

$$\operatorname{Rg} M := \operatorname{Rg} L . \tag{506}$$

Hat die Matrix M den $\operatorname{Rg} M = r$, so hat wegen (505) die Menge $\{x \in \boldsymbol{R}^{n \times 1} | \, Mx = 0\}$ aller Lösungen des homogenen Gleichungssystems $Mx = 0$ die Dimension $n - r$.

3.1.5.3. Grundlagen der Graphentheorie

Im folgenden sollen, auch wenn das nicht jedesmal besonders hervorgehoben wird, ausschließlich endliche orientierte Graphen betrachtet werden.

3.1.5.3.1. Graphen

Ein geordnetes Tripel $\mathcal{G} = (\mathcal{Z}, \mathcal{K}, \mathcal{A})$ ist ein *endlicher orientierter Graph*, wenn die Symbole $\mathcal{Z}$, $\mathcal{K}$ und $\mathcal{A}$ Mengen bezeichnen, die den folgenden Bedingungen genügen:

$$\begin{aligned} &1.\ |\mathcal{Z}|, |\mathcal{K}| \in \boldsymbol{N} \cup \{0\}, \\ &2.\ \mathcal{Z} \cap \mathcal{K} = \emptyset, \\ &3.\ \mathcal{K} = \emptyset \Rightarrow \mathcal{Z} = \emptyset, \\ &4.\ \mathcal{A} \in (\mathcal{K} \times \mathcal{K})^{\mathcal{Z}}. \end{aligned} \tag{507}$$

Die Elemente von $\mathcal{Z}$ heißen *Zweige*. Die Menge $\mathcal{Z}$ wird als *Zweigmenge* bezeichnet. Die Anzahl $|\mathcal{Z}|$ ihrer Elemente soll mit dem Symbol $z := |\mathcal{Z}|$ bezeichnet werden.
Die Elemente von $\mathcal{K}$ heißen *Knoten*. Die Menge $\mathcal{K}$ wird als *Knotenmenge* bezeichnet. Die Anzahl $|\mathcal{K}|$ ihrer Elemente soll mit dem Symbol $k := |\mathcal{K}|$ bezeichnet werden.
Die Menge $\mathcal{A} \in (\mathcal{K} \times \mathcal{K})^{\mathcal{Z}}$ ist eine Abbildung $\mathcal{A}: \mathcal{Z} \to \mathcal{K} \times \mathcal{K}$. Sie ordnet jedem Zweig ein geordnetes Paar von Knoten zu. Ein Zweig $b \in \mathcal{Z}$, für den $\mathcal{A}(b) = (m, n) \in \mathcal{K} \times \mathcal{K}$ gilt, *inzidiert* mit den Knoten m und n, er *inzidiert positiv* oder *nach außen* mit m und *negativ* oder *nach innen* mit n. Die Knoten m und n sind die *Endpunkte* des Zweiges b, m ist sein *Startknoten* und n sein *Zielknoten*. Zweig b *verbindet* die Knoten m und n. Für $m \neq n$, sagt man, der Zweig b ist *von m nach n orientiert*. Gilt $\mathcal{A}(b) = (n, n)$, ist also n sowohl Start- als auch Zielknoten von b, so bildet der Zweig b eine *Schlinge*.
Die Abbildung $\mathcal{A}$ wird auch als *Inzidenzabbildung* bezeichnet.
Ein Knoten $n \in \mathcal{K}$, der weder Start- noch Zielknoten eines der Zweige der Menge $\mathcal{Z}$ ist, heißt *isolierter Knoten*.
Bedingung 1 garantiert die Endlichkeit der Mengen $\mathcal{Z}$ und $\mathcal{K}$ und damit die von $\mathcal{G}$. Bedingung 2 besagt, daß Zweige keine Knoten sind und umgekehrt Knoten keine Zweige. Aus Bedingung 3 folgt, daß ein Graph u. U. lediglich aus isolierten Knoten bestehen kann, daß es aber keine Graphen gibt, die aus ,,isolierten" Zweigen bestehen. Mit anderen Worten, das Tripel $(\emptyset, \mathcal{K}, \emptyset)$ ist für jede Menge $\mathcal{K}$ ein Graph, während $(\mathcal{Z}, \emptyset, \emptyset)$ für alle $\mathcal{Z} \neq \emptyset$ kein Graph ist.
Das Tripel $(\emptyset, \emptyset, \emptyset)$ wird auch als *leerer Graph* bezeichnet.
Mit $\mathcal{Z} = \{a, b, c\}$, $\mathcal{K} = \{\alpha, \beta, \gamma, \delta\}$ und $\mathcal{A} = \{(a, (\alpha, \alpha)), (b, (\alpha, \beta)), (c, (\delta, \beta))\}$ erhält man ein nichttriviales Beispiel für einen endlichen orientierten Graphen. Dieser Graph hat 3 Zweige und 4 Knoten. Zweig a ist eine Schlinge, γ ein isolierter Knoten.

Die Abbildung $\mathcal{A}$ definiert die im Anschluß an (507) bereits verbal formulierten *Inzidenzrelationen*

$$\mathcal{K}^+ := \{(m, b) \in \mathcal{K} \times \mathcal{Z} \mid \exists n \in \mathcal{K}: (m, n) = \mathcal{A}(b)\}\,, \tag{508}$$

$$\mathcal{K}^- := \{(n, b) \in \mathcal{K} \times \mathcal{Z} \mid \exists m \in \mathcal{K}: (m, n) = \mathcal{A}(b)\} \tag{509}$$

und

$$\mathcal{K} := \mathcal{K}^+ \cup \mathcal{K}^-\,. \tag{510}$$

Die für alle $n \in \mathcal{K}$ definierten Ausdrücke

$$g^+(n) := |n\mathcal{K}^+| \quad \text{und} \quad g^-(n) := |n\mathcal{K}^-| \tag{511}$$

sind der *positive* bzw. *negative Grad* des Knoten n,

$$g(n) := g^+(n) + g^-(n) \tag{512}$$

ist der *Grad* von n.

Ein *endlicher orientierter geometrischer Graph* im n-dimensionalen Zahlenraum $\boldsymbol{R}^n$ besteht aus einer endlichen Menge $\mathcal{K} \subset \boldsymbol{R}^n$ von Knoten und einer endlichen Menge $\mathcal{Z} \subset P(\boldsymbol{R}^n)$ paarweise disjunkter, orientierter, offener, einfacher Bögen, die jeweils zwei der Knoten von $\mathcal{K}$ miteinander oder einen Knoten von $\mathcal{K}$ mit sich selbst verbinden. Diese Bögen sind die Zweige des geometrischen Graphen.

Voraussetzungsgemäß können sich die Zweige eines geometrischen Graphen höchstens in den Knotenpunkten berühren. Offensichtlich kann ein Zweig eines geometrischen Graphen des $\boldsymbol{R}^n$ nur für $n \geqq 2$ eine Schlinge bilden.

Bei einem endlichen geometrischen Graphen sind die Mengen $\mathcal{Z}$ und $\mathcal{K}$ endlich. Wegen $\boldsymbol{R}^n \cap P(\boldsymbol{R}^n) = \emptyset$ gilt $\mathcal{K} \cap \mathcal{Z} = \emptyset$. Aus der Definition der Zweigmenge eines geometrischen Graphen folgt, daß die Zweigmenge nur dann von der leeren Menge verschieden sein kann, wenn $\mathcal{K} \neq 0$ ist. Aus dieser Definition folgt ferner, daß jedem Zweig $b \in \mathcal{Z}$ genau ein Knotenpaar $(m, n) \in \mathcal{K} \times \mathcal{K}$ so zugeordnet wird, daß b die Knoten m und n verbindet und von m nach n orientiert ist. Folglich ist *ein* endlicher orientierter geometrischer Graph im Sinne der im Zusammenhang mit (507) angegebenen Definition ein endlicher orientierter Graph.

Zwei Graphen $\mathcal{G} = (\mathcal{Z}, \mathcal{K}, \mathcal{A})$ und $\mathcal{G}' = (\mathcal{Z}', \mathcal{A}', \mathcal{K}')$ sind *isomorph*, wenn es zwei bijektive Abbildungen $\zeta : \mathcal{Z} \to \mathcal{Z}'$ und $\varkappa : \mathcal{K} \to \mathcal{K}'$ zwischen ihren Zweig- bzw. Knotenmengen gibt, so daß die Inzidenzabbildungen $\mathcal{A}$ und $\mathcal{A}'$ der Bedingung

$$\forall b \in \mathcal{Z} : \mathcal{A}(b) = (m, n) \Leftrightarrow \mathcal{A}'(\zeta(b)) = (\varkappa(m), \varkappa(n)) \tag{513}$$

genügen.

Für $n \geqq 3$ läßt sich im $\boldsymbol{R}^n$ jedem Graphen $\mathcal{G} = (\mathcal{Z}, \mathcal{K}, \mathcal{A})$ ein isomorpher geometrischer Graph zuordnen.

Ein Graph $\mathcal{G} = (\mathcal{Z}, \mathcal{K}, \mathcal{A})$ heißt *eben*, falls sich ihm im $\boldsymbol{R}^2$ ein isomorpher geometrischer Graph zuordnen läßt.

Wie das Beispiel des vollständigen 5-Ecks zeigt, bei dem jeder der 5 Knoten dieses Graphen mit den übrigen Knoten durch genau einen Zweig verbunden ist, gibt es auch nichtebene Graphen.

Zwei Graphen $\hat{\mathcal{G}} = (\mathcal{Z}, \mathcal{K}, \hat{\mathcal{A}})$ und $\check{\mathcal{G}} = (\mathcal{Z}, \mathcal{K}, \check{\mathcal{A}})$ mit gleicher Zweig- und Knotenmenge *unterscheiden sich höchstens in der Orientierung ihrer Zweige*, wenn die mit Hilfe der Inzidenzabbildungen $\hat{\mathcal{A}}$ und $\check{\mathcal{A}}$ definierten Relationen $\hat{\mathcal{K}}$ bzw. $\check{\mathcal{K}}$ der Bedingung

$$\hat{\mathcal{K}} = \check{\mathcal{K}} \tag{514}$$

genügen.

Ein Graph $\mathcal{G}_t = (\mathcal{Z}_t, \mathcal{K}_t, \mathcal{A}_t)$ heißt *Untergraph* oder *Teilgraph* eines Graphen $\mathcal{G} = (\mathcal{Z}, \mathcal{K}, \mathcal{A})$, wenn die Beziehungen

$$\mathcal{Z}_t \subseteq \mathcal{Z}, \qquad \mathcal{K}_t \subseteq \mathcal{K}, \qquad \mathcal{A}_t = \mathcal{A}/\mathcal{Z}_t \tag{515}$$

gelten. (Voraussetzungsgemäß ist das Tripel $(\mathcal{Z}_t, \mathcal{K}_t, \mathcal{A}_t)$ nur dann ein Teilgraph, wenn es selbst ein Graph ist, d. h., wenn die Mengen $\mathcal{Z}_t$, $\mathcal{K}_t$ und $\mathcal{A}_t$ die in (507) angegebenen Bedingungen erfüllen.)
Zwei Graphen $\hat{\mathcal{G}} = (\hat{\mathcal{Z}}, \hat{\mathcal{K}}, \hat{\mathcal{A}})$ und $\check{\mathcal{G}} = (\check{\mathcal{Z}}, \check{\mathcal{K}}, \check{\mathcal{A}})$ heißen *zweigfremd*, falls

$$\hat{\mathcal{Z}} \cap \check{\mathcal{Z}} = \emptyset \tag{516}$$

und *knotenfremd*, falls

$$\hat{\mathcal{K}} \cap \check{\mathcal{K}} = \emptyset \tag{517}$$

gilt.
Wie man am Beispiel der Graphen $(\{a\}, \{b\}, \{(a, (b, b))\})$ und $(\{b\}, \{a\}, \{(b, (a, a))\})$ deutlich sieht, gilt für beliebige Graphen $\hat{\mathcal{G}} = (\hat{\mathcal{Z}}. \hat{\mathcal{K}}, \hat{\mathcal{A}})$ und $\check{\mathcal{G}} = (\check{\mathcal{Z}}, \check{\mathcal{K}}, \check{\mathcal{A}})$ zwar $\hat{\mathcal{Z}} \cap \hat{\mathcal{K}} = \emptyset$ und $\check{\mathcal{Z}} \cap \check{\mathcal{K}} = \emptyset$ (Bedingung 2 aus (507)), nicht aber notwendigerweise auch $\hat{\mathcal{Z}} \cap \check{\mathcal{K}} = \emptyset$ und $\check{\mathcal{Z}} \cap \hat{\mathcal{K}} = \emptyset$. Sind dagegen $\hat{\mathcal{G}}$ und $\check{\mathcal{G}}$ *geometrische* Graphen, so gilt *stets* $\hat{\mathcal{Z}} \cap \check{\mathcal{K}} = \emptyset$ und $\check{\mathcal{Z}} \cap \hat{\mathcal{K}} = \emptyset$. Außerdem gilt für geometrische Graphen stets $\hat{\mathcal{K}} \cap \check{\mathcal{K}} = \emptyset \Rightarrow \hat{\mathcal{Z}} \cap \check{\mathcal{Z}} = \emptyset$.
Sind $\hat{\mathcal{G}} = (\hat{\mathcal{Z}}, \hat{\mathcal{K}}, \hat{\mathcal{A}})$ und $\check{\mathcal{G}} = (\check{\mathcal{Z}}, \check{\mathcal{K}}, \check{\mathcal{A}})$ zwei Graphen, die den Bedingungen

$$\hat{\mathcal{Z}} \cap \check{\mathcal{Z}} = \emptyset$$

und

$$\hat{\mathcal{Z}} \cap \check{\mathcal{K}} = \emptyset\,, \qquad \check{\mathcal{Z}} \cap \hat{\mathcal{K}} = \emptyset \tag{518}$$

genügen, so wird durch

$$\mathcal{G} := \hat{\mathcal{G}} \sqcup \check{\mathcal{G}} := (\hat{\mathcal{Z}} \cup \check{\mathcal{Z}}, \hat{\mathcal{K}} \cup \check{\mathcal{K}}, \hat{\mathcal{A}} \cup \check{\mathcal{A}}) \tag{519}$$

ein Graph definiert, der als die *Zusammenschaltung* der Graphen $\hat{\mathcal{G}}$ und $\check{\mathcal{G}}$ bezeichnet wird.
Ein geordnetes Paar $(\varkappa, \zeta)$ zweier Abbildungen

$$\varkappa : \boldsymbol{N}_{n+1} \to \mathcal{K} \qquad \text{und} \qquad \zeta : \boldsymbol{N}_n \to \mathcal{Z} \tag{520}$$

in die Knoten- bzw. Zweigmenge eines Graphen $\mathcal{G} = (\mathcal{Z}, \mathcal{K}, \mathcal{A})$ wird als *Knoten-Zweig-Folgenpaar der Länge* n bezeichnet, falls

$$\forall i \in \boldsymbol{N}_n : \mathcal{A}(\zeta_i) \in \{(\varkappa_i, \varkappa_{i+1}), (\varkappa_{i+1}, \varkappa_i)\} \tag{521}$$

gilt. Man sagt dann auch, der Graph $\mathcal{G}$ *enthält* das Knoten-Zweig-Folgenpaar $(\varkappa, \zeta)$.

Zwei Knoten-Zweig-Folgenpaare $(\varkappa, \zeta)$ und (λ, η) der Länge m bzw. n heißen *knotenfremd*, falls

$$\varkappa[\boldsymbol{N}_{m+1}] \cap \lambda[\boldsymbol{N}_{n+1}] = \emptyset \tag{522}$$

und *zweigfremd*, falls

$$\zeta[\boldsymbol{N}_m] \cap \eta[\boldsymbol{N}_n] = \emptyset \tag{523}$$

gilt.
Eine *Kette* ist ein Knoten-Zweig-Folgenpaar $(\varkappa, \zeta)$ der Länge n, bei dem die Abbildung $\zeta : \boldsymbol{N}_n \to \mathcal{Z}$ *injektiv* ist. (Von einer Kette wird kein Zweig der Menge $\zeta[\boldsymbol{N}_n]$ mehrfach „durchlaufen".)
Eine Kette $(\varkappa, \zeta)$ der Länge n heißt *geschlossen*, falls $\varkappa_1 = \varkappa_{n+1}$ gilt.
Eine Kette $(\varkappa, \zeta)$, bei der auch $\varkappa$ eine injektive Abbildung ist, wird als *Weg* bezeichnet. Ein Weg *verbindet* die Knoten $\varkappa_1$ und $\varkappa_{n+1}$.
An Hand des in Bild 22a dargestellten geometrischen Graphen mit der Zweigmenge $\mathcal{Z} = \{1, 2, \ldots, 8\}$ und der Knotenmenge $\mathcal{K} = \{$ ①, ②, ③, ④$\}$ sollen einige Beispiele angegeben werden, die die soeben eingeführten Begriffe illustrieren.

a)

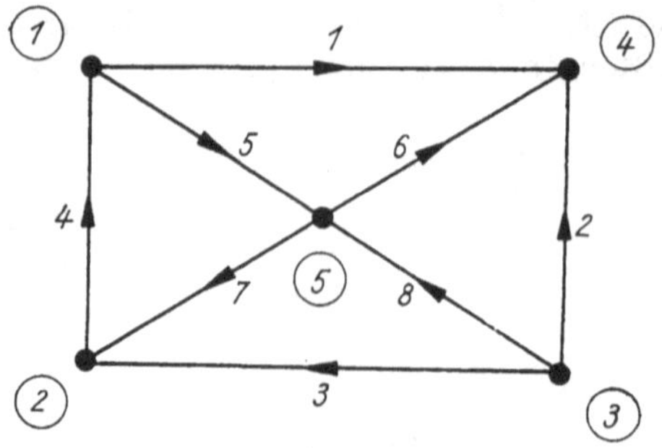

b)

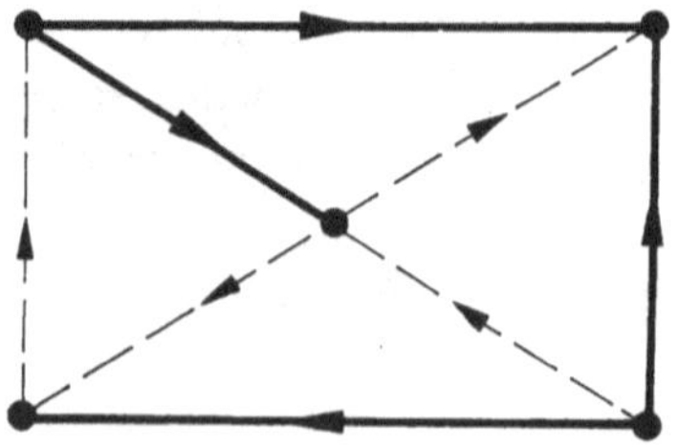

c)

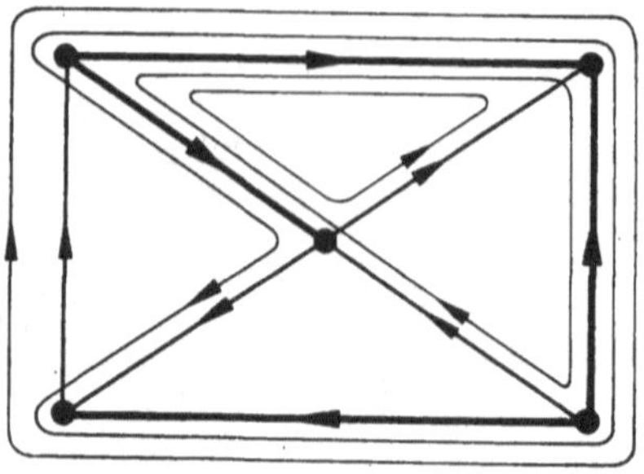

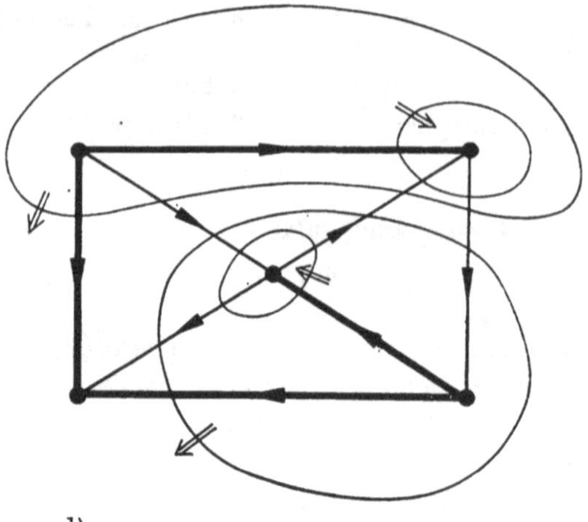

d)

Bild 22. Beispiel eines orientierten geometrischen Graphen mit 8 Zweigen und 4 Knoten

a) Graph

b) vollständiger Baum und (gestrichelt) komplementäres Verbindungszweigsystem

c) System der Fundamentalmaschen, das durch den in b) dargestellten vollständigen Baum definiert wird

d) System der Fundamentalschnitte, das durch den in b) dargestellten vollständigen Baum definiert wird

Das Folgenpaar $(\varkappa, \zeta)$ mit

$$\varkappa = (①, ④, ⑤, ②, ③, ⑤, ②, ①, ②),$$
$$\zeta = \quad (1, 6, 7, 3, 8, 7, 4, 4)$$

ist ein allgemeines Knoten-Zweig-Folgenpaar. Es enthält mehrfach durchlaufene Knoten und mehrfach durchlaufene Zweige, d. h. weder $\varkappa$ noch ζ ist eine injektive Abbildung.

Für

$$\varkappa = (①, ④, ⑤, ②, ③, ⑤),$$
$$\zeta = \quad (1, 6, 7, 3, 8)$$

erhält man eine Kette (ζ injektiv) und für

$$\varkappa = (①, ④, ⑤, ②, ③, ⑤, ①)$$
$$\zeta = \quad (1, 6, 7, 3, 8, 5)$$

eine geschlossene Kette (ζ injektiv und $\varkappa_1 = \varkappa_7$).

Für

$$\varkappa = (①, ④, ⑤, ③, ②)$$
$$\zeta = \quad (1, \quad 6, \quad 8, \quad 3)$$

erhält man einen Weg ($\varkappa$ und ζ injektiv).
Zur Vereinfachung der Schreibweise sind in diesen Beispielen die Abbildungen $\varkappa : \boldsymbol{N}_{n+1} \to \mathcal{K}$ und $\zeta : \boldsymbol{N}_n \to \mathcal{Z}$ mit $(n+1)$- bzw. n-Tupeln identifiziert worden.
Ein Graph $\mathcal{G} = (\mathcal{Z}, \mathcal{K}, \mathcal{A})$ heißt *zusammenhängend*, wenn sich zwei beliebige Knoten $m, n \in \mathcal{K}$ $(m \neq n)$ durch einen Weg verbinden lassen. Gibt es ein Knotenpaar $m, n \in \mathcal{K}$ $(m \neq n)$, das sich nicht durch einen Weg verbinden läßt, so heißt der Graph *nichtzusammenhängend*.
Ein zusammenhängender Teilgraph eines Graphen $\mathcal{G} = (\mathcal{Z}, \mathcal{K}, \mathcal{A})$, der maximal viele Zweige von $\mathcal{G}$ enthält, heißt *Komponente* oder *maximal verbundener Teilgraph*.
Es ist möglich, daß eine Komponente aus einem isolierten Knoten besteht.
Ein zusammenhängender Graph besteht aus einer Komponente.
Die Anzahl der Komponenten eines Graphen soll allgemein mit dem Symbol c bezeichnet werden.
Ein *Wald* ist ein Graph, der keine geschlossenen Ketten enthält.
Ein *Baum* ist eine Komponente eines Waldes.
Ein Wald, der alle Knoten und maximal viele Zweige eines Graphen $\mathcal{G} = (\mathcal{Z}, \mathcal{K}, \mathcal{A})$ enthält, ist ein *vollständiger Wald* von $\mathcal{G}$. Ein *vollständiger Baum* ist eine Komponente eines vollständigen Waldes.
Jeder Graph enthält wenigstens einen vollständigen Wald.
Jeder vollständige Wald eines Graphen mit k Knoten und c Komponenten enthält

$$k^\theta := k - c \tag{524}$$

Zweige.
Ist $\mathcal{G} = (\mathcal{Z}, \mathcal{K}, \mathcal{A})$ ein Graph und $\mathcal{Z}_W$ die Zweigmenge eines vollständigen Waldes von $\mathcal{G}$, so werden die Elemente von $\mathcal{Z}_V := \mathcal{Z} \setminus \mathcal{Z}_W$ als *Verbindungszweige* und die Menge $\mathcal{Z}_V$ als das durch diesen vollständigen Wald definierte *Verbindungszweigsystem* bezeichnet.
Jedes Verbindungszweigsystem eines Graphen mit z Zweigen, k Knoten und c Komponenten enthält

$$z^0 := z - k - c \tag{525}$$

Zweige.
Für den Graphen $\mathcal{G}$ aus Bild 10a definiert die Zweigmenge $\mathcal{Z}_W = \{1, 2, 3, 5\}$ einen vollständigen Wald. Ihm entspricht das Verbindungszweigsystem $\mathcal{Z}_V = \{4, 6, 7, 8\}$. Da der gegebene Graph zusammenhängend ist, ist der durch $\mathcal{Z}_W$ definierte vollständige Wald $\mathcal{G}_W$ ein zusammenhängender Teilgraph von $\mathcal{G}$ (vgl. Bild 22b).
Offensichtlich ist jeder vollständige Wald eines zusammenhängenden Graphen gleichfalls zusammenhängend, d. h. die vollständigen Wälder zusammenhängender Graphen sind vollständige Bäume. Wegen $c = 1$ erhält man dann aus (524) und (525) die Beziehungen $k^\theta = k - 1$ bzw. $z^\theta = z - k + 1$.

3.1.5.3.2. Zyklen und Schnitte

Eine Teilmenge $\mathcal{Z}_Z$ der Zweigmenge eines Graphen $\mathcal{G} = (\mathcal{Z}, \mathcal{K}, \mathcal{A})$ heißt *Zyklus*, wenn es eine in $\mathcal{G}$ enthaltene geschlossene Kette $(\varkappa, \zeta)$ der Länge $n := |\mathcal{Z}_Z|$ gibt, die der Bedingung

$$\mathcal{Z}_Z = \zeta[\boldsymbol{N}_n] \tag{526}$$

genügt.

Ein Zyklus $\mathcal{Z}_M$ eines Graphen $\mathcal{G}$ heißt *Elementarzyklus* oder *Masche*, wenn keine der echten Teilmengen von $\mathcal{Z}_M$ ein Zyklus ist.
Jeder Zyklus eines Graphen, der kein Elementarzyklus ist, läßt sich als eine Vereinigung disjunkter Elementarzyklen darstellen.
Das geordnete Paar $(\mathcal{Z}_Z^+, \mathcal{Z}_Z^-)$ zweier disjunkter Teilmengen der Zweigmenge eines Graphen ist ein orientierter Zyklus, falls die Vereinigung $\mathcal{Z}_Z^+ \cup \mathcal{Z}_Z^-$ ein Zyklus ist und es eine geschlossene Kette $(\varkappa, \zeta)$ der Länge $n := |\mathcal{Z}_Z^+ \cup \mathcal{Z}_Z^-|$ mit

$$\forall b \in \mathcal{Z}_Z^+, \ \exists i \in \boldsymbol{N}_n : \mathcal{A}(b) = (\varkappa_i, \varkappa_{i+1})$$

und (527)

$$\forall b \in \mathcal{Z}_Z^-, \exists i \in \boldsymbol{N}_n : \mathcal{A}(b) = (\varkappa_{i+1}, \varkappa_i)$$

gibt.
Der orientierte Zyklus $(\mathcal{Z}_Z^+, \mathcal{Z}_Z^-)$ wird auch als ein dem entsprechenden nichtorientierten Zyklus $\mathcal{Z}_Z^+ \cup \mathcal{Z}_Z^-$ *zugeordneter* orientierter Zyklus bezeichnet.
Die Zweihe $b \in \mathcal{Z}_Z^+$ sind der durch das geordnete Paar $(\mathcal{Z}_Z^+, \mathcal{Z}_Z^-)$ definierten Orientierung des Zyklus $\mathcal{Z}_Z^+ \cup \mathcal{Z}_Z^-$ *gleichgerichtet*, die Zweige $b \in \mathcal{Z}_Z^-$ sind ihr *entgegengerichtet*.
Ist $(\mathcal{Z}_Z^+, \mathcal{Z}_Z^-)$ ein orientierter Zyklus, so ist $(\mathcal{Z}_Z^-, \mathcal{Z}_Z^+)$ gleichfalls ein orientierter Zyklus. Diese beiden Zyklen sind einander *entgegengesetzt* orientiert.
Für jeden Elementarzyklus gibt es genau 2 orientierte Elementarzyklen. Allgemeineren Zyklen lassen sich mehr als 2 orientierte Zyklen zuordnen.
Für den im Bild A. 22a dargestellten Graphen $\mathcal{G}$ sind die Zweigmengen $\mathcal{Z}_Z = \{1, 3, 5, 6, 7, 8\}$, $\mathcal{Z}_{M_1} = \{1, 5, 6\}$ und $\mathcal{Z}_{M_2} = \{3, 7, 8\}$ Beispiele von Zyklen. Die Zyklen $\mathcal{Z}_{M_1}$ und $\mathcal{Z}_{M_2}$ sind Maschen. Der Zyklus $\mathcal{Z}_Z$ ist keine Masche, denn er enthält die Zyklen $\mathcal{Z}_{M_1}$ und $\mathcal{Z}_{M_2}$ als Teilmengen. Es gilt $\mathcal{Z}_Z = \mathcal{Z}_{M_1} \cap \mathcal{Z}_{M_2}$.
Die geordneten Paare $(\{1\}, \{5, 6\})$, $(\{5, 6\}, \{1\})$ und $(\{7, 8\}, \{3\})$, $(\{3\}, \{7, 8\})$ sind die den Maschen $\mathcal{Z}_{M_1}$ bzw. $\mathcal{Z}_{M_2}$ zugeordneten orientierten Maschen. Die Paare $(\{1, 7, 8\}, \{3, 5, 6\})$ und $(\{1, 3\}, \{5, 6, 7, 8\})$ sind zwei der vier orientierten Zyklen, die man dem Zykles $\mathcal{Z}_Z$ zuordnen kann.
Ist $\mathcal{Z}_Z$ ein beliebiger Zyklus eines Graphen $\mathcal{G} = (\mathcal{Z}, \mathcal{K}, \mathcal{A})$ und $\mathcal{Z}_V$ ein Verbindungszweigsystem von $\mathcal{G}$, so gilt stets

$$\mathcal{Z}_Z \cap \mathcal{Z}_V \neq \emptyset . \qquad (528)$$

Ist $\mathcal{Z}_W$ die Zweigmenge eines vollständigen Waldes und $\mathcal{Z}_V = \mathcal{Z} \setminus \mathcal{Z}_W$ das entsprechende komplementäre Verbindungszweigsystem, so enthält die Menge $\mathcal{Z}_W \cap \{b\}$ für alle $b \in \mathcal{Z}_V$ genau eine Masche $\mathcal{Z}_M$. Durch die Forderung $b \in \mathcal{Z}_M^+$ läßt sich dieser Masche eine eindeutig festgelegte orientierte Masche $(\mathcal{Z}_M^+, \mathcal{Z}_M^-)$ mit $\mathcal{Z}_M^+ \cup \mathcal{Z}_M^- = \mathcal{Z}_M$ zuordnen. Auf diese Weise erhält man ein System von $z^0 = z - k + c$ orientierten Maschen. Dieses Maschensystem wird als das durch den gegebenen vollständigen Wald festgelegte *System der Fundamentalmaschen* bezeichnet.
Jede Masche eines Fundamentalsystems hat mit dem Verbindungszweigsystem, das dieses Maschensystem definiert, genau einen Zweig gemeinsam.
Für den im Bild 22a dargestellten Graphen definiert der vollständige Baum mit der Zweigmenge $\mathcal{Z}_W = \{1, 2, 3, 5\}$ die orientierten Fundamentalmaschen $(\{1, 3, 4\}, \{2\})$, $(\{5, 6\}, \{1\})$, $(\{2, 5, 7\}, \{1, 3\})$, $(\{1, 8\}, \{2, 5\})$ (vgl. Bild 22).
Eine Teilmenge $\mathcal{Z}_S$ der Zweigmenge eines Graphen $\mathcal{G} = (\mathcal{Z}, \mathcal{K}, \mathcal{A})$ wird als *Schnitt* bezeichnet, falls es eine nichtleere Menge $\mathcal{K}_S \subset \mathcal{K}$ gibt, so daß

$$\mathcal{Z}_S = \overset{-1}{\mathcal{A}} [\mathcal{K}_S \times (\mathcal{K} \setminus \mathcal{K}_S) \cup (\mathcal{K} \setminus \mathcal{K}_S) \times \mathcal{K}_S] \qquad (529)$$

gilt.
Die Mengen $\mathcal{K}_S$ und $\mathcal{K} \setminus \mathcal{K}_S$ sind *korrespondierende Knotenmengen* des Schnittes.

Für den im Bild 22a dargestellten Graphen ist die Zweigmenge $\mathcal{Z}_S = \{1, 3, 5, 7\}$ ein Schnitt mit den korrespondierenden Knotenmengen $\mathcal{K}_S = \{①, ②\}$ und $\mathcal{K} \setminus \mathcal{K}_S = \{③, ④\}$.
Durch die Festlegungen

$$\mathcal{Z}_S^+ := \overset{-1}{\mathcal{A}} [\mathcal{K}_S \times (\mathcal{K} \setminus \mathcal{K}_S)] \tag{530}$$

und

$$\mathcal{Z}_S^- := \overset{-1}{\mathcal{A}} [(\mathcal{K} \setminus \mathcal{K}_S) \times \mathcal{K}_S]$$

wird jedem Schnitt $\mathcal{Z}_S$ auf eindeutige Weise ein *orientierter Schnitt* $(\mathcal{Z}_S^+, \mathcal{Z}_S^-)$ zugeordnet. (Aus (528) und (529) folgt $\mathcal{Z}_S^+ \cup \mathcal{Z}_S^- = \mathcal{Z}_S$ und $\mathcal{Z}_S^+ \cap \mathcal{Z}_S^- = \emptyset$).
Die Zweige $b \in \mathcal{Z}_S^+$ sind der durch $(\mathcal{Z}_S^+, \mathcal{Z}_S^-)$ definierten Orientierung des Schnittes $\mathcal{Z}_S^+ \cup \mathcal{Z}_S^-$ *gleichgerichtet*, die Zweige $b \in \mathcal{Z}_S^-$ sind ihr *entgegengerichtet*.
Ist $(\mathcal{Z}_S^+, \mathcal{Z}_S^-)$ ein orientierter Schnitt, so ist $(\mathcal{Z}_S^-, \mathcal{Z}_S^+)$ gleichfalls ein orientierter Schnitt. Diese beiden Schnitte sind *entgegengesetzt* orientiert.
Dem Schnitt $\mathcal{Z}_S = \{1, 3, 5, 7\}$ des in Bild 22a dargestellten Graphen können die beiden orientierten Schnitte $(\{1, 5\}, \{3, 7\})$ und $(\{3, 7\}, \{1, 5\})$ zugeordnet werden.
Bei einem geometrischen Graphen des $\boldsymbol{R}^n$ ist es möglich, (orientierte) Schnitte mit Hilfe (orientierter) geschlossener $(n - 1)$-dimensionaler Flächen zu definieren, die jeweils eine der korrespondierenden Knotenmengen des Schnittes umhüllen (vgl. Bild 22d). Diese Definition ist zwar anschaulicher, aber begrifflich komplizierter als die oben angegebene Definition eines (orientierten) Schnittes, deren Voraussetzungen sich mit *endlichen* Mengen formulieren lassen (eine Tatsache, die besonders für die rechentechnische Realisierung graphentheoretischer Algorithmen wichtig ist).
Bezeichnet $\mathcal{K}_{\text{is}}$ die Menge der isolierten Knoten eines Graphen $\mathcal{G} = (\mathcal{Z}, \mathcal{K}, \mathcal{A})$ und ist $n \in \mathcal{K} \setminus \mathcal{K}_{\text{is}}$ ein nichtisolierter Knoten von $\mathcal{G}$, so wird der durch

$$\mathcal{Z}_I^+ := \overset{-1}{\mathcal{A}} [\{n\} \times (\mathcal{K} \setminus \{n\})] = n(\mathcal{K}^+ \setminus \mathcal{K}^-)$$

und (531)

$$\mathcal{Z}_I^- := \overset{-I}{\mathcal{A}} [(\mathcal{K} \setminus \{n\}) \times \{n\}] = n(\mathcal{K}^- \setminus \mathcal{K}^+)$$

definierte orientierte Schnitt $(\mathcal{Z}_I^+, \mathcal{Z}_I^-)$ als *orientierter Inzidenzschnitt* und der Schnitt $\mathcal{Z}_I^+ \cup \mathcal{Z}_I^-$ als *Inzidenzschnitt* des Knoten n bezeichnet.
Ein Schnitt $\mathcal{Z}_S$ eines Graphen $\mathcal{G}$ heißt *Elementarschnitt*, wenn keine der echten Teilmengen von $\mathcal{Z}_S$ ein Schnitt ist.
Jeder Schnitt, der kein Elementarschnitt ist, läßt sich als eine Vereinigung disjunkter Elementarschnitte darstellen.
Besteht der Graph $\mathcal{G} = (\mathcal{Z}, \mathcal{K}, \mathcal{A})$ aus c Komponenten und ist $\mathcal{Z}_S$ ein Schnitt von $\mathcal{G}$, so besteht der Graph $(\mathcal{Z} \setminus \mathcal{Z}_S, \mathcal{K}, \mathcal{A}/\mathcal{Z}(\setminus \mathcal{Z}_S))$ aus wenigstens $c + 1$ Komponenten. Diese Tatsache rechtfertigt die Wahl des Begriffes Schnitt für eine Zweigmenge $\mathcal{Z}_S$, die der Bedingung (529) genügt. Ist $\mathcal{Z}_S$ ein Elementarschnitt, so besteht $(\mathcal{Z} \setminus \mathcal{Z}_S, \mathcal{K}, \mathcal{A}/(\mathcal{Z} \setminus \mathcal{Z}_S))$ aus genau $c + 1$ Komponenten (vgl. Bild 22d).
Ist $\mathcal{Z}_S$ ein beliebiger Schnitt eines Graphen $\mathcal{G} = (\mathcal{Z}, \mathcal{K}, \mathcal{A})$ und $\mathcal{Z}_W$ die Zweigmenge eines vollständigen Waldes von $\mathcal{G}$, so gilt

$$\mathcal{Z}_S \cap \mathcal{Z}_W \neq \emptyset \,. \tag{532}$$

Ist $\mathcal{Z}_V = \mathcal{Z} \setminus \mathcal{Z}_W$ das zu $\mathcal{Z}_W$ komplementäre Verbindungszweigsystem von $\mathcal{G}$, so enthält die Zweigmenge $\mathcal{Z}_V \cup \{b\}$ für alle $b \in \mathcal{Z}_W$ genau einen Elementarschnitt $\mathcal{Z}_S$. Durch die Forderung $b \in \mathcal{Z}_S^+$ läßt sich diesem Schnitt ein eindeutig festgelegter orientierter Schnitt $(\mathcal{Z}_S^+, \mathcal{Z}_S^-)$ mit $\mathcal{Z}_S^+ \cup \mathcal{Z}_S^- = \mathcal{Z}_S$ zuordnen. Auf diese Weise erhält man ein System von $k^0 = k - c$ orientierten Schnitten. Dieses Schnittsystem wird als das durch $\mathcal{Z}_W$ festgelegte *System der Fundamentalschnitte* bezeichnet.

Jeder Schnitt eines Fundamentalsystems hat mit der Zweigmenge $\mathcal{Z}_W$ des vollständigen Waldes, der dieses Schnittsystem definiert, genau einen Zweig gemeinsam.
Ein beliebiger Schnitt $\mathcal{Z}_S$ und ein beliebiger Zyklus $\mathcal{Z}_Z$ eines Graphen $\mathcal{G}$ haben eine *gerade* Zahl von Zweigen gemeinsam, d. h.

$$\exists n \in \boldsymbol{N} \cup \{0\} : |\mathcal{Z}_S \cap \mathcal{Z}_Z| = 2n . \tag{533}$$

Ein orientierter Schnitt $(\mathcal{Z}_S^+, \mathcal{Z}_S^-)$ und ein orientierter Zyklus $(\mathcal{Z}_Z^+, \mathcal{Z}_Z^-)$ eines Graphen $\mathcal{G}$ haben stets die gleiche Anzahl von Zweigen in gleicher relativer Orientierung wie in ungleicher relativer Orientierung gemeinsam, d. h.

$$|\mathcal{Z}_S^+ \cap \mathcal{Z}_Z^+| + |\mathcal{Z}_S^- \cap \mathcal{Z}_Z^-| = |\mathcal{Z}_S^+ \cap \mathcal{Z}_Z^-| + |\mathcal{Z}_S^- \cap \mathcal{Z}_Z^+| . \tag{534}$$

(vgl. auch Bild 23).

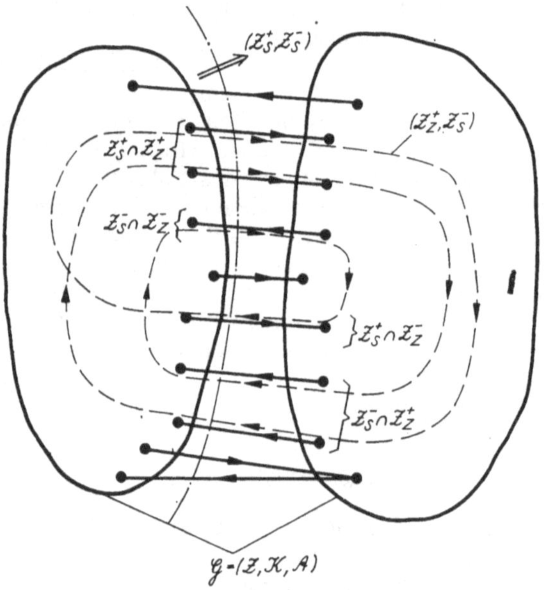

Bild 23. Beispiel für die Beziehungen zwischen den Zweigen eines Zyklus und eines Schnittes

3.1.5.3.3. Matrizen orientierter Graphen

In diesem Abschnitt sollen die Knoten-, Maschen-, Schnitt- und Zyklenmatrizen orientierter Graphen behandelt werden. Zunächst sollen Knoten- und Schnittmatrizen, dann Zyklen- und Maschenmatrizen eingeführt und ihre wichtigsten Eigenschaften angegeben werden. Abschließend werden Beziehungen zwischen Schnitt- und Zyklenmatrizen erörtert.
Die hier zusammengestellten Aussagen bilden eine wesentliche Grundlage der Netzwerktheorie.
Alle Definitionen und Aussagen werden für beliebige endliche orientierte Graphen $\mathcal{G} = (\mathcal{Z}, \mathcal{K}, \mathcal{A})$ mit z Zweigen, k Knoten und c Komponenten formuliert.
Alle Beispiele beziehen sich auf den in Bild 24 dargestellten zusammenhängenden Graphen mit der Zweigmenge $\mathcal{Z} = \{1, 2, \dots, 6\}$ und der Knotenmenge $\mathcal{K} = \{①, ②, ③, ④\}$. Für diesen Graphen gilt $z = 6$, $k = 4$, $c = 1$.

Jedem Graphen $\mathcal{G} = (\mathcal{Z}, \mathcal{K}, \mathcal{A})$ wird mit Hilfe zweier Indizierungen

$$\varkappa : \boldsymbol{N}_k \to \mathcal{K} \tag{535}$$

und

$$\zeta : \boldsymbol{N}_z \to \mathcal{Z} \tag{536}$$

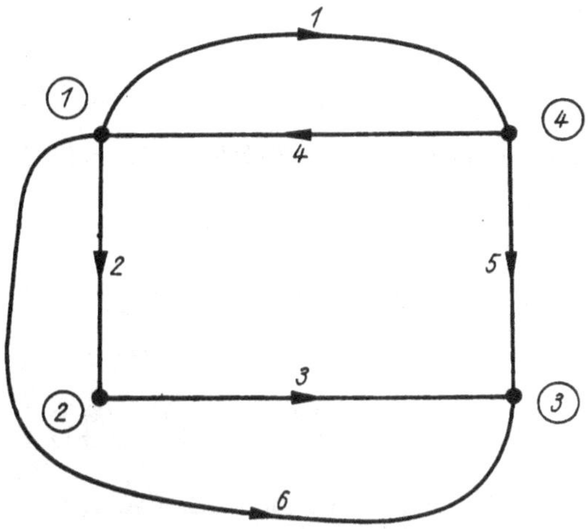

Bild 24. Orientierter geometrischer Graph mit 6 Zweigen und 4 Knoten

eine *vollständige Knoten-* oder *Inzidenzmatrix*

$$K^v \in \{-1, 0, +1\}^{k \times z}$$

mit den Elementen (537)

$$K_{ij}^v := \begin{cases} +1 \text{ für } \varkappa_i(K^+ \setminus K^-)\,\zeta_j\,, \\ -1 \text{ für } \varkappa_i(K^- \setminus K^+)\,\zeta_j\,, \\ 0 \text{ sonst} \end{cases}$$

zugeordnet.

Streng genommen müßte man die in (537) eingeführte Matrix K^v als vollständige Knotenmatrix bezüglich der Indizierungen $\varkappa$ und ζ bezeichnen, denn mit zwei anderen Indizierungen $\hat{\varkappa}$ und $\hat{\zeta}$ erhält man zu dem gleichen Graphen $\mathcal{G}$ eine im allgemeinen von K^v verschiedene vollständige Knotenmatrix $\hat{K}^v$. Offensichtlich lassen sich K^v und $\hat{K}^v$ durch eine geeignete Permutatuion ihrer Zeilen und Spalten ineinander überführen. Mit den Bezeichnungen aus Abschnitt 3.1.5.1.3. gilt $\hat{K}^v = K^v \circ \big((\varkappa^{-1} \circ \hat{\varkappa}) \boxtimes$ $\boxtimes\, (\zeta^{-1} \circ \hat{\zeta})\big)$.

Die vollständige Knotenmatrix K^v ist eine $k \times z$-Matrix mit Elementen aus der Menge $\{-1, 0, +1\}$. Die Zeilen von K^v korrespondieren mit den Knoten und die Spalten mit den Zweigen von $\mathcal{G}$. Das Element K_{ij}^v ist gleich $+1$, falls der Knoten $\varkappa_i$ Start-, aber nicht Zielknoten des Zweiges ζ_j ist. Es ist gleich -1, falls $\varkappa_i$ Ziel-, aber nicht Startknoten von ζ_j ist. Es ist 0, falls ζ_j nicht mit $\varkappa_i$ inzidiert oder falls ζ_j eine mit $\varkappa_i$ inzidierende Schlinge ist.

Den isolierten Knoten von $\mathcal{G}$ entsprechen die Nullzeilen und den Schlingen die Nullspalten der Matrix K^v.

Mit den Festlegungen $\varkappa_i := (i)$ $(i \in \boldsymbol{N}_4)$ und $\zeta_j := j (j \in \boldsymbol{N}_6)$ erhält man für den in Bild 24 dargestellten Graphen die vollständige Knotenmatrix

$$K^v = \begin{array}{c|cccccc} i & \multicolumn{6}{c}{j} \\ & 1 & 2 & 3 & 4 & 5 & 6 \\ \hline 1 & 1 & 1 & 0 & -1 & 0 & 1 \\ 2 & 0 & -1 & 1 & 0 & 0 & 0 \\ 3 & 0 & 0 & -1 & 0 & -1 & -1 \\ 4 & -1 & 0 & 0 & 1 & 1 & 0 \end{array} .$$

Die vollständige Knotenmatrix K^v eines Graphen mit k Knoten und c Komponenten hat den Rang

$$\operatorname{Rg} K^v = k^0 \quad (k^0 = k - c) . \tag{538}$$

Eine (reduzierte) *Knotenmatrix* von $\mathcal{G}$ ist eine $k^0 \times z$-Untermatrix von K^0 mit dem Rang

$$\operatorname{Rg} K = k^0 . \tag{539}$$

Eine reduzierte Knotenmatrix erhält man, indem man in jeder der c Komponenten von $\mathcal{G}$ genau einen Knoten auswählt und die diesen Knoten entsprechenden Zeilen von K^v streicht.
Die c Knoten, die bei dieser Konstruktion ausgewählt worden sind, bilden die Menge der *Bezugsknoten* der so erhaltenen Knotenmatrix K.
Die Menge der Knoten, die mit den Zeilen einer reduzierten Knotenmatrix korrespondieren, wird auch als ein *System unabhängiger Knoten* des betreffenden Graphen bezeichnet. Ihre Komplementärmenge ist die Menge der Bezugsknoten.
Mit dem Knoten ③ als Bezugsknoten erhält man zu dem Graphen aus Bild 24 die reduzierte Knotenmatrix

$$K = \begin{pmatrix} 1 & 1 & 0 & -1 & 0 & 1 \\ 0 & -1 & 1 & 0 & 0 & 0 \\ -1 & 0 & 0 & 1 & 1 & 0 \end{pmatrix} .$$

Enthält ein orientierter Graph $\mathcal{G} = (\mathcal{Z}, \mathcal{K}, \mathcal{A})$ insgesamt s orientierte Schnitte, dann gibt es zwei Abbildungen

$$\sigma^+ : \boldsymbol{N}_s \to P(\mathcal{Z})$$

und

$$\sigma^- : \boldsymbol{N}_s \to P(\mathcal{Z}) , \tag{540}$$

mit denen sich diese s orientierten Schnitte für $i = 1, \ldots, s$ in der Form (σ_i^+, σ_i^-) darstellen lassen. Für alle $i \in \boldsymbol{N}_s$ gilt $\sigma_i^+ \cup \sigma_i^- = \emptyset$ und $\sigma_i^+ \cap \sigma_i^- = \emptyset$.
Mit Hilfe dieser Abbildungsen und einer Indizierung $\zeta : \boldsymbol{N}_s \to \mathcal{Z}$ der Zweigmenge kann man einem Graphen $\mathcal{G} = (\mathcal{Z}, \mathcal{K}, \mathcal{A})$ eine *vollständige Schnittmatrix*

$$S^v \in \{-1, 0, +1\}^{s \times z}$$

mit

$$S_{ij}^v := \begin{cases} +1 \text{ für } \zeta_j \in \sigma_i^+ , \\ -1 \text{ für } \zeta_j \in \sigma_i^- , \\ \ \ 0 \text{ für } \zeta_j \notin \sigma_i^+ \cup \sigma_i^- \end{cases} \tag{541}$$

zuordnen.
Die Matrix S^v enthält keine Nullzeilen, ihre Nullspalten korrespondieren mit den Schlingen von $\mathcal{G}$.

Sind $\mathcal{K}_i$ und $\mathcal{K} \setminus \mathcal{K}_i$ für jedes $i \in \boldsymbol{N}_s$ diejenigen korrespondierenden Knotenmengen des orientierten Schnitts (σ_i^+, σ_i^-), die der Bedingung

$$\forall b \in \mathcal{Z} : b \in \sigma_i^+ \Leftrightarrow \mathcal{A}(b) \in \mathcal{K}_i \times (\mathcal{K} \setminus \mathcal{K}_i) \tag{542}$$

genügen, so gilt mit

$$L := \varkappa^{-1} [\mathcal{K}_i] \tag{543}$$

die wichtige Beziehung

$$S_{i\cdot}^v = \sum_{l \in L} K_{l\cdot}^v \,. \tag{544}$$

Die Zeilen der Matrix S^v sind folglich Linearkombinationen der Zeilen von K^v. Bezeichnet man mit $\mathcal{K}_{is}$ die Menge der isolierten Knoten von $\mathcal{G}$, so gibt es für jeden nichtisolierten Knoten $\varkappa_l \in \mathcal{K} \setminus \mathcal{K}_{is}$ des Graphen $\mathcal{G}$, d. h. für alle $l \in \boldsymbol{N}_k \setminus \varkappa^{-1}[\mathcal{K}_{is}]$, einen Index $i \in \boldsymbol{N}_s$, so daß der diesem Index entsprechende Schnitt (σ_i^+, σ_i^-) gleich dem orientierten Inzidenzschnitt $\left(\varkappa_l(\mathcal{K}^+ \setminus \mathcal{K}^-),\ \varkappa_l(\mathcal{K}^- \setminus \mathcal{K}^+)\right)$ des Knoten $\varkappa_l$ ist. Deshalb erhält man für diese Indexkombination mit $L = \{l\}$ aus (544) die Beziehung $S_i^v = K^v$.

Damit sind die Zeilen von S^v nicht nur Linearkombinationen gewisser Zeilen von K^v, sondern S^v enthält alle von der Nullzeile verschiedenen Zeilen der Matrix K^v. Folglich gilt

$$\operatorname{Rg} S^v = \operatorname{Rg} K^v = k^\theta \,. \tag{545}$$

Eine (*reduzierte*) *Schnittmatrix* von $\mathcal{G}$ ist eine $k^\theta \times z$-Untermatrix S von S^v mit dem Rang

$$\operatorname{Rg} S = k^\theta \,. \tag{546}$$

Fundamentalschnittmatrizen sind wichtige Sonderfälle reduzierter Schnittmatrizen. Man erhält sie, indem man diejenigen Zeilen von S^v, die mit den Schnitten eines Fundamentalschnittsystems korrespondieren, in einer Matrix S_f zusammenfaßt. Selbstverständlich kann man eine Fundamentalschnittmatrix S_f auch direkt aufstellen, ohne vorher die vollständige Schnittmatrix zu ermitteln. Mit Hilfe der Beziehungen (542), (543) und (544) kann man eine Fundamentalschnittmatrix zu einem gegebenen vollständigen Wald auf einfache Weise aus der vollständigen Knotenmatrix K^v berechnen.

Tabelle 6. Wertetabelle der Abbildungen $\sigma^+, \sigma^-: \boldsymbol{N}_{14} \to P(\mathcal{Z})$ Tabelle der korrespondierenden Knotenmengen $\mathcal{K}_i$ und $\mathcal{K} \setminus \mathcal{K}_i$ der orientierten Schnitte (σ_i^+, σ_i^-)

i	σ_i^+	σ_i^-	$\mathcal{K}_i$	$\mathcal{K} \setminus \mathcal{K}_i$
1	{1, 2, 6}	{4}	{①}	{②, ③, ④}
2	{3}	{2}	{②}	{①, ③, ④}
3	∅	{3, 5, 6}	{③}	{①, ②, ④}
4	{4, 5}	{1}	{④}	{①, ②, ③}
5	{1, 3, 6}	{4}	{①, ②}	{③, ④}
6	{1, 2}	{3, 4, 5}	{①, ③}	{②, ④}
7	{2, 5, 6}	∅	{①, ④}	{②, ③}
8	{4}	{1, 3, 6}	{③, ④}	{①, ②}
9	{3, 4, 5}	{1, 2}	{②, ④}	{①, ③}
10	∅	{2, 5, 6}	{②, ③}	{①, ④}
11	{4}	{1, 2, 6}	{②, ③, ④}	{①}
12	{2}	{3}	{①, ③, ④}	{②}
13	{3, 5, 6}	∅	{①, ②, ④}	{③}
14	{1}	{4, 5}	{①, ②, ③}	{④}

Es gibt aber auch praktisch wichtige Beispiele von reduzierten Schnittmatrizen, die keine Fundamentalschnittmatrizen sind.

Die Menge der orientierten Schnitte, die mit den Zeilen einer reduzierten Schnittmatrix korrespondieren, wird auch als ein *System unabhängiger Schnitte* des betreffenden Graphen bezeichnet.

An Hand der in Tabelle 6 zusammengefaßten Wertetabellen der Abbildungen σ^+, $\sigma^- : \boldsymbol{N}^{14} \to P(\mathcal{Z})$ erhält man zu dem Graphen aus Bild 24 die vollständige Schnittmatrix

$$S^v = \begin{array}{c|rrrrrr} i \backslash j & 1 & 2 & 3 & 4 & 5 & 6 \\ \hline 1 & 1 & 1 & 0 & -1 & 0 & 1 \\ 2 & 0 & -1 & 1 & 0 & 0 & 0 \\ 3 & 0 & 0 & -1 & 0 & -1 & -1 \\ 4 & -1 & 0 & 0 & 1 & 1 & 0 \\ 5 & 1 & 0 & 1 & -1 & 0 & 1 \\ 6 & 1 & 1 & -1 & -1 & -1 & 0 \\ 7 & 0 & 1 & 0 & 0 & 1 & 1 \\ 8 & -1 & 0 & -1 & 1 & 0 & -1 \\ 9 & -1 & -1 & 1 & 1 & 1 & 0 \\ 10 & 0 & -1 & 0 & 0 & -1 & -1 \\ 11 & -1 & -1 & 0 & 1 & 0 & -1 \\ 12 & 0 & 1 & -1 & 0 & 0 & 0 \\ 13 & 0 & 0 & 1 & 0 & 1 & 1 \\ 14 & 1 & 0 & 0 & -1 & -1 & 0 \end{array}$$

Die beiden letzten Spalten der Tabelle 6 enthalten die korrespondierenden Knotenmengen $\mathcal{K}_i$ und $\mathcal{K} \setminus \mathcal{K}_i$.

Die aus den Zeilen 1, 2, 3 und 4 bestehende Untermatrix von S^v ist die vollständige Knotenmatrix des Graphen.

Die Zeilen 14, 7 und 13 von S^v liefern die zu dem vollständigen Wald mit der Zweigmenge $\mathcal{Z}_W = \{1, 2, 3\}$ korrespondierende Fundamentalschnittmatrix

$$S_f = \begin{pmatrix} 1 & 0 & 0 & -1 & -1 & 0 \\ 0 & 1 & 0 & 0 & 1 & 1 \\ 0 & 0 & 1 & 0 & 1 & 1 \end{pmatrix}.$$

Den Zeilen 1, 3 und 7 von S^v entspricht eine reduzierte Schnittmatrix

$$S = \begin{pmatrix} 1 & 1 & 0 & -1 & 0 & 1 \\ 0 & 0 & -1 & 0 & -1 & 1 \\ 0 & 1 & 0 & 0 & 1 & -1 \end{pmatrix}.$$

Die Zeilen dieser Matrix korrespondieren mit den orientierten Schnitten $(\{1, 2, 6\}, \{4\})$, $(\emptyset, \{3, 5, 6\})$ und $(\{2, 5, 6\}, \emptyset)$. Diese Schnitte bilden für den vorliegenden Graphen kein System von Fundamentalschnitten.

Die durch gestrichelte Umrandungen angedeutete Struktur der Fundamentalschnittmatrix S_f unseres Beispiels ist nicht zufällig. Indiziert man die Zweige und Schnitte so, daß die Beziehung $\mathcal{Z}_W = \{\zeta_1, \zeta_2, \dots, \zeta_{k0}\}$ gilt und der orientierte Fundamentalschnitt (σ_i^+, σ_i^-) durch den Zweig $\zeta_i \in \mathcal{Z}_W$ definiert wird, so hat die Fundamentalschnittmatrix S_f die Struktur

$$S_f = (E, F)\,, \tag{547}$$

wobei E eine $k^\theta \times k^\theta$-Einheitsmatrix und F eine $k^\theta \times z^0$-Matrix mit Elementen aus $\{-1, 0, +1\}$ ist.
Eine Fundamentalschnittmatrix kann man mit dem Jordanschen Eliminationsverfahren aus einer reduzierten Knotenmatrix gewinnen. Dieses Vorgehen läßt sich auch ausnutzen, um in einem Graphen einen vollständigen Wald aufzusuchen.
Weil alle reduzierten Knoten- und Schnittmatrizen und die vollständige Knotenmatrix Teilmatrizen der vollständigen Schnittmatrix S^v sind und alle diese Matrizen den gleichen Rang $k^\theta = k - c$ haben, gilt — wenn man die z-Tupel $I \in \boldsymbol{R}^z$ mit entsprechenden Spaltenmatrizen aus $\boldsymbol{R}^{z\times 1}$ identifiziert — die Beziehung

$$\begin{aligned} &\{I \in \boldsymbol{R}^z \mid S^v I = 0\} = \{I \in \boldsymbol{R}^z \mid K^v I = 0\} = \\ &= \{I \in \boldsymbol{R}^z \mid SI = 0\} = \{I \in \boldsymbol{R}^z \mid KI = 0\}\,. \end{aligned} \tag{548}$$

Diese Beziehung besagt, daß die Gleichungssysteme $S^v I = 0$, $K^v I = 0$, $SI = 0$ und $KI = 0$ äquivalente Formulierungen des Kirchhoffschen Knotengesetzes liefern.
Aus diesem Grunde benötigt man bei der Netzwerkanalyse im allgemeinen nur reduzierte Knoten- oder Schnittmatrizen und kann auf die bei größeren Beispielen sehr aufwendige Ermittlung einer vollständigen Schnittmatrix verzichten.
Kennt man ein System von k^θ unabhängigen Knoten oder Schnitten eines Graphen, so kann man durch eine Indizierung dieser Knoten bzw. der Zweigmengen dieser Schnitte die betreffenden reduzierten Knoten- bzw. Schnittmatrizen aufstellen.
Die in (548) definierte Teilmenge des $\boldsymbol{R}^z$ ist als Menge aller Lösungen gewisser homogener linearer algebraischer Gleichungssysteme ein linearer Teilraum des $\boldsymbol{R}^z$. Wegen $\operatorname{Rg} S^v = \operatorname{Rg} K^v = \operatorname{Rg} S = \operatorname{Rg} K = k^\theta$ hat dieser Teilraum die Dimension z°, d. h.

$$\dim \{I \in \boldsymbol{R}^z \mid KI = 0\} = z^0 \qquad (z^0 = z - k^\theta)\,. \tag{549}$$

Enthält ein orientierter Graph $\mathcal{G} = (\mathcal{Z}, \mathcal{K}, \mathcal{A})$ insgesamt m orientierte Zyklen, dann gibt es zwei Abbildungen

$$\mu^+ : \boldsymbol{N}_m \to P(\mathcal{Z}) \quad \text{und} \quad \mu^- : \boldsymbol{N}_m \to P(\mathcal{Z})\,, \tag{550}$$

mit denen man diese m orientierten Zyklen für $i = 1, \ldots, m$ in der Form (μ_i^+, μ_i^-) darstellen kann. Für alle $i \in \boldsymbol{N}_m$ gilt $\mu_i^+ \cup \mu_i^- = \emptyset$ und $\mu_i^+ \cap u_i^- = \emptyset$.
Mit Hilfe dieser Abbildungen und einer Indizierung $\zeta : \boldsymbol{N}_z \to \mathcal{Z}$ der Zweigmenge kann man einem Graphen $\mathcal{G}$ eine *vollständige Zyklenmatrix*

$$Z^v \in \{-1, 0, +1\}^{m\times z} \quad \text{mit} \quad Z_{ij}^v := \begin{cases} +1 & \text{für} \quad \zeta_j \in \mu_i^+\,, \\ -1 & \text{für} \quad \zeta_j \in \mu_i^-\,, \\ \ \ 0 & \text{für} \quad \zeta_j \notin \mu_i^+ \cup \mu_i^- \end{cases} \tag{551}$$

zuordnen.
Die Matrix Z^v enthält keine Nullzeilen. Ihre Nullspalten korrespondieren mit den Zweigen des Graphen, die in keinem Zyklus enthalten sind.
Die vollständige Zyklenmatrix eines Graphen mit z Zweigen, k Knoten und c Komponenten hat den Rang

$$\operatorname{Rg} Z^v = z^0 \quad (z^0 = z - k + c)\,. \tag{552}$$

Eine (*reduzierte*) *Zyklenmatrix* von $\mathcal{G}$ ist eine $z^0 \times z$-Untermatrix S von S^v mit dem Rang

$$\operatorname{Rg} S = z^0\,. \tag{553}$$

Die Menge der orientierten Zyklen, die mit den Zeilen einer reduzierten Zyklenmatrix korrespondieren, werden auch als ein *System unabhängiger Zyklen* des betreffenden Graphen bezeichnet.

Eine z-spaltige Matrix M^v, in der alle die Zeilen einer vollständigen Zyklenmatrix zusammengefaßt sind, die mit den orientierten Maschen (Elementarzyklen) eines Graphen $\mathcal{S}$ korrespondieren, ist eine *vollständige Maschenmatrix* von $\mathcal{S}$. Sie hat den gleichen Rang wie die Matrix Z^v, d. h.

$$\operatorname{Rg} M^v = z^0 . \tag{554}$$

Eine (*reduzierte*) *Maschenmatrix* von $\mathcal{S}$ ist eine $z^0 \times z$-Untermatrix M von M^v mit dem Rang

$$\operatorname{Rg} M = z^0 . \tag{555}$$

Ihre Zeilen korrespondieren mit einem System unabhängiger Maschen.
Fundamentalmaschensysteme sind stets Systeme unabhängiger Maschen.
Bei *ebenen* Graphen gehören auch die Fenstermaschensysteme zu den Systemen unabhängiger Maschen. Ein System von Fenstermaschen eines ebenen Graphen $\mathcal{S}$ wird von denjenigen Maschen gebildet, die mit den Zweigmengen der Ränder der endlichen Gebiete des $\boldsymbol{R}^2$ korrespondieren, die durch einen zu $\mathcal{S}$ isomorphen geometrischen Graphen des $\boldsymbol{R}^2$ definiert werden. (Achtung: Ein Fenstermaschensystem muß nicht notwendigerweise auch ein Fundamentalmaschensystem sein!)

Tabelle 7. Wertetabelle der Abbildungen μ^+, μ^-: $\boldsymbol{N}_{16} \to P(\mathcal{Z})$

i	μ_i^+	μ_i^-	i	μ_i^+	μ_i^-
1	{1, 4}	∅	9	∅	{1, 4}
2	{2, 3}	{6}	10	{6}	{2, 3}
3	{2, 3, 4}	{5}	11	{5}	{2, 3, 4}
4	{4, 6}	{5}	12	{5}	{4, 6}
5	{1, 5}	{6}	13	{6}	{1, 5}
6	{1, 5}	{2, 3}	14	{2, 3}	{1, 5}
7	{1, 2, 3, 4}	{6}	15	{6}	{1, 2, 3, 4}
8	{2, 3}	{1, 4, 6}	16	{1, 4, 6}	{2, 3}

Mit den in Tabelle 7 zusammengefaßten Wertetabellen der Abbildungen μ^+, μ^- : $\boldsymbol{N}_{16} \to P(\mathcal{Z})$ erhält man zu dem Graphen aus Bild 24 die vollständige Zyklenmatrix

$Z^v =$

i \ j	1	2	3	4	5	6
1	1	0	0	1	0	0
2	0	1	1	0	0	−1
3	0	1	1	1	−1	0
4	0	0	0	1	−1	1
5	1	0	0	0	1	−1
6	1	−1	−1	0	1	0
7	1	1	1	1	0	−1
8	−1	1	1	−1	0	−1
9	−1	0	0	−1	0	0
10	0	−1	−1	0	0	1
11	0	−1	−1	−1	1	0
14	0	0	0	−1	1	−1
15	−1	0	0	0	−1	1
16	−1	1	1	0	−1	0
17	−1	−1	−1	−1	0	1
18	1	−1	−1	1	0	1

Die aus den Zeilen 1, 2, ... , 6 und 9, 10, ... , 14 bestehende Untermatrix von Z^v ist eine vollständige Maschenmatrix M^v dieses Graphen.
Die aus den Zeilen 1, 3 und 7 von Z^v bestehende Untermatrix

$$Z = \begin{pmatrix} 1 & 0 & 0 & 1 & 0 & 0 \\ 0 & 1 & 1 & 1 & -1 & 0 \\ 1 & 1 & 1 & 1 & 0 & -1 \end{pmatrix}$$

ist eine reduzierte Zyklenmatrix.
Die aus den Zeilen 1, 10 und 11 von Z^v bestehende Untermatrix

$$M_F = \begin{pmatrix} 1 & 0 & 0 & 1 & 0 & 0 \\ 0 & -1 & -1 & 0 & 0 & 1 \\ 0 & -1 & -1 & -1 & 1 & 0 \end{pmatrix}$$

ist eine reduzierte Maschenmatrix. Sie korrespondiert mit einem Fenstermaschensystem. Dieses Maschensystem ist zugleich ein System von Fundamentalmaschen. Es wird durch den vollständigen Wald mit der Zweigmenge $\mathcal{Z}_W = \{2, 3, 4\}$ definiert.
Die aus den Zeilen 1, 2 und 10 von Z^v bestehende Untermatrix

$$M_f = \left(\begin{array}{ccc:ccc} 1 & 0 & 0 & 1 & 0 & 0 \\ 1 & -1 & -1 & 0 & 1 & 0 \\ 0 & -1 & -1 & 0 & 0 & 1 \end{array}\right)$$

ist gleichfalls eine reduzierte Maschenmatrix. Ihre Zeilen korrespondieren mit dem Fundamentalmaschensystem, das durch den vollständigen Wald mit der Zweigmenge $\mathcal{Z}_W = \{1, 2, 3\}$ definiert wird.
Durch eine geeignete Indizierung der Zweige und Maschen kann man erreichen, daß eine Fundamentalmaschenmatrix stets die im letzten Beispiel durch gestrichelte Umrandungen angedeutete Struktur hat.
Indiziert man die Zweige und die durch einen vollständigen Wald mit der Zweigmenge $\mathcal{Z}_W$ definierten orientierten Fundamentalmaschen so, daß die Beziehungen $\mathcal{Z}_W = \{\zeta_1, \dots, \zeta_{k^0}\}$ und $\mathcal{Z}_V := \mathcal{Z} \setminus \mathcal{Z}_W = \{\zeta_{k^0+1}, \zeta_{k^0+2}, \dots, \zeta_z\}$ gelten und die orientierte Fundamentalmasche (μ_i^+, μ_i^-) durch den Verbindungszweig $\zeta_{k^0+i} \in \mathcal{Z}_V$ $(i = 1, 2, \dots, z^0)$ definiert wird, so hat die entsprechende Fundamentalmaschenmatrix M_f die Struktur

$$M_f = (G, E)\,, \tag{556}$$

wobei G eine $z^0 \times k^0$-Matrix und E eine $z^0 \times z^0$-Einheitsmatrix ist.
Stellt man zu dem gleichen vollständigen Wald nach der im Zusammenhang mit (547) angegebenen Vorschrift eine Fundamentalschnittmatrix $S_f = (E, F)$ auf, so besteht zwischen den Teilmatrizen G und F von M_f bzw. S_f die Beziehung

$$G = -F^t\,. \tag{557}$$

Mit Hilfe von (557) erhält man aus einer Fundamentalschnittmatrix $S_f = (E, F)$ die Fundamentalmaschenmatrix $M_f = (-F^t, E)$ und aus einer Fundamentalmaschenmatrix $M_f = (G, E)$ die Fundamentalschnittmatrix $S_f = (E, -G^t)$.
Weil alle reduzierten Maschen- und Zyklenmatrizen und die vollständige Maschenmatrix Teilmatrizen der vollständigen Zyklenmatrix Z^v sind und alle diese Matrizen den gleichen Rang $z^0 = z - k + c$ haben, gilt — wenn man die z-Tupel $U \in \boldsymbol{R}^z$ mit entsprechenden Spaltenmatrizen aus $\boldsymbol{R}^{z\times 1}$ identifiziert — die Beziehung

$$\begin{aligned} &\{U \in \boldsymbol{R}^z \mid Z^v U = 0\} = \{U \in \boldsymbol{R}^z \mid M^v U = 0\} = \\ &= \{U \in \boldsymbol{R}^z \mid Z U = 0\} = \{U \in \boldsymbol{R}^z \mid M U = 0\}\,, \end{aligned} \tag{558}$$

aus der folgt, daß die Gleichungssysteme $Z^vU = 0$, $M^vU = 0$, $ZU = 0$ und $MU = 0$ äquivalente Formulierungen des Kirchhoffschen Maschengesetzes liefern.
Aus diesem Grunde benötigt man bei der Netzwerkanalyse im allgemeinen nur reduzierte Zyklen- und Maschenmatrizen. Man kann deshalb in der Regel auf die bei größeren Netzwerken sehr aufwendige Ermittlung einer vollständigen Zyklenmatrix verzichten.
Die in (558) definierte Teilmenge des $\boldsymbol{R}^z$ ist als Menge aller Lösungen gewisser homogener linearer algebraischer Gleichungssysteme ein linearer Teilraum des $\boldsymbol{R}^z$. Wegen $\operatorname{Rg} Z^v = \operatorname{Rg} M^v = \operatorname{Rg} Z = \operatorname{Rg} M$ hat dieser Teilraum die Dimension k^φ, d. h.

$$\dim \{U \in \boldsymbol{R}^z \mid MU = 0\} = k^\theta \quad (k^\theta = k - c)\,. \tag{559}$$

Sind S^v und Z^v vollständige Schnitt- bzw. Zyklenmatrizen eines Graphen $\mathcal{G} = (\mathcal{Z}, \mathcal{K}, \mathcal{A})$, die bezüglich der gleichen Indizierung $\zeta : \boldsymbol{N}_z \to \mathcal{Z}$ der Zweigmenge von $\mathcal{G}$ aufgestellt worden sind, so folgen aus Gleichung (534) aus Abschnitt 3.1.5.3.2. unmittelbar die beiden grundlegenden Beziehungen

$$S^v(Z^v)^t = 0 \tag{560}$$

und

$$Z^v(S^v)^t = 0\,. \tag{561}$$

Entsprechende Beziehungen gelten dann zwangsläufig auch für die gleichartig gebildeten Produkte aller z-spaltigen Teilmatrizen von S^v und Z^v.
Aus (560) folgt unmittelbar

$$\{I \in \boldsymbol{R}^z \mid S^vI = 0\} \supseteq \{I \in \boldsymbol{R}^z \mid I = (Z^v)^t I^{Zv},\ I^{Zv} \in \boldsymbol{R}^m\}\,. \tag{562}$$

Wegen $\operatorname{Rg} Z^v = \operatorname{Rg} Z = \operatorname{Rg} M = z^0$ spannen die Spalten der Matrizen $(Z^v)^t$, Z^t und M^t den gleichen z^0-dimensionalen Teilraum des $\boldsymbol{R}^z$ auf. Während die Spalten von $(Z^v)^t$ ein Erzeugendensystem dieses Teilraums liefern, sind die Spalten von Z^t und M^t jeweils eine Basis dieses Teilraums.
Mithin gilt

$$\{I \in \boldsymbol{R}^z \mid KI = 0\} = \{I \in \boldsymbol{R}^z \mid I = Z^tI^Z,\ I^Z \in \boldsymbol{R}^{z^0}\} \tag{563}$$

und

$$\{I \in \boldsymbol{R}^z \mid KI = 0\} = \{I \in \boldsymbol{R}^z \mid I = M^tI^M,\ I^M \in \boldsymbol{R}^{z^0}\}\,. \tag{564}$$

Die rechten Seiten der Gleichungen (563) und (564) liefern eine Parameterdarstellung des z^0-dimensionalen linearen Teilraums des $\boldsymbol{R}^z$, der durch das homogene lineare algebraische Knotengleichungssystem $KI = 0$ oder ein dazu äquivalentes Schnittgleichungssystem $SI = 0$ bestimmt wird. Gemäß (563) bzw. (564) läßt sich jede Stromverteilung $I \in \boldsymbol{R}^z$ eines Netzwerkes die dem *Kirchhoff*schen Knotengesetz genügt, als eine Summe der z^0 Stromverteilungen $(Z_{i\cdot})^tI_i^Z$ bzw. $(M_{i\cdot})^tI_i^M$ $(i = 1, \dots, z^0)$ darstellen, und umgekehrt liefern die Ausdrücke $I = Z^tI^Z$ bzw. $I = M^tI^M$ für alle $I^Z \in \boldsymbol{R}^{z^0}$ bzw. $I^M \in \boldsymbol{R}^{z^0}$ eine Stromverteilung, die dem *Kirchhoff*schen Knotengesetz genügt. Die Parameter I_i^Z bzw. I_i^M werden als *Zyklen-* bzw. *Maschenströme* bezeichnet.
Mit analogen Überlegungen erhält man aus (561) mit (558) und (559) die Beziehungen

$$\{U \in \boldsymbol{R}^z \mid MU = 0\} = \{U \in \boldsymbol{R}^z \mid U = S^tU^S,\ U^S \in \boldsymbol{R}^{k^\theta}\} \tag{565}$$

und

$$\{U \in \boldsymbol{R}^z \mid MU = 0\} = \{U \in \boldsymbol{R}^z \mid U = K^tU^K,\ U^K \in \boldsymbol{R}^{k^\theta}\}\,, \tag{566}$$

d. h. genau diejenigen Elemente $U \in \boldsymbol{R}^z$ sind Lösungen des Maschengleichungssystems $MU = 0$ oder eines äquivalenten Zyklengleichungssystems $ZU = 0$, die sich als Summe der Spannungsverteilungen $(S_{i\cdot})^tU_i^S$ bzw. $(K_{i\cdot})^tU_i^K$ $(i = 1, \dots, k^\theta)$ darstellen lassen. Die Parameter U_i^S bzw. U_i^K werden als *Schnitt-* bzw. *Knotenspannungen* bezeichnet. Im Zusammenhang mit Gleichung (566) sei noch erwähnt, daß man aus dem Gleichungssystem

$$(K^t, -E)\begin{pmatrix} U^K \\ U \end{pmatrix} = 0 \tag{567}$$

durch Elimination von U^K mit dem Gaußschen Eliminationsverfahren eine Fundamentalmaschenmatrix erhält. Dieses Vorgehen liefert eine weitere Möglichkeit zur Berechnung einer reduzierten Maschenmatrix aus der Inzidenzmatrix eines Graphen (vgl. auch die Ausführungen im Anschluß an (547) und (557). Durch eine geeignete Steuerung der Eliminationsreihenfolge läßt sich außerdem erreichen, daß die auf diese Weise ermittelte Maschenmatrix möglichst schwach besetzt ist.

Schlußbemerkung

An dieser Stelle möchte ich Herrn Dr.-Ing. *G. Elst*, Herrn Hochschul-Ing. *H. Hübscher*, Herrn Dipl.-Ing. *C. Kofer*, Herrn Dr. sc. techn. *H. Schreiber* von der Sektion Informationstechnik der TU Dresden, Herrn Dr.-Ing. *B. Straube* vom Zentralinstitut für Kybernetik und Informationsprozesse, Bereich Technische Kybernetik der Akademie der Wissenschaften der DDR, Herrn Dr. rer. nat. *S. Dietze* von der Sektion Mathematik der TU Dresden und Herrn Dr.-Ing. *W. Franke* vom Institut für Mikroelektronik Dresden für viele anregende Diskussionen und Hinweise danken. Nicht zuletzt möchte ich meiner Frau für die Reinschrift des Manuskrpits und Herrn Dr.-Ing. *H.-G. Treiber* für die Zusammenarbeit mit dem Weiterbildungszentrum Elektronische Bauelemente der Sektion Physik-Elektronische Bauelemente der TH Karl-Marx-Stadt danken.

Literaturverzeichnis

[1] *Elschner, H., Elst, G., Reibiger, A.*: Methoden und Grenzen des rechnergestützten Schaltungsentwurfs. Rationalisierung 5 (1976) 303–307.

[2] *Elst, G.*: Rechnergestützter Schaltungsentwurf in der Rundfunk- und Fernsehempfangstechnik. Forschungsbericht TU Dresden, Sektion Informationstechnik 1976.

[3] *Freiwald, H.* (Herausgeber): Anwenderhandbuch für Entwicklungsingenieure. Teil I und II, Institut für Nachrichtentechnik, Berlin 1973 und 1975.

[4] *Elst, G., Kofer, C., Reibiger, A.*: DELPHI — Programmsystem zur Analyse elektrischer Netzwerke. Forschungsbericht 143/75, TU Dresden, Sektion Informationstechnik 1975.

[5] *Franke, W., Reibiger, A.*: STADYNET—2: Ein Programmsystem zur Analyse nichtlinearer Netzwerke. Nachrichtentechnik 26 (1976) 17–20.

[6] *Diener, K.-H., Fischer, P., Riedel, F.*: MISNET — ein Programmsystem für integrierte MIS-Schaltkreise. Z. elektr. Informations- und Energietechnik 6 (1976) 494–502.

[7] *Reinschke, K.*: Zuverlässigkeit von Systemen. Bd. 2, Verlag Technik, Berlin 1974.

[8] *Reinschke, K., Schwarz, P.*: Lineare Netzwerke — Verfahren zur rechnergestützten Analyse. Akademieverlag, Berlin 1976.

[9] *Dobesch, H., Sulanke, H.*: Zeitfunktionen — Theorie und Anwendung. Verlag Technik, Berlin 1964.

[10] *Kolmogorov, A. N., Fomin, S. V.*: Reelle Funktionen und Funktionalanalysis. Deutscher Verlag der Wissenschaften, Berlin 1975.

[11] *Fenyö, S., Frey, T.*: Moderne mathematische Methoden in der Technik. Bd. 1, Birkhäuser Verlag, Basel 1961.

[12] *Berg, L.*: Operatorenrechnung. Bd. I und II, Deutscher Verlag der Wissenschaften, Berlin 1972.

[13] *Sauer, R., Szabó, I.* (Herausg.): Mathematische Hilfsmittel des Ingenieurs. Teil I, Springer-Verlag, Berlin 1967.

[14] *Zadeh, L., Desoer, C.*: Linear system theory. Mc Graw Hill Book Company Inc., New York 1963.

[15] *Desoer, C. A., Kuh, E. S.*: Basic circuit theory. Mc Graw Hill Book Company, New York 1969.

[16] *Roe, P. H., Reading, M.*: Networks and systems. Addison — Wesley Publishing Company, Reading 1966.
[17] *Calahan, D. A.*: Rechnergestützter Schaltungsentwurf. R. Oldenbourg Verlag, München 1973. (Übersetzung der engl. Ausgabe von 1972.)
[18] *Marret, R., Roe, P. H.*: Interconnecting solved subsystems. Electronic Letters 12 (1976) 283—284.
[19] IEEE International Symposium on Circuits and Systems. New York, IEEE 1975.
[20] *Chua, L. O., Lin, P. M.*: Computer — aided analysis of electronic circuits. Prentice Hall, Englewood Cliffs, N. J. 1975.
[21] *Bellmann, S., Schmidt, F.*: Ein Beitrag zum Entwurf von MIS-Halbleiterspeicherelementen. Diss. TU Dresden, 1975.
[22] *Rößler, F.*: Beitrag zur Schaffung einer Entwurfssystematik für integrierte MIS-Systeme. Diss. TU Dresden 1976.
[23] *Fischer, P., Riedel, F.*: Ein Beitrag zur computergestützten Analyse und Optimierung von integrierten MIS-Schaltkreisen. Diss. TU Dresden, 1976.
[24] *Rödig, G.*: Bestimmung eines HF-Ersatzschaltbildes bipolarer Transistoren aus Messungen der y-Parameter. Diss. TU Dresden, 1975.
[25] *Trappe, P.*: Die Modellierung von Bipolartransistoren und elektronischen Baugruppen für die rechnergestützte Schaltungsentwicklung. Diss. Hochschule für Verkehrswesen, Dresden 1975.
[26] *Schröppel, W.*: Eine Klasse von Modellen für bipolare Transistoren — Entwurf und Dimensionierung. Diss. TH München, 1974.
[27] *Fritzsche, G.*: Entwurf linearer Schaltungen. Verlag Technik, Berlin 1962.
[28] *Reibiger, A., Straube, B.*: Ein Beitrag zum deduktiven Aufbau der Netzwerktheorie. Teil I bis V, TU Dresden, Informationen 09-08-76 bis 09-12-76.
[29] *Reibiger, A., Straube, B.*: Über die axiomatische Begründung einer allgemeinen Netzwerktheorie. Wiss. Zeitschr. der TU Dresden 28 (1979) 399—407.
[30] *Reibiger. A., Straube, B.*: Isomorphiedefinitionen für allgemeine Netzwerke. Ersch. in Wiss. Zeitschr. der TU Dresden 29 (1980) H. 1.
[31] *Reibiger, A., Straube, B.*: Das Klemmenverhalten von Netzwerken (in Vorbereitung).
[32] *Chua, L. O., Chen, L. K.*: On optimaly sparse cycle and coboundary basis for a linear graph. IEEE Trans. on Circuit Theory, CT-20 (1973) 495—503.
[33] *Hachtel, G. D., Brayton, R. K., Gustavson, F. G.*: The sparse tableau approach to network analysis and design. IEEE Trans. on Circuit Theory, CT-18 (1971) 101—113.
[34] *Weeks, W. T., Jimenez, A. J.* u. a.: Algorithms for ASTAP — A network analysis programm. IEEE Trans. on Circuit Theory, CT-20 (1973) 628—634.
[35] *Elst. G., Kofer, C., Reibiger, A.*: DELPHI — Programmsystem zur Analyse elektrischer Netzwerke. Forschungsbericht 143/75, TU Dresden, Sektion Informationstechnik.
[36] *Stern, T. E.*: Theory of nonlinear networks and systems. Addison — Wesley Publishing Company, Reading, M. 1965.
[37] *Kuh, E. S., Hajj, J. N.*: Nonlinear circuit theory: Resistive networks. Proc. IEEE 59 (1971) 340—355.
[38] *Willson, A. N.*: Some aspects of the theory of nonlinear networks. Proc. IEEE 61 (1973) 1092—1113.
[39] *Willson, A. N.* (Ed.): Nonlinear networks: Theory and analysis. IEEE Press 1974.
[40] *Chua, L. O., Green, D. N.*: Graph-theoretic properties of dynamic, nonlinear networks. IEEE Trans. on Circuits and Systems CAS-23 (1976) 292—312.
[41] *Chua, L. O., Green, D. N.*: A qualitative analysis of the behavior of dynamic nonlinear networks: Stability of autonomous networks. IEEE Trans. on Circuits and Systems CAS-23 (1976) 355—379.
[42] *Chua, L. O., Green, D. N.*: A qualitative analysis of the behavior of dynamic nonlinear networks: Steady-state solutions of nonautonomous networks. IEEE Trans. on Circuits and Systems CAS-23 (1976 350—550.
[43] *Fleming, W. H.*: Functions of several variables. Addison — Wesley Publishing Company, Reading, M. 1965.
[44] *Cartan, H.*: Differential forms. Kershaw Publishing Company Limited, London 1971.

[45] *Dieudonné, J.*: Grundzüge der modernen Analysis. Deutscher Verlag der Wissenschaften, Berlin 1976.

[46] *Arnold, W. I.*: Gewöhnliche Differentialgleichungen (russ.). Verlag „Wissenschaft", Moskau 1971.

[47] *Sulanke, R., Wintgen, P.*: Differentialgeometrie und Faserbündel. Deutscher Verlag der Wissenschaften, Berlin 1972.

[48] *Smale, S.*: On the mathematical foundations of electrical circuit theory. Journal of Differentia Geometry 7 (1972) 193–210.

[49] *Desoer, C. A., Wu*, F.: Trajectories of nonlinear RLC networks: A geometric approach. IEEE Trans. on Circuit Theory CT-19 (1972) 562–571.

[50] *Matsumoto, T.*: On several geometric aspects of nonlinear networks. Journal of the Franklin Institut 301 (1976) 203–225.

[51] *Matsumoto, T.*: On the dynamics of electrical networks. Journal of differential equations 21 (1976) 179–196.

[52] *Chua, L. O., Ushida, A.*: A switching — parameter algorithm for finding multiple solutions of nonlinear resistive circuits. Circuit Theory and Applications 4 (1976) 215–239.

[53] *Chua, L. O., Wang, N. N.*: A new approach to overcome the overflow problem in computer-aided analysis of nonlinear resistive circuits. Circuit Theory and Applications 3 (1975) 261–284.

[54] *Calahan, D. A., Gear, C. W.*: An ill-conditioning problem with implicit integration. Proc. IEEE 57 (1969) 1775–1776.

[55] *Branin, F. H.*: Transient analysis of lossless transmission lines. Proc. IEEE 55 (1967) 2012–2013.

[56] *Hradetzky, B.*: Zur Analyse des Zeitverhaltens verzweigter und gekoppelter Verbindungsleitungen. Diss. TU Dresden, 1974.

[57] *Cauer, W.*: Die Verwirklichung von Wechselstromwiderständen vorgeschriebener Frequenzabhängigkeit (Diss.). Archiv für Elektrotechnik 17 (1926) 355–388.

[58] *Kirchhoff, G.*: Über die Auflösung der Gleichungen, auf welche man bei der Untersuchung der linearen Verteilung galvanischer Ströme geführt wird. Pogg. Annalen der Physik 72 (1847) 497–508.

[59] *Rohrer, R.*: Circuit theory — An introduction to the state variable approach. Mc Graw-Hill Book Company, New York: 1970.

[60] *Dervisoglu, A., Desoer, C. A.*: Degenerate networks and minimal differential equations. IEEE Trans. on Circuits and Systems CAS-22 (1975) 769–775.

[61] *Reinschke, K., Schwarz, P.*: Verfahren zur rechnergestützten Analyse linearer Netzwerke. Akademie Verlag, Berlin 1976.

[62] *Ho, C. W., Ruehli, A. E., Brennan, P. A.*: The modified nodal approach to network analysis. IEEE Trans. on Circuits and Systems CAS-22 (1975) 504–509.

[63] *Mucha, J., Wolf, D.*: Bericht über das „1968 IEEE Int. Symp. on Circuit Theory", NTZ 22 (1969) 247.

[64] *Calahan, D. A.*: Numerical considerations for Implementation of a nonlinear transient circuit analysis programm. IEEE Trans. on Circuit Theory CT-18 (1971) 66–73.

[65] *Kalman, R. E., Falb, P. L., Arbib, M. A.*: Topics in mathematical system theory. Mc Graw Hill Book Company, New York 1969.

[66] *Windeknecht, T. G.*: General dynamical processess — a mathematical introduction. Academic Press, New York 1971.

[67] *Pottle, C.*: State — space techniques for general active network analysis. In: *Kuo, F. F., Kaiser, J. F.*: System analysis by digital computers. Mc Graw Hill Book Company, New York (1967).

[68] *Elst, G.*: Über die Auflösung schwachbesetzter linearer algebraischer Gleichungssysteme und ihre Anwendung bei der Analyse elektrischer Netzwerke. Diss. TU Dresden, 1974.

[69] *Kofer, C.*: Entwicklung des Programmsystems DELPHI zur Analyse elektrischer Netzwerke. Diss. TU Dresden, 1977.

[70] *Franke, W.*: Ausgewählte Beispiele zur Berechnung nichtlinearer Schaltungen mit dem Programmsystem STADYNET — 2. Vortrag, gehalten auf dem 10. Fachkolloquium Informationstechnik 1977, veranstaltet von der Sektion Informationstechnik der TU Dresden.

[71] *Görsch, B., Höra, H., Suschke, E.*: Entwicklung und Einsatz eines Programmpakets zur numerischen Analyse erzwungener Schwingungen in elektrischen Netzwerken. Diss. Humboldt-Universität Berlin 1979 (vgl. auch Nachrichtentechnik-Elektronik 28 (1978) 17–18).
[72] *Ortega, J. M., Rheinboldt, W. C.*: Iterative Solution of nonlinear equations in several variables. Academic Press, New York, 1970.
[73] *Elst, G.*: Analyse nichtlinearer elektrischer Netzwerke im Zeitbereich. Forschungsbericht TU Dresden, 36/73.
[74] *Forsythe, G. E., Moler, C. B.*: Computer-Verfahren für lineare algebraische Gleichungssysteme. R. Oldenbourg Verlag, München 1971.
[75] *Björk, A., Dahlquist, G.*: Numerische Methoden. R. Oldenbourg Verlag, München 1972.
[76] *Stummel, F., Hainer, K.*: Praktische Mathematik. B. G. Teubner, Stuttgart 1971.
[77] *Himmelblau, D. M.* (Ed.): Decomposition of large scale problems. North Holland Publishing Company, Amsterdam 1973.
[78] *Elst, G.*: Über die Auflösung schwachbesetzter linearer Gleichungssysteme und ihre Anwendung bei der Analyse elektrischer Netzwerke. Diss. TU Dresden, 1974.
[79] *Hachtel, G. D., Brayton, R. K., Gustavson, F. G.*: The sparse tableau approach to network analysis and design. IEEE Trans. on Circuit Theory CT-18 (1971) 101–113.
[80] *Edelmann, H.*: Direkte Verfahren der Netzwerkanalyse mit spärlichen Matrizen. Teil I und II, NTZ 27 (1974) 73–79 und 109–111.
[81] *Norin, R., Pottle, C.*: Effective ordering of sparse matrices arising from nonlinear electrical networks. IEEE Trans. on Circuit Theory CT-18 (1971) 139–144.
[82] *Erisman, A. M., Reid, J. K.*: Monitoring the stability of the triangular factorization of a sparse matrix. Numer. Math. 22 (1974) 183–186.
[83] *Markowitz, H. M.*: The elimination form of the inverse and its application to linear programming. Management Sci. 3 (1957) 255–269, Nachdruck in Computer aided circuit design (edited by S. W. Director) Dowden, Hutchinson & Ross Inc., Stroudsburg 1973.
[84] *Mucha. J., Wolf, D.*: Bericht über das „1968 IEEE Int. Symp. on Circuit Theory". NTZ 22 (1969) 247.
[85] *Calahan, D. A.*: Numerical considerations for implementation of a nonlinear transient circuit analysis program. IEEE Trans. Circuit Theory CT-18 (1971) 66–73.
[86] *Calahan, D.*: Computer-aided network design. Mc Graw Hill Book Company, New York 1972; dt. bei R. Oldenbourg, München 1973.
[87] *Director, S. W.*: A survey of decomposition techniques for analysis and design of electrical networks. In *Himmelblau, D. M.* (Ed.): Decomposition of large scale problems. North Holland Publishing Comp., Amsterdam 1973, S. 93–118.
[88] *Gear, C. W.*: Numerical initial value problems in ordinary differential equations. Prentice-Hall, Englewood Cliffs, N. J. 1971.
[89] *Gear, C. W.*: Simultaneous numerical solution of differential-algebraic equations. IEEE Trans. Circuit Theory CT-18 (1971) 89–95.
[90] *Branin, F. H., Hogset, G. R.*, u. a.: ECAP II — A new electronic circuit analysis program. IEEE Journ. of Solid State Circuits SC-6 (1971) 146–166.
[91] *Brayton, R. K., Gustavson, F. G., Hachtel, G. D.*: A new efficient algorithm for solving differential-algebraic systems using impliit backward differentiation formulas. Proc. IEEE 60 (1971) 98.
[92] *Hachtel, G. D., Brayton, R. K., Gustavson, F. G.*: The sparse tableau approach to network analysis an design. IEEE Trans. on Circuit Theory CT-18 (1971) 101–113.
[93] *Chua, L. O., Rohrer, R. A.*: Ob the dynamic equations of nonlinear RLC-networks. IEEE Trans. on Circuit Theory CT-12 (1965) 475–489.
[94] *Chua, L. O.*: Computer aided analysis of nonlinear networks. In *Kuo, F. F., Magnuson, W. G.* (ed.): Computer oriented circuit design. Prentice Hall, Inc., Englewood Cliffs, N. J. 1969, S. 123–190.
[95] *Henrici, P.*: Discrete variable methods for ordinary differential equations. John Wiley & Sons, New York 1962.
[96] *Henrici, P.*: Error Propagations for difference methods. John Wiley & Sons, New York 1963.
[97] *Ortega, J. M.*: Numerical analysis 4273. Academic Press, New York 1972.
[98] *Stummel, F., Hainer, K.*: Praktische Mathematik. B. G. Teubner-Verlag, Stuttgart 1971.

[99] *Björck, A. G., Dahlquist, G.*: Numerische Methoden. Oldenbourg Verlag, München 1972.

[100] *Nordsieck, A.*: On the numerical integration of ordinary differential equations. Math. Comp. 16 (1962) 22–49.

[101] *Gear, C. W.*: The automatic integration of ordinary differential equations. Comm. ACM 14 (1971) 176–179

[102] *Arnold, W. J.*: Gewöhnliche Differentialgleichungen (Russ.). Verlag „Wissenschaft", Moskau 1971.

[103] *Lapidus, L., Seinfeld, J. H.*: Numerical solution of ordinary differential equations. Academic Press, New York 1972.

[104] *Henrici, P.*: Elemente der numerischen Analysis (2 Bd.). Bibliographisches Institut, Mannheim 1972.

[105] *Shichmann, H.*: Integration system of a nonlinear network-analysis program. IEEE Trans. of Circuit Theory CT-17 (1970) 378–386.

[106] *Weeks, W. T., Jimenez, G. W., Mahoney, G. W.*, u. a.: Algorithmus for ASTAP-A network analysis program. IEEE Trans. on Circuit Theory CT-20 (1973) 628–634.

[107] *Elst, G., Kofer, C., Reibiger, A.*: DELPHI — Programmsystem zur Analyse elektrischer Netzwerke. Forschungsberichte, TU Dresden, Sektion 9, Nr. 100/75, 143/75, 4/76.

[108] *Günther, P., Beyer, S.*, u. a.: Grundkurs Analysis Teil I. B. G. Teubner Verlagsgesellschaft, Leipzig 1972.

[109] *Riedel, F., Fischer, P.*, u. a.: Beschreibung des Programmsystems „MISNET". Forschungsbericht TU Dresden, Sektion 9, Ber. 1, Nr. 63/74.

[110] *Kuo, F. F., Magnuson, W. G.*: Computer oriented circuit design. Prentice Hall, Inc., Englewood Cliffs, N. J. 1969.

[111] *Herskowitz, G. J., Schilling, R. B.* (Eds.): Semiconductor device modelling for computer aided design. Mc. Graw Hill Book Company, New York 1972.

[112] *Allen, R. H.*: Fast computer aided analysis of nonlinear electronic circuits. Proc. 2-nd Biennial Cornell Electrical Engineering Conf., Cornell University 1969, S. 326–345.

[113] *Gantmacher, F. R.*: Matrizenrechnung. Bd. I, II, 2. Aufl. (Übersetzung aus dem Russischen) VEB Deutscher Verlag der Wissenschaften, Berlin 1966.

[114] *Odeh, F., Liniger, W.*: A note on unconditional fixed-h stability of linear multistop formulas. Computing 7 (1971) 240–253.

[115] *Liniger, W., Willougby, R. A.*: Efficient integration method for stiff systems of ordinary differential equations. SIAM Journal of Num. Analysis 7 (1970) 47–66.

[116] *Dietze, S., Reibiger, A.*: Stabilität und steife Differentialgleichungen. Teil 1 und 2, TU-Informationen 07-21-76, 07-22-76.

[117] *Stetter, H. J.*: Analysis of discretization methods for ordinary, differential equations. Springer Verlag Berlin 1973.

[118] *Grigorieff, R. D.*: Numerik gewöhnlicher Differentialgleichungen. Bd. 1, Teubner-Verlag, Stuttgart 1972.

[119] *Elschner, H., Möschwitzer, A., Reibiger, A.*: Rechnergestützte Analyse in der Elektronik. Verlag Technik, Berlin 1977.

[120] *Willoughby, R. A.* (ed.): Stiff differential systems Plenum Press, New York 1974.

[121] *Wunsch, G.*: Systemanalyse. Bd. 3. Verlag Technik, Berlin 1970.

[122] *Wunsch, G.*: Algebraische Grundbegriffe. Verlag Technik, Berlin 1970.

[123] *Hasse, M.*: Grundbegriffe der Mengenlehre und Logik. B. G. Teubner Verlag, Leipzig 1966.

[124] *Halmos, P.*: Naive Mengenlehre. Vandenhoeck & Rupprecht, Göttingen.

[125] *Behnke, H., Remmert, R.*, u. a.: Fischer-Lexikon Mathematik. Bd. 1 und 2. Fischer Bücherei, Frankfurt a. M. 1964 und 1966.

[126] *Asser, G.*: Grundbegriffe der Mathematik. I. Mengen, Abbildungen, Natürliche Zahlen. Deutscher Verlag der Wissenschaften, Berlin 1973.

[127] *Flachsmeyer, K.*: Kombinatorik — Eine Einführung in die mengentheoretische Denkweise. Deutscher Verlag der Wissenschaften, Berlin 1969.

[128] *Müller, P. H.*: Höhere Analysis I — Logik, Mengen, Zahlen, Funktionen, Topologie, Metrische Räume. Akademie-Verlag, Berlin 1972.

[129] *Günther, P., Beyer* u. a.: Grundkurs Analysis. Teil 1 bis 4. B. G. Teubner. Verlag, Leipzig 1972, 1973 und 1974.

[130] *Kolmogorov, A. N., Fomin, S. V.*: Reelle Funktionen und Funktionalanalysis. Deutscher Verlag der Wissenschaften, Berlin 1975.
[131] *Natanson, I. P.*: Theorie der Funktionen einer reellen Veränderlichen. Akademie-Verlag, Berlin 1961.
[132] *Dieudonné, J.*: Grundzüge der modernen Analysis. Bd. 1 und Anhang zu Bd. 2. Deutscher Verlag der Wissenschaften, Berlin 1971 und 1975.
[133] *Bosek, H.*: Einführung in die Theorie der linearen Vektorräume. Deutscher Verlag der Wissenschaften, Berlin 1965.
[134] *Papy, G.*: Einführung in die Vektorräume. Vandenhoek & Rupprecht, Göttingen 1965.
[135] *Greub, W. H.*: Linear Algebra. Springer-Verlag, Berlin 1967.
[136] *Seshn, S., B. Reed, M.*: Linear graphs and electrical networks. Addison—Wesly Publ. Comp., Inc., Reading, M. 1961 (Russ. Übers.: Moskau 1971).
[137] *Berge, G., Ghouila-Houri, A.*: Programme, Spiele, Transportnetze. B. G. Teubner Verlag, Leipzig 1969.
[138] *Sachs, H.*: Einführung in die Theorie der endlichen Graphen. Teil I und II. B. G. Teubner Verlag, Leipzig 1970 und 1972.
[139] *Sykoff, A. A.*: Theorie der endlichen Graphen. Teil I (Russ.). Verlag „Wissenschaft", Nowosibirsk 1969.
[140] *Busacker, R. G., Saaty, T. L.*: Finite graphs and networks. Mc Graw—Hill Book Company, New York 1965 (Russ. Übersetzung: Moskau: Verlag „Wissenschaft" 1974).
[141] *Schwetlick, H.*: Numerische Lösung nichtlinearer Gleichungen. Deutscher Verlag der Wissenschaften, Berlin 1979.

3.2. Probleme und Methoden der Analyse von Schaltnetzwerken

Von *Dieter Bochmann*

Technische Hochschule Karl-Marx-Stadt, Sektion Informationstechnik

3.2.1. Die Rolle der Analyseprobleme im Entwurfsprozeß

Im Rahmen der Theorie und Technik informationsverarbeitender Systeme ist in den letzten Jahrzehnten eine starke, objektiv bedingte Tendenz des Übergangs zu diskreten, meist zweiwertigen (binären) Systemen zu beobachten. Diese Tendenz schlug sich selbstverständlich auch in der Methodik des Schaltungsentwurfs nieder, folgte dabei aber zunächst Wegen, die dem Ingenieur völlig neu erscheinen mußten und die er sich von den elementaren Begriffen her erarbeiten sollte. Das führte einmal dazu, die relative Einfachheit der Grundbegriffe der Schaltalgebra als typisch für die gesamte Theorie der Schaltnetzwerke anzusehen (und demzufolge die Masse der komplizierteren Praxisfälle als durch die Schaltalgebra nicht beschreibbar abzuwerten), andererseits aber wegen der speziellen Eigenschaften der *Boole*schen Funktionen zu neuartigen, aufwendigen und dennoch oft primitiven numerischen Verfahren (z. B. Durchmusterung tausender Einzelfälle). Erst allmählich setzte sich der Gedanke durch, das reichhaltige Arsenal von Begriffsbildungen anderer Systemklassen für die Theorie der Schaltnetzwerke zu nutzen und so, etwa der Hierarchie

$\rightarrow$ Schaltnetzwerk $\rightarrow$ endlicher Automat $\rightarrow$ dynamisches System $\leftarrow$

folgend, ein geschlossenes Bild zu erhalten. Es versteht sich von selbst, daß dazu auch eine Bereicherung der Ausdrucksmittel der Schaltalgebra erforderlich wurde, die insbesondere im *Boole*schen Differentialkalkül [1, 2, 3] und in der expliziten Darstellung binärer Zeitfunktionen gefunden werden konnte.

Ein Schaltnetzwerk im hier betrachteten Sinn ist ein (i. a. technisches) System mit diskreten (meist binären oder binär verschlüsselten) Zustandsgrößen. Es unterscheidet sich vom endlichen Automaten, der sein Verhaltensmodell darstellt, durch die Information über die Struktur des Netzwerks. Der Übergang vom vorgeschriebenen Verhalten zur Struktur wird als Syntheseprozeß bezeichnet, umgekehrt spricht man von der Analyse beim Bestimmen des Verhaltens für eine gegebene Netzwerkstruktur. Der Entwurfsprozeß eines technischen Schaltnetzwerkes ist wesentlich umfassender als die Struktursynthese und kann in folgende Stufen grob eingeteilt werden:

- *Bauelemententwurf:*
  Auswahl aus einer Serie gegebener Bausteine mit der Absicht, günstige Bedingungen hinsichtlich funktioneller Vollständigkeit [1], Lastfaktoren, Verzögerungszeiten, Signalpegel, Montagetechnologie etc. zu erhalten oder Konstruktion spezieller Bauelemente (PLA, Festwertspeicher, Kodierer etc.) für das herzustellende System. In den weitaus meisten Fällen wird gegenwärtig der erste Weg beschritten.
- *Algorithmenentwurf:*
  Entwurf des angestrebten Verhaltens, wobei in einer durch die Systemgröße beeinflußten hierarchischen Blockstruktur die Teilalgorithmen festgelegt werden.

In diesem Prozeß dominieren nach wie vor intuitive Methoden. Die Formalisierung der Ergebnisse wird als Abstrakte Synthese (Ergebnis: endlicher Automat, in einer geeigneten Sprache dargestellt) bezeichnet. Ein wesentlicher, jedoch nicht immer bewußt vorgenommener Teilschritt ist dabei die Funktionsoptimierung [4], d. h. die Auswahl eines hinsichtlich der später zu bestimmenden Struktur optimalen Verhaltens.

— *Strukturentwurf (Logikentwurf):*
Für ein festliegendes Verhalten ist eine realisierende Struktur zu bestimmen. Als Elemente der Struktur stehen dabei z. B. zur Verfügung: elektronische, elektromechanische, pneumatische u. a. Bauelemente, komplexe, vorgefertigte Baustufen, vorbereitete Universalbausteine (PLA, Zähler u. a.), Rechnerbefehle und vorbereitete Mikroprogramme. Das Ergebnis der Struktursynthese ist in hohem Maße vom Bausteinsortiment abhängig. Je komplexer die Leistungsfähigkeit des einzelnen Elementes ist, umso schwieriger werden der optimale Strukturentwurf und seine Kontrolle durch nachträgliche Analyse. Eine wichtige, stets beachtete, aber nur selten (nachweislich) voll gelöste Teilaufgabe ist die Strukturoptimierung nach Kriterien wie Aufwand, Zahl der Verbindungsleitungen, Zuverlässigkeit und Störfestigkeit, Aufteilbarkeit auf Geräte oder Leiterplatten u. a.

— *Technisch-physikalischer Entwurf:*
In diesem hier weniger beachteten Abschnitt, der jedoch für die praktische Brauchbarkeit entscheidend sein kann, sind die elektrischen und mechanischen Parameter, die Fragen der Technologie und des Gefäßsystems, der Leiterplattenherstellung usw. zu sehen.

Die grobe Übersicht über die wichtigsten Entwurfsphasen zeigt einen grundsätzlichen Widerspruch: die Phasen können weder methodisch noch zeitlich scharf gegeneinander abgegrenzt werden, sie beeinflussen einander auf vielfältige Weise, müssen aber auf Grund der Größe der Probleme und ihrer Spezifika von unterschiedlichen Bearbeiterkollektiven untersucht werden. Daraus resultieren drei Prämissen, die den folgenden Abschnitten vorangestellt werden sollen:

— Die Analyse der eigenen und fremden Ergebnisse nach vollzogenen Teilschritten ist eine wesentliche Komponente des Prozesses.
— Die Analyse ist somit Teil einer iterativen Arbeitsweise und charakterisiert dabei die Kritik des erreichten Standes.
— Die Analyse muß eine konstruktive, die Synthese maximal unterstützende Kritik ausüben.

3.2.2. Ziele der Analyse

Schaltnetzwerke von technischem Interesse sind meist sehr komplex, die Zahl der Zustandsvariablen ist sehr hoch. Dadurch werden zwei grundsätzliche Probleme offenbar, die gelöst werden müssen, bevor der Analyseprozeß voll zufriedenstellend durchgeführt werden kann:

— Es ist erforderlich, eine Analysesprache zu besitzen, die dem Menschen (und evtl. auch dem Rechner) verständliche Ausdrucksmittel zur Formulierung der Verhaltenskomponenten von Schaltnetzwerken enthält. Als Verhaltenskomponenten können z.B. angesehen werden: Reaktion im Speicher oder am Ausgang auf Eingangssignale, Reaktion auf Fehler, charakteristisches autonomes Verhalten wie Schwingen, Blockieren etc.

- Es ist erforderlich, eine Beschränkung der jeweiligen Analyseziele auf die wesentlichsten Aussagen vorzunehmen und so zeitlich (d. h. ökonomisch) vertretbare Lösungen zu erhalten und diese überschauen zu können.

In der vorliegenden Arbeit können nur zum zweiten Problem einige Aussagen vorgestellt werden. Das erste ist im hier geforderten Sinn noch nicht befriedigend gelöst, auch die bekannten, dem Strukturentwurf dienenden Programmiersprachen [5, 6] besitzen praktisch nur Ausdrucksmittel für die Rechnereingabe von Struktur und Verhaltensvorschrift.

Eine Beschränkung der Analyseziele kann sich auf Teilstrukturen (Teilschaltungen, Steckeinheiten, Baustufen) oder Teilverhaltensweisen (Teilabläufe, Prüffolgen, ausgewählte Betriebszustände) beziehen. Im ersten Fall wird der zu untersuchende Zustandsraum durch Weglassen oder Festlegen von Zustandsvariablen beschränkt, im zweiten Fall durch Festlegen von Anfangsbedingungen. Dabei sind die erforderlichen Beschränkungen durch das Analyseziel bedingt. Globales Analyseziel im Fall technischer Systeme ist die Bestimmung des Unterschieds von Soll- und Istverhalten (in nichttechnischen, also z. B. biologischen oder mathematisch-abstrakten Systemen kann auch das Sollverhalten unbekannt sein). Es lassen sich dabei folgende Klassen von Analysezielen erkennen:

- Abweichungen der Struktur:
  Leitungsverbindungen, -kurzschlüsse, Festhalten an 0 oder *I* durch blockierende Schalter bzw. ausgefallene Bauelemente, falsche Bauelemente u. a.,
- Abweichungen des Verhaltens:
  Fehlerauswirkung und -ausbreitung, Veränderungen des Verhaltens durch Strukturfehler, Fehler bei Umschaltprozessen,
- Abweichungen durch unzureichende Modelle:
  Fehler im dynamischen Betrieb, Laufzeitprobleme, Hasards,
- Abweichungen durch unvollständig spezifizierte Forderungen:
  Verbotene oder nicht erreichbare Zustände und Übergänge, tatsächliches Verhalten in diesen Fällen, Blockierungen, Schwingerscheinungen, eingeschränkte Signalräume.

Zur Analyse von Schaltnetzwerken werden häufig Simulationsprogramme eingesetzt. Auch auf schnellen Rechnern erreichen diese jedoch sehr bald Leistungsgrenzen wegen der Vielzahl der zu simulierenden Fälle, falls keine zielgerichteten Einschränkungen vorgenommen werden. Selbst dann verbleibt aber noch das Abbildungsproblem: die Simulation kann keine Ergebnisse liefern, die nicht schon im Modell vorhanden sind. Deshalb muß der Wahl des Modells besondere Sorgfalt gelten.

3.2.3. Modellbildung

Der Modellbildung bei Schaltnetzwerken sind gewisse prinzipielle Schranken dadurch auferlegt, daß pyhsikalische, in Raum und Zeit kontinuierlich verlaufende Prozesse durch diskrete Zustandsgrößen beschrieben werden. Ein Abgehen von der diskreten Beschreibungsweise würde sowohl die Anschauung als auch den mathematischen Apparat unzulässig komplizieren (ein Flip-Flop ist als kontinuierliches System einfach unzweckmäßig dargestellt). Damit muß aber notwendig, auch bei beliebig feiner Quantisierung, in Kauf genommen werden, daß Übergangs- oder allgemein zeitliche Prozesse in Schaltnetzwerken nur mit relativer Genauigkeit beschrieben werden können.

Wir werden uns auf binäre Zustandsgrößen konzentrieren und zeigen, daß technisch mehrwertige Systeme auch mit den zu beschreibenden Mitteln vollständig erfaßt werden können. Jede Variable x_i kann nur einen der Werte 0 oder 1 annehmen, ein Vektor $\boldsymbol{x} = (x_1, \dots, x_k)$ alle Kombinationen von $(0, \dots, 0)$ bis $(1, \dots, 1)$. Die Werte von $\boldsymbol{x}$ können als Punkte in einem k-dimensionalen Raum, dessen Koordinaten nur die Werte 0 und 1 besitzen, gedeutet werden. Die Menge aller Werte von $\boldsymbol{x}$, aber auch den damit gekennzeichneten Raum wollen wir mit B^k bezeichnen (k-dimensionaler Binärraum). In Bild 1 ist ein solcher Raum für $k = 3$ gezeigt.

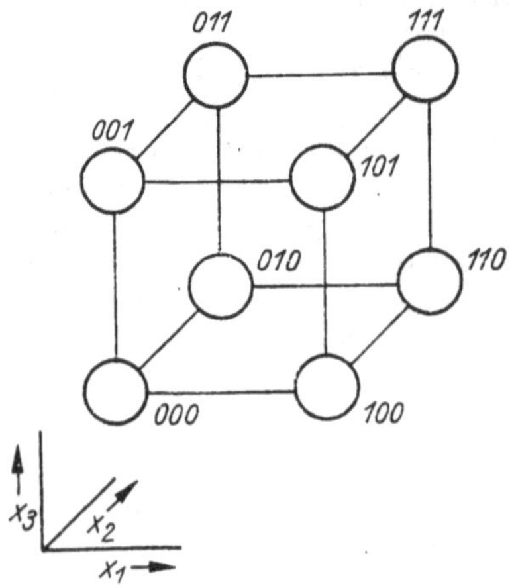

Bild 1

Zwischen den Binärvektoren kann eine „kleiner/gleich"-Relation (Halbordnungsrelation) dadurch eingeführt werden, daß die stellenweise definierten Beziehungen

$$0 \leqq 0, \qquad 0 \leqq 1, \qquad 1 \leqq 1 \tag{1}$$

in allen Stellen der zu vergleichenden Vektoren erfüllt sein müssen. Ebenso können die bekannten Operationen Konjunktion ($\wedge$), Disjunktion ($\vee$), Antivalenz ($\nleftrightarrow$) und Negatioh ($\bar{a}$) stellenweise definiert und dann auf alle Stellen der Operanden ausgedehnt werden:

x	$\bar{x}$
0	1
1	0

$\wedge$	0	1
0	0	0
1	0	1

$\vee$	0	1
0	0	1
1	1	1

$\nleftrightarrow$	0	1
0	0	1
1	1	0

Die für die einzelnen Operationen gültigen Gesetze sind z. B. in [1] dargestellt. Vom Standpunkt der Algebra aus handelt es sich bei den eingeführten Strukturen um *Boole*sche Algebren, wobei die Struktur (B^k, $\wedge$, $\vee$, —) einen *Boole*schen Verband und die Struktur (B^k, $\wedge$, $\nleftrightarrow$) einen *Boole*schen Ring darstellen.

Zur Anwendung *Boole*scher Algebren als Modelle physikalisch-technischer Systeme ist erforderlich, jedem relevanten Systemzustand einen Binärvektor zuzuordnen, wobei aus Gründen der Klarheit möglichst Zustandsvariable im Originalsystem durch Binärvariable bzw. Gruppen von Binärvariablen im Modell dargestellt werden. So könnte z. B. der Zustand eines aus drei Würfeln bestehenden Systems (216 Einzelzustände) durch einen Binärvektor der Länge 8 ($2^8 > 216$) ausgedrückt werden. Falls jedoch auf den Zustand jedes einzelnen Würfels auch Bezug genommen werden soll, empfiehlt es sich, jedem Würfel eine Gruppe aus 3 Binärgrößen ($2^3 > 6$) zuzuordnen. Damit erhöht sich zwar die Länge des Modellvektors um eine Einheit, es ist jedoch wesentlich einfacher möglich, aus dem Modell wieder Rückschlüsse auf das Original zu ziehen bzw. im Modell Änderungen des Originals zu verfolgen. Der Zuordnungsvorgang (Zustandskodierung) kann auf viele verschiedene Arten durchgeführt werden, wobei jedoch im Analysefall meist weniger Probleme auftauchen, da die Kodierung entweder schon vorgegeben oder auf eine dem Problem angepaßte, „natürliche" Weise möglich ist.

Jedem Zustand des Systems wird ein Punkt in einem Binärraum zugeordnet. Änderungen des Systemzustandes führen damit zu Bewegungen im binären Zustandsraum. Die Gesamtheit aller möglichen Bewegungen des Systems stellt im Zustandsraum die Menge der Trajektorien (Bahnkurven eines Phasenpunktes) dar. In Bild 2 ist für ein dreistufiges Schieberegister das Trajektoriensystem dargestellt. Aus jedem Zustand führen genau zwei Kanten weg, wobei die Auswahl der betreffenden Kante durch das Eingangssignal x bestimmt wird.

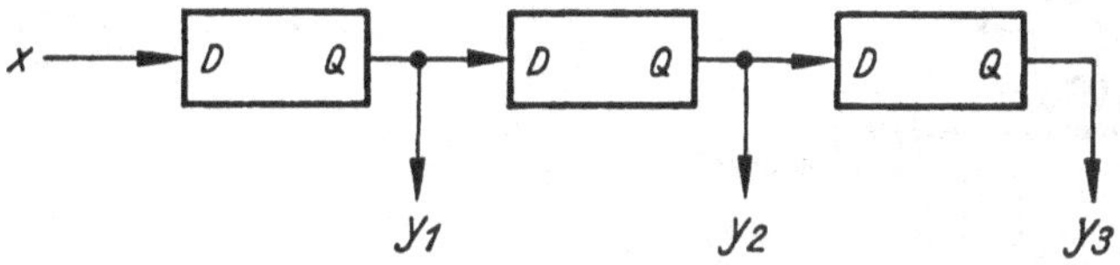

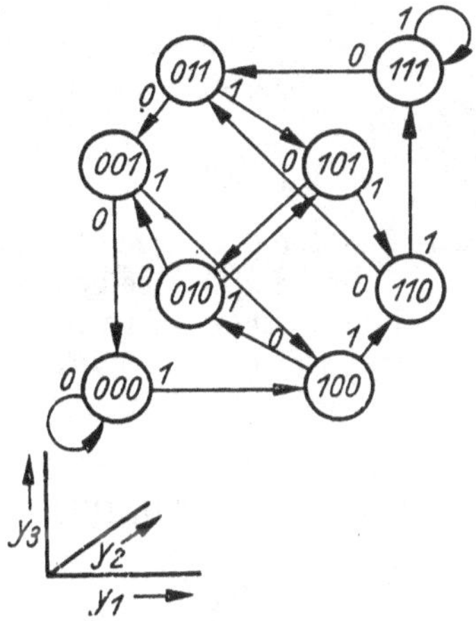

Bild 2

Der Trajektorienbegriff erlaubt jetzt die exakte Definition des Verhaltens eines Schaltnetzwerkes:

Als *Verhalten* eines Schaltnetzwerkes wird die Gesamtheit der Trajektorien im Zustandsraum bezeichnet.

Einschränkungen im oben genannten Sinn betreffen damit z. B. alle für bestimmte Eingangssignale gültigen Trajektorien, alle von einem gewissen Anfangspunkt ausgehenden Trajektorien, alle Trajektorien mit gewissen Eigenschaften (z. B. Zyklen vorgegebener Länge), alle Trajektorien in vorgegebenen Unterräumen etc. Die Analyse als Prozeß mit dem Ziel der Bestimmung des Verhaltens wird damit auf den Prozeß der Trajektorienermittlung für eine gegebene Struktur zurückgeführt.

Auch ohne Einschränkung der Analyseziele kann es für die Trajektorien schon Beschränkungen, die nicht vom System selbst herrühren, geben. So kann z. B. ein Schaltnetzwerk drei Eingangsvariable x_1, x_2, x_3 besitzen, von denen jedoch zum gleichen Zeitpunkt stets nur eine den Wert 1 annehmen kann. Diese Eigenschaft der Signalquelle definiert im durch x_1, x_2, x_3 aufgespannten Signalraum einen zulässigen Unter-

raum und die darin auftretenden Trajektorien (Bild 3) und kann damit durch die gleichen Mittel beschrieben werden.
Die speziellen Eigenschaften der Signalquelle führen i. a. auch zu Einschränkungen der Trajektorienmenge im Zustandsraum des verarbeitenden Schaltnetzwerkes.
Die anschauliche Beschreibung durch einen Graphen, der die Zustände als Knoten und die Trajektorien als Kanten besitzt, hat nur für kleinere Schaltnetzwerke Bedeutung und soll zur Illustration der darzustellenden Zusammenhänge verwendet werden. Für eine genauere Untersuchung größerer Systeme sind algebraische Methoden erforderlich.

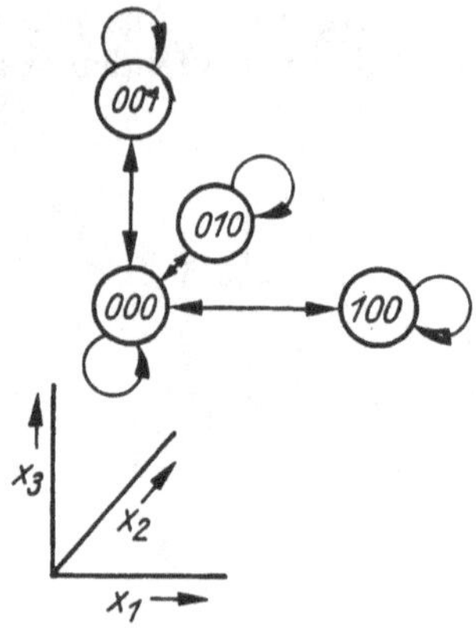

Bild 3

3.2.4. Binäre dynamische Systeme

Schaltnetzwerke bestehen aus typischen Bauelementen, die die Aufgabe haben, binäre Größen zu verknüpfen und zu speichern. Die Verknüpfungseigenschaft ist vornehmlich (aber nicht ausschließlich) in den kombinatorischen Bauelementen (Typ: UND, ODER, NAND, NOR, Negator u. a.) konzentriert und wird durch deren Funktionsgleichung

$$q_j = g_j(a_1, \dots, a_n) \tag{2}$$

beschrieben, wobei g_j eine *Boole*sche Funktion ist. Beispiele sind in Bild 4 dargestellt.

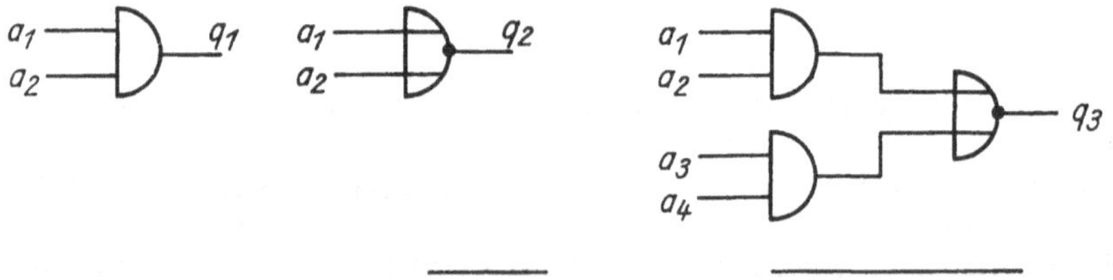

$q_1 = a_1\, a_2$ $\qquad$ $q_2 = \overline{a_1 \vee a_2}$ $\qquad$ $q_3 = \overline{a_1\, a_2 \;\vee\; a_3\, a_4}$

Bild 4

Kombinatorische Schaltelemente werden wir als unendlich schnell schaltend (ohne Verzögerungseigenschaft) betrachten, aber bei der Analyse technischer Schaltnetzwerke insbesondere beachten, daß diese Annahme nur in grober Näherung (für hinreichend langsam betriebene Systeme) zutrifft. Als weiteren Typ von Bauelementen betrachten wir Einbitspeicher (Flip-Flops). Zur Beschreibung des Speicherverhaltens sind Annahmen über die zeitliche Quantisierung erforderlich. Wir nehmen zunächst an, daß es sich um getaktete Speicherelemente handelt und die Taktzeiten durch ganzzahlige Werte der Zeit t beschrieben werden. Dann kann ein Flip-Flop durch eine Funktionsgleichung des Typs

$$Q_i(t+1) = f_i(Q_i(t), a_1(t), \dots, a_n(t)) \qquad (3)$$

charakterisiert werden, wobei Q_i die Speichervariable darstellt, der beim Eintreffen eines Taktimpulses der durch die Funktion f_i aus den Eingangsgrößen $a_1, \dots, a_n$ und dem vorhandenen Speicherwert Q_i bestimmte neue Wert $Q_i(t+1)$ zugewiesen wird. Technische Flip-Flops haben meist nur wenige (funktionell verschiedene) Eingänge. In Bild 5 ist eine Übersicht über die wichtigsten FF-Typen mit einem oder zwei Ein-

Typ	$Q(t+1) =$	$\dot{Q}(t) =$	Übergangsgraph
D	D	$D \not\sim Q$	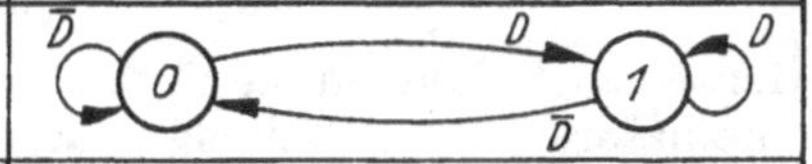
T	$T \not\sim Q$	T	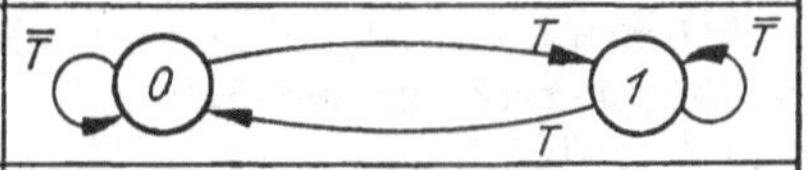
RS	$S \vee \bar{R}Q$	$\bar{Q}S \vee QR$	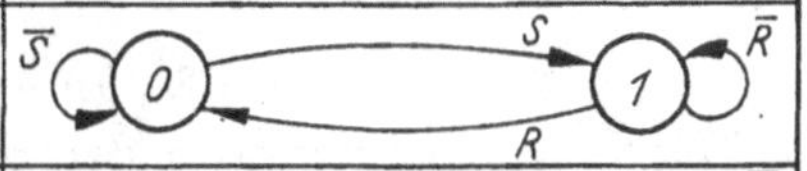
JK	$\bar{Q}J \vee Q\bar{K}$	$\bar{Q}J \vee QK$	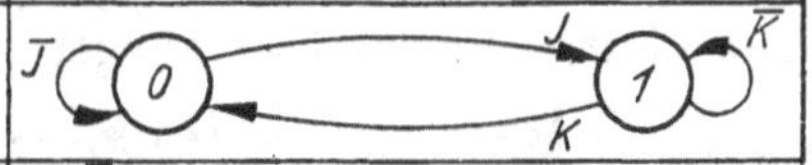
JR	$\bar{R}(J \vee Q)$	$\bar{Q}\bar{R}J \vee QR$	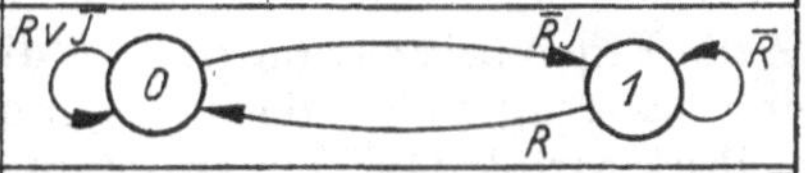
SK	$S \vee \bar{K}Q$	$\bar{Q}S \vee Q\bar{S}K$	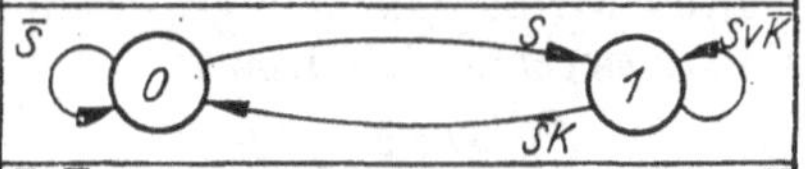
DV	$\bar{V}Q \vee DV$	$V(D \not\sim Q)$	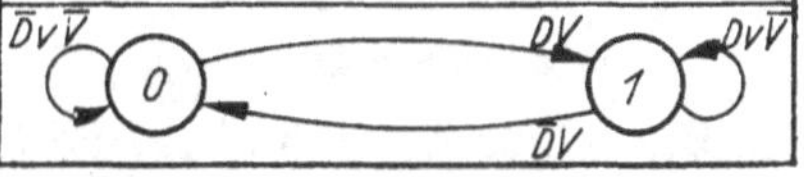

Bild 5

gängen gegeben, wobei zu jedem Flip-Flop die Gleichung (3) und der Übergangsgraph angegeben sind. Die Aussage des Graphen bedeutet, daß die entsprechende Kante genau dann verfolgt wird, wenn die daneben angegebene Bedingung der Eingangsgrößen erfüllt ist (und ein Taktimpuls auftritt). Die Graphen sind somit Darstellungen des Verhaltens der Einbitspeicherelemente, sie enthalten alle Zustände und Trajektorien. Neben den elementaren Einbitspeichern gewinnen Mehrbitspeicher zunehmend an Bedeutung, deren Verhalten gewissen Einschränkungen unterliegt. Während ein frei adressierbarer Mehrbitspeicher als einfache Zusammenstellung aus FF betrachtet werden kann, der also keine neuen Qualitäten in der Systembeschreibung bewirkt, ist z. B. ein Schieberegister nach Bild 2 nicht mit einem einzigen Taktimpuls aus einem beliebigen Zustand in einen beliebigen anderen überführbar und besitzt damit Übergangsbeschränkungen. Weitere Speicherelemente mit Einschränkungen im Zustandsraum sind insbesondere Zähler (häufig verwendet als Steuerketten in Mikroprogrammsteuerungen), steuerbare Impulsfolgengeneratoren und ähnliche höher organisierte Systeme. Zur algebraischen Beschreibung des Verhaltens solcher Elemente sind Systeme von Gleichungen des Typs (3) erforderlich, die oft (wie z. B. im Fall von Schieberegistern) charakteristische einfache Formen besitzen und somit den systematischen Entwurf erleichtern oder erst ermöglichen. Für die in Bild 2 analysierte Schiebekette erhalten wir (mit der im folgenden beibehaltenen Abkürzung $y_i(t+1) = {}^1y_i$) das Gleichungssystem:

$$ {}^1y_1 = x, \qquad {}^1y_2 = y_1, \qquad {}^1y_3 = y_2 . \tag{4} $$

Um zu einer allgemeinen Systembeschreibung aus der Struktur zu kommen, stellen wir die charakteristischen Bestandteile der Strukturgleichungen noch einmal zusammen:

Kombinatorische Teile: $q_j = g_j(a_1, \dots, a_n)$, (5)

Einbitspeicher: ${}^1Q_i = f_i(Q_j, a_1, \dots, a_n)$, (6)

Mehrbitspeicher: ${}^1Q_{\mu\nu} = h_{\mu\nu}(Q_{\mu 1}, \dots, Q_{\mu\omega}, a_1, \dots, a_s)$ (7)

($Q_{\mu 1}, \dots, Q_{\mu\omega}$: Speichervariable des μ-ten Mehrbitspeichers).

Offensichtlich können zwei radikale Vereinfachungen vorgenommen werden: alle kombinatorischen Gleichungen werden substituiert und soweit erforderlich in die Funktionen f_i bzw. $h_{\mu\nu}$ eingefügt; alle verbleibenden Gleichungen des Typs (3) werden als gleichberechtigt betrachtet. Übrig bleiben zwei Mengen von Gleichungen, die einmal in der Form

$$ {}^1y_i = f_i(x_1, \dots, x_k, y_1, \dots, y_n) \qquad 1 \leqq i \leqq n \tag{8} $$

die Überführungsfunktionen der Speicherelemente beschreiben, zum zweiten nicht mehr substituierbare Gleichungen

$$ z_j = g_j(x_1, \dots, x_k, y_1, \dots, y_n) , \tag{9} $$

die die Ergebnisfunktionen, d. h. die von den Eingängen $\boldsymbol{x}$ und den Speichergrößen $\boldsymbol{y}$ der Schaltung abhängigen Ausgangsgrößen $\boldsymbol{z}$ kennzeichnen. In vektorieller Form erhalten wir als Gleichungssystem des binären endlichen Automaten, der durch das zu analysierende Schaltnetzwerk repräsentiert wird:

$$ {}^1\boldsymbol{y} = f(\boldsymbol{x}, \boldsymbol{y}) , \tag{10} $$

$$ \boldsymbol{z} = g(\boldsymbol{x}, \boldsymbol{y}) . \tag{11} $$

(Die Bezeichnungen f_i und g_j sind in (8) und (9) neu definiert worden und nicht mehr mit denen aus (5) und (6) voll identisch. Sie sollen von nun ab in dieser Form beibehalten werden.)

Binäre endliche Automaten verarbeiten und erzeugen binäre Signale, d. h. Zeitfolgen, die zu jedem (diskreten) Zeitpunkt einen der Werte 0 oder 1 besitzen. Mit $a(t)$ sei eine solche Folge bezeichnet, wobei in den meisten praktischen Fällen die Voraussetzung $t \geqq 0$ sinnvoll und gerechtfertigt ist. Wir definieren nun eine zeitliche Ableitung [1] $\dot{a}(t)$ der Folge $a(t)$ nach

$$ \dot{a}(t) = a(t) \nsim a(t+1) . \tag{12} $$

t	0	1	2	3	4	5	6	7	8	9	10
$a(t)$	0	0	1	0	0	1	1	0	1	0	0
$\dot{a}(t)$	0	1	1	0	1	0	1	1	1	0	0

Bild 6

Die Ableitung $\dot{a}(t)$ besitzt im Zeitpunkt t genau dann den Wert 1, wenn $a(t)$ und $a(t+1)$ unterschiedlich sind, also im Zeitpunkt $a(t)$ eine Änderung bevorsteht (vgl. Bild 6). Wegen der Umkehrbarkeit der Antivalenz-Operation folgt aus (12)

$$ a(t+1) = a(t) \nsim \dot{a}(t) . \tag{13} $$

d. h. der Definition (12) ist als Kausalzusammenhang unterstellt, daß im Zeitpunkt t der Wert $a(t)$ der Binärvariablen und ihre Änderungsgröße $\dot{a}(t)$ bekannt sind, aus denen $a(t+1)$ als Folgewert bestimmt wird. Diese Vorgehensweise schließt die hier vorgenommenen Untersuchungen an die bekannten, mit Differential- oder Differenzengleichungen operierenden Gedankengänge der Systemtheorie an. Wir setzen die Ausdrücke aus (8) in die Gleichung (12) ein und erhalten

$$\dot{y}_i(t) = y_i(t) \nleftrightarrow f_i(\boldsymbol{x}, \boldsymbol{y})$$

oder

$$\dot{y}_i = h_i(x_1, \dots, x_k, y_1, \dots, y_n) \tag{14}$$

und in der Vektorschreibweise

$$\dot{\boldsymbol{y}} = h(\boldsymbol{x}, \boldsymbol{y}) \,. \tag{15}$$

Diese Systembeschreibung durch *Boole*sche Differentialgleichungen erlaubt eine Vielzahl von Begriffen der Allgemeinen Systemtheorie zu übernehmen [7, 8]. Sie setzt eine zeitliche Quantisierung, nicht jedoch eine Taktierung der untersuchten Systeme voraus. In Bild 5 waren für die wichtigsten FF-Typen die charakterisierenden Gleichungen auch in der Form (14) schon angegeben worden. Zur Interpretation sei das T-FF als Beispiel herangezogen. Die Gleichung

$$\dot{Q} = T \tag{16}$$

besagt, daß Q sich genau dann ändert, wenn der Eingang $T = 1$ ist. Zur genauen Festlegung des Änderungszeitpunktes kann zusätzlich ein Taktimpuls τ eingeführt werden, der (16) in folgender Weise modifiziert:

$$\dot{Q} = \tau T \,. \tag{17}$$

Das Taktsignal als auslösender kurzzeitiger Impuls kann auch z. B. durch Differenzieren aus der Impulsflanke von T gewonnen werden:

$$\dot{Q} = \dot{T} T \,. \tag{18}$$

Durch (18) wird ein asynchrones T-FF beschrieben, dessen Zustand Q sich genau dann ändert, wenn beim Eingangssignal T eine 1-0-Flanke auftritt. Da es sich um ein ungetaktetes Signal handelt, müssen T und $\dot{T}$ in (18) als voneinander unabhängige Größen betrachtet werden.

Offenbar ist für eine genaue Untersuchung des Zeitverhaltens von Interesse, auf welche Weise von außen das Verhalten gesteuert wird. Der einfachste, aber nicht bedeutungslose Fall liegt vor, wenn keine äußeren Signale wirken (z. B. keine Eingänge vorhanden, die Eingänge abgeschaltet oder mit konstanten Werten versehen sind). In diesem Fall des autonomen Automaten wird das Systemverhalten durch

$${}^1\boldsymbol{y} = f(\boldsymbol{y}) \,, \qquad z = g(\boldsymbol{y}) \tag{19}$$

beschrieben, Im Zustandsraum, dessen Koordinaten durch die $\boldsymbol{y}$-Vektoren gebildet werden, führt wegen der Eindeutigkeit von f von jedem Knoten genau eine Kante weg. Ein Beispiel sei das Gleichungssystem

$${}^1y_1 = 1 \nleftrightarrow y_1 \,, \qquad {}^1y_2 = y_1 \nleftrightarrow y_2 \,, \qquad {}^1y_3 = y_2 \nleftrightarrow y_3$$

für drei in Kette geschaltete, synchron getaktete T-FF, wobei am Eingang der Kette das konstante Eingangssignal 1 liegt. In Bild 7 ist der dazugehörige Graph, der Übersicht wegen nicht in räumlicher Darstellung, gezeigt.

Offenbar bann ein beliebiger Automat (mit deterministischer Überführungsfunktion) für konstantes Eingangssignal als autonomer Automat untersucht werden, worauf sich eine Vielzahl von Analyseverfahren gründet. Die Berücksichtigung der Eingangssignale $\boldsymbol{x}$ bei der Analyse ist erforderlich, wenn ihre Änderung wesentliche zu analysierende Folgen haben kann. Das ist dann der Fall, wenn sich der von der ersten Eingangssignaländerung ausgelöste autonome Vorgang mit den folgenden Eingangsänderungen und den dazu gehörenden autonomen Prozessen überlagert. Diese komplizierten Erscheinungen (Schaltnetzwerke sind praktisch immer nichtlineare Systeme, in denen kein Überlagerungsgesetz gilt!) sind schwer zu beherrschen, so daß

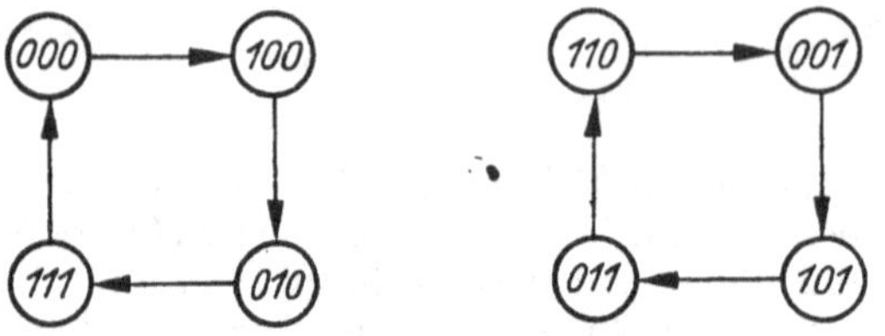

Bild 7

in der Praxis möglichst langsam gesteuerte Systeme, d. h. solche, bei denen die ausgelösten autonomen Vorgänge abgeklungen sind, bevor die nächste Eingangsänderung erfolgt, angestrebt werden. Diese Einschränkung gilt aber nur für die Netzwerksynthese, bei der Analyse müssen gerade die komplizierten Vorgänge im Mittelpunkt stehen. Für das Trajektoriensystem langsam gesteuerter Systeme ist demnach zu fordern, daß ausgehend von einem beliebigen (zulässigen) Anfangszustand autonom für jedes (zulässige) Eingangssignal nach höchstens k Übergängen ein stabiler Zustand $\boldsymbol{y}_0$ mit

$$\dot{\boldsymbol{y}}_0 = 0 \tag{20}$$

erreicht wird (k-Stabilität nach [7]).
Die Eigenschaft „langsam gesteuertes System“ stellt somit sowohl an das System selbst (Trajektorienstruktur) als auch an die Eingangssignale (zeitlicher Abstand zwischen zwei Änderungen) Forderungen, eine Analyse muß beide Aspekte berücksichtigen.
Besonders bequem ist die gewünschte Trajektorienstruktur bei Verwendung von Taktsignalen zu erreichen. Beim Wegfall des Taktsignals ist das System in jedem Fall stabil, wie aus dem System der Überführungsgleichungen eines getakteten Netzwerkes (Verallgemeinerung von (17)) sofort zu erkennen ist:

$$\dot{y}_i = \tau h_i(\boldsymbol{x}, \boldsymbol{y}) \,. \tag{21}$$

Falls im Graphen das Taktsignal τ nicht explizit auftritt (wie es wegen der „an sich bekannten“ Arbeitsweise getakteter Schaltungen üblich ist), können natürlich auch echte Zyklen im Graphen vorhanden sein. Analysieren wir in diesem Zusammenhang die in Bild 8 dargestellte Schaltung (rückgekoppeltes Schieberegister).

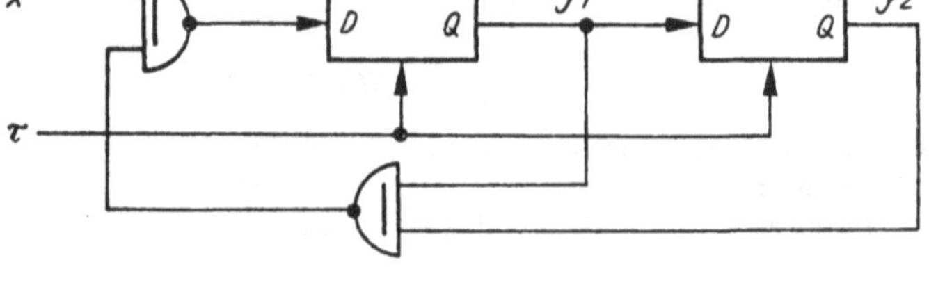

Bild 8

Die Gleichungen (in der Form (10)) lauten

$$^1y_1 = x \nrightarrow y_1 \nrightarrow y_2\,, \qquad ^1y_2 = y_1\,.$$

In Bild 9a ist der (x, y_1, y_2)-Zustandsraum (d. h. ohne explizites Taktsignal) gezeigt. Er zeigt zwei Zyklen der Länge 3, die durchaus stabil erzeugt werden können (insbesondere bei in Master-Slave-Technik aufgebauten D-FF), obwohl die oben genannte k-Stabilität nicht gegeben scheint. Tatsächlich gehen von jedem Knoten des Graphen

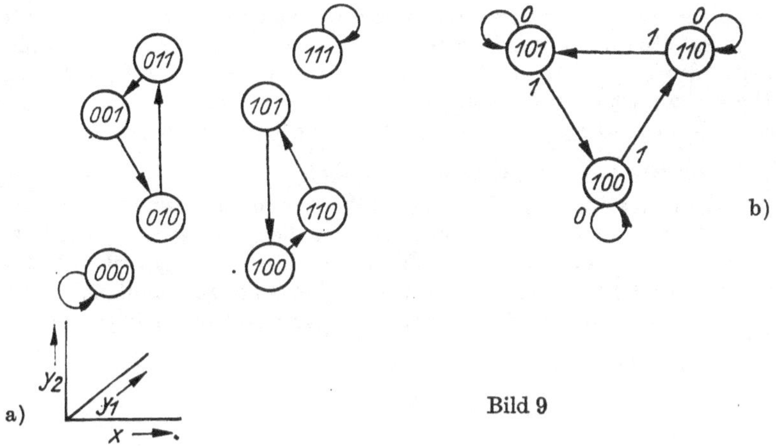

Bild 9

zwei Kanten aus: je eine für $\tau = 0$ und $\tau = 1$, wobei in Abb. 9a nur die Übergänge für $\tau = 1$ dargestellt sind, für $\tau = 0$ trägt jeder Knoten eine Schleife, wie in dem Ausschnitt (Bild 9b) gezeigt ist.

Die Forderung der Kurzzeitigkeit der Taktsignale (um mehrere aufeinander folgende Übergänge zu vermeiden) führt in der Praxis meist dazu, Taktflanken zum Schalten zu nutzen.

Der (wenigstens äußerliche) Verzicht auf die k-Stabilität langsam gesteuerter Systeme berechtigt, getaktete Schaltungen als schnell gesteuerte Systeme anzusehen, bei denen sich von außen erzwungene und autonome Prozesse überlappen. Auch ungetaktete Systeme können schnell gesteuert sein. Ein Beispiel dafür stellt das dynamisch (durch Zustand und Änderungsgröße des Eingangssignals) gesteuerte asynchrone T-FF aus Gleichung (18) dar. Dynamisch gesteuerte Systeme werfen bei der technischen Realisierung besondere Stabilitäts- und Dimensionierungsprobleme auf [9].

3.2.5. Gewinnung von Analyseaussagen

Die bisherigen Ausführungen sollten deutlich machen, daß eine Einschränkung der Analyseziele erforderlich ist, *Boole*sche Modelle zur Beschreibung des statischen und dynamischen Verhaltens von Schaltnetzwerken geeignet sind und die Möglichkeit besteht, das Verhalten als Trajektorienmenge im Zustandsraum zu betrachten. Davon ausgehend sollen einige (für Zielstellung oder Methodik) typische Analyseprozesse ohne Anspruch auf Vollständigkeit dargestellt werden. Es ist dabei aber beabsichtigt, einige neuartige Vorgehensweisen mit vorzustellen, so daß an manchen Stellen der mathematische Apparat noch ein wenig erweitert werden muß.

3.2.5.1. Statisches Verhalten kombinatorischer Schaltungen

Als statisches Verhalten soll die funktionelle Abhängigkeit der Ausgänge eines kombinatorischen (speicherfreien) Netzwerks von den Eingangssignalen im eingeschwungenen Zustand, hinreichend lange nach der letzten Eingangsänderung, bezeichnet werden.

Analyseziel 1: ***Bestimmen der Ausgangsgrößen in Form einer Tabelle***

Dieser einfachste Analysevorgang (es handelt sich um ein Durchmustern aller Fälle) ist algorithmisch problemlos, solange die Zahl der Variablen nicht zu groß ist. Bei hohen Variablenzahlen treten zunächst Schwierigkeiten bei der Auswertung der Tabellen (fehlende bequeme Analysesprache!), später auch durch die langen Rechenzeiten auf, die durch effektivere Durchmusterungsverfahren [10] verbessert werden können. Wesentlich ist dieses Analyseziel besonders deshalb, weil es als Unterprogramm für die Mehrzahl der komplizierteren Ziele benötigt wird.

Analyseziel 2: ***Bestimmen nicht benutzter Zustände***

Handelt es sich um Zustände des Eingangsvektors $\boldsymbol{x}$, so ist eine Analyse der Aufgabenstellung des Schaltnetzwerks erforderlich, die außerhalb der eigentlichen Probleme des Netzwerks liegt. Nicht benutzte Zustände des Ausgangsvektors $\boldsymbol{z} = (z_1 \ldots z_m)$ können für nachgeschaltete Netzwerke wesentlich sein und stellen statische Nebenbedingungen (don't-care-conditions) dar. Es sei das Netzwerk gegeben durch

$$\begin{aligned} z_1 &= g_1(\boldsymbol{x}) \,, \\ &\cdot \;\; \cdot \;\; \cdot \;\; \cdot \\ z_m &= g_m(\boldsymbol{x}) \,. \end{aligned} \tag{22}$$

Satz: Eine statische Nebenbedingung am Ausgang liegt genau dann vor, wenn es eine von 0 verschiedene Funktion φ mit

$$\varphi\big(g_1(\boldsymbol{x}), g_2(\boldsymbol{x}), \ldots, g_m(\boldsymbol{x})\big) = 0 \tag{23}$$

gibt. Die größte (im Sinne der Halbordnung (1)) Funktion φ, die (23) erfüllt, sei mit φ_s bezeichnet. Dann ergibt

$$\varphi_s = 0 \tag{24}$$

die gesuchte statische Nebenbedingung [1].

Ist φ speziell eine in den g_i lineare Funktion, so liegt eine lineare Abhängigkeit der Ausgänge vor, die zum einfachen Eliminieren einzelner Ausgänge führen kann (Beispiel für einen konstruktiven Beitrag der Analyse). Zur Bestimmung der statischen Nebenbedingungen bzw. der Möglichkeiten des Eliminierens einzelner Größen gibt es effektive Methoden [11], deren wesentlichste Zusammenhänge durch *Boole*sche Ableitungsoperationen ausgedrückt werden können.

Definition:

Ableitung nach einer Variablen: $$\frac{\partial f(a)}{\partial a} = f(a) \nsim f(\bar{a}) \,, \tag{25}$$

Minimum nach einer Variablen: $$\min_a f(a) = f(a) \wedge f(\bar{a}) \,. \tag{26}$$

Beide Operationen können vektoriell (statt a ist $\boldsymbol{a}$ zu setzen) und mehrfach (wobei die Reihenfolge belanglos ist) angewandt werden:

$$\frac{\partial^2 f}{\partial a \, \partial b} = \frac{\partial}{\partial a}\frac{\partial f}{\partial b} = \frac{\partial}{\partial b}\frac{\partial f}{\partial a} \,, \tag{27}$$

$$\min_{a,b}{}^2 f = \min_a \Big(\min_b f\Big) = \min_b \Big(\min_a f\Big) \,. \tag{28}$$

Es gelten u. a. folgende, im Rahmen dieses Analysezieles nützliche Sätze:

– Eine Funktion $f(a_1, \dots, a_i, \dots, a_k)$ ist von der Variablen a_i genau dann unabhängig, wenn

$$\frac{\partial f}{\partial a_i} = 0 \text{ ist.} \tag{29}$$

– Die Funktion ist von der Variablen a_i genau dann linear abhängig, wenn

$$\frac{\partial f}{\partial a_i} = 1 \text{ ist.} \tag{30}$$

– Die Gleichung $f(\boldsymbol{x}, \boldsymbol{y}) = 0$ läßt sich in der Form

$$\boldsymbol{y} = \boldsymbol{F}(\boldsymbol{x}) \qquad \boldsymbol{y} = (y_1, \dots, y_k)$$

genau dann auflösen, wenn gilt

$$\min_{\boldsymbol{y}}^k f = 0\,. \tag{31}$$

Folgerungen und weiterführende Aussagen sind in [11] zu finden.
Betrachten wir als Beispiel ein einfaches Schaltnetzwerk nach Bild 10.

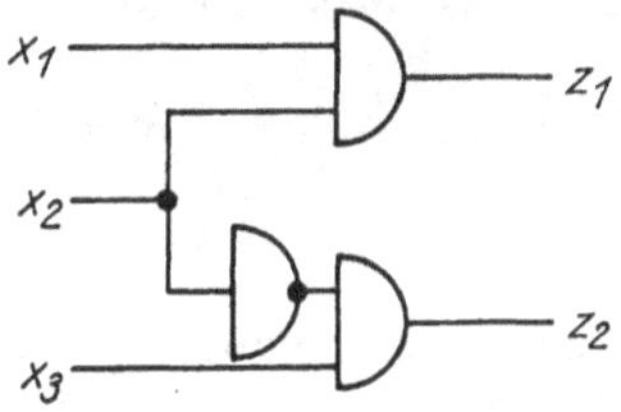

x_1	x_2	x_3	z_1	z_2
0	0	0	0	0
0	0	1	0	1
0	1	1	0	0
0	1	0	0	0
1	1	0	1	0
1	1	1	1	0
1	0	1	0	1
1	0	0	0	0

Bild 10

In der Tabelle ist für jeden Wert der Eingangsgrößen das statische Ausgangssignal angegeben. Es ist zu erkennen, daß die Kombination

$$z_1 = z_2 = 1$$

nicht auftritt; als statische Nebenbedingung kann

$$z_1 z_2 = 0$$

festgestellt werden.

Ohne Mühe kann folgender Satz verifiziert werden:

Satz: Ein Netzwerk mit k Eingangs- und k Ausgangsgrößen

$$y_1 = f_1(x_1, \dots, x_k)\,,$$
$$\dots\dots\dots\dots$$
$$y_k = f_k\,(x_1, \dots, x_k)$$

ist genau dann umkehrbar, d. h. besitzt genau dann ein reziprokes Netzwerk

$$x_1 = g_1(y_1, \dots, y_k)\,,$$
$$\dots\dots\dots\dots$$
$$x_k = g_k\,(y_1, \dots, y_k)\,,$$

wenn am Ausgang $\boldsymbol{y}$ keine statischen Nebenbedingungen bestehen, also die Gleichung

$$\varphi(y_1, \dots, y_k) = 0$$

nur die Lösung

$$\varphi \equiv 0$$

besitzt.

Analysziel 3: Einfluß abweichender Parameter (fehlerhafte Eingangssignale, Elementefehler)

Ein Schaltnetzwerk, das eine nichtlineare Funktion realisiert (lineare Funktionen stellen seltene Ausnahmen dar und können nicht in den Mittelpunkt der Analyse gestellt werden), überträgt nicht jede Eingangsänderung zum Ausgang, weil wegen des i. a. nicht geltenden Superpositionsgesetzes ein „Verschlucken" von Signalen auftritt (jede Eingangsänderung an einem UND-Element bleibt ohne Auswirkung am Ausgang, wenn nur einer der Eingänge den Wert 0 angenommen hat). Das bedeutet, daß auch Fehler der Eingangsgrößen nicht ohne weiteres am Ausgang wirksam werden. Offenbar ist es von Interesse, die Bedingungen zu ermitteln, unter denen Eingangsänderungen zu Ausgangsänderungen führen.

Der gesuchte Zusammenhang wird durch die Ableitung der Ausgangsfunktion nach der Eingangsvariablen vermittelt. Es sei z_j ein Ausgang, der die Funktion

$$z_j = g_j(x_1, \dots, x_i, \dots, x_k)$$

realisiert. Dann wird eine Änderung von x_i genau dann bei z_j wirksam, wenn

$$\frac{\partial z_j}{\partial x_i} = s_{ji}(x_1, \dots, x_{i-1}, x_{i+1}, \dots, x_k) = 1 \tag{32}$$

ist. Die Funktion s_{ji} charakterisiert die Empfindlichkeit des Ausgangs z_j gegenüber Fehlern bei x_j.

Fehler können auch innerhalb des Netzwerks entstehen, wobei als verbreitetstes Fehlermodell das Festhalten eines Signals am Wert 0 oder 1, also seine Konstanz angenommen wird. Ein solcher Fehlerort innerhalb der Schaltung sei mit p_μ bezeichnet. Falls es Situationen gibt (Eingangssignalübergänge), für die eine Änderung von p_μ am Ausgang z_j spürbar ist, so muß diese durch die Ableitung

$$\frac{\partial z_j}{\partial p_\mu} = s_{j\mu} = 1$$

charakterisiert sein. Sowohl z_j als auch p_μ sind als Funktion von $x_1, \dots, x_k$ bekannt, so daß durch Substitution der Eingangsgrößen in die Funktion $s_{j\mu}$ die Möglichkeiten einer Fehlerübertragung oder Fehlerfeststellung am Ausgang z_j beschrieben sind. Der hier nur grob skizzierte Gedankengang hat sich zu einem leistungsfähigen Werkzeug zur Berechnung von Testbelegungen in Schaltnetzwerken entwickelt [12, 1], das leicht programmierbar und übersichtlich ist.

Im obigen Beispiel benennen wir den Negatorausgang mit p und bilden die Ableitung

$$\frac{\partial z_2}{\partial p} = \frac{\partial}{\partial p}(p x_3) = x_3 \,.$$

Für $x_3 = 1$ ist eine Änderung von p am Ausgang z_2 feststellbar. Änderungen von p werden nur durch x_2 hervorgerufen (das ist hier offensichtlich, während im allgemeinen Falle weitere Untersuchungen erforderlich sind, vgl. [1]), so daß als Prüfmöglichkeit für den Negator eine Änderung von x_2 für $x_3 = 1$ erkannt wurde.

3.2.5.2. Dynamisches Verhalten kombinatorischer Schaltungen

Das dynamische Verhalten, also das Verhalten während der Übergangsvorgänge, muß wegen der prinzipiellen Schwierigkeiten *Boole*scher Modelle durch Näherungen beschrieben werden. Durch konsequente Verwendung des Zustandsraumbegriffs und Einsatz des *Boole*schen Differentialkalküls zur algebraischen Beschreibung können aber die Grenzen der Leistungsfähigkeit binärer Modellaussagen beträchtlich erweitert werden.

Analyseziel 4: Bestimmung von Ausgangssignaländerungen

Schon bei der Untersuchung des 3. Analyseziels stand die Aufgabe, Änderungen von Ausgangssignalen in Abhängigkeit von gedachten, als Fehler interpretierten Änderungen gewisser Eingangs- oder Zwischengrößen zu beschreiben.
Als statische Nebenbedingungen waren Forderungen an eine Menge $x_1, \dots, x_k$ von binären Variablen bezeichnet worden, die sich durch eine Gleichung

$$\varphi(\boldsymbol{x}) = \varphi(x_1, \dots, x_k) = 0 \qquad (\text{vgl. } (23)) \tag{33}$$

ausdrücken lassen. Zulässig sind alle Werte von $\boldsymbol{x}$, die die Gleichung (33) erfüllen. Zeitliche Änderungsgrößen (zeitliche Ableitungen im Sinne von (12)) sind Binärvariable, die unabhängig von den statischen Werten 1 oder 0 sein können, je nachdem, ob das System eine Änderung der betreffenden Größe auszuführen hat oder nicht. Daraus resultiert die Möglichkeit, auch den Änderungsgrößen Nebenbedingungen aufzuerlegen und zu fordern, daß eine Beziehung

$$\varphi(\boldsymbol{x}, \dot{\boldsymbol{x}}), = \varphi(x_1, \dots, x_k, \dot{x}_1, \dots, \dot{x}_k) = 0 \tag{34}$$

erfüllt sein soll. Ausdrücke der Form (34) charakterisieren dynamische Nebenbedingungen, als Beispiele seien

$$\dot{x}_i \dot{x}_j = 0 \qquad (i \neq j)$$

und

$$\dot{x}_i x_j = 0 \tag{35}$$

untersucht. Im ersten Fall (dynamische Orthogonalität) sind gleichzeitige Änderungen von zwei und mehr Variablen verboten, im zweiten Fall darf sich x_i nicht ändern, solange x_j gleich 1 ist. Wir erkennen, daß Automatengleichungen der Form (14) spezielle dynamische Nebenbedingungen darstellen, die mit ihren Einschränkungen die Bewegungsgesetze des Phasenpunktes im Zustandsraum bestimmen.
Wir wollen uns der Frage zuwenden, welche Änderungen am Ausgang eines kombinatorischen Netzwerks auftreten können und wie sich Eingangsänderungen im Netzwerk fortpflanzen. Dazu ist zunächst erforderlich, eine Anzahl algebraischer Beziehungen für die zeitliche Ableitung und die Ableitung nach Variablen anzugeben, Beweise bzw. weitere Zusammenhänge finden sich in [1].

$$[f(x_1, x_2)]^{\cdot} = \dot{x}_1 \frac{\partial f}{\partial x_1} \nleftrightarrow \dot{x}_2 \frac{\partial f}{\partial x_2} \nleftrightarrow \dot{x}_1 \dot{x}_2 \frac{\partial^2 f}{\partial x_1 \partial x_2}. \tag{36}$$

Damit folgt speziell

$$(x_1 \wedge x_2)^{\cdot} = \dot{x}_1 x_2 \nleftrightarrow \dot{x}_2 x_1 \nleftrightarrow \dot{x}_1 \dot{x}_2 , \tag{37}$$

$$(x_1 \vee x_2)^{\cdot} = \dot{x}_1 \bar{x}_2 \nleftrightarrow \dot{x}_2 \bar{x}_1 \nleftrightarrow \dot{x}_1 \dot{x}_2 , \tag{38}$$

$$(x_1 \nleftrightarrow x_2)^{\cdot} = \dot{x}_1 \nleftrightarrow \dot{x}_2 . \tag{39}$$

Für Ableitungen nach Variablen (-vektoren) gilt analog

$$\frac{\partial}{\partial \boldsymbol{x}} f(g(\boldsymbol{x}), h(\boldsymbol{x})) = \frac{\partial f}{\partial g} \frac{\partial g}{\partial \boldsymbol{x}} \nleftrightarrow \frac{\partial f}{\partial h} \frac{\partial h}{\partial \boldsymbol{x}} \nleftrightarrow \frac{\partial^2 f}{\partial g \partial h} \frac{\partial g}{\partial \boldsymbol{x}} \frac{\partial h}{\partial \boldsymbol{x}} \tag{40}$$

mit den Spezialfällen

$$\frac{\partial(f \wedge g)}{\partial \boldsymbol{x}} = \frac{\partial f}{\partial \boldsymbol{x}} g \nleftrightarrow \frac{\partial g}{\partial \boldsymbol{x}} f \nleftrightarrow \frac{\partial f}{\partial \boldsymbol{x}} \frac{\partial g}{\partial \boldsymbol{x}}, \tag{41}$$

$$\frac{\partial(f \vee g)}{\partial \boldsymbol{x}} = \frac{\partial f}{\partial \boldsymbol{x}} \bar{g} \nleftrightarrow \frac{\partial g}{\partial \boldsymbol{x}} \bar{f} \nleftrightarrow \frac{\partial f}{\partial \boldsymbol{x}} \frac{\partial g}{\partial \boldsymbol{x}}, \tag{42}$$

$$\frac{\partial(f \nleftrightarrow g)}{\partial \boldsymbol{x}} = \frac{\partial f}{\partial \boldsymbol{x}} \nleftrightarrow \frac{\partial g}{\partial \boldsymbol{x}}. \tag{43}$$

Es sei durch $f(x_1, \dots, x_k)$ ein kombinatorisches Netzwerk gegeben. Durch $\dot{f}$ werden Änderungen am Ausgang beschrieben, die wir nach (36), evtl. mit mehreren Substitutionen, bestimmen können. Sind mehrere Ausgänge vorhanden, so können deren Änderungen gemeinsam betrachtet und untersucht werden. Ein Beispiel zeigt die Methodik:

In einem Netzwerk werden die beiden Funktionen

$$y_1 = x_1 x_2 , \qquad y_2 = x_1 \vee x_2$$

realisiert, für die Eingangsgrößen x_1 und x_2 sollen keine Nebenbedingungen bekannt sein. Wir bestimmen zunächst

$$\dot{y}_1 = \dot{x}_1 x_2 \nleftrightarrow x_1 \dot{x}_2 \nleftrightarrow \dot{x}_1 \dot{x}_2 ,$$
$$\dot{y}_2 = \dot{x}_1 \bar{x}_2 \nleftrightarrow \bar{x}_1 \dot{x}_2 \nleftrightarrow \dot{x}_1 \dot{x}_2 .$$

Im Rahmen der Analyse sollen nun alle Fälle bestimmt werden, in denen sich

a) y_1 und y_2 gleichzeitig ändern,
b) genau einer der Ausgänge sich ändert,
c) wenigstens einer der Ausgänge sich unter der Voraussetzung ändert, daß am Eingang keine gleichzeitige Änderung möglich ist.

Wir berechnen dazu folgende, unmittelbar aus der sprachlichen Formulierung der Problemstellung resultierende Ausdrücke:

a) $\dot{y}_1 \dot{y}_2 = \dot{x}_1 \dot{x}_2 (\bar{x}_1 \bar{x}_2 \vee x_1 x_2)$,

b) $\dot{y}_1 \nleftrightarrow \dot{y}_2 = \dot{x}_1 \nleftrightarrow \dot{x}_2$,

c) $\dot{y}_1 \vee \dot{y}_2 = \dot{x}_1 \nleftrightarrow \dot{x}_2 \nleftrightarrow \underbrace{\dot{x}_1 \dot{x}_2}_{=0} (\bar{x}_1 \bar{x}_2 \vee x_1 x_2) = \dot{x}_1 \nleftrightarrow \dot{x}_2$.

Wir können die erhaltenen Ausdrücke in folgender Weise deuten:

a) Gleichzeitige Änderung am Ausgang liegt vor, wenn x_1 und x_2 gleiche Anfangswerte (0 oder 1) besitzen und gleichzeitig geändert werden.
b) Es ändert sich nur genau ein Ausgang, falls für beliebigen Anfangszustand nur genau ein Eingang geändert wird.
c) Durch die dynamische Orthogonalität der Eingangsgrößen erhalten wir den gleichen Ausdruck wie im Falle *b*.

Der letzte untersuchte Fall zeigt, daß auch Eigenschaften der Signalquellen (der generierenden Automaten) in die Aussagen über das Änderungsverhalten eingearbeitet werden können.

Im Zusammenhang mit dem dynamischen Verhalten kombinatorischer Netzwerke ist folgender, aus [13] stammender Satz wesentlich:

Satz: Ein kombinatorisches Netzwerk, das keine dynamischen Nebenbedingungen am Eingang und keine statischen Nebenbedingungen am Ausgang besitzt, besitzt auch keine dynamischen Nebenbedingungen am Ausgang.

Allgemein können dynamische Nebenbedingungen am Ausgang eines Netzwerkes durch

$$\varphi\big(y_1(\boldsymbol{x}), \dots, y_k(\boldsymbol{x}), \quad \dot{y}_1(\boldsymbol{x}, \dot{\boldsymbol{x}}), \dots, \dot{y}_k(\boldsymbol{x}, \dot{x})\big) = 0 \tag{44}$$

ausgedrückt und bei bekanntem Netzwerk mit Hilfe von (36) auf die Zustände und Änderungen am Eingang zurückgerechnet werden. Die Kenntnis dynamischer Nebenbedingungen kann wesentliche Vereinfachungen der nachfolgenden Schaltstufen und insbesondere in vielen Fällen eine Verringerung der Forderungen in der Fehlersicherheit der weiterverarbeitenden Netzwerke bewirken. Grundlegende Untersuchungen zu dieser Problematik sind in [14] durchgeführt worden.

Analyseziel 5: Bestimmen von Fehlererscheinungen während der Übergangsvorgänge

Wir wollen uns hier auf die Beschreibung dieser Fehlererscheinungen durch *Boole*sche Modelle beschränken, obwohl gerade zu diesem Analyseziel die relativ größte Zahl von Arbeiten in der Literatur bekannt ist, in denen andere Modelle (mit unterschiedlichen Genauigkeitsgrad und Erfolg) verwendet werden. Weder *Boole*sche noch nicht *Boole*sche Modelle haben bisher alle Wünsche erfüllen können. Wir illustrieren das Problem an dem wohl typischsten Beispiel nach Bild 10. Es seien x_1 und x_3 gleich 1. Je nach dem Wert von x_2 ist dann entweder der Ausgang z_1 oder der Ausgang z_2 ebenfalls gleich 1. Ändert sich x_2, so müssen beide Ausgänge umschalten, und es kann geschehen (und zu Fehlern Anlaß geben), daß die Ausgänge kurzzeitig entweder beide

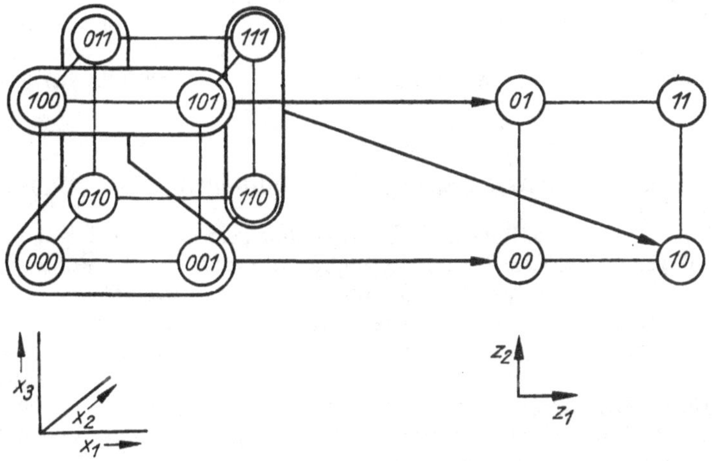

Bild 11

gleich 0 oder beide gleich 1 sind. Derartige Störungen werden als Hasards bezeichnet, sie bestehen im einfachsten Fall darin, daß ein Ausgangssignal während eines Schaltvorgangs am Eingang einen konstanten Wert beibehalten soll, kurzzeitig aber von diesem Wert abweicht. Durch Überlagerungen, Laufzeit- und Reflexionseffekte können noch kompliziertere Erscheinungen auftreten.

Wir wollen versuchen, die Vorgänge im *Boole*schen Zustandsraum zu analysieren (Bild 11).

Das Netzwerk vermittelt eine eindeutige Abbildung der $\boldsymbol{x}$-Werte in die $\boldsymbol{z}$-Werte, wobei gleichen Ausgangswerten zugeordnete Eingangszustände im Bild zusammengefaßt wurden. Wir können nun jedem Übergang zwischen zwei Zuständen einen Übergangsraum zuordnen, der aus den beiden Zuständen selbst und allen, durch beliebige Einfachänderungen während des Übergangs erreichbaren Zwischenzuständen besteht. Für die Untersuchung der Hasards ist nun (wie z. B. in [15] an Hand dieses Modells ausführlich dargestellt wurde), die Analyse der Übergangsräume im Original- und Bildraum erforderlich. Der oben schon betrachtete Übergang

$$\begin{pmatrix} x_1 = 1, x_2 = 0, x_3 = 1 \\ z_1 = 0, z_2 = 1 \end{pmatrix} \leftrightarrow \begin{pmatrix} x_1 = 1, x_2 = 1, x_3 = 1 \\ z_1 = 1, z_2 = 0 \end{pmatrix}$$

besteht im Originalraum nur aus zwei Punkten, im Bildraum aber aus 4 Punkten, so daß zwei unerwünschte Zustände auftreten können. Noch komplizierter ist der Übergang

$$\begin{pmatrix} x_1 = 0, x_2 = 0, x_3 = 1 \\ z_1 = 0, z_2 = 0 \end{pmatrix} \rightarrow \begin{pmatrix} x_1 = 1, x_2 = 1, x_3 = 1 \\ z_1 = 1, z_2 = 0 \end{pmatrix}.$$

Hier haben wir schon im Originalraum 4 Zustände (es können schon Hasards der Eingangsgrößen auftreten), und durch ungünstige Konstellationen der Verzögerungswerte kann z_2 während des Übergangs den Wert 1 annehmen. Aus der Darstellung folgen jedoch auch Hinweise zur Vermeidung der Hasards. Einmal können die Fehlererscheinungen durch passende Wahl der Verzögerungswerte verhindert werden (im letzteren Fall müßte erreicht werden, daß zuerst x_2 und dann anschließend x_3 schaltet) zum anderen können die Abbildungsfunktionen gewisse Stetigkeitseigenschaften besitzen (das setzt jedoch voraus, daß bei der Wahl der Netzwerkfunktionen Freiheitsgrade, z. B. durch statische Nebenbedingungen, vorhanden sind), die „kleine" Eingangsänderungen auch nur in „kleine" Ausgangsänderungen abbilden.
Die analytische Behandlung der hier geschilderten Betrachtungsweise ist möglich, setzt aber Differentialoperatoren mit komplizierterer Struktur voraus, so daß auf (15), wo auch Hasardvorgänge in Speichernetzwerken behandelt wurden, verwiesen werden soll.

3.2.5.3. Quantitative Analyse sequentieller Schaltungen

Als quantitative Analyse sollen alle Untersuchungsmethoden bezeichnet werden, die dazu dienen, das tatsächliche Ausgangssignal, die tatsächliche Folge von Speicherzuständen eines Automaten unter gegebenen Bedingungen (Struktur, Anfangszustand, Eingangssignale) zu ermitteln. Die Aufgabenstellung scheint im Rahmen der sequentiellen Schaltungen die wichtigste Analyseproblematik zu sein, sie ist aber in dieser Allgemeinheit wegen des erforderlichen Rechenaufwandes und wegen der ungeheuren anfallenden Datenmenge nicht praktikabel. Eine Simulation des Verhaltens, ein Durchspielen des Modells ist ohne sinnvolle Einschränkungen hinsichtlich Modellgröße, Anfangszustandsmenge und Eingangssignalklasse nicht möglich. Wir wollen nun in diesem Abschnitt zunächst annehmen, daß diese Einschränkungen (z. B. intuitiv) getroffen worden sind und im nächsten Abschnitt erst die Einschränkungen selbst untersuchen.
Ausgangspunkt der Analyse ist ein Gleichungssystem, bestehend aus den Überführungsfunktionen in der Form (10) oder (15) und den Ergebnisfunktionen (11). Auf letztere, die ja nur ein kombinatorisches Verhalten beschreiben, kann hier verzichtet werden.

Analyseziel 6: Bestimmung der Reaktion des Speichernetzwerkes auf Eingangssignale
Die Speicherzustände im realen Schaltnetzwerk sind binär kodiert. Die übliche Vorgehensweise bei der Analyse besteht darin, die binären Kodezeichen wieder durch bequemere Dezimalzahlen zu ersetzen, aus den Überführungsfunktionen die jeweiligen Folgezustände zu bestimmen und diese in einer Automatentabelle zu notieren. Es ist günstig, der Tabelle noch einen Graphen, der einen höheren Grad an Übersichtlichkeit besitzt, zuzuordnen.

Für die Schieberegisterschaltung nach Bild 8 erhalten wir die in Bild 12 angegebenen Ergebnisse.
Der Graph in Bild 12 enthält die gleiche Information wie der in Bild 9a; man kann sich vorstellen, daß er aus Bild 9a durch Projektion auf die y_1, y_2-Ebene entstanden ist. Es ist nun möglich, am Graphen die Reaktion des Speichers auf eine gegebene Eingangssignalfolge zu verfolgen. Diese Methode, die sich auch auf relativ große Tabellen ausdehnen läßt und in ihrer Technologie dem Durchprobieren an der Schaltung ähnelt, besitzt einige Nachteile. So kann z. B. gleichzeitig stets nur eine Zustands-

$y_1\,y_2$	x: 0	1	x: 0	1
0 0	0	1	0	0
0 1	1	0	0	0
1 1	0	1	1	1
1 0	1	0	1	1
	$^1y_1$		$^1y_2$	

y	x: 0	1
00	00	10
01	10	00
11	01	11
10	11	01

	0	1
1	1	4
2	4	1
3	2	3
4	3	2

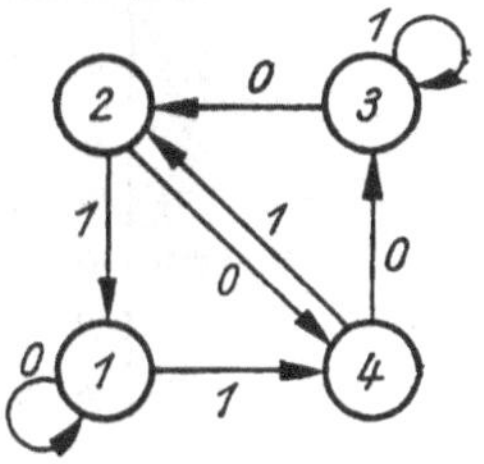

Bild 12

folge simuliert werden, die Ergebnisse liegen in Form umfangreicher Tabellen vor, es ist nur schwer möglich, Fehler (im Anfangszustand falsche Speicherwerte, falsche Eingangssignale in gewissen Takten, vorübergehend falsche Reaktionen wie Hasards u. a.) zu simulieren. So entsteht der Wunsch, geschlossene analytische Ausdrücke für die Ausgangssignale zu erhalten, in denen die zu untersuchenden Größen als Parameter auftreten, so daß durch passende Wahl der Parameter (ihre Rückprojektion in die Schaltung stellt die gewünschte konstruktive Kritik dar) das geforderte Systemverhalten bewirkt werden kann. Für lineare dynamische Systeme (mit analogen oder diskreten Zustandsgrößen) ist dieser Weg schon erschlossen. Im Falle der hier interessierenden nichtlinearen binären dynamischen Systeme wurde in [2, 7] Ansätze erarbeitet, die kurz vorgestellt werden sollen.
Voraussetzung ist die prinzipielle Möglichkeit einer analytischen Beschreibung binärer Signale [16, 17, 3]. Wir schaffen uns zunächst ein System von Einzelimpulsen $\delta_j(t)$ durch

$$\delta_j(t) = \begin{cases} 1 & \text{für } t = j\,, \\ 0 & \text{sonst} \end{cases} \tag{45}$$

mit $0 \leqq j \leqq \infty$, $0 \leqq t \leqq \infty$ und ganzzahligen Werten von t und j. Offenbar gilt dann

$$x(t) = \sum_{j=0}^{\infty}{}^{\oplus}\, x(j)\, \delta_j(t)\,, \tag{46}$$

wobei $\sum^{\oplus}$ die Antivalenzoperation (sie könnte hier auch durch die Disjunktion ersetzt werden) bezeichnet. Eine binäre Zeitfolge, die genau im zweiten, dritten und siebenten Zeittakt den Wert 1 annimmt, kann in der Sequenzdarstellung (46) mit

$$x(t) = \delta_2(t) \nsim \delta_3(t) \nsim \delta_7(t)$$

geschrieben werden. Für unsere Zielstellung ist es günstig, zu einer anderen Darstellung (Spektraldarstellung) der Zeitfunktionen überzugehen, die zunächst weniger anschaulich erscheint. Wir bezeichnen mit

$$E_k^t = \binom{t}{k} \bmod 2 \tag{47}$$

die binären Binominalkoeffizienten und definieren ein System $\pi_k(t)$ von Standardzeitfunktionen durch

$$\pi_k(t) = E_k^t \,, \tag{48}$$

wobei $E_k^t = 0$ für $k < 0$ und $k > t$ gesetzt wird. Die Standardzeitfunktionen $\pi_0(t), \dots,$ $\pi_7(t)$ sind in Bild 13 dargestellt.

	0	1	2	3	4	5	6	7 → t
π_0	1	1	1	1	1	1	1	1
π_1	0	1	0	1	0	1	0	1
π_2	0	0	1	1	0	0	1	1
π_3	0	0	0	1	0	0	0	1
π_4	0	0	0	0	1	1	1	1
π_5	0	0	0	0	0	1	0	1
π_6	0	0	0	0	0	0	1	1
π_7	0	0	0	0	0	0	0	1

Bild 13

Für $k > 0$ gilt die einfache Ableitungsregel

$$[\pi_k(t)]^{\cdot} = \pi_{k-1}(t) \,. \tag{49}$$

Mit Hilfe der π_k-Funktionen kann ebenfalls eine Standarddarstellung von Zeitfunktionen angegeben werden (Beweis s. [3]):

$$x(t) = \sum_{k=0}^{\infty}{}^{\oplus} \pi_k(t)\, x^{(k)}(0), \tag{50}$$

wobei $x^{(k)}$ die k-fach ausgeführte zeitliche Ableitung (12) ist. Die Spektraldarstellung (50) besagt, daß $x(t)$ eindeutig durch den Wert $x(0)$ und die Werte aller Ableitungen k-ten Grades $x^{(k)}$ im Nullpunkt bestimmt wird, sie ist also eine Taylordarstellung. Zur Berechnung des Ausgangssignales eines Schaltnetzwerks in analytischer Form müssen wir demnach die Ableitungen bis zu einem Grad bestimmen, der gleich der Länge der interessierenden Zeitfolge ist (man beachte in Bild 13 daß die erste 1 in $\pi_k(t)$ in der Stelle k erscheint, die Spektralkomponente $\pi_k(t)$ also erst ab der Stelle k den analytischen Ausdruck beeinflußt). Wir betrachten endliche Systeme, die nur Folgen mit endlicher Periodizität erzeugen können, wodurch eine solche Signalapproximation voll gerechtfertigt ist. Sie kann noch stärker motiviert werden, wenn über das Eingangssignal selbst eine Vorinformation bekannt ist.

Wir betrachten als Beispiel das asynchrone T-Flip-Flop nach Gleichung (18), dessen Eingangs- und Ausgangssignal hier mit $x(t)$ und $y(t)$ bezeichnet werden sollen:

$$\dot{y}(t) = \dot{x}(t)\, x(t) \,. \tag{51}$$

Über $x(t)$ sei bekannt, daß es sich um eine Folge mit der Periode 2 handelt, daß also gilt

$$x(t + 2) = x(t) \tag{52}$$

oder [1]

$$\ddot{x}(t) = 0 \,. \tag{53}$$

Zur Berechnung eines analytischen Ausdrucks für $y(t)$ verwenden wir (50) und bestimmen zunächst unter Bezugnahme auf (53) mit Hilfe von (37) und (39) die erforderlichen Ableitungen:

$$\dot{y} = \dot{x}\, x\,,$$
$$\ddot{y} = \ddot{x}\, x \nleftrightarrow \dot{x} \nleftrightarrow \ddot{x}\, \dot{x} = \dot{x}\,,$$
$$\dddot{y} = \dddot{x} = 0\,,$$
$$y^{(4)} = y^{(5)} = \ldots = 0\,.$$

Die Koeffizienten von (50) ergeben sich für $t = 0$ aus den Ableitungen, wir erhalten:

$$y(t) = y(0)\, \pi_0 \nleftrightarrow \dot{x}(0)\, x(0)\, \pi_1 \nleftrightarrow \dot{x}(0)\, \pi_2\,. \tag{54}$$

Der Ausdruck (54) beschreibt in Abhängigkeit vom Anfangszustand $y(0)$ des Speicherelements und von den Signalparametern $x(0)$ und $\dot{x}(0)$ alle möglichen Ausgangssignalfolgen des asynchronen T-Flip-Flops. Aus (54) können Folgerungen z. B. über Periodizität, Stabilität in Bezug auf Anfangswerte, mögliche Eingangssignale für ein gegebenes Ausgangssignal und andere Aussagen gewonnen werden, der Ausdruck ist verwendbar als analytische Darstellung der Eingangssignale nachfolgender Schaltstufen u. a. Diese Form der quantitativen Analyse besitzt zweifellos Vorteile gegenüber der tabellarischen oder graphischen Analyse. Sie müssen jedoch mit einem höheren Aufwand an Theorie und ungewohnten Rechenpraktiken erkauft werden,

Analyseziel 7: Bestimmung der Reaktion auf fehlerhafte Elemente oder Eingangssignale

Fehler sollen als Abweichungen vom vorgeschriebenen Wert betrachtet werden, wobei aber angenommen wird, daß dennoch alle Werte binär beschreibbar bleiben. Ein verbreitetes Fehlermodell (vgl. Analyseziel 3) ist das Festhalten eines Speicherelements an 0 oder 1 (beispielsweise durch ausfallendes Taktsignal). Wir betrachten diesen Sachverhalt mit den Mitteln der Systemtheorie. Gegeben sei ein autonomes System aus zwei Speicherelementen y_1 und y_2, die nach

$$\dot{y}_1 = f(y_1, y_2)\,, \qquad \dot{y}_2 = g(y_1, y_2) \tag{55}$$

verbunden sind. Unter der Annahme, daß y_1 konstant ist (auf Grund eines Fehlers ist also $\dot{y}_1(t) = 0$), sollen alle durch y_2 abgebbaren Signalfolgen bestimmt werden. Mit Hilfe von (36) erhalten wir:

$$\ddot{y}_2 = \frac{\partial g}{\partial y_1}\dot{y}_1 \nleftrightarrow \frac{\partial g}{\partial y_2}\dot{y}_2 \nleftrightarrow \frac{\partial^2 g}{\partial y_1 \partial y_2}\dot{y}_1\dot{y}_2$$
$$= \frac{\partial g}{\partial y_2}\dot{y}_2 = \frac{\partial g}{\partial y_2} g\,,$$
$$\dddot{y}_2 = \frac{\partial g}{\partial y_2}\dot{y}_2 = \frac{\partial g}{\partial y_2} g = \ddot{y}_2\,.$$

Daraus folgt mit (50)

$$y_2(t) = y_2(0)\, \pi_0 \nleftrightarrow \dot{y}_2(0)\, \pi_1 \nleftrightarrow \ddot{y}_2(0)\, [\pi_2 \nleftrightarrow \pi_3 \nleftrightarrow \ldots]\,. \tag{56}$$

Durch Einsetzen der berechneten Werte und unter Berücksichtigung von

$$\delta_j(t) = \sum_{k=0}^{\infty}{}^{\oplus}\, \pi_k(t)\, E_j^k\,, \tag{57}$$

woraus für $j = 0$ folgt:

$$\sum_{k=2}^{\infty}{}^{\oplus}\, \pi_k(t) = \delta_0 \nleftrightarrow \pi_0 \nleftrightarrow \pi_1$$

erhalten wir

$$\begin{aligned} y_2(t) &= y_2(0)\,\pi_0 \nleftrightarrow g\big(y_1(0),\, y_2(0)\big)\,\pi_1 \nleftrightarrow \\ &\nleftrightarrow \frac{\partial g}{\partial y_2}\bigg|_{t=0} g\big(y_1(0),\, y_2(0)\big)\,[\delta_0 \nleftrightarrow \pi_0 \nleftrightarrow \pi_1]\ . \end{aligned} \tag{58}$$

Der Ausdruck (58) enthält alle Anfangsbedingungen (darunter den fehlerhaft konstanten Wert $y_1(0)$) und die Funktion g als Parameter und kann ohne weiteres nach diesen Größen ausgewertet werden. Insbesondere könnte von Interesse sein, festzustellen, wann der Wert $y_1(0)$ echt Einfluß auf $y_2(t)$ nimmt (dann nur kann aus der Beobachtung von $y_2(t)$ auf $y_1(0)$ geschlossen werden). Wir bestimmen

$$\frac{\partial y_2(t)}{\partial y_1(0)} = \frac{\partial g\big(y_1(0),\, y_2(0)\big)}{\partial y_1(0)}\,\pi_1 \nleftrightarrow \frac{\partial^2 g}{\partial y_1 \partial y_2}\bigg|_{t=0} \frac{\partial g}{\partial y_1(0)}\,[\delta_0 \nleftrightarrow \pi_0 \nleftrightarrow \pi_1]\,. \tag{59}$$

Aus (59) ist als Abhängigkeit für die einzelnen Zeittakte abzulesen:

$$t = 0:\ \delta_0 = \pi_0 = 1,\ \pi_0 = 0: \qquad \frac{\partial y_2(t)}{\partial y_1(0)}\bigg|_{t=0} = 0\,,$$

$$t = 1, 3, 5, 7, \ldots :\ \delta_0 = 0,\ \pi_0 = \pi_1 = 1:\ \frac{\partial y_2(t)}{\partial y_1(0)}\bigg|_{t=0} = \frac{\partial g}{\partial y_1}\bigg|_{t=0}\,,$$

$$t = 2, 4, 6, 8, \ldots :\ \delta_0 = \pi_1 = 0,\ \pi_0 = 1 :\ \frac{\partial y_2(t)}{\partial y_1(0)}\bigg|_{t=2} \frac{\partial^2 g}{\partial y_1 \partial y_2}\bigg|_{t=0} = \frac{\partial g}{\partial y_1}\bigg|_{t=0}\,.$$

Je nach der Beschaffenheit der Funktion g ergeben sich unterschiedliche Prüfmöglichkeiten und -zeitpunkte.

Bei gesteuerten Systemen können sich Fehler bei den Eingangssignalen sowohl auf den erreichten Speicherzustand als auch auf die Ausgangssignale auswirken. Bei bekannter oder als bekannt angenommener Fehlerart ist es möglich, nach der im Analyseziel 6 vorgestellten Methodik zu arbeiten und so auch z. B. die Takte zu bestimmen, in denen ein falsches Signal am Ausgang wirksam wird. Sicher führen in diesem Fall Simulationsmethoden zu befriedigenden Ergebnissen. Es kann jedoch auch der Fall eintreten, daß über die zeitliche Lage der Störimpulse nichts bekannt ist. Für eine quantitative Analyse besteht dann die Möglichkeit, ein additives Störsignal $s(t)$ anzunehmen und dieses den Eingangsgrößen zu überlagern:

$$x^*(t) = x(t) \nleftrightarrow s(t)\ . \tag{60}$$

Im oben betrachteten Fall des asynchronen T-Flip-Flops erhalten wir damit

$$\begin{aligned} \dot{y}^*(t) &= \dot{x}^*(t)\, x^*(t) \\ &= (\dot{x} \nleftrightarrow \dot{s})\,(x \nleftrightarrow s) \\ &= \dot{x}\,x \nleftrightarrow \dot{x}\,s \nleftrightarrow x\,\dot{s} \nleftrightarrow \dot{s}\,s\ . \end{aligned} \tag{61}$$

Das System besitzt gewissermaßen zwei unabhängige Eingangsgrößen x und s, durch die es dynamisch gesteuert wird. Die Unabhängigkeit bedeutet, daß in jedem Zustand von x und s jede Änderung (jeder Wert von $\dot{x}$ und $\dot{s}$) zulässig ist. Zu einer y-Änderung führen jedoch nur die durch (61) beschriebenen, in Bild 14 dick gezeichneten Übergänge. Für jeden Eingangszustand kann damit entschieden werden, ob mit einer fehlerhaften Reaktion zu rechnen ist. Der Graph ist dabei ein für kleinere Systeme verwendbares anschauliches Hilfsmittel. Für größere Systeme muß eine analytische Behandlung vorgezogen werden, die eine nachfolgende Simulation (z. B. mit variierten Systemparametern) wirkungsvoll vorbereiten kann.

Analyseziel 8: Verhalten unter eingeschränkter Beobachtbarkeit

Wegen der Komplexität der Schaltnetzwerke ist grundsätzlich damit zu rechnen, daß nicht beliebige Größen beliebig lange beobachtet werden können, um Analyseaussagen zu gewinnen. Verschärft wird die Problematik durch die prinzipielle Unzugänglichkeit innerer Größen in integrierten Schaltkreisen und den zeitlich festliegen-

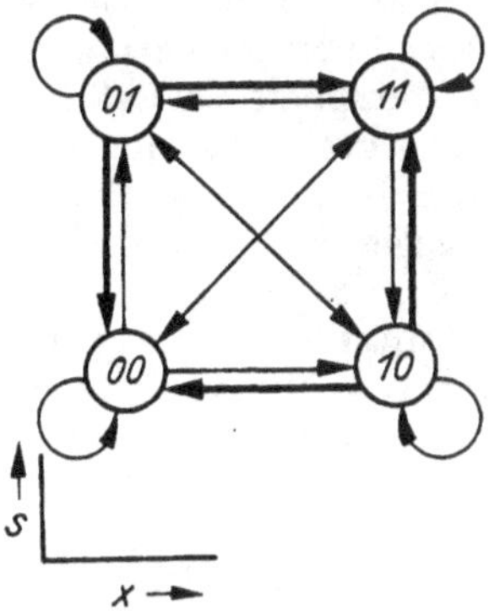

Bild 14

den Prüftaktrahmen in Prüfautomaten. Wir wollen die Frage untersuchen, welche Aussagen über ein Schaltnetzwerk gewonnen werden können, wenn es nur an vorgegebenen Ein- und Ausgängen eine vorgegebene Zahl von Takten lang beobachtet werden kann.

Ein sequentielles Schaltnetzwerk (ohne kombinatorisches Ausgangsnetzwerk) sei durch ein Gleichungssystem

$$\begin{aligned} \dot{y}_1 &= f_1(x_1, \ldots, x_k, y_1, \ldots, y_n)\,, \\ &\cdots\cdots\cdots\cdots \\ \dot{y}_n &= f_n(x_1, \ldots, x_k, y_1, \ldots, y_n) \end{aligned} \tag{62}$$

beschrieben. Wir ersetzen das Gleichungssystem (62) durch eine einzige Gleichung

$$\bigvee_{i=1}^{n} \left(\dot{y}_i \nsim f_i(\boldsymbol{x}, \boldsymbol{y})\right) = 0\,, \tag{63}$$

die (vgl. [1]) die gleichen Lösungen in den Variablen $\boldsymbol{x}, \boldsymbol{y}$ und $\dot{\boldsymbol{y}}$ besitzt. Wir bezeichnen die auf der linken Seite von (63) stehende Funktion als *Systemfunktion* $S(\boldsymbol{x}, \boldsymbol{y}, \dot{\boldsymbol{y}})$. Für jeden möglichen dynamischen Zustand $(\boldsymbol{x}, \boldsymbol{y}, \dot{\boldsymbol{y}})$ gilt

$$S(\boldsymbol{x}, \boldsymbol{y}, \dot{\boldsymbol{y}}) = 0\,. \tag{64}$$

Falls $S = 1$ ist, so ist der entsprechende dynamische Zustand durch die Bewegungsgesetze (62) des Systems ausgeschlossen. Unter Benutzung von (31) kann geprüft werden, ob es zu einer beliebig vorgegebenen Funktion $S(\boldsymbol{x}, \boldsymbol{y}, \dot{\boldsymbol{y}})$ ein Gleichungssystem vom Typ (62) gibt:

Satz: Zu einer Funktion $S(\boldsymbol{x}, \boldsymbol{y}, \dot{\boldsymbol{y}})$ existiert ein Gleichungssystem

$$\dot{\boldsymbol{y}} = f(\boldsymbol{x}, \boldsymbol{y})\,,$$

dessen Trajektorienmenge innerhalb der durch

$$S(\boldsymbol{x}, \boldsymbol{y}, \dot{\boldsymbol{y}}) = 0$$

festgelegten zulässigen Bewegungen verläuft, genau dann, wenn gilt

$$\min_{\dot{\boldsymbol{y}}}{}^{n}\, S(\boldsymbol{x}, \boldsymbol{y}, \dot{\boldsymbol{y}}) = 0\,. \tag{65}$$

Jede Auflösung im Sinne des Satzes kennzeichnet einen Automaten mit determiniertem Verhalten, durch die ursprüngliche Gleichung (64) war also eine Menge von Automaten vorgegeben, die gleiche Eingangs- und Speichergrößen, aber unterschiedliches Übergangsverhalten besitzen. Betrachten wir einen gegebenen Zustand y, so stellen wir fest, daß er bei ebenfalls gegebenem Eingangssignal $\boldsymbol{x}$ in verschiedene Nachfolgezustände übergehen kann, je nachdem in welchem der Automaten der Lösungsmenge von (64) wir uns befinden. Wenn nun aus technischen Gegebenheiten bekannt ist, daß es sich um eine Schaltung mit determiniertem Verhalten handelt, so kann geschlossen werden, daß es gewisse, in S nicht explizit auftretende Parameter (z. B. nicht beobachtbare innere Größen des Netzwerkes) gibt, die das Übergangsverhalten beeinflussen.

Wir betrachten ein System, von dem zunächst angenommen wird, daß alle seine Größen im genannten Sinn beobachtbar sind. Wird nun eine Eingangsgröße x_1 aus der Beobachtung ausgeklammert, so können offenbar nur noch diejenigen dynamischen Zustände sicher als verboten gelten, die sowohl für $x_1 = 0$ als auch für $x_1 = 1$ verboten sind. Aus der ursprünglichen dynamischen Nebenbedingung

$$S(x_1, \dots, x_k, y_1, \dots y, {}_n, \dot{y}_1, \dots, \dot{y}_n) = 0$$

wird die schwächere Forderung

$$S(0, x_2, \dots, x_k, y_1, \dots, y_n, \dot{y}_1, \dots, \dot{y}_n) \wedge S(1, x_2, \dots, x_k, y_1, \dots, y_n, \dot{y}_1, \dots, \dot{y}_n) = 0$$

oder

$$\min_{x_1} S = 0\,. \tag{66}$$

Die Bedingungsgleichung (66) kennzeichnet alle dynamischen Zustände, die möglich sind, auch wenn über x_1 nichts bekannt ist (genauer: über den momentanen Wert von x_1). Betrachten wir als Beispiel wieder die Schieberegisterschaltung nach Bild 8. Aus den Gleichungen

$$\dot{y}_1 = x \nsim y_2\,,$$

$$\dot{y}_2 = y_1 \nsim y_2$$

gewinnen wir die Systemfunktion $S(x, y_1, y_2, \dot{y}_1, \dot{y}_2)$:

$$S = (\dot{y}_1 \nsim x \nsim y_2) \vee (\dot{y}_2 \nsim y_1 \nsim y_2)\,.$$

Wir nehmen nun an, daß x nicht beobachtet werden kann und bestimmen

$$\min_x S = S(x = 0) \wedge S(x = 1)$$

$$= \dot{y}_2 \nsim y_1 \nsim y_2\,.$$

Die Gleichung

$$\dot{y}_2 \nsim y_1 \nsim y_2 = 0$$

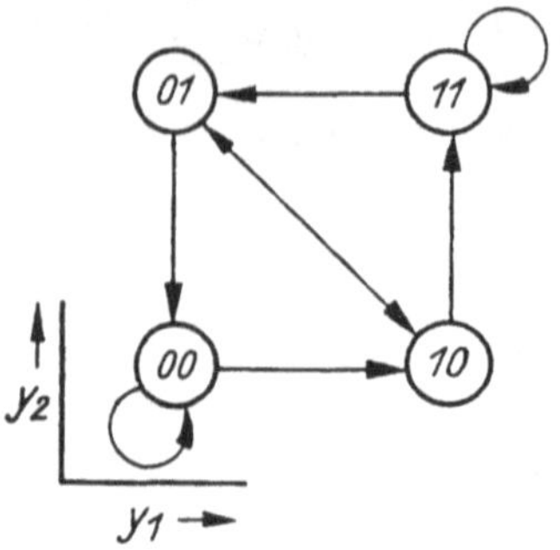

Bild 15

bestimmt den in Bild 15 dargestellten Graphen, bei dem aus jedem Knoten zwei Kanten herausführen. Die Struktur des Graphen ist uns schon aus Bild 12 bekannt, wobei aber bei der Darstellung nach Bild 15 wegen der unbekannten Werte von x auf die Bezeichnung der Kanten verzichtet wurde.

Der durch (66) beschriebene Graph enthält alle Bewegungsmöglichkeiten des Speicherzustands, also alle Trajektorien des Speicherzustandsraumes, wobei leicht auf den Fall mehrerer Eingangsgrößen verallgemeinert werden kann:

Satz: Durch

$$S(\boldsymbol{x}, \boldsymbol{y}, \dot{\boldsymbol{y}}) = 0$$

werde die Trajektorienmenge eines Automaten im $(\boldsymbol{x}, \boldsymbol{y})$-Phasenraum beschrieben. Dann beschreibt

$$\min_{\boldsymbol{x}}{}^{k} S(\boldsymbol{x}, \boldsymbol{y}, \dot{\boldsymbol{y}}) = 0 \tag{67}$$

die Trajektorienmenge im $\boldsymbol{y}$-Phasenraum, wenn k die Länge des Vektors $\boldsymbol{x}$ ist.

Die Gleichung (64) beschreibt das Gesamtverhalten, die Gleichung (67) das Speicherverhalten des Systems.

Etwas komplizierter sind die Zusammenhänge, wenn Speichergrößen nicht beobachtbar sind. Da in (64) sowohl der statische Wert von y_i als auch die Änderungsgröße $\dot{y}_i$ auftreten, beide Größen aber als unbestimmt angenommen werden müssen, bewirkt der Verzicht auf die Beobachtbarkeit von y_i die neue Bedingungsgleichung

$$\min_{y_i, \dot{y}_i}{}^{2} S = 0 \,. \tag{68}$$

Zu unserem Beispiel erhalten wir speziell

$$\min_{y_1, \dot{y}_1}{}^{2} S = 0 \,,$$

d. h. falls y_1 nicht geprüft werden kann, sind im x, y_2-Phasenraum alle Übergänge als möglich anzusehen. Das ist eine leider wenig nützliche Folgerung, die wir weiter unten noch näher untersuchen werden. Wir verallgemeinern zunächst die Bedingung (68):

Satz: Es seien die Speichergrößen $y_1, \ldots, y_m$ $(m \leqq n)$ nicht beobachtbar. Dann beschreibt

$$\min_{y_1, \ldots, y_m, \dot{y}_1, \ldots, \dot{y}_m}{}^{2m} S(\boldsymbol{x}, \boldsymbol{y}, \dot{\boldsymbol{y}}) = 0 \tag{69}$$

die Trajektorien im verbleibenden, aus den Koordinaten $x_1, \ldots, x_k, y_{m+1}, \ldots, y_n$ gebildeten Zustandsraum. Ist speziell $m = n$, d. h. alle Speichergrößen sind nicht beobachtbar, dann kennzeichnet

$$\min_{\boldsymbol{y}, \dot{\boldsymbol{y}}}{}^{2n} S(\boldsymbol{x}, \boldsymbol{y}, \dot{\boldsymbol{y}}) = 0 \tag{70}$$

die Einschränkungen des Eingangssignalraums (falls solche nicht vorhanden sind, ergibt (70) identisch den Wert 0.

Die betrachtete Methodik ist nicht an eine Darstellung der Systemgleichungen in der Form (15) gebunden, sie kann auch an der Form (10) durchgeführt werden. Das schon mehrfach untersuchte asynchrone T-Flip-Flop besitzt dann die Gleichung

$$y(t+1) = y(t) \nsim x(t)\, \overline{x(t+1)} \,, \tag{71}$$

wobei es günstig ist, die Zeitquantisierung als durch einen Hilfstakt gegeben zu betrachten. Wir stellen uns einen Beobachter vor (Prüfautomat), der in der Lage ist, den momentanen Eingangswert x und die letzten beiden Werte von y am Ausgang zu beobachten. Im Zeitpunkt $t + 1$ stehen ihm also alle Größen aus (71) außer $x(t)$ zur

Verfügung. Die Lösung der Gleichung

$$\min_{x(t)} [y(t+1) \nsim y(t) \nsim x(t)\, \overline{x(t+1)}] = 0 \tag{72}$$

zeigt, daß die 2 Wertekombinationen

$$x(t+1) = 1\,, \qquad y(t) = 1\,, \qquad y(t+1) = 0\,,$$

$$x(t+1) = 1\,, \qquad y(t) = 0\,, \qquad y(t+1) = 1$$

verboten, alle anderen erlaubt sind. Das mag unserem Beobachter unbefriedigend für eine Aussage über das Netzwerk erscheinen, er vergrößert seinen Beobachtungszeitraum am Ausgang, betrachtet aber nach wie vor nur den momentanen Eingangswert. Wir können den Zusammenhang zwischen Eingangs- und Ausgangsgrößen nun durch (71) und die um einen Zeittakt später geltende Gleichung

$$y(t+2) = y(t+1) \nsim x(t+1)\, \overline{x(t+2)} \tag{73}$$

beschreiben. Aus dem Gleichungssystem (71) und (73) bilden wir analog zu (63) die Gleichung

$$[y(t+1) \nsim y(t) \nsim x(t)\, \overline{x(t+1)}] \vee [y(t+2) \nsim y(t+1) \nsim \overline{x(t+1)}\, \overline{x(t+2)}] = 0\,,$$

aus der nach der Bildung des Minimums in Bezug auf $x(t)$ und $x(t+1)$ (die Beobachtung erfolgt im Zeitpunkt $t+2$) die verbotenen Kombinationen bestimmt werden:

$x(t+2)$	$y(t)$	$y(t+1)$	$y(t+2)$
0	0	1	0
0	1	0	1
1	1	0	1
1	1	1	0
1	0	0	1
1	0	1	0

Es enststehen 6 verbotene Kombinationen (darunter selbstverständlich auch die nach (72) schon verbotenen). Wir haben damit eine Möglichkeit gefunden, eine mangelnde Zahl von Prüfpunkten auf systematische Weise durch eine größere Zahl von Prüfzeitpunkten zu ersetzen.

3.2.5.4. Qualitative Analyse sequentieller Schaltungen

Die qualitative Seite des Verhaltens von Schaltnetzwerken wiederspiegelt sich in Eigenschaften, zu deren Kennzeichnung gewisse globale, manchmal unscharfe Begriffe wie Stabilität, Schwingverhalten, Erreichbarkeit, Trajektoriengestalt u. a. verwendet werden. Selbstverständlich können solche Begriffe in jedem Fall genau präzisiert werden, aber sie verlieren dadurch hin und wieder ihre physikalisch-technische Anschaulichkeit. Qualitative Aussagen gewinnt der Betrachter aus dem Graphen, aber bei zu großer Zustandszahl kann dessen Untersuchung auch mühsam werden. Immerhin besteht aber die (noch nicht einmal andeutungsweise ausgeschöpfte) Möglichkeit, die Vielzahl qualitativer Aussagen der Graphentheorie für die Analyse von Schaltnetzwerken einzusetzen.

Wir wollen unter qualitativer Analyse Arbeitsprozesse verstehen, die mit einer Frage nach Eigenschaften des Verhaltens oder der Struktur beginnen und entweder zu einer Ja-Nein-Aussage, zu Klasseneinteilungen, zu abgestuften Aussagen oder zur genaueren Charakterisierung der Eigenschaften führen.

Analyseziel 9: Stabilität von Zuständen und Systemen

Ein Speicherzustand $\boldsymbol{y}$ ist in Bezug auf ein gegebenes Eingangssignal $\boldsymbol{x}$ stabil, wenn er wieder in sich selbst überführt wird. Stabil sind (mit $\boldsymbol{x}$ als Parameter) alle Zustände $\boldsymbol{y}$, die die Bedingung

$$f(\boldsymbol{x}, \boldsymbol{y}) = \boldsymbol{y} \tag{74}$$

oder

$$h(\boldsymbol{x}, \boldsymbol{y}) = \boldsymbol{0} \tag{75}$$

in den Darstellungen (10) oder (15) erfüllen. In einem getaktetem System

$$\dot{y} = \tau h(\boldsymbol{x}, \boldsymbol{y}) \tag{76}$$

sind alle Zustände für $\tau = 0$ stabil. In einem langsam gesteuerten System wird gefordert und meist auch durch die Synthesemethoden gewährleistet [18], daß jede Trajektorie in einem stabilen Zustand endet, der erreicht ist, bevor die nächste Änderung am Eingang erfolgt. Ein Zustand $\boldsymbol{y}$ heißt (in Bezug auf $\boldsymbol{x}$) k-stabil, wenn er nach genau k Takten (mit $\dot{\boldsymbol{x}} = 0$) in einen stabilen Zustand überführt wird. Gehört ein Zustand einem Zyklus an, so ist $k = \infty$.

Ein Zustand, der nicht stabil ist, heißt instabil. Sein Nachfolgezustand ist in gewissen Komponenten, genau denen, für die $\dot{\boldsymbol{y}}$ aus

$$\dot{y}_1 = f_1(x_1, \dots, x_k, y_1, \dots, y_n)$$

$$\dots\dots\dots\dots\dots$$

$$\dot{y}_n = f_n(x_1, \dots, x_k, xy_1, \dots, y_n)$$

von 0 verschieden ist, unterschieden. Von besonderem technischen Interesse sind Systeme, in denen $\dot{\boldsymbol{y}}$ nur höchstens eine 1 enthält, bei denen also nur ein Speicherelement jeweils geändert wird. Diese regulären Systeme (eine Qualität der Überführungsfunktionen) sind durch die Gleichung

$$S_{2,3,\dots,n}(f_1(\boldsymbol{x}, \boldsymbol{y}), \dots, f_n(\boldsymbol{x}, \boldsymbol{y})) = 0 \tag{77}$$

charakterisiert ($S_{2,3,\dots,n}$ ist eine symmetrische Funktion, die genau dann gleich 1 ist, wenn 2 oder mehr ihrer Argumente gleich 1 sind [1]). Die stabilen Zustände lassen sich aus der Gleichung

$$\bigvee_{i=1}^{n} f_i(\boldsymbol{x}, \boldsymbol{y}) = 0 \tag{78}$$

gewinnen. Zur Ermittlung der k-Stabilität sind etwas aufwendigere iterative Verfahren erforderlich [7].

Die Stabilität eines Systems ist ein vielseitiger Begriff, der in verschiedenster Hinsicht interpretiert werden kann. Wir wollen hier nur einige, für Schaltnetzwerke interessante Begriffsbildungen nennen:

- Stabilität des Endzustandes einer Trajektorie in Bezug auf „kleine" (das muß im Einzelfall erklärt werden!) Abweichungen des Anfangszustandes oder der Steuersignale,
- Stabilität des Endzustandes einer Trajektorie in Bezug auf nichtreguläre (und deshalb u. U. mit Wettlauferscheinungen belastete) Teilabläufe,
- Zyklenfreiheit (für Zykluslänge > 1, da Zyklen der Länge 1 ja stabile Zustände kennzeichnen),
- Stabilität der dynamischen, also gewollt zyklisch ablaufenden Vorgänge in Bezug auf Phasenlage, Synchronität, Hasarderscheinungen, Folgeverhalten,

— Rückkehrsicherheit, so daß aus jedem ungewollten, durch Störungen entstandenen Betriebszustand mit Sicherheit wieder durch geeignete Steuersignale oder autonom ein zulässiger (gefahrenfreier, erkennbarer, stabiler etc.) Zustand erreicht werden kann.

Eine vollständige Untersuchung des Stabilitätsbegriffes ist im Rahmen dieser Arbeit nicht möglich, deshalb sollen nur einige Aspekte näher untersucht werden.
Wir betrachten ein autonomes System

$$\dot{\boldsymbol{y}} = f(\boldsymbol{y}) , \tag{79}$$

dessen Trajektorien prinzipiell nur die in Bild 16 dargestellte Struktur besitzen können.

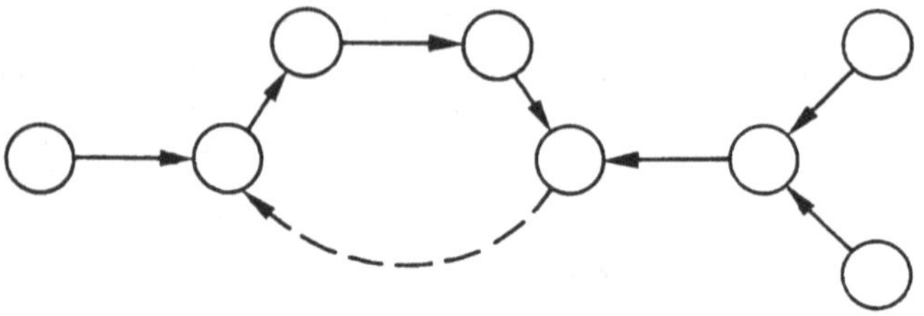

Bild 16

Die Zykluslänge kann im Fall eines stabilen Endzustandes zu 1 werden, die Vorperioden können länger und von komplizierterem Aufbau sein. In jedem Falle aber gehört jeder Zustand $\boldsymbol{y}$ zu genau einer Trajektorie und besitzt wegen (79) einen genau festliegenden Folgezustand. Wir untersuchen nun eine binäre Funktion $q(\boldsymbol{y})$, die als charakteristische Funktion eines Unterraums aufgefaßt wird (zum charakterisierten Unterraum gehören alle Punkte mit $q = 1$).
Satz: Lösungen der Gleichung

$$\dot{q} = 0 \tag{80}$$

sind alle Trajektorien sowie beliebige Vereinigungen und Durchschnitte davon (in $\dot{q}$ sind die Gleichungen (79) zu substituieren).
Die Lösungsmenge der Gleichung (80) ist damit die Topologie des Zustandsraumes.
Zum Beweis des Satzes ist zu beachten, daß q sich nach (80) innerhalb eines Unterraums nicht ändert (entlang der durch (79) festgelegten Richtungen). Würde q eine Trajektorie schneiden, so wäre aber an dieser Stelle eine Änderung vorhanden.
Wir betrachten als Beispiel das System

$$\dot{y}_1 = y_1 \nleftrightarrow y_2 , \qquad \dot{y}_2 = y_1 \vee y_2 . \tag{81}$$

Wir setzen q als *Shegalkin*-Polynom [1] an

$$q = q_0 \nleftrightarrow y_1 q_1 \nleftrightarrow y_2 q_2 \nleftrightarrow y_1 y_2 q_3 \tag{82}$$

und bestimmen $\dot{q}$.

$$\dot{q} = \dot{y}_1 q_1 \nleftrightarrow \dot{y}_2 q_2 \nleftrightarrow (y_1 y_2)^{\cdot}\, q_3 ,$$

woraus mit (37) und (81)

$$\dot{q} = y_1(q_1 \nleftrightarrow q_2) \nleftrightarrow y_2(q_1 \nleftrightarrow q_2) \nleftrightarrow y_1 y_2 (q_2 \nleftrightarrow q_3)$$

folgt. Nullsetzen der Koeffizienten führt zu

$$q = q_0 \nleftrightarrow (y_1 \vee y_2)\, q_1 ,$$

wodurch alle Lösungen von (80) beschrieben sind:

$$q_0 = 0, q_1 = 0 : q = 0,$$

$$q_0 = 0, q_1 = 1 : q = y_1 \vee y_2 ,$$

$$q_0 = 1, q_1 = 0 : q = 1 ,$$

$$q_0 = 1, q_1 = 1 : q = \bar{y}_1\bar{y}_2 .$$

Die entsprechenden, dem formulierten Satz genügenden Unterräume erkennt man leicht in Bild 17, die den Trajektorienverlauf von (81) darstellt.

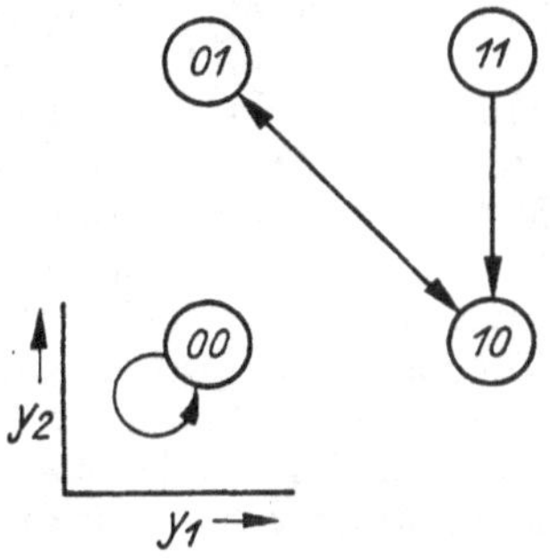

Bild 17

Wir wollen ohne Beweis und Beispiel noch einige weitere Sätze angeben, die eine qualitative Untersuchung der Trajektorienstruktur ermöglichen:

— Lösungen der Gleichung

$$q\dot{q} = 0 \tag{83}$$

sind alle Unterräume, die durch keine Trajektorie verlassen werden.

— Lösungen der Gleichung

$$\bar{q}\dot{q} = 0 \tag{84}$$

sind alle Unterräume, die durch keine Trajektorie erreicht werden.

— Jeder Zustand besitzt genau einen Vorgänger (es gibt keine echten Anfangszustände und folglich keine Vorperioden der Trajektorien), wenn aus

$$q \neq 0$$

folgt

$$\dot{q} \nrightarrow q \neq 0 . \tag{85}$$

Als äußerliches Zeichen eines momentan stabilen Systems wird in grober Näherung die Konstanz seiner Ausgangssignale anzusehen sein. Wir zeigten weiter oben die Möglichkeit, die Ausgangssignale analytisch zu berechnen und darzustellen. In der Form (46) ist die Konstanz von $x(t)$ daran zu erkennen, daß die Koeffizienten der $\delta_j(t)$ von einem bestimmten Wert j an konstant sind. Wir können dazu auch allgemeine Ansätze formulieren. Ein um τ Zeittakte verschobenes Signal $x(t)$ ist nach [1] darstellbar durch

$$x(t + \tau) = \sum_{j=0}^{\tau}{}^{\oplus} E_j^{\tau} x^{(j)}(t) . \tag{86}$$

Soll ein Automat k-stabil sein, so muß für jedes Speicherelement gelten

$$\dot{y}_i(t + k) = 0 . \tag{87}$$

Wir setzen (86) ein und bilden ein weiteres Mal die Ableitung nach der Zeit:

$$\sum_{j=0}^{k}{}^{\oplus} E_j^k y_i^{(j+1)}(t) = 0 . \tag{88}$$

Der Gleichung (88) muß ein k-stabiles System genügen (für alle Speicherfunktionen), sie ist aber mehr ein Mittel der Funktionsoptimierung als ein Mittel zur Analyse, denn der Parameter k wird in den meisten Fällen nicht von vornherein bekannt sein. Die Anfangswertstabilität, die auf dem Wunsch beruht, kleine Änderungen der Anfangsbedingungen nicht zu großen Änderungen der Reaktionen aufschaukeln zu lassen, ist für Schaltnetzwerke von weit geringerer Bedeutung als z. B. für analoge Regelungssysteme. Der Einfluß eines Anfangswertes auf das Ausgangssignal kann z. B. an Hand der Gleichung (54) diskutiert werden.

Analyseziel 10: Dynamische und zeitliche Nebenbedingungen

Dynamische Nebenbedingungen in kombinatorischen Schaltnetzwerken waren schon im Analyseziel 4 untersucht und durch (44) vollständig beschrieben worden. In sequentiellen Schaltnetzwerken stellen die Überführungsfunktionen (15) selbst die wichtigsten dynamischen Nebenbedingungen dar, die in der Form (63) durch eine einzige Gleichung ausgedrückt werden können. Sie gehen als Nebenbedingungen in die Nachfolgenetzwerke, insbesondere in das kombinatorische Ausgangsnetzwerk, ein. Falls z. B. für die Überführungsfunktionen die Regularität nach (77) bekannt ist, so besitzt das Ausgangsnetzwerk dynamisch orthogonale Eingangsgrößen, was für eine Optimierung hinsichtlich der Hasardfreiheit günstige Bedingungen schafft.
Die Systemfunktion $S(\boldsymbol{x}, \boldsymbol{y}, \dot{\boldsymbol{y}})$ beschreibt durch ihre Nullstellen alle zulässigen dynamischen Zustände des Systems. Für ein autonomes System erhalten wir die Gleichung

$$S(\boldsymbol{y}, \dot{\boldsymbol{y}}) = 0 , \tag{89}$$

die nach den $\dot{\boldsymbol{y}}$ eindeutig auflösbar sein muß, da von jedem Zustand aus genau eine, durch den Zustand selbst festgelegte Änderungsrichtung bestimmt ist. Für eine beliebig vorgegebene Funktion $\varphi(\boldsymbol{y}, \dot{\boldsymbol{y}})$ kann natürlich eine solche eindeutige Auflösbarkeit nicht angenommen werden. Sollte aber bekannt sein, daß von jedem Zustand wenigstens eine Kante wegführt, so könnte man die Gleichung

$$\varphi(\boldsymbol{y}, \dot{\boldsymbol{y}}) = 0 \tag{90}$$

als nach (67), durch Überlagern sämtlicher Trajektorien eines gesteuerten Systems (für alle Werte von $\boldsymbol{x}$), entstanden denken. Sie beschreibt dann ein System, das wegen der Nichtbeobachtbarkeit der Eingangssignale nichtdeterministisch erscheint, also für einen Zustand auch mehrere mögliche Nachfolgezustände besitzen kann (vgl. Bild 15). Wir betrachten einen Zustand $\boldsymbol{y}_0$, für den

$$\min_{\dot{y}_1, \dots, \dot{y}_n}^{n} \varphi(\boldsymbol{y}_0, \dot{\boldsymbol{y}}) = 1 \tag{91}$$

gilt, d. h. für den $\varphi(\boldsymbol{y}_0, \dot{\boldsymbol{y}})$ für alle abgehenden Kantenrichtungen gleich 1 ist. Dieser Zustand besitzt demnach wegen (90) keine Nachfolger, er kann evtl. erreicht, aber weder verlassen, noch beibehalten (keine Schleifen!) werden. Das ist in einem technischen System unmöglich, so daß die Forderung

$$\min_{\dot{y}_1, \dots, \dot{y}_n}^{n} \varphi(\boldsymbol{y}, \dot{\boldsymbol{y}}) = 0 \tag{92}$$

eine Realisierbarkeitsbedingung für (90) darstellt. Gleichzeitig kann geschlossen werden, daß jede Signalfolge $\boldsymbol{y}(t)$ fortgesetzt werden kann, wenn (92) erfüllt ist.
Wir betrachten nun Gleichungen, die auch höhere Ableitungen, jedoch nur von einer Variablen, enthalten:

$$\varphi(y^{(k)}, y^{(k-1)}, \dots, \dot{y}, y) = 0 . \tag{93}$$

Wegen

$$y^{(k)}(t) = \sum_{\tau=0}^{k}{}^{\oplus} E_\tau^k y(t + \tau) \tag{94}$$

kann (93) stets durch die eine Gleichung

$$\varphi(y(t + k), y(t + k - 1), \dots , y(t + 1), y(t)) = 0 \tag{95}$$

ersetzt werden, die (als Forderung aufgefaßt) alle Folgen der Länge $k + 1$, die (95) nicht erfüllen, verbietet. Wir haben damit eine weitere Verallgemeinerung der Nebenbedingungen gefunden:

— statische Nebenbedingungen verbieten Zustände (Folgen der Länge 1),
— dynamische Nebenbedingungen verbieten Änderungen (Folgen der Länge 2),
— zeitliche Nebenbedingungen verbieten Signalfolgen einer beliebigen Länge.

Falls nun eine Bedingung der Form (93) oder (95) gegeben ist (letztere kann mit Hilfe der Beziehung (86) in die Gestalt (93) umgerechnet werden), so interessiert die Frage, welche Signale denn von einer so eingeschränkten Quelle noch abgegeben werden können. Offenbar muß gefordert werden, daß eine binäre Signalfolge niemals ein Teilstück der Länge $k + 1$, das (95) verletzt, enthält. Wir ersetzen die Gleichung (93) durch ein Gleichungssystem

$$\begin{aligned} &\dot{y} = x_1 \,, \\ &\dot{x}_1 = x_2 \qquad (= \ddot{y}) \,, \\ &\cdots\cdots\cdots\cdots \qquad . \\ &\dot{x}_{k-1} = x_k \quad (= y^{(k)}) \,, \\ &\varphi(x_k, x_{k-1}, \dots , x_1, y) = 0 \end{aligned} \tag{96}$$

Damit haben wir die Differentialgleichung k-ter Ordnung durch k Gleichungen 1. Ordnung und eine statische Nebenbedingung ersetzt. Aus allen Gleichungen bilden wir eine neue Systemfunktion $S(x_k, \dots , x_1, y, \dot{x}_{k-1}, \dots , \dot{x}_1, \dot{y})$

$$S = (\dot{y} \nsim x_1) \vee (\dot{x}_1 \nsim x_2) \vee , \dots , (\dot{x}_{k-1} \nsim x_k) \vee \varphi(x_k, x_{k-1}, \dots , x_1, y) = 0 \,. \tag{97}$$

Wenden wir nun die Forderung (92), die bei Erfüllung die Fortsetzbarkeit garantiert, auf (97) an, so erhält man nach einfacher Rechnung

$$\varphi(x_k, x_{k-1}, \dots , x_1, y) = 0 \,. \tag{98}$$

d. h. die durch die Differentialgleichung (93) ausgedrückte Forderung wird zu einer einfachen statischen Nebenbedingung für die neuen Phasenkoordinaten. Die Funktion $\varphi(x_k, x_{k-1}, \dots , x_1, y)$ ist die charakteristische Funktion aller nicht fortsetzbaren Zustände.

Wir nehmen an, daß das Trajektoriensystem eines autonomen Automaten gegeben (oder nach (80) berechnet) sei und aus den in Trajektorien $T_1, \dots , T_m$ mit den jeweils maximalen Vorperiodenlängen $v_1, \dots , v_m$ und den Zykluslängen $z_1, \dots , z_m$ bestehe. Wir bezeichnen mit v den größten Wert aus $v_1, \dots , v_m$ und mit z das kleinste gemeinsame Vielfache der $z_1, \dots , z_m$. Dann läßt sich auf kombinatorischem Weg zeigen, daß für jede Funktion $q(y_1, \dots , y_n)$ die Gleichung

$$q(t + v) = q(t + v + z) \,, \qquad t \geqq 0 \tag{99}$$

erfüllt ist. Wir formen (99) um in

$$q(t + v) \nsim q(t + v + z) = 0 \tag{100}$$

und interpretieren diese Form als spezielle Gleichung vom Typ (95). Durch Übergang zur Gestalt (93) erkennt man, daß es sich um eine lineare Differentialgleichung handelt, wodurch die zugehörige statische Nebenbedingung ebenfalls eine lineare Funktion darstellt und somit nach dem Glied mit dem höchsten Exponenten auflösbar ist. Wir erhalten damit eine lineare Schaltungsstruktur (Kette aus T-Flip-Flop, die jedoch durch eine einfache Umformung leicht in eine Kette aus D-Flip-Flop, also ein

Schieberegister, umgeformt werden kann) mit einer linearen Rückführung. Das erlaubt, folgenden Satz zu formulieren:

Satz: Jeder autonome Automat kann durch einen (i. a. größeren) linearen Automaten ersetzt werden, der bei passend gewählten Anfangsbedingungen das gleiche Verhalten wie der ursprüngliche Automat besitzt.

Analysziel 11: Nichtdeterministisches Verhalten in Übergangsvorgängen

In sequentiellen, insbesondere ungetakteten Schaltnetzwerken treten Erscheinungen auf, die als Wettläufe bezeichnet werden und darin bestehen, daß mehrere Speicherelemente gleichzeitig schalten sollen, dies aber auf Grund technischer Toleranzen der Schaltzeitpunkte nicht erreichen und dadurch falsche autonome Abläufe und fehlerhafte Endzustände bewirken. Offenbar können derartige Erscheinungen nur in nichtregulären, die Bedingung (77) verletzenden Systemen auftreten. Wir wollen uns hier auf diese autonomen Abläufe beschränken. Untersuchungen zu den noch komplizierteren Erscheinungen bei Wechselwirkung von Eingangs- und Speichergrößen sind in [15] durchgeführt.

Es sei das Netzwerk in einem Zustand $\boldsymbol{y}_0$, durch die Überführungsfunktion wird dem Zustand ein Änderungsvektor $\dot{\boldsymbol{y}}_0$ zugeordnet und der angestrebte Zielzustand ist durch $\boldsymbol{y}_0 \not\sim \dot{\boldsymbol{y}}_0$ gekennzeichnet (alle vektoriellen Operationen sind stellenweise auszuführen). Durch die nicht gleichzeitige Änderung der Speichergrößen wird der Änderungsvektor $\dot{\boldsymbol{y}}_0$ „maskiert", einige seiner Einsen werden noch nicht sofort wirksam,

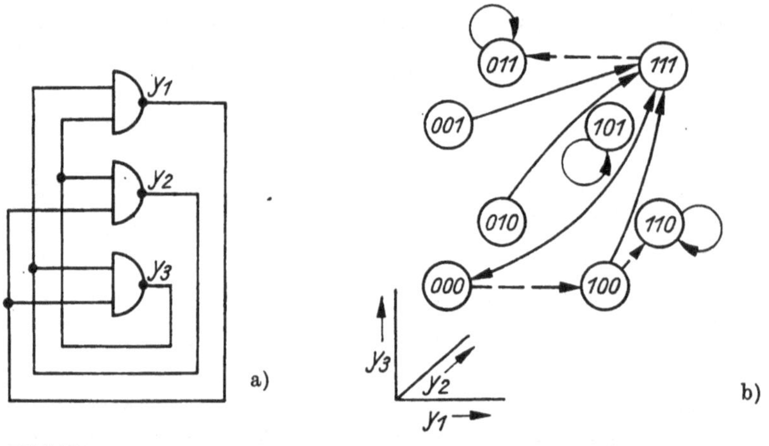

Bild 18

so daß wir statt mit $\dot{\boldsymbol{y}}_0$ nur mit einem eingeschränkten Änderungsvektor $\subseteq \dot{\boldsymbol{y}}_0$ rechnen und somit im Übergangsraum (vgl. die Erläuterung zu Bild 11) nur den näher an $\boldsymbol{y}_0$ liegenden Zustand $\boldsymbol{y}_0 \not\sim c\dot{\boldsymbol{y}}_0$ erreichen. Dieser fehlerhafte Zustand kann jedoch zu einer anderen Trajektorie gehören, so daß eine nicht mehr rückgängig zu machende (es sei denn durch einen zweiten Fehler) Fehlstellung entsteht.

Betrachten wir als Beispiel die in Bild 18a dargestellte Schaltung aus drei NAND-Elementen, die wir durch die Ausgangsgrößen der Elemente beschreiben:

$$ {}^1y_1 = \overline{y_2 y_3}\,, $$
$$ {}^1y_2 = \overline{y_1 y_3}\,, $$
$$ {}^1y_3 = \overline{y_1 y_2}\,. $$

Bild 18b zeigt die zu den Gleichungen gehörende Trajektorienstruktur (aus Symmetriegründen ist darauf verzichtet worden, eine der drei Größen zu eliminieren).

Die voll ausgezogenen Kanten entsprechen dem durch die Gleichungen ausgedrückten Verhalten. Falls aber die drei Elemente in der Reihenfolge y_1, y_2, y_3 auf ihre Eingangssignale reagieren, so erfolgt vom Nullzustand aus ein Übergang entlang der gestrichelten Kanten zu einem stabilen Zustand, ebenso vom Einszustand aus zu einem anderen. Das durch die Gleichungen ausgedrückte Verhalten kann nur in einem getakteten System zuverlässig realisiert werden.

3.2.6. Numerische und rechentechnische Probleme der Analyse

Im Rahmen der vorliegenden Arbeit wurden die Resultate in Form von Graphen, Tabellen und analytischen Ausdrücken formuliert, die zwar den jeweiligen Zwecken genügen, aber nur in geringem Grad für größere Systeme erweiterbar sind. Das trifft nicht in gleichem Maße auf die angewandten Methoden zu, so daß die weiter oben genannte Forderung nach einer Analysesprache noch bestätigt wird.
Zur tatsächlichen Durchführung von Analyseprozessen wird man sich in den meisten Fällen auf Digitalrechner stützen. Dabei erscheint es wünschenswert, eine bequeme und flexible Eingabesprache für die Struktur und zu untersuchende Eingangssignale zu besitzen [19]. Ein modular aufgebautes Programmsystem, z. B. orientiert an den genannten Analysezielen, kann im Rechner vorbereitet und mit höchster numerischer Effektivität ausgestattet sein, wobei zum günstigen Arbeiten ein operatives Eingreifen des analysierenden Fachmannes (am besten des Entwerfers der Struktur selbst) über Bildschirmgeräte wünschenswert erscheint. Er kann dann die unumgänglichen Einschränkungen vornehmen und dabei vom Rechner auf vielfältige Weise beraten werden. So kann z. B. der Rechner nach einem Analyseauftrag grob die erforderliche Rechenzeit abschätzen und diese dem Bearbeiter mitteilen, der dann entscheidet, ob weitere Einschränkungen erforderlich sind, ob die Rechnung im Hintergrund mit Ausgabe auf dem Schnelldrucker erfolgen soll oder ob die Bildschirmarbeit fortgesetzt wird. Er kann operativ Änderungen der Struktur oder technischer Kennwerte (Verzögerungszeiten u. a.) vornehmen und sich diese sofort dokumentieren lassen.
Wegen der i. a. umfangreichen Rechnungen bei der Untersuchung größerer Systeme kann es sich empfehlen, einerseits von Existenzsätzen als Vorstufe (z. B. vom Typ (77)) Gebrauch zu machen und andererseits nach numerischen Verfahren zu suchen, die rechnerintern mit größerer Effektivität arbeiten (evtl. unter Benutzung Nicht-*Boole*scher Modelle).
Die Analyse von Schaltnetzwerken ist ein Arbeitsgebiet, das nicht weniger komplex als die Synthese ist und noch in großem Maße methodisch erschlossen werden muß. Es sollte versucht werden, dazu einen Beitrag zu skizzieren und einige neuere Ergebnisse darzustellen, wobei viele aus der Literatur bekannte Lösungsansätze aus Umfangsgründen nicht referiert werden konnten.

Literaturverzeichnis

[1] *Bochmann, D.*: Einführung in die strukturelle Automatentheorie. VEB Verlag Technik, Berlin 1975.

[2] *Bochmann, D.*: Zur mathematischen Beschreibung zeitlicher Vorgänge in Schaltnetzwerken. Nachrichtentechnik — Elektronik **23**, 9 (1973) 325—327.

[3] *Bochmann, D.*: Binäre Signale und Systeme. Nachrichtentechnik — Elektronik **25**, 5 (1975) 166—171.

[4] *Bochmann, D.*: Begriff und Methoden der Funktionsoptimierung. ZKI — Information 1 (1974) 7—11.

[5] Логический язык для представления алгоритмов синтеза релейных устройств — ЛЯПАС. Наука, Москва 1966.

[6] *Dietmeyer, D. L.*: Logic Design of Digital Systems. Allyn and Bacon, Boston Mass. 1971.
[7] *Hellner, J.*: Beitrag zur zeitlichen und qualitativen Analyse endlicher binärer Automaten unter besonderer Berücksichtigung von Steuerbarkeit, Beobachtbarkeit und Stabilität. Dissertation, TH Karl-Marx-Stadt 1975.
[8] *Doberenz*: Beiträge zur digitalen Systemtheorie und ihre Anwendung auf lineare Schaltnetzwerke und homogene Schichten. Dissertation, TH Karl-Marx-Stadt 1975.
[9] *Böhringer*: Theorie und Technik von Schaltnetzwerken. VEB Verlag Technik, Berlin 1969.
[10] *Posthoff, Mittew*: Ein Verfahren zur Lösung *Boole*scher Gleichungen. Nachrichtentechnik — Elektronik **25**, 6 (1975) 222—224.
[11] *Posthoff*: Die Lösung und Auflösung binärer Gleichungen mit Hilfe *Boole*scher Ableitungsoperationen. ZKI-Mitteilungen 2, 1976.
[12] *Kühnrich*: Testung von Schaltnetzwerken unter Verwendung des *Boole*schen Differentialkalküls. ZKI-Mitteilungen 2, 1976.
[13] *Lehmann*: Beitrag zur Klassifikation einiger Probleme der Schaltalgebra und des Entwurfs digitaler Schaltungen mit dem Ziel ihrer rechnergestützten Lösung. Dissertation, TH Karl-Marx-Stadt 1974.
[14] *Fügert*: Beitrag zur Anwendung dynamischer Operationen der Schaltalgebra für die Berechnung von statischen und dynamischen Signalnebenbedingungen als eine Voraussetzung des optimalen Entwurfs digitaler Schaltungen. Dissertation, TH Karl-Marx-Stadt 1975.
[15] *Böhl*: Beitrag zur Theorie der dynamischen Fehlererscheinungen in kombinatorischen und sequentiellen Schaltnetzwerken. Dissertation, TH Karl-Marx-Stadt 1975.
[16] *Бохманн*: Аналитическое представление двузначных функций от времени. Труды Московского электротехнического ин-та связи **2**, (1969) 287—291.
[17] *Bochmann, D.*: Eine analytische Darstellung binärer Zeitfunktionen. Nachrichtentechnik — Elektronik **19**, **10** (1969) 364—366.
[18] *Zander*: Entwurf von Folgeschaltungen (RA 158). VEB Verlag Technik, Berlin 1974.
[19] *Lange*: Ein dialogorientiertes Programmsystem zur Analyse von Schaltnetzwerken (im vorliegenden Sammelband).

3.3. Ein dialogorientiertes Analysenprogramm für Schaltnetzwerke

Von *Helmut Lange* und *Hannelore Kieser*

Technische Hochschule Karl-Marx-Stadt, Sektion Informationstechnik

3.3.1. Einführung

Das Programmsystem DASIS 403 dient der Analyse binärer Schaltnetzwerke. Es ist für Rechenanlagen der ESER-Reihe entwickelt worden. Die Anwendung des Programmsystems ist auf den Entwurfsprozeß binärer Schaltnetzwerke orientiert. Eine bequeme Handhabung und breite Einsatzmöglichkeiten sind die Voraussetzungen für einen großen Anwenderkreis im ingenieurtechnischen Bereich. Vorrangig wurde die Arbeitsweise im Dialog mit einem Bildschirmgerät vorgesehen. Auf Grund der Bedeutung für zukünftige Programme und der allgemeinen Aussagen wurde dieser Teil der Arbeit, der die Problematik des Dialogs behandelt, bewußt weitreichend gestaltet.
Kernstück des Programmsystems DASIS 403 ist das Simulationsprogramm. Die Simulation dient der Nachbildung des Verhaltens eines entworfenen Schaltnetzwerkes. Sie findet hauptsächlich zur Kontrolle des Entwurfs Anwendung und ermöglicht das Erkennen von Fehlern bereits vor der technischen Realisierung der Schaltung. Durch den Dialogbetrieb können ermittelte Fehler sofort berücksichtigt und geeignete Veränderungen vorgenommen werden. Während Gleichungen und Gleichungssysteme nur die logische Struktur des Schaltnetzwerkes beschreiben, wird bei der Simulation auch der tatsächliche Aufbau (Gatter- bzw. Blockstruktur) und ihr Einfluß auf das Verhalten berücksichtigt. Neben einer Einsparung an Arbeitszeit erlaubt die Simulation durch eine einfache Variation der Parameter der Elemente allgemeinere Aussagen als die meßtechnische Untersuchung. Die Grundlage der Simulation bildet die Modellierung. Die Betrachtungen dazu beschränken sich in der vorliegenden Arbeit auf binäre Modelle, d. h. alle Zustandsgrößen werden als binäre Größen dargestellt. Das verwendete Modell muß die logischen und bei der Untersuchung des zeitlichen Verhaltens auch die zeitlichen Eigenschaften der Systemelemente hinreichend genau widerspiegeln.
Für die Eingabe der Netzwerke wird eine besonders für den Dialogbetrieb geeignete Sprache beschrieben. Eine Reihe von Beispielen aus mehreren Anwendungsgebieten ergänzt die Beschreibung des Programmsystems.

3.3.2. Modellierung und Simulierung von Schaltnetzwerken

3.3.2.1. Allgemeines

Unter Simulation versteht man die Nachbildung (Modellierung) des Verhaltens eines Systems (Original) durch das Verhalten eines anderen Systems (Modell, Simulator). Sie wird dann für die Untersuchung von Systemen angewendet, wenn eine Untersuchung am Original zu schwierig, zu aufwendig oder aus verschiedenen Gründen ganz unmöglich ist.

Die Modellierung des Originalsystems bildet die Grundlage der Simulation. Voraussetzung dafür ist die Zerlegbarkeit des Systems in eine Menge von Elementen, für deren Verhalten sich bestimmte Regeln angeben lassen, die für das jeweilige Analyseziel hinreichend genau sind. Die Feinheit der Zerlegung bestimmt die erreichbare Genauigkeit und den Aufwand bei der Simulation. Das verwendete Modell muß alle diejenigen Eigenschaften der Elemente widerspiegeln, die für die jeweilige Untersuchung wesentlich sind und aus Gründen der Einfachheit und des Aufwandes alle unwesentlichen Eigenschaften vernachlässigen. Daher werden für verschiedene Analyseziele und unterschiedliche Simulationsverfahren auch unterschiedliche Modelle Anwendung finden.
Auf die Rolle der Analyse beim Entwurf von Schaltnetzwerken wurde bereits in [17] hingewiesen. Neben verschiedenen analytischen Verfahren spielt dabei vor allem die Simulation mit Hilfe des Digitalrechners eine wesentliche Rolle.
Bei der Modellierung von Schaltnetzwerken erfolgt eine Zerlegung des Systems in Gatter oder Blöcke. Die Modellierung und Beschreibung dieser Elemente werden in den Abschnitten 3.3.2.3. und 3.3.2.4. behandelt. Die Modellbildung selbst erfolgt in mehreren Stufen, die für den Fall der Simulation mit Hilfe des Digitalrechners genauer betrachtet werden sollen:

1. Stufe: Abstraktes Modell. Vernachlässigt die reale physikalische Natur der Elemente und beschreibt mittels mathematischer Beziehungen Struktur und Verhalten des Schaltnetzwerkes.
2. Stufe: Das abstrakte Modell wird in eine für den Rechner verständliche Beschreibungsform (Eingabesprache) umgewandelt. In Verbindung mit dem Programmsystem DASIS 403 wurde dazu die Eingabesprache DEBIS [1, 2, 3] entwickelt. Diese Stufe der Modellbildung wird im folgenden externes Modell genannt.
3. Stufe: Das externe Modell wird nach der Eingabe in den Rechner durch ein Übersetzungsprogramm in das interne Modell umgewandelt. Dieses Modell dient der Verarbeitung im Rechner.

In Abhängigkeit vom Analyseziel und dem Grad der Einbeziehung zeitlicher Eigenschaften sollen drei Arten der Simulation unterschieden werden:

statische Simulation: Die statische Simulation dient der Untersuchung der Reaktion des Systems auf einzelne Belegungsvektoren an den Eingängen. Zeitliche Eigenschaften und Übergangsvorgänge werden nicht berücksichtigt.
dynamische Simulation: Die dynamische Simulation wird bei der Untersuchung der Übergangsprozesse angewendet. Sie erlaubt eine allgemeine Analyse des Übergangsverhaltens ohne Beachtung der konkreten zeitlichen Eigenschaften der Elemente.
zeitliche Simulation: Die zeitliche Simulation spiegelt das zeitliche Verhalten des Schaltnetzwerkes unter Beachtung der zeitlichen Parameter der Elemente wider.

3.3.2.2. Binäre Zeitfunktionen und Operationen

Für die Modellierung des Verhaltens von Schaltnetzwerken wird ein binäres Verhaltensmodell verwendet, das die realen Zeitabläufe durch binäre Zeitfunktionen beschreibt (Bild 1). Eine solche Betrachtung erfordert eine Idealisierung der im Schaltnetzwerk ablaufenden Vorgänge. Während die Übergangsvorgänge in der physikalischen Realität eine endliche Zeit in Anspruch nehmen, verlaufen sie im Modell unendlich schnell. Daher wird die Widerspiegelung des Übergangsverhaltens im Modell stets fehlerbehaftet sein.

Binäre Zeitfunktionen können auf verschiedene Weise beschrieben werden. Einige Möglichkeiten werden im folgenden Abschnitt vorgestellt.

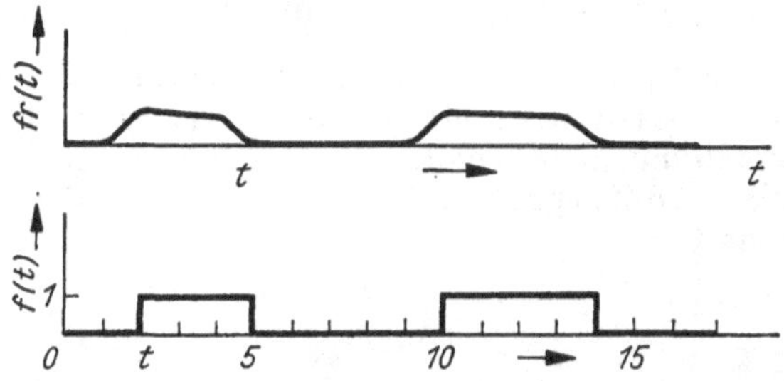

Bild 1. Reale und binäre Zeitfunktion

3.3.2.2.1. Algebraische Darstellung von Zeitfunktionen

Definition 1: Wenn $\delta_i(t)$ eine zu den normierten Zeitpunkten $t = 0, 1, \dots, T$ definierte Standardzeitfunktion mit der Eigenschaft

$$\delta_i(t) = \begin{cases} 0 & \forall\, i \neq t\,, \\ 1 & i = t \end{cases} \tag{1}$$

ist, so versteht man unter einer δ-Zeitfunktion eine nach der Beziehung (2) aus $\delta_i(t)$ Zeitfunktionen gebildete Zeitfunktion $f(t)$:

$$f(t) = \sum_{i=0}^{I}{}^{\oplus} f_i \delta_i(t)\,, \quad f_i \in \{0, 1\}\,. \tag{2}$$

Eine solche Zeitfunktion ist sehr einfach aufgebaut, da die Koeffizienten f_i direkt die Funktionswerte bestimmen:

$$f(t = \nu) = f_\nu\,.$$

Aus schreibtechnischen Gründen wird im weiteren für die $\delta_i(t)$ nur noch δ_i geschrieben.

Beispiel: $f(t) = f_0\delta_0 \nleftrightarrow f_1\delta_1 \nleftrightarrow f_2\delta_2 \nleftrightarrow f_3\delta_3$

$f_0 = 0\,,$

$f_1 = 1\,,$

$f_2 = 1\,,$

$f_3 = 0\,,$

$f(t) = \delta_1 \nleftrightarrow \delta_2\,.$

Tabelle 1. Anwendung von δ-Zeitfunktionen

t	0	1	2	3
f_t	0	1	1	0
$f(t)$	0	1	1	0

Wegen der Zeitquantisierung ist es zweckmäßig, eine δ-Zeitfunktion als Zeitfolge darzustellen (Tab. 1). Dabei stimmt diese mit den Koeffizientenvektoren $f_0, f_1, \dots, f_T$ überein.

Binäre Zeitfolge:

$$f(t) = (f_0, f_1, \dots, f_\nu, \dots, f_T)\,. \tag{3}$$

Die in Bild 1 dargestellte binäre Zeitfunktion kann somit wie folgt geschrieben werden:

$$f(t) = (0, 0, 1, 1, 1, 0, 0, 0, 0, 0, 1, 1, 1, 1, 0, 0) .$$

Eine Beschreibung in der Form $(f_0, \dots, f_T)$ wird auch als Vektor (oder Zeitvektor) bezeichnet und vor allem bei zeitquantorientierten Simulationsverfahren (Abschnitt 3.3.2.6.1.) für die interne Darstellung, aber auch für die Ein- und Ausgabe verwendet.

Definition 2: Wenn $\sigma_i(t)$ eine zu den Zeitpunkten $t = 0, 1, \dots, T$ definierte Standardzeitfunktion mit der Eigenschaft

$$\sigma_i(t) = \begin{cases} 0 \ \forall\, t < i , \\ 1 \ \forall\, t \geqq i \end{cases} \tag{4}$$

ist, so versteht man unter einer σ-Zeitfunktion eine nach Beziehung (5) aus $\sigma_i(t)$ Standardzeitfunktionen gebildete Zeitfunktion $g(t)$:

$$g(t) = \sum_{i=0}^{T}{}^{\oplus}\, g_i \sigma_i(t) , \quad g_i \in \{0, 1\} . \tag{5}$$

Im Gegensatz zur δ-Zeitfunktion, in der jeder Term einen bestimmten Zeitquant direkt beschreibt, stellt jeder Term in $g(t)$ eine Flanke dar (Tab. 2).

Tabelle 2. σ-Zeitfunktionen

g_i	$\sigma_i(t)$	$g(t-1) \not\leftrightarrow g(t)$
0	$\sigma_i(t) \notin g(t)$	0
1	$\sigma_i(t) \in g(t)$	1

Aus Gründen einer bequemeren Handhabung wird folgende Darstellung für σ-Zeitfunktionen festgelegt:

$$g(t) = \sum_{i=1}{}^{\oplus} \langle S_i \rangle_\sigma , \qquad S_i < S_{i+1} , \qquad 0 \leqq S_i \leqq T . \tag{6}$$

Diese Darstellungsform eignet sich sehr günstig für die Beschreibung von Zeitfunktionen, die wenig 0/1- und 1/0-Übergänge enthalten. Darüber hinaus kann noch gezeigt werden, daß σ-Zeitfunktionen für die Modellierung bestimmter Verzögerungseffekte besonders günstig geeignet sind [4].

σ-Zeitfunktionen werden vor allem für die interne Darstellung der binären Zeitfunktionen bei ereignisorientierten Simulationsverfahren (Abschnitt 3.3.2.6.1.) angewendet.

Satz 1: σ- und δ-Zeitfunktionen werden nach folgender Beziehung ineinander umgewandelt:

$$f_i = \sum_{\nu=0}^{i}{}^{\oplus}\, g_\nu , \tag{7}$$

$$g_i = f_i \not\leftrightarrow f_{i-1} . \tag{8}$$

Beispiel: $g(t) = \sigma_2 \not\leftrightarrow \sigma_5 = \langle 2 \rangle_\sigma \not\leftrightarrow \langle 5 \rangle_\sigma , \ T = 6 ,$

$f(t) = \delta_2 \not\leftrightarrow \delta_3 \not\leftrightarrow \delta_4 = (0, 0, 1, 1, 1, 0, 0) .$

Außer den hier vorgestellten Standardzeitfunktionen sind noch weitere bekannt und werden auch bei der Analyse von Schaltnetzwerken verwendet. Sie erweisen sich für verschiedene analytische Verfahren als günstig, erscheinen jedoch für die Simulation von Schaltnetzwerken ungeeignet.

3.3.2.2.2. Verknüpfungsoperationen

Die in der Schaltalgebra üblichen Verknüpfungsoperationen können in einfacher Weise entsprechend Tab. 3 auf δ-Zeitfunktionen erweitert werden.

Tabelle 3. Verknüpfungsoperationen

# Operation	δ-Zeitfunktion	
$\neg$ Negation	$f_i = \overline{f_{1i}}$	
$\wedge$ Konjunktion	$f_i = \bigwedge_{\mu=1}^{n} f_{\mu i}$	
$\vee$ Disjunktion	$f_i = \bigvee_{\mu=1}^{n} f_{\mu i}$	
$\not\sim$ Antivalenz	$f_i = \sum_{\mu=1}^{n} f_{\mu i}$	
$\equiv$ Äquivalenz	$f_i = \overline{\sum_{\mu=1}^{n} f_{\mu i}}$	
$\neg\wedge$ NAND	$f_i = \overline{\bigwedge_{\mu=1}^{n} f_{\mu i}}$	
$\neg\wedge$ NOR	$f_i = \overline{\bigvee_{\mu=1}^{n} f_{\mu i}}$	$i = 1, \ldots, T$
Zeitfunktionen	$a(t) = \sum_{i=0}^{T} f_i \delta_i(t)$	
	$e_\mu(t) = \sum_{i=0}^{T} f_{\mu i} \delta_i(t)$	$\mu = 1, \ldots, n$

Bei σ-Zeitfunktionen können diese Operationen auf Konjunktion und Antivalenz zurückgeführt werden. Die Konjunktion wird gliedweise unter Anwendung folgender Regel ausgeführt [4]:

$$\langle x \rangle \wedge \langle y \rangle = \langle \max(x, y) \rangle \,. \tag{9}$$

Anschließend werden die einzelnen Terme geordnet und gleiche Terme paarweise gekürzt. Bei der Antivalenzoperation werden die Terme beider Zeitfunktionen hintereinander geschrieben, geordnet und ebenfalls paarweise gekürzt.

3.3.2.2.3. Verzögerungsoperationen

Zeitliche Eigenschaften von Schaltnetzwerken werden durch die Anwendung verschiedener Verzögerungsoperationen berücksichtigt, von denen im folgenden die wichtigsten betrachtet werden. Unter Verwendung von σ-Zeitfunktionen kann festgelegt werden:

Definition 3: Eine Verzögerung ist eine eindeutige Abbildung einer Eingangszeitfunktion $e(t) = \sum_{i=1}^{r}{}^{\oplus} \langle S_i \rangle_{\sigma e}$ auf eine Ausgangszeitfunktion $a(t) = \sum_{i=1}^{r}{}^{\oplus} \langle S_i \rangle_{\sigma a}$.

Die Verzögerung kann im Modell durch ein Verzögerungselement berücksichtigt werden (Bild 2).

Es wird vorausgesetzt, daß die Verzögerung stets ein ganzzahliges Vielfaches eines Zeitquants betrage. Damit ergibt sich die Größe eines Zeitquants aus dem größten gemeinsamen Teiler der auftretenden Verzögerungszeiten.

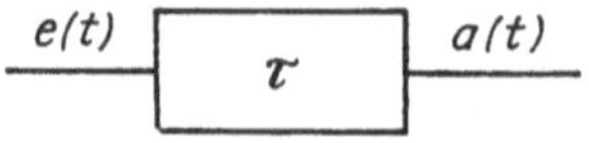

Bild 2. Verzögerungselement

Für die folgenden Betrachtungen werden folgende Symbole verwendet:

τ — Verzögerung allgemein,
τ_0 — lineare Verzögerung,
τ_{01} — Verzögerung der 0/1-Flanke,
τ_{10} — Verzögerung der 1/0-Flanke,
T_0 — Abstand zwischen zwei aufeinanderfolgenden 1/0- und 0/1-Flanken,
T_1 — Abstand zwischen zwei aufeinanderfolgenden 0/1- und 1/0-Flanken.

Wichtige Arten der Verzögerung:

a) Reine lineare Verzögerung

$$a(t) = e(t - \tau_0)\,. \tag{10}$$

Diese Art der Verzögerung stellt eine zeitliche Verschiebung von 0/1- und 1/0-Flanken um τ_0 dar. Die Impulslänge wird dadurch nicht beeinflußt.

b) Lineare trägheitsbehaftete Verzögerung

Gilt für $e(t)$: $T_0 \geqq \tau_0$, $T_1 \geqq \tau_0$, so gilt (10). Folgen zwei Änderungen in einer kürzeren Zeit als τ_0 aufeinander, werden sie am Ausgang des Verzögerungselements ignoriert [5]. Unter Berücksichtigung dieser Tatsache läßt sich die Verzögerung wie folgt beschreiben:

$$a(t) = \left[\bigvee_{i=1}^{\tau_0} e(t-i) \vee \overline{e(t-\tau_0-1)}\right] a(t-1) \vee \bigwedge_{i=1}^{\tau_0} e(t-i)\, \overline{e(t-\tau_0-1)}\; \overline{a(t-1)}\,. \tag{11}$$

c) Nichtlineare Verzögerung

Als nichtlineare Verzögerung bezeichnet man die unterschiedliche Verzögerung von 0/1- und 1/0-Flanke. Nichtlineare Verzögerungen berücksichtigen ebenfalls die Trägheit der Elemente des Schaltnetzwerkes. Dabei gilt für $T_1 < \tau_{01}$, $T_0 < \tau_{10}$: Die entsprechenden Flanken werden am Ausgang des Verzögerungselementes ignoriert. Damit gilt für die Impulslänge der Zeitfolge $a(t)$:

$$T_0 \geqq \tau_{01}\,, \qquad T_1 \geqq \tau_{10}\,.$$

Das Verhalten eines Verzögerungselementes mit nichtlinearer Verzögerung kann wie folgt beschrieben werden:

$$a(t) = \left[\bigvee_{i=1}^{\tau_{10}} e(t-i) \vee \overline{e(t-\tau_{10}-1)}\right] a(t-1) \vee \bigwedge_{i=1}^{\tau_0} e(t-i)\, \overline{e(t-\tau_{01}-1)}\; \overline{a(t-1)}\,. \tag{12}$$

Für $\tau_{10} = \tau_{01}$ ergibt sich als Spezialfall die lineare trägheitsbehaftete Verzögerung. Die folgenden Beispiele (Bild 3) sollen die Wirkung der verschiedenen Verzögerungen auf binäre Zeitfolgen veranschaulichen. In Tab. 4 sind die verschiedenen Verzögerungsoperationen bei Anwendung von σ-Zeitfunktionen zusammengestellt.

In vielen Fällen sind die genauen Verzögerungswerte nicht bekannt, es lassen sich nur die Grenzen angeben. Innerhalb dieser Grenzen können die Verzögerungen beliebige Werte annehmen. Der Berechnung werden die typischen Werte (Mittelwertanalyse) oder variable Verzögerungen innerhalb der angegebenen Grenzen (Toleranzanalyse) zugrunde gelegt. Im Fall der Toleranzanalyse wird ein mehrwertiges Verhaltensmodell verwendet [6].

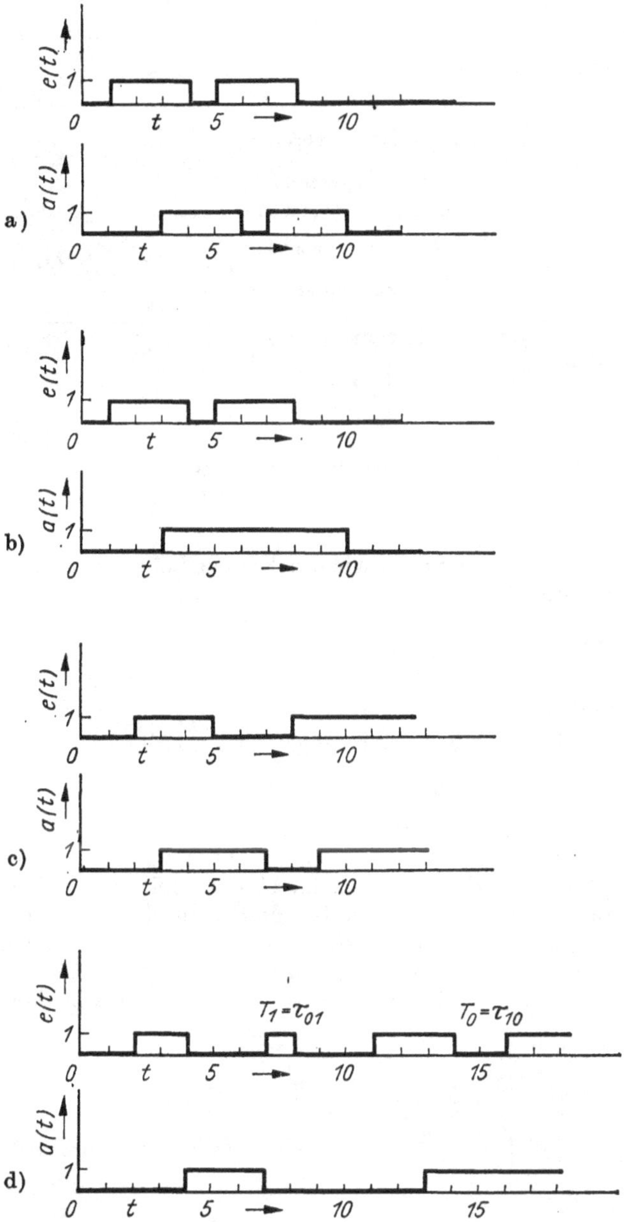

Bild 3. Verzögerung binärer Zeitfunktionen
a) Reine lineare Verzögerung, $\tau_0 = 2$
b) Lineare trägheitsbehaftete Verzögerung, $\tau_0 = 2$
c) Nichtlineare Verzögerung, $\tau_{01} = 1$, $\tau_{10} = 2$
d) Trägheitseffekt bei nichtlinearer Verzögerung, $\tau_{01} = 2$, $\tau_{10} = 3$

Tabelle 4. Verzögerungen

Verzögerungsart	Abbildung (Wertebereich: $0 \leqq t \leqq T$)	Nebenbedingungen
Reine lineare Verzögerung	$\langle s_i \rangle_{\sigma_a} = \langle s_i + \tau_0 \rangle_{\sigma_e}$	—
Lineare trägheitsbehaftete Verzögerung	$\langle s_i \rangle_{\sigma_a} = \langle s_i + \tau_0 \rangle_{\sigma_e}$	$s_i + \tau_0 \leqq s_{i+1}$
Verzögerung der 0/1-Flanke (einfache nichtlineare Verzögerung)	$\langle s_i \rangle_{\sigma_a} = \begin{cases} \langle s_i + \tau_{01} \rangle_{\sigma_e} & \text{für } i \text{ ungerade} \\ \langle s_i \rangle_{\sigma_e} & \text{für } i \text{ gerade} \end{cases}$	$s_i + \tau_{01} \leqq s_{i+1}$ für i ungerade
Verzögerung der 1/0-Flanke (einfache nichtlineare Verzögerung)	$\langle s_i \rangle_{\sigma_a} = \begin{cases} \langle s_i \rangle_{\sigma_e} & \text{für } i \text{ ungerade} \\ \langle s_i + \tau_{10} \rangle_{\sigma_e} & \text{für } i \text{ gerade} \end{cases}$	$s_i + \tau_{10} \leqq s_{i+1}$ für i gerade
Nichtlineare Verzögerung	$\langle s_i \rangle_{\sigma_a} = \begin{cases} \langle s_i + \tau_{01} \rangle_{\sigma_e} & \text{für } i \text{ ungerade} \\ \langle s_i + \tau_{10} \rangle_{\sigma_e} & \text{für } i \text{ gerade} \end{cases}$	$s_i + \tau_{01} \leqq s_{i+1}$ für i ungerade $s_i + \tau_{10} \leqq s_{i+1}$ für i gerade

3.3.2.3. Modellierung und Strukturbeschreibung auf Gatterebene

3.3.2.3.1. Modellierung

Definition 4: Unter einem Gatter verstehen wir ein Element eines Schaltnetzwerkes zur Realisierung einer Verknüpfungsoperation.

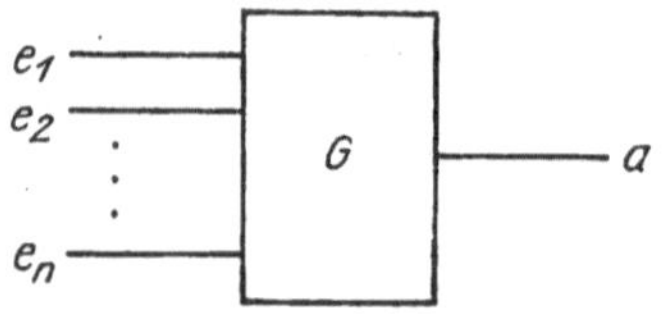

Bild 4. Allgemeines Modell eines Gatters

Neben der durch die Verknüpfungsoperation beschriebenen logischen Eigenschaft besitzen die Gatter noch weitere Eigenschaften, die in Abhängigkeit vom Analyseziel beachtet werden müssen. Für die zeitliche Simulation sind die zeitlichen Eigenschaften der Gatter (Verzögerungen) von Bedeutung, die im Modell durch die Anwendung der entsprechenden Verzögerungsoperationen realisiert werden. Das Modell eines Gatters unter Berücksichtigung der Verzögerungen zeigt Bild 5. Das Verzögerungsverhalten wird durch Verzögerungselemente an den Eingängen und am Ausgang modelliert.

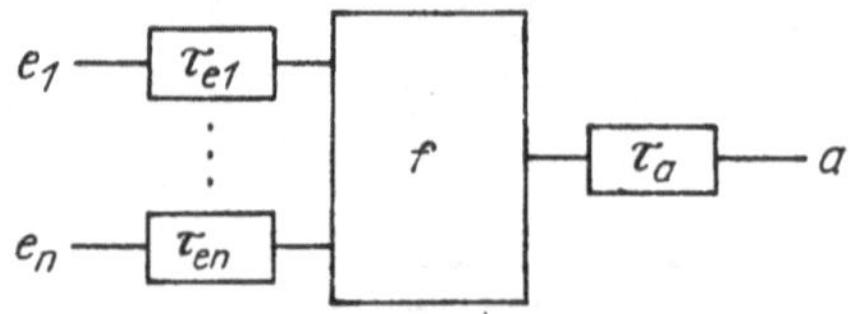

Bild 5. Inneres Gattermodell

Folgende Größen können vom Anwender variiert werden:

- die Zahl der Eingänge n
- die Art der Verknüpfung f entsprechend Tabelle 3
- die zeitlichen Eigenschaften (τ_{e_i}, τ_a).

Während die Zahl der Eingänge und die Verknüpfungsoperation f durch die zu modellierende Struktur vorgegeben sind, wird die Modellierung des zeitlichen Verhaltens und damit die Auswahl der notwendigen Verzögerungsoperationen außerdem von der Art der Simulation (statisch, dynamisch, zeitlich) und der erforderlichen Genauigkeit bestimmt.
Im allgemeinen bedeuten τ_{e_i}, τ_a eine Kombination verschiedener Verzögerungsoperationen entsprechend Tabelle 4 einschließlich der linearen Verzögerung mit $\tau_0 = 0$.

Folgende Varianten sind möglich:
— $\tau = 0$. Das zeitliche Verhalten der Gatter wird im Modell vernachlässigt (statische Simulation).
— Es werden nur lineare (reine oder trägheitsbehaftete) Verzögerungen betrachtet.
— Das Modell berücksichtigt zusätzlich die unterschiedlichen Verzögerungen von 0/1- und 1/0-Flanken.

In vielen Fällen wird das Gattermodell dahingehend vereinfacht, daß nur Verzögerungen am Ausgang (τ_a) betrachtet werden, da oft nur die Gesamtverzögerung bekannt ist, während die Ergebnisse bei der Bestimmung der genauen zeitlichen Parameter oft noch unzureichend sind und keine genauen Angaben vorliegen. Deshalb liefert ein derart vereinfachtes Modell bei einer Einsparung an Rechenzeit meist die gleichen oder nur wenig schlechtere Ergebnisse.
Zusammenfassend kann man sagen, daß bei der Modellierung des Verhaltens folgende Kriterien beachtet werden müssen:

— Die Wahl des Modells beeinflußt die bei der Simulation erreichbare Genauigkeit.
— Eine hohe Genauigkeit im Sinne einer genauen Widerspiegelung der zeitlichen Verhältnisse ist meist mit erhöhtem Rechenzeit- und Speicherbedarf verbunden.
— Die geforderte Genauigkeit ist kein willkürlich wählbarer Parameter, sondern hängt von der Analyseaufgabe, von den technischen und technologischen Eigenschaften des realen Schaltnetzwerkes sowie von dessen Betriebsbedingungen ab.
— Die unterschiedlichen Gattermodelle erfordern unterschiedlichen theoretischen und Programmieraufwand in Abhängigkeit vom gewählten Simulationsverfahren.
— Bei der Auswahl des geeigneten Modells ist immer das Verhältnis von Aufwand und Nutzen zu beachten.

Im Programmsystem DASIS 403 wurde das in Bild 6 dargestellte Gattermodell realisiert [1, 7].

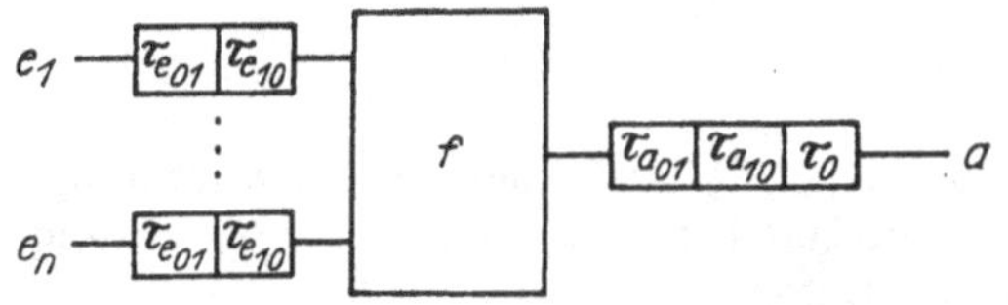

Bild 6. Inneres Gattermodell im Programmsystem DASIS 403

f stellt dabei eine beliebige Verknüpfungsoperation entsprechend Tab. 3 dar. Es wurden lineare und nichtlineare Verzögerungen berücksichtigt.
Der Modellierung der Verzögerungen liegen abweichend von Abschnitt 3.3.2.2.3. folgende Beziehungen zugrunde [7]:
Verzögerung der 0/1-Flanke:

$$f\tau_{01}(t) = \bigwedge_{i=0}^{\tau_{01}} f(t-i) \,. \tag{13}$$

Verzögerung der 1/0-Flanke:

$$f\tau_{10}(t) = \bigvee_{i=0}^{\tau_{10}} f(t - i)\,. \tag{14}$$

Lineare Verzögerung:

$$f\tau_0(t) = f(t - \tau_0)\,. \tag{15}$$

Im Modell werden die Verzögerungen τ_{10} und τ_{01} getrennt voneinander betrachtet und auf die Eingangszeitfolge angewendet. Eine solche Berechnungsweise bietet sich bei einer zeitquantorientierten Darstellung der Zeitfolgen an und erlaubt eine einfache Berechnung der verzögerten Zeitfolge, Trägheitseffekte werden dagegen nur unvollständig modelliert. Bei kurzen Impulsen ist die Zeitfunktion am Ausgang des Verzögerungselements von der Reihenfolge abhängig, in der die Verzögerungsoperationen ausgeführt wurden. Im Programmsystem wird für die Berechnung die im Modell angegebene Reihenfolge τ_{01}, τ_{10} zugrunde gelegt. Für das Löschen kurzer Impulse gelten dann folgende Bedingungen:

$$T_{1_e} \leqq \tau_{01}\,, \quad T_0' = T_{0_e} + \tau_{01} \leqq \tau_{10}\,. \tag{16}$$

Es bedeuten:

T_{0_e}, T_{1_e} — Abstand zwischen den entsprechenden Flanken am Eingang des Verzögerungselements ,

T_0' — Abstand zwischen 1/0- und 0/1-Flanke der um τ_{01} verzögerten Zeitfunktion.

3.3.2.3.2. Externe Beschreibung in der Eingabesprache DEBIS

Für die Beschreibung der Gatter werden die in Tab. 5 angegebenen Begriffe verwendet.

Tabelle 5. Externe Beschreibung der Gatter

realisierte Funktion	Bezeichnung	allgemeine Beschreibung
Negation	NOT	$s = \mathrm{NOT}(e)$;
Konjunktion	AND	$a = \mathrm{AND}(e_1, \dots, e_n)$;
Disjunktion	OR	$a = \mathrm{OR}(e_1, \dots, e_n)$;
Antivalenz	ANT	$a = \mathrm{ANT}(e_1, \dots, e_n)$;
Äquivalenz	EQU	$a = \mathrm{EQU}(e_1, \dots, e_n)$;
NAND	NAND	$a = \mathrm{NAND}(e_1, \dots, e_n)$;
NOR	NOR	$a = \mathrm{NOR}(e_1, \dots, e_n)$;

Die Angabe einer Zahl z ($z = 0, 1, \dots, 9$) zusätzlich zur Bezeichnung des Gatters ermöglicht die Unterscheidung von Gattern mit gleicher Verknüpfung und unterschiedlichen zeitlichen Eigenschaften.

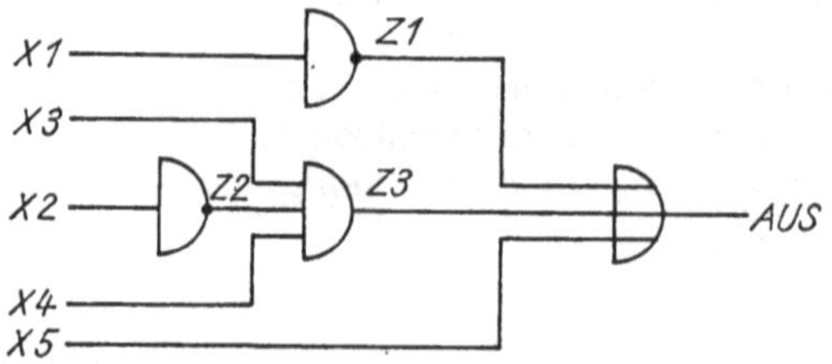

Bild 7. Kombinatorisches Schaltnetzwerk

Beispiel: X2 = AND5(X3, E6);
XY = AND2(E7, E5);

Bei der statischen Simulation kann die Angabe entfallen.
Die Leitungen zwischen den Gattern sowie die Ein- und Ausgänge der Schaltung werden im Modell als Variable bezeichnet. Die Variablennamen bestehen in der externen Modellebene aus maximal zehn Zeichen (Buchstaben und Ziffern). Damit läßt sich das in Bild 7 dargestellte Netzwerk wie folgt beschreiben:

Z1 = NOT(X1);
Z2 = NOT(X2);
Z3 = AND(Z2, X3, X4);
AUS = OR(Z1, Z2, X5);

Die Reihenfolge der Gatter bei der Beschreibung der Struktur ist beliebig, die entsprechende Berechnungsreihenfolge wird vom Programmsystem ermittelt. Es ist auch möglich, Gatter mehrfach ineinander zu verschachteln, d. h. anstelle der Eingangsvariablen neue Gatter zu setzen. Damit kann die Beschreibung des Schaltnetzwerkes auch in einem logischen Satz dargestellt werden:

AUS = OR(NOT(X1), X5, AND(X3, X4, NOT(X2)));

Werden Eingänge eines Gatters mit konstanten Werten belegt (Bild 8), wird das bei der externen Beschreibung wie folgt dargestellt:

A1 = AND(E1, E2, 1);
A2 = OR(O, E3, E4);

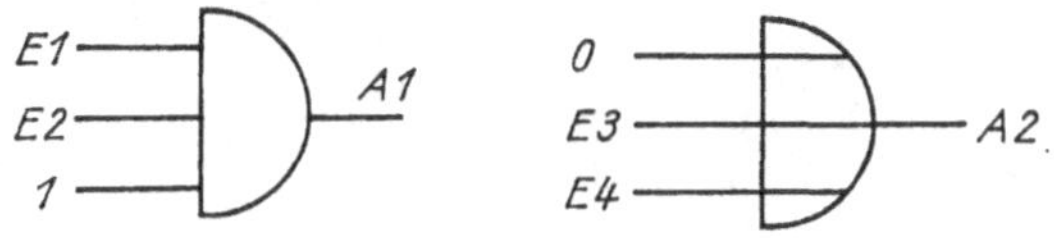

Bild 8. Gatter mit konstantem Eingang

Die Eingabe der zeitlichen Eigenschaften der Gatter erfolgt im Programmsystem getrennt von der Strukturbeschreibung. Außerdem können Verzögerungen (Verzögerungen der Leitungen usw.) durch zusätzliche Verzögerungselemente modelliert werden.

3.3.2.4. Modellierung und Beschreibung komplexer Elemente

Die Art und Feinheit der Zerlegung eines Schaltnetzwerkes in Elemente ist vom jeweiligen Analyseziel und von der nötigen Genauigkeit abhängig. Daher ist nicht immer eine Modellierung auf Gatterebene sinnvoll, in vielen Anwendungsfällen erweist sich eine Modellierung auf höherer Ebene (Blockebene) als günstiger. Gründe dafür sind unter anderem folgende:

- Für den Aufbau des Schaltnetzwerkes werden hochintegrierte Bausteine verwendet, die komplexe binäre Funktionen realisieren.
- Das Verhalten großer Systeme soll analysiert werden. Dabei bringt eine Modellierung auf Gatterebene neben einer hohen Rechenzeit oft eine geringe Übersichtlichkeit der Simulationsergebnisse, da große Mengen Ausgangsinformation ausgewertet werden müssen.
- Es soll nur eine Grobanalyse des Verhaltens durchgeführt werden, wobei die detaillierten zeitlichen Eigenschaften der Gatter nicht berücksichtigt werden.

Für die weitere Betrachtung wird zunächst eine Einteilung der Elemente in kombinatorische Blöcke und sequentielle Blöcke (Blöcke mit Speicherverhalten) vorgenommen. Die Blöcke selbst werden als black-box betrachtet, ihr innerer Aufbau wird nicht berücksichtigt.

3.3.2.4.1. Kombinatorische Blöcke

Betrachten wir zunächst das Verhalten kombinatorischer Blöcke (Bild 9): F stellt im allgemeinen eine Menge binärer Funktionen f_i dar, wobei gilt:

$$a_i = f_i(e_1, \dots, e_n) \,. \tag{17}$$

Wie bei den Gattern soll im Modell zunächst eine Trennung von logischem und zeitlichem Verhalten des Blockes durchgeführt werden. Die Beschreibung des logischen Verhaltens bereitet keine Schwierigkeiten und kann in Form einer Tabelle erfolgen. Ein Beispiel zeigt Tab. 6.

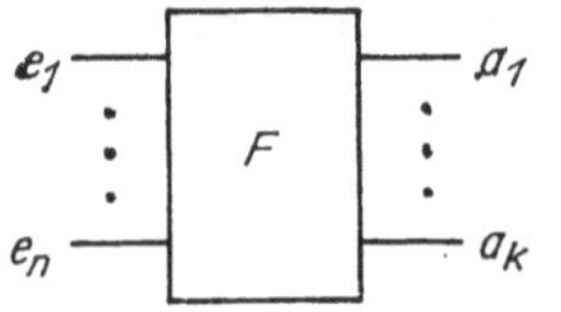

Bild 9. Kombinatorischer Block

Tabelle 6. Verhalten eines kombinatorischen Blocks

e_1	e_2	e_3	a_1	a_2
0	0	0	0	0
0	0	1	1	0
0	1	1	0	1
0	1	0	1	0
1	1	0	0	1
1	1	1	0	0
1	0	1	0	1
1	0	0	1	0

Bei fest vorgegebener Codierung der Eingangssignale genügen die Spalten a_i zur Beschreibung des logischen Verhaltens.

Dagegen bereitet die Beschreibung des zeitlichen Verhaltens einige Schwierigkeiten. Da das zeitliche Verhalten von der inneren Struktur einer Schaltung abhängt, die innere Struktur der Blöcke aber nicht berücksichtigt werden soll, lassen sich die zeitlichen Eigenschaften getrennt von der Struktur durch Verzögerungen an den Ein- und Ausgängen des Blockes zur Realisierung der definierten Verzögerungsoperationen im allgemeinen nicht modellieren. (Eine Ausnahme bilden Strukturen ohne Verzweigungen mit ausschließlich reinen linearen Verzögerungen, dann lassen sich die Verzögerungen ohne Änderung der Struktur auf die Eingänge transformieren.)

Eine Blockdarstellung in der beschriebenen Form erlaubt also im allgemeinen eine Modellierung des zeitlichen Verhaltens nur in grober Näherung. Sie wird sich in solchen Fällen als nützlich erweisen, in denen das zeitliche Verhalten nur näherungsweise simuliert werden soll bzw. nicht berücksichtigt wird (statische, eventuell auch dynamische Simulation).

Im Programmsystem DASIS 403 wurden in der ersten Ausbaustufe sogenannte allgemeine Funktionsblöcke realisiert. Die Zahl der Eingänge ist vorerst auf acht, die der Ausgänge auf einen begrenzt, eine Erweiterung ist jedoch leicht möglich. Zeitliche

Eigenschaften werden im Block selbst nicht berücksichtigt. Sie können mit Verzögerungselementen an Ein- und Ausgängen modelliert werden.

Externe Beschreibung allgemeiner Funktionsblöcke:

Funktionsblöcke werden mit FKT bezeichnet. Eine zusätzliche Ziffer z ($z = 1, \ldots, 8$) gibt die Zahl der Eingänge an. Durch die weitere Angabe eines Buchstabens werden Funktionsblöcke mit gleicher Eingangszahl und unterschiedlichem logischen Verhalten unterschieden. Das zeitliche Verhalten kann durch zusätzliche Verzögerungselemente berücksichtigt werden. Bild 10 zeigt die externe Beschreibung eines allgemeinen Funktionsblocks an einem Beispiel.

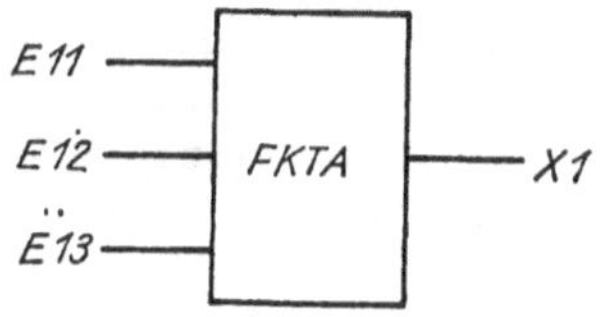

a)

b)

E11	E12	E13	X1
e_1	e_2	e_3	a
0	0	0	0
0	0	1	0
0	1	0	0
0	1	1	1
1	0	0	0
1	0	1	1
1	1	0	1
1	1	1	1

c)

X1=FKTA3(E11,E12,E13);	Zuordnung der Ein- und Ausgänge
DCL: FKTA3(00010111);	Definition des Verhaltens

Bild 10. Allgemeiner Funktionsblock und externe Beschreibung
a) Funktionsblock
b) Verhalten
c) Beschreibung

3.3.2.4.2. Sequentielle Blöcke

Im Unterschied zu den kombinatorischen Blöcken hängen bei sequentiellen Blöcken die Ausgangssignale nicht nur von den Eingangssignalen, sondern außerdem von den Speichergrößen (innere Zustände) ab. Vernachlässigt man zunächst das zeitliche Verhalten, läßt sich ein sequentieller Block wie folgt darstellen:
Das Verhalten von Modell 1 (Bild 11) wird durch folgende Beziehungen ausgedrückt:

$$\begin{aligned} Y(t) &= \delta\big(X(t-1),\, Y(t-1)\big) \qquad \delta \text{ — Überführungsfunktion,} \\ Z(t) &= \lambda\big(X(t),\, Y(t)\big) \qquad \lambda \text{ — Ergebnisfunktion .} \end{aligned} \tag{18}$$

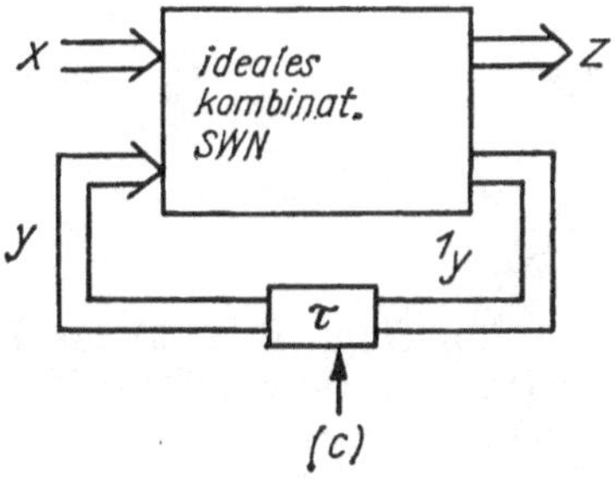

Bild 11. Sequentielle Schaltung, Modell 1
X — Eingangssignale $x_1, \ldots, x_n$
Z — Ausgangssignale $z_1, \ldots, z_m$
Y — Zustände der Speicher $y_1, \ldots, y_k$
τ — Verzögerung um 1 Zeitquant
C — Takt

Bei Verwendung dieses Modells läßt sich das Verhalten ähnlich wie bei kombinatorischen Blöcken einfach in einer Tabelle darstellen. Außerdem zeigt bereits dieses einfache Modell, daß sich zeitliche Vorgänge nicht vollständig aus der Betrachtung ausschließen lassen. Das vorgestellte Modell bietet sich vor allem bei der Simulation synchroner Schaltnetzwerke an, da bei geeigneter Taktfrequenz die Verzögerungszeiten im kombinatorischen Teil der Schaltung keinen Einfluß auf das Verhalten haben. Für Untersuchungen des zeitlichen Verhaltens asynchroner Schaltnetzwerke reicht das vorgestellte Modell in vielen Fällen nicht aus, da es nur einen geringen Teil der Netzwerkaktivität widerspiegelt und dynamische Fehlererscheinungen dadurch unentdeckt bleiben [5].
Ein genaueres Modell erhält man, wenn die in jedem Speicherkreis auftretenden Verzögerungen zusammengefaßt und durch ein Verzögerungselement modelliert werden. Dadurch erlaubt das Modell die Berücksichtigung der unterschiedlichen Laufzeiten in den Speicherkreisen, Trägheitsbehaftete und nichtlineare Verzögerungen können mit diesem Modell nicht berücksichtigt werden.

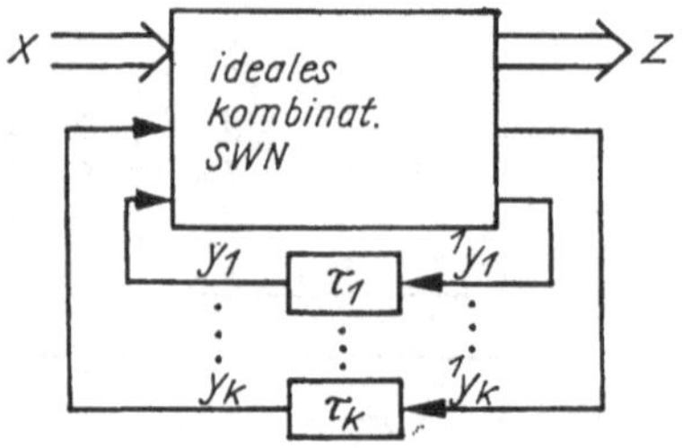

Bild 12. Sequentielle Schaltung, Modell 2

Für das Verhalten von Modell 2 (Bild 12) gelten folgende Beziehungen:

$$\begin{aligned} Z(t) &= \lambda(X(t), Y(t)) , \\ {}^1Y(t) &= \delta(X(t), Y(t)) , \\ y_i(t) &= {}^1y_i(t-\tau_i) . \end{aligned} \tag{19}$$

Sollen jedoch die genauen zeitlichen Vorgänge im Schaltnetzwerk simuliert werden, müssen wie bei kombinatorischen Blöcken die innere Struktur der Schaltung und alle auftretenden Verzögerungen berücksichtigt werden. Die Anwendung solcher Strukturen wird im Abschnitt 3.3.2.4.3. behandelt.

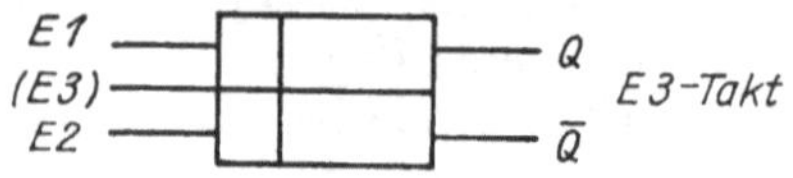

Bild 13. Flip-Flop

Tabelle 7. Flip-Flop-Typen

Typ	E1	E2	Gleichung
JK	J	K	$^1Q = \overline{Q}J \vee Q\overline{K}$
RS	S	R	$^1Q = S \vee \overline{R}Q$
D	D	–	$^1Q = D$
T	T	–	$^1Q = \overline{T}Q \vee T\overline{Q}$

Die einfachsten sequentiellen Blöcke stellen die Flip-Flops (Bild 13) dar. Einige häufig gebrauchte Flip-Flop-Typen wurden auch im Programmsystem DASIS 403 realisiert (Bild 14). Diese Flip-Flop-Typen und die zugehörigen Gleichungen sind in Tab. 7

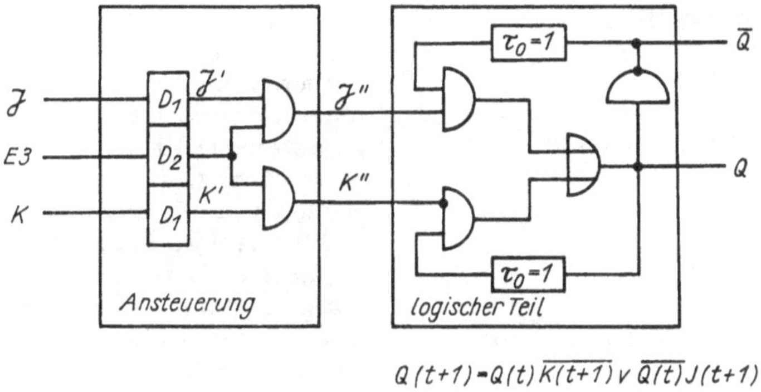

Bild 14. Flip-Flop-Modell im Programmsystem DASIS 403 (JK—FF)

zusammengestellt. Das im Programmsystem verwendete Flip-Flop-Modell läßt sich in zwei Teile zerlegen: in einen logischen Teil zur Realisierung der Flip-Flop-Gleichung und einen Ansteuerteil zur Realisierung verschiedener Möglichkeiten der Ansteuerung (Eingangsdynamik und Taktdynamik), wie sie Tab. 8 zeigt.

Tabelle 8. Ansteuerung von Flip-Flops

Art der Ansteuerung	Bezeichnung
statische Ansteuerung	S
dynamische Ansteuerung Reaktion auf Flanken	F
Reaktion auf 0/1-Flanken (Vorderflanken)	V
Reaktion auf 1/0-Flanken (Rückflanken)	R

Das Modell berücksichtigt nicht den tatsächlichen inneren Aufbau der Flip-Flops. Das zeitliche Verhalten kann durch Verzögerungselemente an Eingängen und Ausgängen näherungsweise modelliert werden. Soll die innere Struktur berücksichtigt werden, bietet sich die Verwendung von Blöcken entsprechend Abschnitt 3.3.2.4.3. an.

Externe Beschreibung von Flip-Flop:

Die externe Beschreibung muß neben dem Flip-Flop-Typ auch die Art der Ansteuerung und gegebenenfalls auch den Initialzustand (Anfangswert) des Flip-Flop beinhalten. Die vollständige Beschreibung eines Flip-Flop (Bild 13) in der Sprache DEBIS geschieht wie folgt:

$Q, \overline{Q}$ = FF-Typ (E1, E2, E3) (Steuerdynamik, Taktdynamik) (Anfangswert);
Nichtbenötigte Angaben können entfallen.

Die folgenden Beispiele (Bild 15) sollen die Beschreibung veranschaulichen, die äußere Beschaltung der Ein- und Ausgänge wird dabei vernachlässigt.

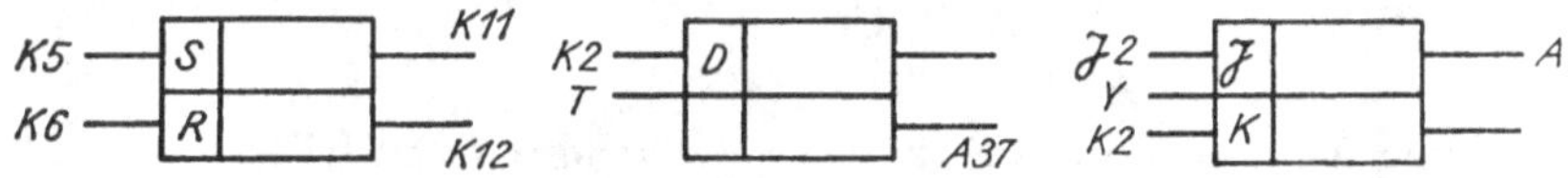

a) b) c)

Bild 15. Beispiele

a) ungetaktetes RS-FF, b) getaktetes D-FF, c) getaktetes JK-FF

a) K11, K12 = FFRS (K5, K6) (S);

ungetaktetes RS-FF
Ansteuerung:
Steuerdynamik: statisch
ohne Anfangswert,

b) A37 = FFD (K2, T) (S, F) (0);

getaktetes D-FF
Ansteuerung:
Steuerdynamik: statisch
Taktdynamik: Flanke
Anfangswert: 0 ,
Ausgang Q nicht beschaltet

c) A2 = FFJK (J2, K2, Y) (S, S) (0);

Statisch getaktetes JK-FF
Ansteuerung: statisch
Ausgang $\overline{Q}$ nicht beschaltet.

3.3.2.4.3. Blöcke mit bekannter innerer Struktur

Neben der Möglichkeit der Blockbeschreibung integrierter Bausteine sollte ein Programmsystem dem Anwender die Möglichkeit geben, vom schaltungstechnischen Gesichtspunkt her zusammengehörende Teile der Schaltung, die zum Teil mehrfach verwendet werden, zusammenzufassen. Dabei muß dem Anwender einerseits die Möglichkeit gegeben werden, die genaue innere Struktur der Blöcke zu beschreiben und damit die zeitlichen Eigenschaften zu berücksichtigen, andererseits muß er auch ohne Kenntnis der inneren Struktur mit den Blöcken arbeiten und sie ähnlich wie Gatter bei der externen Modellierung des Netzwerkes verwenden können.
Im folgenden wird die Beschreibung und Verwendung solcher Blöcke im Programmsystem DASIS 403 betrachtet. Ihr innerer Aufbau wird bei der Arbeit mit dem Programmsystem an geeigneter Stelle definiert und kann in der Strukturbibliothek abgespeichert werden. Bei der Verwendung der Blöcke zur Eingabe des Netzwerkes müssen dann vom Anwender nur der Blockname und die externen Parameter beachtet werden. Die Simulation wird im Rechner im allgemeinen auf Gatterebene durchgeführt.
Das folgende Beispiel zeigt die Anwendung und Beschreibung der Blöcke (Bild 16):

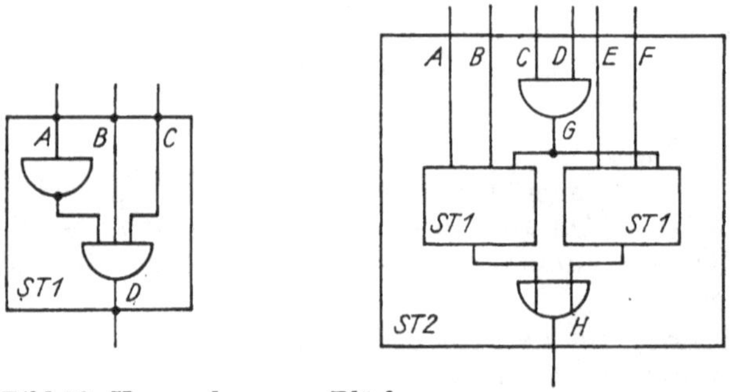

Bild 16. Verwendung von Blöcken

Definition des Blockes ST1:

DCL: D = ST1 (A, B, C);
D = AND (NOT(A), B, C);

Beschreibung des Netzwerkes ST2 unter Verwendung von ST1:

DCL: H = ST2 (A, B, C, D, E, F);
H = OR (ST1 (A, B, G), ST1 (E, F, G));
G = AND (C, D);

Die Bezeichnungen der Anschlüsse der Blöcke bei ihrer Definition und der Verwendung im Netzwerk können unabhängig voneinander gewählt werden. Um jedoch eine eindeutige Zuordnung zu gewährleisten, muß die gleiche Reihenfolge beibehalten werden. Vom Anwender können beliebige Teilstrukturen zu Blöcken zusammengefaßt und auch einzeln simuliert werden, was besonders bei der Untersuchung großer Systeme von Vorteil ist. Ein mehrfaches Ineinanderschachteln der Blöcke erlaubt außerdem eine schrittweise Vergrößerung der zu untersuchenden Struktur.

3.3.2.5. Internes Netzwerkmodell

Nach der Eingabe des externen Modells in den Rechner wird dieses durch ein Übersetzungsprogramm in das interne Netzwerkmodell übersetzt. Dieses Modell dient der Verarbeitung im Rechner und sollte in seinem Aufbau für die Grundoperationen des Rechners optimal ausgelegt sein. Die konkrete Form des Modells wird vor allem durch die verschiedenen zu realisierenden Analyseziele und das gewählte Simulationsverfahren beeinflußt. Es sollte so aufgebaut sein, daß möglichst alle vom Programmsystem zu lösenden Analyseaufgaben mit dem gleichen Modell realisiert werden können. Damit muß jedoch in Kauf genommen werden, daß das Modell nicht bezüglich jeder Analyseaufgabe optimal sein kann.
Das interne Netzwerkmodell hat bei interpretierenden Simulationsverfahren die Form von Listen und Tabellen. An dieser Stelle soll das in DASIS 403 verwendete Netzwerkmodell betrachtet werden [1].
Intern sind für die Simulation des Netzwerkes vor allem folgende Listen wesentlich:

Strukturliste (LST1): enthält die nötigen Informationen über jedes Bauelement.
Reihenfolgeliste (LST3): wird vom Programm im Anschluß an die Übersetzung der Struktur erstellt, gibt die Reihenfolge für die Berechnung der Ausgänge an.
Vektorliste (LST5): dient der Speicherung der Zeitvektoren.
Variablenliste (LSTAW): enthält Informationen über die Art der einzelnen Variablen (Eingang, Ausgang, Anfangswert, Parameter, Wert der Parameter).

Außerdem werden weitere Listen benötigt, die die Zuordnung interner Bezeichnungen zu den externen Namen abspeichern, da bei der Übersetzung alle externen Namen (Variablennamen, Strukturnamen) durch Zahlen ersetzt werden.
Der Aufbau der Listen soll an einem Beispiel gezeigt werden. Das zugehörige Netzwerk zeigt Bild 17, die Listen sind in Bild 18 dargestellt.

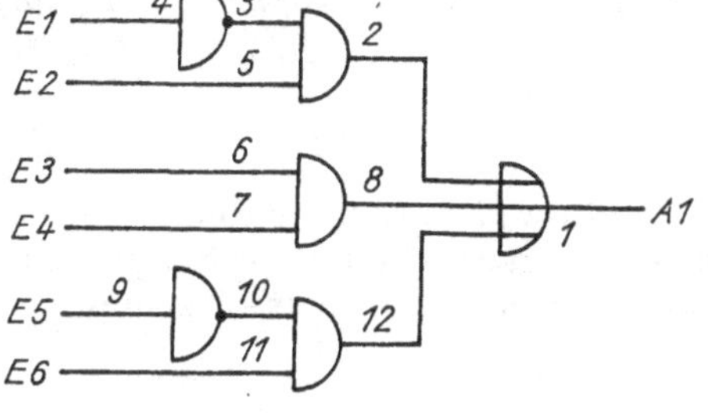

Bild 17. Kombinatorisches Schaltnetzwerk

Externe Beschreibung des Netzwerkes:
A1 = OR (AND (E2, NOT (E1), AND (E3, E4), AND (NOT (E5), E6);
LST2 als Hilfsliste ermöglicht den schnellen Zugriff zu LST1.

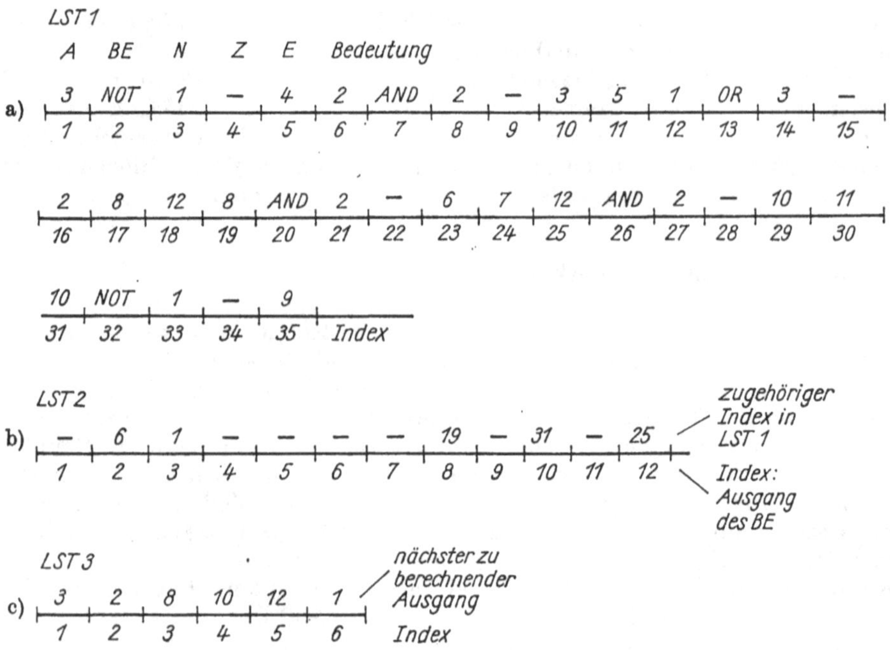

Bild 18. Interne Listen

A — Ausgang
BE — Bauelement (Typ des Gatters oder Blocks)
N — Zahl der Eingänge
Z — Zusatzinformation
E — Eingang

Die zeitlichen Eigenschaften der Elemente (im Beispiel wurde das zeitliche Verhalten vernachlässigt) werden in einer zusätzlichen Liste abgespeichert. Der Zugriff zu dieser Liste geschieht mit Hilfe der Zusatzinformation Z.

3.3.2.6. Simulation

3.3.2.6.1. Überblick über Simulationsverfahren

Unabhängig vom speziellen Problem lassen sich die verwendeten Simulationsverfahren einteilen in

— compilierende Verfahren
— interpretierende Verfahren.

Bei jeder Simulation kann man konstante und variable Größen unterscheiden. Die Einteilung ist stets relativ und kann sich sogar während der Simulation ändern. Die wichtigsten Größen bei der Simulation binärer Schaltnetzwerke sind

— Analyseziel,
— Netzwerkstruktur,
— Verknüpfungsverhalten der Elemente,
— Verzögerungsverhalten der Elemente,
— Eingangsbelegungen des Schaltnetzwerkes,
— Ausgangsbelegungen des Schaltnetzwerkes,
— Anfangswerte (Initialzustand).

Konstante Größen sind solche, die durch bereits vereinbarte implizit festgelegt sind, variable Größen müssen explizit beschrieben werden. Da die externe Beschreibungsform (externes Modell) aus Gründen der Verständlichkeit, Übersichtlichkeit, Effektivität usw. im allgemeinen nicht mit der internen übereinstimmt, ist eine Übersetzung notwendig. Das Ergebnis der Übersetzung ist entweder eine Befehlsfolge (compilierende Verfahren) oder es sind Datenstrukturen, die dann von einem bezüglich dieser Daten festen Programm interpretiert werden (interpretierende Verfahren). Um eine optimale Anpassung an das jeweilige Problem zu erreichen, werden beide Verfahren oft miteinander kombiniert. So ist es zweckmäßig, Eingangs- und Ausgangsbelegungen immer als Daten abzuspeichern, die Struktur aber entweder zu compilieren oder zu interpretieren. Unter dieser Voraussetzung ergeben sich die in Bild 19 dargestellten Varianten. Das folgende Beispiel zeigt die Simulation eines kombinatorischen Schaltnetzwerkes (Bild 20) nach beiden Verfahren.

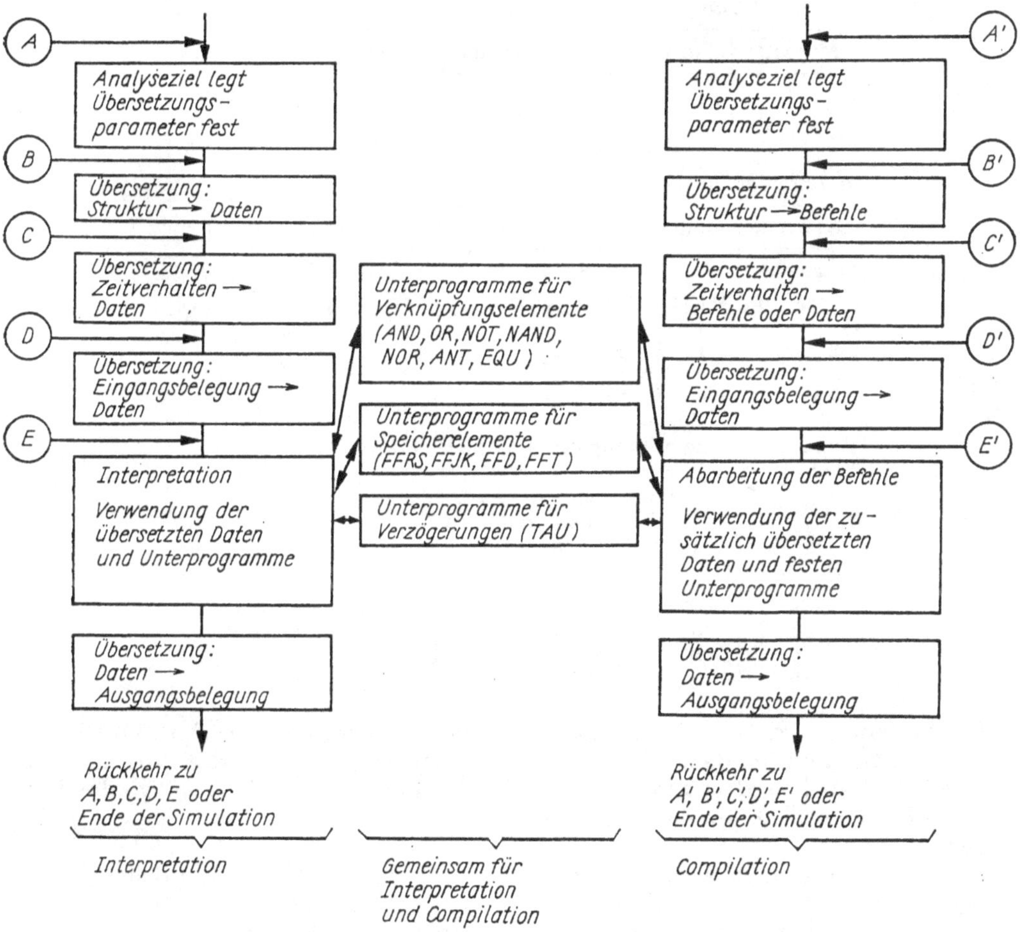

Bild 19. Simulationsverfahren

a) *Interpretation*:

Folgende Listen werden übersetzt:

— Liste der Struktur (Tab. 9a),

— Liste der Berechnungsreihenfolge (Tab. 9b),
— Liste der Eingangsbelegungen (Tab. 9c).

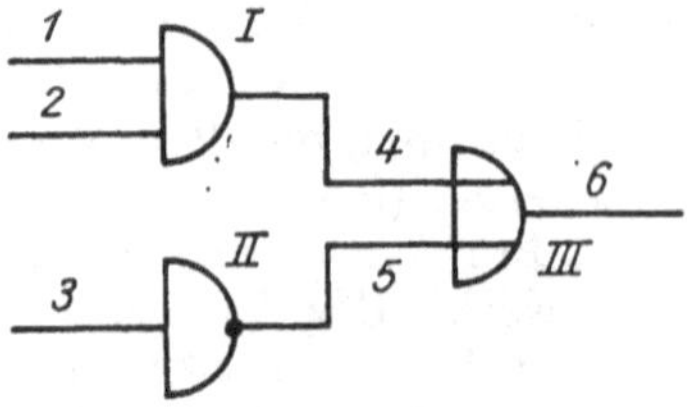

Bild 20. Kombinatorisches Schaltnetzwerk

Tabelle 9. Interne Listen für Interpretation

a) Strukturliste

Element	Funktion f	Ausgang	Eingang 1	Eingang 2	...
I	AND	4	1	2	
II	NOT	5	3		
III	OR	6	4	5	

b) Liste der Berechnungsreihenfolge

Nr. der Berechnung	1	2	3	4 ...
Ausgang	4	5	6	

c) Liste der Eingangsbelegungen (statische Simulation)

Eingang	1	2	3
Wert	0	1	0

Tabelle 10. Berechnung des Schaltnetzwerkes

Durchlauf	Werte der Ein- und Ausgänge und Leitungen					
	1	2	3	4	5	6
0	0	1	0	—	—	—
1	0	1	0	0	—	—
2	0	1	0	0	1	—
3	0	1	0	0	1	1

Dem Verfahren kann ein Algorithmus zugrunde gelegt werden, wie ihn Bild 21 zeigt: Für die Interpretation der in Bild 20 dargestellten Struktur sind drei Durchläufe erforderlich. Dabei werden iterativ die Werte der Leitungen und Ausgänge des Netzwerkes bestimmt. Die jeweils berechneten Werte zeigt Tab. 10.

b) *Compilation*:

Die Liste der Eingangsbelegung zeigt Tabelle 9c. Die Struktur wird in eine Befehlsfolge übersetzt, wie sie Bild 22 zeigt.

Vorteile und Nachteile interpretierender und compilierender Verfahren:

Allgemein kann man sagen, daß compilierende Verfahren schneller arbeiten, während interpretierende Verfahren meist weniger Speicherplatz erfordern und flexibler sind, da die verwendeten Datenstrukturen für verschiedene Analyseaufgaben gleichermaßen genutzt werden können, während bei der Compilation meist schon bei der Übersetzung die Festlegung auf ein bestimmtes Analyseziel erfolgt.

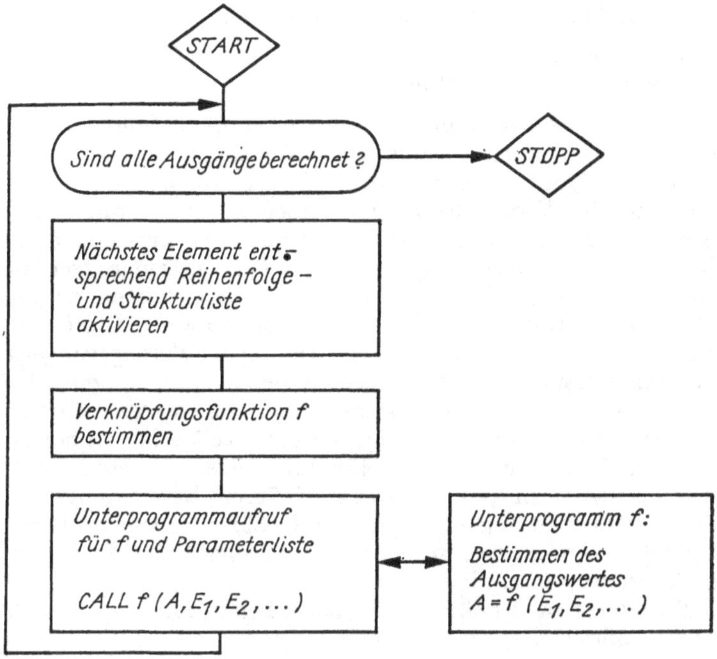

Bild 21. Algorithmus für Interpretation

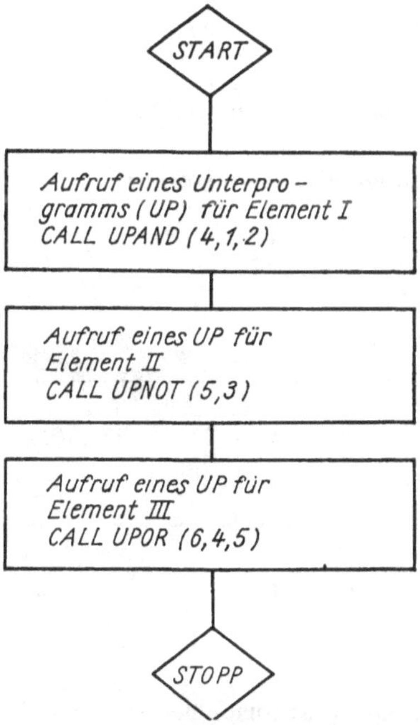

Bild 22. Befehlsfolge bei Compilation

Nach dem zeitlichen Ablauf der Simulation kann man

— zeitquantorientierte und
— ereignisorientierte (flankenorientierte) [8]

Simulationsverfahren unterscheiden. Zeitquantorientierte Simulationsverfahren berechnen nacheinander für jeden Zeitquant alle Ausgänge der Elemente. Dabei nutzt man aus, daß bei Verzögerungselementen mindestens für den jeweils folgenden Zeitquant der Wert aus der Vorgeschichte berechnet werden kann. Ereignisorientierte Verfahren beruhen darauf, das eine Änderung des Ausgangssignals eines Elements nur durch die Änderung eines Eingangssignals hervorgerufen werden kann. Eine Berechnung des Ausgangssignals erfolgt nur zu den Zeitpunkten, zu denen sich mindestens ein Eingangssignal des betreffenden Elements ändert. Ergibt die Berechnung eine Ausgangsänderung, wird unter Berücksichtigung der Verzögerungen des Elements das nächste Ereignis festgelegt. Die Geschwindigkeit des ereignisorientierten Verfahrens ist von der Anzahl der Ereignisse abhängig. Sie ist wesentlich höher als beim zeitquantorientierten Verfahren. Das ereignisorientierte Verfahren benötigt keine Reihenfolgeliste, da die Berechnungsreihenfolge durch das Auftreten der Ereignisse bestimmt wird. Außerdem ermöglicht es eine einfache Berechnung von Schaltnetzwerken mit freien Rückführungen. Bei freien Rückführungen muß bei beiden Verfahren vorausgesetzt werden, daß in jedem Speicherkreis eine Verzögerung von mindestens einem Zeitquant vorhanden ist.
Im folgenden Beispiel wird die Simulation eines Schaltnetzwerkes nach beiden Verfahren betrachtet (Bild 23).

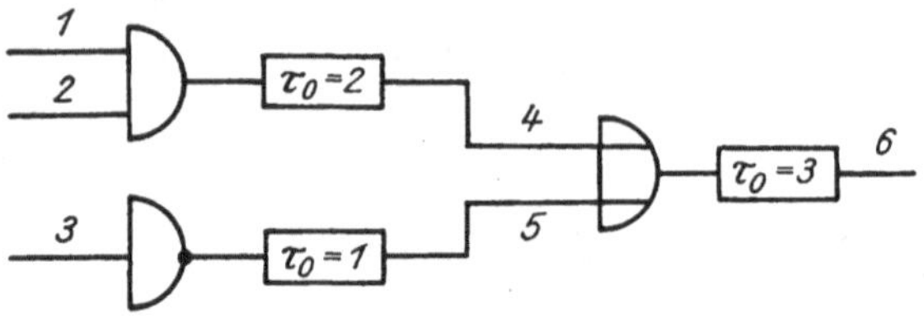

Bild 23. Kombinatorisches Schaltnetzwerk mit linearer Verzögerung

Am Eingang des Schaltnetzwerkes liegen folgende Zeitfolgen an:

E_1: 0 1 1 1 0 0 1 1,
E_2: 0 0 0 1 1 1 0 0,
E_3: 0 0 1 1 0 0 1 1.

Tabelle 11. Zeitquantorientierte Berechnung

Leitung	Nr. des Zeitquants 1	2	3	4	5	6	7	8	9	10	11	12	
1	0	1	1	1	0	0	1	1	—	—	—	—	
2	0	0	0	1	1	1	0	0	—	—	—	—	Eingänge
3	0	0	0	1	1	0	0	1	1	—	—	—	
4	—	—	0	0	0	1	0	0	0	0	—	—	
5	—	1	1	0	0	1	1	0	0	—	—	—	
6	—	—	—	—	1	0	1	1	1	1	0	0	

Tabelle 11 zeigt die Berechnung nach dem zeitquantorientierten, Tab. 12 die Berechnung nach dem ereignisorientierten Verfahren.

Tabelle 12. Ereignisorientierte Berechnung

Leitung	AW	Nr. des Zeitquants 1	2	3	4	5	6	7	8	9	10	11	12	
1	0		(1)			(4)		(6)						vorgegebene Ereignisse
2	0				(3)			(7)						
3	0			(2)		(5)		(8)						
4	0						(10)	(12)						berechnete Ereignisse
5	1				(9)		(11)		(14)					
6	1							(13)		(15)		(16)		

(i) — Ereignis, d. h. Änderung des Wertes der entsprechenden Leitung
AW — Anfangswert

3.3.2.6.2. Simulation im Programmsystem DASIS 403

Im Programmsystem DASIS 403 wurde in der ersten Ausbaustufe ein interpretierendes, zeitquantorientiertes Simulationsverfahren implementiert.
Das Simulationsverfahren arbeitet parallel, d. h. alle Zeitquanten einer Zeitfolge werden gleichzeitig berechnet. Der Vorteil einer solchen Arbeitsweise liegt in der hohen Rechengeschwindigkeit bei der Simulation kombinatorischer Schaltnetzwerke, bei sequentiellen Schaltnetzwerken macht sich jedoch wegen der zeitlichen Abhängig-

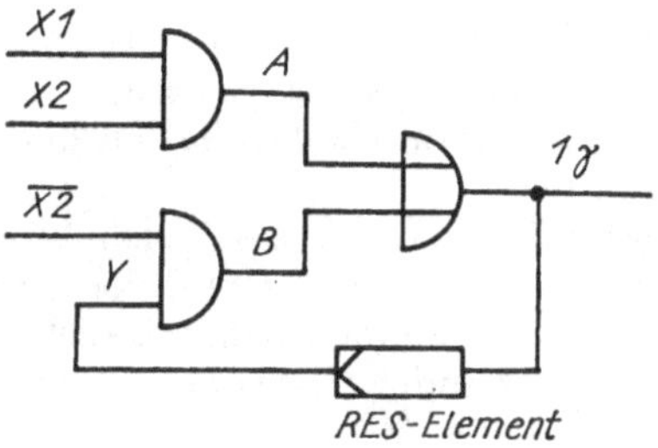

Bild 24.
Sequentielle Schaltung mit RES-Element

Tabelle 13. Berechnung des Schaltnetzwerkes nach Bild 24

Leitung	Nr. des Zeitquants 1	2	3	4	5	6	7	8	
X1	1	0	0	0	0	1	1	1	
X2	1	1	0	0	0	0	1	1	
Y	1	1	1	1	1	1	1	1	
A	1	1	0	0	0	0	0	1	1. Interpretation
B	0	0	0	1	1	1	1	0	
Y	1	1	1	0	1	1	1	1	
A	1	1	0	0	0	0	0	1	2. Interpretation
B	0	0	0	1	0	1	1	0	
Y	1	1	1	0	1	0	1	1	
A	1	1	0	0	0	0	0	1	3. Interpretation
B	0	0	0	1	0	1	0	0	
Y	1	1	1	0	1	0	1	0	

keiten im ungünstigsten Fall eine $\mathcal{Z}$-malige Berechnung erforderlich ($\mathcal{Z}$: Länge der Zeitfolgen), wodurch der Vorteil der parallelen Arbeitsweise verloren geht.
In jedem Speicherkreis muß eine Verzögerung von mindestens einem Zeitquant vorhanden sein. Diese Verzögerung wird bei Flip-Flops vom Programmsystem berücksichtigt, bei Netzwerken mit freien Rückführungen muß diese Forderung vom Anwender beachtet werden. Zur Beschreibung des Initialzustandes des Schaltnetzwerkes benötigt jeder Speicherkreis einen Anfangswert. Zur Speicherung der Anfangswerte ist im externen Netzwerkmodell in jeden Speicherkreis mit freier Rückführung ein sogenanntes RES-Element einzufügen, das während der Simulation den Anfangswert speichert. Die Notwendigkeit eines solchen RES-Elements ergibt sich nur aus dem gewählten Simulationsprinzip.
Das folgende Beispiel soll an Hand des in Bild 24 dargestellten Schaltnetzwerkes das Simulationsprinzip illustrieren. Für alle Gatter wird eine lineare Verzögerung $\tau_0 = 1$ vorausgesetzt (Tab. 13).

3.3.2.7. Möglichkeiten und Grenzen der Simulation

Simulationsprogramme ermöglichen bereits während des Entwurfsprozesses eine Analyse des entworfenen Schaltnetzwerkes. Dadurch können mögliche Fehler, darunter auch solche, die in der realen Schaltung nur mit sehr geringer Wahrscheinlichkeit auftreten und daher meist nicht erkannt werden, vom Entwerfer entdeckt und beseitigt werden. Außerdem bringt die Anwendung von Simulationsprogrammen gegenüber der meßtechnischen Untersuchung der Schaltung im Labor eine beträchtliche Einsparung an Arbeitszeit.
Durch die Simulation wird das Verhalten des Schaltnetzwerkes widergespiegelt, indem bestimmten Eigangsbelegungen die zugehörigen Ausgangsbelegungen zugeordnet werden. Diese Zuordnung wird vom gewählten Modell (Zeitverhalten der Elemente!) beeinflußt.
Die rechnergestützte Simulation von Schaltnetzwerken erweist sich besonders dort als nützlich, wo sich die Untersuchung auf bestimmte, den Anwender interessierende Betriebsfälle beschränkt. Die Auswahl der entsprechenden Eingangsbelegungen bzw. Eingangszeitfolgen wird in vielen Fällen dem Anwender überlassen, kann jedoch auch durch ein Programm realisiert werden.
Simulationsverfahren lassen sich prinzipiell zur Lösung der verschiedenartigsten Probleme anwenden, jedoch sind allgemeine Aussagen über ein Schaltnetzwerk (z. B. Ja-Nein-Entscheidungen bezüglich bestimmter Eigenschaften usw.) durch die Anwendung von Simulationsverfahren nur mit großem Aufwand möglich, da sie eine Berechnung mit allen möglichen Eingangsbelegungen (einschließlich Eingangssignaländerungen) erfordern. Daraus ergibt sich in Abhängigkeit von der Zahl der Eingänge ein sehr hoher Rechenzeitbedarf und eine große Menge Ausgangsdaten, die oft kaum überschaubar und interpretierbar sind. Es empfiehlt sich daher, für allgemeine Untersuchungen von Schaltnetzwerken algebraische Verfahren anzuwenden, die für jeweils spezielle Problemklassen optimal sind. Verschiedene Möglichkeiten dazu wurden in der Arbeit von *D. Bochmann* [17] gezeigt.
Eine Einschränkung der Anwendbarkeit des Programmsystems DASIS 403 ergibt sich durch die Verwendung des zweiwertigen Verhaltensmodells. Ein solches Modell ermöglicht nur die Simulation unter Berücksichtigung fester Verzögerungswerte und erfaßt damit nur jeweils einen Spezialfall des zeitlichen Verhaltens. In verschiedenen anderen Simulationsprogrammen werden daher mehrwertige Verhaltensmodelle verwendet, die eine Berücksichtigung toleranzbehafteter Verzögerungen ermöglichen und damit zu allgemeineren Aussagen führen.

3.3.3. Dialogfähiges Programmsystem DASIS 403

3.3.3.1. Aufgaben und Zielstellung des Dialogbetriebes

In zunehmendem Maße gewinnen rechnergestützte Verfahren für Entwurfsprozesse an Bedeutung. Viele weitergehende, wissenschaftlich-technische Berechnungen lassen sich mit Hilfe von elektronischen Datenverarbeitungsanlagen weitaus zeit- und kostengünstiger durchführen, als der Mensch dazu in der Lage ist. Das hohe Entwicklungstempo und die ständig steigende Kompliziertheit der zu bearbeitenden Probleme setzen Grenzen in der Überschaubarkeit der Problematik und damit auch der Bearbeitung durch den Ingenieur. Der Einführung von rechnergestützten Verfahren stand bisher eine wesentliche Schwierigkeit entgegen. Die Rechentechnik stellte fast ausnahmslos nur die Betriebsart Stapelverarbeitung zur Verfügung. Diese Betriebsart setzt aber einen hohen Stand der algorithmischen Beherrschung des Entwurfsprozesses voraus, um effektiv nutzbar zu sein. Im Entwurfsprozeß spielen gegenwärtig aber die Intuition und Erfahrung des Entwerfers eine große Rolle. Es entsteht der Wunsch, von der starren Stapelverarbeitung abzuweichen und diese Aspekte (heuristische Methoden, praktische Erfahrungen) durch Eingriffe in das laufende Programm und versuchsweise Modifizierungen zu berücksichtigen. Erst die direkte Komminukation des Menschen mit dem Rechner erlaubt, den Rechenprozeß den Erfordernissen jederzeit anzupassen, also Daten, die Problemlösung, den Algorithmus entsprechend zu verändern, einzugeben, aufzurufen. Die zu lösenden Probleme erfordern deshalb einen Dialog oder Teilnehmerbetrieb, der den teilautomatischen Entwurfsprozeß mit Rechnerunterstützung ermöglicht. Weitere Vorteile eines Dialogbetriebes ergeben sich aus der ökonomischen Dateneingabe, die Zwischenstufen auf Lochkarte oder Lochstreifen einspart.

Eine Eingabe auf einem Dialoggerät verringert die Fehlerhäufigkeit und ermöglicht eine sofortige Kontrolle der Daten auf syntaktische Fehler. Eine parallele Korrektur vermeidet umfangreiche Nacharbeiten.

Die Bearbeitung von Problemen im Dialog war bisher mit einer Reihe Nachteilen verbunden. Diese Nachteile waren vor allem ökonomischer Art. Mit einem Rechner der 1. oder 2. Generation konnte im allgemeinen nur ein Programm bearbeitet werden. Wurde hier ein Dialog durchgeführt, entstanden durch die großen Wartezeiten bei den Ein-/Ausgabeoperationen enorme Kosten, da der Rechner seine meiste Zeit im Wartezustand verbrauchte. Erst die Möglichkeit der Multiprogrammierung oder des Teilnehmerbetriebes gewährleisteten auch bei Dialogbetrieb eine rationelle Ausnutzung der Rechentechnik. Mit den Rechnern der 3. Generation war es möglich, weitere Programme gleichzeitig im Rechner zu bearbeiten, damit den Rechnerkern besser auszulasten und die Kosten wesentlich günstiger zu gestalten. Durch die gesteigerte Rechengeschwindigkeit ergeben sich kürzere Bearbeitungszeiten, die einerseits den erhöhten Organisationsaufwand im Rechner bei der gleichzeitigen Bearbeitung mehrerer Programme verkraften und andererseits die im Dialogbetrieb geforderte kurze Antwortzeit gewährleisten.

Für den Dialogbetrieb stehen eine Reihe von Geräten zur Verfügung. In der Regel sind die Datensichtgeräte dialogfähige Endstationen eines Datenverarbeitungssystems. Der Fernschreiber oder die Konsolschreibmaschine sind heute die noch am weitesten verbreiteten Dialogstationen bzw. Dialoggeräte. Vielseitigere Anwendungen durch die höhere Übertragungsgeschwindigkeit, die geräusch- und papierlose Übermittlung garantieren den Bildschirmgeräten in Zukunft einen immer größeren Anteil. In vielen Bereichen sind schon dialogorientierte Programme und Programmsysteme bekannt geworden. Neben solchen Programmen im Bereich der Ökonomie und Organisation wie automatisierte Leitungshilfen, Buchungsprobleme, Platzreservierung

im Verkehrswesen u. ä. sind auch im ingenieurtechnischen Bereich viele Anwendungsfälle aus allen Bereichen der Technik bekannt. Einer der interessantesten und wichtigsten Bereiche ist der rechnergestützte Entwurfsprozeß. Als Beispiel sei nur die Konstruktion von Schiffsteilen, Flugzeugen, der Entwurf von analogen und digitalen Schaltungen genannt. Die meisten dieser Anwendungen sind auf die Verwendung grafischer Bildschirmgeräte orientiert. Dem Bearbeiter wird damit eine anschauliche Darstellung geboten, die ihm eine genaue Information zur Konstruktion vermittelt [11, 12, 13]. Die Dialogprogramme sind oft auch so ausgelegt, daß sich mit Hilfe des Dialoges spezielle Probleme an dem entworfenen Modell testen lassen, wie zum Beispiel das Verhalten von Flugzeugen und Autos bei verschiedenen Geschwindigkeiten oder die Reaktion eines technischen Systems auf vorgegebene Eingangssignale.
Das Programmsystem DASIS stellt ein Beispiel eines Dialogprogrammes auf dem Gebiet des digitalen Schaltungsentwurfes dar, wobei der Dialogbetrieb auch ein „Spielen“ mit dem eingegebenen Modell (Reaktion auf entsprechende Eingangssignale) ermöglicht.
Es besteht eine breite Palette der Anwendung von Dialogprogrammen in Wissenschaft und Technik, die vor allem in naher Zukunft mit den steigenden Möglichkeiten der Rechentechnik an Bedeutung gewinnen.

3.3.3.2. Ingenieurtechnische Forderungen an dialogfähige Programmsysteme

Dialogorientierte Programme erfordern gegenüber einfachen Stapelprogrammen durch den Dialogbetrieb eine Reihe zusätzlicher Kommunikationsaufgaben. Diese Kommunikationsaufgaben können nach Inhalt und Form klassifiziert werden. Die Bearbeitung eines Problems im direkten Mensch-Maschine-Kontakt verlangt einen Informationsaustausch in beiden Richtungen. Es lassen sich drei Klassen von Informationen unterscheiden.

— Informationen zum Lösungsalgorithmus (Steuerinformationen),
— Informationen zur Organisation der E/A-Arbeit (Steuerinf.),
— Informationen zum behandelten Problem (E/A-Daten).

Zweckmäßigerweise wurde als Merkmal für die Zuordnung zu einer Klasse der Informationsinhalt gewählt.
Unter Informationen zum Lösungsalgorithmus oder Ablaufsteuerung sind Ein-/Ausgaben zum Aufruf oder zur Abarbeitung des geforderten Bearbeitungsalgorithmus zu verstehen. Solche Informationen können sehr unterschiedlicher Art sein. Den Forderungen des Anwenders würde eine nur globale, komplexe Problemstellung am nächsten kommen, deren Lösungsalgorithmus durch den Rechner ermittelt wird, d. h. aus einer Menge von vorhandenen Bearbeitungsschritten wird durch den Rechner ein unter Umständen völlig neuer Lösungsweg (Reihenfolge von Bearbeitungsschritten) ermittelt und abgearbeitet. Im allgemeinen wird jedoch nur eine endliche Anzahl vorprogrammierter Lösungswege existieren, aus deren Menge vom Anwender gewählt werden kann.
Bei der Organisation der E/A-Arbeit sind vor allem unterschiedliche Informationsträger zu berücksichtigen. So sind Eingaben von Datenmengen nicht nur über Bildschirmgerät oder Konsole im Dialog zu erwarten, sondern auch durch Kartenleser, Bibliotheken und andere Datenträger. Es muß durch den Benutzer eine Informationsquelle in geeigneter Weise angegeben werden. Obwohl eine weitgehende einheitliche Form der Datenstruktur angestrebt wird, ergeben sich differenzierte Darstellungsformen. Es ist z. B. die Eingabe eines binären Netzwerkes in Form einer Sprache

(DEBIS) oder als Matrix oder in analytischer Form möglich. In den meisten Fällen wird eine Angabe der E/A-Form durch den Anwender erforderlich sein.
Die zu bearbeitenden Datenmengen können also in sehr unterschiedlicher Form auftreten. Diese Formen müssen der schnellen Kommunikation im Dialog gerecht werden, also vor allem anschaulichen Charakter besitzen und jede zu große Redundanz, insbesondere bei Ausgaben vom Rechner vermeiden. Diese Forderungen bedingen eine Aufbereitung der E/A-Daten, die in jedem Fall dem Rechner übergeben werden muß. Desweiteren muß eine problemnahe Darstellung der E/A-Daten angewendet werden, da dem Bearbeiter nicht zugemutet werden kann, seine Eingabedaten in eine spezielle Form umzuwandeln oder vom Rechner gelieferte Ergebnisse erst durch entsprechende Überarbeitung beurteilen zu können.
Von dialogfähigen Programmen werden hinsichtlich der Ergebnisse zum Teil andere und weitergehende Informationen abverlangt. So ist eine einzelne, abgerundete, in konzentrierter Form gebotene Lösung eines Problems zwar anzustreben, aber gleichzeitig müssen Zwischenergebnisse und weitere Details der Lösung auf Abruf zur Verfügung stehen. Dadurch erst ist eine Beurteilung der Ergebnisse und eine eventuelle Optimierung durch den Anwender möglich. Natürlich muß die durch den Rechner ermittelte Lösung einer Handbearbeitung mindestens gleichwertig sein und Vorteile in ökonomischer (Zeiteinsparung) oder qualitativer Hinsicht bringen.

3.3.3.2.1. Arbeit mit einem dialogfähigen Programmsystem

Das Hauptproblem für Programmsysteme mit ingenieurtechnischer Anwendung ist ein einfacher und übersichtlicher, nutzerfreundlicher Aufbau, der eine unkomplizierte Bedienung gestattet. Gleichzeitig sind natürlich die Fragen der Rechenzeit und des schnellen Zugriffs zur Rechenanlage zu klären. Unter dem Begriff Nutzerfreundlichkeit ist hier zu verstehen, daß zur Aufbereitung des Problems für die Bearbeitung auf einem Rechner keine wesentliche Einarbeitung in bezug auf die Kompliziertheit der Datenerstellung sowie auch keine zu umfangreiche Vorbereitung erforderlich wird. An der unzumutbaren, zusätzlichen Belastung des Anwenders kranken viele Programme, so daß ihre Nutzung nur schwer durchzusetzen ist. Das trifft auch dann zu, wenn das Programm bessere Lösungen bietet und der Vorteil nicht nur in einer schnelleren und komplexeren Bearbeitung zu finden ist. Der Idealfall eines dialogfähigen Programmsystems ist vorhanden, wenn allein die Fachkenntnisse des Anwenders auf seinem Spezialgebiet ausreichen, die EDVA zur Lösung seiner Probleme zu nutzen. Dem steht allerdings entgegen, daß durch umfangreiche, notwendige Erklärungen und Transformationen der Daten das Programmsystem aufgebauscht wird. Binnen kurzer Einarbeitungszeit werden die Erklärungen nicht mehr benötigt und behindern einen flüssigen Arbeitsablauf. Es muß ein Kompromiß geschlossen werden, der z. B. den Aufruf näherer Erläuterungen gestattet (wiederum möglichst einfach), aber nicht zwingend verlangt.
Den Umfang und die Effektivität der Programme zur nutzerfreundlichen E/A-Arbeit bestimmen nicht zuletzt die verfügbaren Geräte. Ein grafisches Bildschirmgerät dürfte nach dem Gesichtspunkt der Anschaulichkeit in den meisten Fällen die günstigste Variante sein. Der programmtechnische Aufwand und der Speicherbedarf liegt hier allerdings weit höher als bei allen anderen Geräten und kann mitunter die Leistungsfähigkeit kleinerer Rechner erschöpfen. Hier läßt sich bereits der Widerspruch zwischen Nutzerfreundlichkeit und Rechenzeit, Programmumfang (Speicherplatz) erkennen. Umfangreiche dialogorientierte Programme, die mit Bildschirmgeräten arbeiten, können deshalb im allgemeinen nur auf großen Rechenanlagen der 3. Generation mit ausreichender Speicherkapazität verwirklicht werden. In jedem Fall sollte zur Beschreibung der Probleme bzw. Daten die bewährte, bisherige Terminologie

und Darstellungsform in weitesten Grenzen beibehalten werden. Dies ist erforderlich, um einerseits dem menschlichen Denken angepaßte, anschauliche Datenstrukturen zu erhalten und andererseits einen breiten Einsatz von Programmen zu ermöglichen. Die Programmkonzeption muß berücksichtigen:

- möglichst viel Komfort für den Anwender,
- möglichst wenig zusätzlich zu erlernendes Wissen für den Anwender,
- ein Höchstmaß an Sicherheit, jeder Schritt wird einer umfangreichen Kontrolle unterzogen.

3.3.3.3. Funktion und Struktur dialogorientierter Programmsysteme

Im Vordergrund eines dialogorientierten Programmsystems stehen die Beziehungen zum Anwender, Bediener. Den Funktionkriterien muß sich die Struktur weitgehend unterordnen. Im Abschnitt 3.3.3.2. wurden bereits Bewertungskriterien für die Funktion herausgearbeitet:

- Nutzerfreundlichkeit,
- Bedienungsfreundlichkeit,
- Wartungsfreundlichkeit.

Weitere Kriterien zur Konzeption des Programmsystems ergeben sich durch die Forderungen, die Kosten und Zeit für die Entwicklung des Programms möglichst niedrig zu halten sowie eine hohe Anpassungsfähigkeit zu erreichen, die problemlos einen weiteren Ausbau des Systems gestattet. Für die Architektur von großen Programmsystemen hinsichtlich des Funktions- und Strukturmodells werden Bewertungskriterien aus [14] herangezogen. Zum Funktionsmodell werden für die Klassifikation

- Flexibilität,
- Zuverlässigkeit,
- Effektivität verwendet.

Der Flexibilität kommt gerade im Dialogbetrieb eine große Bedeutung zu, da während des Betriebes dynamisch an spezielle Bedingungen angepaßt werden kann. Die Auswahl bestimmter Algorithmen, ihre Modifizierung durch geeignete Parameter, die Veränderung ihrer Reihenfolge u. ä. ist leicht zu verwirklichen. Es muß funktionell offen konzipiert werden. Die einzelnen Funktionen müssen standardisiert und kombinierbar sein. Für jede Funktion ist logische Unabhängigkeit anzustreben und eine inverse Funktion zu implementieren.
Zuverlässigkeit: Dialogorientierte Programme müssen vor allem gegen Fehler geschützt sein, die sich aus dem Dialogbetrieb ergeben und zur teilweisen oder völligen Zerstörung des Programms oder der bearbeiteten Daten führen können. Dabei sind Fehler durch technische Einrichtungen genauso zu berücksichtigen, wie Fehler durch Fehleingaben oder Programmierfehler. Dazu kann und sollte auch die Überprüfung von Lösungswegen (Reihenfolge von Algorithmen) auf einen sinnvollen Weg zum Erreichen des Bearbeitungszieles gehören. Es ist eine große Funktionssicherheit zu gewährleisten.
Effektivität: Für die Effektivität ist die Qualität der erreichten Ergebnisse und die Bearbeitungszeit maßgebend, wobei das Antwortzeitverhalten im Dialogbetrieb einen besonders kritischen Punkt bildet.
Für das Strukturmodell kann als wichtigstes Kriterium die Flexibilität herangezogen werden. Vor allem ist eine einfache Austauschbarkeit von Systemkomponenten zu realisieren. Dazu ist ein geringer Verflechtungsgrad der einzelnen Komponenten untereinander erforderlich. Gleichzeitig wird dem Anwender die Möglichkeit gegeben,

eigene Methoden und Algorithmen zu implementieren, ohne umfangreiche Programmiererfahrungen und Programmkenntnisse erwerben zu müssen. Es wird ein kontinuierliches Wachstum des Programmsystems ermöglicht. Um das Programmsystem den sich ändernden Bedingungen anpassen zu können, wird eine Generierbarkeit und Konfigurierbarkeit des Systems zugelassen. Es ist damit möglich, entsprechend der Aufgabenstellung und den technischen Möglichkeiten (z. B. der Rechnerkonfiguration) eine eigene Konfiguration des Programms zu generieren. Diese entsteht durch die Auswahl einer eingeschränkten Menge von Systemkomponenten. Die geforderte Flexibilität in Funktion und Struktur läßt sich nur durch ein modular aufgebautes System verwirklichen.

3.3.3.3.1. Modul

Ein Modul stellt ein Systemelement dar. Seine wichtigsten Eigenschaften sind:

- der Modul realisiert eine selbständige Funktion,
- der Modul ist austauschbar, ohne das Gesamtsystem zu verändern.

Ein- und Ausgabedaten sind weitgehend standardisiert und unterteilen sich in Daten für die Beschreibung des zu bearbeitenden Problemes und die Steuerdaten.

3.3.3.3.2. Struktur des Programmsystems

Für die Anordnung der Module im Gesamtsystem sind verschiedene Prinzipien denkbar. Am geeignetsten erweisen sich dabei Strukturen, die mit einer minimalen Anzahl an Schnittstellen (Kopplungspunkten) der Module auskommen. Dadurch wird die Übersichtlichkeit erhöht und die Erweiterung des Systems mit neuen Moduln vereinfacht. Es ergeben sich drei funktionelle Ebenen:

- Steuerebene,
- Ebene für Ein- und Ausgaben,
- Ebene der Operationsprogramme.

3.3.3.3.3. Steuerung

Der Problematik der Steuerung kommt bei dialogfähigen Programmsystemen eine entscheidende Bedeutung zu, da sie den besonderen Bedingungen des Dialogbetriebes Rechnung tragen muß. Der gegenwärtige Stand der Rechentechnik erlaubt unter Berücksichtigung einer breiten Anwendung nicht, das Programmsystem ausschließlich auf eine Arbeit im Dialog festzulegen. Es muß eine Kompromißlösung gefunden werden, die den Stapel- und den Dialogbetrieb in sich vereint. Die grundsätzlichen Aufgaben der Steuerung sind:

- Festlegen und Überwachen der Abarbeitungsreihenfolge von Funktionen (Moduln),
- Überwachen der Daten,
- Organisation der E/A-Arbeit,
- Maßnahmen bei Fehlern und Unterbrechungen,
- Steuerung unter Berücksichtigung eines reinen Teilnehmer- bzw. Dialogbetriebes,
- Steuerung unter Berücksichtigung einer Stapelverarbeitung,
- Steuerung bei gemischter Arbeitsweise.

Für die Dateneingabe stehen zwei Kategorien Geräte zur Verfügung. Das sind auf der einen Seite die nicht für den Dialogbetrieb geeigneten Geräte (Kartenleser, Lochstreifenleser, Magnetband, Magnetplatte) und auf der anderen die dialogfähigen Geräte (Bildschirmgerät, Schreibmaschine). Die Steuerung gewährleistet, daß die

Eingaben mit jedem aufgeführten Gerät in einem beliebigen Wechsel erfolgen können. Analoges gilt für die Ausgabe, die über dialogfähige Geräte oder Schnelldrucker durchgeführt wird. Als günstig erweist sich eine mögliche Trennung der Informationen zur Abarbeitung (Reihenfolge der Algorithmen, E/A-Organisation) und der eigentlichen Daten. Es können dadurch Steuerinformationen im Dialog eingegeben werden, während die Eingabe der zu bearbeitenden Daten von einem nicht dialogfähigem Gerät erfolgt. Diese Arbeitsweise ist z. B. beim Einsatz einer Bibliothek erforderlich.

3.3.3.3.4. Steuerdaten

Es wird zwischen statischen und dynamischen Steuerdaten unterschieden. Die statischen Steuerdaten charakterisieren die Funktion eines Moduls. Diese Steuerdaten werden während der Generierung des Programmsystems angegeben und bleiben in der Zeit der Bearbeitung für diese Konfiguration unverändert.
Statische Steuerdaten für einen Modul:

— Liste der Primärdaten,
— Liste der Sekundärdatem,
— Liste der zu verwendenden Geräte, Dateien.

Liste der Primärdaten: Liste der Daten, die zur Abarbeitung des Moduls vorhanden sein müssen.
Liste der Sekundärdaten: Liste aller Daten, die durch den Modul erstellt oder verändert werden.
Liste der Geräte: z. B. Bildschirmgerät, Bibliothek usw.
Die dynamischen Steuerdaten werden während der Betriebszeit des Programmsystems erstellt und sind veränderlich. Sie charakterisieren den Zustand des Moduls und in ihrer Gesamtheit den Zustand des Systems. Dynamische Steuerdaten (Statusinformationen) für einen Modul:

— Anforderung für die Abarbeitung,
— aktiv, passiv (in der Abarbeitung befindlich),
— Unterbrechung der Abarbeitung des Moduls,
— Fehler aufgetreten.

Dynamische Steuerdaten für Steuermodul:

— Vorhandene Rechnerkonfiguration (Dialoggeräte, Speicherplatz),
— Liste der Sekundärdatenanforderungen,
— Statusinformationen des Datenverwalters,
— Spezifikation der gespeicherten Daten,
— Liste der bis zum aktuellen Zeitpunkt verwendeten Primärdaten,
— Fehlerstatus der Daten.

3.3.3.3.5. Steueralgorithmus

Gegenüber einem herkömmlichen Stapelverarbeitungsprogramm kann im Dialogbetrieb keine starre Reihenfolge für die Abarbeitung der Module angegeben werden. Ideal wäre eine vollständige automatische Programmierung, die für global gestellte komplexe Probleme einen Lösungsalgorithmus erstellt. Eine Lösungsmöglichkeit wird in der Arbeit von *Berger* [15] für die rechnergestützte Synthese von Ablaufplänen vorgestellt. Im Programmsystem wurde aus Aufwandsgründen auf eine vollautomatische Generierung des Lösungsalgorithmus verzichtet.
Grundlage für die Abarbeitung, die Bestimmung einer Reihenfolge von Algorithmen ist die Formulierung eines Bearbeitungszieles. Dieses Bearbeitungsziel wird in Form

einer Liste von Datenanforderungen (Sekundärdaten zu bestimmender Module) formuliert. Mit diesen Anforderungen und den statischen Steuerdaten der Module wird über einen Suchprozeß eine Abarbeitungsreihenfolge der Module bzw. Algorithmen ermittelt. Unter Umständen können sich bei komplexen Systemen mehrere Lösungswege ergeben. Über zusätzliche Nebenbedingungen (z. B. Ausschluß von bestimmten Primärdaten) oder Entscheidungen während der Abarbeitung wird die Zahl der Lösungswege sukzessiv reduziert.

3.3.3.3.6. Fehlerbehandlung und Unterbrechung

Für alle Module wird eine weitgehend standardisierte Fehlerbehandlung vorgesehen. Es wird zwischen wesentlichen Fehlern unterschieden, die eine Weiterarbeit ohne Eingriff nicht gestatten und Fehlern, die durch Übergehen oder Einsetzen eines programmierten Standards die Weiterarbeit ermöglichen. Je nach Fehlertyp ergeben sich folgende grundsätzliche Möglichkeiten der Fehlerbehandlung:

- Übergehen des Fehlers, Einsetzen eines programmierten Standards,
- Behandlung im Dialog, entsprechende Eingabe über Dialoggerät,
- Anwendung eines anderen Algorithmus (sofern äquivalente implementiert sind),
- Bei Stapelverarbeitung Übergang zum nächsten Problem.

Alle Abweichungen von der normalen Abarbeitung verursachen eine Unterbrechung, die im Steuermodul bearbeitet wird.
Mögliche Unterbrechungsursachen sind:

- Fehler,
- Überschreiten einer Zeitbegrenzung,
- Eingriffe des Anwenders.

Wird zur Fehlerbehandlung ein Modul verlassen und damit eine Unterbrechung der normalen Abarbeitung hervorgerufen, ist in den meisten Fällen eine Fortsetzung der Arbeit im verlassenen Modul nur an festgelegten Eintrittspunkten möglich. Ebenso verhält es sich bei Unterbrechungen durch Überschreiten eines Zeitlimits oder willkürlicher Unterbrechung an einer nicht definierten Stelle durch Eingriffe des Anwenders. Bei allen dialogfähigen Programmen, die Module mit relativ großen Antwortzeiten besitzen, sollte diese Möglichkeit der Unterbrechung durch den Anwender vorgesehen werden. Wird eine Unterbrechung an einer definierten Stelle (meist Dialog) etwa zum Einholen näherer Erläuterungen ausgeführt, ist die Fortsetzung an gleicher Stelle zu garantieren.

3.3.3.3.7. Standarddialog

In jedem Dialog ist neben der geforderten Dateneingabe die Eingabe von Steuerinformationen notwendig zu ermöglichen. Die Aufgabe der Erkennung und eventuellen Verarbeitung dieser Informationen übernimmt der Standarddialog. Er ist als Basiselement aufgebaut, also kein selbständiger Modul. Er ist damit in jedem Modul anwendbar. Der Standarddialog ist so allgemein gestaltet, daß er bei jeder Dialogeingabe einsetzbar ist (Bild 25). Die Steuerinformationen können je nach den Gegebenheiten standardisierte Schlüsselwörter, Sonderzeichen oder Funktionstastensignale sein. Schlüsselwörter und Sonderzeichen müssen in einem Programmsystem durchgängig in allen Module die gleiche Bedeutung besitzen. Beispiel für den Einsatz von Sonderzeichen:

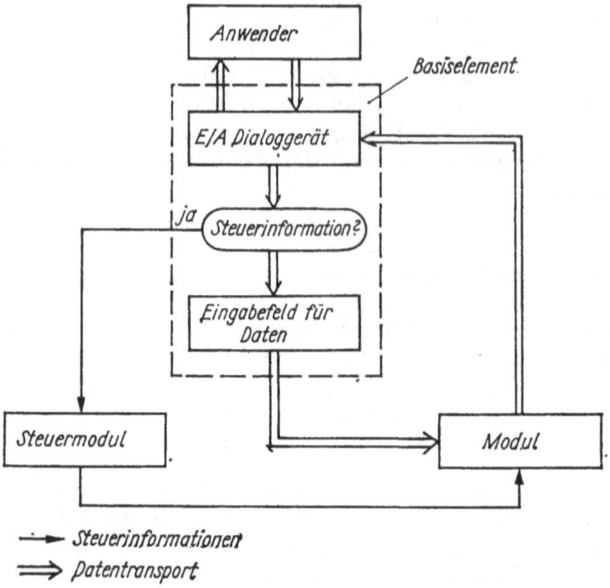

Bild 25. Einsatz des Standarddialoges im Programmsystem

Sonderzeichen	Bedeutung
+	— weiter (Übergang zur nächsten Eingabe, zum nächsten Bild usw.),
—	— zurück (Übergang zur vorigen Eingabe, zum vorigen Bild usw.),
%	— Ende (Abschluß des Dialoges, des Programmteiles),
#	— Unterbrechung der Abarbeitung, Übergang zu einem Steuermodul,
ω	— Aufruf eines Notizspeichers.

Diese Sonderzeichen wurden im Programmsystem DASIS 403 mit der vorgeschlagenen Bedeutung angewendet. Die Auswahl ergab sich durch den Zeichenvorrat bei der Programmierung in PL/I.

3.3.4. Konzeption des Programmsystems DASIS 403 zur Analyse binärer Netzwerke

Das Programmsystem entspricht den Forderungen eines dialogorientierten Programmsystems. Der Aufbau erfolgte modular. Folgende Aufgaben sind in der 1. Ausbaustufe durch das Programmsystem abzudecken:

— Eingabe und Änderung des binären Netzwerkes,
— Eingabe der Belegung der Eingänge des Netzwerkes,
— Eingabe der Bauelementeeigenschaften,
— Ausgabe der Ausgangsfolgen (Ergebnisausgabe),
— Eingabe von Steuerinformationen,
— Bibliotheksarbeit,
— Ausgabe von Programmerläuterungen,
— Pflege der Struktur,
— Simulation des Verhaltens des Netzwerkmodells,
— Steuerung und Unterbrechungsbehandlung.

Jede der genannten Aufgaben wird durch einen selbständigen Modul realisiert. Die Verbindung aller Module untereinander wird durch ein standardisiertes Datenmassiv hergestellt. Dieses Datenmassiv besteht einerseits aus den Daten und Listen zur Speicherung der zu bearbeitenden Problemdaten und andererseits aus den Steuerdaten. Durch die Funktion bedingt lassen sich Module unterscheiden, die Ein- und Ausgaben realisieren und damit einen direkten Kontakt mit dem Anwender haben, sowie Module, die im Hintergrund ablaufen. Zur Vereinfachung der Programmierung wurden zusätzlich eine Anzahl Basiselemente geschaffen, die vor allem E/A-Operationen übernehmen und in allen Module angewendet werden können.

3.3.4.1. Steuerung des Programmsystems

Im Programmsystem DASIS 403 wurden zwei Varianten für die Eingabe der Steuerinformationen realisiert. Die Eingabe erfolgt im Dialog (Bildschirmgerät, Schreibmaschine) oder über Karten. Diese zwei Arten der Steuerung werden im Folgenden als Dialog- bzw. Kartensteuerung bezeichnet. Die Eingaben in Dialogsteuerung beschränken sich bis auf wenige Ausnahmen auf Entscheidungen für eine oder mehrere vorgegebene Varianten. Die Varianten werden vom System automatisch angeboten und eine Auswahl gefordert. Eine vorherige Information über den Ablauf und die Arbeitsweise des Programmsystems ist nicht notwendig. Die Arbeit in Kartensteuerung setzt dagegen umfangreiche Kenntnisse des Anwenders über Ablauf, Fehlerbehandlung und Steuerkartenaufbau voraus. Die Steuerung übernimmt folgende Aufgaben:

- Es ist reiner Dialogbetrieb durchführbar. Alle Ein- und Ausgaben erfolgen über das Bildschirmgerät. Die Eingaben unterscheiden sich in Daten- und Steuereingaben (Betriebsart der Dateneingabe, Reihenfolge der Abarbeitung, Problemstellung).
- Dateneingaben können im Dialog über das Bildschirmgerät, über Karten oder aus der Bibliothek erfolgen.
- Es ist ein reiner Stapelbetrieb durchführbar. Die Steuereingaben erfolgen über entsprechende Steuerkarten, die Dateneingaben durch Datenkarten.
- Es ist ein beliebiger Wechsel während der Abarbeitung zwischen Dialog- und Kartenbetrieb möglich, d. h. die Form der Eingabe kann beliebig wechseln.
- Alle Daten auf Karten sind nach einer einmaligen Karteneingabe über einen Dialog jederzeit aufrufbar bzw. reproduzierbar.
- Es ist eine universelle Fehlerbehandlung möglich.
- Die Abarbeitungsreihenfolge wird ermittelt und überwacht.
- Ein Steuermodul (Stopprogramm) ist jederzeit erreichbar und gestattet die Eingabe weiterer Steuerinformationen.

3.3.4.2. Eingabebetriebsarten

Im Programmsystem sind drei grundsätzliche Möglichkeiten für die Dateneingabe vorgesehen:

- Dialog (Dialogeingabe), Bildschirmgerät, Schreibmaschine,
- Karte (Karteneingabe), Kartenleser, Lochstreifenleser,
- Bibliothek (Bibliothekseingabe), Magnetband, Magnetplatte.

Eine weitere Unterteilung der drei Varianten durch spezielle Eingabeformate ist mitunter erforderlich. Eine Eingabebetriebsart wird durch eine Steuereingabe gewählt. Danach erfolgt die Dateneingabe. Die Dateneingabe setzt die Syntax der entsprechenden Eingabe voraus. Die Syntax ist für alle Betriebsarten prinzipiell identisch. Karten erhalten in den ersten zwei Spalten zuzüglich ein Kennzeichen zur Klassifizierung der Karten. Für die Karteneingabe werden die Daten in Lochkarten gestanzt. Durch einen Modul „Karteneingabe“ werden die Karten sofort nach dem Start des Programmsystems eingelesen und abgespeichert. Die einzelnen Kartenstapel sind mit einem Namen versehen. Unter Angabe des Stapelnamens stehen die einzelnen Stapel zur Verarbeitung bereit. Diese Arbeitsweise erlaubt einen störungsfreien Betrieb und einfache Reproduzierbarkeit der Ausgangsdaten. Für die Bibliothekseingabe werden die unter einem Namen in der ständigen Bibliothek des Programmsystems abgespeicherten Daten analog der Karteneingabe behandelt.

3.3.4.3. Ausgabebetriebsarten

Es stehen 5 Ausgabemedien zur Verfügung:

- Schnelldrucker,
- Bildschirmgerät,
- Schreibmaschine,
- Lochkartenstanzer,
- Lochstreifenstanzer.

Auf dem Schnelldrucker wird ein vollständiges Protokoll der Abarbeitung ausgegeben. Alle eingegebenen Daten, Steueranweisungen werden protolkoliert.

3.3.4.4. Simulationsbetriebsarten

Das Programmsystem gestattet die Untersuchung eines gegebenen Schaltnetzwerkes unter verschiedenen Gesichtspunkten. In der ersten Ausbaustufe ist der Simulationsmodul der einzige Operationsmodul für die Analyse. Alle anderen Module sind nur zur Organisation der E/A-Arbeit, zur Aufbereitung der Daten und der bequemen Handhabung implementiert. Es stehen vier Simulationsbetriebsarten zur Verfügung.

1. statische Simulation bei skalaren Eingangswerten
   Es wird eine vollständige Simulation der Funktion des binären Netzwerkes durchgeführt. Für alle möglichen Eingangsbelegungen wird die Ausgangsbelegung berechnet. In dieser Betriebsart wird das Zeitverhalten der Bauelemente nicht berücksichtigt. Die Anwendung ist auf kombinatorische Netzwerke beschränkt. Die Ausgabe kann als *Karnaugh*plan oder Funktionstabelle erfolgen.
2. statische Simulation bei vektoriellen Eingangswerten
   Für jeden Eingang des Schaltnetzwerkes kann eine Eingangsfolge (Vektor) angegeben werden, deren einzelne Werte untereinander völlig unabhängig sind. Die logische Funktion wird für diese Eingangsvektoren berechnet. Das Zeitverhalten der Bauelemente findet keine Berücksichtigung. Die Anwendung ist auf kombinatorische Netzwerke beschränkt. Die Ausgabe erfolgt in Form von Ausgangsfolgen (Vektoren).
3. zeitliche Simulation bei vektoriellen Eingangswerten
   Unter Berücksichtigung der zeitlichen Eigenschaften der Bauelemente wird die Funktion des Schaltnetzwerkes für vorgegebene quantisierte Zeitfolgen ermittelt. Die Ausgabe erfolgt ebenfalls in Form von Ausgangszeitfolgen. Die Anwendung ist auf kombinatorische Netzwerke beschränkt.
4. zeitliche Simulation eines Netzwerkes mit Rückführungen
   Es sind Netzwerke mit freien Rückführungen und konzentrierten Speicherkreisen (Flip-Flop) zugelassen. Es wird für das Netzwerk ein Initialzustand angegeben oder angenommen. Die Funktion wird unter Berücksichtigung des Zeitverhaltens der Bauelemente für vorgegebene Eingangszeitfolgen ermittelt. Die berechneten Ausgangszeitfolgen werden ausgegeben.

Die Ausgangsfolgen oder Tabellen lassen sich für jeden Punkt des eingegebenen Netzwerkes anfordern. Unter dem Zeitverhalten sind die im Abschnitt 3.3.2. beschriebenen linearen und nichtlinearen Verzögerungen der realen Bauelemente zu verstehen.

3.3.4.5. Arbeitsablauf

Bei der Anwendung des Programmsystems in Dialogsteuerung ergibt sich eine charakteristische Reihenfolge aller Arbeiten von der ersten Eingabe bis zur Ausgabe der Ergebnisse. Durch die Kartensteuerung kann sich in Abhängigkeit von der Reihenfolge der Steuerkarten ein anderer Ablauf ergeben. Eine andere Abarbeitungsreihenfolge der Module ergibt sich auch durch Eingriffe des Anwenders, Fehler und zusätzliche Änderungen. Bevor ein Modul zur Abarbeitung gelangt, wird die Vollständigkeit aller benötigten Primärdaten überprüft. Fehlen Primärdaten, so wird die Abarbeitungsreihenfolge durch entsprechende Module ergänzt. Charakteristischer Ablauf in Dialogsteuerung:

- Eingabe eventuell vorhandener Karten,
- Wahl einer Simulationsbetriebsart (Bearbeitungsziel),
- Eingabe der Bauelementeeigenschaften,
- Eingabe der Struktur (des Schaltnetzwerkes),
- Eingabe der Eingangsbelegung,
- Ausgabe der Ergebnisse.

Die Bearbeitung wird automatisch mit einer neuen Eingangsbelegung fortgesetzt, bis dieser Zyklus durch den Anwender unterbrochen wird.

3.3.4.6. Weitere Ausbaustufen des Programmsystems

Wie bereits umfassend dargestellt wurde, gestattet der modulare Aufbau des Programmsystems eine problemlose Implementierung weiterer Module. Das Programmsystem DASIS ist für 20 Module vorgesehen. Durch die erste Ausbaustufe sind 13 Module belegt. Erweiterungen und Ergänzungen des Programmsystems sind an verschiedenen Stellen sinnvoll und notwendig. So könnte ein weiterer Simulationsalgorithmus implementiert werden. Dieser Algorithmus müßte hinsichtlich der Simulation großer sequentieller Netzwerke mit langen Eingangszeitfolgen sehr effektiv arbeiten. Für den Anwender sind vor allem leicht und schnell auswertbare Ergebnisse interessant. Es könnte neben der Ausgabe der Ergebnisse als Tabelle oder *Karnaugh*-plan auch ein analytischer Ausdruck geeignet sein. Für kombinatorische Netzwerke ist ein Synthesealgorithmus vorzusehen. Der Algorithmus muß nicht unbedingt minimale Ergebnisse liefern. Weitere Module könnten Manipulationen mit Zeitfolgen durchführen, Zeitfolgen auf Fehler auswerten, Prüffolgen ermitteln usw. Viele Ansatzpunkte zu Erweiterungen sind in der Arbeit von *Lehmann* [16] enthalten.

3.3.4.7. Dialogfähige Sprache zur Eingabe binärer Netzwerke

Die dialogfähige Eingabesprache DEBIS dient der Beschreibung und der Eingabe der zu bearbeitenden Daten in den Rechner. Es sind durch die Sprache folgende Anforderungen abzudecken:

- bequeme Handhabung,
- leicht erlernbar,
- viele Freiheiten bezüglich Format, Erweiterbarkeit, Schlüsselworten, Namen,
- leicht übersetzbar in die internen Listen.

Die Anforderungen lassen sich durch eine formatfreie Sprache verwirklichen, die auf den Prinzipien höher organisierter Programmiersprachen aufbaut und weitgehend die

Terminologie der Praxis und der strukturellen Automatentheorie verwendet. Für die Variabilität der Sprache ist auch das Übersetzungsprinzip der Sprache in das interne Datenmassiv von entscheidender Bedeutung. Die Übersetzung sei hier nur kurz angedeutet. Sämtliche Schlüsselworte der Sprache und die Begrenzungszeichen sind in einer Tabelle abgespeichert. Durch einfache Neubelegung der Tabelle kann eine völlig andere Syntax vereinbart werden, ohne das Programm selbst zu ändern. Die Übersetzung baut immer ein Wort bis zum folgenden Begrenzer auf, testet auf Identität mit einem Schlüsselwort und reagiert entsprechend. Dadurch wird das Programm für die Übersetzung der Sprache recht einfach. Ausführliche Darstellungen zu dieser Problematik sind in den Arbeiten [1, 2, 3] enthalten.

3.3.4.8. Zusammenfassung der Sprache DEBIS

Die Sprache DEBIS besitzt das Alphabet A ... Z, 0 ... 9 (), :;/ und besteht aus Wörtern, binären Vektoren und Begrenzern. Zu den Begrenzern gehören alle Sonderzeichen, nicht aber das Leerzeichen. Das Leerzeichen wird in DEBIS nicht berücksichtigt. Es existieren Variablennamen, Blocknamen, Schlüsselwörter, Konstanten und binäre Parameter. Block- und Variablennamen dürfen die Zeichen A ... Z, 0 ... 9 in beliebiger Reihenfolge enthalten und maximal 10 Zeichen umfassen. Konstanten dürfen nur aus Dezimalziffern bestehen und binäre Parameter aus den Zeichen 0 oder 1.
Binäre Vektoren stellen eine Folge von 0 oder 1 dar und dürfen maximal 256 Zeichen lang sein. Die Angaben werden in logischen Sätzen eingegeben, wobei ein Satz, einschließlich dem Satzendezeichen „;“, 320 Zeichen umfassen darf. 320 Zeichen entsprechen 5 Zeilen auf dem Bildschirmgerät mit einer Zeilenlänge von 64 Zeichen.

3.3.4.8.1. Blockdefinition

Jeder Block des Netzwerkes wird durch einen Namen, die Eingangsvariablen und die Ausgangsvariablen und die innere Struktur bestimmt. Der Bezug zur Umgebung wird über die notwendige Blockdefinition hergestellt. Die Eingangs- und Ausgangsvariablen sind die Verbindungsleitungen zur Umgebung des Blockes. Ist der Block Gegenstand der Analyse, also die Umgebung das Programmsystem, so werden Ein- und Ausgangsvariable für die Ein- und Ausgabe verwendet. Zusätzlich können Variable des Blockes zur Zuweisung von Anfangswerten (Initialzustand des Blockes) angegeben werden. Diese Angaben besitzen Vorrang vor einer eventuellen inneren Zuweisung eines Initialzustandes.
Vollständige Blockdefinition:

DCL: $a_1, a_2, \dots, a_n$ = blockname $(e_1, e_2, \dots, e_m)$ $(i_1, i_2, \dots, i_k)$;

Blockname — beliebiger Name,
a — Ausgangsvariable,
e — Eingangsvariable,
i — innere Variable.

Beispiele für Blockdefinitionen:
DCL: STRUKTUR 1; definiert einen Block mit dem Namen STRUKTUR 1.
DCL: A1, A2 = TEIL 14;
DCL: 21, 22, 23, 27 = 2100 (E1, 12, 17A);
DCL: M1, 0 2, CL = 3A 4 (CL, IG5) (IV1, A W 2); auch dieser logische Satz definiert richtig einen Block mit dem Namen 3A4, da das Leerzeichen bedeutungslos ist. Die Änderung von Definitionssätzen wird durch Vorsetzen des Blocknamens vor die neue Blockdefinition erreicht:

blockname : DCL : a1 ... = name $(e_1, \dots)$ $(i_1, \dots)$;

Über den vorgesetzten Blocknamen wird der Bezug zur alten Definition hergestellt, so daß in der neuen Definition ein neuer Name eingesetzt werden kann.
Bei der Eingabe logischer Sätze zur Beschreibung der inneren Struktur eines Blockes wird immer auf den zuletzt angegebenen Blocknamen Bezug genommen. Dieser Bezug kann außer durch die Blockdefinition auch in der Form

name: logischer satz;

hergestellt werden. Jede Variable in einem Block ist durch den Blocknamen und den Variablennamen eindeutig bestimmt. Damit können in verschiedenen Blöcken Variablen mit gleichem Namen auftreten. Durch die Eingabe

blockname: NO;

kann ein gesamter Block für ungültig erklärt werden. Sämtliche unter diesem Blocknamen eingegebenen logischen Sätze, einschließlich des Definitionssatzes, werden durch diese Angabe gelöscht.

3.3.4.8.2. Funktionsblockdefinitionen

Funktionsblöcke sind Blöcke, bei denen die Beschreibung der inneren Struktur durch die Beschreibung des kombinatorischen Verhaltens ersetzt wird. Die Beziehungen zur Umgebung brauchen nicht näher spezifiziert werden, da nur ein Ausgang existiert und die Eingänge durch ihre Reihenfolge zugeordnet werden.

DCL: FKT + n (binärer Vektor);
+ Unterscheidungsmerkmal A ... Z ,
n Zahl der Eingänge des Blockes.

Die Länge des binären Vektors ergibt sich zu 2^n. Die Löschung erfolgt unter Verwendung des Blocknamens:

FKT + n : NO;

Eine Neudefinition mit gleichem Namen überschreibt die alte Definition. Beispiel für die Definition eines Funktionsblockes:

DCL : FKTM3 (01101110);

Für eine Anwendung in der Form

A = FKTM3 (E1, E2, E3);

ergibt sich das kombinatorische Verhalten aus Tab. 14.

Tabelle 14. Funktionstabelle des Funktionsblocks

E1	E2	E3	*A*
0	0	0	0
0	0	I	I
0	I	0	I
0	I	I	0
I	0	0	I
I	0	I	I
I	I	0	I
I	I	I	0

3.3.4.8.3. Flip-Flop-Blockdefinition

3.3.4.8.3.1. Allgemeines Flip-Flop

Die Beziehungen zur Umgebung ergeben sich analog dem Funktionsblock.

DCL : FF + (binärer Vektor);
+ Unterscheidungsmerkmal A ... Z, 0 ... 9 außer D und T.

Das Flip-Flop besitzt zwei Eingänge. Der binäre Vektor hat eine Länge von 8 Zeichen und beschreibt den Spaltenvektor der Belegungstabelle, der den direkten Ausgang bewertet. Eine Löschung der Definition ist in der Form

FF + : NO;

möglich. Eine Neueingabe mit gleichem Namen überschreibt die alte Definition. Beispiel für die Definition eines allgemeinen Flip-Flop:

DCL : FFL (01110011);

Für eine Anwendung in der Form

Q, NQ = FFL(E1, E2) (S) (1);

ergibt sich das Verhalten in Tab. 15.

Tabelle 15. Verhalten des allgemeinen Flip-Flop im Beispiele

E1	E2	Q(t − 1)	Q(t)
0	0	0	0
0	0	I	I
0	I	0	I
0	I	I	I
I	0	0	0
I	0	I	0
I	I	0	I
I	I	I	I

3.3.4.8.3.2. spezielle Flip-Flop

Neben dem allgemeinen Flip-Flop sind 4 weitere FF-Typen (RS-FF, JK-FF, T-FF, D-FF) zu verwenden. Für diese FF-Typen ist eine Definition nicht erforderlich, da sie entsprechend dem bekannten Verhalten fest eingespeichert sind.

3.3.4.8.4. Spezielle Blöcke

Als spezielle Blöcke werden die logischen Grundbausteine UND, ODER usw. aufgefaßt. Für diese Blöcke erübrigt sich ebenfalls eine Definition.

3.3.4.8.5. Zuordnung Variable zum Block

Durch die folgenden Zuordnungen werden den Ausgängen und den Eingängen eines Blockes oder Bauelementes Variablennamen zugewiesen. Über diese Variablennamen kann der Bezug zur Umgebung, den weiteren Blöcken und Bauelementen hergestellt werden. Es wird eine eindeutige Zuordnung der Ausgangsvariablen zu einem Block erreicht. Allgemeine Form einer Zuweisung:

blockname: $a_1, a_2, \ldots, a_m$ = name $(e_1, e_2, \ldots, e_n)$ $(i_1, i_2, \ldots, i_k)$ $(s_1, s_2, \ldots, s_e)$;

a — Ausgangsvariable,
e — Eingangsvariable,
i — innere Variable,
s — Spezifikation für zusätzliche Angaben,
name — Blockname bzw. Schlüsselwort.

Die Zuordnung erfolgt durch die Stellung der Variablen in der Blockdefinition und in der Zuweisung. Sind nicht alle Ausgangsvariablen belegt, können Ausgangsvariable entfallen. Um die richtige Stellung zu erhalten, müssen die Kommas gesetzt werden (z. B. a_1, a_2,, a_4, ...). Eingangsvariable und innere Variable können statt eines Variablennamens eine Konstante 0 oder 1 sein.

3.3.4.8.5.1. Bauelemente mit einem Ausgang

a_1 — name ($e_1, e_2, \ldots, e_n$);
name — Schlüsselwort und Zusatz.

Der Zusatz gestattet eine Modifikation des zeitlichen Verhaltens der Bauelemente. Die Schlüsselworte für Blöcke mit einem Ausgang sind in Tab. 16 zusammengestellt.

Tabelle 16. Schüsselworte für Bauelemente mit einem Ausgang

Schlüsselwort	Funktion
NOT+	Negator
AND+	log. Und-Gatter
OR+	log. Oder-Gatter
NAND+	Nand-Gatter
NOR+	Nor-Gatter
ANT+	Antivalenz
EQU+	Äquivalenz
FKT*+	Funktionsblock
RES	Rückführelement n = 1

* A ... Z
\+ 0 ... 9

Beispiele für die Anwendung von Blöcken mit einem Ausgang:

A = UND (B, C);
X12 = AND5 (X14, 0, X16, 1, X15);
5 = NOT1 (2);
SP1 = RES (XSP1) (0);

Das Res-Element besitzt keine logische Funktion. Es dient nur der besonderen Kennzeichnung einer freien Rückführung und zur Aufschaltung eines Anfangswertes.

3.3.4.8.5.2. Flip-Flop

a_1, a_2 — name (e_1, e_2, e_3) (s_1, s_2) (i_1);
a_1 — direkter Ausgang des FF,
a_2 — negierter Ausgang des FF,
e_1 — Steuereingang 1,
e_2 — Steuereingang 2,
e_3 — Takteingang wenn erforderlich,
s_1 — Steuerdynamik,
s_2 — Taktdynamik,
i_2 — Initialzustand des FF (Anfangswert),
name — FFRS, FFJK, FFT, FFD, FF + (allgemeines Flip-Flop),

Für T- und D-Flip-Flop entfällt der 2. Steuereingang. Folgende Dynamikangaben sind möglich:

S — statische Reaktion,
F — Reaktion auf Flanken,
V — Reaktion auf Vorderflanken,
R — Reaktion auf Rückflanken.

3.3.4.8.5.3. Blöcke allgemein

$a_1, a_2, \ldots, a_m$ = blockname ($e_1, e_2, \ldots, e_n$) ($i_1, i_2, \ldots, i_k$);

Die Zuordnung der Variablen zu denen der Blockdefinition ergibt sich aus der Position der einzelnen Variablen. Daraus ergibt sich, daß die Anschlußzahlen (Ein- und Ausgänge, innere Variable) weitgehend übereinstimmen.
Beispiel (Bild 26):

DCL : 71, 72, 73, 74, 75 = 2116 (76, 77, 78, 79, 80) (81, 82);
M1, ,M2, ,M3 = 2116 (M7, 0, 1, M8, 1) (1, M9);

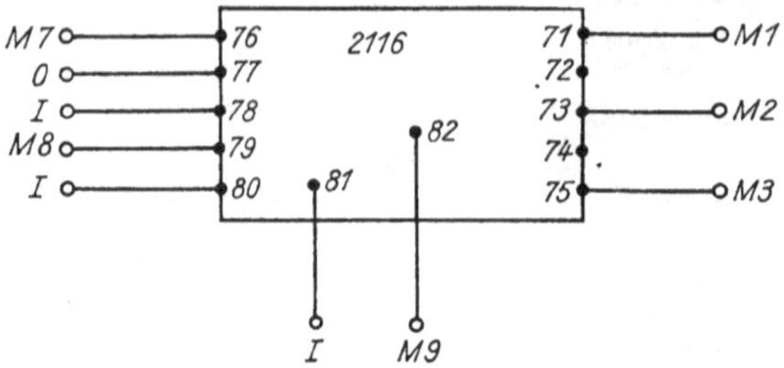

Bild 26. Zuordnung der Variablen im Beispiel beim Aufruf eines Blockes

3.3.4.8.6. Aufheben und Änderung einer Zuordnung

Zum Aufheben (Löschen) einer Zuordnung wird eine Anweisung der Form

$a_1, a_2, \ldots, a_m = NO;$

verwendet. Alle logischen Sätze, die eine Variable $a_1, \ldots, a_m$ als Ausgang enthalten, werden gelöscht. Dabei ist zu beachten, daß auch alle anderen Zuordnungen dieser logischen Sätze aufgehoben werden. Die Änderung einer Zuordnung kann durch einfache Neueingabe eines logischen Satzes erfolgen. Dabei ist für alle bereits einmal zugeordneten Ausgangsvariablen eine Löschfunktion mit allen angegebenen Bedingungen wirksam.

3.3.4.8.7. Eingänge und Ausgänge

Ein- und Ausgänge werden durch die Blockdefinition festgelegt. Für spezielle Probleme der Analyse ist es möglich, zusätzliche Ein- und Ausgänge für das eingegebene Netzwerk zu definieren. Diese Ein- und Ausgänge werden nur für die Ein- und Ausgabe mit dem Programmsystem als Umgebung wirksam. Alle Variablen sind als Ein- oder Ausgänge definierbar. Die Struktur des eingegebenen Netzwerkes wird dadurch nicht zerstört. Für die Analyse wird die Zerlegung in Teilstrukturen und deren getrennte Behandlung möglich. Zuordnung zusätzlicher Ausgänge:

$a_1, a_2, \ldots, a_m = OUT;$

Zuordnung zusätzlicher Eingänge:

$e_1, e_2, \ldots, e_n = IN;$

Statt eines später zu belegenden, variablen Einganges, mit dem Schlüsselwort IN vereinbart, sind auch sofort feste Werte durch die Schlüsselworte IN0, 0 oder IN1, 1 auf die Eingänge zu schalten. Zur Unterscheidung von der Aufhebung einer Blockzuordnung sind hier die Löschanweisungen

$e_1, e_2 \ldots, e_n = NOIN;$

und

$a_1, a_2, \ldots, a_m = NOUT;$

zu verwenden. Für Ausgänge innerhalb eines mehrfach angewendeten Blockes läßt sich kein eindeutiger Wert mehr zuordnen. Für solche Variablen ist die Anweisung OUT unwirksam.

3.3.4.8.8. Steueranweisungen

Bereitstellen von Daten aus der Bibliothek:

CALL : name;

Mit dieser Anweisung werden von der Bibliothek alle unter dem angegebenen Namen abgespeicherten logischen Sätze eingelesen und verarbeitet. Es müssen die Daten keine vollständigen Blöcke beschreiben. Sinnvollerweise wird man aber meist solche geschlossenen Netzwerke abspeichern und den Blocknamen gleichzeitig als Datennamen für die Bibliothek verwenden.

Übernahme von Daten in die Bibliothek:

LIB : name;

Alle eingegebenen logischen Sätze werden unter dem angegebenen Namen in der Bibliothek abgespeichert.

Ausgabe von Daten auf dem Bildschirmgerät:

DSPLY : name 1, name 2, ...;

name = Blockname (Ausgabe aller logischen Sätze des Blockes),
Variablennamen (Ausgabe des logischen Satzes, in dem die Variable als Ausgang zugeordnet wurde),
ALL (Ausgabe aller eingegebenen logischen Sätze).

Benennen eines Blockes als Bearbeitungsgegenstand:

END : blockname;

Diese Anweisung schließt gleichzeitig die Eingabe des Netzwerkes ab. Es kann jeder eingegebene Block als Bearbeitungsgegenstand benannt werden. Dadurch können für die Analyse einzelne Blöcke aus der Gesamtstruktur gelöst werden.
Alle aufgezählten Steueranweisungen dienen nur einer bequemeren Arbeitsweise. Die gleichen Funktionen sind durch Entscheidungen in Steuerdialogen zu erreichen. Der zeitliche Aufwand durch Steuerdialoge ist wesentlich höher.

3.3.4.8.9. Schachtelungen

Die Sprache gestattet außerdem, jede als Eingang zugeordnete Variable durch ein Bauelement mit nur einem Ausgang zu ersetzen. Ein Variablenname wird eingespart. Beispiel für eine Schachtelung:

AB, G7 = NAND5(E1, OR(X1, X2), EG, UND3(01, 02, 03),
NOT(NOR(EZ, NOT(X))));

3.3.4.8.10. Fehlerbehandlung

Bei jedem aufgetretenen Fehler wird der Anwender informiert und zur Korrektur aufgefordert. Ist eine Korrektur nicht vorgesehen, werden durch das Programm Standardmaßnahmen angenommen. In den meisten Fällen bewirken syntaktische Fehler ein Übergehen des logischen Satzes. Es wird immer so verfahren, daß die Weiterarbeit nicht behindert ist. Nachfolgende Fehler sind natürlich zu erwarten. Einige Standardmaßnahmen können zur rationelleren Eingabe genutzt werden. So werden nicht belegte Eingangsvariable mit festen Werten 0 oder 1 beschaltet, Blockdefinition und Zuordnung einander angeglichen.

3.3.5. Anwendungen und Erfahrungen mit dem Programmsystem

3.3.5.1. Anwendungsgebiete für das Programmsystem DASIS 403

Entwickelt wurde das Programmsystem für die Analyse binärer Schaltnetzwerke. Der Anwender gibt das Netzwerk in der speziellen, formatfreien Sprache in den Rechner ein. Er hat dann die Möglichkeit, ihm geeignet erscheinende Testfolgen an die Eingänge des Netzwerkes zu legen und die Zeitfolgen an beliebigen Punkten des Netzwerkes zu verfolgen. Daneben ist die statische Analyse beliebiger Teile des Netzwerkes möglich. Es hat sich gezeigt, daß über die primäre Aufgabenstellung der Analyse eines gegebenen Netzwerkes hinaus noch eine große Zahl anderer Probleme mit dem Programmsystem lösbar sind. Es können zwei Aufgabenklassen behandelt werden:

1. Verhaltensanalyse an Netzwerken mit einer komplexen Aufgabenstellung
— Analyse des logischen Verhaltens,
— Dynamische Fehleranalyse,
— Laufzeitanalyse,
— Bestimmung statischer und dynamischer Nebenbedingungen.
2. Theoretische Probleme der strukturellen und abstrakten Automatentheorie
— Lösung von Gleichungen und Gleichungssystemen,
— Auflösen von Gleichungen nach Variablen,
— Prüfung von Funktionen auf besondere Eigenschaften (z. B. Monotonie, Symmetrie, Orthogonalität, Linearität),
— Dynamische Operationen [18] (Berechnung und Anwendungen),
— Bestimmung stabiler Zustände in Automaten.
— Aufstellung der Automatengleichungen,
— Unabhängigkeit einer Funktion von bestimmten Variablen.

3.3.5.2. Grundprinzip der Lösung abstrakter Probleme

Eine Voraussetzung für die Lösbarkeit abstrakter Probleme der Schaltalgebra ist deren Formulierbarkeit in Form von binären Funktionen. Es ist immer möglich, einer binären Funktion ein Netzwerk zuzuordnen, dessen statische Verhaltensfunktion gleich der binären Funktion des abstrakten Problems ist. Da diese Zuordnung nicht eindeutig ist (es gibt unendlich viele Netzwerke mit der gleichen statischen Verhaltensfunktion), bestehen einige Möglichkeiten, eine besonders günstige Netzwerkstruktur für ein spezielles Problem zu finden.
Bei der Lösung abstrakter Probleme stellt es sich heraus, daß sich das entsprechende Netzwerk stets in mindestens zwei Teilnetzwerke zerlegen läßt. Das eine Teilnetzwerk stellt die zu bearbeitende, im allgemeinen frei wählbare Funktion dar und das andere das sogenannte „Problemlösungsnetzwerk". Das letztere Netzwerk ist für jedes Problem weitestgehend konstant und kann somit zweckmäßigerweise in einer

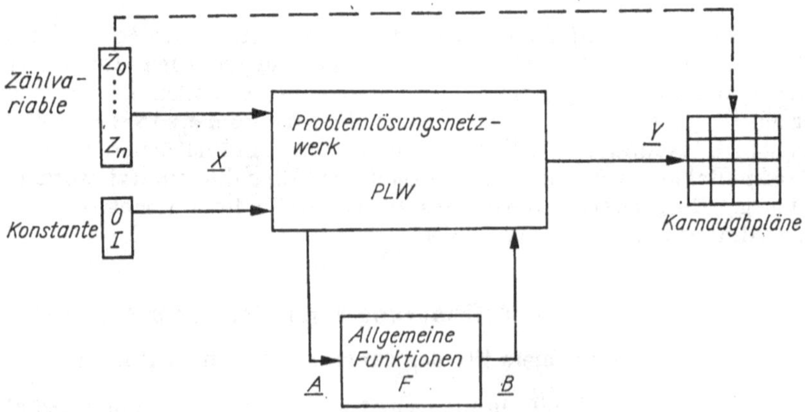

Bild 27. Lösungsstruktur abstrakter Probleme

Bibliothek gespeichert werden. Vorgehensweise bei der Lösung abstrakter Probleme (Bild 27):

- Eingabe der zu bearbeitenden allgemeinen Funktion in Form eines Netzwerkes.
- Eingabe des Problemlösungsnetzwerkes. Ist das Problem schon aufbereitet, kann dieses Netzwerk einer Bibliothek entnommen werden.
- Belegen der Netzwerkeingänge mit konstanten Werten oder mit Zählvariablen.
- Simulation der Netzwerke durch das Programmsystem und Ausgabe der Ergebnisse in Form von *Karnaugh*plänen oder als Zeitfolgen.
- Interpretation der Ergebnisse durch den Anwender.

Im folgenden soll an einigen ausgewählten Problemen die Herangehensweise an die abstrakten und komplexen Probleme gezeigt werden. Ein wichtiger Parameter dieser Probleme ist die Zahl der Ein- und Ausgänge der Netzwerke der allgemeinen Funktionen. Um die Anschaulichkeit zu gewährleisten, werden bei der Illustration der Probleme meist konkrete Ein- und Ausgangszahlen verwendet. Aus der Struktur erkennt man aber leicht, wie das entsprechende Netzwerk für andere Parameter zu erweitern ist.

3.3.5.3. Lösungsvorschläge einiger ausgewählter Probleme

3.3.5.3.1. Das Lösen binärer Gleichungssysteme

Grundlagen: Falls $f(a_1, \dots, a_n) = 0$ eine binäre Gleichung darstellt, so versteht man unter deren Lösung die Menge aller der Belegungsvektoren, die die Gleichung erfüllen. Gleichungssysteme bestehen im allgemeinen aus m inhomogenen Gleichungen folgender Gestalt:

$$\begin{aligned} f_1(a_1, \dots, a_n) &= g_1 , \\ f_2(a_1, \dots, a_n) &= g_2 , \\ f_m(a_1, \dots, a_n) &= g_m . \end{aligned} \tag{20}$$

Durch geeignetes Umformen des Gleichungssystems (20) ist es stets möglich, die m inhomogenen Gleichungen in eine homogene Gleichung (21) zu verwandeln:

$$\begin{aligned} &\left(f_1(a_1, \dots, a_n) \nleftrightarrow g_1\right) \vee \left(f_2(a_1, \dots, a_n) \nleftrightarrow g_2\right) \vee \dots \\ &\vee \left(f_m(a_1, \dots, a_n) \nleftrightarrow g_m\right) = 0 . \end{aligned} \tag{21}$$

Das Grundprinzip der Lösung von Gleichung (21) besteht nun darin, daß man die linke Seite als Funktion auffaßt. Durch eine Durchmusterung aller Eingangsbelegungen dieser Funktion findet man alle Lösungen als Belegungsvektoren mit dem Funktionswert 0 heraus. Die allgemeine Lösungsstruktur ist in Bild 28 dargestellt.

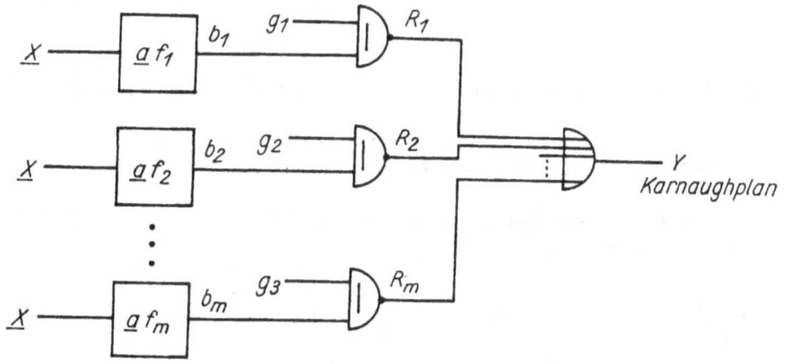

Bild 28. Allgemeine Lösungsstruktur für die Lösung von Gleichungssystemen

Beispiel:
Gelöst werden soll das folgende Gleichungssystem mit 3 Unbekannten:

$$\overline{a_1}a_2 \vee a_1a_3 = 1\,, \qquad \overline{a_2} \vee \overline{a_1}a_3 = 1\,. \tag{22}$$

Die Umwandlung von (22) in eine homogene Gleichung braucht schon nicht mehr durchgeführt werden, da dieser Schritt durch das Lösungsnetzwerk übernommen wird. Das Problemlösungsnetzwerk PLW5 ist für 5 Variable ausgelegt. Wenn diese, wie im Beispiel, nicht alle ausgenutzt werden, so sind die entsprechenden Funktionsausgänge und Parameter mit dem Wert 0 zu belegen. Die sprachliche Formulierung der Netzwerke lautet dann:

```
DCL: Y  = PLW5 (X1, X2, X3, X4, X5, G1, G2, G3, G4, G5);  ┐
     Y  = OR (R1, R2, R3, R4, R5);                         │
     R1 = ANT (G1, B1);                                    │
     R2 = ANT (G2, B2);                                    │
     R3 = ANT (G3, B3);                                    │  Problem-
     R4 = ANT (G4, B4);                                    │  lösungs-
     R5 = ANT (G5, B5);                                    │  netzwerk
     B1 = F1 (X1, X2, X3, X4, X5);                         │
     B2 = F2 (X1, X2, X3, X4, X5);                         │
     B3 = F3 (X1, X2, X3, X4, X5);                         │
     B4 = F4 (X1, X2, X3, X4, X5);                         │
     B5 = F5 (X1, X2, X3, X4, X5);                         ┘
DCL: B1 = F1 (A1, A2, A3, A4, A5);
     B1 = OR (AND(NOT(A1), A2), AND(A1, A3));
DCL: B2 = F2 (A1, A2, A3, A4, A5);
     B2 = OR (NOT(A2), AND (NOT(A1), A3));
DCL: B3 = F3;
     B3 = 0;
DCL: B4 = F4;
DCL: B5 = F5;
END;
```

Als Ergebnis wird ein *Karnaugh*plan Bild 29 mit drei Variablen entstehen. Die Null-Felder sind die Lösungen des Gleichungssystems (22).

x_1					y
0	I	I	0	I	
I	I	I	I	0	
	0	I	I	0	x_2
	0	0	I	I	x_3

Bild 29. *Karnaugh*plan für die Lösungen des Gleichungssystems

3.3.5.3.2. Prüfung binärer Funktionen auf Monotonie

Gegegeben sei eine Funktion $f(a_1, \ldots, a_i, \ldots, a_n)$. Die Funktion f ist genau dann streng monoton wachsend, wenn die Gleichung

$$\bigvee_{i=1}^{n} f(a_i = 0)\,\overline{f(a_i = 1)} = \bigvee_{i=1}^{n} \frac{\mathrm{d}f}{\mathrm{d}a_i} = 0 \tag{23}$$

erfüllt ist. Die allgemeine Lösungsstruktur zeigt Bild 30.

Beispiel:
Folgende Funktion $f(a_1, a_2, a_3)$ soll auf Monotonie in den Variablen a_1, a_2, a_3 untersucht werden:

$$f(a_1, a_2, a_3) = \overline{a}_1 a_2 \vee a_1 a_3 .$$

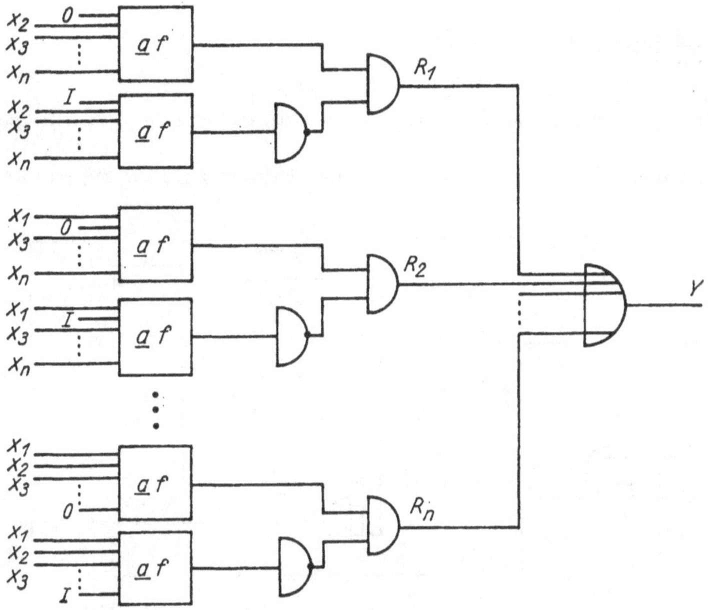

Bild 30. Allgemeine Lösungsstruktur für die Lösungsprüfung auf Monotonie

Das Problemlösungsnetzwerk PLW3 ist für Funktionen bis zu 3 Variablen ausgelegt. Die sprachliche Formulierung der Netzwerke lautet dann:

```
DCL: Y   = PLW3 (X1, X2, X3);
     Y   = OR (R1, R2, R3);
     R1  = AND (B11, NOT (B12));
     R2  = AND (B21, NOT (B22));
     R3  = AND(B31, NOT(B32));
     B11 = F(0, X2, X3);
     B12 = F(I, X2, X3);
     B21 = F(X1, 0, X3);
     B22 = F(X1, I, X3);
     B31 = F(X1, X2, 0);
     B32 = F(X1, X2, I);
DCL: B   = F(A1, A2, A3);
     B   = OR(AN(DNOT(A1), A2), AND(A1, A3));
END;
```

x_1 \ y				
0	0	I	0	0
I	0	I	0	0
x_2	0	I	I	0
x_3	0	0	I	I

Bild 31. *Karnaugh*plan mit dem Ergebnis der Prüfung auf Monotonie

Als Ergebnis wird ein *Karnaugh*plan Bild 31 mit 3 Variablen entstehen. Die zu untersuchende Funktion ist genau dann monoton, wenn alle Felder eine Null enthalten. Die im Beispiel angegebene Funktion ist nicht in allen Variablen monoton.

3.3.5.3.3. Ableitung einer Funktion nach einer Variablen

Die Ableitung $\frac{\mathrm{d}f}{\mathrm{d}a_i}$ ist wie folgt definiert:

$$\frac{\mathrm{d}f}{\mathrm{d}a_i} = f(a_1, a_2, \dots, a_i = 0, \dots, a_n) \nleftrightarrow f(a_1, a_2, \dots, a_i = I, \dots, a_n) .$$

Diese Definition liegt der allgemeinen Lösungsstruktur Bild 32 zugrunde.

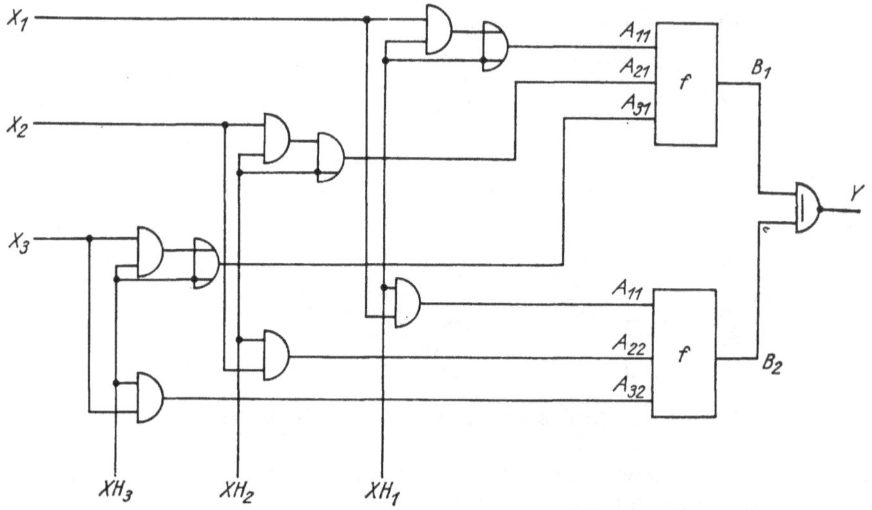

Bild 32. Allgemeine Lösungsstruktur für die Bildung der Ableitung

Die Eingänge $X1$, $X2$, $X3$ sind die Variablen der Funktion. Die Eingänge $XH1$, $XH2$, $XH3$ sind Parameter zur Festlegung der Variablen, nach der abgeleitet werden soll. Für diese Variable wird $XHi = 0$, für alle anderen Variablen wird $XHi = 1$ gesetzt. (XHi entspricht a_i).

Beispiel:

Folgende Funktion soll nach der Variablen a_2 abgeleitet werden.

$$f = a_1 a_2 \nleftrightarrow a_3 \nleftrightarrow a_1 a_2 a_3 .$$

Die sprachliche Formulierung der Netzwerke lautet dann:

```
DCL: Y   = PWA3(X1, X2, X3, XH1, XH2, XH3);
     Y   = ANT(B1, B2);
     B1  = F(A11, A21, A31);
     B2  = F(A12, A22, A32);
     A11 = STR1 (X1, XH1);
     A21 = STR1 (X2, XH2);
     A31 = STR1 (X3, XH3);
     A12 = STR2 (X1, XH1);
     A22 = STR2 (X2, XH2);
     A32 = STR2 (X3, XH3):
```

```
DCL: A = STR1 (X, XH);
         A = OR(AND(X, XH), NOT(XH));
DCL: A = STR2 (X, XH);
         A = AND(X, XH);
DCL: B = F(A1, A2, A3);
         B = ANT(AND(A1, A2), A3, AND(A1, A2, A3);
END;
```

Die Eingänge $X1$ bis $X3$ werden mit Zählvariablen belegt. Die Parameter werden mit $XH1$, $XH3 = \mathrm{I}$ und $XH2 = 0$ belegt. Als Ergebnis entsteht ein *Karnaugh*plan Bild 33 mit 3 Variablen.

x_1 \ y				
0	0	0	0	0
I	I	I	0	0
x_2	0	I	I	0
x_3	0	0	I	I

Bild 33. *Karnaugh*plan für die Ableitung nach a_2

3.3.5.3.4. Anwendung des Programmsystems zur Fehlerdiagnose und Ermittlung von Testsätzen für kombinatorische Netzwerke

Ziel ist es, das vorhandene Programmsystem ohne Änderungen für die Probleme der Prüfung und Diagnose einzusetzen. Vorteile ergeben sich durch das bereits eingegebene Netzwerk, wenn es zur Überprüfung des Entwurfes simuliert wurde. In einer zeitigen Phase des Entwurfes können die Anforderungen der Testung berücksichtigt und eingearbeitet werden. Die Lösung wird unter Anwendung des Differentials erzielt. Als Fehlermodell wird das Festhalten an 0 (SA0) und an 1 (SA1) angenommen.
Grundgedanke: Eine zu bestimmende Änderung des Eingangssignales führt bei fehlerfreier Funktion zu einer Änderung des Ausgangssignales. Bei fehlerhafter Funktion tritt keine Änderung des Ausgangssignales auf. Es sind für jeden Test 2 Eingangsbelegungen (Belegungspaar) erforderlich [19].
Das Schaltnetzwerk wird in Teilschaltungen zerlegt Bild 34. Es genügt in den meisten Fällen, den Schnitt in der Schaltungstiefe der zu prüfenden Teilschaltung $g(x)$ zu führen. In einigen Fällen werden bei dieser Schnittführung nicht alle möglichen Belegungspaare erfaßt. Die Schnittstellen $u_1, \ldots, u_m$ in Bild 34 sind, um alle Tests zu berücksichtigen, in der größtmöglichen Schaltungstiefe anzulegen.

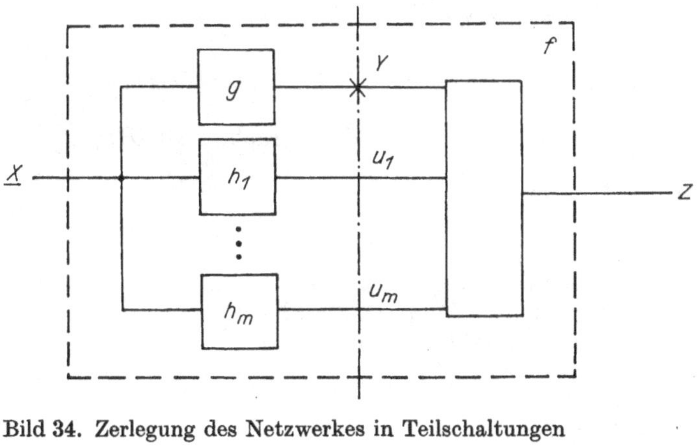

Bild 34. Zerlegung des Netzwerkes in Teilschaltungen

Zur Bestimmung einer fehlerhaften Teilschaltung $y = g(x)$ werden die Differentiale aller geschnittenen Teilschaltungen $y = g(x)$, $u_i = h_i(x)$ mit $i = 1, \dots, m$ und das Differential der Gesamtschaltung gebildet. Eine Änderung der Eingangssignale ($\mathrm{d}x = c$) von einer bestimmten Eingangsbelegung ($x = c$) aus ist genau dann ein Testbelegungspaar ($c, c \nleftrightarrow e$), wenn das Differential der zu prüfenden Teilschaltung $y = g(x)$ und das der Gesamtschaltung $z = f(x)$ für das Belegungspaar ($c, c \nleftrightarrow e$) den Wert I und die Differentiale der übrigen Teilschaltungen $u_i = h_i(x)$ den Wert 0 besitzen. Der Formelausdruck lautet:

$$T(x, \mathrm{d}x) = \mathrm{d}g \wedge \mathrm{d}f \wedge \bigwedge_{i=1}^{m} \mathrm{d}h_i \,. \tag{24}$$

Anschaulich ausgedrückt heißt das: Eine Änderung des Ausgangssignals z der Gesamtschaltung ist sicher dann von einer Änderung des Ausgangssignals y der Teilschaltung abhängig, wenn sich nur die Variable y ändert, während die Werte an den Schnittstellen $u_1, \dots, u_m$ konstant bleiben. Die Bestimmung der Differentiale erfolgt nach der Formel

$$\mathrm{d}y = g(x) \nleftrightarrow g(x \nleftrightarrow \mathrm{d}x) \,. \tag{25}$$

Die Differentiale nach Formel (25) sowie die Verknüpfung nach Formel (24) werden mit Hilfe der Simulation errechnet. Die Ausgabe erfolgt in Form eines *Karnaugh*-planes oder Funktionstabelle. Das Prinzip wird in Bild 35 für eine kleine Schaltung verdeutlicht. Es ist kein Eingriff in die Struktur notwendig. Alle geschnittenen Leitungen müssen verfügbar sein, d. h. als Aushang des Blockes existieren.

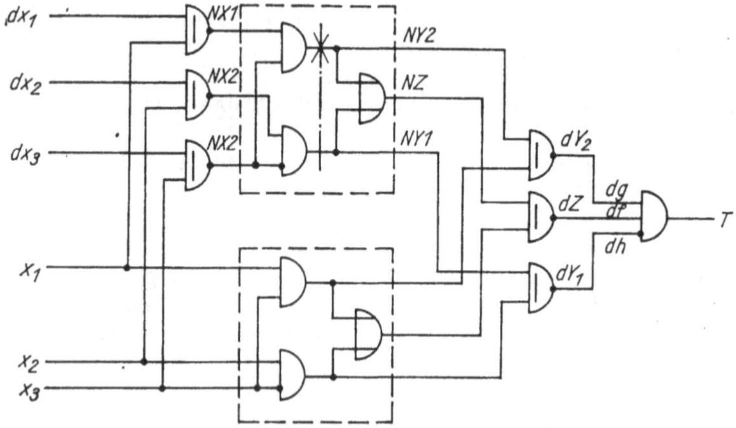

Bild 35. Beispiel für die Lösungsstruktur zur Fehlerdiagnose

Formulierung der zu testenden Struktur in der Sprache DEBIS:

```
DCL: Z, Y1, Y2 = STRT(X1, X2, X3);
     Z  = OR(Y1, Y2);
     Y1 = AND(X1, X3);
     Y2 = AND(X2, NOT(X3));
```

Allgemeines Lösungsnetzwerk für 2 geschnittene Leitungen und 3 Eingänge:

```
DCL: T   = TEST(X1, X2, X3, DX1, DX2, DX3);
     T   = AN(DDY2, DZ, NOT(DY1));
     DY2 = ANT(Y2, NY2);
     DY1 = ANT(Y1, NY1);
     DZ  = ANT(Z, NZ);
```

```
Z, Y1, Y2      = STRT(X1, X2, X3);
NZ, NY1, NY2   = STRT(NX1, NX2, NX3);
NX1            = ANT(X1, DX1);
NX2            = ANT(X2, DX2);
NX3            = ANT(X3, DX3);
```

Nach der Simulation sind die Testbelegungspaare mit Einfach- und Mehrfachänderung der Eingangsvariablen aus den mit I belegten Feldern des *Karnaugh*planes zu bestimmen (Bild 36). Die Teststruktur kann ohne weiteres für den Maximalfall entworfen werden. Nicht belegte Leitungen bei kleineren zu testenden Strukturen können offen

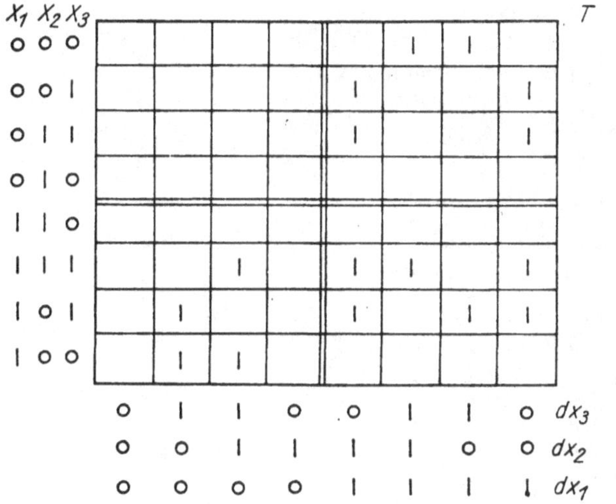

Bild 36. *Karnaugh*plan mit berechneten Belegungspaaren

bleiben. Sie unterliegen keiner Wertänderung $du_i = 0$ während der Simulation und sind dadurch für das Ergebnis ohne Bedeutung. Nicht benötigte Eingänge $X_n, \ldots, X_m$ werden durch die gewählte Simulation nicht berücksichtigt, so daß immer nur *Karnaugh*pläne der benötigten Größe ausgegeben werden.

3.3.5.3.5. Simulation mehrwertiger Logik

Für eine Reihe Simulationsaufgaben ist eine 2-wertige Logik, wie sie im Simulationsmodell verwirklicht wurde, nicht ausreichend. Mehrwertige Systeme müssen in eine 2-wertige Logik überführt werden, um mit dem Programmsystem arbeiten zu können. Im folgenden sei ein Beispiel für die Darstellung einer 4-wertigen Logik durch eine 2-wertige angegeben. Dabei muß eine Variable der 4-wertigen Logik durch zwei 2-wertige Variable ersetzt werden. Tabelle 17 zeigt die Zuordnung der Belegungen.

Tabelle 17. Kodierung der 4-wertigen Logik

4-wertige Logik X	2-wertige Logik x_1	x_2
0	0	0
1	0	I
2	I	0
3	I	I

Für die neue Logik lassen sich neue Grundschaltungen entwerfen. Im Beispiel werden nur 3 Werte benötigt (Tab. 18), wobei ein unbestimmter Wert (0 oder I) eingeführt wird.
Es ergeben sich die neuen Schaltbelegungstabellen für Konjunktion und Disjunktion in Tab. 19. (a_1, a_2) und (b_1, b_2) seien jeweils eine Variable der 3-wertigen Logik.
Die zugehörigen Grundelemente UND und ODER werden in Bild 37 gezeigt.

Tabelle 18. Belegung für das Beispiel

a_1	a_2		A	
0	0	0	0	
1	0	I	Φ	unbestimmter Wert
2	I	0	—	nicht belegt
3	I	I	I	

Tabelle 19. Schaltbelegungstabellen für 3-wertige Logik

A		B		A ∨ B		A ∨ R	
a_1	a_2	b_1	b_2	c_1	c_2	c_1	c_2
0	0	0	0	0	0	0	0
0	0	0	I	0	0	0	I
0	0	I	0	—	—	—	—
0	0	I	I	0	0	I	I
0	I	0	0	0	0	0	I
0	I	0	I	0	0	0	I
0	I	I	0	—	—	—	—
0	I	I	I	0	I	I	I
I	0	0	0	—	—	—	—
I	0	0	I	—	—	—	—
I	0	I	0	—	—	—	—
I	0	I	I	—	—	—	—
I	I	0	0	0	I	I	I
I	I	0	I	0	I	I	I
I	I	I	0	—	—	—	—
I	I	I	I	I	I	I	I

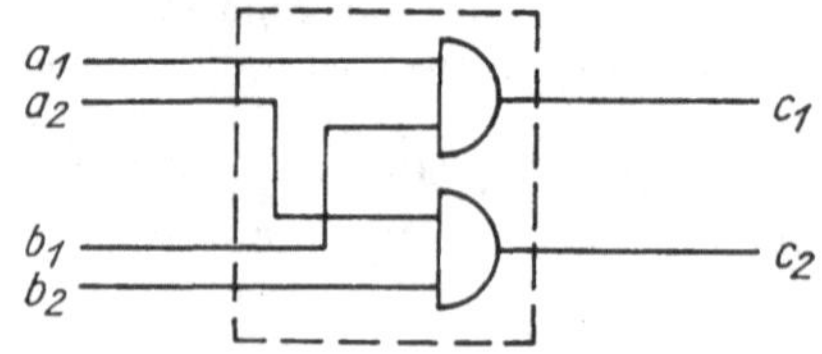

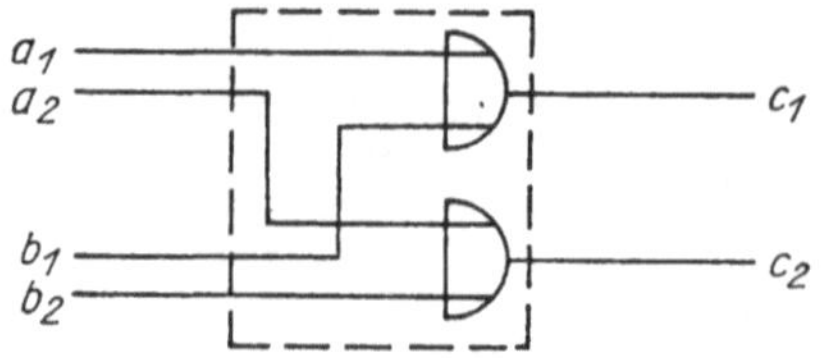

Bild 37.
a) UND-Block
b) ODER-Block

3.3.5.3.6. Simulation integrierter Bausteine am Beispiel des D-Flip-Flop D174

Die Simulation des D174 soll als ergänzendes Beispiel für die Vorgehensweise bei der Umsetzung technischer Schaltungen in das Rechnermodell dienen. Prinzipiell ließe sich für dieses Flip-Flop in komplexen Schaltungen das im Programmsystem implementierte D-FF verwenden. Leider kann mit dem FF-Block nicht das komplizierte dynamische Verhalten des realen D-FF D174 nachgebildet werden. Arbeitet das D-FF jedoch im Bereich der Grenzfrequenz, sind gerade diese kritischen Übergänge interessant. Um das dynamische Verhalten exakt nachzubilden, wird am einfachsten die innere Struktur des Bausteins (Bild 38) modelliert. Wie noch im Beispiel

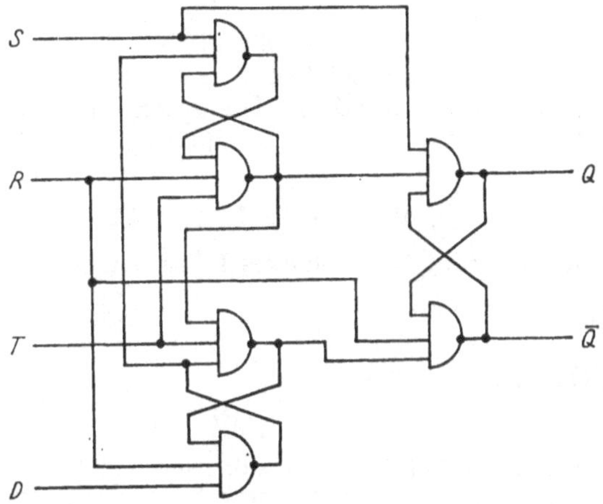

Bild 38. Innere Struktur des D-FF D174

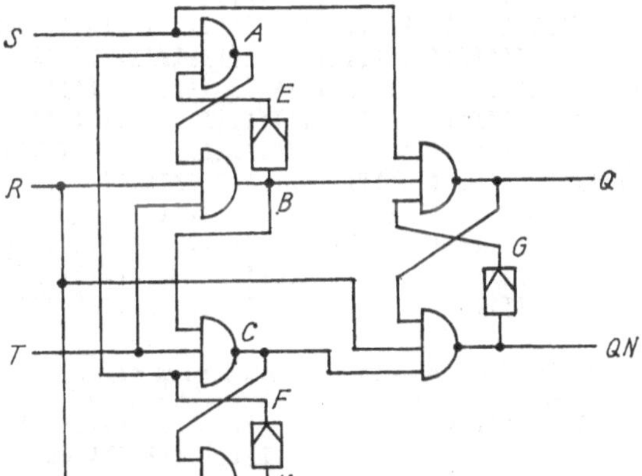

Bild 39. Für die Simulation aufbereitetes Netzwerk des D174

gezeigt wird, ist damit eine recht gute Näherung erreichbar. Für das Programmsystem ist es erforderlich, die Rückführungen mit RES-Elementen zu kennzeichnen. In Bild 39 ist das aufbereitete Netzwerk mit zusätzlich eingeführten Variablen dargestellt. Der neue FF-Block erhält zweckmäßigerweise den Namen D174. Unter diesem Namen steht er dann für Anwendungen in größeren Netzwerken bereit. Die Formulierung in der Sprache lautet dann:

```
DCL: Q, QN = D174 (R, S, T, D);
     Q     = NAND3 (S, B, G);
     QN    = NAND3 (Q, R, C);
     B     = NAND3 (R, A, T);
     G     = RES(QN) (1);
     C     = NAND3 (E, T, F);
     A     = NAND3 (S, F, E);
     E     = RES(B) (0);
     F     = RES(H) (0);
     H     = NAND3 (C, R, D);
     END;
```

Wie aus der Beschreibung ersichtlich ist, wurde für die NAND-Elemente keine spezielle Verzögerung eingesetzt. Es werden die gleichen Verzögerungen wie in anderen Bausteinen der D10-Reihe verwendet (z. B. D100). Die Zeiten müssen quantisiert werden. Ein Zeitquant im 1. Beispiel entspricht 9ns. Die quantisierten Verzögerungszeiten für NAND3 sind dann:

TAUE01 = 0, TAUE10 = 0, TAUA01 = 1, TAUA10 = 1, TAU0 = 0

Durch den Anwender werden die Eingänge des Blockes D174 belegt:

R = I;
S = I;
D = 00000000IIIIIIIIP;
T = 0000IIIIP;

Tabelle 20. Ergebnis der Berechnung des D174 bei einer Quantisierung von 9ns

D174	Q = ...IIIIIIIII.......IIIIIIIII.......IIIIIIIII.......II
	QN = IIIIIIIIIIIIIII.......IIIIIIII.......IIIIIIIII.......IIIIIIIII.
	D = ...IIIIIIII........IIIIIIII........IIIIIIII........IIIIIIII
	R = IIIIIIIIIIIIIIIIIIIIIIIIIIIIIIIIIIIIIIIIIIIIIIIIIIIIIIIIIIIIIIII
	S = IIIIIIIIIIIIIIIIIIIIIIIIIIIIIIIIIIIIIIIIIIIIIIIIIIIIIIIIIIIIIIII
	T = ...IIII....IIII....IIII....IIII....IIII....IIII....IIII....IIII
	B = IIIIIIIIIIII....IIIIIIIIIIII....IIIIIIIIIIII....IIIIIIIIIIII....
	G = IIIIIIIIIIIIIII.......IIIIIIIII.......IIIIIIIII.......IIIIIIIII.
	C = IIIII....IIIIIIIIIIII....IIIIIIIIIIII....IIIIIIIIIIII....IIIIIII
	A = II.........IIIIIII.........IIIIIII.........IIIIIII.........IIIII
	E = .IIIIIIIIIIII....IIIIIIIIIIII....IIIIIIIIIIII....IIIIIIIIIIII...
	F = .IIIIIIIII.......IIIIIIIII.......IIIIIIIII.......IIIIIIIII......
	H = .IIIIIIIII.......IIIIIIIII.......IIIIIIIII.......IIIIIIIII......

Tabelle 21. Ergebnis der Berechnung des D174 bei einer Quantisierung von 3,5 ns

D174	Q = ...IIIIIIIIIIIIIIIIIII................IIIII..IIIIIII
	QN = IIIIIIIIIIIIIIIIII.............IIIIIIIIIIIIIIIIIIIIII..........I
	D = IIIIIIIIIIIIIIII................IIIIIIIIIIIIIIII................
	R = IIIIIIIIIIIIIIIIIIIIIIIIIIIIIIIIIIIIIIIIIIIIIIIIIIIIIIIIIIIIIIII
	S = IIIIIIIIIIIIIIIIIIIIIIIIIIIIIIIIIIIIIIIIIIIIIIIIIIIIIIIIIIIIIIII
	T = ...IIIIIIII........IIIIIIII........IIIIIIII........IIIIIIII
	B = IIIIIIIIIII.........IIIIIIIIIIIIIIIIIIIIIIIIII......IIIIIIIIIIII
	G = IIIIIIIIIIIIIIIIII.............IIIIIIIIIIIIIIIIIIIIII..........I
	C = IIIIIIIIIIIIIIIIIIIIIIIIIII.........IIIIIIIIIIIIIIIIIIIIIII.....
	A = IIIIIIIIIIIIIIIIIIIIIII....................IIIIIIIIIIII.........
	E = .IIIIIIIIII.........IIIIIIIIIIIIIIIIIIIIIIIIII......IIIIIIIIIIII
	F = ...IIIIIIIIIIIIIIIIIII.............IIIIIIIIIIII
	H = ...IIIIIIIIIIIIIIIIIII.............IIIIIIIIIIII

Aus Tab. 20 und Tab. 21 ist ersichtlich, wie die Eingangszeitfolgen auf die angegebene Gesamtlänge ergänzt werden. Eine mit „P" abgeschlossene Eingangsfolge setzt sich periodisch fort. Tabelle 20 zeigt die durch das Programmsystem errechnete Reaktion des D174 auf die Eingangsfolgen. Eine einwandfreie Funktion ist unter den angegebenen Bedingungen garantiert. Durch den Anwender werden im Anschluß an die 1. Simulation neue Bedingungen geschaffen. Die Quantisierung wird verfeinert, um die Auflösung zu erhöhen. Ein Zeitquant entspricht jetzt 3,5ns. Für NAND3 müssen neue Verzögerungszeiten eingegeben werden:

TAUE01 = 0, TAUE10 = 0, TAUA01 = 3, TAUA10 = 2, TAU0 = 1

Die Frequenz der Eingangssignale wird erhöht. Die neuen Eingangsfolgen werden in der Form

T = 00000000IIIIIIIP;

D = IIIIIIIIIIIIIII0000000000000000P;

eingegeben. Die Reaktion des Netzwerkes D174 ist in Tab. 21 dargestellt. Schon nach dem 3. Takt tritt eine Fehlfunktion auf. Die Frequenz der Eingangssignale wurde zu hoch angesetzt.

Der Vorteil einer Nachbildung der inneren Struktur ist, wie dargelegt wurde, die gute Modellierung des dynamischen Verhaltens. In der Bibliothek des Programmsystems sind, analog dem Baustein D174, für alle TTL-Schaltkreise Blöcke modelliert und abgespeichert worden. Sie stehen damit jedem Benutzer der Programmsystems unter den bekannten Namen zur Verfügung. Die auf der Basis von TTL-Schaltkreisen aufgebauten Netzwerke können dadurch wesentlich genauer und einfacher simuliert werden.

3.3.5.4. Erfahrungen zur Arbeit mit dem Programmsystem

Das Programmsystem ermöglicht drei grundsätzliche Arbeitsweisen:

— reiner Dialogbetrieb,
— reiner Stapelbetrieb,
— gemischte Arbeitsweise.

Die Vor- und Nachteile der einzelnen Arbeitsweisen sollen im folgenden gegenübergestellt werden.

Reiner Dialogbetrieb:

Es werden nur geringe Kenntnisse über das Programmsystem vorausgesetzt. Der Anwender benötigt nur das allgemeine Fachwissen der Schaltalgebra. Alle zur Lösung des Problems außerdem nötigen Informationen erhält er im Dialog vom Programmsystem. Aufgetretene Fehler können sofort korrigiert werden. In Abhängigkeit von den berechneten Ergebnissen hat der Anwender die Möglichkeit, Änderungen vorzunehmen. Beispielsweise können zusätzliche Bauelemente eingefügt oder die Belegung der Eingänge verändert werden. Vor allem bei kleinen Rechnern mit ungeeignetem oder keinem Multiprogramming wird bei umfangreichen Dateneingaben über das Bildschirmgerät eine unzureichende Auslastung des Rechners erreicht.

Reiner Stapelbetrieb:

Die Karteneingabe bewirkt eine höhere Auslastung des Rechners. Die Anwesenheit des Anwenders im Rechenzentrum ist nicht erforderlich. Eine Bearbeitung der Probleme als Auftragsarbeit wird möglich. Das Programmsystem kann auch auf Rechnern ohne Bildschirmgerät angewendet werden. Die Arbeitsweise setzt beim Anwender umfangreiche Kenntnisse über das Programmsystem voraus, um Daten- und Steuerkarten zu erstellen. Eine Korrektur von aufgetretenen Fehlern ist nur durch das Programmsystem möglich. Um eine Abarbeitung trotz aufgetretener Fehler in vielen Fällen noch zu ermöglichen. sind die entsprechenden Standardmaßnahmen zur Fehlerkorrektur im Programm vorgesehen.

Gemischte Arbeitsweise:

Diese Arbeitsweise ist als Kompromiß hinsichtlich einer günstigeren Auslastung des Rechners zu verstehen.

— Arbeit im Dialog, die Dateneingabe erfolgt mittels Lochkarten. Es sind fast alle Vorteile der Dialogarbeit vorhanden. Die Datenkarten sind problemlos zu erstellen. Die Zeitersparnis bei der Eingabe stellt auch eine Entlastung für den Anwender dar.
— Daten und Steuereingaben im 1. Arbeitsteil mittels Lochkarten. Es wird dann im Dialog weitergearbeitet. Im Stapelbetrieb werden immer wieder benötigte bzw. vorbereitete Daten eingegeben.
— Stapelbetrieb, Fehlerkorrektur im Dialog.

Beim Vergleich der verschiedenen Varianten gelangt man zu folgender Einschätzung: Sofern eine Arbeit mit Bildschirmgerät möglich ist, sollte in jedem Fall der Dialogbetrieb genutzt werden. Erst wenn keine effektive Auslastung des Rechners erreicht wird, ist auf eine gemischte Arbeitsweise zurückzugreifen. Besteht keine Multiprogrammierung des Rechners, erweist sich der Stapelbetrieb mit Fehlerbehandlung im Dialog als günstig.

Mit dem Programmsystem wurde ein wichtiges Rationalisierungsmittel der Ingenieurarbeit auf dem Gebiet des Schaltungsentwurfs geschaffen. Das vorgeschlagene Modell und die Simulation kommen den Bedingungen der Praxis sehr nahe. Die Bausteinbibliothek für alle gegenwärtig verfügbaren TTL-Schaltkreise ist ein entscheidender Vorteil für die bequeme Handhabung. Alle bereits durchgeführten Berechnungen wurden nach dem praktischen Aufbau der Netzwerke bestätigt.

Literaturverzeichnis

[1] *Kieser, M., Lange, H.*: Programmsystem zur Analyse kombinatorischer Schaltnetzwerke. Diplomarbeit, Technische Hochschule Karl-Marx-Stadt 1972.

[2] *Bochmann, D., Kieser, M.*: Erfahrungen mit einer dialogfähigen Sprache zur Analyse logischer Schaltnetzwerke. Nachrichtentechnik — Elektronik **23**, 4 (1973).

[3] *Warda, A.*: Diskussion, Beschreibung und Realisierung einer dialogfähigen Sprache und des dazugehörigen Übersetzungsprogrammes als Teil eines Programmsystems zur Analyse logischer Schaltnetzwerke. Diplomarbeit, Technische Hochschule Karl-Marx-Stadt 1973.

[4] *Kieser, M.*: Ein Verfahren zur Analyse binärer Schaltnetzwerke unter Verwendung spezieller Zeitfolgen. ZKI-Informationen 1/1974.

[5] *Dietmeyer, D. L.*: Logic Design of Digital Systems. Allyn and Bacon, Inc. 1971.

[6] *Hoyer, A., Schwarzer, H.*: RUE — Ein integriertes Programmsystem zur rechnerunterstützten Entwicklung und Konstruktion der Hardware von Datenverarbeitungsanlagen. Elektronische Rechenanlagen **17**, 4 (1975).

[7] *Pentschew, B.*: Zeitverhalten von kombinatorischen Netzwerken. Diplomarbeit, Technische Hochschule Karl-Marx-Stadt 1971.

[8] *Ulrich, E. G.*: Exculsive Simulation of Activity in Digital Networks. Comm. of the ACM **12**, 2 (1969).

[9] SAL bildschirmorientiertes Dialogsystem für die Entscheidungsvorbereitung. Schriftenreihe Datenverarbeitung, VEB Kombinat Robotron, Dresden 1972.

[10] *Colin*: Betriebssystem. BSB B. G. Teubner Verlagsgesellschaft 1973.

[11] *Prince, M. D.*: Interactive Graphics For Computer Aided Design. Addison-Wesley Publishing Company 1971.

[12] *Desmonde, W. H.*: A Conversational Graphic Data Processing System: The IBM 1130/2250. Prentice-Hall, INC, Englewood cliffs, New York 1969.
[13] *Ameling, W.*: Datensichtgeräte. NTZ-REPORT 15/1973.
[14] *Carl, D.*: Zur Architektur von Systemen. Rechentechnik Datenverarbeitung (1975) 2. Beiheft.
[15] *Berger, K.-H.*: Beitrag zur rechnergestützten Synthese von Ablaufplänen. Dissertation, TU Dresden 1971.
[16] *Lehmann, K.*: Beitrag zur Klassifikation einiger Probleme der Schaltalgebra und des Entwurfs digitaler Schaltungen mit dem Ziel ihrer rechnergestützten Lösung. Dissertation, TH Karl-Marx Stadt 1974.
[17] *Bochmann, D.*: Probleme und Methoden der Analyse von Schaltnetzwerken. Im vorliegenden Sammelband.
[18] *Bochmann, D.*: Einführung in die strukturelle Automatentheorie. VEB Verlag Technik, Berlin 1975.
[19] *Kühnrich, M.*: Testung von Schaltnetzwerken unter Verwendung des *Boole*schen Differentialkalküls. Zkl.-Informationen 2/1976.

3.4. Analyse diskreter zellularer Systeme

Von *Albert Jugel*

Technische Universität Dresden, Sektion Informationstechnik

3.4.1. Einführung

Schaltungen, bestehend aus einer Vielzahl gleicher Elementarbausteine, die regelmäßig (meist in Gitterform) angeordnet und zusammengeschalten sind, werden unter anderem auch als zellulare Schaltungen [1, 2, 3] oder однородные бычислительные структуры[1]) [4, 5] bezeichnet. Sie dienen häufig zur schnellen parallelen Informationsverarbeitung [1] und zeichnen sich aus durch:

— geringe Anzahl von Elementarbausteintypen (meist nur ein Typ)
— regelmäßige Anordnung und Verschaltung der Elementarbausteine (meist sind nur unmittelbar benachbarte Bausteine verbunden).

Neben diesen „technologiefreundlichen" Eigenschaften konnte nachgewiesen werden, daß solche Strukturen universell sein können, wenn als Elementarbaustein ein bestimmter einfacher endlicher Automat verwendet wird. Bild 1 zeigt das Schema

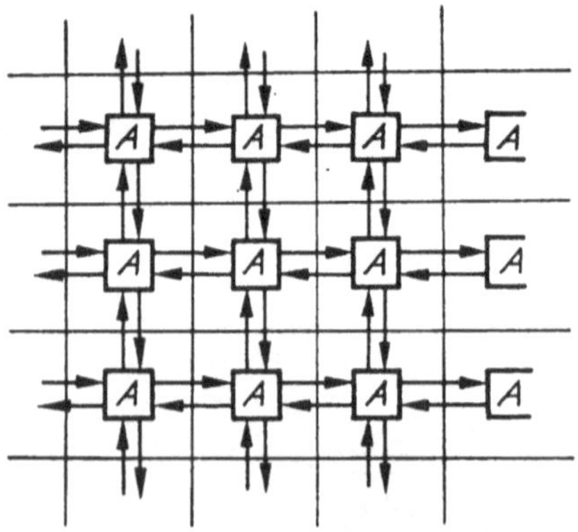

Bild 1.
Schema eines zellularen Automaten

einer solchen als zellularer Automat bezeichneten Struktur. Dabei ist die unendliche Ebene in gleiche Quadrate eingeteilt, in denen sich jeweils die Kopie ein- und desselben endlichen Automaten A befindet. Jeder Automat A ist mit seinen vier unmittelbaren Nachbarn gekoppelt, so daß der Zustand des Automaten A im Takt $t + 1$ eine Funktion seines eigenen und des Zustandes seiner vier Nachbarautomaten im Takt t ist. Der Automat A wird Zelle genannt. *J. von Neumann* gab einen zellularen Automaten mit 29 Zusätzen pro Zelle an [6]. Weitere Untersuchungen zeigten, daß auch weniger Zustände, je bereits zwei Zustände pro Zelle ausreichen, um einen universellen zellularen Automaten zu konstruieren [7, 8, 9]. Diese bemerkenswerte Eigenschaft, mit nur einem Bausteintyp (Zelle A) bei einfacher regelmäßiger Kopplung

---

[1]) deutsch: homogene Rechenstrukturen.

jede beliebige Rechenmaschine realisieren zu können (Universalität), macht die zellularen Schaltungen und Automaten als Systemkonzeptionen der Zukunft interessant. Der Zukunft deshalb, weil bisherige Varianten zellularer Automaten bereits für einfache Algorithmen (z. B. für die Realisierung logischer Funktionen) so hohe Zellenzahlen benötigen, so daß sie im Vergleich zu „traditionellen“ Schaltungen unökonomisch sind und selbst durch moderne mikroelektronische Realisierungstechniken zur Zeit noch nicht gebaut werden können. Für spezielle Anwendungen konstruierte zellulare Schaltungen dagegen haben sich bereits vielfach bewährt.
Neben der Möglichkeit universelle Systeme als zellulare Schaltungen aufzubauen, zeigte sich auf dem Gebiet der Muster- und Zeichenverarbeitung, daß dort ähnlich aufgebaute Strukturen (homogene Schichten, spatiale Filter) vorteilhafte Eigenschaften besitzen. Die als homogene Schichten [10, 11] bzw. spatiale Filter [12] bezeichneten Strukturen entstanden im Ergebnis neurophysiologischer Untersuchungen. Nicht zuletzt kann auch unser Zentralnervensystem als komplizierte zellulare Schaltung aufgefaßt werden.
Die theoretische Untersuchung diskreter zellularer Systeme (zellulare Schaltungen, zellulare Automaten, spatiale Filter) mit dem Ziel, letztlich geeignete mathematische Methoden zum Entwurf zellularer informationsverarbeitender Systeme zu entwickeln, ist heute eine Richtung der Forschung im Rahmen der allgemeinen Systemtheorie. Ausgehend von den bekannten und bewährten Methoden und Modellen der Systemtheorie entstand zunächst ein mathematisch-kybernetisches Modell zellularer Systeme. Darauf aufbauend wurden geeignete Methoden zur Analyse solcher Systeme entwickelt, mit deren Hilfe eine teilweise Lösung des Syntheseproblems möglich wird. Neben der Anwendung auf zellulare Systeme stellen diese Methoden eine Bereicherung des mathematischen Apparates zur Beschreibung allgemeiner diskreter Systeme dar. Besondere Bedeutung erlangte dabei die Theorie der linearen diskreten zellularen Systeme, da dort ein unmittelbarer Zusammenhang zur Lösung allgemeiner Differenzengleichungen besteht. Wie sich gezeigt hat, lassen sich partielle Differenzengleichungen durch lineare zellulare Systeme modellieren. Nichtlineare diskrete zellulare Systeme lassen sich in Erweiterung der Theorie linearer Systeme mit ähnlichen Methoden beschreiben.
Vorliegender Aufsatz soll den Ingenieur der Informationstechnik in dieses noch junge Gebiet der Systemtheorie einführen und ihm einige Methoden zur Analyse und Beschreibung zellularer Systeme vorstellen. Weiterführende Beiträge zu dieser Theorie sind im Literaturverzeichnis unter [13, 14, 15] angegeben. Die noch ungewohnten Begriffe und der verhältnismäßig komplizierte mathematische Apparat sollen an einfachen Beispielen parallel zu den theoretischen Ableitungen interpretiert werden.
Im nächsten Abschnitt wird ein mathematisch-kybernetisches Modell zellularer Systeme vorgestellt, notwendige Begriffe werden eingeführt. Abschnitt 3.4.3. enthält die Definitionen und Eigenschaften der „mathematischen Werkzeuge“, die dann im Abschnitt 3.4.4. auf lineare und im Abschnitt 3.4.5. auf nichtlineare diskrete zellulare Systeme angewendet werden. Einige Hinweise zur Lösung des Syntheseproblems gibt Abschnitt 3.4.6. Der Aufsatz schließt mit Bemerkungen zur Anwendung der Theorie zellularer Systeme.

3.4.2. Diskrete zellulare Systeme — Beispiel, algebraisches Modell, Blockschaltbild, Fragestellungen

3.4.2.1. Beispiel eines zweidimensionalen diskreten zellularen Systems

Als Beispiel betrachten wir das in Bild 2 dargestellte zweidimensionale zellulare System. Jedem durch ganzzahlige Koordinaten (u_1, u_2) darstellbaren Gitterpunkt der

Ebene wird eine *Zelle* $\vec{r}$, $\vec{r} = (u_1, u_2)$, zugeordnet. Die Menge aller Zellen $\vec{r}$ nennen wir *Systemraum* R. Im Beispiel ist der Systemraum R gleich dem Kreuzprodukt der ganzen Zahlen, $R = G \times G$. Alle Zellen $\vec{r}$ sind auf die gleiche Weise (gleiche Kopplungsmuster) mit Zellen der Umgebung von $\vec{r}$ verschalten, im Beispiel mit den vier unmittelbaren Nachbarn, also den Zellen mit den Koordinaten $(u_1 + 1, u_2)$, $(u_1, u_2 + 1)$, $(u_1 - 1, u_2)$ und $(u_1, u_2 - 1)$. Jede Zelle $\vec{r}$ hat einen Eingang $\dot{x}(\vec{r})$, einen Zustand $\dot{z}(\vec{r})$

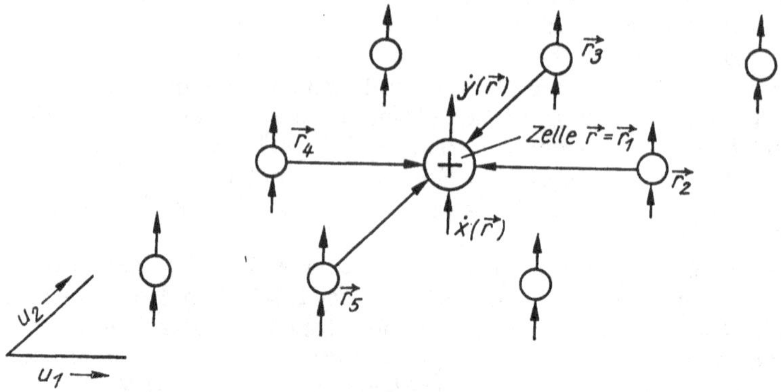

Bild 2. Beispiel eines zweidimensionalen diskreten zellularen Systems mit Kennzeichnung der Kopplung für eine Zelle

und einen Ausgang $\dot{y}(\vec{r})$. Alle Zellen seien gleich. Eingang, Zustand und Ausgang können Werte entsprechender Mengen X, Y, Z annehmen, für das Beispiel die Werte 0 oder 1 ($X = Y = Z = \{0, 1\}$). Die Zellen nehmen diese Werte zu diskreten Zeitpunkten $t = 0, 1, 2, 3, \ldots$ an und arbeiten synchron wie folgt:
Der Zustand der Zelle $\vec{r}$ zur Zeit $t + 1$, $\dot{z}_{t+1}(\vec{r})$, ergibt sich aus der modulo-2-Addition der Zustände der vier Nachbarzellen von $\vec{r}$, des Eingangs der Zelle $\vec{r}$ und ihres Zustandes zur Zeit t. Wir schreiben dafür:

$$\dot{z}_{t+1}(\vec{r}) = \dot{z}_{t+1}(u_1, u_2) = \dot{z}_t(u_1, u_2) \oplus \dot{z}_t(u_1 + 1, u_2) \oplus$$
$$\oplus\ \dot{z}_t(u_1, u_2 + 1) \oplus \dot{z}_t(u_1 - 1, u_2) \oplus \dot{z}_t(u_1, u_2 - 1) \oplus \dot{x}_t(u_1, u_2)$$

oder allgemeiner:

$$\dot{z}_{t+1}(\vec{r}) = F\big([\dot{z}_t(\vec{r}_1), \dot{z}_t(\vec{r}_2), \dot{z}_t(\vec{r}_3), \dot{z}_t(\vec{r}_4), \dot{z}_t(\vec{r}_5)]\ ,\ \dot{x}_t(\vec{r})\big)\ .$$

Die Funktion F beschreibt die Überführung des Zustandes einer Zelle $\vec{r}$ von t nach $t+1$. Wir nennen sie daher Zellüberführungsfunktion oder *lokaler Überführungsoperator*. Der Ausgang der Zelle $\vec{r}$ zur Zeit t ist gleich deren Zustand zur Zeit t. Wir schreiben

$$\dot{y}_t(\vec{r}) = \dot{z}_t(\vec{r}) \qquad \text{oder allgemein} \qquad \dot{y}_t(\vec{r}) = G\big(\dot{z}_t(\vec{r})\big)\ .$$

Die Funktion G beschreibt also die Ausgabe der Zelle $\vec{r}$ zur Zeit t. Wir nennen sie Zellergebnisfunktion oder *lokaler Ergebnisoperator*.
Im Definitionsbereich von F und G stehen die Zustände bzw. die Eingänge der Zellen, die mit der betrachteten Zelle r verschalten (gekoppelt) sind. Diese Zellen werden durch sogenannte Kopplungsfunktionen festgelegt. Im angegebenen Beispiel beschreibt eine Funktion die Zuordnung der Zellen

$$(\vec{r}_1, \vec{r}_2, \vec{r}_3, \vec{r}_4, \vec{r}_5) = \big((u_1, u_2), (u_1 + 1, u_2), (u_1, u_2 + 1),\ \ (u_1 - 1, u_2),$$
$$(u_1, u_2 - 1)\big)$$

zur Zelle $\vec{r} = (u_1, u_2)$, also die Zuordnung genau der Zellen $\vec{r}_i$ zur Zelle $\vec{r}$, die deren Zustandsüberführung (F) bestimmen. Diese Funktion bezeichnen wir mit λ und nennen sie *Zustandskopplung*. Da alle Zellen gleiches Kopplungsmuster haben, genügt es, die Funktion λ für die Zelle $\vec{r} = \vec{0} = (0, 0)$ anzugeben. Für das Beispiel lautet sie

$$\lambda(\vec{0}) = \lambda(0, 0) = \big((0, 0), (1, 0), (0, 1), (-1, 0), (0, -7)\big)$$
$$= (\vec{\lambda}_1, \quad \vec{\lambda}_2, \quad \vec{\lambda}_3, \quad \vec{\lambda}_4, \quad \vec{\lambda}_5)\,.$$

Die mit der Zelle $\vec{r}$ gekoppelten Zellen $\vec{r}_i$ erhält man dann aus der Vektoraddition $\vec{r} + \vec{\lambda}_i = \vec{r}_i$. Ebenso, wie für den Zustand, lassen sich auch Kopplungsfunktionen für den Eingang, die *Eingangskopplung* μ, angeben. In unserem Beispiel gilt:
Auf die Zelle $\vec{r}$ wirkt nur ihr eigener Eingang, also

$$\mu(\vec{r}) = \mu(u_1, u_2) = (u_1, u_2) = \vec{r}$$

und damit

$$\mu(\vec{0}) = \mu(0, 0) = (0, 0)\,.$$

Allgemein ist

$$\mu(\vec{0}) = (\vec{\mu}_1, \vec{\mu}_2, \dots, \vec{\mu}_m)$$

d. h., daß mehrere Zelleingänge auf die Zelle $\vec{r}$ wirken. Für die Funktion G können ebenfalls entsprechende Kopplungsfunktionen λ' und μ' angegeben werden. Für unser Beispiel ist nur λ' vorhanden, da nur der Zustand der Zelle $\vec{r}$ auf ihren Ausgang wirkt und kein Eingang, also ist

$$\lambda'(\vec{r}) = \vec{r},\ \lambda'(\vec{0}) = \vec{0} \quad \text{und} \quad \mu'(\vec{r}) \text{ nicht existent.}$$

Durch die Angabe des Systemraumes, der Kopplungsfunktionen λ, μ, λ' und μ', der Mengen X, Y, Z und der Zellfunktionen F und G ist das zellulare System in seinem Verhalten berechenbar, da für jede Zelle Folgezustand und Ausgabe über F und G berechenbar sind und alle Zellen als gleich angenommen wurden. Wir sagen, das diskrete zellulare System ist lokal definiert.
Eine weitere Möglichkeit, das Verhalten des Systems zu beschreiben besteht darin, nicht mehr die einzelne Zelle $\vec{r}$ mit ihren Kopplungen und Zellfunktionen, sondern das Gesamtsystem zu betrachten. Gegeben ist uns wieder der Systemraum R, d. h. alle Gitterpunkte $\vec{r}$ (Zellen) der Ebene (Beispiel) und die Mengen X, Y, Z (im Beispiel $X = Y = Z = \{0, 1\}$). Wir betrachten das System im Zeitpunkt t und stellen fest, wie die Zustände und Eingangswerte über den Raum verteilt sind, d. h. welche Zelle $\vec{r}$ sich in welchem Zustand $z_t(\vec{r})$ befindet und welcher Eingangswert $x_t(\vec{r})$ anliegt. Die Verteilung der Zustände aus Z über den Raum R geben wir als Menge aller Paare (Zelle $\vec{r}$, Zustand der Zelle $\vec{r}$) an und nennen diese Menge *Raumzustand* $\dot{z}_t$ des diskreten zellularen Systems zur Zeit t:

$$\dot{z}_t = \{\big(\vec{r}, z_t(\vec{r})\big) \mid \forall\, \vec{r} \in R\}\,.$$

Analog nennen wir die Verteilung der Eingangswerte aus X über den Raum R *Raumeingang* $\dot{x}_t$:

$$\dot{x}_t = \{\big(\vec{r}, x_t(\vec{r})\big) \mid \forall\, \vec{r} \in R\}\,.$$

Im nächsten Takt $t + 1$ beobachten wir (auf Grund der Arbeitsweise der Zellen), daß sich ein neuer Raumzustand $\dot{z}_{t+1}$ eingestellt hat. Diese Überführung von Raumzuständen beschreiben wir mit einer Funktion $\dot{F}$, dem *globalen Überführungsoperator* des diskreten zellularen Systems:

$$\dot{z}_{t+1} = \dot{F}(\dot{z}_t, \dot{x}_t)\,.$$

Analog beschreibt uns eine Funktion $\dot{G}$, der *globale Ergebnisoperator*, die Ausgabe eines *Raumausgangs* $\dot{y}_t$:

$$\dot{y}_t = \dot{G}(\dot{z}_t, \dot{x}_t) \quad \text{mit} \quad \dot{y}_t = \{(\vec{r}, y_t(\vec{r}) \mid \forall \vec{r} \in R\}\,.$$

Ein diskretes zellulares System heißt global definiert, wenn $R, X, Y, Z, \dot{F}, \dot{G}$ gegeben sind.
Am Beispiel sei die globale Arbeitsweise des diskreten zellularen Systems aus Bild 2 demonstriert. Zur Zeit $t = 0$ seien alle Zellen im Zustand $\dot{z}_0(\vec{r}) = 0$ und nur der Eingang der Zelle $\vec{r} = \vec{0}$ habe den Wert $\dot{x}_0(\vec{r}) = \dot{x}_0(\vec{0}) = 1$ und das auch nur zur Zeit $t = 0$ (sonst seien alle Eingänge für alle Zeiten $t > 0$ gleich 0). Damit ergibt sich für das betrachtete Beispiel für die Zeiten $t = 0, 1, 2$:

$$t = 0\colon\ \dot{z}_0 = \{(\vec{r}, 0) \mid \forall \vec{r} \in R\},\ \dot{x}_0 = \{(\vec{0}, 1) \wedge (\vec{r}, 0) \mid \forall \vec{r} \neq 0\},\ \dot{y}_0 = \dot{z}_0\ ;$$
$$t = 1\colon\ \dot{z}_1 = \{(\vec{0}, 1) \wedge (\vec{r}, 0) \mid \forall \vec{r} \neq 0\},\ \dot{y}_1 = \dot{z}_1\ ,\ \dot{x}_1 = \{(\vec{r}, 0) \mid \forall \vec{r} \in R\}\ ;$$
$$t = 2\colon\ \dot{z}_2 = \{(\vec{0}, 1), (\vec{\lambda}_2, 1), (\vec{\lambda}_3, 1), (\vec{\lambda}_4, 1), (\vec{\lambda}_5, 1) \wedge (\vec{r}, 0) \mid \forall \vec{r} \neq \vec{0},$$
$$\vec{\lambda}_2, \vec{\lambda}_3, \vec{\lambda}_4, \vec{\lambda}_5\},\ \dot{y}_2 = \dot{z}_2,\ \dot{x}_2 = \dot{x}_1\ .$$

Das heißt z. B. für $t = 2$: Die Zellen $\vec{0}, \vec{\lambda}_2, \vec{\lambda}_3, \vec{\lambda}_4$ und $\vec{\lambda}_5$ befinden sich im Zustand 1 und geben eine 1 aus, während sich alle anderen Zellen im Zustand 0 befinden und 0 ausgeben. Diese Aussage erhielten wir, indem wir für jede Zelle mit Hilfe des lokalen Überführungsoperators F (modulo-2-Addition) für jede Zeit $t = 1, 2$ die Zustände ausrechneten und entsprechend mit G die Ausgaben. Wie hier bereits ersichtlich, ist die Berechnung des globalen Verhaltens des Systems sehr aufwendig. Ein Ziel der Untersuchung zellularer Systeme besteht daher darin, für die globalen Operatoren $\dot{F}$ und $\dot{G}$ von der rekursiven (Zelle für Zelle) Berechnung weg zu einer geschlossenen Berechnungsmethode zu kommen. Dieses Problem wird im weiteren ausführlich untersucht und gelöst werden. Gleichzeitig damit wird die Frage nach der Berechnung des zeitlich-globalen Verhaltens diskreter zellularer Systeme gestellt, d. h. die Frage nach einer Berechnungsmethode der zeitlichen Raumzustandsfolge $\dot{z} = \dot{z}_0, \dot{z}_1, \dot{z}_2, \ldots, \dot{z}_t, \ldots$ und der Raumausgangsfolge $\dot{y}_0, \dot{y}_1, \ldots \dot{y}_t, \ldots = \dot{y}$. Damit wäre es z. B. möglich, bei dem oben berechneten Beispiel für beliebige Zeiten t Raumzustand und -ausgabe anzugeben ohne erst für alle Zeiten bis t alle Zellen einzeln berechnen zu müssen. Außerdem kann aus einer „geschlossenen Darstellung" der globalen Funktionen $\dot{F}$ und $\dot{G}$ die Frage nach grundlegenden Eigenschaften des Gesamtsystems besser beantwortet werden. Zur Lösung dieser Probleme ist eine algebraische Modellbildung diskreter zellularer Systeme durchgeführt worden. Das am Beispiel Demonstrierte wird nun in Definitionen exakt festgelegt (algebraische Modelle).

3.4.2.2. Definition diskreter zellularer Systeme

Die am Beispiel 3.4.2.1. intuitiv eingeführten Festlegungen eines diskreten zellularen Systems werden nun in einer lokalen Definition und einer globalen Definition präzisiert.

Definition 1: Ein diskretes zellulares System DZS ist ein 11-Tupel

$$\text{DZS} = (R, \lambda, \mu, \lambda', \mu', T, X, Y, Z, F, G)$$

mit folgender Bedeutung der Symbole:

1. R – Systemraum;
   $R \subset G^h$, G ist die Menge der ganzen Zahlen, h eine natürliche Zahl.
   $$\vec{r} \in R,\ \vec{r} = (u_1, u_2, \ldots, u_h),\ u_i \in G\ .$$
   Auf R ist eine Operation „+" definiert, so daß
   $$\vec{r}, \vec{r}', \vec{r}'' \in R\colon \vec{r} + \vec{r}' = \vec{r}'' \quad \text{wobei} \quad \vec{r} = (u_1, u_2, \ldots, u_h)\ ,$$
   $$\vec{r}' = (u_1', u_2', \ldots, u_h'),\ \vec{r}'' = (u_1 + u_1', u_2 + u_2', \ldots, u_h + u_h')$$
   und $(R, +)$ eine abelsche Gruppe bildet;

2. $\lambda, \mu, \lambda', \mu'$ — Funktionen;

$\lambda : R \to R^n$; $\mu : R \to R^m$; $\lambda' : R \to R^{n'}$; $\mu' : R \to R^{m'}$; (n, m, n', m' endlich)

mit den Eigenschaften:

$$\lambda(\vec{r}) = \vec{r} + \lambda(\vec{0}) = (\vec{r} + \vec{\lambda}_1, \vec{r} + \vec{\lambda}_2, \dots, \vec{r} + \vec{\lambda}_n)$$

(für μ, λ', μ' analog). Sie sind definiert durch:

$$\lambda(\vec{0}) = (\vec{\lambda}_1, \vec{\lambda}_2, \dots, \vec{\lambda}_n), \quad \mu(\vec{0}) = (\vec{\mu}_0, \vec{\mu}_2, \dots, \vec{\mu}_m),$$
$$\lambda'(\vec{0}) = (\vec{\lambda}'_1, \vec{\lambda}'_2, \dots, \vec{\lambda}'_n), \quad \mu'(\vec{0}) = (\vec{\mu}'_1, \vec{\mu}'_2, \dots, \vec{\mu}'_m);$$

λ, λ' heißen Zustandskopplungen; μ, μ' Eingangskopplungen;

3. T — Systemzeit;

$T = \{0, 1, 2, 3, \dots\}$, $t \in T$.

4. X, Y, Z — endliche Mengen; Sie heißen Eingangs-, Ausgangs-, bzw. Zustandsalphabet. $x \in X$, $y \in Y$, $z \in Z$ stellen Eingangs-, Ausgangs-, bzw. Zustandsbuchstaben (oder einfach Zustand bei letzterem) dar;

5. F, G — Abbildungen; F bedeutet lokaler Überführungsoperator und G lokaler Ergebnisoperator.

$F: Z^n \times X^m \to Z$; $\quad G: Z^{n'} \times X^{m'} \to Y$ mit

$F((z_1, z_2, \dots, z_n), (x_1, x_2, \dots, x_m)) = z'$ und

$G((z'_1, z'_2, \dots, z'_n), (x'_1, x'_2, \dots, x'_m)) = y$, wobei

z_i — Zustand der Zelle $\vec{r} + \vec{\lambda}_i$ zur Zeit t,
x_j — Eingang der Zelle $\vec{r} + \vec{\mu}_j$ zur Zeit t,
z'_k — Zustand der Zelle $\vec{r} + \vec{\lambda}'_k$ zur Zeit t,
x'_l — Eingang der Zelle $\vec{r} + \vec{\mu}'_l$ zur Zeit t,
z' — Zustand der Zelle $\vec{r}$ zur Zeit $t + 1$,
y — Ausgang der Zelle $\vec{r}$ zur Zeit t für alle Zellen $\vec{r} \in R$.

Definition 1 nennt man auch lokale Definition des DZS, da sie das DZS über die Eigenschaften der Zellen ($F, G, \lambda, \mu, \lambda', \mu'$) definiert. Ausgehend von dieser Definition, läßt sich ein allgemeines Blockschaltbild des DZS angeben, wie in Abschnitt 3.4.2.3. gezeigt wird.

Definition 2: Ein diskretes zellulares System ist ein 7-Tupel

$$\text{DZS} = (R, T, \dot{Y}, \dot{X}, \dot{Z}, \dot{F}, \dot{G})$$

mit folgender Bedeutung der Symbole:

1. R — Systemraum (siehe Def. 1);
2. T — Systemzeit (siehe Def. 1);
3. $\dot{X}, \dot{Y}, \dot{Z}$ — Mengen von Abbildungen des Systemraumes R in Mengen X, Y, Z (Definition 1), wobei

$$\dot{X} = \{\dot{x}: R \to X\}; \quad \dot{Y} = \{\dot{y}: R \to Y\}, \quad \dot{Z} = \{\dot{z}: R \to Z\}.$$

$\dot{X}$ ist die Menge aller Abbildungen $\dot{x}$ des Systemraumes R in die endliche Menge X und heißt Raumeingangsalphabet. Entsprechendes gilt für das Raumausgangsalphabet $\dot{Y}$ und das Raumzustandsalphabet $\dot{Z}$; $\dot{x}, \dot{y}, \dot{z}$ sind die entsprechenden Raumbuchstaben $\dot{x} \in \dot{X}$, $\dot{y} \in \dot{Y}$, $\dot{z} \in \dot{Z}$ ($\dot{z}$ nennt man auch Raumzustand).

4. $\dot{F}, \dot{G}$ — Abbildungen; $\dot{F}$ heißt globaler Überführungsoperator und $\dot{G}$ globaler Ergebnisoperator.

$\dot{F} : \dot{Z} \times \dot{X} \to \dot{Z}$; $\quad \dot{G} : \dot{Z} \times \dot{X} \to \dot{Y}$ mit

$\dot{F}(\dot{z}_t, \dot{x}_t) = \dot{z}_{t+1}$; $\quad \dot{G}(\dot{z}_t, \dot{x}_t) = \dot{y}_t$, wobei

$\dot{z}_t$ — Raumzustand des DZS zur Zeit t ,
$\dot{x}_t$ — Raumeingang des DZS zur Zeit t ,
$\dot{z}_{t+1}$ — Raumzustand des DZS zur Zeit $t + 1$,
$\dot{y}_t$ — Raumausgang des DZS zur Zeit t .

Definition 2 heißt globale Definition des DZS, da die Operatoren $\dot{F}$ und $\dot{G}$ das Gesamtverhalten des DZS beschreiben.

Wir wollen nun den Zusammenhang beider Definitionen darstellen. Dazu ist es notwendig, sich die Abbildungen des Systemraumes R in die Alphabete X, Y, Z klarzumachen. Zum Beispiel ist $\dot{z}$ die Abbildung von R in Z, $\dot{z} : R \to Z$. Das heißt, $\dot{z}(\vec{r})$ ist ein Element aus Z und zwar genau der Zustand der Zelle $\vec{r}$. Analoges gilt für $\dot{x}$ und $\dot{y}$. Weiter vereinbaren wir noch folgende Schreibweise:

$$\dot{z}(\lambda(\vec{r})) = (\dot{z}(\vec{r} + \vec{\lambda}_1), \dot{z}(\vec{r} + \vec{\lambda}_2), \dots , \dot{z}(\vec{r} + \vec{\lambda}_n)) .$$

Das heißt $\dot{z}(\lambda(\vec{r}))$ ist das n-Tupel der Zustände der Zellen, die durch die Zustandskopplung λ der Zelle $\vec{r}$ zugeordnet, also mit ihr verschalten sind. Analoges gilt für $\dot{x}(\mu(\vec{r}))$, $\dot{z}(\lambda'(\vec{r}))$ und $\dot{x}(\mu'(\vec{r}))$. Damit können wir für den Zustand der Zelle $\vec{r}$ zur Zeit $t + 1$ schreiben:

$$\dot{z}_{t+1}(\vec{r}) = \dot{F}(\dot{z}_t, \dot{x}_t)(\vec{r}) .$$

Das ist aber gleich dem Zustand z' aus der Definition des lokalen Überführungsoperators (Def. 1). Also gilt:

$$\dot{F}(\dot{z}_t, \dot{x}_t)(\vec{r}) = F((z_1, z_2, \dots , z_n) , (x_1, x_2, \dots , x_m)) .$$

Mit der vereinbarten Schreibweise notieren wir:

$$\dot{z}_{t+1}(\vec{r}) = F(\dot{z}_t(\lambda(\vec{r})), \dot{x}_t(\mu(\vec{r}))) = \dot{F}(\dot{z}_t, \dot{x}_t)(\vec{r}) .$$

Analog sind die Betrachtungen für G und $\dot{G}$ durchzuführen. Wir nennen die damit erhaltene Form der lokalen Operatoren:
lokale Grundgleichungen des DZS:

$$\dot{z}_{t+1}(\vec{r}) = F(\dot{z}_t(\lambda(\vec{r})), \dot{x}_t(\mu(\vec{r}))) , \tag{1}$$

$$\dot{y}_t(\vec{r}) = G(\dot{z}_t(\lambda'(\vec{r})), \dot{x}_t(\mu'(\vec{r}))) . \tag{2}$$

$\dot{F}$ und $\dot{G}$ bedeuten in folgender Schreibweise *globale Grundgleichungen des* DZS:

$$\dot{z}_{t+1} = \dot{F}(\dot{z}_t, \dot{x}_t) , \tag{3}$$

$$\dot{y}_t = \dot{G}(\dot{z}_t, \dot{x}_t) . \tag{4}$$

Betrachtet man die globalen Grundgleichungen des DZS für eine Zelle $\vec{r}$ des Systemraumes R, so erhält man die lokalen Grundgleichungen. Die Untersuchung dieses grundlegenden Zusammenhangs ist ein zentrales Problem der Theorie zellularer Systeme. Dahinter steht die Frage: Wie verhält sich das System als ganzes ($\dot{F}$, $\dot{G}$), wenn das Verhalten der Zellen (F, G) bekannt ist?; bzw. mit welchem Zellverhalten (Zellfunktionen und Kopplung) läßt sich ein gegebenes bzw. gewünschtes Gesamtverhalten erreichen?

3.4.2.3. Blockschaltbild des allgemeinen diskreten zellularen Systems DZS

Bevor oben skizzierte Fragen näher betrachtet werden sollen, sei die Definition 1 des DZS in Form eines daraus abgeleiteten Blockschaltbildes noch einmal veranschaulicht. Gegeben ist ein beliebiger ein-, zwei- oder dreidimensionaler Systemraum R. Jeder Zelle $\vec{r}$ kann dann, wie in Bild 3 für ein $\vec{r}$ dargestellt, ein System zugeordnet werden. Bild 4 zeigt das Blockschema dieser Zelle $\vec{r}$. Wir wollen dieses Blockschema im Sinne einer „technischen Realisierung" interpretieren. An der Klemme $\dot{z}_t(\vec{r})$ liegt der Zustand der Zelle $\vec{r}$ zur Zeit t an und an $\dot{y}_t(\vec{r})$ ihr Ausgangswert. In der Klemme $\dot{z}_t$ werden die Leitungen von den Klemmen $\dot{z}_t(\vec{r})$ aller Zellen $\vec{r}$ gesammelt und den Blöcken λ und λ' zugeführt. Der λ-Block wählt aus diesem Leitungsbündel genau die Leitungen

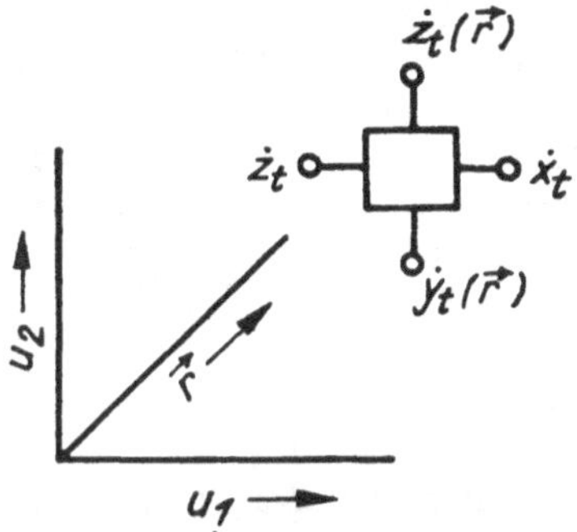

Bild 3. Zweidimensionaler Systemraum mit dem Blockschema einer Zelle

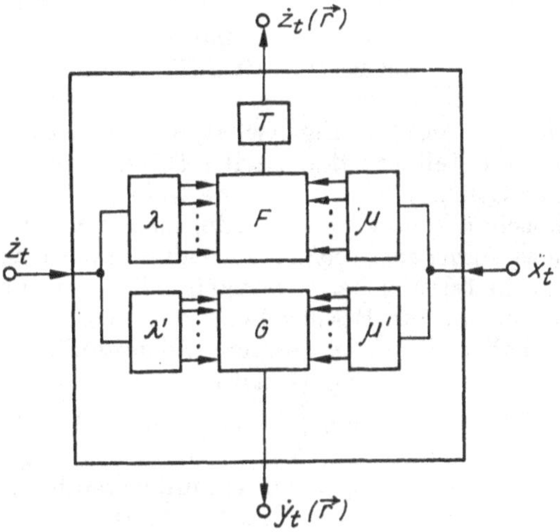

Bild 4. Blockschaltung einer allgemeinen Zelle eines diskreten zellularen Systems

aus, die den Zuständen der durch $\lambda(\vec{r})$ festgelegten Zellen $\vec{r} + \vec{\lambda}_i$ entsprechen und gibt sie in geordneter Reihenfolge an den F-Block weiter. Analog arbeiten die Blöcke λ', μ und μ', wobei die Blöcke μ und μ' die Menge aller Eingangsleitungen aller Zellen, gesammelt in der Klemme $\dot{x}_t$, erhalten. Der F-Block bildet nun aus den vom λ-Block erhaltenen $\dot{z}_t(\vec{r} + \lambda_i)$ und den vom μ-Block erhaltenen $\dot{x}_t(\vec{r} + \vec{y}_i)$ den neuen Zustand der Zelle $\vec{r}$, der dann nach der Verzögerung um einen Takt (Verzögerungsglied T) zur Zeit $t + 1$ an der Klemme $\dot{z}_t(\vec{r})$ anliegt. Analog, nur ohne Verzögerung, arbeitet der G-Block. Dieses Blockschema eines DZS ist natürlich idealisiert. Bei der Realisierung wird man z. B. nur die Leitungen mit den Zustandswerten der Zellen zur Zelle r führen, die durch λ festgelegt sind. Auch werden F- und G-Block durch eine Schaltung mit minimalem Aufwand realisiert werden. Hier wäre anzumerken, daß die Homogenität des Systems nur außerhalb der Zelle aber nicht im Zellaufbau selbst zum Tragen kommt. Das hier angegebene Blockschaltbild ist nicht nur für diskrete zellulare Systeme angebbar sondern auch für analoge, z. B. für Systeme mit elektrischen Netzwerken in den einzelnen Zellen und geht durch die Komplexität der berücksichtigten Möglichkeiten (vier verschiedene Kopplungen, Eingänge) über das Modell des zellularen Automaten hinaus.

3.4.2.4. Fragestellungen für die Untersuchung diskreter zellularer Systeme

Bevor man die Frage nach den Möglichkeiten diskreter zellularer Systeme bei der diskreten Informationsverarbeitung stellt oder die Fragen nach grundlegenden Eigenschaften solcher Systeme, wie z. B. der Zuverlässigkeit, ist es notwendig, „tieferliegende“ Fragen zu beantworten. Eine solche elementare Frage ist die Frage nach den Abbildungen $\dot{F}$ und $\dot{G}$ bei gegebenem Zellverhalten, also gegebene Kopplungen (λ, μ,

λ', μ') und Zellfunktionen. Dieses Problem bezeichnen wir im weiteren als *Analyseproblem*:

Gegeben: $R, X, Y, T, Z, F, G, \lambda, \mu, \lambda', \mu'$;

Gesucht: $\dot{F}$ und $\dot{G}$.

Die umgekehrte Fragestellung nennen wir *Syntheseproblem*:

Gegeben: $\dot{F}$ und $\dot{G}$;

Gesucht: Ein DZS, das $\dot{F}$ und $\dot{G}$ realisiert.

Das Analyseproblem ist bereits weitgehend gelöst. Die Lösung gestattet Untersuchungen globaler Eigenschaften, wie z. B. der Zuverlässigkeit, des Musterverhaltens, der Darstellbarkeit partieller Differenzengleichungen durch DZS u. a., vorzunehmen. Das Syntheseproblem wurde teilweise für bestimmte Klassen der DZS bei Vorgabe einschränkender apriori Informationen (Systemraum R, maximale Kopplungsweiten usw. vorgegeben) gelöst, wird aber dabei mit Hilfe der Analysemethoden angegangen. Im weiteren gehen wir ausführlich nur auf das Analyseproblem ein, da hier die Methoden zur Beschreibung des Zusammenhangs von lokalem (Zellverhalten) und globalem (Gesamtverhalten) Verhalten des DZS ihre Grundlage haben. Im Einzelnen sind dazu folgende Detailfragen zu lösen:

1. Wie sind die Raumbuchstaben, d. h. die Abbildungen $R \to$ Alphabet, geeignet zu beschreiben?
2. Wie sind Folgen von Raumbuchstaben, d. h. Abbildungen der Zeit T in Raumalphabete, geeignet zu beschreiben?
3. Wie sind die lokalen Operatoren F und G geeignet zu beschreiben, d. h. welche Strukturen tragen die Alphabete X, Y, Z und welche Eigenschaften (z. B. linear oder nichtlinear) haben F und G?
4. Wie übertragen sich die Strukturen der Alphabete X, Y, Z auf die Raumalphabete $\dot{X}$, $\dot{Y}$, $\dot{Z}$ und ihre Darstellungen (Fragen 1 und 2), und wie lassen sich die globalen Abbildungen $\dot{F}$ und $\dot{G}$ mit Hilfe dieser Strukturen aus den lokalen Operatoren F und G abgeleitet darstellen?

Das Wort „geeignet“ bedeutet in diesem Zusammenhang: eine geschlossene und überschaubare Darstellung der globalen Operatoren des DZS wird möglich. Die Fragen 1 und 2 werden im Abschnitt 3.4.3. durch Einführung sogenannter Raum-Zeit-Transformationen „geeignet“ beantwortet. Die Fragen 3 und 4 werden getrennt nach linearem und nichtlinearem Zellverhalten in den Abschnitten 3.4.4. und 3.4.5. untersucht.

3.4.3. Transformationen zur Darstellung von Raumbuchstaben und Raumbuchstabenfolgen

3.4.3.1. *P*-Transformation

Die P-Transformation wird an anderen Stellen ([13, 14, 15]) auch als T-Transformation oder ξ-Transformation bezeichnet. Die P-Transformation dient zur Darstellung von Raumbuchstaben. Ein Raumbuchstabe $\dot{a}$ ist die Abbildung des Raumes R in ein Alphabet A (A kann dabei X, Y oder Z bzw. a — x, y oder z sein), d. h. die Menge aller geordneten Paare $(\vec{r}, \dot{a}(\vec{r}))$. Wir ordnen dieser Menge nun eine Reihe mittels folgender Definition zu:

Definition 3: Die P-Transformation ordnet jedem $\dot{a} \in \dot{A}$, wobei $\dot{A} = \{\dot{a} : R \to A\}$, ein $\dot{a}^* \in \dot{A}^*$, wobei $\dot{A}^* = \{\dot{a}^* \mid \dot{a}^* = P(a)\}$, nach folgender Vorschrift zu:

$$\dot{a}^* = P(\dot{a}) = \sum_{\vec{r} \in R} \dot{a}(\vec{r})\, p^{\vec{r}} . \tag{5}$$

In dieser Definition heißt $\dot{a}^*$ die P-Transformierte des Raumbuchstaben $\dot{a}$. Die Operation Σ hat zunächst nur formalen Charakter und erhält einen konkreten Inhalt erst dann, wenn sie mit Operationen über dem Alphabeten $\dot{A}$ bzw. A erklärt wird, d. h., wenn A bzw. $\dot{A}$ Träger algebraischer Strukturen werden.
Wir wollen noch eine wesentliche Eigenschaft der P-Transformation, ihr Verhalten bei um $\vec{r}'$ verschobenen Raumbuchstaben betrachten. Dazu definieren wir auf A einen Verschiebungsoperator $\nabla^{\vec{r}'}$ wir folgt:

$$\nabla^{\vec{r}'}\dot{a} = \dot{a}', \quad \text{wobei} \quad \forall \vec{r} \in R : \dot{a}'(\vec{r}) = a(\vec{r} - \vec{r}')\,.$$

Wenden wir auf den verschobenen Raumbuchstaben die P-Transformation an, so erhalten wir den Verschiebungssatz der P-Transformation in Form folgender Gleichung:

$$P(\nabla^{\vec{r}'}\dot{a}) = P(\langle \dot{a}(\vec{r} - \vec{r}')\rangle) = p^{\vec{r}'}P(\dot{a}) = p^{\vec{r}'}\dot{a}^*\,. \tag{6}$$

Das bisher Gesagte zur P-Transformation sei an einem Beispiel verdeutlicht. Beispiel: Gegeben sei ein Alphabet $A = \{0, 1\}$ und ein unendlicher zweidimenisonaler Systemraum $R = G \times G$. Dann lautet z. B. für den Raumbuchstaben

$$\dot{a} = \{(\vec{r}, \dot{a}(\vec{r}))\} = \{((0, 0), 1), ((1, 2), 1) \wedge ((u_1, u_2), 0) \mid \forall \vec{r} \neq (0, 0), (1, 2)\}$$

die P-Transformierte

$$\dot{a}^* = P(\dot{a}) = \sum_{\vec{r} \in R} \dot{a}(\vec{r})\, p^{\vec{r}} = 1p^{(0,0)} + 1p^{(1,2)} \text{ (alle } 0p^{(u_1, u_2)} \text{ weggelassen).}$$

Bei Verschiebung von $\dot{a}$ um $\vec{r}' = (0, 1)$ ergibt sich für $\dot{a}$ und $\dot{a}^*$:

$$\nabla^{(0,1)}\underset{\sim}{a} = \{((0, 1), 1), ((1, 3), 1) \wedge ((u_1, u_2), 0) \mid \forall \vec{r} \neq (0, 1), (1, 3)\}\,,$$

$$\dot{a}^* = p^{(0,1)}(1p^{(0,0)} + 1p^{(1,2)}) = 1p^{(0,1)} + 1p^{(1,3)}\,.$$

An dieser Stelle ist noch anzumerken, daß p eine formale Rechengröße ist; $p^{\vec{r}}$ kann auch vorteilhaft in der Form

$$p^{\vec{r}} = p^{(u_1, u_2, u_3)} = p_1^{u_1} p_2^{u_2} p_3^{u_3}\,, \quad \text{wenn} \quad \vec{r} = (u_1, u_2, u_3)$$

geschrieben werden. Dann ist es möglich, mit $p^{\vec{r}}$ nach den Gesetzen der Potenzrechnung zu verfahren. Zum Beispiel

$$p_1^{u_1} p_2^{u_2} p_3^{u_3} \cdot p_1^{u_1'} p_2^{u_2'} p_3^{u_3'} = p_1^{u_1 + u_1'} p_2^{u_2 + u_2'} p_3^{u_3 + u_3'} = p^{\vec{r} + \vec{r}'}\,.$$

Die P-Transformation wird im weiteren auf Raumbuchstaben $\dot{x}$, $\dot{y}$, $\dot{z}$ angewendet.

3.4.3.2. Q-Transformation

Die Q-Transformation wird in der Literatur auch als D-Transformation bzw. bei linearen Systemen als Z-Transformation bezeichnet ([13, 14, 15]).
Die Q-Transformation ordnet (zeitlichen) Folgen, d. h. Abbildungen der Zeit $T = \{0, 1, 2, \ldots\}$ in ein Alphabet A, eine unendliche Reihe gemäß folgender Definition zu.

Definition 4: Die Q-Transformation ordnet einer Abbildung $\underline{a} : T \to A$ aus der Menge $A = \{\underline{a} : T \to A\}$, eine unendliche Reihe $\underset{\sim}{a}$ aus der Menge $\underline{A} = \{\underset{\sim}{a} \mid \underset{\sim}{a} = Q(\underline{a})\}$ nach folgender Vorschrift zu:

$$\underset{\sim}{a} = Q(\underline{a}) = \sum_{t=0}^{\infty} \underline{a}(t)\, q^t\,. \tag{7}$$

In dieser Definition heißt $\underset{\sim}{a}$ die Q-Transformierte der Folge $\underline{a}$. Für $\underline{a}$ bzw. $\underline{A}$ kann man auch $\underline{\dot{a}} : T \to \dot{A}$ schreiben. In diesem Fall gestattet die Q-Transformation die Darstellung von zeitlichen Folgen von Raumbuchstaben. Wie bei der P-Transformation, kann auch für die Q-Transformation ein Verschiebungssatz angegeben werden, wobei allerdings zwischen Verschiebung der Folge nach rechts und nach links unterschieden werden muß, da alle Glieder der Folge (Paare $(t, \underline{a}(t))$) für $t < 0$ verschwinden ($T = \{0, 1, 2, ...\}$). Für das weitere ist nur die Verschiebung nach links interessant und dabei wieder nur die Verschiebung um einen Takt nach links. Wir schreiben für diese Verschiebung:

$$\nabla^{-1} \underline{a} = \underline{a}', \quad \text{wobei} \quad \underline{a}'(t) = \underline{a}(t+1)\,,$$

und damit ergibt sich für die Q-Transformierte der Verschobenen:

$$Q(\nabla^{-1} \underline{a}) = Q\,(\langle \underline{a}(t+1)\rangle) = q^{-1}\left(Q(a) - \underline{a}(0)q^0\right) = q^{-1}\left(\underset{\sim}{a} - \underline{a}(0)\right). \tag{8}$$

Ein Beispiel wird weiter unten gegeben.

3.4.3.3. Darstellung des globalen Verhaltens diskreter zellularer Systeme im Bildbereich der Q- und P-Transformation. Beispiele

Wir wollen nun das globale Verhalten des DZS aus Abschnitt 3.4.2.1. mit Hilfe der beiden Transformationen darstellen. Dazu wenden wir beide Transformationen gleichzeitig auf Folgen von Raumbuchstaben an und schreiben:

$$Q\left(P(\dot{a})\right) = \sum_{t=0}^{\infty} \sum_{\vec{r} \in R} \dot{\underline{a}}(\vec{r}, t)\, p^{\vec{r}} q^t = \dot{\underset{\sim}{a}}^*\,. \tag{9}$$

Für das genannte Beispiel ergibt sich damit für die Folgen der Raumzustände und Raumausgaben (für $t = 0, 1, 2$ in 3.4.2.1. angegeben):

$$\dot{\underset{\sim}{z}}^* = 1p^{\vec{0}}q^1 + (1p^{\vec{0}} + 1p^{-\vec{\lambda}_2} + 1p^{-\vec{\lambda}_3} + 1p^{-\vec{\lambda}_4} + 1p^{-\vec{\lambda}_5})\, q^2 + \ldots\,,$$

$$\dot{\underset{\sim}{y}}^* = \dot{\underset{\sim}{z}}^* \quad \text{(alle Glieder mit } 0 \cdot p^{\vec{r}}\, q^t \text{ sind weggelassen).}$$

Gelingt es, $\dot{F}$ und $\dot{G}$ noch so darzustellen, daß diese Folgen explizit für alle $t \in T$ berechenbar sind, so heißt diese Darstellung zeitlich-räumlich-globale Darstellung des Verhaltens diskreter zellularer Systeme. Sie wird im weiteren für lineare und nichtlineare DZS angegeben.

3.4.4. Lineare diskrete zellulare Systeme LDZS

3.4.4.1. Definition (lokale Definition) des LDZS

Definition 5: Ein lineares diskretes zellulares System ist ein DZS mit folgenden Eigenschaften:

1. $X = Y = Z$ bilden mit der Operation „$+$" abelsche Gruppen (neutrales Element $= 0$) und mit dem Koeffizientenkörper K lineare Räume.
2. F und G sind bilineare Operatoren, darstellbar in der Form

$$\dot{z}_{t+1}(\vec{r}) = \sum_{i=1}^{n} a_i \dot{z}_t(\vec{r} + \vec{\lambda}_i) + \sum_{j=1}^{m} b_j \dot{x}_t(\vec{r} + \vec{\mu}_j)\,, \tag{10}$$

$$\dot{y}_t(\vec{r}) = \sum_{k=1}^{n'} c_k \dot{z}_t(\vec{r} + \vec{\lambda}_k) + \sum_{l=1}^{m'} d_l \dot{x}_t(\vec{r} + \vec{\mu}_l)\,, \tag{11}$$

wobei $a_i, b_j, c_k, d_l \in K$ und Σ bzw. „$+$" Gruppenoperation in X, Y, Z sind.

Aus der Definition 5 lassen sich einige Folgerungen ableiten:

Folgerung 1: Auf den Raumalphabeten $\dot{X} = \dot{Y} = \dot{Z}$ wird eine Operation „+" mit Hilfe der Gruppenoperation auf X, Y, Z wie folgt erklärt:

$$\dot{x} + \dot{x}' = \dot{x}'' \quad \text{mit} \quad \dot{x}'(\vec{r}) = \dot{x}(\vec{r}) + \dot{x}'(\vec{r}) \quad \text{für alle } \vec{r} \in R\,.$$

Für Y, Z analog. Mit $\vec{K}$ als Koeffizientenkörper und

$$b\dot{x} = \dot{x}' \quad \text{mit} \quad \dot{x}'(\vec{r}) = b\dot{x}(\vec{r}) \quad \text{für alle } \vec{r} \in R$$

bilden $\dot{X}$, $\dot{Y}$, $\dot{Z}$ (abelsche Gruppen mit „+") wieder lineare Räume.

Folgerung 2: Auf den Mengen $\underline{\dot{X}} = \underline{\dot{Y}} = \underline{\dot{Z}}$ mit $\underline{\dot{X}} = \{\underline{\dot{x}} : T \to \dot{X}\}$ wird eine Operation „+" mit Hilfe der Gruppenoperation „+" auf $\dot{X}$, $\dot{Y}$, $\dot{Z}$ wie folgt erklärt:

$$\underline{\dot{x}} + \underline{\dot{x}}' = \underline{\dot{x}}'' \quad \text{mit} \quad \underline{\dot{x}}''(t) = \underline{\dot{x}}(t) + \underline{\dot{x}}'(t) \quad \text{für alle } t \in T\,.$$

Für $\underline{\dot{Y}}$, $\underline{\dot{Z}}$ analog. $\underline{\dot{X}}'$, $\underline{\dot{Y}}$, $\underline{\dot{Z}}$ bilden mit „+" wieder abelsche Gruppen.

Folgerung 3: Für die P- und Q-Transformation ergeben sich damit folgende einfach zu beweisende Rechenregeln:

$$P\Big(\sum_i \dot{a}_i\Big) = \sum_i P(\dot{a}_i)\,, \qquad (12) \qquad\qquad P(k\dot{a}) = kP(\dot{a})\,, \qquad (14)$$

$$Q\Big(\sum_j \underline{a}_j\Big) = \sum_j Q(\underline{a}_j)\,, \qquad (13) \qquad\qquad Q(k\underline{a}) = kQ(\underline{a})\,, \qquad (15)$$

wobei Σ und Multiplikation mit $k \in K$ auf den Mengen der Transformierten wieder komponentenweise erklärt sind, z. B.:

$$P(\dot{a}_1) + P(\dot{a}_2) = \sum_{\vec{r} \in R} \big(\dot{a}_1(\vec{r}) + \dot{a}_2(\vec{r})\big)\, p^{\vec{r}} = \dot{a}_1^* + \dot{a}_2^*\,.$$

Wir vereinbaren nun noch folgende Schreibweise:
$\dot{a} = \langle \dot{a}(\vec{r}) \rangle$, wobei $\dot{a}$ eine Abbildung des Systemraumes in ein beliebiges Alphabet A ist.
$\underline{a} = \langle \underline{a}(t) \rangle$, wobei $\underline{a}$ eine Abbildung der Zeit T in ein beliebiges Alphabet A ist.
Mit diesen Voraussetzungen ist es jetzt möglich, das Analyseproblem für lineare diskrete zellulare Systeme zu lösen.

3.4.4.2. Darstellung der globalen Operatoren $\dot{F}$ und $\dot{G}$ eines linearen DZS im Bildbereich der P-Transformation

Wir führen die folgenden Ableitungen am Beispiel des globalen Überführungsoperators $\dot{F}$ durch, da sich dann für $\dot{G}$ analoges ergibt. Wir gehen aus von Gleichung (10)

$$\dot{z}_{t+1}(\vec{r}) = \sum_{i=1}^{n} a_i \dot{z}_t(\vec{r} + \vec{\lambda}_i) + \sum_{j=1}^{m} b_j \dot{x}_t(\vec{r} + \vec{\mu}_j)\,.$$

Für alle $\vec{r} \in R$, also für die Abbildung von R in Gl. (10), ergibt sich:

$$\langle \dot{z}_{t+1}(\vec{r}) \rangle = \Big\langle \sum_{i=1}^{n} a_i \dot{z}_t(\vec{r} + \vec{\lambda}_i) + \sum_{j=1}^{m} b_j \dot{x}_t(\vec{r} + \underline{\mu}_j) \Big\rangle. \qquad (16)$$

Auf (16) wenden wir die P-Transformation an und erhalten mit den Regeln (6), (12) und (14)

$$\dot{z}^*_{t+1} = \Big(\sum_{i=1}^{n} a_i p^{-\vec{\lambda}_i}\Big) \dot{z}_t^* + \Big(\sum_{j=1}^{m} b_j p^{-\vec{\mu}_j}\Big) \dot{x}_t^*\,.$$

Mit

$$\sum_{i=1}^{n} a_i p^{-\vec{\mu}_i} = \lambda^*, \quad \sum_{j=1}^{m} b_j p^{-\vec{\mu}_j} = \mu^*, \quad \sum_{k=1}^{n'} c_k p^{-\vec{\lambda}_k} = \lambda'^*, \quad \sum_{l=1}^{m'} d_l p^{-\vec{\mu}_l} = \mu'^*$$

erhält man schließlich:

$$\dot{z}^*_{t+1} = \lambda^* \dot{z}^*_t + \mu^* \dot{x}^*_t \,, \tag{17}$$

$$\dot{y}^*_t = \lambda'^* \dot{z}^*_t + \mu'^* \dot{x}^*_t \,. \tag{18}$$

Die Gleichungen (17) und (18) beschreiben das räumlich globale Verhalten des linearen DZS im Bildbereich der P-Transformation. Es läßt sich zeigen, daß diese Gleichungen wieder das Modell eines linearen Systems sind. Daraus folgt der Satz: Ein DZS mit linearem Zellverhalten verhält sich auch global linear.
Im folgenden werden in Analogie zur klassischen Theorie zellularer Systeme noch einige Systemkenngrößen wie Übertragungsfaktor und Impulsantwort für diskrete zellulare Systeme im linearen Fall abgeleitet.

3.4.4.3. Zeitlich-räumlich-globales Verhalten linearer DZS

Wir gehen nun in den Gleichungen (17) und (18) zu zeitlichen Folgen $\underline{\dot{z}}^*_{t+1} = \langle \underline{\dot{z}}^*(t+1) \rangle$ und $\underline{y} = \langle \underline{\dot{y}}^*(t) \rangle$ über und erhalten damit:

$$\langle \underline{\dot{z}}^*(t+1) \rangle = \langle \lambda^* \underline{\dot{z}}^*(t) + \mu^* \underline{\dot{x}}^*(t) \rangle \,, \tag{19}$$

$$\langle \underline{\dot{y}}^*(t) \rangle = \langle \lambda' \rangle^* \underline{\dot{z}}^*(t) + \mu'^* \underline{\dot{x}}^*(t) \rangle \,. \tag{20}$$

Auf (19) und (20) wenden wir die Q-Transformation an und erhalten mit den Regeln (8), (15) und (13):

$$q^{-1}(\underset{\sim}{\dot{z}}^* - \underline{\dot{z}}^*(0)) = \lambda^* \underset{\sim}{\dot{z}}^* + \mu^* \underset{\sim}{\dot{x}}^* \,, \tag{21}$$

$$\underset{\sim}{\dot{y}}^* = \lambda'^* \underset{\sim}{\dot{z}}^* + \mu'^* \underset{\sim}{\dot{x}}^* \,. \tag{22}$$

Einsetzen von (21), umgestellt nach $\underset{\sim}{\dot{z}}^*$ in (22) liefert:

$$\underset{\sim}{\dot{y}}^* = \frac{\lambda'^* \underline{\dot{z}}^*(0)}{1 - q\lambda^*} + \left(\mu'^* + \frac{q\lambda'^* \mu^*}{1 - q\lambda^*} \right) \underset{\sim}{\dot{x}}^* \,. \tag{23}$$

Gleichung (23) beschreibt das Ein-Ausgangsverhalten diskreter linearer zellularer Systeme.
Analog zur klassischen linearen Systemtheorie lassen sich aus (23) für initiale lineare DZS, d. h. für DZS mit $\underline{\dot{z}}^*(0) = \dot{0}$, folgende charakteristische Systemkenngrößen ableiten:

Übertragungsfaktor: $G(p, q) = \dfrac{\underset{\sim}{\dot{y}}^*}{\underset{\sim}{\dot{x}}^*} = \left(\mu'^* + \dfrac{q\lambda'^* \mu^*}{1 - q\lambda^*} \right),$

Impulsantwort: $\dot{y}_I = Q^{-1}(P^{-1}(G(p, q))),$ wobei $\underset{\sim}{\dot{x}}^* = 1 p^{\vec{0}} q^0 \,.$

Q^{-1} und P^{-1} symbolisieren die Umkehrung der Transformationen.

3.4.4.4. Beispiel eines linearen DZS

Das in Abschnitt 3.4.2.1. bereits betrachtete DZS ist ein lineares DZS, wobei die modulo-2-Addition gleich der Gruppenoperation „+" auf der Menge $X = Y = Z = \{0, 1\}$ ist und $K = \{0, 1\}$ der Koeffizientenkörper ist. Damit ist F und G darstellbar in der Form:

$$F\colon \quad \dot{z}_{t+1}(\vec{r}) = \sum_{i=1}^{5} \dot{z}_t(\vec{r} + \vec{\lambda}_i) + \dot{x}_t(\vec{r}) \,,$$

$$G\colon \quad \dot{y}_t(\vec{r}) = \dot{z}_t(\vec{r}) \,.$$

Womit für die globalen Operatoren im Bildbereich der P-Transformation folgt:

$$\dot{z}^*_{t+1} = (p^{-\vec{\lambda}_1} + p^{-\vec{\lambda}_2} + p^{-\vec{\lambda}_3} + p^{-\vec{\lambda}_4} + p^{-\vec{\lambda}_5})\, \dot{z}^*_t + \dot{x}^*_t \,,$$

$$\dot{y}^*t = \dot{z}^*_t \quad \text{mit} \quad \lambda^* = \sum_{i=1}^{5} p^{-\vec{\lambda}_i}, \qquad \mu^* = \vec{p}^0 = 1, \qquad \lambda'^* = \vec{p}^0 = 1\,,$$

μ'^* nicht existent.

Für das Ein-Ausgangsverhalten ergibt sich:

$$\underset{\sim}{\dot{y}}^* = \frac{q}{1 - q \sum_{l=1}^{5} p^{-\vec{\lambda}_l}}\, \underset{\sim}{\dot{x}}^* = \frac{q}{1 - q\lambda^*}\, \underset{\sim}{\dot{x}}^* \,.$$

Das Beispiel DZS ist initial, da alle $\dot{z}(\vec{r})$ zur Zeit $t = 0$ Null sind. Es folgt für Übertragungsfaktor und Impulsantwort:

$$G(p, q) = \frac{q}{1 - q\lambda^*} = q\,(1 + q\lambda^* + (q\lambda^*)^2 + (q\lambda^*)^3 + \dots)\,,$$

$$P(\underset{-}{\dot{y}}_I) = \{(t, \underset{-}{\dot{y}}^*(t))\} = \{(0, 0), (1, \vec{p^0}), (2, \vec{p^0}), (2, p^{+\vec{\lambda}_2}), \dots\}\,.$$

Damit kann man für das angegebene Beispiel-DZS für jeden beliebigen Taktzeitpunkt t den Raumausgangsbuchstaben $\dot{y}_t$ sofort, d. h. ohne erst rekursiv Zelle für Zelle und Takt für Takt rechnen zu müssen, bestimmen. Zum Beispiel: Zur Zeit $t = 0$ befanden sich alle Zellen des DZS im Zustand $\dot{z}_t(\vec{r}) = 0$, und nur in diesem Takt wurde an den Eingang der Zelle $\vec{r} = \vec{0}$ der Eingangsbuchstabe $\dot{x}_0(\vec{0}) = 0$ angelegt. Damit ergibt sich für den Raumzustand $\dot{z}_t$ für beliebiges t:

$$\dot{z}_t = P^{-1}(\dot{z}^*_t) = P^{-1}\,(\lambda^{*t-1}) =$$
$$= P^{-1}[(p_1^0 p_2^0 + p_1^1 p_2^0 + p_1^0 p_2^1 + p_1^{-1} p_2^0 + p_1^0 p_2^{-1})^{t-1}]$$

und mit $\dot{z}_t = \dot{y}_t$ z. B. für $t = 33$:

$$\dot{y}_t = P^{-1}(\dot{y}^*_t) = P^{-1}(\dot{z}^*_t) = P^{-1}(\lambda^{*32}) =$$
$$= P^{-1}(p_1^0 p_2^0 + p_1^{32} p_2^0 + p_1^0 p_2^{32} + p_1^{-32} p_2^0 + p_1^0 p_2^{-32})$$

$$\dot{y}_t = \dot{y}_{33} = \{(\vec{r}, \dot{y}(\vec{r})) \mid \forall \vec{r} \in R, \dot{y}(\vec{r}) = 1 \text{ für } \vec{r} \in \{(0, 0), (32, 0), (0, 32), (-32, 0), (0, -32); \dot{y}(\vec{r}) = 0 \quad \text{sonst}\}\,.$$

Das heißt zur Zeit $t = 33$ sind die Zellen

$$\vec{r}_1 = (0, 0),\ \vec{r}_2 = (32, 0),\ \vec{r}_3 = (0, 32),\ \vec{r}_4 = (-32, 0),\ \vec{r}_5 = (0, -32)$$

im Zustand 1 und geben eine 1 aus, während alle anderen Zellen im Zustand 0 sind und eine 0 ausgeben. Es sei noch bemerkt, daß die Summation im Ausdruck $(p_1^0 p_2^0 + p_1^1 p_2^0 + \dots + p_1^0 p_2^{-1})^{t-1}$ modulo-2 erfolgt, da $X = Y = Z = \{0, 1\}$ und die Gruppenoperation „+" der linearen Räume die modulo-2 Addition ist.

3.4.5. Nichtlineare diskrete zellulare Systeme DZS

3.4.5.1. Darstellung des lokalen Verhaltens (Zellverhaltens) nichtlinearer DZG

Wie bei linearen DZS, gehen wir wieder von den lokalen Grundgleichungen (1) und (2) aus. Die durch sie beschriebenen Abbildungen F und G (lokale Operatoren bzw. Zellfunktionen) sind i. a. beliebige Abbildungen zwischen endlichen Mengen der Form:

$$F\colon\ Z^n \times X^m \to Z\,,$$
$$G\colon\ Z^{n'} \times X^{m'} \to Y\,.$$

Wir können bei allgemeinen (nichtlinearen) zellularen Systemen nicht voraussetzen, daß die Mengen X, Y, Z, bzw. die daraus gebildeten Kreuzprodukte, Träger algebraischer Strukturen sind. Damit ist für allgemeine DZS eine Darstellung der lokalen Operatoren F und G mittels algebraischer Operationen, wie z. B. bei den linearen DZS, zunächst nicht möglich. Eine solche Darstellung wäre aber günstig, da, wie sich bereits bei linearen DZS gezeigt hat, durch Strukturübertragung auf die Raumalphabete und Wortmengen die Beschreibung des globalen Verhaltens $(\dot{F}, \dot{G})$ ermöglicht wird, und somit die Frage nach dem Zusammenhang von lokalem und globalem Verhalten untersucht werden kann. Im folgenden soll ein Weg gezeigt werden, der es auch für allgemeine nichtlineare DZS ermöglicht, eine räumlich und zeitlich globale Darstellung ihres Verhaltens anzugeben.

Wie bereits erwähnt, gehen wir von den lokalen Grundgleichungen des DZS aus. Diese Grundgleichungen beschreiben Abbildungen zwischen endlichen Mengen der allgemeinen Form $f: M \to N$. Abbildungen dieser Art lassen sich immer in Form eines Polynoms über einen geeignet gewählten endlichen Körper (A, „+", „·") darstellen. Ein Beispiel soll diese Möglichkeit der Darstellung demonstrieren:

Beispiel:

$M = \{m_0, m_1, m_2, m_3\}$, $N = M$;

$f \ = \{(m_i, f(m_i)\} = \{(m_0, m_0), (m_1, m_1), (m_2, m_2), (m_3, m_2)\}$.

A muß so gewählt werden, daß die Mächtigkeit der Trägermenge eine Primzahl ist (endlicher Körper) und der Ungleichung $s \geqq \max' |M|, |N|)$ genügt. Im Beispiel ist $|M| = |N| = 4$. Wir wählen $s = 5$. Als Körper wählen wir ein *Galois*-Feld mit den Operationen Addition und Multiplikation modulo-s; also im Beispiel GF(5). Damit ist: $A = \{0, 1, 2, 3, 4\}$ und +-Addition madulo-5, „·"-Multiplikation modulo-5 auf A.

Um die Abbildung f als Polynom über A darstellen zu können, ist noch eine injektive (eineindeutige) Abbildung φ zwischen M, N und A notwendig, die wir wie folgt festlegen:

$$\varphi: M \to A \quad \text{mit} \quad \varphi(m_i) = i\,, \quad i \in \{0, 1, 2, 3\} \subset A\,.$$

Damit ist f auf A übertragbar, wobei $f(4)$ frei wählbar ist, da $4 \in A$ in M bezüglich der Abbildung φ kein Urbild hat. Die folgenden Tabellen zeigen die Abbildungen f und die dazu auf A übertragene Abbildung f_A, wobei $f_A(4) = 2$ gewählt wurde.

$f: m \to f(m)$	$f_A: \varphi(m) \to \varphi(f(m))$
$m_0 \to m_0$	$0 \to 0$
$m_1 \to m_1$	$1 \to 1$
$m_2 \to m_2$	$2 \to 2$
$m_3 \to m_2$	$3 \to 2$
	$4 \to 2$ (frei gewählt)

Die Abbildung f_A ist nun durch ein Polynom über (A, „+", „·") darstellbar, wobei wir noch, da φ eineindeutig, die Elemente aus A (Variablen) mit m bezeichnen. Für das Beispiel folgt:

$$\varphi_A: A \in n = m + m^2 + m^3 + 3m^4\,, \cdot\, m \in A\,.$$

Diese Vorgehensweise wurde von *Szynka* [15] erstmals auf DZS angewendet. Die lokalen Operatoren F und G lassen sich ebenfalls als Polynome über einem geeignet gewählten *Galois*-Feld GF(s) darstellen, wobei s die Ungleichung

$$s \leqq \max(|X|, |Y|, |Z|) \qquad \text{erfüllen muß.}$$

Wir betrachten im weiteren ein eingeschränktes DZS mit folgenden lokalen Grundgleichungen:

$$F\colon Z^n \times X^m \to Z \qquad \text{mit} \quad z' = F\big((z_1, \dots, z_n),\ (x_1, \dots, x_m)\big)\,, \tag{24}$$

$$G\colon Z \to Y \qquad \text{mit} \quad y = G(z) = z\,, \tag{25}$$

wobei: $z' = \dot{z}_{t+1}(\vec{r}),\ z_i = \dot{z}_t(\vec{r} + \vec{\lambda}_i),\ x_j = \dot{x}_t(\vec{r} + \vec{\mu}_j),\ y = \dot{y}_t(\vec{r}),\ z = \dot{z}_t(\vec{r})$.

Diese Einschränkung bedeutet, daß wir im weiteren nur noch den lokalen Überführungsoperator betrachten wollen, da der Ergebnisoperator G trivial geworden ist. Es sei noch bemerkt, daß dies aus Gründen einer einfacheren Darstellung erfolgt und keine Einschränkung der Allgemeinheit ist. Wir wählen nun einen Körper GF(s) mit $s \geqq \max\,(|X|, |Z|)$ und eine Abbildung φ_z mit $\varphi_z\colon Z \to A$, $\varphi_z(z_k) = k$ und eine Abbildung φ_x mit $\varphi_x\colon X \to A$, $\varphi_x(x_l) = l$, wobei $A = \{0, 1, 2, \dots, s\}$ ist. Über den Körper (A, „+", „·") stellen wir F in der Form eines Polynoms in den Variablen $z_1, \dots, z_n, x_1, \dots, x_m$, wobei die z_i und x_j jetzt die Elemente aus A bezeichnen aber über φ wieder als Elemente von X und Z interpretierbar sind, wie folgt dar:

$$\dot{z}_{t+1}(\vec{r}) = \sum_{i_1=0}^{s-1} \dots \sum_{i_n=0}^{s-1} \sum_{j_1=0}^{s-1} \dots \sum_{j_m=0}^{s-1} a_{i_1 \dots i_n j_1 \dots j_m}\, z_1^{i_1} z_2^{i_2} \dots z_n^{i_n}\, x_1^{j_1} \dots x_m^{j_m}\,. \tag{26}$$

Gleichung (26) ist damit eine Polynomdarstellung des lokalen Überführungsoperators F, wenn die z_i und x_j nur Werte der Mengen $\varphi_z(Z) \subset A$ bzw. $\varphi_x(X) \subset A$ annehmen. Im folgenden Abschnitt übertragen wir die Struktur des Körpers A (A, „+", „·") auf die Abbildungsmengen $\dot{A} = \{\dot{a}\colon R \to A\}$, $\underset{\sim}{\dot{A}} = \{\underset{\sim}{\dot{a}}\colon T \to \dot{A}\}$ und ihre P- und Q-Transformierten $\dot{A}^* = \{\dot{a}^* \mid \dot{a}^* = P(\dot{a})\}$ und $\underset{\sim}{\dot{A}} = \{\underset{\sim}{\dot{a}} \mid Q(\underset{\sim}{\dot{a}}) = \underset{\sim}{\dot{a}}\}$ bzw. $\underset{\sim}{\dot{A}}^* = \{\underset{\sim}{\dot{a}}^* \mid \underset{\sim}{\dot{a}}^* = Q(P(\underset{\sim}{\dot{a}}))\}$. Mit Hilfe der dort erklärten (übertragenen) Operationen kann dann eine zeitlich und räumlich globale Darstellung des Verhaltens diskreter zellularer Systeme im allgemeinen Fall gegeben werden.

3.4.5.2. Strukturen und Eigenschaften der P- und Q-Transformierten zur Beschreibung nichtlinearer DZS

Ausgangspunkt ist der endliche Körper

$$GF(s) = (A, \text{„}+\text{"}, \text{„}\cdot\text{"});\ \text{„}+\text{" modulo-}s,\ \text{„}\cdot\text{" modulo-}s\,.$$

Mit Hilfe der Operationen „+" und „·" auf A definieren wir auf $\dot{A}$, $\underset{\sim}{\dot{A}}$, $\dot{A}^*$ und $\underset{\sim}{\dot{A}}^*$ je zwei Operationen, die wir der Einfachheit halber wieder mit „+" und „·" („∘") bezeichnen, die aber von denen auf A unterschieden werden müssen — entsprechend ihrem Kontext (Elemente, auf die sie angewendet werden). Die Übertragung der Operationen erfolgt komponentenweise.

Definition 6: Gegeben ist der endliche Körper (A, „+", „·"). Dann gilt für:

$$(\dot{A}, \text{„}+\text{"}, \text{„}\cdot\text{"})\colon\ \dot{a}_1 \dot{+} \dot{a}_2 = \dot{a}_3 \Leftrightarrow \forall \vec{r} \in R\colon \dot{a}_3(\vec{r}) = \dot{a}_1(\vec{r}) \dot{+} \dot{a}_2(\vec{r})\,,$$

$$(\underset{\sim}{\dot{A}}, \text{„}+\text{"}, \text{„}\cdot\text{"})\colon\ \underset{\sim}{\dot{a}}_1 + \underset{\sim}{\dot{a}}_2 = \underset{\sim}{\dot{a}}_3 \Leftrightarrow \forall t \in T\colon \underset{\sim}{\dot{a}}_3(t) = \underset{\sim}{\dot{a}}_1(t) \dot{+} \underset{\sim}{\dot{a}}_2(t)\,,$$

$$(\dot{A}^*, \text{„}+\text{"}, \text{„}\circ\text{"})\colon\ \dot{a}_1^* \underset{\circ}{+} \dot{a}_2^* = \dot{a}_3^* \Leftrightarrow \dot{a}_3 = \sum_{\vec{r} \in R} \big(\dot{a}_1(\vec{r}) \dot{+} \dot{a}_2(\vec{r})\big)\, p^{\vec{r}}\,,$$

$$(\underset{\sim}{\dot{A}}^*, \text{„}+\text{"}, \text{„}\circ\text{"})\colon\ \underset{\sim}{\dot{a}}_1^* \underset{\circ}{+} \underset{\sim}{\dot{a}}_2^* = \underset{\sim}{\dot{a}}_3^* \Leftrightarrow \underset{\sim}{\dot{a}}_3^* = \sum_{t=0}^{\infty} \sum_{\vec{r} \in R} \big(\underset{\sim}{\dot{a}}_1(\vec{r}, t) \dot{+} \underset{\sim}{\dot{a}}_2(\vec{r}, t)\big)\, p^{\vec{r}} q^t\,.$$

Aus Def. 6 lassen sich folgende Aussagen ableiten:

Folgerung 1:

$$P(\dot{a}_1 + \dot{a}_2) = \dot{a}_1^* + \dot{a}_2^*\,; \qquad P(\dot{a}_1 \cdot \dot{a}_2) = \dot{a}_1^* \circ \dot{a}_2^*\,;$$

$$Q\big(P(\underset{\sim}{\dot{a}}_1 + \underset{\sim}{\dot{a}}_2)\big) = \underset{\sim}{\dot{a}}_1^* + \underset{\sim}{\dot{a}}_2^*\,; \qquad Q\big(P(\underset{\sim}{\dot{a}}_1 \cdot \underset{\sim}{\dot{a}}_2)\big) = \underset{\sim}{\dot{a}}_1^* \circ \underset{\sim}{\dot{a}}_2^*\,.$$

Wird noch eine Skalarmultiplikation mit $a \in A$ auf $\dot{A}$, $\underline{\dot{A}}$, $\dot{A}^*$ und $\underset{\sim}{\dot{A}}{}^*$ wie folgt erklärt (komponentenweise):

$$a\dot{a}_1 = \dot{a}_2 \Leftrightarrow \forall \vec{r} \in R\colon \dot{a}_2(\vec{r}) = a \cdot \dot{a}_1(\vec{r})\,; \text{ (für } a\underline{\dot{a}},\ a\dot{a}^*,\ a\underset{\sim}{\dot{a}}{}^* \text{ analog)}$$

kann weiterhin gezeigt werden:

Folgerung 2:

$$a(\dot{a}_1 \cdot \dot{a}_2) = (a\dot{a}_1) \cdot \dot{a}_2, \quad P(a\dot{a}) = a\dot{a}^*\,, \qquad P\big(a(\dot{a}_1 \cdot \dot{a}_2)\big) = (a\dot{a}_1^*) \circ \dot{a}_2^*\,,$$

$$a(\underline{\dot{a}}_1 \cdot \dot{a}_2) = (a\underline{\dot{a}}_1) \cdot \underline{\dot{a}}_2, \quad Q\big(P(a\underline{\dot{a}})\big) = a\underset{\sim}{\dot{a}}{}^*, \qquad Q\big(P(a(\underline{\dot{a}}_1 \cdot \underline{\dot{a}}_2))\big) = (a\underset{\sim}{\dot{a}}{}_1^*) \circ \underset{\sim}{\dot{a}}{}_2^*\,,$$

wie leicht abzuleiten ist.

Es sei noch bemerkt, daß die Strukturen gemäß Definition 6 assoziative kommutative Ringe mit Nullteilern sind. Mit Hilfe der definierten Strukturen und ihren Eigenschaften und Zusammenhängen läßt sich nun das globale Verhalten nichtlinearer DZS im Bildbereich der P- und Q-Transformation geschlossen darstellen.

3.4.5.3. Darstellung des globalen Verhaltens nichtlinearer diskreter zellularer Systeme im Bildbereich diskreter Transformationen

Wir gehen von Gleichung (26) aus und gehen über zum Raumzustand

$$\dot{z}_{t+1} = \langle \dot{z}_{t+1}(\vec{r}) \rangle\,,$$

d. h. Gleichung (26) geht über in

$$\langle \dot{z}_{t+1}(\vec{r}) \rangle = \left\langle \sum_{i_1=0}^{s-1} \cdots \sum_{j_m=0}^{s-1} a_{i_1 \ldots j_m}\, \dot{z}_t(\vec{r} + \vec{\lambda}_1)^{i_1}, \ldots, \dot{x}_t\,(\vec{r} + \vec{\mu}_m)^{j_m} \right\rangle. \tag{27}$$

Auf (27) wenden wir die P-Transformation an und erhalten unter Berücksichtigung von Def. 6, ihren Folgerungen und den Eigenschaften bzw. Schreibweisen nach (5) und (6):

$$\dot{z}_{t+1}^* = \sum_{i_1=0}^{s-1} \cdots \sum_{j_m=0}^{s-1} a_{i_1 \ldots j_m} p^{-\vec{\lambda}_1}\, \dot{z}_t^{*i_1} \circ \ldots \circ p^{-\vec{\mu}_m}\, \dot{x}_t^{*j_m}\,. \tag{28}$$

Gleichung (28) beschreibt das räumlich globale Verhalten eines DZS im Bildbereich der P-Transformation.

Wir gehen jetzt über zu den zeitlichen Folgen der P-Transformierten der Raumzustände, also zu

$$\underline{\dot{z}}^* = \langle \underline{\dot{z}}^*(t+1) \rangle = P(\nabla^1 \underline{\dot{z}})\,,$$

d. h. Gleichung (28) erhält die Form:

$$P(\nabla^1 \underline{\dot{z}}) = \langle \underline{\dot{z}}^*\,(t+1) \rangle = \left\langle \sum_{i_1=0}^{s-1} \cdots \sum_{j_m=0}^{s-1} a_{i_1 \ldots j_m}\, p^{-\vec{\lambda}_1}\, \underline{\dot{z}}^*(t)^{i_1} \circ \ldots \circ p^{-\vec{\mu}_m}\, \dot{x}^*(t)^{j_m} \right\rangle. \tag{29}$$

Auf Gleichung (29) wenden wir die Q-Transformation an und erhalten unter Berücksichtigung von Def. 6, ihren Folgerungen und der Eigenschaft (8):

$$q^{-1}(\underset{\sim}{\dot{z}}{}^* - \dot{z}_0^*) = \sum_{i_1=0}^{s-1} \cdots \sum_{j_m=0}^{s-1} a_{i_1 \ldots j_m}\, p^{-\vec{\lambda}_1}\, \underset{\sim}{\dot{z}}{}^{i_1} \circ \ldots \circ p^{-\vec{\mu}_m}\, \underset{\sim}{\dot{x}}{}^{*j_m}\,. \tag{30}$$

Gleichung (30) beschreibt schließlich das gesuchte zeitlich-räumlich-globale Verhalten eines allgemeinen nichtlinearen DZS (Überführungsverhalten, d. h. die Zustandsfolgen). Setzen wir noch

$$\underset{\sim}{\dot{z}}{}^* = \underset{\sim}{\dot{y}}{}^*\,, \qquad \text{da} \qquad \dot{z}_t(\vec{r}) = \dot{y}_t(\vec{r}) = G(\dot{z}_t(\vec{r}))\,,$$

erhalten wir eine Gleichung (31) zur Berechnung des Ein-Ausgangsverhaltens diskreter zellularer Systeme, die es gestattet bei gegebenem Raumanfangszustand ($\dot{z}_t$ zur Zeit $t = 0$) und gegebener Raumeingangsfolge $\dot{\underset{\sim}{x}}_t$, die Raumausgangsfolge (zeitlich rekursiv) zu berechnen. Diese Gleichung lautet:

$$q^{-1}(\dot{\underset{\sim}{y}}^* - \dot{z}_0^*) = \sum_{i_1=0}^{s-1} \dots \sum_{j_m=0}^{s-1} a_{i_1 \dots j_m} p^{-\vec{\lambda}_1} \dot{\underset{\sim}{y}}^{*i_1} \circ \dots \circ p^{-\vec{\mu}_m} \dot{\underset{\sim}{x}}^{*j_m} . \tag{31}$$

3.4.5.4. Schlußfolgerungen und Beispiel

Gleichung (31) beschreibt, wie bereits erwähnt, das Input-Outputverhalten allgemeiner DZS. Damit ist es möglich, wie in [15] gezeigt, die Klassen diskreter zellularer Systeme anzugeben, für die eine explizite Berechnung der Ausgangsfolgen bei gegebenem Anfangszustand und gegebener Eingangsfolge möglich ist. Das sind genau alle die DZS für die Gleichung (31) nach $\dot{\underset{\sim}{y}}^*$ umstellbar ist, d. h. wie in [15] gezeigt:

— alle linearen DZS ,
— alle DZS mit linearer Verknüpfung der Zustände.

Für solche DZS-Klassen (die nicht unbedingt lineare DZS sein müssen) sind, ähnlich wie bei linearen Systemen, allgemein solche Systemkenngrößen wie Übertragungsfunktion und Impulsantwort angebbar. Der Vorteil dieser Methode zur Beschreibung von DZS liegt damit auf der Hand: Die Eigenschaften des DZS als Ganzes, also seines globalen, d. h. Gesamtverhaltens, sind aus den Systemkenngrößen ableitbar, die nur durch die lokalen Größen (Kopplungen und Zellfunktion) bestimmt und sofort angebbar sind. Dafür ein Beispiel:
Beispiel: Gegeben ist ein zweidimensionales DZS wie in 3.4.2.1. nur mit anderen und zwar folgenden lokalen Operatoren und Kopplungen:

$$\lambda, \mu', \lambda' \text{ wie vorn}, \quad \mu: R \to R^2 \text{ mit } \mu(\vec{0}) = \big((0,0),(0,1)\big) = (\vec{\mu}_1, \vec{\mu}_2),$$
$$\begin{aligned}\dot{z}_{t+1}(\vec{r}) &= \dot{z}_t(\vec{r} + \vec{\lambda}_1) + \dot{z}_t(\vec{r} + \vec{\lambda}_2) + \dot{z}_t(\vec{r} + \lambda_3) + \dot{z}_t(\vec{r} + \vec{\lambda}_4) + \dot{z}_t(\vec{r} + \lambda_5) + \\ &\quad + \dot{x}_t(\vec{r} + \vec{\mu}_1) \cdot \dot{x}_t(\vec{r} + \vec{\mu}_2) = \\ &= \sum_{i=1}^{5} \dot{z}_t(\vec{r} + \lambda_i) + \dot{x}_t(\vec{r} + \vec{\mu}_1) \cdot \dot{x}_t(\vec{r} + \mu_2); \quad \dot{y}_t(\vec{r}) = \dot{z}_t(\vec{r}) .\end{aligned}$$

Dieses DZS ist in seinem Zellverhalten nichtlinear. Aus der Gleichung für F läßt sich sofort Gleichung (32) und damit Gleichung (33) angeben:

$$q^{-1}(\dot{\underset{\sim}{z}}^* - \dot{z}_0^*) = \left(\sum_{i=1}^{5} p^{-\vec{\lambda}_i}\right) \dot{\underset{\sim}{z}}^* + p^{-\vec{\mu}_1} \dot{x}^* \circ p^{-\mu_2} \dot{\underset{\sim}{x}}^*, \tag{32}$$

$$\underset{\sim}{q}^{-1}(\dot{y}^* - \dot{z}_0^*) = \left(\sum_{i=1}^{5} p^{-\vec{\lambda}_i}\right) \dot{\underset{\sim}{y}}^* + (p^{-\vec{\mu}_1} + p^{-\vec{\mu}_2}) \circ \dot{\underset{\sim}{x}} . \tag{33}$$

Bei initialem Verhalten (alle Zellen zur Zeit $t = 0$ im Zustand 0) folgt nach Umstellen, da $\dot{z}_0^* = 0$:

$$\dot{\underset{\sim}{y}}^* = \left(\frac{q(p^{-\vec{\mu}_1} + p^{-\vec{\mu}_2})}{1 - q \sum_{i=1} p^{-\vec{\lambda}_i}}\right) \circ \dot{\underset{\sim}{x}}^* = G(p, q) \circ \dot{\underset{\sim}{x}}^* .$$

$G(p, q)$ ist als Übertragungsfunktion (bzw. Übertragungsfaktor) des Beispiel-DZS aufzufassen.

Dazu muß noch bemerkt werden, daß

— ein $G(p, q)$ nur bei initialem Verhalten in dieser Form angebbar ist,
— die Operation „$\circ$" keine Körperoperation ist und aus Def. 6 zu erklären ist.

Die angegebene Methode zur Darstellung des Verhaltens von DZS im Bildbereich der P- und Q-Transformation gestattet auch eine teilweise und rekursive Lösung des Syntheseproblems und erweist sich dafür als vorteilhaft, wie ausführlich in [15] gezeigt ist. Hier soll nur der Grundgedanke eines Syntheseverfahrens kurz skizziert werden.

3.4.6. Synthese allgemeiner diskreter zellularer Systeme

Das Syntheseproblem, wie wir es hier betrachten, besteht darin, zu einem gegebenen Gesamtverhalten bzw. zu bestimmten geforderten Eigenschaften eines DZS, dessen Struktur (Kopplungen) und die Zellfunktionen zu bestimmen. Meist sind dabei noch gewisse Randbedingungen, wie z. B. Einschränkungen an die Kopplungen bzw. Einschränkungen der Menge aller möglichen Zellfunktionen, gegeben. Das globale Verhalten des DZS (Gesamtverhalten) ist in Form der Abbildungen $\dot{Z} \times \dot{X} \to \dot{Z}$ bzw., $\dot{Z} \times \dot{X} \to Y$ gegeben. Das heißt z. B., für jeden Taktzeitpunkt t, $t \in \{0, 1, 2, \dots, k, \dots\}$ ist ein Paar der Form $\big((\dot{z}_t, \dot{x}_t), \dot{z}_{t+1}\big)$ bzw. $\big((\dot{z}_t, \dot{x}_t), \dot{y}_t\big)$ gegeben. Wie bei *Szynka* [15] gezeigt ist, kann zu jedem solchen Paar über einen Algorithmus eine Menge M_t von verschiedenen DZS_{ti} gefunden werden, deren $\dot{F}_{ti}$ und $\dot{G}_{ti}$ für das betreffende t genau die Bedingung erfüllen:

$$\dot{F}_{ti}(\dot{z}_t, \dot{x}_t) = \dot{z}_{t+1}\,, \qquad \dot{G}_{ti}(\dot{z}_t, \dot{x}_t) = \dot{y}_t\,.$$

Sind die Mengen M_t bis zur Zeit $t = k$ bestimmt, so sind alle DZS_{ti} ihres Mengendurchschnitts

$$\bigcap_{t=0}^{k} M_t = \bigcap_{t=0}^{k} \{\text{DZS}_{ti}\}$$

Lösung des Syntheseproblems und erfüllen die geforderten Eigenschaften bis zur Zeit $t = k$.
Da das Suchen der DZS_{ti} für gegebenes t also ein gegebenes Paar $\big((\dot{z}_t, \dot{x}_t), \dot{z}_{t+1}\big)$ bzw. $\big((z_t, \dot{x}_t), \dot{y}_t\big)$ einen großen Rechenaufwand erfordert, wird die Menge M_t nur für ein t bestimmt. Für die bestimmten DZS_{ti} wird dann für alle anderen t' mittels der vorn angegebenen Analysemethode überprüft, ob sie (also ihre globalen Operatoren $\dot{F}_{ti}$ und $\dot{G}_{ti}$) für alle t) und die dafür vorgegebenen Paare $\big((\dot{z}_{t'}, \dot{x}_{t'},)\, \dot{z}_{t'+1}\big)$ und $\big((\dot{z}_{t'}, \dot{x}_{t'}), \dot{y}_{t'}\big)$ die Bedingungen erfüllen:

$$\dot{F}_{ti}(\dot{z}_{t'}, \dot{x}_{t'}) = \dot{z}_{t'+1}\,, \qquad \dot{G}_{ti}(\dot{z}_{t'}, \dot{x}_{t'}) = \dot{y}_{t'}\,.$$

Ist ein DZS_{ti} gefunden, das dieses tut, so ist es Lösung des Syntheseproblems. Alle anderen DZS können dann daraus durch bekannte Methoden, wie z. B. bei *Smith* [8] angegeben, bestimmt werden. Ist der Durchschnitt aller Mengen M_t gleich der leeren Menge, so existiert keine Lösung des Syntheseproblems, oder man muß zu zeitvariablen DZS, die hier nicht betrachtet wurden, übergehen. Die Synthese von DZS ist ein für die Praxis der hochintegrierten Schaltungen bedeutendes Problem und gehört zu den Anwendungen der Theorie diskreter zellularer Systeme.

3.4.7. Einige Bemerkungen zur Anwendung der DZS

Die hier vorgestellten Methoden zur Untersuchung diskreter zellularer Systeme sind Ergebnisse der Grundlagenforschung einer mathematisch orientierten Systemtheorie. Sie dienen in erster Linie dazu, geeignete Methoden zur Untersuchung neuer Systemklassen, der Systeme mit Raumstruktur oder auch Raum-Zeit-Systeme genannt, zu entwickeln, um dann auf Aufgabenstellungen der Informationsverarbeitung und Modellierung solcher Systeme angewendet zu werden. Außerdem soll durch die Einführung der Begriffswelt der Systemtheorie und Mathematik das Feld und die Vielfalt „tatsächlicher" Systeme unter einheitlichen Gesichtspunkten (Modellen) und mit einheitlicher Terminologie überschaubar dargestellt werden. Neben diesen „Anwendungen" in der Theorie selbst zeichnen sich für die Theorie diskreter zellularer Systeme folgende Anwendungen ab:

Anwendung in der Zeichenerkennung und -verarbeitung:
Zweidimensionale Zeichen (z. B. Buchstaben) können als Schwarz-Weiß-Muster aus diskreten Punkten der Ebene generiert werden. Interpretiert man die Punkte des Musters als Zellen eines DZS und die Schwarzwerte als Zustände der Zellen, so lassen sich DZS mit Kopplungen und Zellfunktionen (z. B. Schaltfunktionen) angeben, die es gestatten, solche Zeichen z. B. zu speichern, zu normieren, ihre Konturen zu verschärfen, kurz, sie zu verarbeiten und zu erkennen. Solche DZS sind unter der Bezeichnung spatiale Filter ([12)] bekannt und bereits technischen Anwendungen zugeführt.

Anwendung bei der Modellierung partieller Differenzengleichungen:
Partielle Differenzengleichungen der Form

$$\Delta_t z(u, v, w, t) = \sum_i \sum_j \sum_k a_{ijk} \Delta_u^i \Delta_v^j \Delta_w^k z(u, v, w, t)$$

lassen sich durch zellulare Systeme modellieren, d. h.: Zu jeder partiellen Dgl. existiert ein isomorphes DZS. Die Bedingung der Diskretität der Alphabete X, Y, Z kann aufgehoben werden und diese gleich der reellen Zahlen sein, dann ist das DZS als Raum- und Zeit-diskretes Modell partieller Differentialgleichungen aufzufassen, z. B. der *Maxwell*schen Feldgleichungen. Lösungsmethoden sind dann aus der Theorie zellularer Systeme für partielle Dgl. ableitbar, bzw. Schaltungen (zellulare RLC-Netze) können angegeben werden, die die entsprechenden Differenzengleichungen modellieren.

Anwendung bei Fragen des Systementwurfs von LSI Schaltkreisen:
LSI-Schaltungen bestehen aus einer Vielzahl auf einem Chip realisierter Funktionseinheiten (Bausteintypen wie Logikgatter, Speichermodule usw.), die untereinander gekoppelt sind. Bei gegebener Aufgabenstellung für die Gesamtschaltung sind die einzelnen Funktionseinheiten (Zellen) zu positionieren und zu verbinden (Kopplungen), wobei gewisse Randbedingungen (z. B. Kreuzungsfreiheit der Verbindungen) vorgegeben sein können. Die Erweiterung der Theorie zellularer Systeme auf inhomogene DZS könnte hier zu algorithmischen rechnergestützten Entwurfsmethoden, zumindest aber in absehbarer Zeit zu Simulationsmethoden führen. An der Theorie inhomogener DZS (DZS mit verschiedenen Zelltypen und Kopplungsmustern) wird zur Zeit gearbeitet.
Neben diesen Anwendungen in technischen Disziplinen findet die Theorie zellularer Systeme noch Anwendung bei der Modellierung abstrakter Neuronennetze und der theoretischen Untersuchung grundlegender Eigenschaften neuronaler Systeme (z. B. Zuverlässigkeit). Eine technische Realisierung großer nervennetzähnlicher Strukturen ist jedoch noch der Zukunft vorbehalten.

Literaturverzeichnis

[1] *Cappa, Hamacher*: An Augmented Iterativ Array for High-Speed Binary Division. IEEE Trans. C-22, February (1973) 172–175.

[2] *Laws, Rushforth*: A Cellular Array Multiplier for GF(2^m). IEEE Trans. C-20, December (1971) 1573—1578.
[3] *Elspas, Turner*: Theory of Networks and Machines with Cellular Logic. Stanford Res. Institute Menlo Park, Calif. SRI Project 5957, Final Report, january 1968.
[4] *Prangischwili*: Iterative und homogene planare Strukturen und dazugehörige Graphen. Avtomatika i telemechanika **5** (1968) 145—155.
[5] *Melija*: Die Analyse der Automaten, die in isotropen logischen homogenen Flachstrukturen verteilt sind. Kibernetika **4** (1971) 108—114.
[6] *Burks*: Essays on Cellular Automata. University of Illinois Press, Urbana London 1966.
[7] *Codd*: Cellular Automata. Academic Press, ACM Monograph Series New York, 1968.
[8] *Smith*: Cellular Automata Theory. Stanford University Calif. Stanford Electronics Laboretories, Technical Report 2 (1969).
[9] *Farhad, Nourai, Sohrab, R., Kashef*: An universal Four-State Cellular Computer. IEEE Transadion on Computers C-24, 8 (1975) 766—776.
[10] *Marko*: Die Systemtheorie der homogenen Schichten. Kybernetik **5** (1968) 221—240.
[11] *Teschner, Selen*: Strukturen von Inhibitionsfeldern. Kybernetik 1968, Berichtswerk über den Kongreß der Deutschen Gesellschaft für Kybernetik München 1968.
[12] *Stoschek*: Theorie spatialer Filter. Dissertation, Technische Universität Dresden 1974.
[13] *Wunsch*: Systemtheorie. Verlag Geest & Portig, Leipzig 1975.
[14] *Jugel, Karl*: Beitrag zur Theorie zellularer Systeme. Dissertation, Technische Universität Dresden 1975.
[16] *Szynka*: Beitrag zur Theorie diskreter zellularer Systems. Dissertation, Technische Universität Dresden 1976.

3.5. Eine praktische Methode zur Toleranzanalyse gegengekoppelter elektronischer Schaltungen

Von *A. Rehn*

Technische Hochschule Ilmenau, Sektion Informationstechnik und Theoretische Elektrotechnik

3.5.1. Einleitung

Die Anwendung aktiver Bauelemente in der schaltungstechnischen Praxis erfordert durch die Komplexität der verwendeten Bauelementeparameter oft einen hohen Aufwand an Dimensionierungsarbeit. Das trifft insbesondere dann zu, wenn elektronische Schaltungen für die Belange einer Serienfertigung unter Berücksichtigung der unumgänglich vorhandenen Bauelementetoleranzen konzipiert werden müssen.
Gegenstand dieses Beitrages sind gegengekoppelte elektronische Schaltungen mit bipolaren Transistoren im Kleinsignalbetrieb. Am Beispiel der Betriebskenngrößen „Spannungsverstärkung" und „Eingangswiderstand" im stromreihengegengekoppelten Betrieb wird eine Methode zur Diskussion gestellt, die es gestattet, mit einfachen Hilfsmitteln unter Anwendung eines grafisch-analytischen Verfahrens eine Toleranzanalyse mit ausreichender Genauigkeit durchführen zu können.

3.5.2. Funktionelle Darstellung der Betriebskenngrößen im nichtgegengekoppelten Betrieb

Unter der Voraussetzung einer Kleinsignalaussteuerung sind die Betriebskenngrößen (Stromverstärkung, Spannungsverstärkung, Eingangswiderstand, Ausgangswiderstand, Leistungsverstärkung) durch die bekannten Beziehungen darstellbar. Bild 1 zeigt die dabei verwendeten Strom- und Spannungsrichtungen. Tab. 1 enthält die Betriebskenngrößengleichungen für gebräuchliche Vierpoldarstellungen.

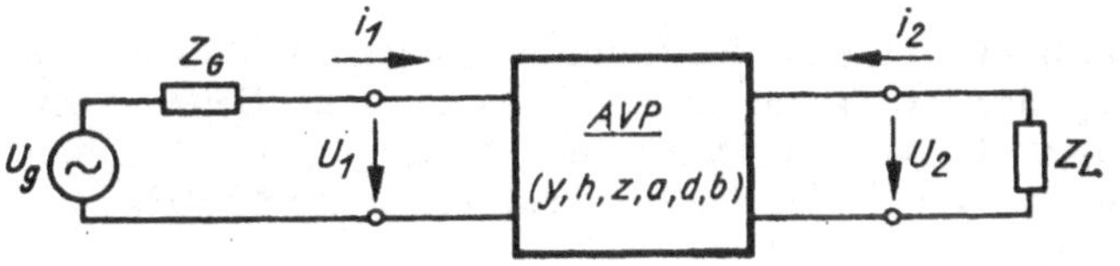

Bild 1. Ersatzschaltung zur Bestimmung der Betriebskenngrößen

3.5.2.1. Betriebskenngrößendarstellung analoger Grundschaltungen

Zur Darstellung der in Tab. 1 angegebenen Beziehungen lassen sich für eine grafisch-analytische Auswertung zwei mathematisch sehr einfache Gleichungen angeben.

$$f_1(x) = \frac{a}{1 + \frac{x}{b}} . \qquad (1)$$

Tabelle 1. Betriebskenngrößendarstellungen aktiver Vierpole

	$\begin{pmatrix} i_1 \\ i_2 \end{pmatrix} = (y) \begin{pmatrix} u_1 \\ u_2 \end{pmatrix}$	$\begin{pmatrix} u_1 \\ i_2 \end{pmatrix} = (h) \begin{pmatrix} i_1 \\ u_2 \end{pmatrix}$	$\begin{pmatrix} u_1 \\ u_2 \end{pmatrix} = (z) \begin{pmatrix} i_1 \\ i_2 \end{pmatrix}$
v_i	$\frac{y_{21}}{y_{11} + \Delta y \cdot Z_L}$	$\frac{h_{21}}{1 + h_{22} \cdot Z_L}$	$\frac{-z_{21}}{z_{22} + Z_L}$
v_u	$\frac{-y_{21} \cdot Z_L}{1 + y_{22} \cdot Z_L}$	$\frac{-h_{21} \cdot Z_L}{h_{11} + \Delta h \cdot Z_L}$	$\frac{z_{21} \cdot Z_L}{\Delta z + z_{11} \cdot Z_L}$
z_e	$\frac{1 + y_{22} \cdot Z_L}{y_{11} + \Delta y \cdot Z_L}$	$\frac{h_{11} + \Delta h \cdot Z_L}{1 + h_{22} \cdot Z_L}$	$\frac{\Delta z + z_{11} \cdot Z_L}{z_{22} + Z_L}$
z_a	$\frac{1 + y_{11} \cdot Z_G}{y_{22} + \Delta y \cdot Z_G}$	$\frac{h_{11} + Z_G}{\Delta h + h_{22} \cdot Z_G}$	$\frac{\Delta z + z_{22} \cdot Z_G}{z_{11} + Z_G}$
	$\begin{pmatrix} u_1 \\ i_1 \end{pmatrix} = (a) \begin{pmatrix} u_2 \\ i_2 \end{pmatrix}$	$\begin{pmatrix} i_1 \\ u_2 \end{pmatrix} = (d) \begin{pmatrix} u_1 \\ i_2 \end{pmatrix}$	$\begin{pmatrix} u_2 \\ i_2 \end{pmatrix} = (b) \begin{pmatrix} u_1 \\ i_1 \end{pmatrix}$
v_i	$\frac{-1}{a_{22} + a_{21} \cdot Z_L}$	$\frac{-d_{21}}{\Delta d + d_{11} \cdot Z_L}$	$\frac{-\Delta b}{b_{11} + b_{12} \cdot Z_L}$
v_u	$\frac{Z_L}{a_{12} + a_{11} \cdot Z_L}$	$\frac{d_{21} \cdot Z_L}{d_{22} + Z_L}$	$\frac{\Delta b \cdot Z_L}{b_{12} + b_{22} \cdot Z_L}$
z_e	$\frac{a_{12} + a_{11} \cdot Z_L}{a_{22} + a_{21} \cdot Z_L}$	$\frac{d_{22} + Z_L}{\Delta d + d_{11} \cdot Z_L}$	$\frac{b_{12} + b_{22} \cdot Z_L}{b_{11} + b_{21} \cdot Z_L}$
z_a	$\frac{a_{12} + a_{22} \cdot Z_G}{a_{11} + a_{21} \cdot Z_G}$	$\frac{d_{22} + \Delta d \cdot Z_G}{1 + d_{11} \cdot Z_G}$	$\frac{b_{12} + b_{11} \cdot Z_L}{b_{22} + b_{21} \cdot Z_L}$

Gl. (1) läßt sich durch drei Bestimmungsgrößen darstellen:

$$\begin{aligned} x \ll b\,, &\quad f_1(x) = a\,, \\ x = b\,, &\quad f_1(x) = \frac{a}{2}\,, \\ x \gg b\,, &\quad f_1(x) = \frac{a \cdot b}{x}. \end{aligned} \tag{2}$$

Eine Gaerdenapproximation dieser Bestimmungsgrößen ist in einer doppelt-logarithmischen Darstellung der Gl. (1) gegeben. Für praktische Belange interessieren oft Näherungsbeziehungen der Gl. (1). Man erhält Näherungen in folgenden Variablenbereichen, wenn ein relativer Fehler an den Bereichsgrenzen $\leqq 10\%$ zugelassen wird:

$$\begin{aligned} x < 0{,}1 \cdot b\,, &\quad f_1(x) = a\,, \\ x > 10 \cdot b\,, &\quad f_1(x) = \frac{a \cdot b}{x}. \end{aligned} \tag{3}$$

Im Variablenbereich $0{,}1 \cdot b \leqq x \leqq 10 \cdot b$ ist Gl. (1) vollständig anzuwenden.
Identifiziert man die Konstanten a und b mit den Kleinsignalparametern der verwendeten aktiven Bauelemente, so läßt sich eine Toleranzanalyse sehr einfach durch Einbeziehung der maximalen Parametertoleranzen realisieren. Für die maximalen Abweichungen der Konstanten gilt:

$$a' = a \pm \delta a\,, \quad b' = b \pm \delta b\,, \tag{4}$$

In diesen Toleranzwerten sind folgende Abhängigkeiten enthalten:

— exemplarbedingte Parametertoleranzen,
— Arbeitspunktabhängigkeiten,
— Temperaturabhängigkeiten.

Bild 2 zeigt die unter den oben angegebenen Gesichtspunkten mögliche grafische Darstellung der Gl. (1) im doppelt-logarithmischen Maßstab mit Angabe eines Toleranzbandes für angenommene Konstantenabweichungen.

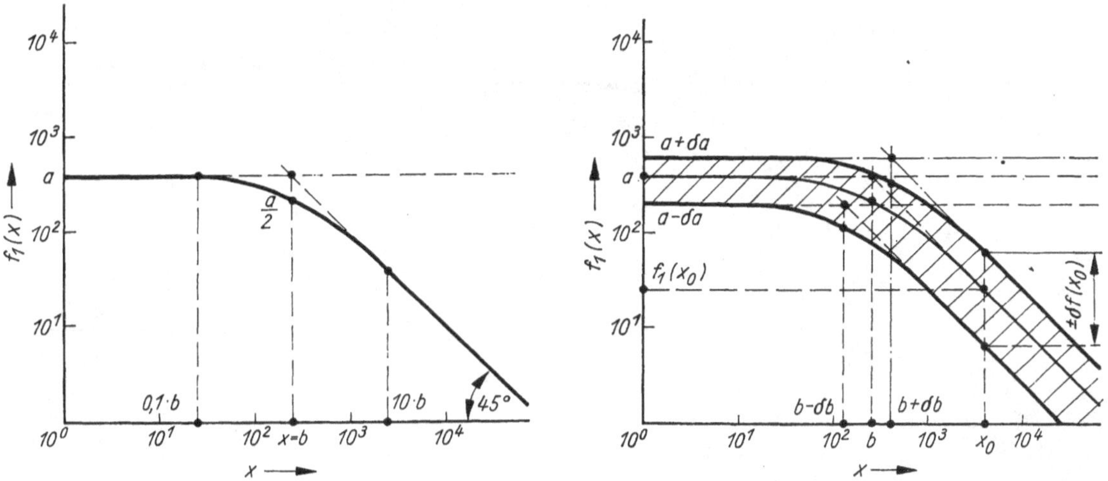

Bild 2. Grundfunktion 1
a) Grafische Darstellung der Grundfunktion 1
b) Toleranzfeldbestimmung

In gleicher Weise läßt sich eine zweite Funktion angeben.

$$f_2(x) = \frac{c}{1 + \frac{d}{x}} . \tag{5}$$

Man erhält folgende Bestimmungsgrößen:

$$\begin{aligned} x \gg d , \quad & f_2(x) = c , \\ x = d , \quad & f_2(x) = \frac{c}{2} , \\ x \ll d , \quad & f_2(x) = \frac{c}{d} \cdot x . \end{aligned} \tag{6}$$

Näherungslösungen mit Fehlern $\leqq 10\%$ an den Variablenbereichsgrenzen:

$$\begin{aligned} x > 10 \cdot d , \quad & f_2(x) = c , \\ x < 0{,}1 \cdot d , \quad & f_2(x) = \frac{c}{d} \cdot x . \end{aligned} \tag{7}$$

Im Variablenwertebereich $0{,}1 \cdot d \leqq x \leqq 10 \cdot d$ ist mit der vollständigen Gl. (5) zu rechnen.

Zur Toleranzanalyse sind die maximalen Konstantenabweichungen zu berücksichtigen.

$$c' = c \pm \delta c\,, \qquad d' = d \pm \delta d\,. \tag{8}$$

Gl. (5) ist unter Einbeziehung der Konstantenabweichungen in Bild 3 im doppeltlogarithmischen Maßstab grafisch dargestellt.

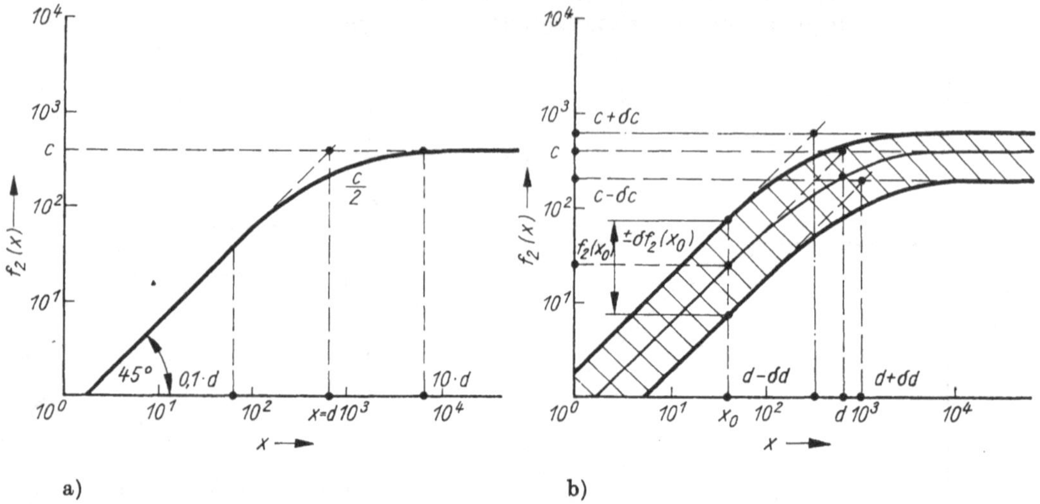

Bild 3. Grundfunktion 2

a) Grafische Darstellung der Grundfunktion 2

b) Toleranzfeldbestimmung

Für die Darstellung der Betriebskenngrößen „Eingangswiderstand" bzw. „Ausgangswiderstand" ist eine Summation der Gln. (1) und (5) erforderlich.

$$f_3(x) = f_1(x) + f_2(x) = \frac{a}{1 + \dfrac{x}{b}} + \frac{c}{1 + \dfrac{d}{x}}\,. \tag{9}$$

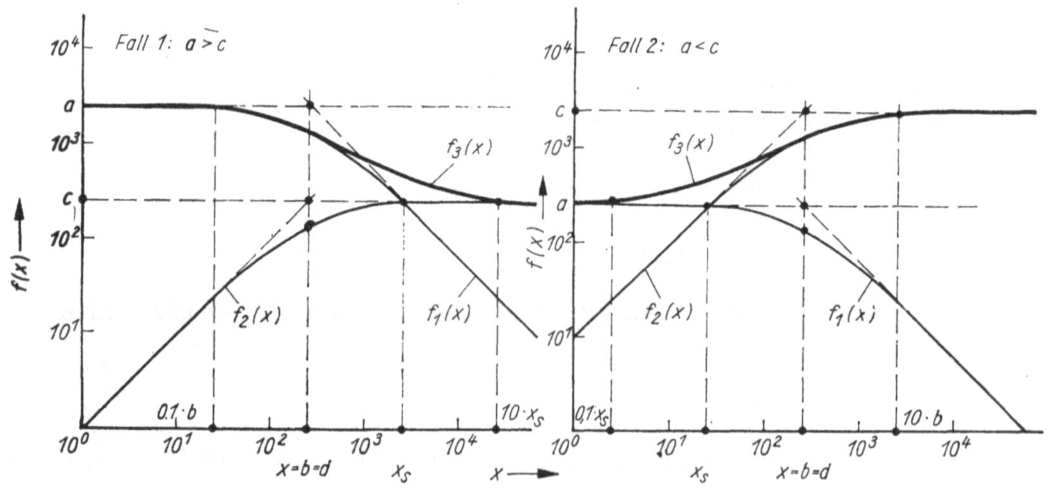

Bild 4. Darstellung der funktionellen Zusammenhänge $f_1(x)$, $f_2(x)$, $f_3(x)$

Zur Bestimmung des Variablenbereichs für Näherungslösungen finden wiederum die Konstanten b bzw. d Anwendung. Weiterhin ist die Schnittpunktkoordinate der Funktionen $f_1(x)$ und $f_2(x)$ heranzuziehen. Bild 4 erläutert die dazu notwendigen Zusammenhänge.

Für die praktische Bewertung sind damit folgende Zusammenhänge gültig:

$$x_S = \frac{a}{c} \cdot b\,, \tag{10}$$

$$\begin{aligned} &a > c: x_S > x = b\,, \\ &x < 0{,}1 \cdot b\,, \qquad f_3(x) = a\,, \\ &x > 10 \cdot x_S\,, \qquad f_3(x) = c\,. \end{aligned} \tag{11}$$

Im Variablenbereich $0{,}1 \cdot b \leqq x \leqq 10 \cdot x_S$ ist mit der vollständigen Gl. (9) zu rechnen.

$$\begin{aligned} &a < c: \; x_S < x = b\,, \\ &x < 0{,}1 \cdot x_S\,, \quad f_3(x) = a\,, \\ &x > 10 \cdot b\,, \quad f_3(x) = c\,. \end{aligned}$$

Gl. (9) ist wiederum im Variablenbereich $0{,}1 \cdot x_S \leqq x \leqq 10 \cdot b$ gültig.

Tabelle 2. Darstellung der Betriebskenngrößen

	a	b	c	d	x_S
$v_i = f(Z_L)$ $(f_1(x))$	h_{21}	$\frac{1}{h_{22}}$	—	—	—
$v_u = f(Z_L)$ $(f_2(x))$	—	—	$-\frac{h_{21}}{\Delta h}$	$\frac{h_{11}}{\Delta h}$	—
$z_e = f(Z_L)$ $(f_1(x) + f_2(x))$	h_{11}	$\frac{1}{h_{22}}$	$\frac{\Delta h}{h_{22}}$	$\frac{1}{h_{22}}$	$\frac{h_{11}}{\Delta h}$
$z_a = f(Z_G)$ $(f_1(x) + f_2(x))$	$\frac{h_{11}}{\Delta h}$	$\frac{\Delta h}{h_{22}}$	$\frac{1}{h_{22}}$	$\frac{\Delta h}{h_{22}}$	h_{11}

In Tab. 2 sind unter Anwendung der Hybridparameter die notwendigen Rechenoperationen zur Bestimmung der Konstantenwerte für eine grafisch-analytische Auswertung des Betriebskenngrößenverhaltens angeführt. Eine Toleranzanalyse ist bei bekannten Konstantenabweichungen (Parametertoleranzen usw.) nach der gleichen Methode möglich.

3.5.2.2. Gegengekoppelte analoge Grundschaltungen mit toleranzbehafteten Bauelementen

Für die Praxis weitaus bedeutender sind gegengekoppelte Grundschaltungen, da sich durch die bekannten Wirkungen der Gegenkopplung wesentliche schaltungstechnische Vorteile ergeben.

Gegenstand der hier darzulegenden Problematik soll die Stromreihengegenkopplung sein. Bild 5 zegt die zur Berechnung verwendete allgemeine Schaltung.

Für die Hybridparameter des gegengekoppelten Vierpols gelten die bekannten Beziehungen:

$$
\begin{aligned}
h'_{11} &= h_{11} + R_i \frac{(1 + h_{21})(1 - h_{12})}{1 + h_{22}R_i}, \\
h'_{12} &= \frac{h_{12} + h_{22}R_i}{1 + h_{22}R_i}, \qquad h'_{21} = \frac{h_{21} - h_{22}R_i}{1 + h_{22}R_i}, \\
h'_{22} &= \frac{h_{22}}{1 + h_{22}R_i}, \qquad \Delta h' = \frac{\Delta h + h_{22} R_i}{1 + h_{22}R_i}.
\end{aligned}
\tag{12}
$$

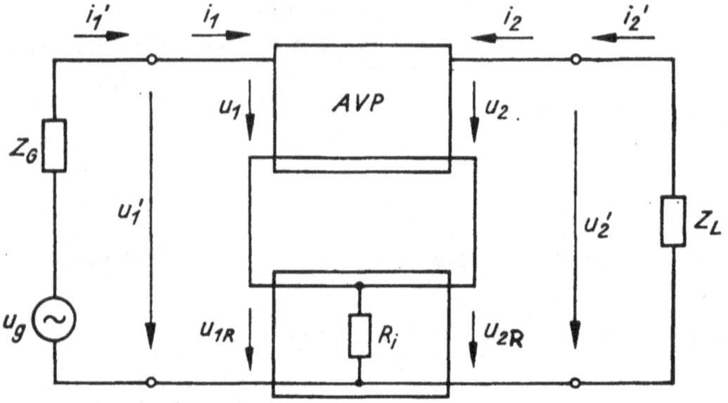

Bild 5. Stromreihengegengekoppelter aktiver Vierpol

Zur Beurteilung der Wirkung der Stromreihengegenkopplung findet der reziproke Wert des Spannungsgegenkopplungsgrades Anwendung.

$$
\frac{1}{g_u} = \frac{v'_u}{v_u} = f(R_i)\,. \tag{13}
$$

Unter der Voraussetzung eines vernachlässigbar kleinen Generatorinnenwiderstandes $Z_G \to 0$ läßt sich die Wirkung der Stromreihengegenkopplung auf die Betriebskenngrößen unter Anwendung des Spannungsgegenkopplungsgrades folgendermaßen darstellen:

$$
\begin{aligned}
v'_i &\approx v_i\,, \qquad & z'_e &= z_e \cdot g_u\,, \\
v'_u &= \frac{v_u}{g_u}, \qquad & z'_a &= z_a \cdot g_u\,, \\
\frac{dv'_u}{v_u} &= \frac{dv_u}{v_u} \cdot \frac{1}{g_u}, \qquad & k'_u &= \frac{k_u}{g_u}.
\end{aligned}
\tag{14}
$$

Für den reziproken Wert des Spannungsgegenkopplungsgrades erhält man mit Gl. (13)

$$
\frac{1}{g_u} = \frac{h_{11} + \Delta h \cdot Z_L}{h_{21}} \cdot \frac{h_{21} - h_{22} \cdot R_i}{h_{11} + \Delta h \cdot Z_L + R_i(1 + h_{21} - h_{12} + \Delta h + h_{22} \cdot Z_L)} \tag{15}
$$

oder mit Gl. (9)

$$\frac{1}{g_u} = f(R_i) = \frac{1}{1 + R_i \cdot \dfrac{1 + h_{21} - h_{12} + \Delta h + h_{22} Z_L}{h_{11} + \Delta h \cdot Z_L}} +$$

$$+ \left(-\frac{h_{22}}{h_{21}}\right) \cdot \frac{\dfrac{h_{11} + \Delta h \cdot Z_L}{1 + h_{21} - h_{12} + \Delta h + h_{22} \cdot Z_L}}{1 + \dfrac{1}{R_i} \dfrac{h_{11} + \Delta h \cdot Z_L}{1 + h_{21} - h_{12} + \Delta h + h_{22} \cdot Z_L}} \tag{16}$$

mit folgenden Identitäten:

$$a = 1 ,$$

$$b = d = \frac{h_{11} + \Delta h \cdot Z_L}{1 + h_{21} - h_{12} + \Delta h + h_{22} \cdot Z_L}, \tag{17}$$

$$c = \left(-\frac{h_{22}}{h_{21}}\right) \cdot b .$$

Wegen $\left|\frac{h_{22}}{h_{21}}\right| \ll 1$ gilt $|c| \ll b$, so daß der gesuchte Zusammenhang darstellbar wird durch eine Funktion nach Gl. (1). Damit ist man in der Lage, den Einfluß der Parametertoleranzen sowie der Toleranzen der passiven Bauelemente der stromreihengegengekoppelten Schaltung in analoger Betrachtung (wie mit Gln. (1) und (4) und Bild 2

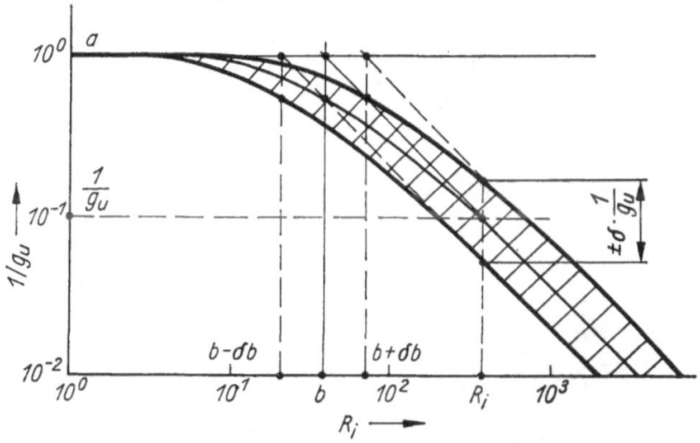

Bild 6. Toleranzfeld stromreihengegengekoppelter Vierpole

beschrieben) zu ermitteln. Bild 6 zeigt qualitativ die Darstellung der notwendigen Schritte zur Toleranzfeldbestimmung des reziproken Wertes des Spannungsgegenkopplungsgrades.

Ähnliche Betziehungen lassen sich für die anderen Gegenkopplungsschaltungen ableiten und grafisch-analytisch interpretieren, auf deren nähere Darstellung an dieser Stelle jedoch verzichtet werden soll.

3.5.3. Zusammenfassung

Es wird eine grafisch-analytische Methode vorgestellt, die die Berechnung einfacher und stromreihengegengekoppelter analoger Grundschaltungen im Kleinsignalbetrieb unter Einbeziehung der Toleranzen der aktiven und passiven Bauelemente gestattet. Dadurch ist eine Aussage über das Schaltungsverhalten unter Verwendung einfacher Hilfsmittel bei vorgegebenen Toleranzwerten möglich. Im erweiterten Sinn kann die vorgestellte Methode insbesondere auch dann Anwendung finden, wenn bei vorgegebenen Schaltungstoleranzkennwerten die zulässigen Parametertoleranzen der aktiven und passiven Bauelemente bestimmt werden müssen.

Literaturverzeichnis

[1] *Rehn, A.*: Ein Beitrag zur Toleranzanalyse elektronischer Schaltungen. Nachrichtentechnik 5 (1976).

4. Schaltungsentwurf

4.1. Einsatz von Rechenprogrammen zum Entwurf analoger Schaltungen

Von *Péter Schwarz*

VEB RFT Meßelektronik „Otto Schön" Dresden

4.1.1. Einführung

Bei der Entwicklung elektronischer analoger Schaltungen hat sich bereits seit einigen Jahren der *rechnergestützte Schaltungsentwurf* (computer-aided design, CAD) als ein sehr nützliches Hilfsmittel erwiesen. Leistungsfähige Rechenprogramme stehen vor allem für die Analyse und Toleranzanalyse sowie die Optimierung zur Verfügung. Im folgenden wird ein Überblick über die in der DDR gegenwärtig vorhandenen Rechenprogramme gegeben. Dabei wird auf Grund der eigenen Erfahrungen eine Wertung aus der Sicht des Anwenders vorgenommen und die Leistungsfähigkeit der Programme an einigen Beispielen demonstriert.
Zur mathematischen Beschreibung der Schaltung wird als Modell ein *Netzwerk* (NW) zugrundegelegt. Drei Gruppen von Gleichungen beschreiben zusammen das Netzwerkverhalten: die *Kirchhoff*schen Knotensätze für die Ströme, die *Kirchhoff*schen Maschensätze für die Spannungen und die Strom-Spannungs-Beziehungen der Netzwerkelemente (NWE) (das können Zweipole und Mehrtore sein). Erfolgt die Netzwerkberechnung im Zeitbereich, so müssen Systeme von Integro-Differential-Gleichungen gelöst werden. Interessiert man sich für das Frequenzverhalten linearer Schaltungen, so sind algebraische Gleichungssysteme (die als Parameter die komplexe Frequenz $s = \sigma + j\omega$ enthalten) zu lösen. Wir beschränken uns hier auf NW mit konzentrierten Parametern.

4.1.2. Analyse linearer Schaltungen im Frequenzbereich

4.1.2.1. Symbolische Analyse

Bei der symbolischen Analyse werden sowohl die Schaltelemente (genauer: die ihnen im NW-Modell zugeordneten NWE) als auch die komplexe Frequenz s als *Buchstaben* behandelt. Die NW-Charakteristiken (Spannungen, Ströme, Übertragungsfaktoren usw.) enthalten dann diese Buchstaben explizit. Als Beispiel sei die Schaltung in

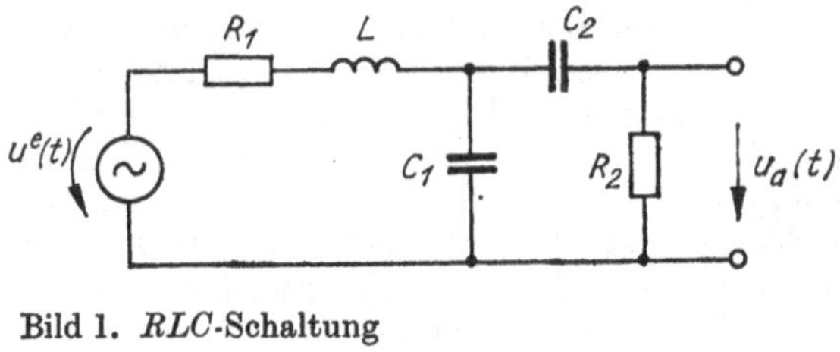

Bild 1. *RLC*-Schaltung

Bild 1 betrachtet. Der Übertragungsfaktor, d. h. das Verhältnis der *Laplace*-Transformierten von Ausgangs- und Eingangsspannung ergibt sich zu

$$T(s) = \frac{U_a(s)}{U^e(s)} = \frac{\mathcal{L}\{u_a(t)\}}{\mathcal{L}\{u^e(t)\}} =$$

$$= \frac{s \cdot R_2C_2}{s^3R_2C_1C_2L + s^2(LC_1 + LC_2 + R_1R_2C_1C_2) + s(R_1C_1 + R_1C_2 + R_2C_2) + 1}. \quad (1)$$

Ergebnisse in dieser Form werden oft vom Schaltungsentwickler gewünscht, da sie ihm eine Hilfe bei der Schaltungsdimensionierung darstellen.
Bei Schaltungen mit mehr als 15 bis 20 Schaltelementen werden die Ausdrücke so umfangreich, daß eine manuelle Auswertung nicht mehr sinnvoll ist. Daher wird man sich meist auf kleinere Schaltungen beschränken, die Rechenzeiten von Programmen betragen dann auch nur einige Minuten. Über die vielfältigen Verfahren zur symbolischen Analyse ist in [6] berichtet worden; Rechenprogramme sind an mehreren Institutionen, z. B. im VEB RFT Meßelektronik Dresden (MKD), im Institut für Regelungstechnik Berlin (IfR), der Hochschule für Verkehrswesen Dresden (HfV) und der Technischen Hochschule Ilmenau vorhanden.

4.1.2.2. „Rationale" Analyse

Setzt man als Werte der NWE spezielle Zahlen ein, läßt die komplexe Frequenz s jedoch noch variabel, so erhält man die NW-Charakteristiken als *gebrochen rationale Funktionen* der Frequenz. Für die Schaltung in Bild 1 erhält man bei der Dimensionierung $R_1 = R_2 = 1$, $L = 0{,}5$, $C_1 = C_2 = 2$:

$$T(s) = \frac{U_a(s)}{U^e(s)} = \frac{2s}{2s^3 + 6s^2 + 6s + 1} = \frac{Z(s)}{N(s)}. \quad (2)$$

Die Beschreibung der NW-Charakteristiken in dieser Form ermöglicht

a) eine Tabellierung von Dämpfung, Phase und Gruppenlaufzeit an vielen Frequenzpunkten $s_i = j\omega_i$ mit geringem Aufwand,
b) die Bestimmung der Pole und Nullstellen durch Berechnung der Nullstellen von Zähler- und Nennerpolynom $Z(s)$ bzw. $N(s)$,
c) die Berechnung des Zeitverhaltens mit Hilfe der *Laplace*-Transformation (falls man nicht die im Abschnitt 4.1.4. angegebenen „direkten" Verfahren vorzieht).

Zur Berechnung der gebrochenen rationalen Funktionen kann man die Verfahren zur symbolischen Analyse so modifizieren, daß während oder nach der Rechnung für die Symbole der Schaltelemente ihre Zahlenwerte eingesetzt werden. Wesentlich weniger Aufwand erfordern jedoch speziell auf diese Aufgabenstellung zugeschnittene Verfahren [6]. Von diesen hat sich vor allem das Interpolationsverfahren als günstig erwiesen (hohe Genauigkeit, geringer Rechen- und Programmieraufwand): für genügend viele (reelle oder komplexe) Zahlenwerte s_i werden mit den im Abschnitt 4.1.2.3. beschriebenen Verfahren zur punktweisen Analyse im Frequenzbereich die Zahlenwerte $Z(s_i)$ und $N(s_i)$ berechnet. Anschließend werden durch diese Werte Interpolationspolynome gelegt, diese sind dann die gesuchten Funktionen $Z(s)$ und $N(s)$.
An Rechenprogrammen stehen das bei MKD entwickelte Programm NWRAT sowie das Programm LISA zur Verfügung. NWRAT hat sich als schneller und genauer erwiesen, LISA bietet etwas mehr Komfort für den Anwender (vor allem, wenn gleichzeitig Analysen im Zeit- und Frequenzbereich gewünscht werden). Numerische

Schwierigkeiten bei der Rechnung und damit ungenaue Ergebnisse sind bei Schaltungen zu erwarten, bei denen der Grad des Nennerpolynoms größer als 15 bis 20 ist. Die Rechenzeiten liegen bei einigen Minuten; z. B. wurden bei der Schaltung nach Bild 2, für die eine manuelle Rechnung bereits sehr aufwendig wäre, mit NWRAT weniger als 1 Minute und mit LISA etwa 2 Minuten Rechenzeit (CPU-Zeit, d. h. Belegung der Zentraleinheit) auf einer IBM 360/40 benötigt. Die Ergebnisse sind:

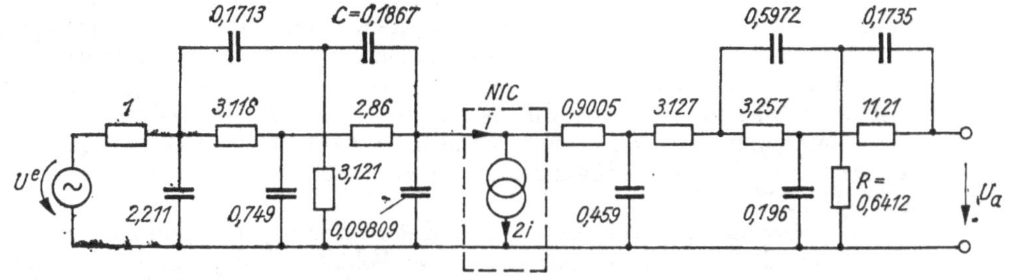

Bild 2. Aktive *RC*-Schaltung

Polynomkoeffizienten des Übertragungsfaktors

s-Potenz	Nennerpolynom	Zählerpolynom
8	2,406872 E-03	0,0
7	1,136334 E-02	0,0
6	2,309281 E-02	1,727616 E-04
5	3,110175 E-02	5,038828 E-04
4	3,074009 E-02	7,816997 E-04
3	2,202780 E-02	1,368563 E-03
2	1,118183 E-02	1,150049 E-03
1	3,582069 E-03	8,783416 E-04
0	5,450491 E-04	5,450491 E-04

Nullstellen:	Pole:
−1,988032 E-04 ± j 1,019909	−4,905444 E-01 ± j 2,081051 E-01
0 ± j 1,294576	−3,667034 E-01 ± j 6,245437 E-01
−8,950064 E-01	−8,950064 E-01
−2,022016	−2,022016
	−4,484044 E-02 ± j 9,155300 E-01

(zwei Pole und Nullstellen sind gleich, könnten also im Übertragungsfaktor gekürzt werden).

4.1.2.3. Analyse an einzelnen Frequenzpunkten

Wird eine Schaltung durch Strom- oder Spannungsquellen mit sinusförmigem Zeitverlauf der (festen) Kreisfrequenz ω erregt, so sind nach hinreichend langer Zeit alle Ströme und Spannungen in der Schaltung sinusförmige Zeitfunktionen der gleichen Frequenz („eingeschwungener Zustand"). Ihre Amplituden und Phasen erhält man aus den entsprechenden NW-Charakteristiken im s-Bereich, wenn $s = j\omega$ gesetzt wird. Für unser Beispiel in Bild 1 erhält man aus (2) z. B. bei der Kreisfrequenz $\omega = 1$

$$T(j\,1) = 0{,}19512 - \mathrm{j}\,0{,}24390$$

oder daraus berechnet die Dämpfung

$$a/\mathrm{dB} = -20 \lg |T(j\omega)| = 10{,}108\,.$$

Bei der NW-Analyse an einzelnen Frequenzpunkten ω_i wird man in der Regel eines der Gleichungssysteme zur Netzwerkbeschreibung (z. B. das System der Knotenspannungsgleichungen)

$$\boldsymbol{A} \cdot \boldsymbol{x} = \boldsymbol{a} \tag{3}$$

aufstellen. Die Elemente der Koeffizientenmatrix $\boldsymbol{A}$ und des Vektors $\boldsymbol{a}$ hängen von den Zahlenwerten der NWE und der jeweiligen Frequenz ω_i ab. Für jeden Frequenzpunkt ist daher das (komplexe) Zahlengleichungssystem (3) zu lösen. Dafür wird meist der *Gauss*sche Eliminationsalgorithmus eingesetzt. Da einerseits die Bestimmung von Dämpfung und Phase linearer Schaltungen eine der wichtigsten Aufgaben beim Schaltungsentwurf (insbesondere von Filterschaltungen) ist, andererseits die Lösung von linearen Gleichungssystemen rechentechnisch ohne besondere Schwierigkeiten möglich ist, gibt es zahlreiche Rechenprogramme zur punktweisen Frequenzanalyse: ANATOL, ECAP, LISA, PANE, usw.
Die Anwendung dieser Programme ist für den Entwickler nur mit geringen Kosten verbunden, solange die Anzahl der Knoten in der Schaltung nicht größer als etwa 20 bis 30 ist. Für die Berechnung des Dämpfungsfrequenzganges (Bild 3) der Schaltung in Bild 2 wird z. B. nur etwa 1 Minute Rechenzeit benötigt. Bei größeren Schal-

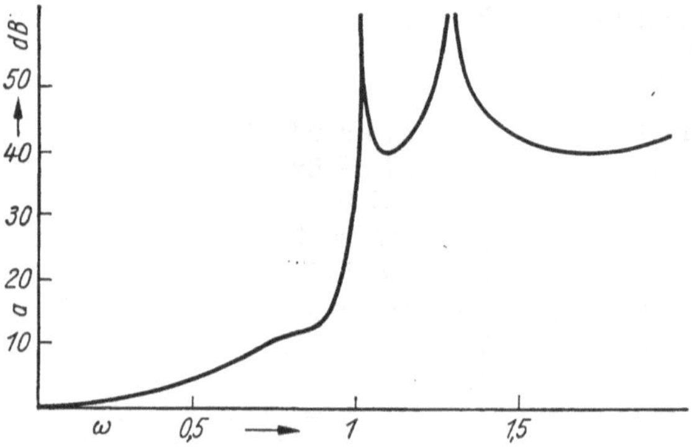

Bild 3. Dämpfungsverlauf der Schaltung in Bild 2

tungen empfiehlt es sich, die praktisch immer vorhandene „Schwachbesetztheit“ der Koeffizientenmatrix mit von Null verschiedenen Elementen auszunutzen (vergl. Abschnitt 3.1). Derartige Programme sind für lineare Schaltungen allerdings z. Z. noch nicht in größerem Umfange verfügbar.
Abschließend sei bemerkt, daß man Rechenprogramme zur Analyse linearer NW im Frequenzbereich ohne große Schwierigkeiten für die *Rauschanalyse* erweitern kann, also die Berechnung des Rauschspektrums der Ausgangsgrößen bei bekannten Rauschspektren der Schaltelemente [6].

4.1.3. Toleranzanalyse linearer Schaltungen im Frequenzbereich

Beim praktischen Aufbau der Schaltungen, vor allem bei industrieller Produktion in großen Stückzahlen, benötigt man neben der Kenntnis des Schaltungsverhaltens bei den Nominalwerten der Schaltelemente auch Aussagen darüber, wie sich Änderungen der Schaltelementewerte auswirken.

4.1.3.1. Berechnung der Empfindlichkeitsfunktionen

Näherungsweise läßt sich die Änderung einer NW-Charakteristik $A = A\ (s;\ P_1,\ P_2,\ \ldots,\ P_r)$, die außer von der Frequenz s auch noch von den Parametern P_ϱ ($\varrho = 1, 2, \ldots, r$) der NWE abhängt, gemäß

$$\Delta A \approx \sum_{\varrho=1}^{r} \frac{\partial A}{\partial P_\varrho} \Delta P_\varrho = \sum_{\varrho=1}^{r} \left(\frac{\partial A}{\partial P_\varrho} \cdot P_\varrho \right) \frac{\Delta P_\varrho}{P_\varrho} \tag{4}$$

berechnen.
Liegt die NW-Charakteristik A in symbolischer Form vor, ist die Berechnung der *Empfindlichkeitsfunktionen* $P_\varrho \cdot \dfrac{\partial A}{\partial P_\varrho}$ außerordentlich einfach. Aber auch bei rationaler oder punktweiser Analyse ist ihre Berechnung nicht sehr kompliziert. Man kann zeigen [7], daß neben dem Gleichungssystem (3) zur Analyse des NW noch ein weiteres, eng damit verbundenes Gleichungssystem zu lösen ist. Aus beiden Ergebnissen erhält man dann die Empfindlichkeitfunktionen. (Dieses Vorgehen läßt sich auch als Analyse eines „adjungierten" Netzwerkes deuten.)
Dieses Prinzip ist in den Programmen ANATOL (für Empfindlichkeitsanalysen an einzelnen Frequenzpunkten) und ECAP (nur für Empfindlichkeitsanalysen von Gleichstrom-NW) realisiert. Es zeigt sich, daß eine „vollständige Empfindlichkeitsanalyse", also die Berechnung der Empfindlichkeitsfunktionen bezüglich aller NWE-Parameter, lediglich einen relativ geringen Zusatzaufwand (ca. 50%) gegenüber einer einfachen Analyse erfordert.
Demgegenüber werden in den Programmen PANE und LISA die Empfindlichkeitsfunktionen näherungsweise durch wiederholte Analysen mit abgeänderten Parameterwerten gewonnen. Hier ist für die Berechnung jeder Empfindlichkeitsfunktion zusätzlich also etwa der gleiche Aufwand wie bei einer Analyse bei Nominalwerten erforderlich. (Bei PANE wird dieser Nachteil durch ein sehr schnelles Analyseverfahren praktisch wieder z. T. kompensiert.)

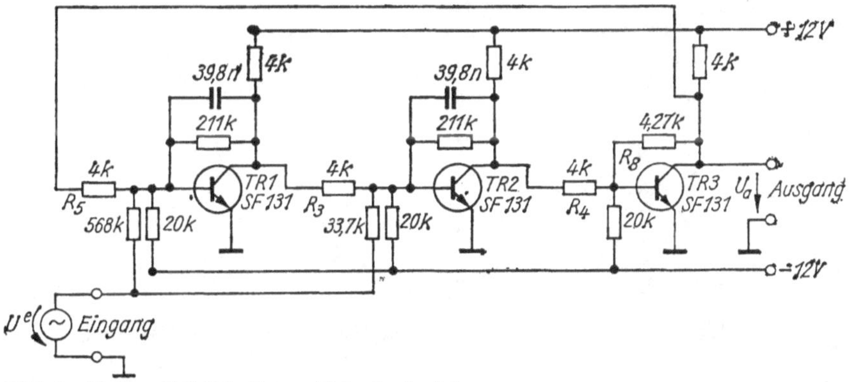

Bild 4. Aktive RC-Schaltung (Schwingkreis)

In Bild 4 ist eine aktive RC-Schaltung gezeigt, die das Verhalten eines LC-Schwingkreises nachbildet. Bild 5 zeigt die Empfindlichkeitsfunktionen bezüglich einiger Schaltelementewerte.
Gelegentlich — insbesondere bei Stabilitätsuntersuchungen aktiver Schaltungen — interessiert auch die Empfindlichkeit der Pole (evtl. auch der Nullstellen) gegenüber Schwankungen der Schaltelementewerte. Diese lassen sich exakt mit dem MKD-Rechenprogramm EIGEMPF oder (näherungsweise) durch Programme zur rationalen

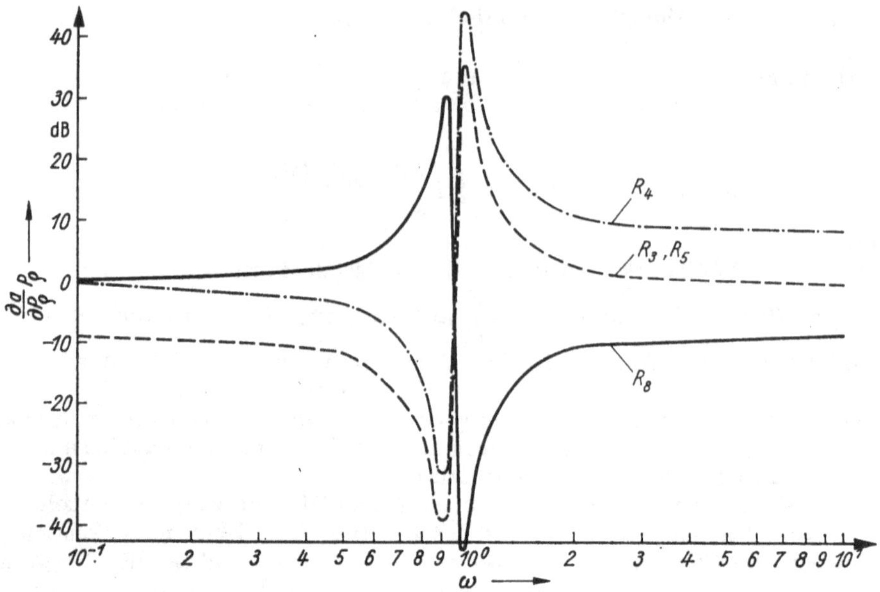

Bild 5. Empfindlichkeitsfunktionen der Schaltung in Bild 4 bezüglich einiger Parameter P_ϱ (R_3, R_4, R_5, R_8)

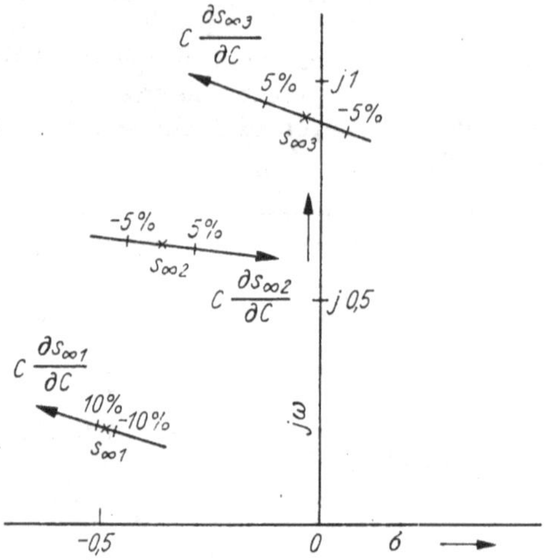

Bild 6. Pol-Empfindlichkeiten der Schaltung in Bild 2 bezüglich des Netzwerkelementes C

Frequenzanalyse (LISA, NWRAT) bestimmen. In Bild 6 ist die Pol-Empfindlichkeit der Schaltung in Bild 2 bezüglich des Schaltelementes C dargestellt.

4.1.3.2. Worst-case-Berechnung und statistische Toleranzanalyse

Die Berechnung des „schlechtesten Falles" ist mit vertretbarem Aufwand nur näherungsweise möglich.

Im Programm PANE werden mit Hilfe der Empfindlichkeitsfunktionen die oberen oder unteren Grenzwerte der NWE ermittelt, bei denen die Ausgangsgröße (an einem ausgewählten Frequenzpunkt) ihren Maximal- und Minimalwert annimmt. Für diese „ungünstigsten" NWE-Kombinationen werden dann zwei neue Analysen durchgeführt. Ähnlich wird im Programm ECAP die worst-case-Berechnung für Gleichstromnetzwerke durchgeführt. PANE erlaubt auch eine „statistische worst-case-Berechnung": auf Grund vorzugebender Verteilungsfunktionen für die NWE wird (nach dem Grundprinzip der Monte-Carlo-Methode) für eine genügend große Anzahl von NWE-Kombinationen die Analyse (ebenfalls wieder an einem anzugebenden Frequenzpunkt) ausgeführt. Von den erhaltenen Ergebnissen liefern das Maximum und das Minimum die worst-case-Fälle.
Eine weitere Näherungsmethode zur worst-case-Berechnung läßt sich mit jedem Rechenprogramm realisieren, das die Empfindlichkeitsfunktionen liefert (ANATOL, LISA): die „linearisierte worst-case-Berechnung" benutzt die Schranken, die man aus

$$\pm \sum_{\varrho=1}^{r} \left| P_\varrho \frac{\partial A}{\partial P_\varrho} \right| \cdot \left| \frac{\Delta P_\varrho}{P_\varrho} \right| \tag{5}$$

erhält. In Bild 7 ist ein derartiger „worst-case-Toleranzschlauch" für die Schaltung in Bild 4 dargestellt, der mit ANATOL berechnet wurde.

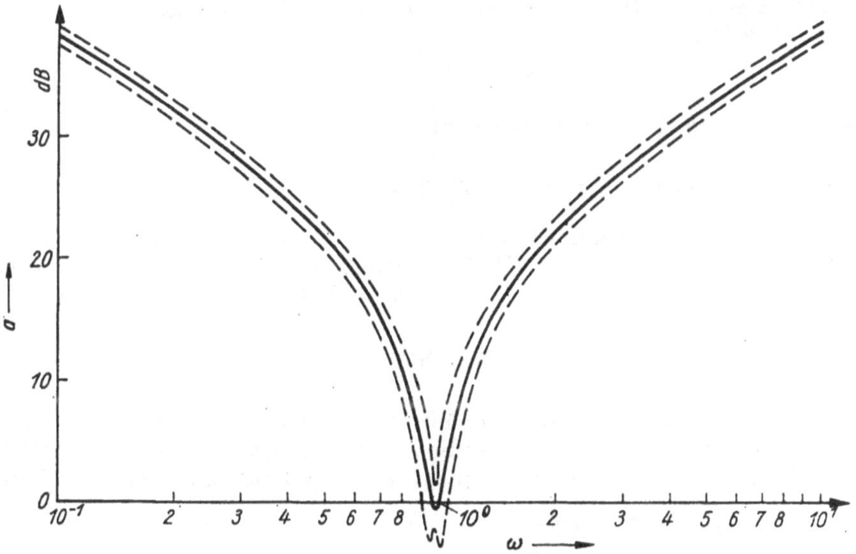

Bild 7. Dämpfungstoleranzschlauch der Schaltung in Bild 4 bei vorgegebenen Toleranzen der passiven Schaltelemente (frequenzbestimmende Elemente: $\pm$ 2%, alle anderen: $\pm$ 10%)

Die durch worst-case-Berechnungen erhaltenen Schwankungsbereiche werden bei praktisch realisierten Schaltungen nur äußerst selten voll ausgeschöpft, da die gleichzeitige Kombination aller „ungünstigsten" Schaltelementewerte sehr unwahrscheinlich ist. Worst-case-Analysen liefern also zu pessimistische Vorhersagen über das Verhalten der Schaltungen. Daher ist eine *statistische Tolerenzanalyse* praktischen Bedürfnissen besser angepaßt. Dabei werden die Werte der Schaltelemente als Zufallsgrößen interpretiert, deren Verteilungsfunktionen bekannt sind. Mit Hilfe von Zufallszahlengeneratoren werden im Rechner zahlreiche Kombinationen der NWE-

Werte realisiert und für sie jeweils eine Analyse ausgeführt (*Monte-Carlo-Methode*). Die dabei erhaltenen Bereiche, in denen z. B. 95% oder 99% aller Realisierungen der Ausgangsgröße liegen, sind erheblich kleiner als die worst-case-Schwankungsbereiche. Voraussetzung für eine statistische Toleranzanalyse nach diesem Verfahren ist ein sehr schnelles Analyseprogramm. Das Programm PANE arbeitet in dieser Weise.
Ähnliche Ergebnisse erhält man, wenn man die z. B. mit ANATOL gewonnenen Empfindlichkeitsfunktionen ausnutzt [7]. Die Streuung der Ausgangsgröße σ_A^2 erhält man aus den Streuungen der (als unkorreliert vorausgesetzten) Schaltelementewerte σ_ϱ^2 näherungsweise zu

$$\sigma_A^2 \approx \sum_{\varrho=1}^{r} \left(\frac{\partial A}{\partial P_\varrho}\right)^2 \sigma_\varrho^2 \,. \tag{6}$$

Die in [7] durchgeführten Abschätzungen zeigen, daß (6) mit guter Näherung bereits für wenige Summanden ($r = 5$ bis 10) erfüllt ist, wenn sich die Empfindlichkeitsfunktionen im Schwankungsbereich der Schaltelementewerte nicht zu stark ändern. Die Verteilungsfunktionen der Parameter P_ϱ brauchen bei der Berechnung von σ_A^2 nicht berücksichtigt zu werden, sie bestimmen lediglich die Streuungen σ_ϱ^2. Die numerische Auswertung von (6) stellt gegenüber einer Toleranzanalyse nur einen unbedeutenden Zusatzaufwand dar, so daß man aus ökonomischen Gründen diesen Weg bevorzugen sollte, auch wenn die Genauigkeit des Ergebnisses gegenüber einer Monte-Carlo-Berechnung (mit vielleicht 1000 oder 10 000 durchgeführten Analysen!) etwas geringer sein mag.

4.1.4. Analyse im Zeitbereich

4.1.4.1. Analyse linearer Schaltungen

Bei der Berechnung des Einschwingverhaltens linearer Schaltungen hat es sich als günstig erwiesen, die das NW beschreibenden Integro-Differential-Gleichungen in ein DG-System 1. Ordnung, die sog. *Zustandsgleichungen* (siehe z. B. [6], [17])

$$\frac{\mathrm{d}\boldsymbol{x}}{\mathrm{d}t} = \dot{\boldsymbol{x}} = \boldsymbol{A}\boldsymbol{x} + \boldsymbol{B}\boldsymbol{v} + \boldsymbol{S}\dot{\boldsymbol{v}} \tag{7}$$

zu überführen ($\boldsymbol{x}$, der Vektor der Zustandsvariablen, enthält in der Regel einige der Kondensatorspannungen und der Spulenströme des NW, $\boldsymbol{v}$ enthält die Erregungen). Die Ausgangsgrößen werden in einem Vektor $\boldsymbol{y}$ zusammengefaßt und aus

$$\boldsymbol{y} = \boldsymbol{C}\boldsymbol{x} + \boldsymbol{D}\boldsymbol{v} + \boldsymbol{T}\dot{\boldsymbol{v}} \tag{8}$$

berechnet. In einem Rechenprogramm müssen zwei Probleme gelöst werden: ausgehend von den Daten zur NW-Beschreibung müssen die Zustandsgleichungen aufgestellt (d. h. die Matrizen $\boldsymbol{A}, \boldsymbol{B}, \dots, \boldsymbol{T}$ berechnet) und anschließend integriert werden. Die numerische Integration läßt sich mit relativ einfachen Rekursionsformeln ausführen, man erhält daraus die Werte $\boldsymbol{x}(\nu T)$ an den (äquidistanten) Zeitpunkten νT ($\nu = 1, 2, 3, \dots$). T ist die sog. Schrittweite, die im Verlauf der Rechnung auch geändert werden kann. Aus (8) werden dann die Ausgangsgrößen $\boldsymbol{y}(\nu T)$ berechnet.
Dieses Verfahren ist in dem MKD-Rechenprogramm ZEITVERHALTEN realisiert worden. In Bild 8 ist die damit berechnete Sprungantwort der Schaltung in Bild 2 dargestellt (Rechenzeit 1 Min.). Bild 9 zeigt eine recht große Filterschaltung, ihr Einschwingverhalten (Sprungantwort) ist in Bild 10 dargestellt. Die Rechenzeit für dieses Beispiel betrug ca. 7 Min. Das Programm ZEITVERHALTEN gestattet

jedoch nicht nur die Berechnung der Sprung- oder Impulsantwort, sondern auch die Berechnung der Ausgangsgrößen bei beliebigen Zeitverläufen der Eingangssignale. Auch andere Rechenprogramme können eingesetzt werden. ECAP verwendet nicht das Konzept der Zustandsgleichungen, sondern löst die das NW beschreibenden

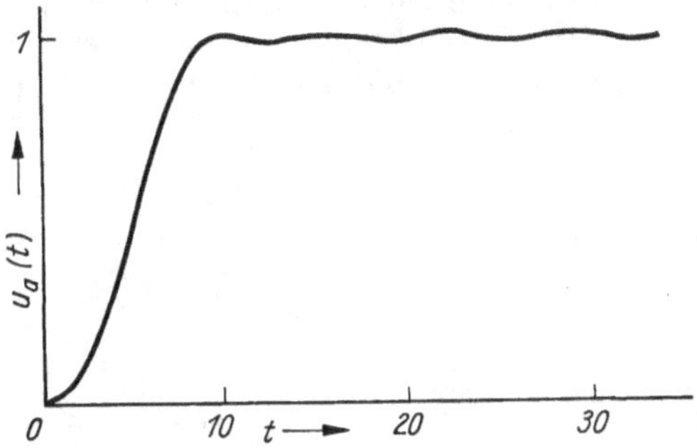

Bild 8. Sprungantwort der Schaltung in Bild 2

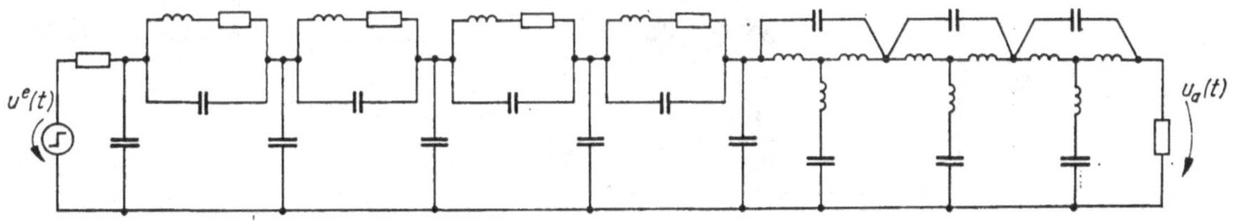

Bild 9. *LC*-Filter

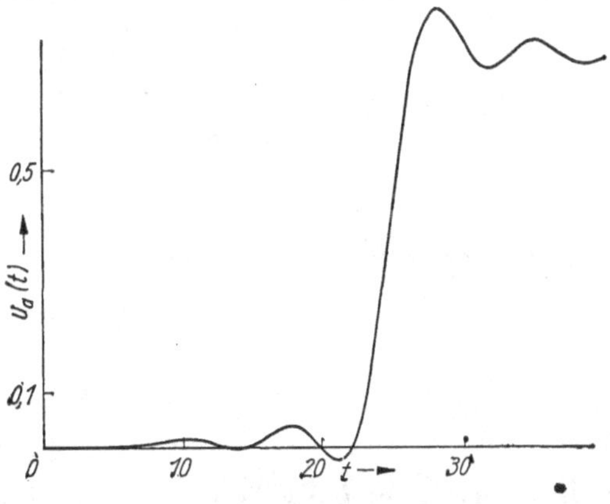

Bild 10. Sprungantwort der Schaltung in Bild 9

Integro-Differentialgleichungen durch einen sehr einfachen Differenzenansatz, der jedoch keine hohe Genauigkeit besitzt. In LISA wird im Anschluß an die Berechnung des Übertragungsfaktors im *s*-Bereich (vergl. Abschnitt 4.1.2.2.) eine LAPLACE-Rücktransformation durchgeführt. Auch hier ist — zumindest bei größeren Schaltungen — mit z. T. erheblichen Rundungsfehlern zu rechnen. Bei kleineren Schaltungen mit 5 bis 10 Reaktanzschaltelementen ist jedoch eine schnelle und ausreichend genaue Rechnung möglich.

4.1.4.2. Analyse nichtlinearer Schaltungen

Die gegenwärtig modernsten und leistungsfähigsten Verfahren zur Berechnung des Zeitverhaltens nichtlinearer Schaltungen sind im Abschnitt 3.1 vorgestellt worden. Daher soll hier nur kurz darauf hingewiesen werden, daß auch mit dem (relativ alten) Programm ECAP die Berechnung kleinerer nichtlinearer Schaltungen mit gutem Erfolg möglich ist. Bild 11 zeigt eine Wechselrichterschaltung für ein Drehstromsystem, Bild 12 den Zeitverlauf zweier Ströme. In Bild 13 ist ein Flip-Flop [15] gezeigt, in

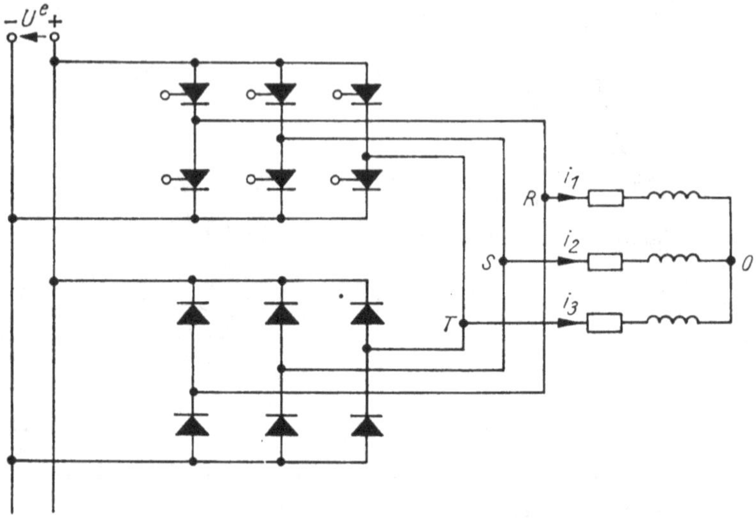

Bild 11. Wechselrichterschaltung mit Thyristoren zur Drehstromerzeugung

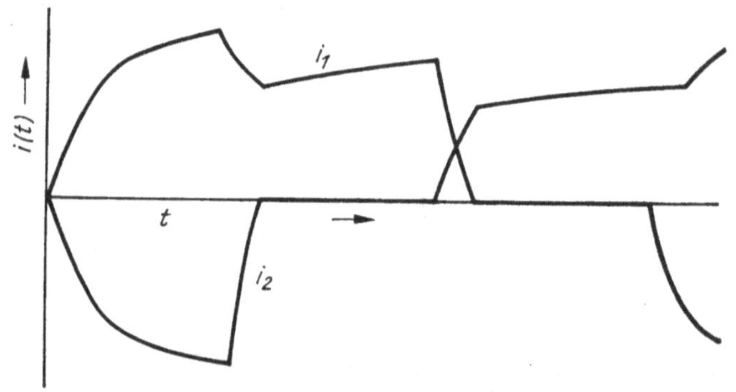

Bild 12. Zeitverlauf der Ströme i_1 und i_2 der Wechselrichterschaltung (Bild 11)

dem — für die Rechnung mit ECAP — die Transistoren durch das bekannte *Ebers-Moll*-Modell nachgebildet wurden (Bild 14). Den Zeitverlauf von Eingangs- und Ausgangssignal zeigt Bild 15. Durch die komplizierte Art der für ECAP erforderlichen Modellierung nichtlinearer Kennlinien lassen sich nur Schaltungen mit wenigen Transistoren berechnen.

Für den Schaltungsentwickler stellt die Auswahl eines geeigneten *Modells* für die Halbleiterbauelemente und die Anpassung der Modellparameter an die in der Schaltung eingesetzten Bauelementetypen meist eine schwierige Aufgabe dar. Das immer noch am häufigsten verwendete Transistormodell ist die *Ebers-Moll*-Ersatzschaltung, die insbesondere in der Darstellung als „Transportmodell“ nach *Logan* sowohl den Forderungen an eine einfache meßtechnische Parameterbestimmung als auch an eine leichte Beschreibbarkeit in der Eingabesprache der üblichen Netzwerkanalysepro-

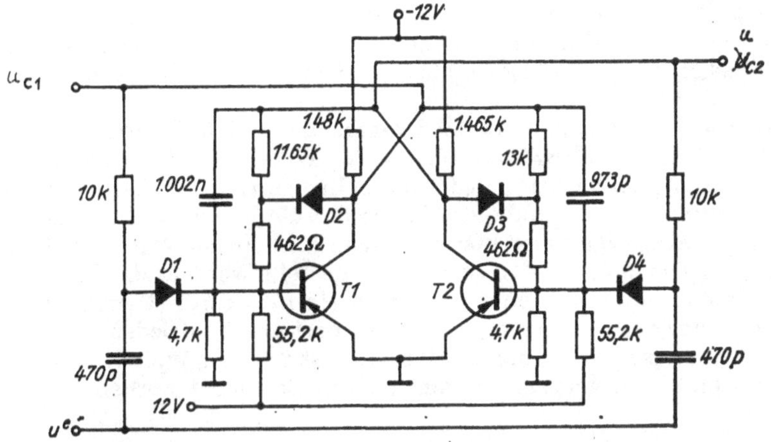

Bild 13. Flip-Flop-Schaltung

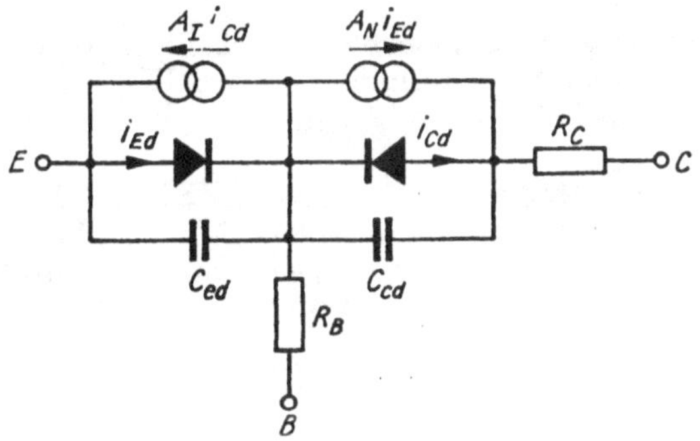

Bild 14. *Ebers-Moll*-Transistorersatzschaltung zur Analyse der Flip-Flop-Schaltung (Bild 13) (erweitert um zwei Bahnwiderstände)

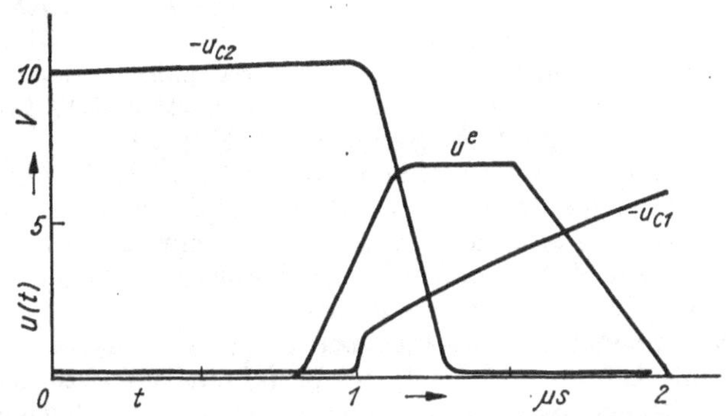

Bild 15. Zeitverlauf der Eingangsspannung und der Ausgangsspannungen des Flip-Flop (Bild 13)

gramme gerecht wird. Ein Vergleich mit dem Ladungssteuermodell, dem *Linvill*-Modell, sowie den in den letzten Jahren entwickelten komplizierten Modellen nach *Fossum* und *Gummel-Poon* (die eine wesentlich genauere Transistormodellierung ermöglichen, allerdings verbunden mit erheblichem Aufwand) ist speziell unter dem Aspekt des rechnergestützten Schaltungsentwurfs in [8] durchgeführt worden. Dort ist auch gezeigt worden, daß kompliziertere Funktionsgruppen wie Operationsverstärker und logische Schaltkreise allein aus der Kenntnis ihres Klemmenverhaltens und ihrer prinzipiellen Wirkungsweise recht gut modelliert werden können („black-box-Modell").
Abschließend sei erwähnt, daß bei der Untersuchung nichtlinearer Schaltungen auch an einer Darstellung im *Frequenzbereich* (z. B. in Form der Klirrfaktoren oder Oberwellen der Ausgangsgröße bei sinusförmiger Erregung der Schaltung) Interesse besteht. Dafür wurde an der Humboldt-Universität Berlin ein Rechenprogramm PIPSS entwickelt [9]. Natürlich müssen hier besonders hohe Forderungen an die Genauigkeit der Beschreibung nichtlinearer Bauelemente gestellt werden, da davon die Brauchbarkeit der Rechenergebnisse entscheidend beeinflußt wird. (Demgegenüber ist man bei der Berechnung des Einschwingverhaltens sonst meist zufrieden, wenn der Kurvenverlauf der Ausgangsgrößen „ungefähr" richtig ist und nur typische Impulsparameter wie Anstiegs- und Verzögerungszeit genau genug berechnet werden.)

4.1.5. Toleranzanalyse linearer Schaltungen im Zeitbereich

Wegen des im Vergleich zur Rechnung im Frequenzbereich erheblich größeren Rechenaufwandes sind bisher erst Programme zur Empfindlichkeitsanalyse *linearer* NW entwickelt worden, obwohl auch für nichtlineare NW bereits entsprechende Verfahren bekannt sind [10, 11].
Das bereits im Abschnitt 4.1.4.1. erwähnte Programm ZEITVERHALTEN geht von der Zustandsvariablen-Beschreibung des zu untersuchenden NW aus. Bezeichnet man mit ′ die partielle Ableitung nach einem Parameter P_ϱ, so erhält man aus den Gl. (7), (8)

$$\frac{d\boldsymbol{x}'}{dt} = \dot{\boldsymbol{x}}' = \boldsymbol{A}\boldsymbol{x}' + \boldsymbol{A}'\boldsymbol{x} + \boldsymbol{B}'\boldsymbol{v} + \boldsymbol{S}'\dot{\boldsymbol{v}}, \quad (9)$$

$$\boldsymbol{y}' = \boldsymbol{C}\boldsymbol{x}' + \boldsymbol{C}'\boldsymbol{x} + \boldsymbol{D}'\boldsymbol{v} + \boldsymbol{T}'\dot{\boldsymbol{v}}. \quad (10)$$

Zusätzlich zu den Zustandsgleichungen für die NW-Analyse müssen also (für jeden NWE-Parameter P_ϱ!) weitere Zustandsgleichungen für die *Empfindlichkeitsanalyse* aufgestellt [7] und gelöst werden. Dabei ist es vorteilhaft, daß sich die Gl. (9) und (10) von den Gl. (7) und (8) eigentlich nur in den Termen unterscheiden, die den Erregungsfunktionen zugeordnet sind. (Die Anwendung des „adjungierten" NW bringt gegenüber der Anwendung der Gl. (9) und (10) keine Vorteile [11].)
In Bild 16 sind zwei berechnete Empfindlichkeitsfunktionen der Schaltung in Bild 2 dargestellt. Die Berechnung dieses Beispieles (Analyse und Toleranzanalyse bezüglich 7 NWE-Parametern an 70 Zeitpunkten) mit dem Programm ZEITVERHALTEN dauert 2 Minuten. Man erkennt, daß auch die Empfindlichkeitsanalyse im Zeitbereich mit relativ geringen Kosten durchgeführt werden kann.
Die im Abschnitt 4.1.3.2. gemachten Aussagen zur worst-case-Analyse und statistischen Toleranzanalyse mit Hilfe von Monte-Carlo-Verfahren und unter Verwendung von Empfindlichkeitsfunktionen lassen sich unverändert auf den Zeitbereich übertragen. Rechenprogramme (wie PANE für den Frequenzbereich) existieren dafür noch nicht, eine nachträgliche Auswertung der mit ZEITVERHALTEN ermittelten

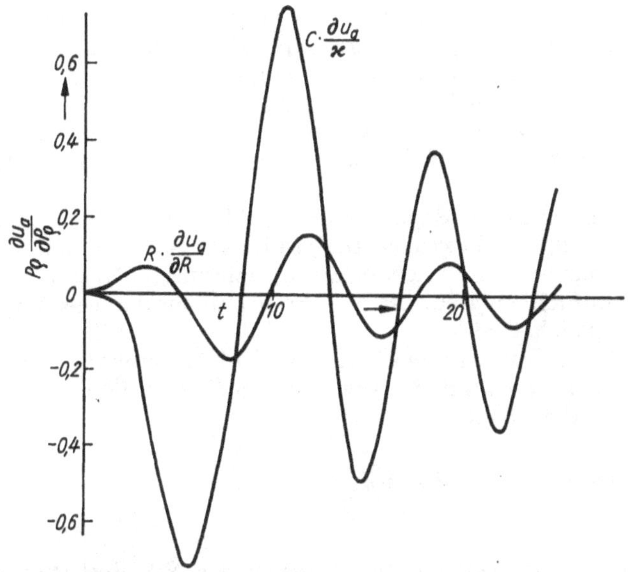

Bild 16. Empfindlichkeitsfunktionen der Ausgangsspannung der Schaltung in Bild 2 bezüglich zweier Netzwerkelemente (R und C); Erregung durch Sprungfunktion

Empfindlichkeitsfunktionen, z. B. für statistische Toleranzanalysen, ist allerdings ohne großen Aufwand möglich.

4.1.6. Optimierung linearer Schaltungen

Das Ziel des Schaltungsentwurfs ist nicht in erster Linie die Analyse von Schaltungen, sondern die Entwicklung neuer Schaltungen mit vorgegebenen Eigenschaften. Hier ist der Entwickler weitgehend auf seine Erfahrungen und die Kenntnis der „klassischen" Entwurfsverfahren (wie sie z. B. in [12] dargestellt sind) angewiesen. Die Entwicklung schneller Rechner und leistungsfähiger Rechenprogramme ermöglicht jedoch seit einigen Jahren auch hier den EDV-Einsatz. Ausgehend von einer gegebenen Schaltungsstruktur verändert der Rechner systematisch (oder auch nach stochastischen Verfahren) die Werte einiger oder aller NWE, um eine immer bessere Übereinstimmung von gefordertem und tatsächlichem Schaltungsverhalten zu erreichen. Diese Art der Optimierung bezeichnet man als *iterativen Schaltungsentwurf* durch wiederholte Analyse.

Beim iterativen Schaltungsentwurf sind folgende Schritte auszuführen:

a) Es wird eine Anfangsnäherung für die zu variierenden NWE-Parameter eingelesen.
b) Das NW wird analysiert, sein Verhalten wird mit den Anforderungen an die Schaltung verglichen.
c) Ist der Unterschied zwischen Ist- und Sollverhalten genügend klein, ist der Entwurf beendet. Sonst wird mit dem Schritt d) fortgefahren.
d) Ausgehend von den Ergebnissen der vorhergehenden Entwurfsschritte werden neue Werte für die NWE-Parameter bestimmt und die Rechnung wird mit b) fortgesetzt.

Diese Schritte sollen noch etwas ausführlicher erläutert werden.

Das Bereitstellen einer *Anfangsnäherung* ist unumgänglich. Um sie zu gewinnen, wird man z. B. von bekannten Schaltungen mit ähnlichen Eigenschaften ausgehen, graphische Entwurfsverfahren (Schablonenverfahren) einsetzen, durch geringfügiges Abändern der Forderungen die Möglichkeit für den Einsatz „klassischer“ Entwurfsverfahren (z. B. für Filter mit *Cauer*- oder *Tschebyscheff*-Verhalten) schaffen, bekannte Näherungsverfahren (wie z. B. die Wellenparameter-Theorie für den Filterentwurf) einsetzen, usw.
Zur *Analyse* des NW werden in der Regel die in den Abschnitten 4.1.2.3. und 4.1.4.1. beschriebenen Verfahren zur punktweisen Analyse im Frequenzbereich bzw. im Zeitbereich eingesetzt. Da während einer Schaltungsoptimierung u. U. hundert und mehr Analysen ausgeführt werden müssen, ist die Programmierung besonders schneller Analyseverfahren wesentlich.
Der Unterschied zwischen Ist- und Sollverhalten wird üblicherweise durch eine einzige reelle Zahl charakterisiert, den Wert der sogenannten *Zielfunktion*. Eine häufig verwendete Zielfunktion ist die „Fehlerpotenzsumme“,

$$z = \sum_{k=1}^{K} \{w(v_k) [f(v_k) - F(\mathbf{p}, v_k)]\}^q . \tag{11}$$

Darin bedeuten:

- v_k — die Frequenz- oder Zeitpunkte, an denen das NW-Verhalten vorgegeben ist;
- $f(v_k)$ — die Forderungen an das NW-Verhalten an der Stelle v_k, die *Sollfunktion*;
- $\mathbf{p}$ — der Vektor, in dem die zu variierenden NWE-Parameter P_ϱ zusammengefaßt sind;
- $F(\mathbf{p}, v_k)$ — die *Istfunktion*, die das NW-Verhalten für einen bestimmten Parametervektor $\mathbf{p}$ an den Stellen v_k beschreibt;
- $w(v_k)$ — eine Gewichtsfunktion, mit der an den einzelnen Frequenz- oder Zeitpunkten v_k die Abweichung zwischen Ist- und Sollfunktion unterschiedlich bewertet werden kann;
- q — ist eine ganze gerade Zahl (für $q = 2$ spricht man von Fehlerquadratsumme).

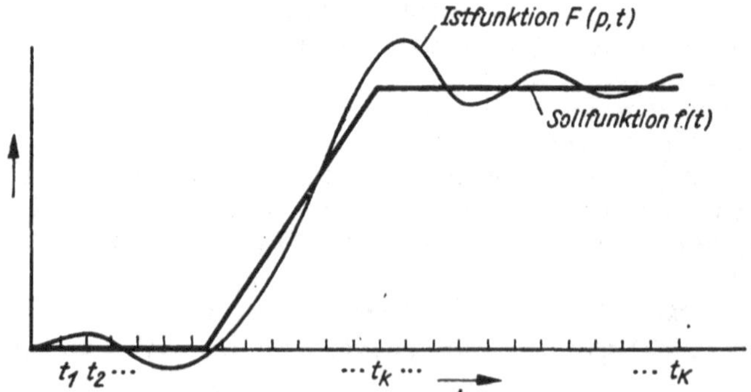

Bild 17. Soll- und Istfunktion bei der Optimierung im Zeitbereich

Bild 17 soll diese Begriffe am Beispiel eines Einschwingvorganges erläutern. Häufig läßt man auch ein Gebiet („Toleranzfeld“) in der Umgebung der Sollfunktion zu, in dem die Istfunktion liegen soll. In Gl. (11) werden dann nur die Abweichungen zwischen Istfunktion und den Toleranzfeldgrenzen an den Stellen v_k berücksichtigt, an denen die Istfunktion außerhalb des Toleranzfeldes liegt. Das Ziel der Optimierung

besteht darin, einen Parametervektor $\boldsymbol{p}$ zu bestimmen. für den die Zielfunktion z ihren minimalen Wert annimmt.
Ist der Wert der Zielfunktion noch nicht klein genug, müssen neue Werte der NWE-Paramter bestimmt werden. Verwendet man z. B. das bekannte *Gradientenverfahren,* so werden die neuen Parameter aus

$$\boldsymbol{p}_{\text{neu}} = \boldsymbol{p} - \alpha \cdot \operatorname{grad} z \tag{12}$$

bestimmt. Die ϱ-te Komponente des Gradienten, $\frac{\partial z}{\partial P_\varrho}$, hängt eng mit den Empfindlichkeitsfunktionen des NW zusammen, so daß hier die in den Abschn. 4.1.3.1. und 4.1.5. erläuterten Verfahren zur Empfindlichkeitsanalyse eingesetzt werden können. α ist die sog. Schrittweite, die meist so bestimmt wird, daß $z(\boldsymbol{p}_{\text{neu}})$ möglichst klein ist. Auch andere, leistungsfähigere Verfahren (z. B. das bekannte Verfahren nach *Fletcher-Powell*) lassen sich ähnlich wie in Gl. (12) beschreiben.
Für die Aufgaben der Schaltungsoptimierung wurde bei MKD das Programm OPTIMA [13] entwickelt. Es ermöglicht die Optimierung im Frequenz- und im Zeitbreich durch Änderung einiger oder aller NWE-Parameter (für die obere und untere Schranken vorgegeben werden können). Die Anforderungen können als Sollfunktion oder als Toleranzfeld, zusammen mit Gewichtsfaktoren, eingegeben werden. Es ist auch möglich, von einer Pol-Nullstellen-Beschreibung des NW auszugehen und die Lage der Pole und Nullstellen zu variieren (anschließend muß zu der neuen Pol-Nullstellen-Konfiguration natürlich noch eine zugehörende Schaltung bestimmt werden). An mathematischen Optimierungsverfahren sind z. Z. drei Verfahren eingebaut, die alle eine Gradientenberechnung erfordern (das Gradientenverfahren nach Gl. (12), das *Fletcher-Powell*-Verfahren und eine verallgemeinerte Methode der kleinsten Quadrate). Es ist auch möglich, daß in das Programm problem-angepaßte Unterprogramme eingefügt werden, um spezielle Anforderungen an die Zielfunktion, die Art der Istfunktionsberechnung usw. zu ermöglichen.

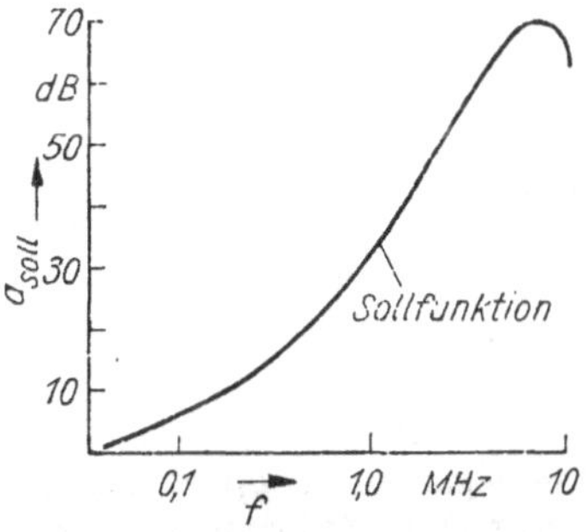

Bild 18. Vorgegebener Dämpfungsverlauf eines Entzerrers

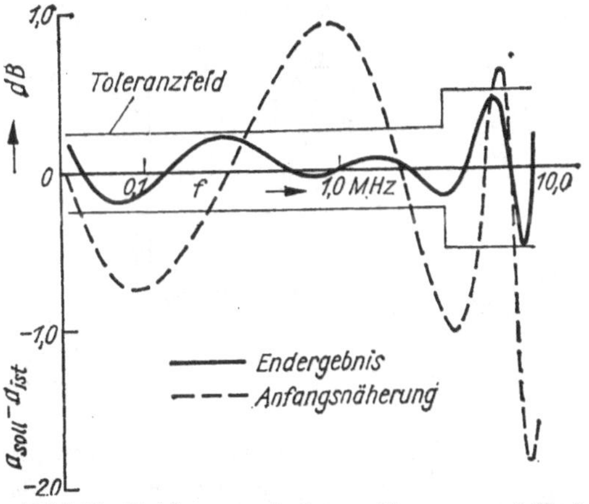

Bild 19. Fehler von Anfangsnäherung und Endergebnis bei der Entzerrer-Optimierung

Abschließend soll an zwei Beispielen der Einsatz von OPTIMA demonstriert werden. Bild 18 zeigt einen Dämpfungsfrequenzgang, der durch eine Schaltung „möglichst gut" realisiert werden soll. Da über die Struktur des NW noch keine Vorstellung bestand, wurde die Optimierung im Pol-Nullstellen-Bereich vorgenommen. Ausgehend von einer graphisch gewonnenen Anfangsnäherung (deren Fehler, d. h. die Abweichung zwischen Soll- und Istfunktion, Bild 19 zeigt) wurde nach etwa 15 Min. Rechenzeit

das in Bild 19 dargestellte Ergebnis erhalten. Die Istfunktion liegt im gesamten Frequenzbereich im zulässigen Toleranzfeld von ±0,25 bzw. ±0,5 dB.
Als sehr nützlich hat sich der Einsatz von Optimierungsprogrammen bei der Bestimmung von Modellparametern erwiesen. In Bild 20 sind die gemessenen Ortskurven zweier Transistor-Vierpolparameter, die Anfangsnäherungen und die nach 40 Min.

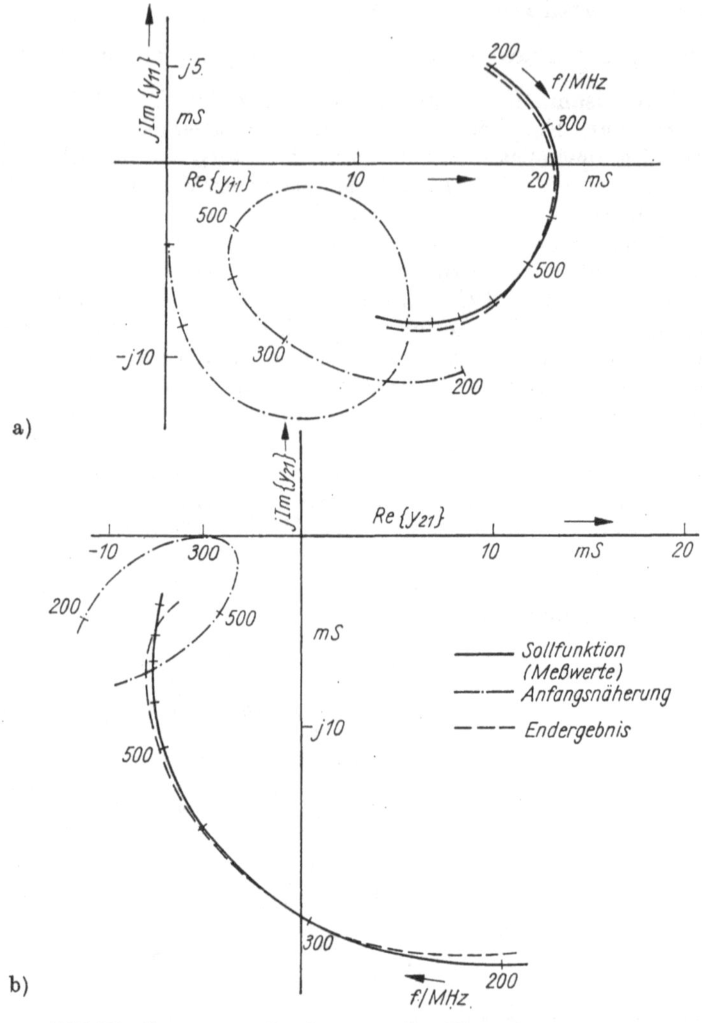

Bild 20. Gemessene Ortskurven der Vierpolparameter y_{11} und y_{21} eines UHF-Transistors (Sollfunktionen), Anfangsnäherung und Endergebnis der Optimierung

Rechenzeit erreichten Ergebnisse eingetragen [8]. Man erkennt die erstaunlich gute Übereinstimmung zwischen Meßwerten und Rechenergebnissen. Die verwendete Ersatzschaltung zeigt Bild 21, alle NWE wurden während der Optimierung verändert.

4.1.7. Nutzung der Rechenprogramme

Alle genannten Rechenprogramme sind in der DDR an einer oder mehreren Stellen verfügbare, einige dieser Stellen wurden oben bereits genannt. Die Programme LISA,

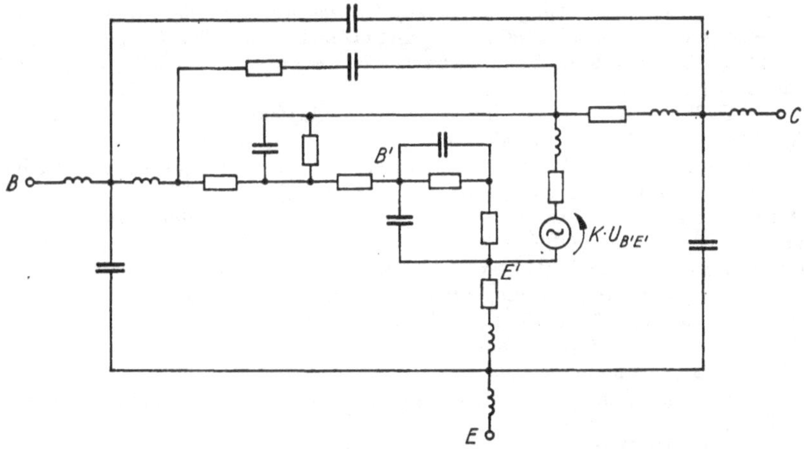

Bild 21. Ersatzschaltung des UHF-Transistors, die der Optimierung zugrunde gelegt wurde

ECAP und PANE sind im VEB RFT Meßelektronik Dresden (MKD), im Institut für Nachrichtentechnik Berlin (INT) und im Institut für Regelungstechnik Berlin (IfR), ANATOL und OPTIMA bei MKD, ZEITVERHALTEN bei MKD und im IfR vorhanden, ECAP und PANE auch im VEB Robotron Karl-Marx-Stadt. Diese Aufzählung ist sicher nicht vollständig, vor allem für die punktweise Analyse linearer NW im Frequenzbereich haben sich zahlreiche Betriebe und Hochschulen mehr oder weniger spezielle Programme (auch für Kleinrechner) geschaffen. In den genannten Institutionen ist man bereit, Nutzrechnungen mit den vorhandenen Programmen gegen Erstattung der Rechenkosten auszuführen und insbesondere Schaltungsentwickler, die erstmalig Rechenprogramme anwenden wollen, in Fragen der Problemformulierung und Modellbeschreibung zu beraten. Im Bezirk Dresden ist z. B. MKD als Konsultationsstützpunkt für rechnergestützten Schaltungsentwurf benannt worden.

Literaturverzeichnis

In [1]–[5] ist das Gesamtgebiet des rechnergestützten Schaltungsentwurfs dargestellt, in [6] sind insbesondere die mathematischen Verfahren für lineare NW ausführlich beschrieben. [14] enthält eine eindrucksvolle Übersicht über die Vielfalt der bisher entwickelten Analyseprogramme. In [15], [16] sind Anwendungsbeispiele und Hinweise zur Benutzung einiger wichtiger Analyseprogramme (ECAP, LISA, PANE, ANATOL) enthalten.

[1] *Calahan, D. A.*: Computer-Aided Network Design. New York, McGraw-Hill 1972. Dt. Ausgabe: Rechnergestützter Schaltungsentwurf. Oldenbourg, München 1973.

[2] *Sigorski, W. P., Petrenko, A. I.*: Algoritmy analiza elektronnich schem. Izd. Technika, Kiev 1970.

[3] *Kuo, F. F., Magnuson, W. G.*: Computer oriented circuit design. Prentice Hall, Englewood Cliffs 1969.

[4] Proc. IEEE 54, 11 (1967).

[5] IEEE Trans. on Circuit Theory CT-18, 1 (1971).

[6] *Reinschke, K., Schwarz, P.*: Verfahren zur rechnergestützten Analyse linearer Netzwerke. Akademie-Verlag, Berlin 1976.

[7] *Reinschke, K.*: Zuverlässigkeit von Systemen, Bd. II: Toleranzanalyse linearer stetiger Systeme. VEB Verlag Technik, Berlin 1974.

[8] *Trappe, P.*: Die Modellierung von Bipolartransistoren und elektronischen Baugruppen für die rechnergestützte Schaltungsentwicklung. Dissertation, HfV Dresden 1975.
[9] *Griepentrog, E., Suschke, E.*: Programmdokumentation PIPSSl. Humboldt-Universität Berlin, Sektion Mathematik 1976.
[10] *Director, S. W., Rohrer, R. A.*: The generalized adjoint network and network sensitivities. IEEE Trans. CT-**16**, 3 (1969) 330–337.
[11] *Reinschke, K., Schwarz, P.*: Sensitivity analysis of linear and nonlinear networks. Elektron. Informationsverarbeitung und Kybernetik **11**, 7/8 (1975) 405–421.
[12] *Fritzsche, G.*: Entwurf linearer Schaltungen. VEB Verlag Technik, Berlin 1962.
[13] *Klaus, M., Schwarz, P.*: OPTIMA – ein Programm zu Optimierung linearer Netzwerke und Systeme. Nachrichtentechnik-Elektronik **25**, 1 (1975) 9–14 und **25**, 2 (1975) 63–65.
[14] *Renk, K.-D., Steinkopf, U.*: Programme zur Analyse elektrischer Schaltungen – eine vergleichende Übersicht. NTZ **26**, 3 (1973) K37–K43.
[15] INT-Information, Sonderheft: Rechnergestützter Entwurf analoger Schaltungen, Anwenderhandbuch für Entwicklungsingenieure (Teil I). **11** (1974).
[16] INT-Information, Sonderheft: Anwenderhandbuch für Entwicklungsingenieure (Teil II). **12** (1975).
[17] *Lippmann, I.*: Ein Beitrag zur numerischen Analyse linearer Systeme im Zeitbereich. Nach-Nachrichtentechnik – Elcktronik **25**, 9 (1975), 330–332

4.2. Über Probleme des Entwurfs elektronisch verstellbarer *RC*-Filtersätze

Von *Manfred Wolf*

Technische Hochschule Karl-Marx-Stadt, Sektion Informationstechnik

4.2.1. Einleitung

Zur Spektralanalyse, in der Nachrichtentechnik, der Elektroakustik und insbesondere in der Meßtechnik werden u. U. frei einstellbare oder verstellbare Filter benötigt. Dabei geht es darum, daß die Güte, die Resonanzfrequenz oder die Verstärkung bei der Resonanzfrequenz verändert werden sollen (z. B. [1, 2, 3]).
Dieser Beitrag beschäftigt sich mit Problemen aktiver *RC*-Filter, deren Resonanzfrequenz durchstimmbar ist. Dabei soll eine Beschränkung auf den Einsatz bekannter Filtertypen erfolgen. Vom Entwurf anderer geeigneter *RC*-Filter wird im Rahmen dieser Arbeit abgesehen. Synthese- und Analyseverfahren für *RC*-Filter sind z. B. in [4, 5 und 15] angegeben.
Die Filterkenngrößen können durch Änderung der Parameter *R* und *C* des *RC*-Netzwerkes beeinflußt werden. Die Empfindlichkeit (Sensibilität) der Filterkenngrößen auf Widerstands- und Kapazitätsänderungen wird im Abschnitt 4.2.2. näher untersucht.
Widerstandsänderungen können durch Hinzu- oder Abschalten von festen Widerständen, durch motorische Verstellung von Potentiometern oder vollelektronisch durch die Verwendung spannungsgesteuerter Widerstände, z. B. durch MOS-Feldeffekttransistoren, durchgeführt werden. Ähnliches gilt für die Änderung der Kapazitäten. An dieser Stelle soll nur die Anwendung von Kapazitätsdioden als spannungsgesteuerte Kapazitäten besonders erwähnt werden. Der Vorteil des Einsatzes spannungsgesteuerter Widerstände bzw. Kapazitäten liegt vor allem in der guten Dynamik sowie der beliebig feinen Einstellung und dem relativ geringen Aufwand. Nachteilig sind die Nichtlinearität, die Begrenztheit des Arbeits- und Änderungsbereiches sowie die Temperaturempfindlichkeit.
Näher untersucht werden soll im weiteren vor allem der Einsatz von MOS-Feldeffekttransistoren.

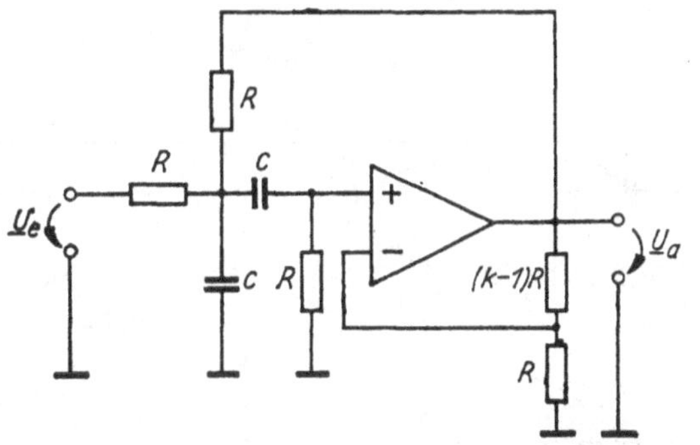

Bild 1. Aktives *RC*-Filter mit Einfachmitkopplung

Es sind sehr viel verschiedene aktive *RC*-Filtertypen mit z. T. stark voneinander abweichenden Eigenschaften bekannt geworden (z. B. [4, 5, 6, 7]). Vier Vertreter davon sind:

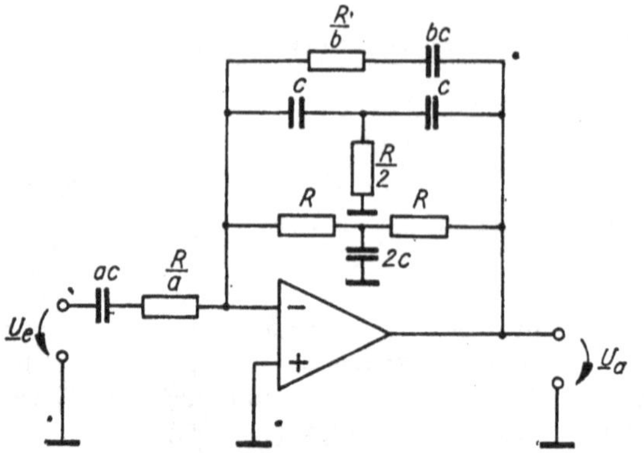

Bild 2. Aktives *RC*-Filter mit Einfachgegenkopplung

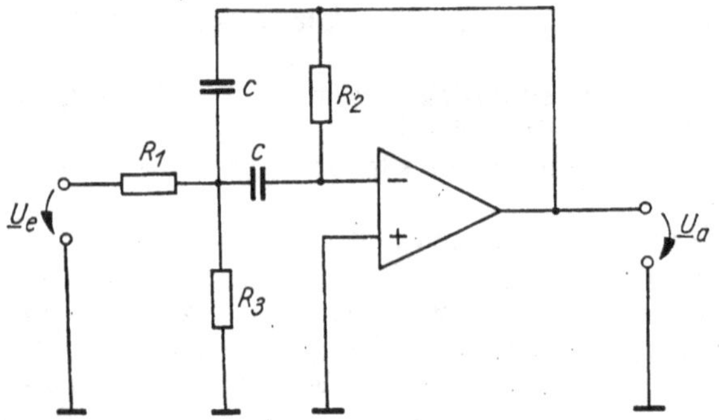

Bild 3. Aktives *RC*-Filter mit Mehrfachgegenkopplung

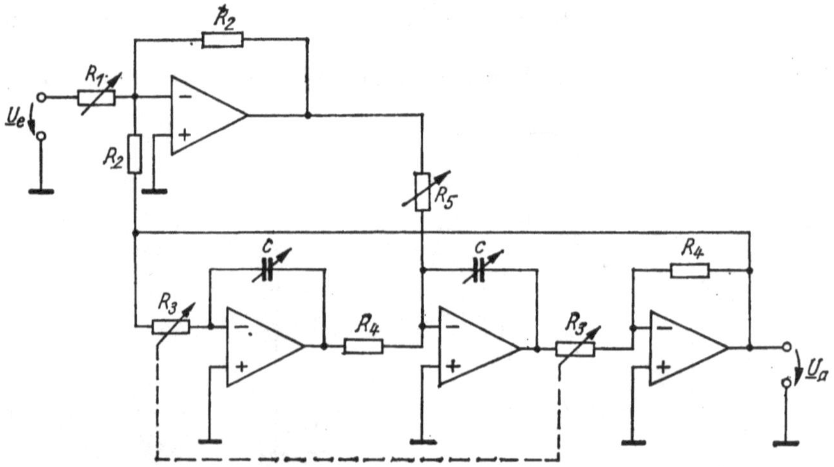

Bild 4. Durchstimmbares *RC*-Filter

1. Filter mit Einfachmitkopplung (Bild 1),
2. Filter mit Einfachgegenkopplung (Bild 2),
3. Filter mit Mehrfachgegenkopplung (Bild 3),
4. durchstimmbare Filter (Bild 4).

In Tab. 1 sind die Übertragungsfunktion und solche Kenngrößen, wie Resonanzfrequenz f_r, 3-dB-Bandbreite B, Güte Q und Verstärkung bei der Resonanzfrequenz („Resonanzverstärkung") v_r, als Funktion der Parameter R_i und C_j des RC-Netz-

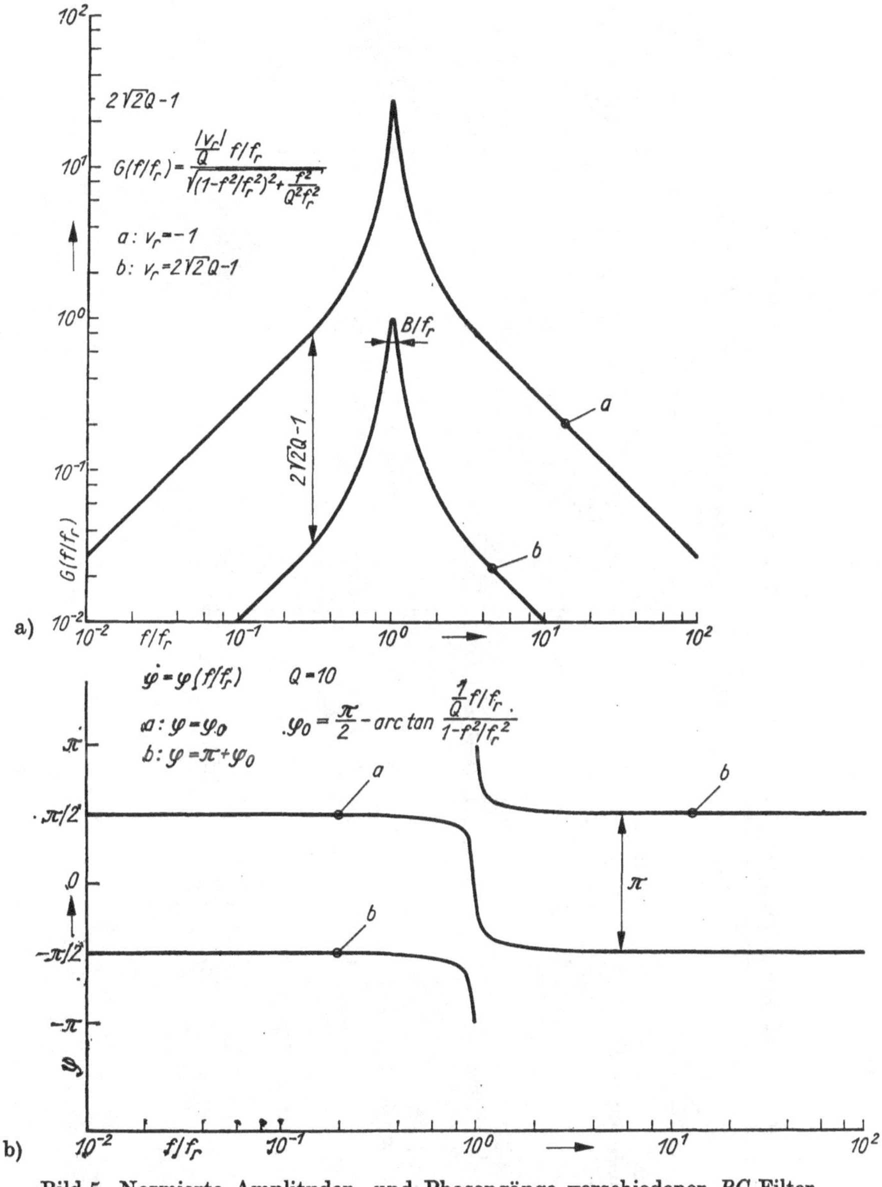

Bild 5. Normierte Amplituden- und Phasengänge verschiedener RC-Filter
a) Filter mit Einfachmitkopplung
b) Filter mit Einfach- bzw. Mehrfachgegenkopplung sowie durchstimmbares Filter

Tabelle 1. Kennfunktionen und Kenngrößen als Funktionen der Parameter R und C verschiedener aktiver RC-Filtertypen

Typ	Übertragungsfunktion $G(p)$	Resonanzfrequenz f_r	Bandbreite B	Güte Q	Resonanzverstärkung v_r
Filter mit Einfachmitkopplung	$\dfrac{\frac{R}{2}kCp}{1+(4-k)\frac{R}{2}Cp+\frac{R^2}{2}C^2p^2}$	$\dfrac{1}{2\pi}\dfrac{\sqrt{2}}{RC}$	$\dfrac{4-k}{2\pi\ RC}$	$\dfrac{\sqrt{2}}{4-k}$	$\dfrac{k}{4-k}$
Filter mit Einfachgegenkopplung	$\dfrac{-2a\ RCp}{1+2b\ RCp+(RCp)^2}$	$\dfrac{1}{2\pi\ RC}$	$\dfrac{b}{\pi CR}$	$\dfrac{1}{2b}$	$-\dfrac{a}{b}$
Filter mit Mehrfachgegenkopplung	$\dfrac{-\frac{R_2R_3C}{R_1+R_3}p}{1+\frac{2R_1R_3C}{R_1+R_3}p+\frac{R_1R_2R_3}{R_1+R_3}(pC)^2}$	$\dfrac{1}{2\pi C}\sqrt{\dfrac{R_1+R_3}{R_1R_2R_3}}$	$\dfrac{1}{\pi R_2C}$	$\dfrac{1}{2}\sqrt{\dfrac{R_2(R_1+R_3)}{R_1R_3}}$	$-\dfrac{R_2}{2R_1}$
durchstimmbares Filter	$\dfrac{-\frac{R_2R_3R_4C}{R_1R_5}p}{1+\frac{R_3R_4C}{R_5}p+R_3^2C^2p^2}$	$\dfrac{1}{2\pi\ R_3C}$	$\dfrac{R_4}{2\pi\ CR_3R_5}$	$\dfrac{R_5}{R_4}$	$-\dfrac{R_2}{R_1}$

werkes für die og. Filter angegeben. In Bild 5 werden ihre Amplitudengänge und Phasengänge bei übereinstimmender Güte miteinander verglichen. Daraus sind weitere Eigenschaften ablesbar.

4.2.2. Sensibilität der Filterkenngrößen auf Parameteränderungen

Im folgenden wird die Sensibilität (Empfindlichkeit) der Hauptkenngrößen der *RC*-Filter auf die Änderungen ihrer Parameter ermittelt. Als Sensibilität $S_K(P_i)$ der Kenngröße K bezüglich des Parameters P_i wird das Verhältnis der relativen Änderung der Kenngröße zu der sie verursachenden relativen Parameteränderung bezeichnet:

$$S_K(P_i) = \frac{\partial K(P_i) \cdot P_i}{K(P_i) \cdot \partial P_i}. \tag{1}$$

$S_K(P_i)$ gibt an, ob und in welchem Maße die Kenngröße K vom Parameter P_i beeinflußt wird. Die Empfindlichkeit $S_K(P_i)$ der Filterkenngrößen auf R- und C-Änderungen der in Abschnitt 4.2.1. genannten *RC*-Filtertypen wurde in Tab. 2 zusammen-

Tabelle 2. Sensibilität der Filterkenngrößen auf Parameteränderungen für verschiedene aktive *RC*-Filtertypen

Parameter	Kenngröße			
	Resonanzfrequenz f_r	Bandbreite B	Resonanzverstärkung v_r	Güte Q
Filter mit Einfachmitkopplung				
C	-1	-1	0	0
R	-1	-1	0	0
Filter mit Einfachgegenkopplung				
C	-1	-1	0	0
R	-1	-1	0	0
Filter mit Mehrfachgegenkopplung				
C	-1	-1	0	0
R_1	$-\frac{R_3}{2(R_1+R_3)}$	0	-1	$-\frac{R_3}{2(R_1+R_3)}$
R_2	-1	-1	1	1/2
R_3	$-\frac{R_1}{2(R_1+R_3)}$	0	0	$-\frac{R_1}{2(R_1+R_3)}$
	bei $R_1 = \frac{R_2}{2}: \frac{-1}{2(R_2+R_3)}$			bei $R_1 = \frac{R_2}{2}: \frac{-1}{2(R_2+R_3)}$
durchstimmbares Filter				
C	-1	-1	0	0
R_1	0	0	-1	0
R_2	0	0	1	0
R_3	-1	-1 bei $R_4 = R_3: 0$	0	0
R_4	0 bei $R_4 = R_3$: -1	1 bei $R_4 = R_3: 0$	0	-1
R_5	0	-1	0	1

gestellt. Aus der Tabelle kann die Eignung eines Filters für den gegebenen Zweck abgelesen werden. Es muß festgestellt werden, daß die *RC*-Filter zweiter Ordnung mit nur einem Operationsverstärker bis auf einige Ausnahmen eine starke gegenseitige Abhängigkeit der Kenngrößen aufweisen, d. h. wird ein Parameter zwecks Änderung einer Kenngröße verstellt, dann ändern sich auch andere Parameter.
Soll die Resonanzfrequenz in einem relativ weiten Bereich bei Konstanz der Resonanzverstärkung v_r und der Bandbreite B verändert werden, dann bietet sich

1. eine R_3-Änderung des Filters mit Mehrfachgegenkopplung oder
2. eine R_3-Änderung im durchstimmbaren Filter unter der Bedingung $R_4 = R_3$ an, da $S_B(R_3) = 0$ und $S_{vr}(R_3) = 0$ sind.

Das durchstimmbare Filter hat seinen Namen durch den Umstand erhalten, daß die Verwendung mehrerer aktiver Glieder eine entkoppelte Einstellung der Parameter ermöglicht. In [8] findet man Entwurfsverfahren für derartige Filter.
Aktive *RC*-Filter mit Mehrfachgegenkopplung mit R_3-Änderung eignen sich gut als Filter mit verstellbarer Resonanzfrequenz, da zu den og. Empfindlichkeitseigenschaften noch hinzu kommt, daß nur ein Stellglied, nämlich der Widerstand R_3, notwendig ist. Ein durchstimmbares Filter zweiter Ordnung würde vier gekoppelte Stellglieder benötigen (je zwei Widerstände R_3 und R_4). Die weiteren Betrachtungen werden sich deshalb auf Filter mit Mehrfachgegenkopplung beschränken.

4.2.3. Verwendung von MOS-Feldeffekttransistoren in verstellbaren RC-Filtern

4.2.3.1. MOS-Feldeffekttransistoren als veränderbarer Widerstand

In diesem Abschnitt sollen die für den Anwendungszweck in elektronisch verstellbaren Filtern wesentlichen Eigenschaften von MOS-Feldeffekttransistoren (MOSFET) der DDR-Produktion [9] zusammengestellt werden. Eine ausführliche Darstellung der

Tabelle 3. Einige Widerstandskennwerte verschiedener MOS-Feldeffekttransistor-Typen im Vergleich mit Kapazitätskennwerten von Kapazitätsdioden

Typ	$R_{DS\,min}$ (Ω)	bei U_{GS} (V)	$R_{DS\,max}$ (Ω)	bei U_{GS} (V)	bei U_{DS} (V)	δR_{DS} (V⁻¹)	R_{DS} (Ω)	bei U_{GS} (V)
SM 103	$2{,}5 \cdot 10^2$	6	$>10^6$	−9	0,1	0,13	$3{,}5 \cdot 10^2$	0
							$6 \cdot 10^4$	−5
SM 104	$3 \cdot 10^2$	6	$>10^6$	−6,5	0,1	0,17	$5 \cdot 10^2$	0
							$5 \cdot 10^4$	−5
SMY 50								
SMY 51	$1{,}5 \cdot 10^2$	−20	$4 \cdot 10^3$	−5	−0,1	−0,13	$2 \cdot 10^2$	−13
U 105 D							10^3	−6
SMY 52	35	−20	$>10^4$	−4,5	−0,1	−0,12	10^2	−8

Typ	C_{min} (pF)	bei U_R (V)	C_{max} (pF)	bei U_R (V)	bei f (MHz)	δC (V⁻¹)
KA 201	16	10	22	4	0,5	0,053
KA 202	26	10	36	4	0,5	0,054
KA 204	5,2	30	13	3	1	0,018
KA 213 A	15	30	37	3	1	0,031
KB 105 B	2,1	25	17,5	1	0,5	0,065
KB 109 G	5,1	25	29	3	1	0,064

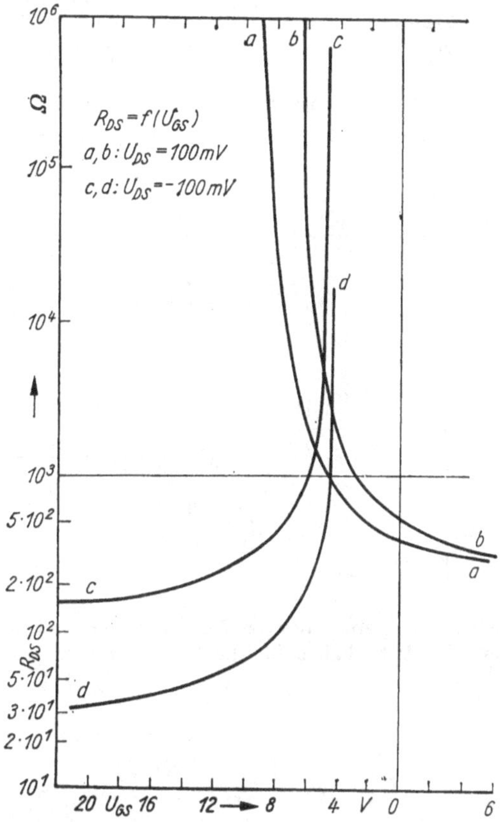

Bild 6. $R_{DS}(U_{GS})$-Widerstandskennlinien der MOS-Feldeffekttransistor-Typen a = SM 103, b = SM 104, c = SMY 50, SMY 51, U 105 D, d = SMY 52

Wirkungsweise und der Eigenschaften von Feldeffekttransistoren findet man z. B. in [10] und [11].

Da die Drain-Source-Strecke (Kanal) eines MOS-Feldeffekttransistors keine Sperrschichten enthält, kann man sie als ohmschen Widerstand ausnutzen. Ihr Widerstandswert R_{DS} wird von der zwischen Gate und Source angelegten Spannung U_{GS} beeinflußt. Somit ist es möglich, den MOS-Feldeffekttransistor als spannungsgesteuerten Widerstand (elektronischen Einstellwiderstand) zu verwenden [1, 12]. Bleibt die Drain-Source-Spannung u_{DS} klein, d. h. außerhalb des Abschnürbereiches („pinched-off"-region), dann stellt R_{DS} einen linearen ohmschen Widerstand dar [13]. Für die MOS-Feldeffekttransistoren SM 103 und SM 104 z. B. sollte $u_{DS} < 0{,}5$ V eingehalten werden.

Die Abhängigkeit des Widerstandswertes R_{DS} von der Ansteuerung U_{GS} ist nichtlinear. In Bild 6 sind die entsprechenden $R_{DS}(U_{GS})$-Kennlinien für einige MOS-Feldeffekttransistor-Typen gezeigt. Die Kennlinien-Streuung der Exemplare eines handelsüblichen Typs ist leider sehr groß, so daß die Kennlinien nur als Anhalt dienen können. In Tab. 3 werden die Grenzwerte $R_{DS\,min.}$ und $R_{DS\,max.}$ sowie die relative Änderung δR_{DS} für einige MOS-Feldeffekttransistor-Typen als Richtwerte angegeben, wobei gilt

$$\delta R_{DS} = \frac{\Delta R_{DS}}{R_{DSm} \cdot \Delta U_{GS}}, \tag{2}$$

mit $\Delta R_{DS} = R_{DS\,max} - R_{DS\,min}$,

$R_{DSm} = \frac{1}{2}(R_{DS\,max} + R_{DS\,min})$,

$\Delta U_{GS} = U_{GS}(R_{DS\,min}) - U_{GS}(R_{DS\,max})$.

Aus Vergleichsgründen wurden die Entsprechungen (C_{min}, C_{max}, C) für Kapazitätsdioden von TESLA [14] hinzugefügt.

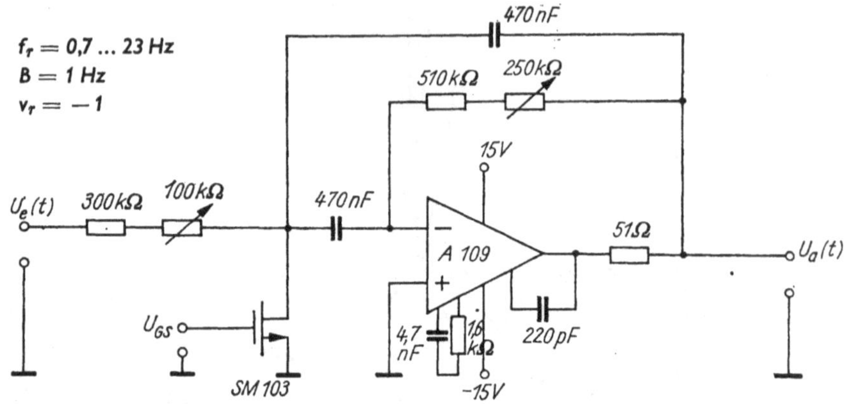

Bild 7. Dimensionierte Schaltung eines aktiven RC-Filters mit Mehrfachgegenkopplung und mit einem SM 103 als Stellglied für die Resonanzfrequenz

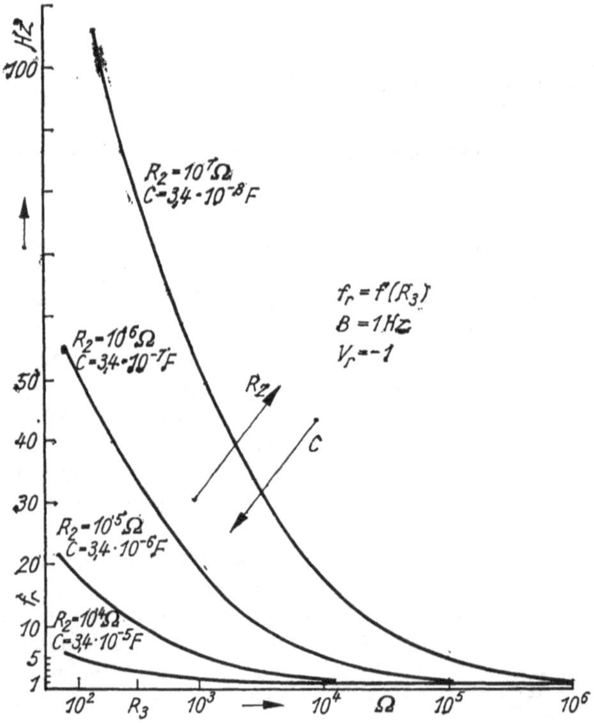

Bild 8. $f_r(R_3)$-Kennlinien des aktiven RC-Filters mit Mehrfachgegenkopplung für verschiedene R_2-C-Kombinationen

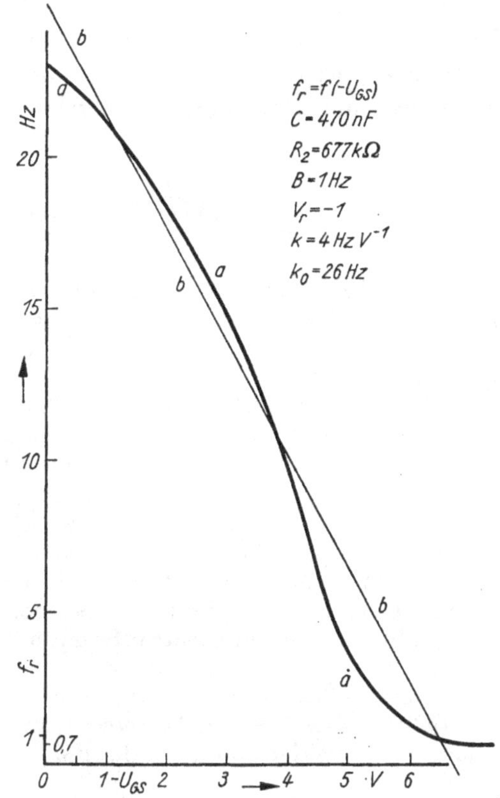

Bild 9. $f_r(U_{GS})$-Kennlinien des aktiven *RC*-Filters mit Mehrfachgegenkopplung
a = bei Verwendung eines SM 103 mit der $R_{DS}(U_{GS})$-Widerstandskennlinie nach Bild 10a, b = lineare Kennlinie

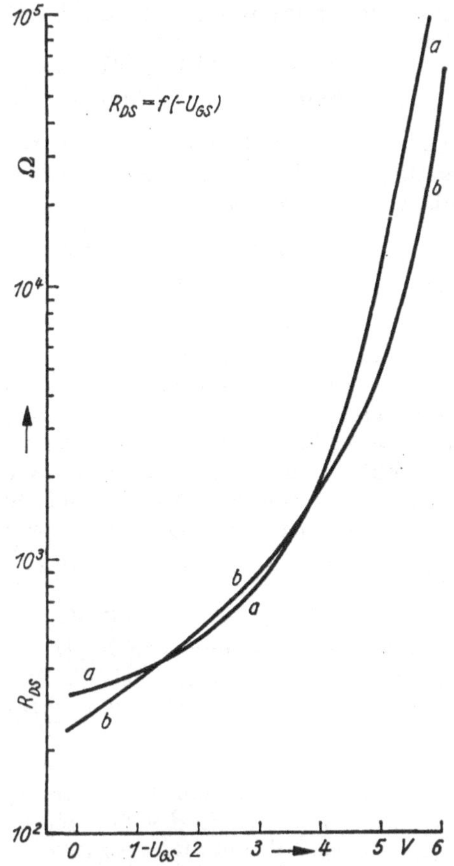

Bild 10. $R_{DS}(U_{GS})$-Widerstandskennlinie von SM 103
a = der die $f_r(U_{GS})$-Kennlinie nach Bild 9a des *RC*-Filters ergibt, b = „Soll"-Kennlinie für das *RC*-Filter mit linearer $f_r(U_{GS})$-Kennlinie nach Bild 9b

4.2.3.2. Elektronisch verstellbare *RC*-Filter

Bild 7 zeigt den Einsatz eines SM 103 als Widerstand R_3 in einem Filter mit Mehrfachgegenkopplung für einen Frequenzbereich von 1 Hz bis 23 Hz. Die hochohmige Beschaltung ist vor allem günstig für die Breite des Änderungsbereiches der Resonanzfrequenz f_r, was anhand der $f_r(R_3)$-Kurven für verschiedene R_2-C-Kombinationen (s. Bild 8 und Tab. 1) veranschaulicht werden kann.

Wird die Funktion $R_{DS}(U_{GS})$ in $f_r(R_3)$ mit $R_3 = R_{DS}$ eingesetzt, ergibt sich die interessierende Beziehung $f_r(U_{GS})$, d. h. die Abhängigkeit der Resonanzfrequenz f_r von der Steuerspannung U_{GS}. Sie wurde in Bild 9 für das Filter nach Bild 7 dargestellt. Bild 10 zeigt die $R_{DS}(U_{GS})$-Kennlinie des verwendeten MOS-Feldeffekttransistors SM 103. Sie wird in Abschnitt 4 zur Berechnung einiger quantitativer Aussagen herangezogen.

Wie man sieht, ist die $f_r(U_{GS})$-Kurve im allgemeinen nichtlinear (das ist jedoch meist ohne Bedeutung). Soll aber aus irgendwelchen Gründen die Resonanzfrequenz linear von der Steuerspannung abhängen

$$f_r(U_{GS}) = kU_{GS} + k_0 \tag{3}$$
$$(\text{mit } k = \text{const} \neq 0 \text{ und } k_0 = \text{const}),$$

dann muß ein MOS-Feldeffekttransistor mit folgender Kennlinie gesucht oder seine Kennlinie durch geeignete Zuschaltung von Widerständen entsprechend korrigiert (vgl. mit Abschnitt 4.2.4.6.) werden:

$$R_{DS}(U_{GS}) = \frac{R_2}{\frac{4}{B^2}(kU_{GS}+k_0)^2 - 2}. \tag{4}$$

Diese „Soll"-Kennlinie wurde in Bild 10 mit der des MOS-Feldeffekttransistors verglichen, dessen Verwendung die nichtlineare $f_r(U_{GS})$-Kennlinie des Filters nach Bild 9a ergibt.
Eine andere Möglichkeit bietet die Verwendung eines Korrekturgliedes vor dem MOS-Feldeffekttransistor, das die Steuerspannung derart verzerrt, daß die $R_{DS}(U_{ein})$-Kennlinie des Systems „MOS-Feldeffekttransistor-Korrekturglied" die Form gemäß (4) erhält. Die Kennlinie $U_{GS}(U_{ein})$ dieses Korrekturgliedes müßte z. B. der Funktion

$$U_{GS}(U_{ein}) = U_{ein} - \Delta U(U_{ein}) \tag{5}$$

gehorchen, wobei $\Delta U(U_{ein})$ punktweise zu ermitteln ist (s. Bild 10), falls nicht die analytische Beschreibung von $R_{DS}(U_{GS})$ des vorhandenen MOS-Feldeffekttransistors bekannt ist und auf dieser Basis die Ansteuerungsverzerrung analytisch angebbar ist. In jedem Fall bringt jedoch eine Linearisierung einen erheblichen Zusatzaufwand mit sich.
Aus Bild 9a ist auch der Änderungsbereich des Filters von ca. 1 Hz bis 23 Hz ablesbar, was einem relativen Änderungsbereich von ca. 200%, bezogen auf den Mittelwert, entspricht. Die Begrenzung des Bereiches folgt einerseits aus der Sättigung des SM 103 für $U_{GS} >$ ca. 0 V und andererseits daraus, daß

$$\lim_{R_3 \to \infty} f_r(R_3) \to \frac{B}{2}\sqrt{2}, \tag{6}$$

mit $f_r(R_3)$ nach Tab. 1.
Hat die Eingangsschwingung am Filter eine große Amplitude, treten bei tiefen Frequenzen nichtlineare Verzerrungen des Ausgangssignals auf. Das läßt sich aus der Nichtlinearität des Drain-Source-Widerstandes R_{DS} erklären, wenn die Darin-Source-Spannung u_{DS} zu groß ist und nicht mehr außerhalb des Abschnürbereiches liegt (s. auch Abschnitt 4.2.3.1.).
Da die Abschnürspannung der MOS-Feldeffekttransistoren mit wachsendem Drain-Source-Widerstand R_{DS} abnimmt, kommt die Nichtlinearität des Widerstandes $R_3 = R_{DS}$ erst für sehr kleine Frequenzen zum tragen. In den durchgeführten Versuchen lagen jene Frequenzen zwischen 3 Hz und 10 Hz. Dabei betrug die Nichtlinearität bei $\hat{u}_e = 2$ V in ungünstigen Fällen bis zu 20%. In Bild 11 werden die aus den sinusförmigen Ein- und Ausgangssignalen $u_e(t)$ und $u_a(t)$ gebildeten *Lissajous*schen Figuren des Filters bei Ausnutzung verschiedener Exemplare von SM 103 für die Frequenzen 1,3 Hz und 8 Hz gezeigt.
Um nichtlineare Verzerrungen zu vermeiden, können folgende Maßnahmen getroffen werden:

1. Da bekanntlich eine recht starke Streuung der Werte der Abschnürspannung selbst innerhalb eines MOS-Feldeffekttransistor-Typs auftritt, sollte eine Vorwahl der ver-

wendbaren Exemplare bezüglich der Nichtlinearität im hochohmigen Bereich erfolgen.

2. Die an R_{DS} abfallende Spannung im Filter sollte soweit verringert werden, daß sie außerhalb des Abschnürbereiches bleibt. Z. B. könnte das Eingangssignal $u_e(t)$ entsprechend gedämpft werden.
3. Im Filter mit Mehrfachgegenkopplung könnte R_2 verringert werden (bei Vergrößerung von C), damit die tiefen Frequenzen schon für kleinere Werte von R_{DS} erreicht werden. Das zieht natürlich eine Verringerung der oberen Grenze des Änderungsbereiches der Resonanzfrequenz des Filters nach sich.

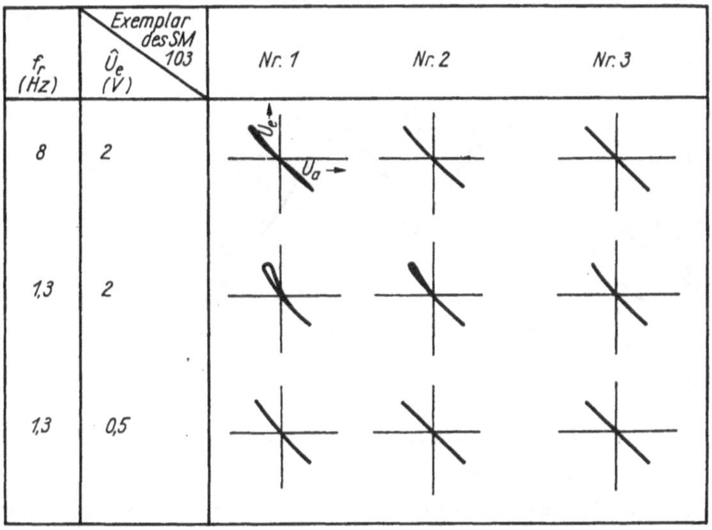

Bild 11. *Lissajous*sche Figuren des *RC*-Filters mit Mehrfachgegenkopplung bei Verwendung verschiedener Exemplare von SM 103

4. Es können geeignete schaltungstechnische Linearisierungsmaßnahmen durchgeführt werden, z. B. Parallelschalten von linearen Widerständen. Meist haben derartige Maßnahmen jedoch zur Folge, daß keine tiefen Resonanzfrequenzen mehr einstellbar sind, da R_3 zu gering bleibt.

Bei einer kombinierten Anwendung der ersten und zweiten Maßnahme ist es ohne größeren Aufwand möglich, Schwingungen mit Amplituden $\hat{u}_e < 0{,}8$ V im gesamten Änderungsbereich des Filters verzerrungsfrei zu filtern.

Die Ansteuerung U_{GS} muß ständig anliegen. Ihre Änderung $\frac{dU_{GS}}{dt}$ darf nur sehr langsam vor sich gehen, da die Einschwingzeiten des Filters wegen der geforderten geringen Bandbreite im Sekundenbereich liegen.

4.2.4. Parallele *RC*-Filter

4.2.4.1. „Parallelität" von *RC*-Filtern

Aus verschiedenen Gründen (u. a. [3]) kann es erforderlich sein, einen Filtersatz aus *RC*-Filtern mit parallel verstellbaren Resonanzfrequenzen aufzubauen. Eine ähnliche Problematik ergibt sich beim Aufbau identischer, durchstimmbarer Filter.

Als Filter mit parallel verstellbaren Resonanzfrequenzen (kurz „parallele Filter") werden hier solche bezeichnet, deren Resonanzfrequenzen um einen bestimmten Wert Δf_r gegeneinander verstimmt sind und die die Resonanzfrequenzen gleichzeitig ohne Beeinträchtigung dieses Abstandes Δf_r verändern können. Ansonsten haben die Filter identische Charakteristiken. Nehmen wir an, daß die Resonanzfrequenzdifferenz der Bandbreite der Filter gleich sei:

$$\Delta f_r = B\,. \tag{7}$$

In Bild 12 ist ein derartiger Filtersatz aus zwei parallelen RC-Filtern mit Mehrfachgegenkopplung durch die Amplitudengänge $G(f)$ für einen festen Wert von U_{GS} veranschaulicht.

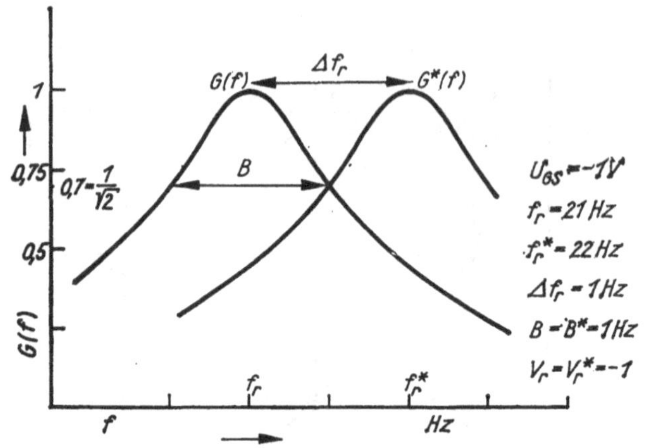

Bild 12. Amplitudengänge paralleler RC-Filter mit Mehrfachgegenkopplung

Da für alle U_{GS} im Arbeitsbereich der Frequenzabstand Δf_r konstant bleiben muß, ergibt sich für die $f_r(U_{GS})$-Kennlinien zweier paralleler, verstellbarer Filter die Situation nach Bild 13a. Es kann folgende Parallelitätsbedingung formuliert werden:

$$\Delta f_r = \text{const für alle } f_r\,, \tag{8}$$

mit $\Delta f_r = f_r^* - f_r$, wobei f_r^* die Resonanzfrequenz des parallelen Filters sein soll. Nebenbedingungen:

$$\begin{aligned} B &= \text{const für alle } f_r\,,\\ v_r &= \text{const für alle } f_r\,. \end{aligned} \tag{9}$$

Eine andere Resonanzfrequenz kann nur durch Änderung der Dimensionierung des RC-Netzwerkes aktiver Filter erreicht werden. Sollen alle Parameter zur Abstufung der Resonanzfrequenz herangezogen werden können, dann ergibt sich aus (8) für ein aktives RC-Filter mit Mehrfachgegenkopplung die Bedingung

$$\frac{1}{2\pi C^*}\sqrt{\frac{R_3^* + R_1^*}{R_1^* R_2^* R_3^*}} - \frac{1}{2\pi C}\sqrt{\frac{R_3 + R_1}{R_1 R_2 R_3}} = \Delta f_r \tag{10}$$

bzw. für $R_1 = \frac{1}{2}\,R_2$ und $R_1^* = \frac{1}{2}\,R_2^*$

$$\frac{1}{2\pi R_2^* C^*}\sqrt{2 + \frac{R_2^*}{R_3^*}} - \frac{1}{2\pi R_2 C}\sqrt{2 + \frac{R_2}{R_3}} = \Delta f_r\,. \tag{11}$$

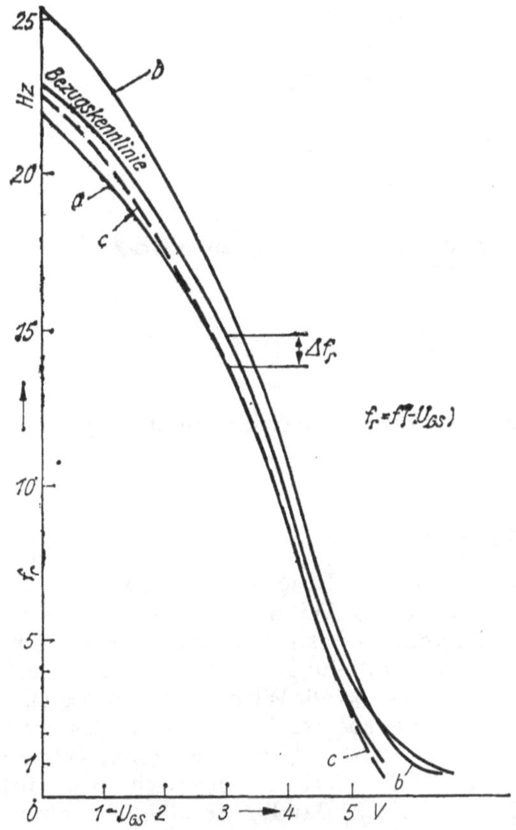

Bild 13. „Parallele“ $f_r(U_{GS})$-Kennlinien
a = bei idealer Parallelität, b = bei Verwendung abgestufter R_2 (mit oder ohne Einhaltung der Unveränderlichkeit der Bandbreite), c = bei Verwendung von MOS-Feldeffekttransistoren mit stückweise parallelen Kennlinien

Folgende Parametermodifikationen des RC-Netzwerkes zwecks Schaffung paralleler Filter sollen näher untersucht werden:

1. $R_2 \neq R_2^*$ (Verwendung abgestufter R_2), (12)
   $C = C^*, \; R_3 = R_3^*$.

2. $C \neq C^*$ (Verwendung abgestufter C), (13)
   $R_2 = R_2^*, \; R_3 = R_3^*$.

3. $R_2 \neq R_2^*, \; C \neq C^*$ (Verwendung abgestufter R_2 und C), (14)
   $R_3 = R_3^*, \; R_2C = R_2^*C^*$.

4. $R_3 \neq R_3^*$ (Verwendung von MOS-Feldeffekttransistoren mit „parallelen“ (15)
   Kennlinien), $R_2 = R_2^*, \; C = C^*$.

5. $R_{30}^* \neq R_{30}$,

$$R_3^* = \frac{R_{30}^* \cdot R_P}{R_{30}^* + R_P} + R_V, \qquad R_3 = R_{30} \tag{16}$$

oder

$$R_3^* = \frac{R_{30}^* \cdot R_P}{R_{30}^* + R_P}, \qquad R_3 = R_{30} + R_V \tag{17}$$

(Reihen-Parallelschaltung von Festwiderständen zu MOS-Feldeffekttransistoren mit fast „parallelen“ Kennlinien).

$R_2^* = R_2, C^* = C$.

6. $R_3(u_{GS}) = R_3^*(u_{GS}^*)$, (18)

(separate Ansteuerung identischer MOS-Feldeffekttransistoren),

$R_2 = R_2^*, C = C^*$.

4.2.4.2. Verwendung abgestufter R_2

Aus Tab. 2 ist ersichtlich, daß sich mit der Resonanzfrequenz f_r bei Änderung von R_2 gleichzeitig die Resonanzverstärkung v_r (bei $R_1 = \text{const}$) und die Bandbreite B verändern. Eine konstante Resonanzverstärkung könnte gemäß der Bedingung $R_1 = 1/2\ R_2$ durch die entsprechende Verstellung von R_1 erreicht werden.
Die Abweichung der Bandbreite ist relativ groß. Wird beispielsweise ein SM 103 mit der Kennlinie nach Bild 10a als R_3 verwendet und in der Mitte des Arbeitsbereiches ($f_r = 10$ Hz) ein Resonanzfrequenzabstand $\Delta f_r = 1$ Hz durch Verwendung von $C = C^* = 470$ nF, $R_2 = 677$ kΩ und $R_2^* = 557$ kΩ eingestellt, dann beträgt $B^* = 1{,}2$ Hz statt der geforderten $B = 1$ Hz. Die Bandbreite könnte nur mit Hilfe einer gleichzeitigen C-Änderung konstant gehalten werden (s. Abschnitt 4.2.4.4.). Aus diesem Grund ist eine alleinige R_2-Abstufung zwecks Schaffung paralleler Filter ungeeignet.
Selbst wenn die fehlerhafte Bandbreite in Kauf genommen würde, spricht die Nichteinhaltung der Parallelität der $f_r(U_{GS})$-Kennlinien gegen diese Methode (s. Bild 13b).
Da zur Absicherung der Parallelität der Filter eine starre Einstellung der Filterparameter (außer der für die f_r-Änderung) ausreichen soll, ergibt sich aus dem Ansatz (11) unter Berücksichtigung von (12) eine Lösung nur für einen einzigen Wert von $R_3 = R_{DS}(U_{GS})$, d. h. nur für eine bestimmte U_{GS}. Für den Fall wie oben beträgt Δf_r an der oberen Grenze des Arbeitsbereiches theoretisch 2,2 Hz und an der unteren wird wegen (6) $\Delta f_r \to 0$.
Die Abstufung von R_2 hat jedoch den großen Vorteil des äußerst geringen Aufwandes.

4.2.4.3. Verwendung abgestufter C

Es ergibt sich eine ähnliche Situation wie in Abschnitt 4.2.4.2. Bei veränderter Dimensionierung von C ändert sich sowohl die Resonanzfrequenz f_r als auch die Bandbreite B. Für $C = 470$ nF und $C = 427$ nF erhält man rechnerisch mit $R_2 = R_2^* = 677$ kΩ eine Bandbreite $B^* = 1{,}1$ Hz und in der Mitte des Arbeitsbereiches (10 Hz) ein Abstand der Resonanzfrequenz Δf_r beider Filter von 1 Hz, an der oberen Grenze jedoch von 2,3 Hz. Eine Abstufung der Kapazität C zwecks Herstellung paralleler Filter mit identischen MOS-Feldeffekttransistor-Stellgliedern ist folglich ungeeignet. Die Abweichung der Bandbreite ist zwar geringer als im Falle abgestufter R_2 aber der Aufwand größer (Ausmessen der Kapazitäten).

4.2.4.4. Verwendung abgestufter R_2 und C bei konstantem Produkt R_2C

Um die Bandbreite bei veränderten Parametern des RC-Netzwerkes des aktiven Filters mit Mehrfachgegenkopplung konstant zu halten, müßte lt. Tab. 1 das Produkt R_2C unverändert bleiben. Da der Wert von R_2C durch die Bandbreite festgelegt ist, können unterschiedliche Resonanzfrequenzen nur durch eine entsprechende Wahl von R_2 erreicht werden. C wird danach so gewählt, daß B konstant ist. Für $\Delta f_r = 1$ Hz in der Mitte des Arbeitsbereiches bei 10 Hz ergeben sich folgende Werte für R_2 und C:

$$R_2 = 677\,\text{k}\Omega,\ C = 470\,\text{nF}\,,$$

$$R_2 = 820\,\text{k}\Omega,\ C = 388\,\text{nF}\,.$$

Werden identische MOS-Feldeffekttransistor-Stellglieder verwendet, ist allerdings ähnlich wie in Abschnitt 4.2.4.2., keine Parallelität der Filter erreichbar. Nach Ansatz (11) mit (14) und $\Delta f_r = B$ stellt

$$R_{\text{DS}} = -\frac{1}{4}\,(R_2 + R_2^*) + \frac{\sqrt{2}}{4}\sqrt{R_2^2 + R_2^{*2}}\,, \tag{19}$$

konkret $R_{\text{DS}} = 1{,}7\,\text{k}\Omega$ (Arbeitsbereichsmitte), die einzige Lösung dar. An der oberen Grenze des Arbeitsbereiches würde der Abstand der Resonanzfrequenzen beider Filter 2,2 Hz betragen.

Theoretisch könnte die Parallelität der Filter durch die Wahl entsprechender nichtidentischer MOS-Feldeffekttransistoren als R_3-Stellglieder durchaus zu erreichen sein, indem Transistoren mit $R_{\text{DS}}(U_{\text{GS}})$-Kennlinien von folgender gegenseitiger Abhängigkeit (bei $\Delta f_r = B = 1$ Hz):

$$R_{\text{DS}}^* = \frac{R_2R_2^*R_{\text{DS}} + 4R_2^*R_{\text{DS}}^2 \pm 4R_2^*R_{\text{DS}}\sqrt{2R_{\text{DS}}^2 + R_2R_{\text{DS}}}}{R_2^2 - 8R_2R_{\text{DS}} - 16R_{\text{DS}}^2} \tag{20}$$

und konkret für die og. R_2-C-Dimensionierung:

$$R_{\text{DS}}^* = \frac{820R_{\text{DS}}\,(677 + 4R_{\text{DS}} \pm 4\sqrt{2R_{\text{DS}}^2 + 677\,R_{\text{DS}}}}{458\,329 - 5416R_{\text{DS}} - 16R_{\text{DS}}^2}\ \text{in k}\Omega \tag{21}$$

verwendet werden. In Bild 15b wurde ein entsprechendes Paar von SM 103 mit ihren $R_{\text{DS}}(U_{\text{GS}})$-Kennlinien dargestellt. Die Suche nach derartigen MOS-Feldeffekttransistor-Paaren macht diese Variante der Herstellung paralleler RC-Filter mit Mehrfachgegenkopplung unrentabel.

4.2.4.5. Verwendung von MOS-Feldeffekttransistoren mit „parallelen" Kennlinien

Um die Bandbreite nicht zu beeinträchtigen, kann zwecks Abstufung der Resonanzfrequenz der Filter R_3 modifiziert werden (s. Tab. 2). Aus Ansatz (11) und Bedingung (15) kann mit $\Delta f_r = B = 1$ Hz leicht die gegenseitige Abhängigkeit bzw. die Art der erforderlichen „Parallelität" der Kennlinien von R_3 und R_3^*, d. h. von $R_{\text{DS}}(U_{\text{GS}})$ und $R_{\text{DS}}^*(U_{\text{GS}}^*)$, ermittelt werden. Es ergibt sich

$$R_{\text{DS}}^* = \frac{R_2R_{\text{DS}}\,[R_2 + 4R_{\text{DS}} \pm 4\sqrt{R_{\text{DS}}(R_2 + 2R_{\text{DS}})}]}{R_2^2 - 8R_2R_{\text{DS}} - 16R_{\text{DS}}^2} \tag{22}$$

und konkret für $R_2 = 677\,\text{k}\Omega$

$$R_{\text{DS}}^* = \frac{677R_{\text{DS}}\,[677 + 4R_{\text{DS}} \pm 4\sqrt{R_{\text{DS}}(677 + 2R_{\text{DS}})}]}{458\,329 - 5416\,R_{\text{DS}} - 16\,R_{\text{DS}}^2}\ \text{in k}\Omega \tag{23}$$

Tabelle 4. „Parallele“ $R_{DS}(U_{GS})$-Kennlinien (Beispiel)

U_{GS} (V)	f_r (Hz)	R_{DS} (kΩ)	f_r^* (Hz)	R_{DS}^* (kΩ)	f_r^{**} (Hz)	R_{DS}^{**} (kΩ)
0	23	0,32	22	0,35	24	0,29
−1	21,05	0,38	20,05	0,42	22,05	0,35
−2	18,4	0,5	17,4	0,56	19,4	0,45
−3	14,85	0,77	13,85	0,88	15,85	0,67
−4	9,6	1,84	8,6	2,3	10,6	1,5
−5	3,8	12	2,8	23	4,8	7,3
−5,5	2,1	43,2	2,1	140	3,1	18,5
−6	1,3	142	—	—	2,3	35,4
−6,5	0,7	∞	—	—	1,7	70,5

In Bild 15a wurde eine derartige Parallelität skizziert und in Tab. 4 tabelliert. Offensichtlich ist die Auswahl geeigneter MOS-Feldeffekttransistor-Paare sehr aufwendig. In der praktischen Erprobung hat es sich gezeigt, daß keine MOS-Feldeffekttransistoren mit „parallelen“ Widerstandskennlinien über den gesamten Aussteuerbereich zu finden waren. Die Wahl eines MOS-Feldeffekttransistor-Paares mit stückweise „parallelen“ Kennlinien nach Bild 15c ergab eine Parallelität der Filterkennlinien nach Bild 13c.

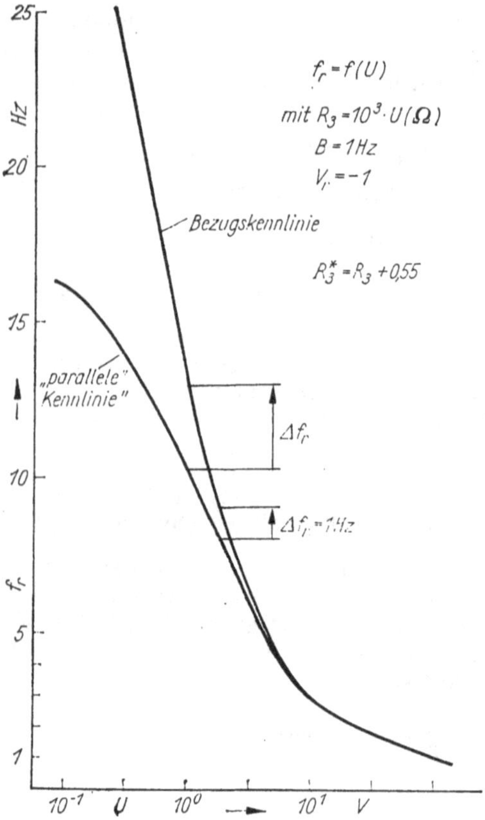

Bild 14. „Parallele“ $f_r(U_{GS})$-Kennlinien bei Verwendung von Widerständen mit parallelen linearen $R_3(U)$-Kennlinien

Die $R_{DS}(U_{GS})$-Kennlinie kann für kleine Widerstandswerte durch die Reihenschaltung mit einem Vorwiderstand R_V, für die höheren Werte durch die Parallelschaltung eines Festwiderstandes R_P korrigiert werden. Darauf fußt die in Abschnitt 4.2.4.6. beschriebene Möglichkeit der Herstellung paralleler Filter.
Die Verwendung von Widerständen mit linearen $R_3(u)$-Kennlinien ist sehr ungünstig. Auf Grund der nichtlinearen Abhängigkeit $f_r(R_3)$ könnte für derartige Widerstände keine Parallelität erreicht werden. Dieser Sachverhalt wurde in Bild 14 illustriert. Wie man sieht, könnte nur in einem Bereich von 8,8 Hz bis 9,5 Hz eine ausreichende Parallelität der Filter erreicht werden. Parallele Widerstände mit linearer $R_3(u)$-Kennlinie können beispielsweise mit Potentiometern realisiert oder näherungsweise durch die Reihenschaltung von Festwiderständen zu linearisierten MOS-Feldeffekttransistoren geschaffen werden.

4.2.4.6. Reihen-Parallelschaltung von Festwiderständen zu MOS-Feldeffekttransistoren mit fast „parallelen" Kennlinien

In Bild 15d wurde der Einflußbereich von Vor- und Parallelwiderständen gemäß (16) auf die $R_{DS}(U_{GS})$-Kennlinien für SM 103 illustriert. Je nachdem, wie die Kurven der gewählten MOS-Feldeffekttransistoren verlaufen, wird zwecks Herstellung der Parallelität lt. (22) ein Abgleichen des Reihen- und/oder Parallelwiderstandes vorgenommen. Offensichtlich kann man mit diesen einfachen Korrekturverfahren nicht jedes beliebige MOS-Feldeffekttransistor-Paar in ein paralleles umwandeln. Der Kurvenverlauf von $R_{DS}(U_{GS})$ sollte möglichst gut mit den in Bild 15d angezeichneten Punktlinien übereinstimmen. Ansonsten sind Abweichungen von der Konstanz des Resonanzfrequenzabstandes Δf_r nicht zu vermeiden. Es müssen „fast parallele" Widerstände gesucht werden.
Liegen die Grenzen des Änderungsbereiches der Widerstände weit auseinander, dann können die Einwirkungen des Vor- und Parallelwiderstandes auf die $R_{DS}(U_{GS})$-Kennlinie als unabhängig angenommen werden. Demzufolge sucht man MOS-Feldeffekttransistor-Paare, die im Mittelstück der $R_{DS}(U_{GS})$-Kennlinie die Bedingung (23) erfüllen. Danach stellt man den Parallelwiderstand R_P für große Werte des Drain-Source-Widerstandes R_{DS} so ein, daß mit R_{DS}^* der Abstand Δf_r den geforderten Wert annimmt. Der Abgleich mit dem Vorwiderstand R_V erfolgt an der oberen Grenze des Änderungsbereiches, d. h. für kleine R_{DS}.
Man kann auch ohne Vorselektion für beliebige MOS-Feldeffekttransistoren den Abgleich an den Bereichsgrenzen vornehmen und danach die Parallelitätsbedingung in der Bereichsmitte überprüfen. Damit wird der Meßaufwand gesenkt.
Liegen die Grenzen des Änderungsbereiches von R_{DS} so dicht beieinander, daß die Unabhängigkeit der Einflüsse von R_V und R_P nicht mehr gegeben ist, dann muß abwechselnd abgeglichen werden, bis überall der geforderte Abstand Δf_r eingestellt ist.
Aus der in Bild 15c dargestellten $R_{DS}(U_{GS})$-Widerstandskennlinie kann durch Reihenschaltung eines Vorwiderstandes $R_V = 0{,}02\ \mathrm{k\Omega}$ und durch Parallelschaltung eines Festwiderstandes $R_P = 2\ \mathrm{M\Omega}$ zu dem MOS-Feldeffekttransistor eine „parallele" Kennlinie (Bild 15a) geschaffen werden. Die maximale Abweichung von $\Delta f_r = 1$ Hz beträgt 0,1 Hz.

4.2.4.7. Separate Ansteuerung identischer MOS-Feldeffekttransistoren

Um unterschiedliche Widerstandswerte der MOS-Feldeffekttransistor-Stellglieder entsprechend (22) zu gewinnen, könnten beliebige (im besonderen auch identische) MOS-Feldeffekttransistoren separat angesteuert werden. Falls die analytische Be-

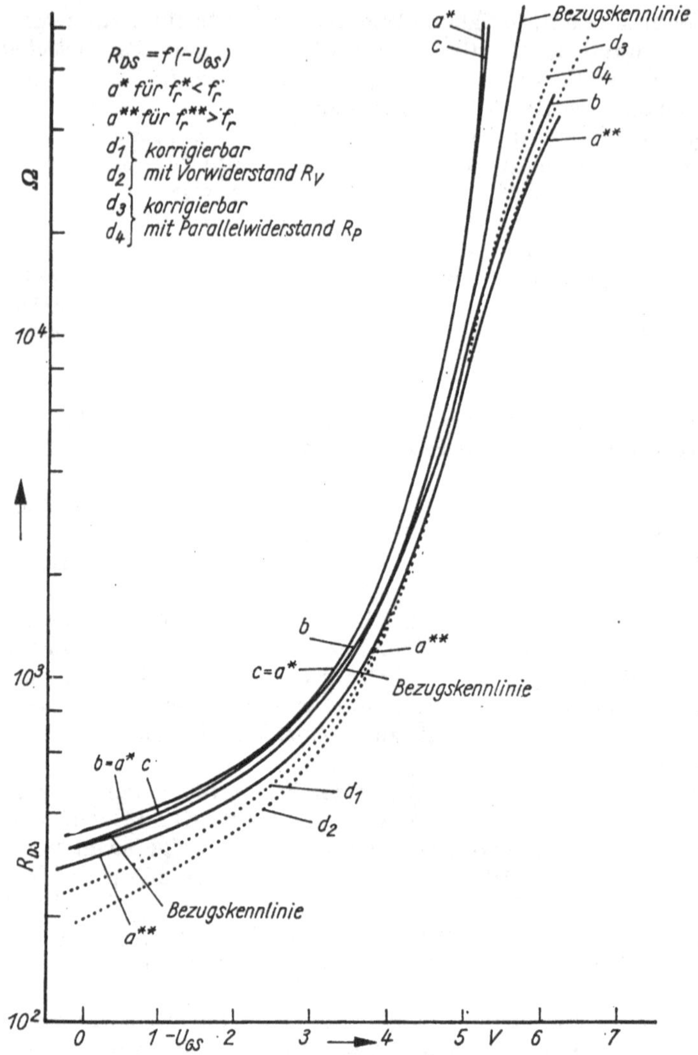

Bild 15. „Parallele" $R_{DS}(U_{GS})$-Widerstandskennlinien von SM 103
a = ideale „Parallelität", b = „Parallelität" bei Abstufung von R_2 und C mit R_2C = const, c = stückweise „Parallelität", d = fast parallele Kennlinie mit Korrekturmöglichkeit mit Hilfe von Vor- und Parallelwiderstand

schreibung der $R_{DS}(U_{GS})$-Kennlinien nicht vorliegt, muß U_{GS}^* punktweise ermittelt werden, in unserem Falle aus Bild 15 mit

$$U_{GS}^* = U_{GS} + \Delta U_{GS} . \tag{24}$$

Der Einsatz eines entsprechenden Korrekturgliedse macht diese Methode sehr aufwendig.

4.2.4.8. Schlußfolgerungen

Unter den Gesichtspunkten des Aufwandes und der Genauigkeit hat sich die Zuschaltung von abstimmbaren Vor- und Parallelwiderständen zu MOS-Feldeffekttransistoren mit fast „parallelen" Widerstandskennlinien als optimale Variante der Herstellung paralleler verstellbarer *RC*-Filter mit Mehrfachgegenkopplung im Labor herausgestellt. Die Genauigkeit der Einhaltung der Konstanz des Resonanzfrequenzabstandes Δf_r der Filter ist bei erträglichem Aufwand ausreichend. Der in Abschnitt 4.2.4.6. beschriebene Aufwand ist im Durchschnitt nicht viel größer als bei der Variante aus Abschnitt 4.2.4.4., die Parallelität der Filter ist hingegen bedeutend besser.
Im Falle der gemeinsamen Abstufung von R_2 und C mit R_2C = const, müßte auf die Herstellung der Identität der Stellglieder die gleichzeitige Abstimmung von R_2 und C folgen, bis die geforderte Differenz Δf_r und Bandbreite B erreicht sind. Eine andere, aber aufwendigere Möglichkeit, bietet das genaue vorherige Ausmessen und Zuordnen der Bauelemente.
Weiterhin zeigt es sich, daß die Verwendung von MOS-Feldeffekttransistoren als steuerbare Widerstände mit nichtlinearer $R_3(u)$-Kennlinie in parallelen Filtern günstiger ist als von Stellgliedern mit linearer Kennlinie (s. Abschnitt 4.2.4.5.). Außerdem kann hier die Streuung der Transistorkennlinien als Vorteil gewertet werden, weil es dadurch möglich ist, MOS-Feldeffekttransistoren mit „parallelen" Kennlinien zu finden.

4.2.5. Elektronisch verstellbare *RC*-Filter höherer Ordnung

4.2.5.1. 1. *RC*-Filter höherer Ordnung

Insbesondere in der Spektralanalyse besteht meist die Forderung nach Filtern sehr hoher Güte und großer Sperrdämpfung. Eine wesentliche Verbesserung der Güte und Sperrdämpfung kann mit Filtern höherer Ordnung erreicht werden.

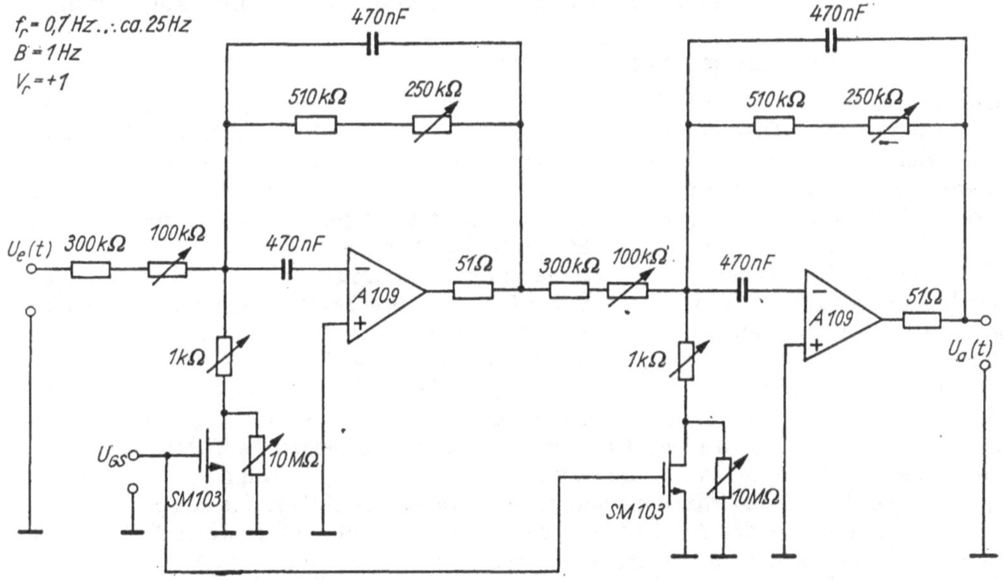

Bild 16. Dimensionierte Schaltung eines aktiven *RC*-Filters 4. Ordnung mit Mehrfachgegenkopplung

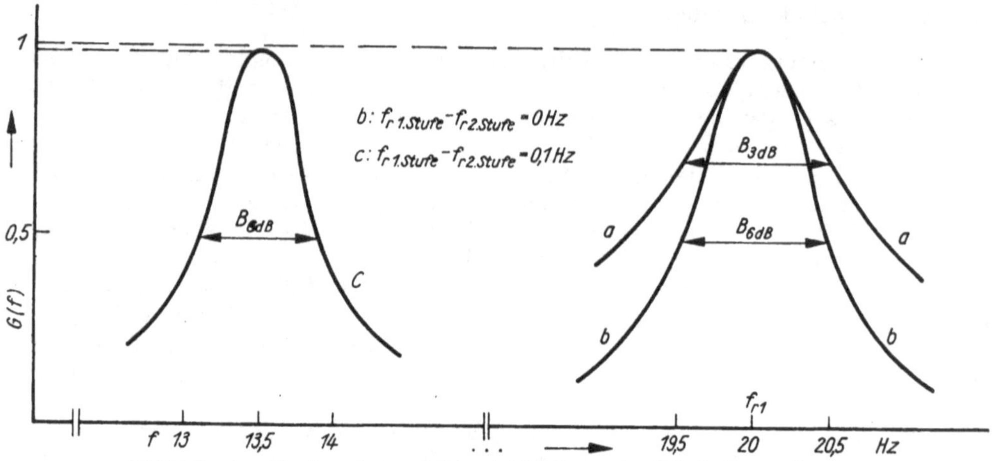

Bild 17. Amplitudengänge aktiver *RC*-Filter mit Mehrfachgegenkopplung
a = 2. Ordnung bei $U_{GS} = 0$ V, b = 4. Ordnung bei $U_{GS} = 0$ V, c = 4. Ordnung bei $U_{GS} = -4$ V

Ein Filter höherer Ordnung kann die rückwirkungsfreie Reihenschaltung mehrerer einkreisiger *RC*-Filter 2. Ordnung (s. Abschnitt 4.2.1.) liefern [5]. Die Rückwirkungsfreiheit wird bei aktiven *RC*-Filtern durch die vorhandenen Operationsverstärker fast ideal gewährleistet. Derartige Anordnungen haben gegenüber aktiven *RC*-Filtern höherer Ordnung mit nur einem Operationsverstärker den Vorteil der besseren Stabilität und der geringeren Abhängigkeit der Filterkenngrößen voneinander [4].
Bild 16 zeigt ein *RC*-Filter 4. Ordnung, das durch die Reihenschaltung zweier identischer Filter mit Mehrfachgegenkopplung gebildet wurde; sein Amplitudengang wird in Bild 17 mit dem des einkreisigen Filters (2. Ordnung) verglichen. Für jedes zusätzlich angekoppelte *RC*-Bandfilter erhöht sich die Ordnung des Filters um zwei.

4.2.5.2. Verstellbare *RC*-Filter 4. Ordnung

Um die Resonanzfrequenz eines aktiven *RC*-Filters 4. Ordnung nach Bild 16 elektronisch mittels MOS-Feldeffekttransistoren zu verschieben, müssen offensichtlich zwei identische MOS-Feldeffekttransistoren eingesetzt und mit der gleichen Gatespannung U_{GS} belegt werden. Außerdem müssen die anderen Bauelemente relativ strenge Toleranzbedingungen erfüllen, damit der Abgleichaufwand nicht zu groß wird. Ein Abweichen der MOS-Feldeffekttransistor-Kennlinien und der *R*- und *C*-Werte des *RC*-Netzwerkes von denen der anderen einkreisigen Teilfilter, zieht folgende Wirkungen nach sich. Wurde das Filter bei einer bestimmten Resonanzfrequenz abgeglichen, dann können sich für eine andere Ansteuerung U_{GS} die Resonanzfrequenzen der Teilfilter gegeneinander verschieben. Das äußert sich in einer Verringerung der Mittenverstärkung und der Bandbreite bei Verflachung der Flanken. Dies wurde in Bild 17c für eine Resonanzfrequenz veranschaulicht, die weit von der Abgleichfrequenz entfernt liegt. Je besser die Identität der einkreisigen Teilfilter erreicht wird, desto mehr stimmt der Änderungsbereich des Filters 4. Ordnung mit dem des entsprechenden Filters 2. Ordnung überein. Aus der Abhängigkeit der Resonanzfrequenz von den Parametern des *RC*-Netzwerkes (s. Tab. 1) folgt, daß in allen Teilfiltern insbesondere das Verhältnis von R_2 zu R_3 genau übereinstimmen muß.
An dieser Stelle wird die Frage nach identischen MOS-Feldeffekttransistor-Stell-gliedern bedeutungsvoll. Die einzelnen Transistoren in Mehrfach-MOS-Feldeffekt-

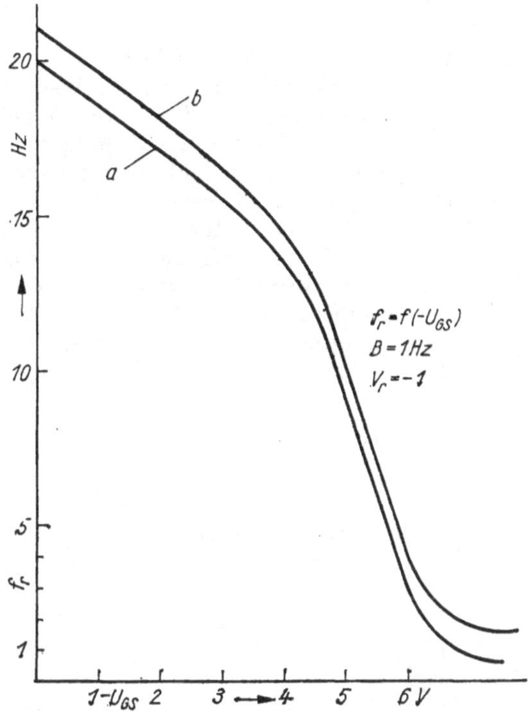

Bild 18. $f_r(U_{GS})$-Kennlinie eines RC-Filters mit Mehrfachgegenkopplung 4. Ordnung
a = Bezugskennlinie, b = parallele Kennlinie

transistoren (z. B. SMY 51, U 105 D) besitzen nicht immer übereinstimmende $R_{DS}(U_{GS})$-Kennlinien. Diese überdecken sich beispielsweise im U 105 D nur für die höheren Widerstandswerte fast ideal. Für den Bereich kleinerer R_{DS}-Werte müßte eine entsprechende Korrektur mit abstimmbaren Vorwiderständen erfolgen.

In Bild 18 wurde die $f_r(U_{GS})$-Kennlinie eines Filters nach Bild 16 dargestellt (Verlauf a). Der Änderungsbereich ohne merkliche Abweichungen der Bandbreite und Resonanzverstärkung liegt zwischen 1 Hz und ca. 20 Hz.

Der Aufwand beim Aufbau von aktiven RC-Filtern mit Mehrfachgegenkopplung höherer Ordnung verdreifacht sich erfahrungsgemäß beim Erhöhen des Ordnungsgrades um zwei.

Das bestätigte sich beim Aufbau von Filtern 6. Ordnung, wobei eine weitere Einschränkung des Änderungsbereiches unvermeidlich war.

Für andere Filtertypen sind ähnliche Eigenschaften offensichtlich nicht oder mit einem noch größeren Aufwand erreichbar.

4.2.5.3. Parallele *RC*-Filter 4. Ordnung

Um einen Parallelfiltersatz mit Filtern höherer Ordnung aufzubauen, müssen MOS-Feldeffekttransistor-Stellglieder mit „parallelen" $R_{DS}(U_{GS})$-Kennlinien verwendet und evtl. mit Hilfe von Vor- und Parallelwiderständen korrigiert werden (s. Abschnitt 4.2.4.).

Bild 18 zeigt die $f_r(U_{GS})$-Kennlinien. Es zeigt sich, daß fast über den gesamten Änderungsbereich die Parallelität der Filter eingehalten werden kann. Jedoch ist der notwendige Aufwand sehr groß.

4.2.6. Schlußbemerkungen

Es konnte festgestellt werden, daß einige bekannte aktive *RC*-Filter als durchstimmbare Filter geeignet sind, d. h. ihre Resonanzfrequenz kann ohne Beeinflussung der Bandbreite und Resonanzverstärkung in einem relativ weiten Bereich geändert werden. Als besonders gut geeignet erweist sich das *RC*-Filter mit Mehrfachgegenkopplung. Für eine elektronische Steuerung können MOS-Feldeffekttransistoren, unter Beachtung des in Abschnitt 4.2.3.2. Gesagten verwendet werden.
Auch aktive *RC*-Filter höherer Ordnung können aufgebaut werden, jedoch mit einem erheblichen Abgleichaufwand, um ihre Resonanzfrequenz über einen größeren Bereich ohne Abweichungen der anderen Kenngrößen veränderbar zu gestalten.
Verstellbare Parallelfiltersätze können mit einem erträglichen Aufwand auf der Basis von aktiven *RC*-Filtern mit Mehrfachgegenkopplung geschaffen werden. Die dabei in Kauf zu nehmende Einschränkung des Änderungsbereiches ist relativ gering.

Tabelle 5. Übersicht der praktisch erreichten Ergebnisse bei aktiven *RC*-Filtern mit Mehrfachgegenkopplung

	Relativer Änderungs- und Arbeitsbereich %	Relativer Aufwand	Maximaler Abgleichfehler %
RC-Filter (2. Ordnung)	... 200	1	—
Parallelfiltersatz (2. Ordnung)	... 200	3	10
RC-Filter (4. Ordnung)	160 ... 200	3	10
Parallelfiltersatz (4. Ordnung)	160 ... 200	9	10
RC-Filter (6. Ordnung)	100 ... 160	9	10
Parallelfiltersatz (6. Ordnung)	70 ... 100	20	10

In Tab. 5 sind die praktisch erreichten Ergebnisse mit aktiven *RC*-Filtern mit Mehrfachgegenkopplung zusammengestellt. Diese Übersicht kann als Anhaltspunkt auch für Filter in einem anderen Frequenzbereich dienen.

Literaturverzeichnis

[1] *Gosling, W.*: Field Effect Transistor Applications. Heywood Book, Temple Press Books Ltd., London 1964.
[2] *Widerhold, M.*, *Sittig, K.*: Selektive *RC*-Filter. rfe **22** (1973) 811—813.
[3] *Wolf, M.*: Über adaptive Aspekte in Meßinformationssystemen. Wiss. Zeitschrift d. TH Karl-Marx-Stadt **19**, 2 (1977) 207—211.
[4] *Fliege, N.*: Übersichtsbeitrag-Eigenschaften und Entwurf aktiver Filter. NTZ 9 (1973) 423—434.
[5] *Vahldieck, H.*: Aktive *RC*-Filter. R. Oldenbourg, München, Wien 1972.
[6] *Schenk, Ch.*, *Tietze, N.*: Aktive Filter (Teil 3). Elektronik 12 (1970) 421—424.
[7] *Reddy, M. A.*: A High-Q, low Sensitivity Active *RC*-Filter. NTZ 3 (1973) 129—132 und 4 (1973) 180—183.
[8] *Thielmann, H.*: Aktive *RC*-Filter zweiten Grades mit entkoppelt einstellbaren Parametern. 7 (1974) 266—271.

[9] Silizium-Transistoren 1974/75 (Katalog) RFT electronic; Kombinat VEB Halbleiterwerk Frankfurt (O.), VEB Röhrenwerk Neuhaus, Kombinat VEB Funkwerk Erfurt.
[10] *Paul, R.*: Feldeffekttransistoren. VEB Verlag Technik, Berlin 1972.
[11] *Lessen, E.*: Feldeffekttransistoren — Eigenschaften und Anwendungen. Bd. 131 der Reihe „electronica", Militärverlag der DDR, Berlin 1974.
[12] *Jakubaschk, H.*: MOSFET — Schaltungspraxis. Bd. 143 der Reihe „electronica", Militärverlag der DDR, Berlin 1976.
[13] *Richman, P.*: Characteristics and Operation of MOS-Field-Effect Devices. Mc Graw-Hill Inc., New York.
[14] Polovodičové součástky 1976 (Halbleiterbauelemente-Katalog). Tesla Rožnov.
[15] *Остапенко, А. Г.*: О синтезе активных *RC*-фильтров. Радиоэлектроника 3 (1976) 93—98

4.3. Graphengestützter Schaltungsentwurf

Von *A. Sonkoly*

HIKI INSTITUTE Budapest

Beim Entwurf linearer Netzwerke besteht häufig die Notwendigkeit, die Übertragungsfunktion bestimmter Schaltkreise zu untersuchen. Diese kann durch allgemein bekannte Methoden ermittelt werden. Man stellt die Kirchhoffschen Gleichungen des gegebenen Netzwerkes auf und löst sie. Mit dieser Methode entstehen viele Probleme:

— Die Gleichungen werden in ungeeigneter Weise aufgestellt.
— Die Gleichungen werden richtig aufgestellt, aber bei der Lösung werden Fehler gemacht. Die Fehlersuche ist dann ziemlich schwierig.

Leichter und schneller kann die Übertragungsfunktion über die Graphentheorie erhalten werden. Obwohl die Graphentheorie selbst schon lange bekannt ist, wurde sie bis in die 60-er Jahre nur in begrenztem Umfang benutzt. Als die moderne Rechentechnik in der Schaltungstechnik Anwendung fand, wurde auch die Graphentheorie in immer größerem Maße angewendet. Sie ist jetzt eine bewährte Methode zur Lösung von Schaltungsproblemen. Mit der Kenntnis einiger fundamentaler Begriffe und Regeln kann man über die Graphentheorie den Entwurf beginnen.
Um diese Methode anzuwenden, muß man zunächst die Eigenschaften von speziellen Schaltkreiselementen prüfen.
Bild 1 zeigt einen Kurzschluß. Der Strom kann beliebig hoch sein, die Spannung bleibt Null.
In Bild 2 wird ein Leerlaufelement dargestellt, dessen Spannung beliebig sein kann, der Strom bleibt jedoch Null.

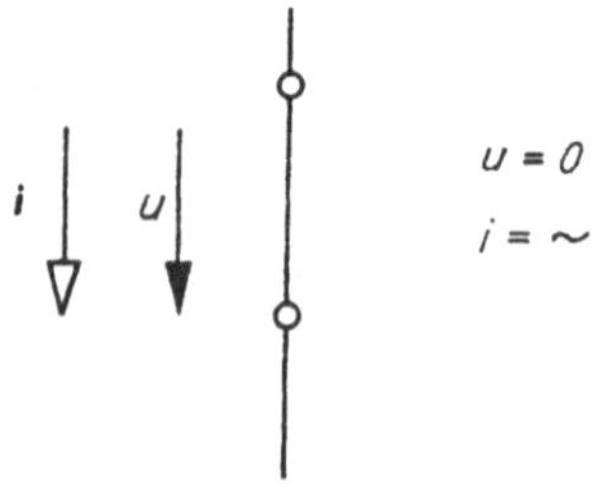

Bild 1. Kurzschluß-Element

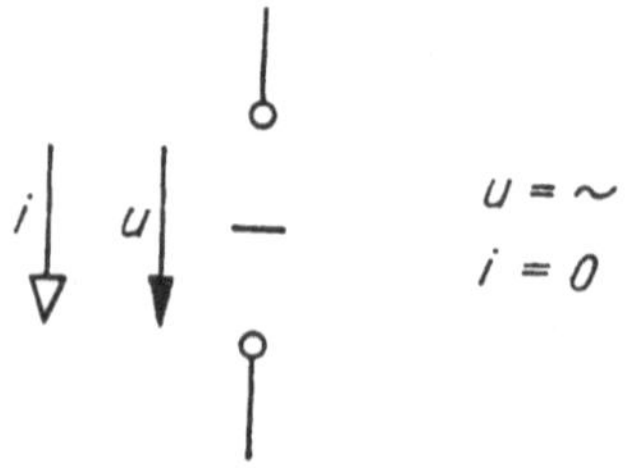

Bild 2. Leerlauf-Element

Infolge der gleichartigen Beschreibung werden die Hybridelemente miteinander verbunden.
Sind Strom und Spannung Null, so bezeichnet man das Schaltelement als Nullator (Bild 3).

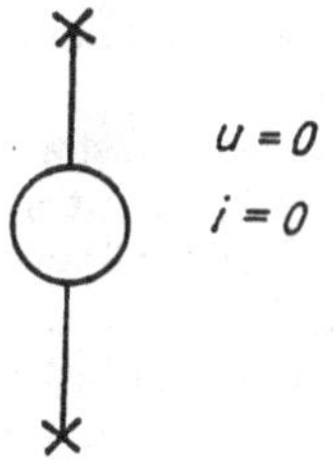

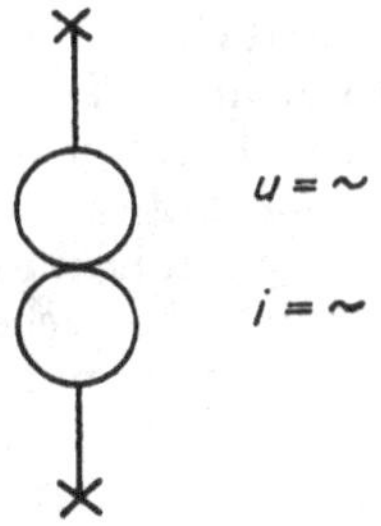

Bild 3. NULLATOR

Bild 4. NORATOR

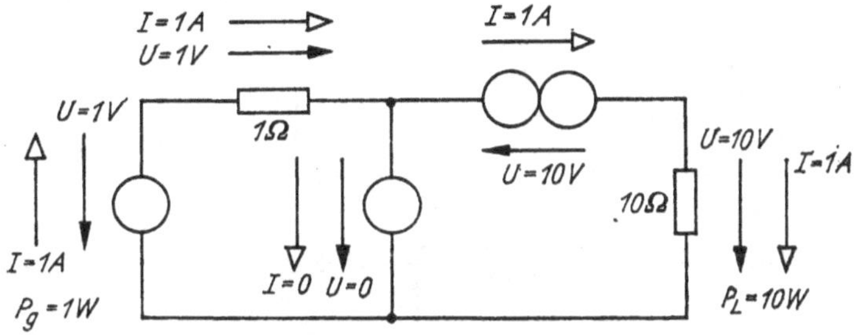

Bild 5. Beispiel für ein NORATOR-Element

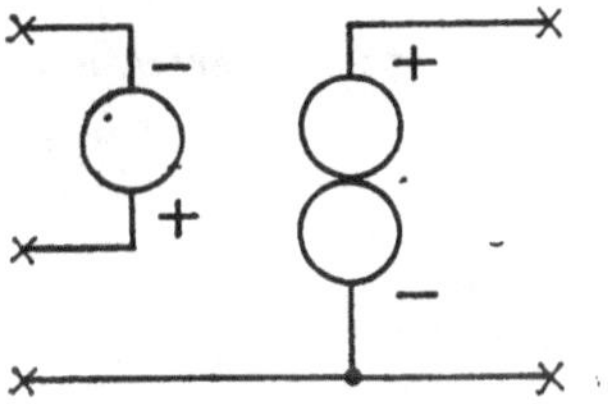

Bild 6. NULLATOR-NORATOR-Paar als idealer Operationsverstärker

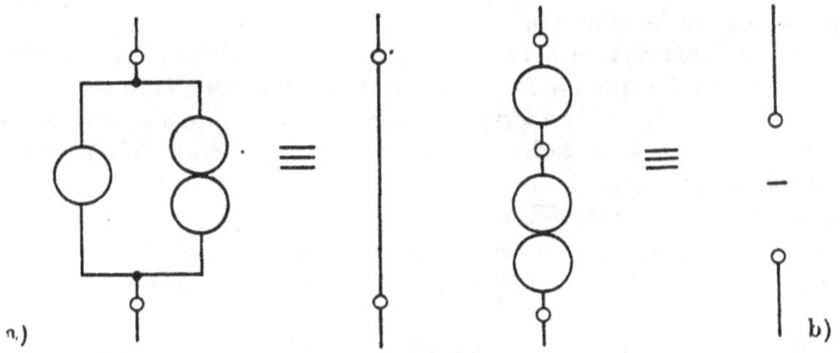

Bild 7. NULLATOR-NORATOR-Zusammenschaltungen

Sind jedoch Spannung und Strom beliebig, wie in Bild 4 gezeigt wird, bekommt man das sogenannte Noratorelement. Der Norator kann nur ein aktives Element sein, was an einem einfachen Beispiel gezeigt werden soll (siehe Bild 5).
Die Spannungsquelle gebe 1 W ab, der Leistungsverbrauch am Lastwiderstand beträgt 10 W. Der Norator kann in diesem Fall nur ein aktives Element sein.
Ein idealer Operationsverstärker arbeitet wie ein Nullator-Norator-Paar (Bild 6).
Zum aktiven Entwurf benötigt man einige praktische Regeln. Ist ein Nullator mit einem Norator parallel geschaltet, so entspricht das einem Kurzschluß (Bild 7a).
Sind beide in Reihe geschaltet, so entspricht das einem Leerlauf (Bild 7b).
Hybridelemente existieren nur paarweise in einem Netzwerk. Betrachten wir die Übertragungsfunktion des Vierpols in Bild 8a:

$$T_{ik} = \frac{u_{\text{aus}}}{u_{\text{ein}}}.$$

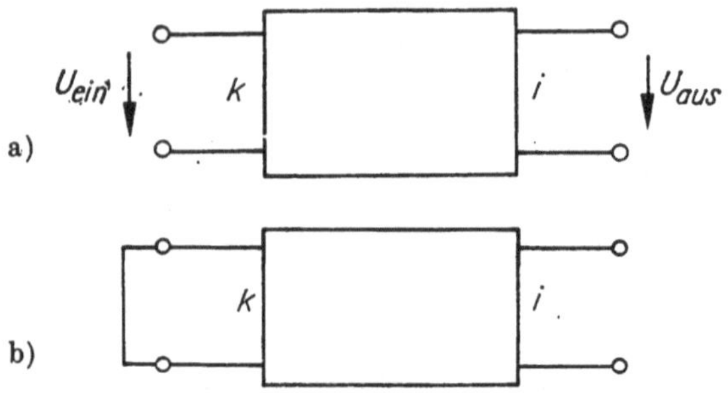

Bild 8. Übertragungsvierpol

Die geforderte Übertragungsfunktion kann danach folgendermaßen geschrieben werden:

$$T_{ik} = \frac{\Delta_{ik}}{\Delta_N}$$

mit Δ_{ik} — Übertragungsdeterminante,
Δ_N — Netzwerkdeterminante.

Um die Netzwerkdeterminante zu berechnen, muß man einen Kurzschluß am Eingang und einen Leerlauf am Ausgang des Vierpols realisieren (Bild 8b).
Die Operationsverstärker der Schaltung müssen durch ein Nullator-Norator-Paar ersetzt werden. Dabei ist es sinnvoll, die miteinander verbundenen Hybridelemente mit gleichen Indizes zu bezeichnen.
Danach sind die reduzierten passiven Elemente in den Graphen zu entfernen. Auf diese Weise stellt der Graph einen Baum dar, und jeder Nullator muß mit einem Norator verbunden werden. Man erhält einen Baum, wenn die Zweige miteinander verbunden sind, es darf aber keine geschlossenen Schleifen geben. Betrachten wir dazu ein einfaches Beispiel.
Es enthält kein Hybridelement (Bild 9).
Ist der reduzierte Graph sofort ein Baum, dann wird die Determinante 1. Ist das nicht der Fall, so sind alle Kombinationen zu berücksichtigen, die den Baum darstellen.

$$\Delta_N = \Delta_{N1} + \Delta_{N2} + \dots = \sum_{s=1}^{z} \Delta_{N},$$

(z — Nummer der Kombination, die den Baum ergibt)

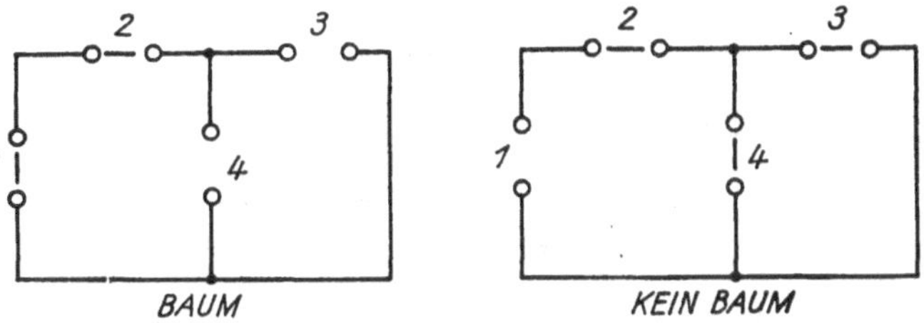

Bild 9. Gegenüberstellung eines Netzwerkes, das einen Baum darstellt, mit einem, das keinen Baum darstellt

Mit diesem Beispiel kann man schreiben:

Y_1 AND Y_2 entfernt, ergibt einen Baum,
OR Y_1 AND Y_3 entfernt, ergibt einen Baum,
OR Y_1 AND Y_4 entfernt, ergibt einen Baum,
OR Y_2 AND Y_3 entfernt, ergibt einen Baum,
OR Y_2 AND Y_4 entfernt, ergibt einen Baum.

OR ist gleichbedeutend mit der Addition, so wie AND mit der Multiplikation äquivalent ist.
Damit ist:

$$\Delta_{N1} = Y_1 Y_2\,, \qquad \Delta_{N4} = Y_2 Y_3\,,$$
$$\Delta_{N2} = Y_1 Y_3\,, \qquad \Delta_{N5} = Y_2 Y_4\,,$$
$$\Delta_{N3} = Y_1 Y_4\,, \qquad \Delta_N = Y_1 (Y_2 + Y_3 + Y_4) + Y_2 (Y_3 + Y_4)\,.$$

Alle Determinanten haben ein Vorzeichen. Es ist immer positiv, wenn der Schaltkreis kein Hybridelement enthält.
Das Vorzeichen hängt von der Verbindungspolarität des Nullators zum Norator ab. Es ist zu prüfen, ob eine Rückkopplung enthalten ist. Sie ist dann vorhanden, wenn das miteinander verbundene Nullator-Norator-Paar durch das gleiche Element reduziert wurde (in diesem Fall enthält der Schaltkreis einen Operationsverstärker). Sind in einem Schaltkreis mehrere Operationsverstärker, so kann durch Prüfung des Signalweges festgestellt werden, ob es eine Rückkopplung gibt.
Das Vorzeichen der Determinanten wird negativ, wenn im Schaltkreis eine Rückkopplung enthalten ist. Das resultierende Vorzeichen erhält man durch Multiplikation aller vorhergehenden Vorzeichen miteinander.
Zur Bestimmung der Übertragungsdeterminanten ist ein Norator in den Eingang und ein Nullator in den Ausgang des Vierpols zu bringen (Bild 10).
Es ist vorteilhaft, den Norator und den Nullator mit unterschiedlichen Buchstaben zu bezeichnen (z. B. P, S), da dieses Paar hier keinen Operationsverstärker darstellt.
Nach diesem Schritt ist die Berechnung der Übertragungsdeterminanten Δ_{ik} die gleiche wie oben.

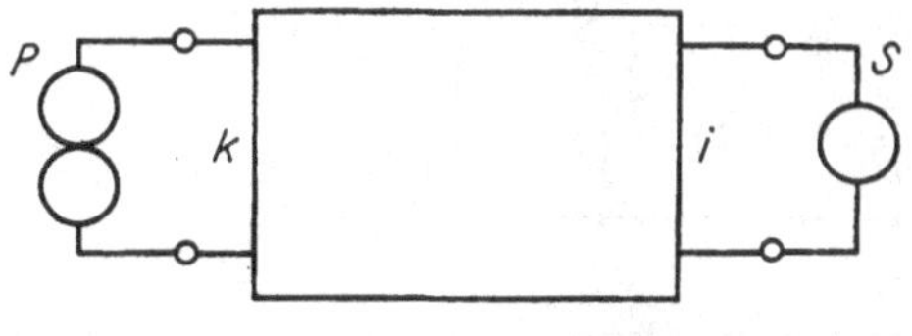

Bild 10. Übertragungsvierpol mit einem Norator am Eingang und einem Nullator am Ausgang

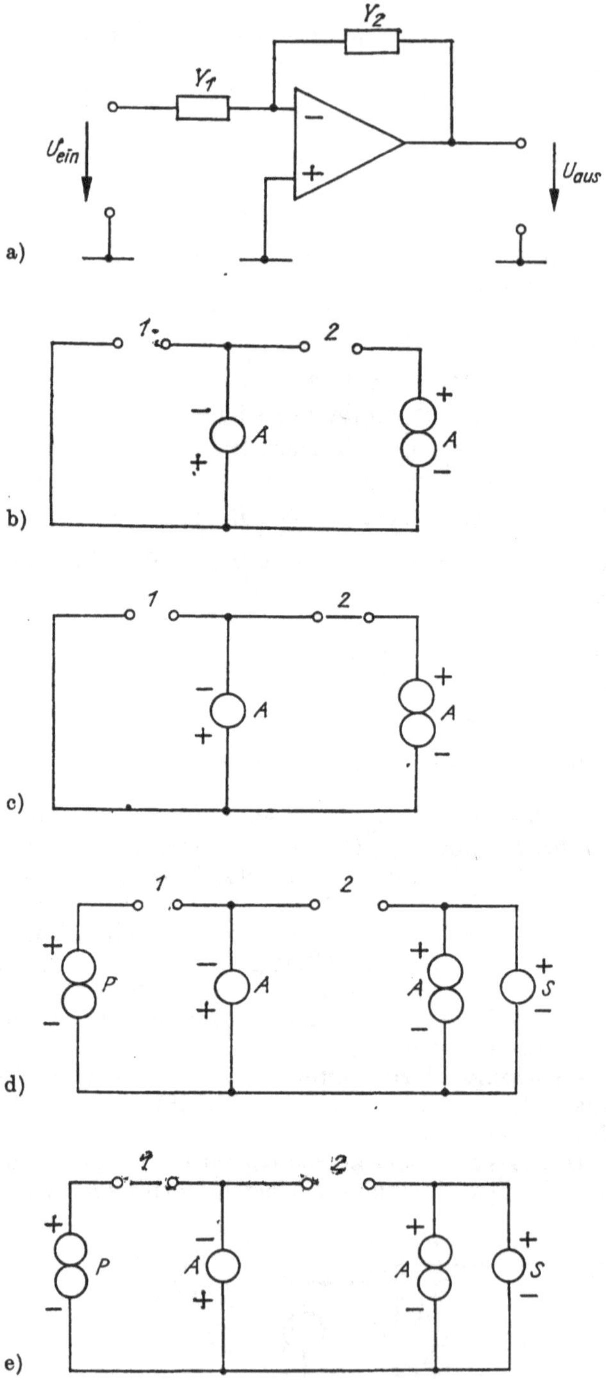

Bild 11. Spannungsgegengekoppelter Operationsverstärker als Beispiel für die Berechnung der Netzwerkdeterminanten Δ_N

Zum Verständnis der umständlichen Regeln sollen hier einige Beispiele betrachtet werden. Die Ergebnisse dieser Beispiele sind bekannt und daher zu einer Kontrolle geeignet.
Zur Berechnung der Netzwerkdeterminanten Δ_N (Bild 11) ist eine Nullreduktion durchzuführen (Bild 11a).
Es ist ein Baum, falls Y_2 entfernt wird (Bild 11b). Die Hybridelemente sind miteinander verbunden, und es gibt keine weitere geschlossene Schleife. Die Verbindung ist invers, da eine Rückkopplung vorhanden ist. So ergibt sich für das Vorzeichen:

$$\text{minus} \cdot \text{minus} = \text{plus}\,.$$

Damit wird

$$\Delta_N = Y_2\,.$$

Zur Berechnung der Übertragungsdeterminanten muß ein Norator in den Eingang und ein Nullator in den Ausgang gebracht werden (Bild 11c). Man erhält durch Entfernen von Y_1 einen Baum (Bild 11d). Das Vorzeichen ist negativ, da P-A, das Norator-Nullator-Paar, invers miteinander verbunden ist. Das A-S-Norator-Nullator-Paar ist positiv miteinander verbunden. Damit gibt es keine Rückkopplung.
Es ist

$$\Delta_{ik} = -\,Y_1\,,$$

$$T_{ik} = \frac{\Delta_{ik}}{\Delta_N} = -\,\frac{Y_1}{Y_2}\,.$$

Betrachten wir einen Spannungsfolger (Bild 12).

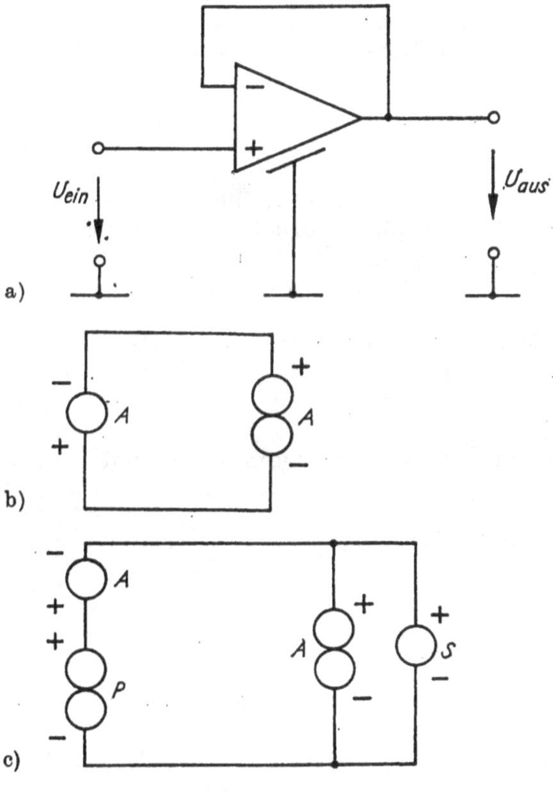

Bild 12. Spannungsfolger

Den benötigten Graphen der Netzwerkdeterminanten zeigt Bild 12a. Entsprechend den Regeln ist er ein Baum. Das Vorzeichen ist positiv, da

$$\text{minus} \cdot \text{minus} = \text{plus} .$$

Die Verbindung ist invers, es gibt aber keine Rückkopplung:

$$\Delta_N = 1 .$$

Der zur Berechnung der Übertragungsdeterminanten benötigte Graph wird in Bild 12b dargestellt. Nach den Regeln ist auch er ein Baum. Das A-S-Norator-Nullator-Paar ist positiv miteinander verbunden und stellt eine Kurzschlußverbindung zu dem A-P-Norator-Nullator-Paar dar. Die Verbindungen sind gleichartig, und es gibt keine Rückkopplung. Das Vorzeichen ist positiv.

$$\Delta_{ik} = 1 ,$$

$$T_{ik} = \frac{\Delta_{ik}}{\Delta_N} = 1 .$$

Häufig besteht das Problem, daß das Nutzsignal mit Störsignalen vermischt ist. Dabei kommt das Störsignal oft durch die Netzfrequenz und ihre Oberwellen zustande. Ist es sinusförmig, kann ein selektives Filter verwendet werden. Im allgemeinen sind 50 Hz, 100 Hz und 150 Hz auszufiltern. Ein derartiges Filter kann auf der Grundlage herkömmlicher LC-Elemente realisiert werden. Für die genannten Frequenzen haben die Bauelemente zu große geometrische Abmessungen. Günstiger ist die Verwendung eines aktiven RC-Filters. Unter gewissen Bedingungen kann man die Eigenschaften des Filters mit der im Bild 13 gezeigten Schaltung erreichen.
Zur Funktionsbeschreibung und zur Berechnung benötigt man die Übertragungsfunktion der Schaltung.

$$T(p) = \frac{u_{\text{aus}}}{u_{\text{ein}}} .$$

Das Problem wird über die Graphentheorie gelöst. Zunächst wird die Schaltung in eine allgemeine Form gebracht (Bild 13a). Die Schaltkreiselemente werden durch die Nullreduktion ersetzt. Zur Berechnung der Netzwerkdeterminanten wird ein Kurzschluß am Eingang und ein Leerlauf am Ausgang erzeugt. Den reduzierten Graphen zeigt Bild 13b.
Betrachten wir die Kombinationen, die einen Baum ergeben (Bilder 13c, d, e, f, g).
Nach Bild 13c ist

$$\Delta_{N1} = Y_2 Y_3 Y_4 .$$

Das Vorzeichen ist positiv, da eine inverse Verbindung besteht und eine Rückkopplung vorhanden ist.

Nach Bild 13d ist $\Delta_{N2} = Y_2 Y_3 Y_5 .$

Nach Bild 13e ist $\Delta_{N3} = Y_2 Y_3 Y_6 .$

Nach Bild 13f ist $\Delta_{N4} = Y_2 Y_4 Y_6 .$

Nach Bild 13g ist $\Delta_{N5} = - Y_1 Y_4 Y_5 .$

Das Vorzeichen ist negativ, da die Verbindungspolarität gleichartig ist, und es gibt eine Rückkopplung.
Es ist damit:

$$\Delta_N = Y_2(Y_3(Y_4 + Y_5 + Y_6) + Y_4 Y_6) - Y_1 Y_4 Y_5 .$$

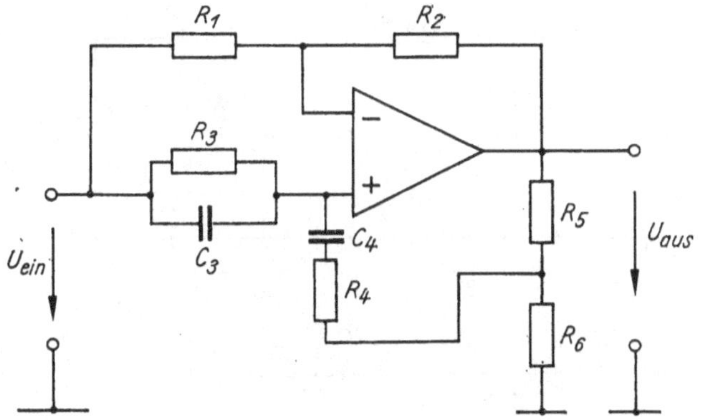

R1
R2
R3
C3
C4
R4
R5
R6
Uein
Uaus

a)

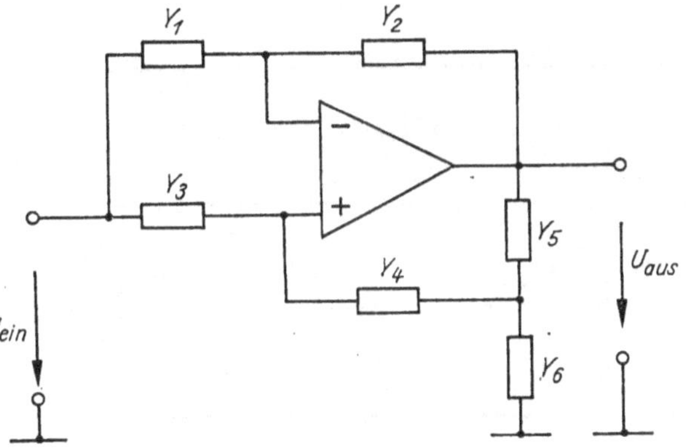

Y1
Y2
Y3
Y4
Y5
Y6
Uein
Uaus

b)

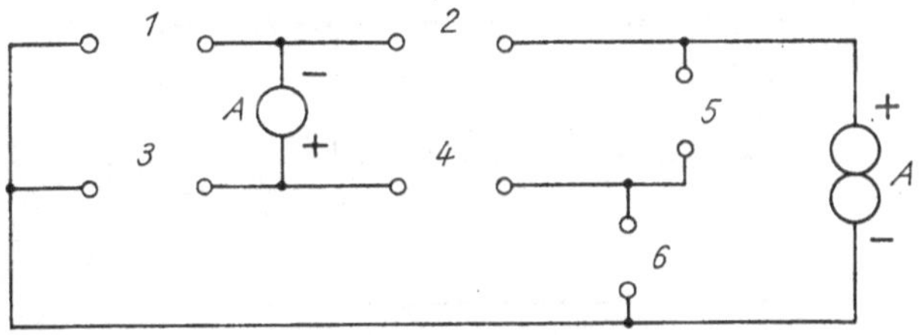

1
2
3
4
5
6
A
A

c)

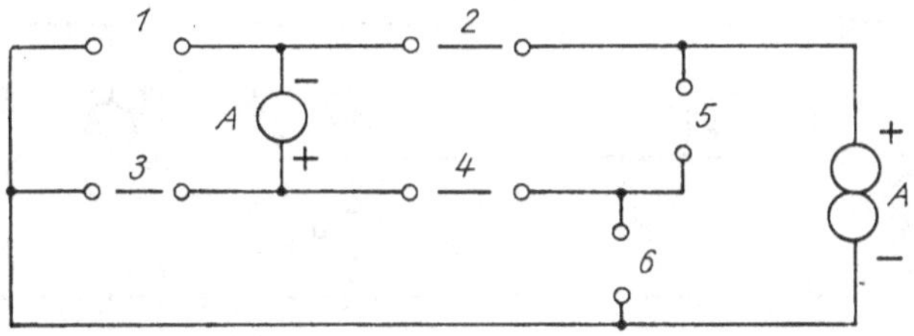

1
2
3
4
5
6
A
A

d)

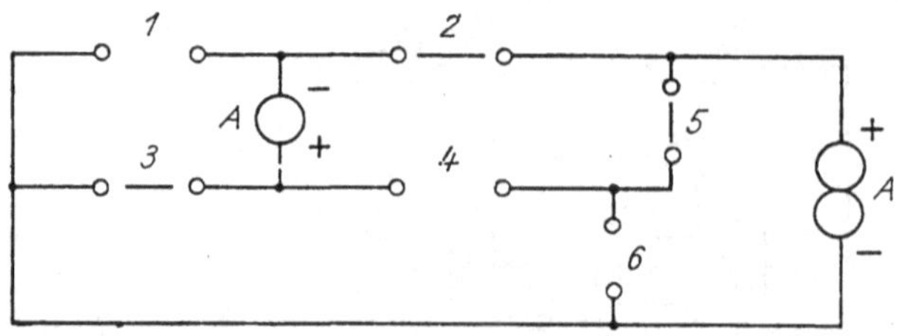

e)

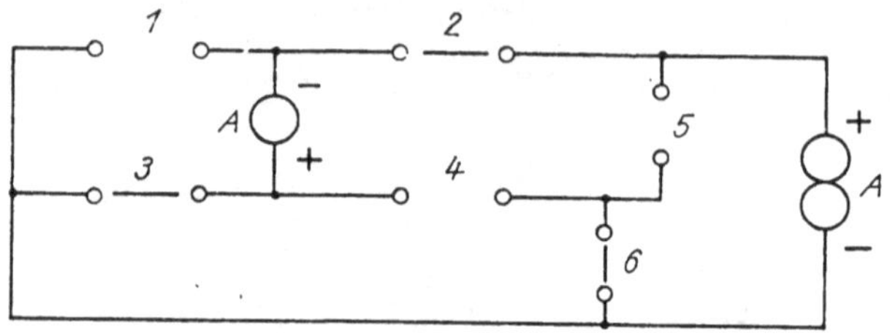

f)

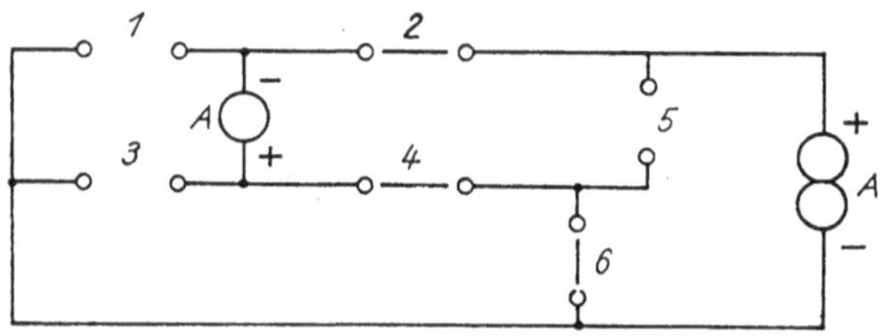

g)

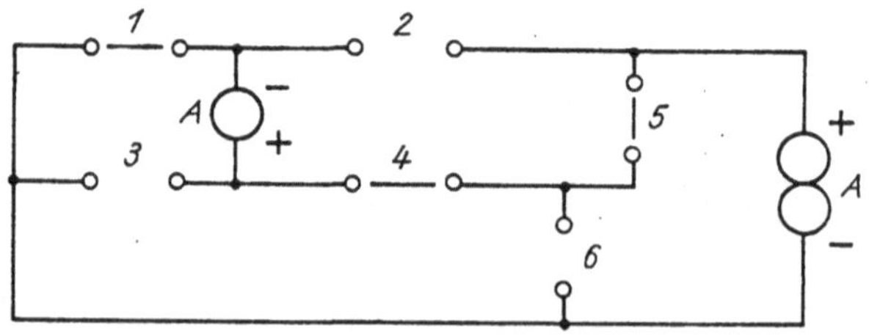

h)

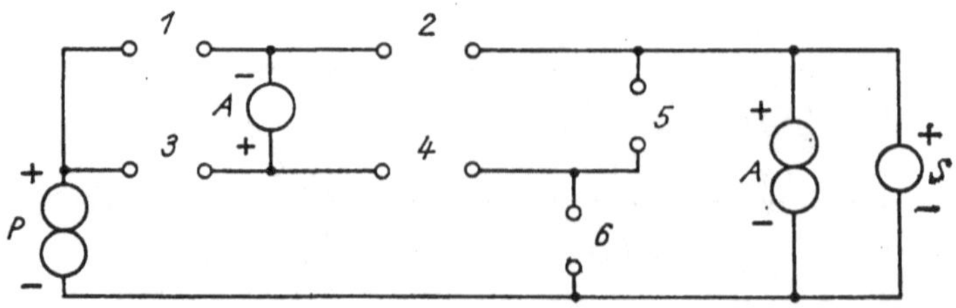

i)

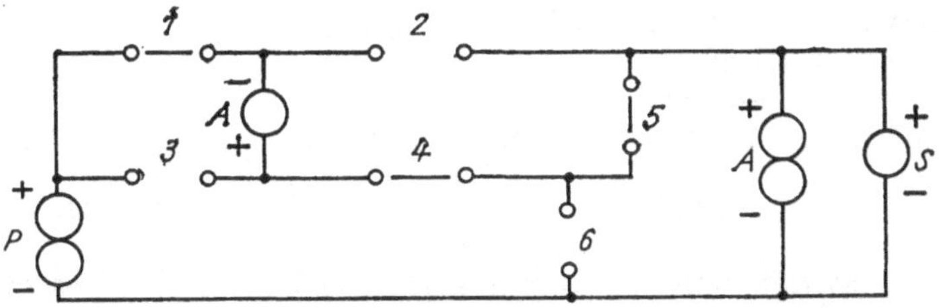
j)

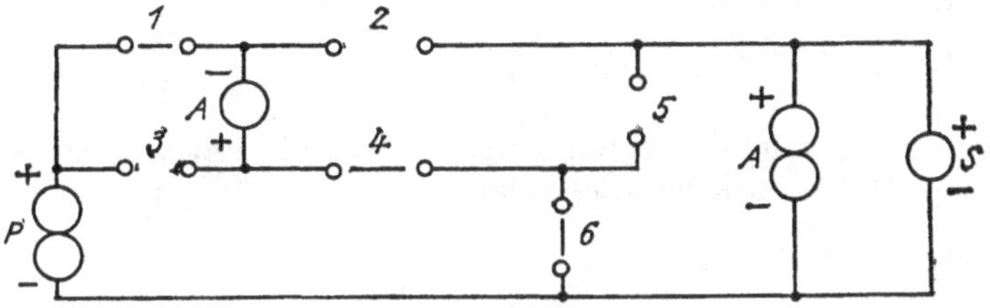
k)

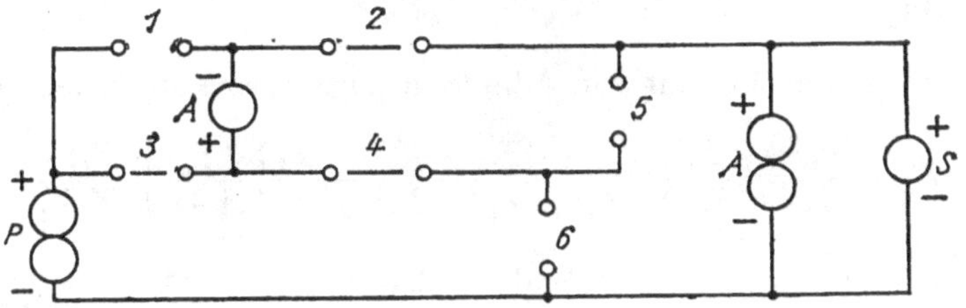
l)

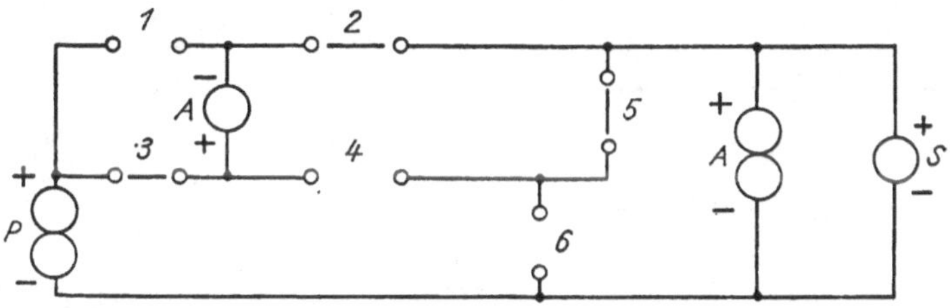
m)

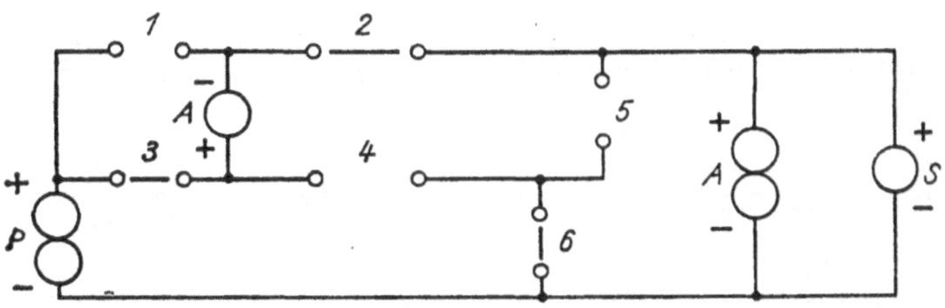
n)

Bild 13. Schaltung eines Sperrfilters und ihre Umwandlung zur Berechnung der Übertragungsfunktion

Zur Berechnung der Übertragungsdeterminanten wird ein Norator in den Eingang und ein Nullator in den Ausgang gelegt.
Bild 13h zeigt den reduzierten Graphen.
Die Kombinationen, die Bäume ergeben, sind folgende (Bilder 13i, k, l, m, n):

Bild 13i: $\Delta_{ik1} = - Y_1 Y_4 Y_5 .$

DerP-Norator ist mit dem A-Nullator invers verbunden, und es gibt keine Rückkopplung. Das Vorzeichen ist negativ.

Bild 13k: $\Delta_{ik2} = - Y_1 Y_4 Y_6 .$

Bild 13l: $\Delta_{ik3} = Y_2 Y_3 Y_4 .$

Der P-Norator ist mit dem A-Nullator in gleicher Polarität verbunden. Es gibt keine Rückkopplung. Das Vorzeichen ist positiv.

Bild 13m: $\Delta_{ik4} = Y_2 Y_3 Y_5 .$

Bild 13n: $\Delta_{ik5} = Y_2 Y_3 Y_6 .$

$$\Delta_{ik} = - Y_1 Y_4 (Y_5 + Y_6) + Y_2 Y_3 (Y_4 + Y_5 + Y_6) .$$

Die Übertragungsfunktion mit den Admittanzparametern ergibt sich damit zu:

$$T_{ik} = \frac{\Delta_{ik}}{\Delta_N} = \frac{Y_2 Y_3 (Y_4 + Y_5 + Y_6) - Y_1 Y_4 (Y_5 + Y_6)}{Y_2 (Y_3 (Y_4 + Y_5 + Y_6) + Y_4 Y_6) - Y_1 Y_4 Y_5} .$$

Die Admittanzelemente haben folgende Bedeutung (Bild 14):

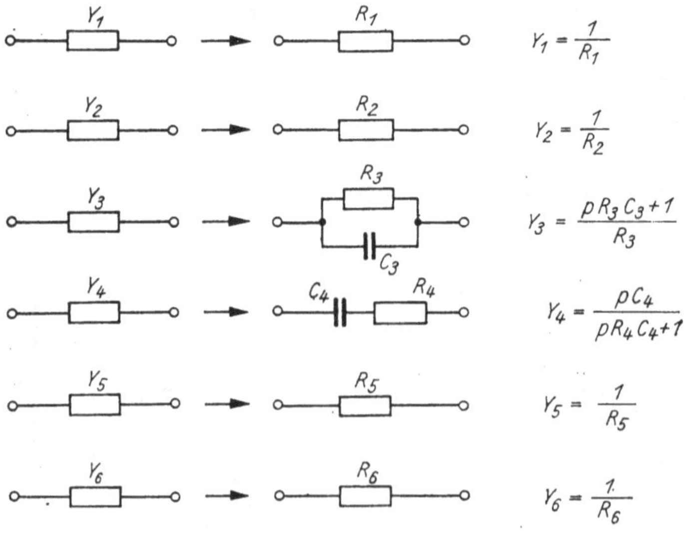

Bild 14. Bedeutung der Admittanzelemente

Die Substitution ergibt dann die Übertragungsfunktion:

$$T(p) = \frac{p^2 C_3 C_4 C_3 \left(R_4 + \frac{R_5 \cdot R_6}{R_5 + R_6}\right) + p\left(C_4\left(R_4 + \frac{R_5 \cdot R_6}{R_5 + R_6} - \frac{R_2 R_3}{R_1}\right) + R_3 C_3\right) + 1}{\left[p^2 C_3 C_4 C R_3 \left(R_4 + \frac{R_5 \cdot R_6}{R_5 + R_6}\right) + p\left(C_4\left(R_4 + \frac{R_5 \cdot R_6}{R_5 + R_6} + \frac{R_3 \cdot R_5}{R_5 + R_6} - \frac{R_2}{R_1} \cdot \frac{R_3 R_6}{R_5 + R_6}\right) + R_3 C_3\right) + 1 \right]}.$$

Die allgemeine Form der Übertragungsfunktion hat das Aussehen:

$$T(p) = \frac{\left(\frac{P}{W_z}\right)^2 + \frac{1}{Q_z} \cdot \frac{P}{W_z} + 1}{\left(\frac{P}{W_z}\right)^2 + \frac{1}{Q_p} \cdot \frac{P}{W_p} + 1}, \qquad \begin{array}{l} W_z \text{ — Nullfrequenz}, \\ W_p \text{ — Polfrequenz}. \end{array}$$

Man erhält ein Sperrfilter, wenn $W_z = W_p$ und $Q_z \to \infty$. Die Eigenschaften des Filters können berechnet werden, wenn die Übertragungsfunktionen gleichgesetzt werden.
Die Lösung ist:

$$W_p = W_z = \frac{1}{\sqrt{C_3 C_4 R_3 \left(R_4 + \frac{R_5 \cdot R_6}{R_5 + R_6}\right)}},$$

$$Q_p = \frac{\sqrt{R_3 \left(R_4 + \frac{R_5 \cdot R_6}{R_5 + R_6}\right)}}{R_4 + \frac{R_5 \cdot R_6}{R_5 + R_6} + R_3 + R_3 \left(\frac{R_5}{R_5 + R_6} - \frac{R_2}{R_1} \cdot \frac{R_6}{R_5 + R_6}\right)},$$

$$Q_z = \frac{\sqrt{R_3 \left(R_4 + \frac{R_5 \cdot R_6}{R_5 + R_6}\right)}}{R_4 + \frac{R_5 \cdot R_6}{R_5 + R_6} + R_3 - \frac{R_2 R_3}{R_1}}.$$

Q_z wird unendlich, wenn $\frac{R_2}{R_1} = 2$ und $R_3 = R_4 + \frac{R_5 \cdot R_6}{R_5 + R_6}$ ist.
Der letzte Ausdruck stellt die Reihenschaltung von R_4 mit der Parallelschaltung von R_5 und R_6 dar. Sind die Widerstände R_5 und R_6 klein gegenüber R_4, dann kann $R_3 \approx R_4$ gesetzt werden. Die Berechnung von Q_p ist sehr einfach, falls Q_z gegeben ist.

$$Q_p = \frac{R_5 + R_6}{3 R_5}.$$

Der Wert Q_p des Filters kann durch die Änderung von R_5 und R_6 eingestellt werden. Die Frequenz des Filters läßt sich mit den Kapazitäten C_3, C_4 oder den Widerständen R_3, R_4 einstellen. Das optimale Q_z ist durch das Verhältnis der Widerstände R_1, R_2 einzustellen. Der genaue Wert von R_1 und R_2 ist auf den Eingangsstrom des Operationsverstärkers abzustimmen.

Tabelle 1

W (Hz)	O_P 123|54	R_1 (kΩ)	R_2 (kΩ)	R_3 (kΩ)	R_4 (kΩ)	R_5 (kΩ)	R_6 (kΩ)	C (nF)
50	1	47,7	95,4	31,8	31,16	1	2	100
50	2	47,7	95,4	31,8	31	1	5	100
50	2	239	478	159	158.3	1	5	20
100	1	50,8	101,6	33,9	33,2	1	2	47
100	2	50,8	101,6	33,9	33	1	5	47
150	1	48,2	96,4	32,15	31,48	1	2	33
150	2	48,2	96,4	32,15	31,3	1	5	33
800	1	63,5	127	42,3	41,66	1	2	4,7
800	2	63,5	127	42,3	41,5	1	5	4,7
1000	1	50,8	101,6	33,9	33,2	1	2	4,7
1000	2	50,8	101,6	33,9	33	1	5	4,7

Tabelle 2

W (Hz)		20	30	40	45	49	50	51	55	60	70	100	200
$-T$ (dB)	berechnet	0,24	0,86	3,5	8,2	21,8	60	22	8.95	4,5	1,85	0,4	0,076
	gemessen	0,4	1	3,5	8,8	22,2	57	22,5	9	5	1,9	0,5	0,1

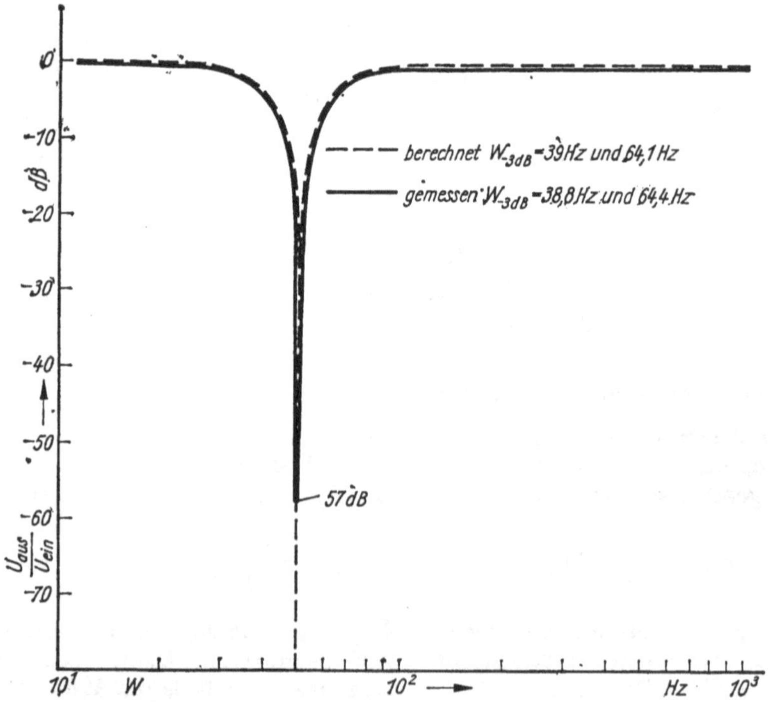

Bild 15. Frequenzverhalten des Filters

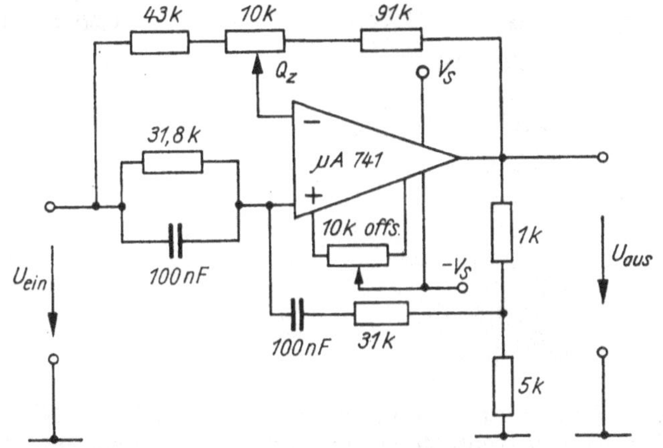

Bild 16. Vollständige Schaltung des Filters

Zur Verringerung der Ausgangsgleichspannung sollen die Widerstände an den beiden Eingängen des Operationsverstärkers möglichst gleich sein. Das bedeutet, daß

$$R_1 = \frac{3}{2} R_3$$

ist.

Von dieser Gleichung kann abgewichen werden, wenn auf die Gleichspannungsstabilität kein großer Wert gelegt wird. Zur Berechnung der Bauelementewerte wurde ein Rechenprogramm für den HP 9100 A aufgestellt. Das Programm benötigt folgende Parameter als Eingangsdaten:

$$W_{p,z}(\mathrm{Hz});\ Q_p;\ C(\mathrm{F}), \qquad C = C_3 = C_4;\ R_5\ (\Omega).$$

Die Werte werden ausgedruckt (Tab. 1 und 2). Berechnete und gemessene Werte stimmen gut überein (siehe auch Bild 15). Das Temperaturverhalten ist gut. Bild 16 zeigt die vollständige Schaltung des Filters. Als Operationsverstärker wurde der TBA-221 D verwendet, der dem μA 741 entspricht.

Anhand eines ausführlichen Beispiels wurde damit die Leistungsfähigkeit der modernen Graphentheorie dargestellt.

4.4. Schaltungsentwurf für Tägerfrequenzeinrichtungen der dritten Generation

Von *József Elekes* und *László Forgó*

Forschungsinstitut der Nachrichtentechnik (HIKI), Budapest

4.4.1. Einleitung

Das von uns behandelte Thema steht in Verbindung mit einem fundamentalen Anlagentyp porfessioneller nachrichtentechnischer Systeme und zwar mit dem Kanalumsetzer von Trägerfrequenzeinrichtungen. Die Realisierung von Kanalumsetzern mit Schaltungen der dritten Generation ist in unseren Tagen weltweit in den Vordergrund getreten. Deshalb war bei unseren Untersuchungen von grundlegendem Interesse, wie eine Schaltungslösung, die zur Realisierung einer gegebenen Aufgabe benutzt werden soll, in Kanalumsetzern der dritten Generation verwendet werden kann.
Zu Beginn sei hier gesagt, daß die Verwendung des Ausdrucks „dritte Generation" — obwohl wir ihn von den integrierten Schaltungen entliehen haben — noch nicht berechtigt ist, wenn es sich lediglich um die Realisierung von ein, zwei aktiven Einheiten mittels einer integrierten Schaltung handelt. Unserer Meinung nach ist für Trägerfrequenzeinrichtungen der dritten Generation die breite, jedoch wirtschaftlich fundierte Anwendung integrierter Schaltungen charakteristisch, sowie die Entwicklung, die auf dem Gebiet passiver Stromkreise und auf dem Gebiet mechanischer Konstruktionen zu verzeichnen ist. Für den Schaltungsentwurf ist dagegen im allgemeinen der integrierte Entwurf, d. h. die enge Wechselwirkung mit dem Systementwurf kennzeichnend, wobei man das Ziel verfolgt, verschiedene Funktionen in einem Schaltungsblock zu vereinigen.
Die fundamentale Rolle des Kanalumsetzers im Trägerfrequenz-System soll im Rahmen einer kurzen systemtechnischen Zusammenfassung verdeutlicht werden — danach wird der Verstärker behandelt. Wir beschäftigen uns mit Fragen des Entwurfs eines hybrid-integrierten Verstärkers, der sich als universelles Verstärkerelement verwenden läßt, und stellen die Lösung einer Variante gegenüber, die mit Schaltungen arbeitet, die nur zur Lösung einer Aufgabe entworfen wurden. In Verbindung damit stellen wir moderne Lösungsarten der automatischen Pegelregelung, d. h. die Pilotregelung, vor. Schließlich werden wir die Einsatzmöglichkeiten monolithisch integrierter Standard-Operationsverstärker behandeln.
Der zweite Teil dieses Beitrages beschäftigt sich mit der Erzeugung von Einseitenband-(ESB-)Signalen. Innerhalb dieses Themenkreises wird zunächst ein Überblick über die Methoden der ESB-Modulation gegeben, danach werden die Modulatoren behandelt. Anhand einiger Beispiele werden die aktiven Schaltnetzwerke in hybridintegrierter Ausführung betrachtet und ausführlich einige wesentliche Eigenschaften von Modulatorschaltungen in monolithisch integrierter Ausführung untersucht.

4.4.1.1. Der Frequenzplan von Vielkanal-TF-Systemen

Bekanntlich lassen sich TF-Systeme mit hoher Kanalzahl durch Nebeneinanderpositionierung kleinerer Kanalgruppen in genormten Frequenzbändern, d. h. in den sogenannten Grundprimärgruppen bilden. Diese Methode kann abhängig von der

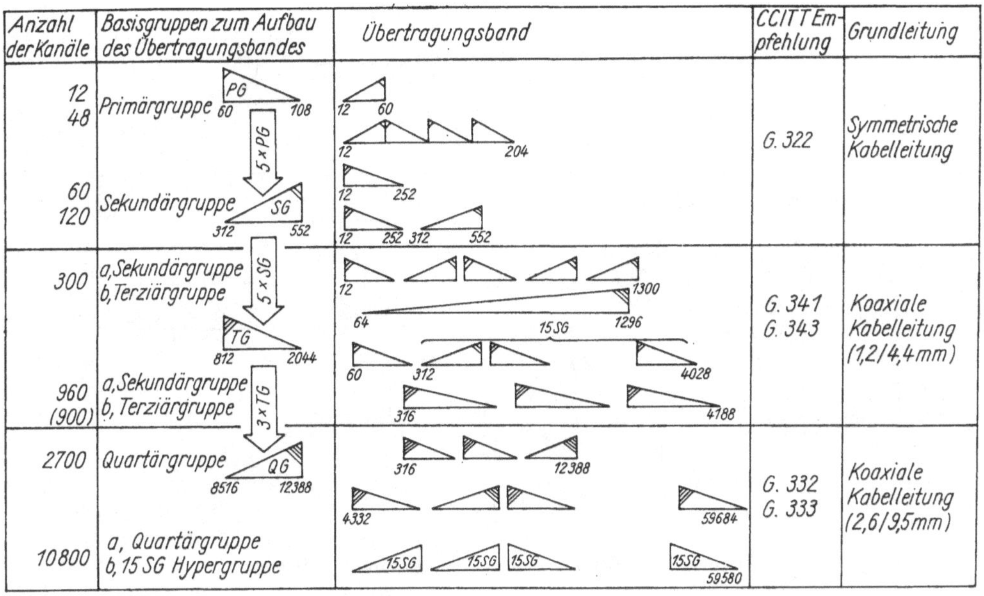

Bild 1. Einige Frequenzpläne von FT-Systemen nach CCITT

Kanalzahl des Systems mehrmals wiederholt werden, d. h. wir erhalten als Ergebnis eines mehrstufigen Modulationsprozesses ein Leitungsspektrum. Bild 1 gibt einen Überblick über die von der CCITT vorrangig vorgeschlagenen Systeme, außerdem sind hier die zum Aufbau des Leitungsspektrums benutzten Grundprimärgruppen aufgeführt. Anhand des Bildes ist ersichtlich, daß unabhängig von der Kanalzahl des Systems — handele es sich um ein 12-Kanal- oder ein 10800-Kanalsystem — die erste Aufgabe in der Erzeugung der 12-Kanal-Gruppe besteht. Diese Modulationsstufe erscheint — ähnlich zu den Stufen mit höherer Ordnung — in der Praxis als selbständiger Anlagentyp, dessen wesentlichste Anschlußparameter durch internationale Empfehlungen, die mit Normen gleichzusetzen sind, fixiert sind.

4.4.1.2. Allgemeiner Aufbau einer TF-Multiplex-Endstation

Betrachten wir beispielsweise in Bild 2 den prinzipiellen Aufbau einer 900-Kanal-TF-Multiplexeinrichtung. Wie ersichtlich ist, nimmt am Aufbau einer hochkanaligen Multiplex-Endstation eine ganze Reihe von Anlagen teil. Die einzelnen Anlagen der Endstation tauchen in den Gesamtkosten einer Fernsprechverbindung mit unterschiedlichen Anteilen auf. In der Hierarchie einer TF-Multiplexeinrichtung finden wir in der untersten Stufe mit den größten Stückzahlen die Kanalumsetzer. Ihre Kosten sind gemessen am Gesamtpreis der Endstation entscheidend. Vor der Behandlung der Fragen zum Schaltungsentwurf von TF-Einrichtungen der dritten Generation ist es deshalb notwendig, diese wirtschaftliche Frage aufzuwerfen. Weltweit wird nämlich zu recht die Ansicht vertreten, daß die Entwicklung der dritten Generation von TF-Einrichtungen nur dann berechtigt ist, wenn sich neben der Verbesserung der elektrischen und Zuverlässigkeitsparameter und neben der Verringerung von Volumen- und Leistungsbedarf auch wirtschaftliche Fortschritte ergeben.

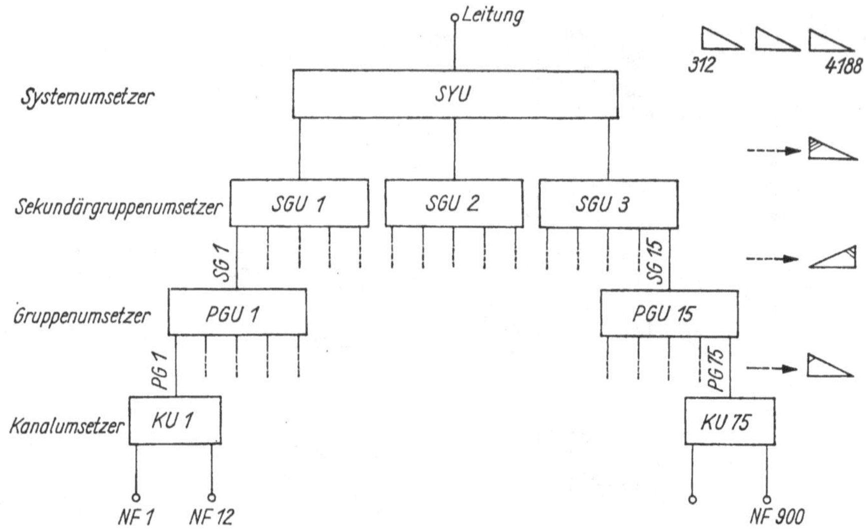

Bild 2. Prinzipieller Aufbau von 900 Kanalendeinrichtungen

4.4.1.3. Blockschaltung des Kanalumsetzers

Aufgabe der Kanalumsetzer-Einrichtung ist es, in Senderichtung die Signale von zwölf Fernsprechkanälen im Frequenzbereich von 60 bis 108 kHz zusammenzufassen, in Empfangsrichtung dagegen die Frequenzmultiplexsignale zu trennen. Neben der Übertragung der Sprachsignale ist ebenfalls die Übertragung der vermittlungstechnischen Signale auf dem TF-Kanal zu gewährleisten. Zur Erzeugung der Grundprimärgruppe von 60 bis 108 kHz werden heute in der überwiegenden Mehrheit zwei verschiedene Modulationsverfahren angewendet:

— die Vorgruppenmodulation und
— die Vormodulation.

In Bild 3 ist der Aufbau einer mit Vorgruppenmodulation arbeitenden Einrichtung dargestellt. In der ersten Modulationsstufe wird die im allgemeinen drei Kanäle enthaltende Vorgruppe erzeugt. Die in gleicher Frequenzlage befindlichen vier Vorgruppen werden durch die zweite Modulation in die Grundprimärgruppe umgesetzt. Bild 4 zeigt die Blockschaltung der Lösung mit Vormodulation. In der ersten Modulationsstufe gelangen sämtliche Kanäle in die gleiche Frequenzposition, von der sie nach der zweiten Modulation in die in der Grundprimärgruppe für sie reservierten Frequenzabschnitte gelangen.
Zum Vergleich der beiden Methoden dient Bild 5. Daraus ist ersichtlich, daß im Vormodulationssystem die Zahl der nach der Mikroschaltungstechnik schwierig zu realisierenden Filter minimal ist. Wenn auch dadurch die Zahl der Modulatoren und die der Trägerfrequenzen erzeugenden Stromkreise bedeutend ansteigt, so muß jedoch hervorgehoben werden, daß sie sich auf einfache Weise in Form von integrierten Schaltungen realisieren lassen. Ein weiterer wirtschaftlicher Vorteil besteht darin, daß in einem Vormodulationssystem infolge gleichartiger Filter die Kanaleinheiten, die die Hauptmasse der Anlage ausmachen, gleichen Aufbau haben. Hierin liegt die Begründung, daß bei der Entwicklung von TF-Einrichtungen der dritten Generation mit Vorliebe das Vormodulationssystem gewählt wird. Vorbedingung für die An-

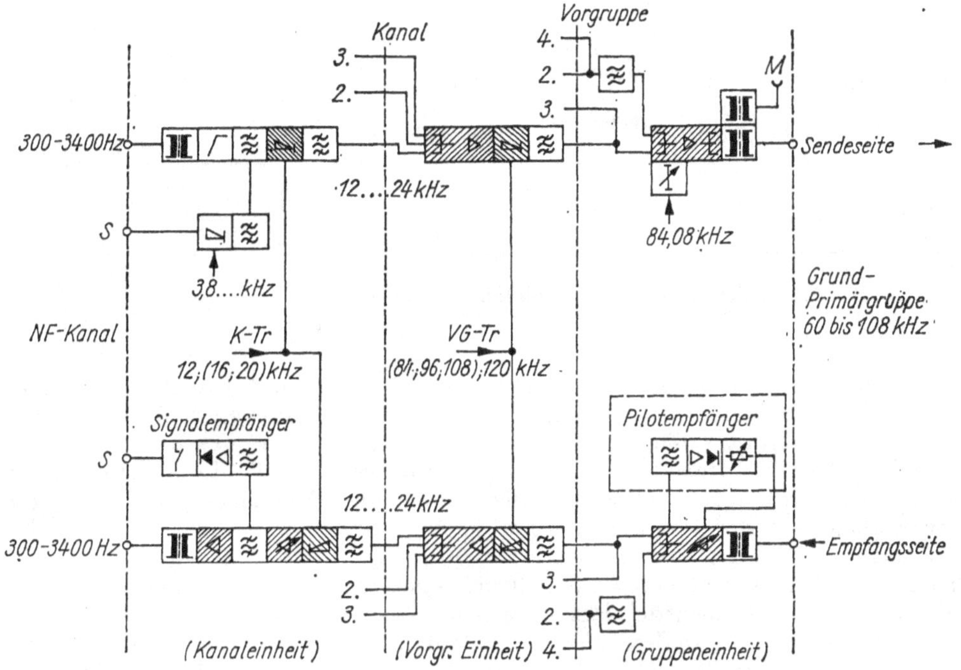

Bild 3. Kanalumsetzer mit Vorgruppenmodulation

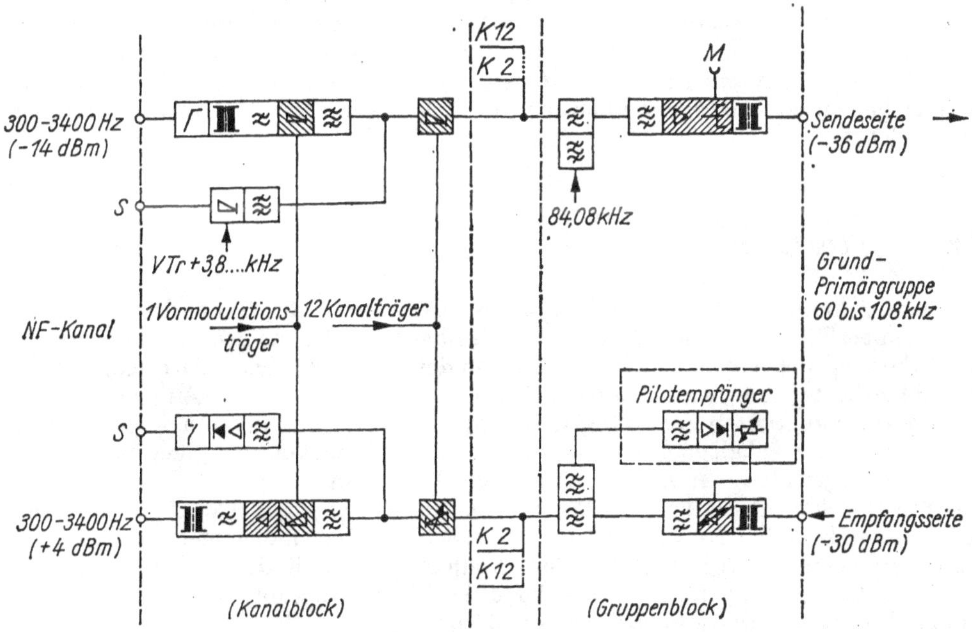

Bild 4. Kanalumsetzer mit Vormodulation

Kennzeichnung	Filter			Umsetzer	Träger
	Typenzahl der Kanalfilter	Typenzahl der gemeinsamen Filter	Gesamtzahl der Filter-Paare	Anzahl der Modulator- und Demodulator-Paare	Anzahl der benötigten Träger-frequenzen
Vorgruppen-modulation	3	4	16	16	7
Vormodulation	1	1	13	24	13

Bild 5. Vergleich der zwei Modulationsmethoden

wendung von gleichartigen, gemeinsamen Filtern ist jedoch, daß Kanalfilter im Frequenzbereich 48 bis 60 kHz oder oberhalb 108 kHz zu realisieren sind. Diese Aufgabe läßt sich mit der bisher üblichen *LC*-Filtertechnik nicht lösen. Aus diesem Grunde halten zahlreiche Weltfirmen, trotz der aufgezeigten Vorteile, die die Vormodulation mit sich bringt, an den *LC*-Filtern und den Vorgruppen-Modulatuionssystemen fest (moderne analoge Filterverfahren werden in Verbindung mit der Erzeugung der ESB-Signale besprochen).
In den Bildern 3. und 4 werden die Schaltungen gezeigt, die im weiteren ausführlich behandelt werden. Offensichtlich lassen sie sich in zwei Gruppen unterteilen: in Verstärker und Modulatoren. In den Bildern sind lediglich die Schaltungen angeführt, die zur Sprachübertragung dienen. Die Schaltungen für den Signalkanal, den Pilotkanal sowie auch für die Trägerversorgung werden hier nicht behandelt. In diesen schmalbandigen Kanälen können die aktiven Schaltungen (Modulatoren, Verstärker, Spitzenwertgleichtricher, Komparatoren) als typisierte monolithisch integrierte Schaltungen verwendet werden. Ebenso lassen sich in der Trägerversorgung monolithisch integrierte Schaltungen (neuerdings auch digitale Ausführungen) verwenden. Als Ergebnis des geringeren Trägerleistungsbedarfs aktiver Modulatoren haben sich die Abmessungen der Trägerversorgung soweit verringert, daß in modernen TF-Einrichtungen eine gemeinsame Trägerversorgung für 300 Kanäle im Kanal-Gestellrahmen Platz findet.

4.4.2. Verstärker

Gegenwärtig kann man feststellen, daß die Anwendung der Technik der dritten Generation bei TF-Einrichtungen nicht nur zu einer Reduzierung des Platzbedarfs und einer Erhöhung der Zuverlässigkeit führt, sondern auch zu einer Verringerung der Herstellungskosten der Einrichtung auf einen Kanal bezogenen. Infolge der Anwendung von integrierten Schaltungen verringert sich die Entwicklungszeit der Einrichtungen, da der Schaltungsentwurf im wesentlichen entfällt; lediglich die systemtechnische Entwicklung ist notwendig. Durch die Verringerung der Zahl der einzubauenden Bauelemente sinken die Baukosten. Auf der anderen Seite führt die Herstellung einer komplizierten integrierten Schaltung in der Bauelementeindustrie zu Mehrkosten beim Entwurf und bei der Produktion. Damit die beiden erwähnten Wirkungen dennoch zu einer Kostensenkung der Einrichtung führen, werden verhältnismäßig billige integrierte Schaltungen benötigt.
Digitale Schaltungen werden zum großen Teil mit aktiven Bauelementen, die für rechentechnische Programmzwecke entwickelt wurden, realisiert. Diese Bauelemente,

mit denen sich unterschiedliche Funktionen ausführen lassen, werden in sehr großen Serien gefertigt und stehen infolgedessen kostengünstig zur Verfügung. Natürlich taucht nun der Gedanke auf, auch in analogen Schaltungen serienmäßig hergestellte, billige aktive Bauelemente zu verwenden. Diese Bedingung läßt sich entweder durch Anwendung analoger integrierter Standard-Schaltungen erfüllen, oder aber man benutzt für den gegebenen Anlagentyp — in unserem Falle für den Kanalumsetzer — speziell entwickelte integrierte Schaltungen möglichst gleichen Typs, die geeignet sind, sämtliche aktiven Funktionen zu erfüllen und pro Kanal mehrmals verwendet werden können.

4.4.2.1. Fragen zum Entwurf eines allgemein anwendbaren hybridintegrierten Verstärkers

Im Rahmen der Weiterentwicklung eines bereits vorhandenen Kanalumsetzers mit Vorgruppenmodulation gingen wir von der Konzeption aus, einen Verstärkerkern in integrierter Schaltungsausführung als aktives Bauelement zu entwickeln. Das Ziel bestand darin, einen aktiven Schaltungskern zu schaffen, der für sämtliche Verstärker der gleiche ist, mit dem jedoch durch Zuschaltung von wenigen äußeren passiven Elementen (Widerständen, Kondensatoren) Verstärker unterschiedlicher Funktion realisiert werden können.

Betrachtet man Bild 3, so kann festgestellt werden, daß die im Sprachkanal des Vorgruppenumsetzers angeordneten Verstärker sehr unterschiedlich sind. Der im NF-Bereich mit einer Bandbreite von 4 kHz arbeitende Kanalverstärker, der gemeinsame Verstärker für die drei Kanäle einer Vorgruppe, der Verteilerverstärker sowie der mit einer Bandbreite von 60 kHz arbeitende gemeinsame Verstärker für die 12-Kanal-Gruppe haben jeweils anderen Anforderungen zu genügen. Hinzu kommt, daß die Ein- und Ausgangsimpedanz, die Verstärkung, der Ausgangspegel, die Verzerrungsanforderungen, die Rauschanforderungen usw. bei den einzelnen Verstärkern verschieden sind.

Für die Vereinheitlichung und für die Integrierbarkeit ist es zweckmäßig, die Ein- und Ausgänge des Verstärkers kapazitativ anzukoppeln. Dadurch läßt sich ein zu jeder Verstärkerart unterschiedlicher Ankopplungstransformator umgehen. Die Einstellung des zur Anpassung benötigten Ein- bzw. Ausgangswiderstands kann deshalb nicht mit der, bei transformatorischen Verstärkern von TF-Einrichtungen bisher üblichen „Brücken-Rückkopplungsmethode", sondern auf andere Weise zu erfolgen. Der Eingangswiderstand des Verstärkers ist groß, sein Ausgangswiderstand dagegen möglichst klein zu wählen. Mit Hilfe der die Verstärkung einstellenden Gegenkopplung ist der Ausgangswiderstand und im Bedarfsfalle auch der Eingangswiderstand etwa auf 0 Ohm zu reduzieren. Neben diesen Bedingungen ist der Verstärkerkern unmittelbar dazu geeignet, die Rolle des Summier- und Verteiler-Verstärkers zu übernehmen; das Maß der am Eingang und Ausgang benötigten Koppelelemente kann dagegen klein gehalten werden. Die Impedanzanpassung, falls diese überhaupt notwendig ist, sichert bei hochohmigem Eingang ein parallelgeschalteter Widerstand bzw. bei niederohmigem Ein- und Ausgang jeweils ein Serienwiderstand. Selbstverständlich ist auch weiterhin eine transformatorische Ankopplung an den Eingangs- und Ausgangspunkten des Kanalumsetzers vorzusehen, für die eine masseunabhängige, symmetrische Ankopplung vorgeschrieben ist. Ein solcher Punkt ist beispielsweise der Ausgang des Kanalverstärkers, der gleichzeitig den Ausgang des Vierdraht-Sprachkanals in Richtung Vermittlungseinrichtung darstellt. Im Falle des Kanalverstärkers ist also an den Ausgang des integrierten Verstärkerkerns ein Transformator angeschlossen. Die Abmessungen dieses Transformators können gegenüber denen des Ausgangstransformators traditioneller, Verstärker wesentlich kleiner sein, falls gewährleistet wird, daß

eine Gleichstromvormagnetisierun guñterbleibt, d. h. daß durch den Transformator nicht der Arbeitsstrom der Verstärkerendstufe fließt. Zu einer weiteren Verringerung der Abmessungen des Transformators trägt bei, daß die Ausgangsimpedanz des Verstärkerkerns klein ist.
Von den genannten Gesichtspunkten ausgehend legt man dem Entwurf des Verstärkerkerns zweckmäßig den Aufbau von Operationsverstärkern zugrunde. An die aus einem Differenzverstärker bestehende Eingangsstufe schließt sich ein weiterer Differenzverstärker an, der unter anderem zur Pegelverschiebung dient. Dieser Stufe folgt der Endverstärker, der einen geringen Ausgangswiderstand besitzt. Ausgehend von den Daten des zu realisierenden Verstärkers sind in Bild 6 die beim Entwurf des Verstärkerkerns benutzten technischen Daten zusammengestellt. So sind zum Beispiel die maximale Ausgangsleistung sowie die maximal einstellbare gegengekoppelte Verstärkung durch die an den Kanalverstärker gestellten Anforderungen festgelegt, dagegen werden der minimale Lastwiderstand und die obere Grenzfrequenz durch die an den Gruppenverstärker gestellten Anforderungen bestimmt.

Technische Daten

1. Spannungsversorgung (U_{Batt})	$+18 \ldots +24$ V
2. Stromaufnahme	$<$ 20 mA
3. Einstellbare Verstärkung	10 ... 200
4. Instabilität der Verstärkung	
a) bei $U_{Batt} = 18 \div 24$ V	$< \pm 0{,}1$ dB
b) bei $T_{Umg} = -10 \div +55$ °C	$< \pm 0{,}1$ dB
5. Höchste Ausgangsleistung	64 mW/150 Ohm
6. Frequenzgang der Verstärkung im Band von 0,3 bis 120 kHz	$< \pm 0{,}1$ dB
7. Klirrfaktor (bei $R_L = 150$ Ohm)	
$U_{Ausg} = 3{,}1\ V_{Eff}$ $f = 5$ kHz	$k_{ges} < 0{,}1\%$
$U_{Ausg} = 0{,}4\ V_{Eff}$ $f = 120$ kHz	$a_{k_2} > 80$ dB
	$a_{k_3} > 90$ dB
8. Ausgangswiderstand	$<$ 1 Ohm
9. Lastwiderstand	$\geqq$ 150 Ohm
10. Geräuschzahl (0; 3 ... 120 kHz)	$<$ 5 dB

Bild 6. Technische Daten des Verstärkers

Aus den oben angeführten Forderungen ist ersichtlich, daß die Schaltung strengen Vorschriften genügen muß. Zu ihrer Realisierung wird eine hohe Schleifenverstärkung und eine starke Gegenkopplung benötigt. Um die hohe Schleifenverstärkung zu erreichen, ist eine Leerlaufverstärkung über 5000 notwendig, weiterhin muß sich der Frequenzgang der Leerlaufverstärkung auch im Falle hoher Schleifenverstärkung entsprechend gegenkoppeln und kompensieren lassen. Im Interesse einer hohen Integrierbarkeit sind die einzelnen Stufen des Verstärkerkerns galvanisch gekoppelt. Um entsprechende Toleranzunempfindlichkeit und Temperaturunabhängigkeit zu sichern, verfügen die Differenzverstärker der beiden ersten Stufen sowie der gesamte Verstärkerkern über sehr hohe Gleichstrom-Schleifenverstärkung. Ein Verstärker, der die genannten Anforderungen erfüllt, wurde wie Bild 7 zeigt aus einem Dünnschicht-Widerstandsnetzwerk und aus Transistoren im Plastgehäuse bzw. im Falle der Endstufe im Metallgehäuse aufgebaut.

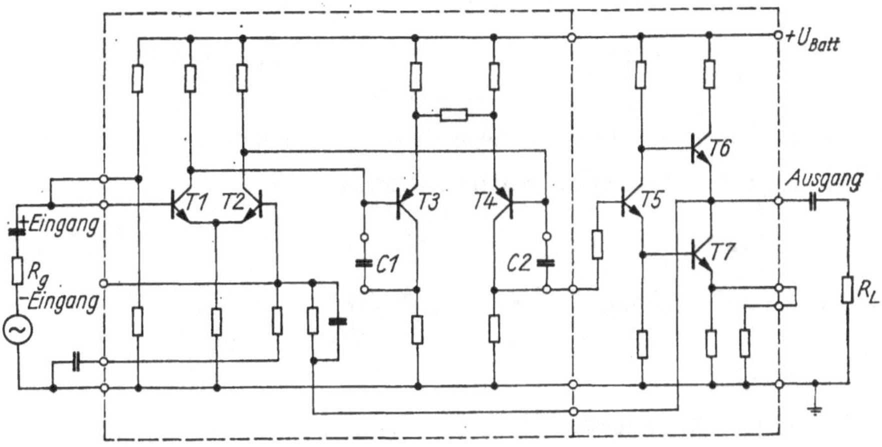

Bild 7. Schaltung des Verstärkers

Anhand einer kurzen Analyse sollen nun die Gesichtspunkte zum Entwurf des Verstärkers untersucht werden. Die erste Stufe, bestehend aus den Transistoren $T1$ und $T2$, ist rauscharm ausgelegt. Da die Stufe zwei Eingänge besitzt, läßt sich der Verstärkerkern in invertierender und auch in nichtinvertierender Schaltung betreiben, d. h. als Verstärker mit kleinem oder großem Eingangswiderstand. Der Transistortyp und der Kollektorstrom werden von den gewünschten Rauscheigenschaften bestimmt. Der Rauschfaktor eines ein- wie ausgangsseitig symmetrischen Differenzverstärkers stimmt mit dem Rauschfaktor einer in Emitterschaltung arbeitenden Transistorstufe überein. In unserem Falle arbeitet jedoch nur der Ausgang mit symmetrischer Kopplung, der Eingang ist unsymmetrisch, dadurch verschlechtert sich der Rauschfaktor. Vernachlässigen wir das Rauschen des Emitterwiderstands und des Basisspannungsteilers sowie das Funkelrauschen, so kann unter Verwendung der Schaltung auf Bild 8 für den Rauschfaktor der Eingangsstufe der Ausdruck (1) aufgestellt werden.

$$F = 1 + \frac{R_g'}{R_g} + \frac{r_E}{R_g} + \frac{2r_{BB'}}{R_g} + K\,. \tag{1}$$

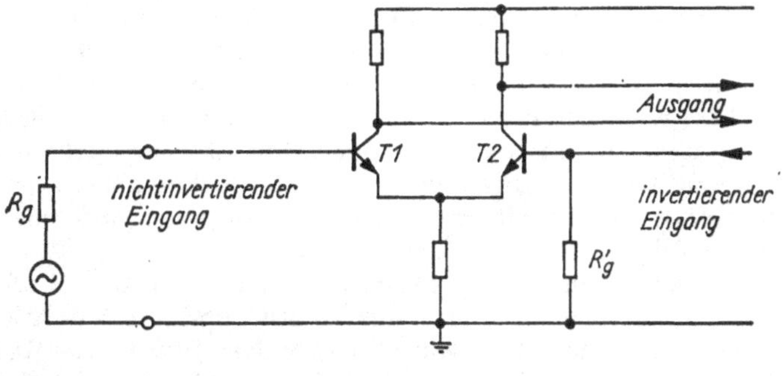

Bild 8. Eingangsstufe des Verstärkers

Hierbei ist der Wert von K durch den Ausdruck (2) gegeben:

$$K = \frac{qI_B\,[^0(R_g + r_E + r_{BB'})^2 + (R'_g + r_E + r_{BB'})^2]}{2kT\;R_g}. \qquad (2)$$

In diesem Ausdruck führen wir folgende Substitutionen durch:

1. Differentieller Widerstand der Basis-Emitterdiode

$$r_E = \frac{U_T}{I_E},$$

2. Temperaturspannung bei 300 °K $\triangleq$ 26 mV

$$U_T = \frac{kT}{q},$$

3. Kleinsignal-Stromverstärkungsfaktor β.

Nach Substitution erhalten wir für K dann den Ausdruck (3):

$$K = \frac{(R_g + r_E + r_{BB'})^2 + (R'_g + r_E + r_{BB'})^2}{2\beta R_g r_E}. \qquad (3)$$

Falls wir einen Wert von $\beta > 200$ wählen und berücksichtigen, daß bei den vorkommenden Anwendungsfällen der Wert von R_g zwischen 150 und 600 Ohm liegen muß, so erhalten wir einen Wert von $K < 0{,}1$. Unter diesen Bedingungen ergibt sich für den Rauschfaktor der Wert (4):

$$F = 1 + \frac{R'_g}{R_g} + \frac{2r_{BB'}}{R_g}. \qquad (4)$$

Um ein geringes Rauschen zu gewährleisten, müssen also die Transistoren T1 und T2 über ein hohes β, ein kleines $r_{BB'}$ und über einen niedrigen Funkelrausch-Knickpunkt verfügen, dagegen soll R'_g gegenüber R_g klein sein. Benutzt man den Verstärker in der invertierenden Schaltung, so kann man den nicht gesteuerten Eingang auch auf Masse legen, d. h. R'_g könnte dann sogar Null werden. Selbstverständlich benutzt man aber auch in solchen Fällen einen Widerstand, um die durch die Basisruheströme verursachten Spannungsabfälle (d. h. die Offsetspannungen) zu kompensieren. Verwendet man den Verstärker in der nichtinvertierenden Schaltung, so wird der Widerstand R'_g als erstes Glied des zur Gegenkopplung benutzten Spannungsteilers benötigt.
Im weiteren gehen wir wieder von Bild 7 aus. Die zweite Stufe ist ebenfalls ein aus 2 Transistoren bestehender, emittergegengekoppelter Differenzversärker mittlerer Verstärkung. Der Emitter-Gegenkopplungswiderstand, der die Verstärkung des Differenzverstärkers festlegt, erhöht gleichzeitig den Eingangswiderstand und verringert infolge seiner linearisierenden Wirkung die Verzerrungen der Stufe. Die Grenzfrequenz des Verstärkers wird durch die *Miller*-Kapazitäten der Transistoren $T3$ und $T4$ dieser Stufe bestimmt. Die Frequenzkompensation des Verstärkers wird durch Erhöhung dieser Kapazitäten mit Hilfe der Kompensationskondensatoren $C1$ und $C2$ durchgeführt. Diese Kompensation läßt sich prinzipiell in jeder Stufe des Verstärkers durchführen, jedoch ist folgendes zu berücksichtigen:
Führen wir die Kompensation am Eingang durch, d. h. an der ersten Stufe, dann verringern sich die Hochfrequenz-Verzerrungen des Verstärkers, durch die Erhöhung der Frequenz verschlechtert sich jedoch der Rauschfaktor. Nehmen wir die Kompensation am Ausgang vor, dann erhöht sich die Verzerrung im Hochfrequenzbereich stark, die Aussteuerbarkeit verringert sich, dagegen ändert sich die Rauscheigenschaft praktisch

nicht. Aus den angeführten Gründen führt man als Kompromißlösung die Frequenzkompensation in der zweiten Stufe durch. Darüber hinaus ist natürlich eine weitere geringfügige Kompensation mit einem parallel zum äußeren Gegenkopplungswiderstand geschalteten Kondensator möglich.

Der Transistor $T5$ sichert als Treiberstufe die Ansteuerung für die mit den Transistoren $T6$ und $T7$ aufgebaute Endstufe, die eine hohe Aussteuerbarkeit besitzt. Treiber- und Endstufe besitzen gemeinsam eine vierfache Spannungsverstärkung. Die Endstufe ist eine im A-Betrieb arbeitende Gegentaktschaltung, deren Verzerrungen gering sind. Der Emitterwiderstand des Transistors $T7$ setzt sich aus zwei Widerständen zusammen, mit deren Hilfe sich die Ruhestromaufnahme des Verstärkers von außen auf einen der Anwendung entsprechenden kleineren oder größeren Wert einstellen läßt.

Zur Realisierung des Widerstandsnetzwerkes nach der Dünnschicht-Schaltungstechnik war neben der Bestimmung der Elementewerte auch die Bestimmung ihrer Tolerenzen notwendig. Zur Bestimmung der zulässigen Toleranzen der Schaltungselemente untersuchten wir die Gleichstrom-Arbeitspunkteinstellung und die Aussteuerbarkeit. Unter den Arbeitspunktströmen der einzelnen Stufen ist lediglich der Kollektorstrom von Transistor $T3$ ein „frei wählbarer" Parameter. Der Eingangsteiler und die hohe Gleichtsromgegenkopplung legen sämtliche Ströme fest, so daß im Falle einer Streuung der Widerstands- und Transistorparameter lediglich der Strom I_{c3} den neuen Bedingungen entsprechend variierbar ist. Aus diesem Grunde mußte zur Bestimmung der Betriebsfähigkeit, d. h. zur Bestimmung der zulässigen Variierbarkeit des Stromes I_{c3} die Aussteuerbarkeit des Verstärkers untersucht werden. Die Aussteuerbarkeit der Schaltung besitzt zwei Grenzwerte, sie sind durch

1. das Sperren des Transistors $T7$ bzw.
2. die Sättigung des Transistors $T5$

bestimmt. Diese beiden Bedingungen legen das Wechselstrommaximum des Kollektors im zweiten Differenzverstärker fest, andererseits ist eine Bedingung für die Betriebsfähigkeit des Verstärkers auch die Funktionsfähigkeit des Transistors $T3$. Der kritische Fall hinsichtlich der Betriebsfähigkeit tritt ein, wenn der Transistor $T3$ in den Sperrzustand gelangt. Um dies auszuschließen, muß der Minimalwert des Kollektorgleichstroms I_{c3} gleich oder größer als der Maximalwert der Amplitude des zuvor bestimmten Wechselstroms sein. Wenn man die Änderung von I_{c3} in Abhängigkeit von der Änderung der Versorgungsspannung, der Durchlaßspannung des Transistors und der Widerstandswerte untersucht, wird deutlich, daß bezüglich der Widerstandswerte sehr enge Toleranzen einzuhalten sind, um I_{c3} auf dem notwendigen Wert halten zu können. Dabei ergeben sich für die einzelnen Elementewerte Toleranzen zwischen $\pm$ 0,7 und $\pm$2,6%. Gegenüber dem Widerstandsnetzwerk stellt das eine hohe Forderung dar, die im Falle der Herstellung über die Dünnschichttechnik zu einer wesentlichen Verteuerung führen würde. Deshalb wurden größere Toleranzen ($\pm$5%, $\pm$20% bzw. für den Eingangsteiler $\pm$2%) gestattet und das Element, auf dessen Änderung die Schaltung am empfindlichsten reagiert, abgleichbar ausgelegt. Dieses Element ist der Emitterwiderstand der ersten Stufe. Auf diese Weise ist beim fertigen Verstärker insgesamt nur ein Abgleich notwendig, und zwar die Einstellung des Kollektorstroms I_{c3} mit Hilfe des genannten Widerstandes.

Da der Verstärkerkern als Kanalverstärker oft vorkommt, wurden auch die dieser Anwendung des Verstärkerkerns entsprechenden Gegenkopplungswiderstände integriert. Der aus den beiden Differenzverstärkern bestehende Vorverstärker und de aus drei Transistoren aufgebaute Endverstärker wurden in je einem gesonderten Gehäuse untergebracht. Auf diese Weise läßt sich der Vorverstärker selbst auch al Bauteil verwenden. Die Anordnung der Zuleitungen und die innere Schaltungsan

ordnung sind so konzipiert, daß sich die eingangsseitigen Schaltungselemente möglichst weit entfernt von den ausgangsseitigen befinden. Diesem Zweck dient auch der Aufbau in zwei getrennten Gehäusen, abgesehen davon, daß sich die thermische Unabhängigkeit des Vorverstärkers von der Endstufe erhöht, die mit hoher Verlustleistung arbeitet.
Der Verstärkerkern wird vom Budapester Forschungsinstitut der Nachrichtentechnik (HIKI) gefertigt.
Die Herstellung dieses für verschiedene Zwecke einsetzbaren Verstärkerkerns erscheint besonders aus der Sicht der Vorgruppenumsetzer-Einrichtungen zweckmäßig. Die durch die allgemeine Schaltungslösung gesicherte große Stückzahl kompensiert als ökonomischer Vorteil gerade die Nachteile, die aus dem komplizierteren Aufbau resultieren. Die verhältnismäßig großen Abmessungen passen sich gut an die in ihrer Größe reduzierten *LC*-Filter an, an denen auch heute noch zahlreiche Formen für die Vorgruppenmodulations-Systeme festhalten, hauptsächlich bei Kleinkanal-TF-Einrichtungen.
Sind dagegen die Viel-Kanalumsetzer-Einrichtungen großer TF-Endstationen zu modernisieren, von denen in einem genormten Gestellrahmen der Post wenigstens 300, möglichst aber 600 Kanaleinheiten Platz finden, dann muß bei der Schaffung einer neuen Generation bereits bei der Wahl des Systems begonnen werden. Wie wir bereits in der Einleitung erwähnten, fällt die Wahl bei TF-Einrichtungen der dritten Generation im allgemeinen auf das Vormodulationssystem.

4.4.2.2. Transistorverstärker für spezielle Anforderungen

In dem mit Vormodulation arbeitenden Kanalumsetzersystem sind wesentlich weniger Verstärker vorhanden als in dem mit Vorgruppenmodulation arbeitenden System (Bild 4).
Der Unterschied läßt sich zum Teil systemtechnisch begründen. Beim Vorgruppenmodulationssystem erfolgt die Vereinigung bzw. Trennung von mehreren Kanälen oder mehreren Kanalgruppen an zwei verschiedenen Stellen. An diesen beiden Stellen werden Filter zusammengeschaltet. Das erfordert entweder eine spezielle Auslegung der Filter (was im allgemeinen zu einer Erhöhung der Abmessungen führt), oder eine Anwendung von Summier- bzw. Verteiler-Verstärkern.
Beim Vormodulationssystem gibt es nur eine Stelle, an der die Vereinigung bzw. Trennung der 12 Kanäle vorgenommen werden kann. An dieser Stelle werden Modulatoren bzw. Demodulatoren zusammengeschaltet. Bildet man den Ausgangswiderstand der Modulatoren sowie den Eingangswiderstand der Demodulatoren hochohmig aus, dann lassen sich diese unmittelbar parallel schalten.
Der zweite Grund für den Unterschied in der Verstärkerzahl ist aus der Abbildung nicht direkt zu erkennen. Der Grund läßt sich wie folgt erklären. Falls die Realisierung der Vereinigung und Trennung der Kanäle keine gesonderten Verstärker mehr erfordert, dann können andere Einheiten — in diesem Falle die Modulatoren und Demodulatoren — deren Verstärkungsaufgabe übernehmen. In modernen TF-Einrichtungen wird die Familie der aktiven Einheiten um die aktiven Modulatoren erweitert, die somit gleichzeitig zum wichtigsten Element der NF-Kanalschaltungen des Kanalumsetzers werden. Aus diesem Grunde bestimmen heute in erster Linie die Modulatoren sämtliche wesentlichen Parameter der NF-Kanalschaltungen des Kanalsumsetzers, angefangen mit dem Leistungsbedarf über die Verzerrungen bis hin zum Kanalrauschen. Hiermit beschäftigen wir uns ausführlicher in 4.4.3.
Unter den genannten Bedingungen sind Verstärker maximal an drei Stellen in den NF-Kanalschaltungen der Kanalumsetzer notwendig. Für die vollständige 12-Kanal-

Grundprimärgruppe verbleiben so ein sendeseitiger Gruppenverstärker und ein empfangsseitiger Gruppenverstärker sowie je Kanal ein Kanalverstärker. In den Anlagen einzelner Firmen fällt auch dieser letzte Verstärker weg (zum Beispiel beim SIEMENS-Kanalumsetzer Typ 7R, bei denen der zweite Demodulator den vorgeschriebenen Pegel am Vierdraht-Ausgang des Kanals sichert).
Die beiden Gruppenverstärker werden benötigt, um jeweils eine spezielle Anforderung zu befriedigen. Der an sie gestellte Verstärkungsfaktor ist zweitrangig, so daß sie sich im allgemeinen aus jeweils einem einzigen Transistor aufbauen lassen. Diese aus diskreten Elementen aufgebauten Verstärker fügen sich dennoch in die Konzeption der integrierten Schaltungen ein, denn ähnlich wie die aus monolithisch integrierten Operationsverstärkern aufgebauten Verstärkern, enthalten sie ja jeweils nur einen aktiven Kern und einige äußere Elemente. Im allgemeinen ist auch an den Ein- und Ausgangspunkten der Grundprimärgruppe, ähnlich wie bei den NF-Kanälen, ein galvanisch getrennter, symmetrischer Anschluß vorgeschrieben. Die an den TF-Eingängen und -Ausgängen benötigten Transformatoren lassen sich bei der Gestaltung der Verstärker berücksichtigen.

4.4.2.2.1. **Der sendeseitige Gruppenverstärker** (mit entkoppeltem Meßpunkt)

In Senderichtung des Kanalumsetzers, der am Ein- und Ausgang mit den den CCITT-Empfehlungen entsprechenden Pegeln arbeitet, dient der für die 12 Kanäle gemeinsame Gruppenverstärker nur zur Trennung, d. h. er trennt die frequenzabhängige Ausgangsimpedanz des Gruppenfilters vom Ausgang.
Als Lösung könnten wir den mit einem Transistor arbeitenden Verstärker nach Bild 9a verwenden, der bei entsprechender Gestaltung des ausgangsseitigen Symmetrietransformators die vorgeschriebene Ausgangsimpedanz herstellt. Hierbei bestimmen die mit der Gegenkopplungswicklung erzeugte Spannungsgegenkopplung und die mit dem in Serie zur Wicklung liegenden Widerstand erzeugte Stromgegenkopplung gemeinsam den Ausgangswiderstand des Verstärkers, und zwar unabhängig von der Verstärkung. Den angepaßten Abschluß des am Verstärkereingang liegenden Verstärkers besorgt der zum Eingang parallel geschaltete Widerstand. Die Verwendung dieses Verstärkers ist nur dann wirtschaftlich, wenn am Ausgang asymmetrische Ankopplung benötigt wird. Am TF-Ausgang moderner Kanalumsetzer wird heute nämlich die Bereitstellung eines entkoppelten Meßpunktes gefordert, der sich im Falle eines asymmetrischen TF-Ausgangs durch Ausbildung des Transformators als Gabelschaltung nach Bild 9b realisieren läßt. Am entkoppelten Meßpunkt kann so während des Betriebes der sendeseitige Ausgangspegel der Fernsprechkanäle kontrolliert werden, ohne daß sich im Falle eines zufälligen Kurzschlusses oder Masseschlusses des Meßpunktes der Pegel im Übertragungsweg bemerkbar verändert. Die TF-Anschlußpunkte sind jedoch am häufigsten symmetrisch ausgeführt, so daß bei diesem Verstärker noch zusätzlich ein Symmetriertransformator am Ausgang nötig wäre. Da an den Verstärker selbst keine Verstärkungsanforderungen gestellt werden, kann zur Schaffung des geforderten Ausgangswiderstandes anstelle der kombinierten Gegenkopplung ein sogenannter „doppelter Abschluß“ am Ausgang gewählt werden. In diesem Falle läßt sich der entkoppelte Meßpunkt auf sehr einfache Weise realisieren.
Verwendet man einen Emitterfolger (Bild 9c), so erhält man einen Verstärker mit geringem Ausgangswiderstand (d. h. eine Spannungsquelle), an den sich über einen in Serie geschalteten Widerstand, der den Ausgangswiderstand bestimmt, der Symmetriertransformator anschließt. Ebenso schließt sich an den Emitter über einen in Serie geschalteten Trennwiderstand der Meßpunkt an. Der Vorteil dieser Lösung liegt in der geringen Verzerrung des Emitterfolgers. Eine andere mögliche Lösung zeigt

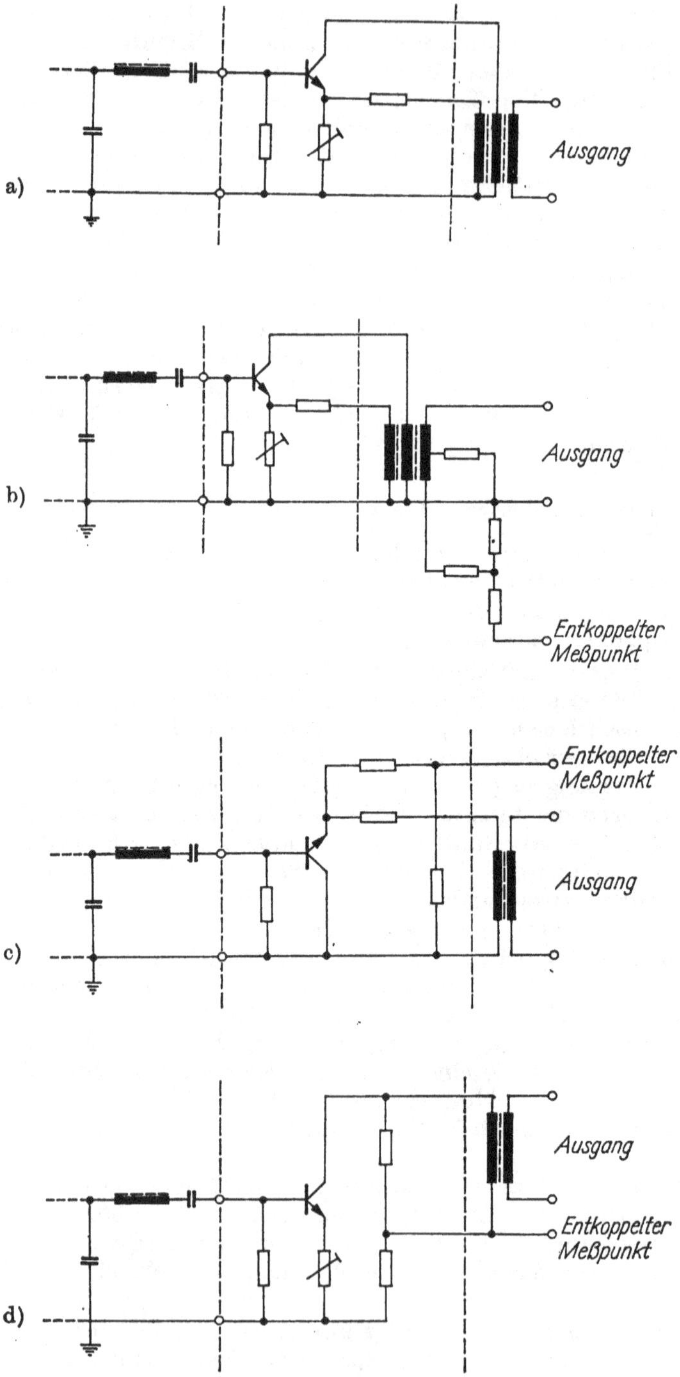

Bild 9. Gruppenverstärker

Bild 9d. In diesem Falle arbeitet der Transistor in Emitterschaltung als Stromgenerator, d. h. mit hohem Innenwiderstand. In Serie zum Kollektor liegen hier die Primärwicklung des Symmetriertransformators (parallel zu ihr der den Ausgangswiderstand bestimmende Widerstand) und der niederohmige Widerstand zur Erzeugung der Spannung am Meßpunkt. Die zweite Lösung hat den Vorteil, daß zur Realisierung eines Meßpunktes mit geringem Innenwiderstand nur ein Widerstand benötigt wird und sich die genaue Verstärkung durch Änderung des Emitterwiderstandes leicht einstellen läßt.
Die Abmessungen des mit einem Transistor arbeitenden Verstärkers können weiter verringert werden, wenn man das Widerstandsnetzwerk durch Dünnschicht- bzw. Hybridschaltungen realisiert. Die in Bild 9d gezeigte Schaltung wurde mit einem Dünnschicht-Widerstandsnetzwerk aufgebaut, in das ein Transistorchip eingesetzt wurde. Die Hybridschaltung fertigte das Forschungsinstitut für Nachrichtentechnik (HIKI).

4.4.2.2.2. **Der empfangsseitige Gruppenverstärker** (mit Pilotregelung)

Die vorrangige Aufgabe dieses Gruppenverstärkers, der in Empfangsrichtung das gemeinsame Signal der 12-Kanal-Gruppe verstärkt, ist die Realisierung der Pegelregelung.
Wenn die übrigen Schaltungen der Empfangsrichtung (die Demodulatoren und Kanalverstärker) ausreichend verstärken, dann entfällt auf den Gruppenverstärker nur die Aufgabe der Pegelregelung von ± 4 dB. Auch diese Aufgabe läßt sich mit einem aus einem Transistor bestehenden Verstärker lösen, zum Beispiel mit der bereits bekannten Schaltung des sendeseitigen Gruppenverstärkers. In Bild 10 ist die Schaltung eines solchen empfangsseitigen Gruppenverstärkers dargestellt. Der Eingangstransformator sorgt für den vorgeschriebenen symmetrischen Anschluß am empfangsseitigen Eingang der Grundprimärgruppe; der mit dem Transformator parallel geschaltete Widerstand bildet die Eingangsimpedanz. Die Ausgangsimpedanz des Verstärkers, d. h. der angepaßte Abschluß für das nachfolgende Gruppenfilter, wird mit einer kombinierten Spannungsgegenkopplung und einer Stromgegenkopplung eingestellt. Der Ausgangstransformator ist in diesem Fall kein gesondertes Bauelement; die erste Induktivität des Gruppenfilters kann hier als Transformator ausgeführt werden. Die Verstärkungseinstellung erfolgt durch Änderung des Emitterwiderstandes. Infolge der kombinierten Gegenkopplung bleibt die Ausgangsimpedanz unabhängig von der Änderung der Verstärkung konstant.
Daraus folgt, daß sich der Verstärker mit einem einzigen Transistor in kleinen, den Einrichtungen der dritten Generation entsprechenden Abmessungen realisieren läßt. Gesondert muß man sich jedoch mit der Frage der Verstärkungsregelung beschäftigen,

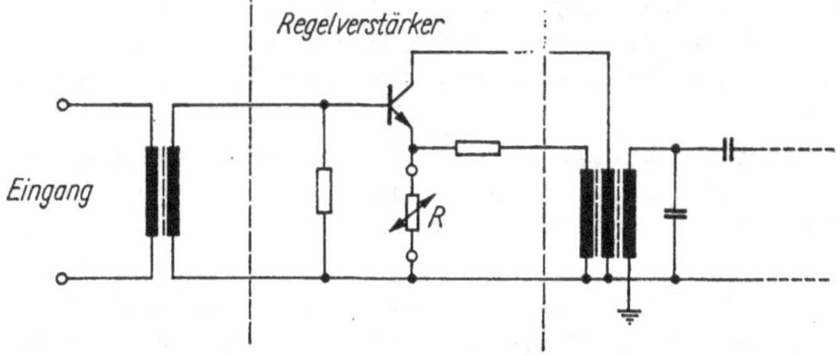

Bild 10. Empfangsseitiger Gruppenverstärker

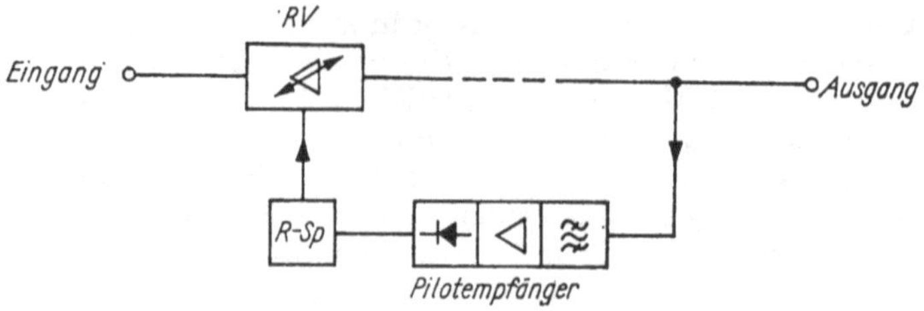

Bild 11. Pilottonregelschaltung

die in Verbindung mit dem veränderlichen Widerstand steht, der vom Pilotempfänger gesteuert wird.
Bild 11 zeigt den üblichen Aufbau einer Pilotregelschaltung. Im allgemeinen steuert das gleichgerichtete Signal des Pilotempfängers den Regler „R-Sp", der durch Änderung der Gegenkopplung „RV" des Verstärkers die notwendige Regelung erzeugt.
Der Speicher ist bei modernen Pegelreglern von grundlegender Wichtigkeit, denn er gewährleistet, daß im Falle einer bedeutenden Verringerung oder eines Ausfalls des Pilotpegels bzw. im Falle eines Ausfalls der Versorgungsspannung der Regler in der entsprechenden Stellung des Zustandes verbleibt, der vor Einsetzen des Fehlers bestand. In den bekannten Reglersystemen älterer TF-Einrichtungen wurde zum Zwecke der Speicherung eine mechanische Steuerung verwendet, die man mittels eines Gleich- oder Wechselstrommotors und einer mechanischen Übersetzung realisierte. Das eigentliche Regelelement ist dabei ein Potentiometer, der direkt oder indirekt durch Änderung des Heizstromes einen indirekt beheizten Thermistor regelt. Solche Regler entsprechen zwar mehr oder weniger der gestellten Aufgabe, verfügen jedoch über viele nachteilige Eigenschaften. Mechanische Bauelemente sind in Einrichtungen der Übertragungstechnik im allgemeinen nicht erwünscht, und wegen ihrer verhältnismäßig großen Abmessungen besonders nicht in Einrichtungen der dritten Generation. Der indirekt beheizte Thermistor ist aufwendig und letztlich ein Bauelement, das man zwangsmäßig mangels eines besseren anwendet.
Zur Realisierung von Reglern, die sich mit ihren Abmessungen an die Schaltungen von TF-Einrichtungen der dritten Generation anpassen, existieren mehrere Lösungen. Über das auf elektrolytischem Prinzip arbeitende Regelelement (METISTRON oder MEMISTOR), des digitalen Reglers sowie des strom- und spannungsgesteuerten Transfluxor-Speichers informiert die Fachliteratur. Hier sollen zwei Beispiele von Regelspeichern besprochen werden, die im Einklang mit den Miniaturisierungsbestrebungen stehen. Bei der rein elektronischen Lösung ist der Regler ein aktives Element, ein MOSFET. Als Speicherelement wird ein Kondensator verwendet. Bild 12a zeigt den Aufbau eines solchen Regelspeichers. Bild 12b stellt die Ausgangskennlinie eines MOSFET's dar. Bei einer gegebenen Drainspannung mit wachsender Gatespannung steigt der durch den Halbleiterkanal zwischen Drain und Source fließende Strom an, d. h. die Leitfähigkeit des Stromkanals erhöht sich. Verglichen mit den bipolaren Transistoren lassen sich zwei grundlegende Unterschiede feststellen:

— Zur Steuerung des Stromkanals eines MOSFET's wird praktisch kein Steuerstrom benötigt. Dadurch kann dieses Bauelement praktisch als idealer spannungsgesteuerter Widerstand angesehen werden.
— In der Umgebung des Koordinatenursprungs ist die Kennlinie in einem relativ breiten Bereich gut linear, d. h. der Stromkanal stellt auch ohne Anwendung von Gleichspannung einen innerhalb breiter Grenzen änderbaren Widerstand hoher Linearität dar, das gilt auch bei hohen Frequenzen.

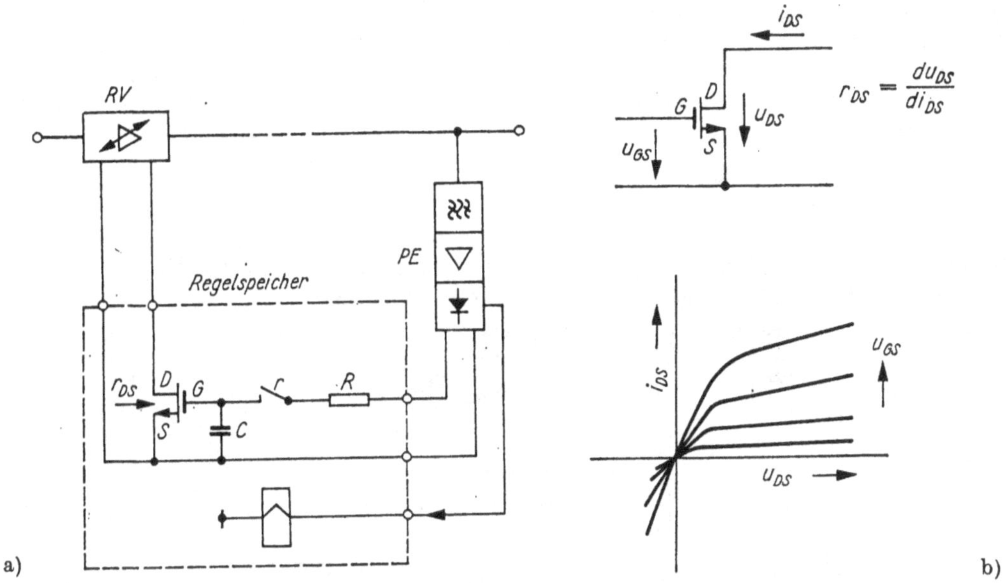

Bild 12. Schaltung des Regelspeichers

Dieser variierbare Widerstand läßt sich unmittelbar in die Gegenkopplung des Regelverstärkers einfügen, ohne daß sich dadurch die Intermodulations-Kenngrößen des Verstärkers verschlechtern würden.
Die Geschwindigkeit der Pegelregelung wird durch die Zeitkonstante (Ladewiderstand *R* und Speicherkondensator *C*) bestimmt, sie läßt sich leicht auf den gewünschten Wert einstellen. Der Speicherkondensator *C* erhält bei Ausfall des Pilotsignals Bedeutung, wenn die Verstärkung den Wert vor einer plötzlichen Pegeländerung beibehalten soll. Bei Ausfall des Pilotsignals wird über den Kontakt „*r*", eines zwischen dem Widerstand *R* und dem Kondensator *C* befindlichen, schutzgasgefüllten Glasröhrchen-Relais, die Steuerung des MOSFET's unterbrochen. Die Öffnung dieses Kontaktes wird vom Pilotempfänger gesteuert. Die Spannung am Kondensator *C*, die so auf dem Zustand vor der plötzlichen Änderung verbleibt, sorgt dann für den ursprünglichen Ausgangsstrom des Regelelements und damit für die ursprüngliche Verstärkung des Regelverstärkers. Damit die Ladung des Kondensators *C* lange aufrechterhalten bleibt, müssen Relaiskontakt, Speicherkondensator und MOSFET zusammen einen sehr hohen Ableitungswiderstand besitzen. Die Bauelemente des Regelspeichers sind deshalb in einem luftdichten, mit Schutzgas gefüllten Gehäuse untergebracht. Als Kapazität *C* wird ein Spezialkondensator verwendet. Unter Berücksichtigung des oben Genannten können wir mit einem resultierenden Ableitungswiderstand in der Größenordnung von etwa 3×10^{14} Ohm rechnen. Als Ergebnis ergibt sich eine Entlade-Zeitkonstante in der Größenordnung von 3×10^{7} sec (d. h. von etwa einem Jahr). Hieraus folgt eine tägliche Pegelverringerung von 0,5%. Der Spezialkondensator und die spezielle Montage machen diesen aktiven Regler recht kostenaufwendig.
Im folgenden soll ein passiver, mechanischer Pegelregler besprochen werden. Hierbei handelt es sich um ein ungarisches Patent der Firma TERTA (Telefongyár). Die Ausführung dieses Reglers weicht wesentlich von der Ausführung früherer mechanischer Regler ab, und seine Abmessungen passen sich gut an die Konstruktion des Kanalumsetzers der dritten Generation an. Das Speicherelement des Reglers ist eine Induktivität, die ein Schaltungsteil des aus einem Transistor bestehenden Regelverstärkers,

d. h. des empfangsseitigen Gruppenverstärkers, bildet. Das Funktionsprinzip dieses Regelverstärkers ist anhand von Bild 13a zu verfolgen. Die veränderbare Induktivität L_1 befindet sich im Emitterkreis des Transistors. Im Kollektorkreis befindet sich eine zu einem Transformator ausgebildete konstante Induktivität L_2. Ist der Wert von L_1 genügend groß, dann ist der im Kollektorkreis fließende Strom durch den Ausdruck (5) gegeben:

$$I = \frac{U_1}{\omega L_1}. \qquad 5)$$

Erhöht sich der Wert von L_1 um das k-fache, dann ändert sich der Kollektorstrom auf den durch Gleichung (6) gegebenen Wert (siehe Bild 13b):

$$I' = \frac{U_1}{k\omega L_1}. \qquad (6)$$

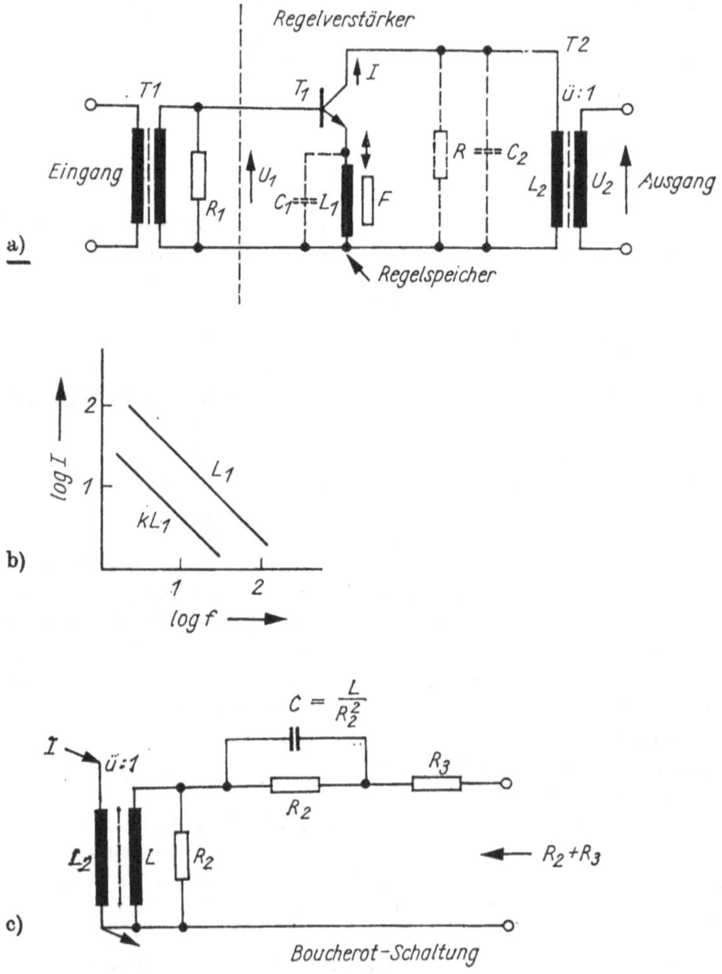

Bild 13. Schaltung des Regelspeichers (HIKI)

Für die Spannung am Verstärkerausgang können wir (falls wir von R und C_z absehen) den Ausdruck (7) aufstellen:

$$U_2 = \frac{U_1}{k\omega L_1} \cdot \frac{\omega L_2}{ü} = U_1 \frac{L_2}{kL_1 ü}. \tag{7}$$

Dieser Ausdruck ist von der Frequenz unabhängig. Auf diese Weise gelangt man durch Änderung der Induktivität der Spule L_1, d. h. durch Bewegung des Ferritkerns im Innern der Spule, zu einer frequenzunabhängigen Pegelregelung der Größe „k". Der Wert der Übersetzung „$ü$" ist so zu wählen, daß die nachfolgende Schaltung die Induktivität L_2 nicht belastet, d. h. daß die Impedanz des Kollektorkreises rein induktiv bleibt. Von den Streukapazitäten erscheint nur die Wirkung von C_1 bei minimaler Verstärkung, d. h. beim Maximum von L_1. Beim annähern an die Parallelresonanz von L_1, fällt bei höheren Frequenzen die Verstärkung. Auf der anderen Seite erhöht sich jedoch infolge der Wirkung der Streukapazität C_2 die Verstärkung bei höheren Frequenzen. Mit Hilfe des Parallelwiderstandes R ist zu erreichen, daß die Resonanzwirkung am Ausgang völlig verschwindet und sich die Frequenzkennlinie im Frequenzband der 12-Kanal-Grundprimärgruppe, unabhängig von der Stellung des Reglers, innerhalb von 0,2 bis 0,5 dB bewegt.

Es kann vorkommen, daß die induktive Ausgangsimpedanz nicht vorteilhaft ist. Erfordert die sich an den Verstärkerausgang anschließende Schaltung eingangsseitig einen ohmschen Abschluß, dann läßt sich zum Beispiel mit Hilfe der Schaltung von *Boucherot* entsprechend Bild 13c die Ausgangsimpedanz ohmig machen. Der Transformator T_1 am Eingang des Verstärkers sichert am empfangsseitigen Eingang der Grundprimärgruppe den vorgeschriebenen symmetrischen Anschluß und der mit dem Transformator parallel geschaltete Widerstand R_1 die entsprechende Eingangsimpedanz. Hier ist zu bemerken, daß die Größe der Übersetzung des Eingangstransformators T_1 durch die Eingangsimpedanz des Verstärkers die gemäß Ausdruck (8) gleichfalls induktiv ist, begrenzt wird.

$$Z_F = h_{11} + (1 + \beta)\, j\omega L_1 . \tag{8}$$

Im Falle zu großer Impedanz im Basiskreis wird die Verstärkung frequenzabhängig. Die Größe der Induktivität L_1 und die Parameter h_{11} und β des Transistors bestimmen hierbei die Grenze für den Widerstand im Basiskreis.

Bild 14 zeigt den Aufbau des Regelspeichers, d. h. der veränderlichen Induktivität. Die wesentlichen Teile des Reglers sind ein Permanentmagnet „M" und ein Ferritstab „F", die sich im Innern eines Glasrohres „G" befinden. Das gleichgerichtete Signal des Pilotempfängers gelangt auf die Steuerspule „St", die sich an einem Ende des Glasrohres befindet. Abhängig von der Polarität dieser Gleichspannung bewegt sich der Permanentmagnet in die eine oder andere Richtung, wobei er auch den Ferritstab

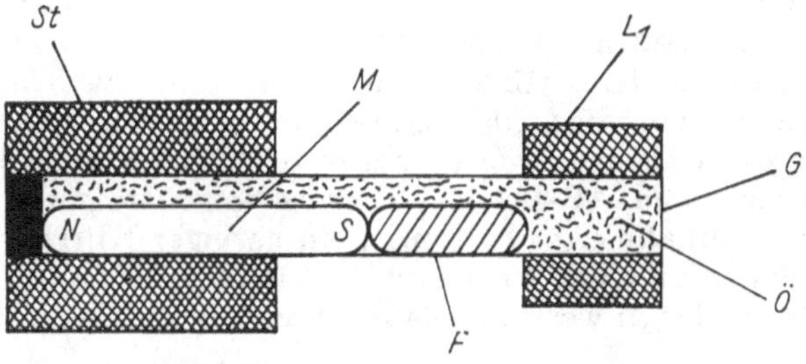

Bild 14. Regelspeicher (L_1) HIKI
M — Magnet, *F* — Ferrit, *G* — Glasrohr, *Ö* — Öl, *St* — Steuerwicklung

aus seiner Stellung verschiebt. Bei Bewegung des Ferrits ändert dabei die Induktivität der Regelspule L_1, die sich am anderen Ende des Glasrohres befindet. Auf diese Weise kommt die bereits erwähnte Änderung der Verstärkung zustande. Nachdem sich der genaue Pilotpegel eingestellt hat, ist das Ausgangssignal des Pilotempfängers Null, Magnet und Ferrit bewegen sich nicht mehr, d. h. die Verstärkung des Regelverstärkers ändert sich nicht weiter. Auf der Innenwand des Glasrohres befindet sich ein dünner Ölfilm. Die Viskosität des Öles bestimmt die Bewegungsgeschwindigkeit von Magnet und Ferrit und damit die Geschwindigkeit der Pegelregelung. Wird dieser Regler in der TF-Einrichtung waagerecht angeordnet, dann ändert sich bei Ausfall des Pilotsignals die Verstärkung nicht. Das stellt den Speicher des Reglers dar.

4.4.2.3. Anwendungen von monolithisch integrierten Standard-Operationsverstärkern

Untersucht man die Kenngrößen der in großen Serien gefertigten, billig erhältlichen monolithisch integrierten Operationsverstärker, so kann man feststellen, daß sie aufgrund ihres Verstärkungs-Bandbreite-Produkts in TF-Kanalumsetzern in erster Linie als NF-Verstärker oder als Schmalbandverstärker (im Pilotempfänger oder Signalverstärker) anwendbar sind.

Für den in Kanalumsetzern in größter Stückzahl vorkommenden NF-Verstärker, den Kanalverstärker, verwendete man schon in einem früheren Entwicklungsabschnitt integrierte monolithische Schaltungen. Diese Versuche bedeuteten jedoch nur eine teilweise Modernisierung der in ihrem System unveränderten Kanalumsetzer der zweiten Generation.

Die Firma PHILIPS fertigte aus 4 Transistoren und einigen Dioden in monolithischer Ausführung einen Transistorblock (TAA 480), mit dem durch von außen zugeschalteten Widerstände und Kondensatoren ein Kanalverstärker aufgebaut werden konnte. Nachteilige Eigenschaften dieses Bauelements waren, daß viele äußere Elemente benötigt wurden bei verhältnismäßig geringer Verstärkung.

Der monolithisch integrierte Verstärker µA 716 von FAIRCHILD, der eine feste Verstärkung und geringe Verzerrungen hat, wurde speziell zur Verwendung als Kanalverstärker gefertigt. An diese Schaltung sind lediglich Koppelelemente (Kondensator, Transformator) von außen anzuschließen. Ihr großer Nachteil ist, daß die Ruhestromaufnahme gegenüber der maximalen Ausgangsleistung recht groß ist und der Ausgang nicht über einen Kurzschlußschutz verfügt. Seine Anwendungsmöglichkeiten für andere Verstärkerzwecke sind infolge der fest eingestellten Verstärkung beschränkt. Die Nachteile der genannten Baugruppen begründen ihre verhältnismäßig schnell schwindende Aktualität. Das enge Anwendungsgebiet ermöglichte für diese Verstärker nicht die Herausbildung einer optimalen Seriengröße.

Heute wird bereits allgemein anerkannt, daß man aus dem großen Angebot der für allgemeine Zwecke in großen Stückzahlen gefertigten Operationsverstärker den entsprechenden für den Kanalverstärker auszuwählen hat. Der Operationsverstärker vom Typ µA 748 erfüllt durch äußeres Hinzuschalten von Koppelelementen und den zur Einstellung der Verstärkung dienenden Gegenkopplungswiderständen die für den Kanalverstärker vorgeschriebenen Anforderungen recht gut. Die Endstufe dieses Operationsverstärkers arbeitet im AB-Betrieb. Hieraus folgt, trotz der verhältnismäßig geringen Ruhestromaufnahme (etwa 1 mA), ein geringer Klirrfaktor. Im folgenden fassen wir von den zahlreichen Vorteilen des Operationsverstärkers µA 748 diejenigen zusammen, die bei der Anwendung als Kanalverstärker wesentlich sind:

— kleine Leistungsaufnahme,
— hohe Unempfindlichkeit gegenüber Versorgungsspannungsschwankungen.

— hohe Verstärkung,
— geringer Rauschfaktor,
— Kurzschlußschutz am Ausgang,
— einfache Frequenzkompensation.

Bild 15a zeigt die Schaltung eines mit dem Operationsverstärker µA 748 aufgebauten Kanalverstärkers. Die Ausgangsimpedanz des Verstärkers stellt gleichzeitig den angepaßten Abschluß für den Vierdraht-Ausgang des NF-Kanals dar. Bei den ausgangsseitig niederohmigen (durch die Gegenkopplung praktisch mit einer idealen Spannungsquelle arbeitenden) Operationsverstärkern erzeugt man den vorgeschriebenen Ausgangswiderstand üblicherweise durch einen äußeren Serienwiderstand. Der so entstehende „doppelte Abschluß" ist offensichtlich mit einem Leistungsverlust verbunden. Der Wirkungsgrad des Verstärkers wird dadurch kleiner, daneben verringert sich auch die Aussteuerbarkeit. Die Leistungsaufnahme des im Betrieb befindlichen Sprachkanals erhöht sich damit. Um die genannten Nachteile zu umgehen, wird mit Hilfe einer kombinierten Gegenkopplung (s. Bild 15a) die Verstärkung und die Ausgangsimpedanz eingestellt. Der Widerstand R_3 erzeugt eine Spannungsgegenkopplung und stellt die Grundverstärkung ein. Am Widerstand R_5 entsteht ein dem Ausgangsstrom proportionaler Spannungsabfall. Diese Spannung wird, über den Widerständen R_4/R_2 geteilt und zum Eingang zurückgeführt. Mit dieser Gegenkopplung wird die Ausgangsimpedanz eingestellt. In Bild 15b ist die Ersatzschaltung des gegengekoppelten Verstärkers zu sehen. Der Innenwiderstand ist durch den Ausdruck (9) gegeben:

$$R_A = \frac{R_5(R_3 + R_4)}{R_4 + R_5}. \tag{9}$$

Für die gegengekoppelte, unbelastete Verstärkung erhält man den Ausdruck (10):

$$A = \frac{R_2 \cdot R_4 + R_3 \cdot (R_2 + R_4 + R_5)}{R_2 \cdot (R_4 + R_5)}. \tag{10}$$

Um eine geringe Offsetspannung des Verstärkers zu sichern, ist es zweckmäßig, die Widerstände am invertierenden und nichtinvertierenden Eingang nach Ausdruck (11) gleich groß auszulegen:

$$R_1 = R_2 \times [(R_3 \times R_4) + R_5]\,. \tag{11}$$

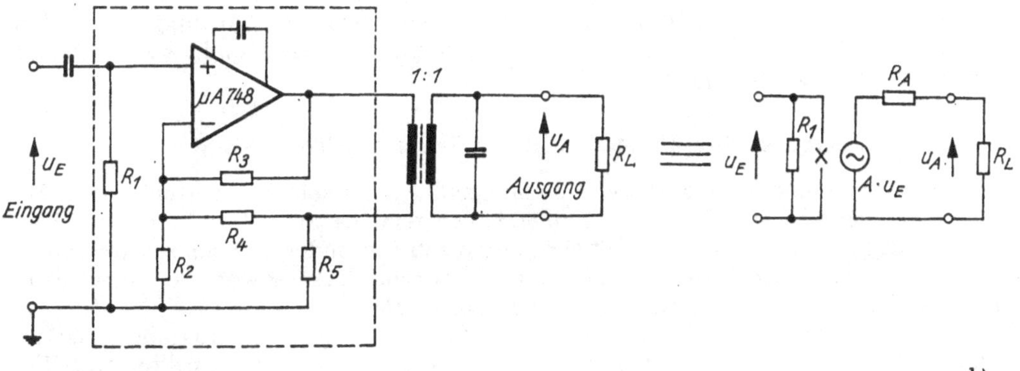

Bild 15. Kanalverstärker mit dem Schaltkreis A 748

Die vorzugebenden Größen sind:

R_1 — Lastwiderstand der vorhergehenden Stufe des Demodulators,
R_A — Außenwiderstand, der mit $R_L = 600$ Ohm übereinstimmt,
A — die gegengekoppelte Verstärkung und
R_5 — dieser Widerstand muß wesentlich kleiner als R_L sein, damit an ihm kein wesentlicher Leistungsverlust auftritt.

Aus ihnen lassen sich aus (9), (10) und (11) die Werte für R_2, R_3 und R_4 berechnen. Aus Bild 15a ist ersichtlich, daß der Anschluß der Belastung am Ausgang des Verstärkerkerns nicht zwischen Ausgang und Masse, sondern zwischen Ausgang und einem gegenüber der Masse auf vorgegebenem Potential liegenden Punkt, erfolgt. Diese Schaltungslösung kann bei anders gearteten Verstärkern hinsichtlich der Ankopplung an die folgende Stufe problematisch werden, denn ein gesonderter Ankopplungstransformator wäre dann nötig. Am Ausgang des NF-Kanals erfordert dagegen die Notwendigkeit eines masseunabhängigen, symmetrischen Anschlusses ohnehin die Anwendung eines Transformators. Die Abmessungen dieses Transformators können gegenüber denen in älteren TF-Einrichtungen verwendeten Transformatoren wesentlich kleiner sein, da durch ihn kein vormagnetisierender Gleichstrom fließt.
Es sei noch erwähnt, daß sich das am empfangsseitigen Ende des NF-Kanals benötigte Tiefpaßfilter mit diesem Transformator aufbauen läßt, und zwar mit Hilfe eines einzigen, zum Transformator parallel geschalteten Kondensators, wobei die Streuinduktivität des Transformators mit berücksichtigt werden muß.
Die Abmessungen des Kanalverstärkers können durch Hybridschaltung weiter verringert werden. Der Kanalverstärker wurde mit einem in ein Dünnschicht-Widerstandsnetzwerk eingesetzten Operationsverstärker im Miniatur-Plastgehäuse realisiert. Die Hybridschaltung wurde vom Institut für Nachrichtentechnik (HIKI) hergestellt.

4.4.3. Erzeugung von Einseitenbandsignalen (ESB)

Im folgenden Teil sollen Fragen der Herstellung des Frequenzmultiplexsignals behandelt werden. Die Kanalumsetzer-Einrichtung hat in Senderichtung die Aufgabe, die im Frequenzband liegenden Signale der 12 Sprachkanäle im Frequenzbereich 60 bis 108 kHz in umgekehrter Lage nebeneinander so anzuordnen, daß die wechselseitige Störung der Kanäle einen bestimmten (sehr niedrigen) Pegel nicht überschreitet. In Empfangsrichtung hat die Einrichtung diese Aufgabe umgekehrt zu lösen.
Die ESB-Modulatoren des Kanalumsetzers bestimmen zahlreiche wesentliche Parameter des gesamten TF-Systems (Frequenz- und Laufzeitcharakteristik, belastetes Rauschen, Trägerrest). Auf der anderen Seite beeinflussen sie, abhängig von der angewendeten Technologie, in jedem Falle bedeutend den Platz- und Leistungsbedarf sowie den Preis der Einrichtung.

4.4.3.1. Überblick über die Methoden der Erzeugung von ESB-Signalen

Ein amplitudenmoduliertes Einseitenbandsignal kann nach drei verschiedenen Methoden erzeugt werden. Alle drei Methoden haben gemeinsam, daß zu ihrer technischen Realisierung sowohl ein mit der Zeit sich periodisch ändernder als auch zeitinvarianter Stromkreis (oder Stromkreise) benötigt wird. Hierbei kann sowohl der zeitvariante als auch der zeitinvariante Teil aktiv oder passiv sein.
Bei dem „klassischen" Verfahren wählt ein Bandfilter aus dem Ausgangsspektrum eines Modulators das gewünschte Seitenband aus. Die an dieses Bandfilter gestellten Anforderungen sind um so höher, je höher die Frequenz ist, auf die das Eingangssignal umzusetzen ist.

Bei der zweiten Methode — dem Phasenkompensationsverfahren — realisiert man die Unterdrückung der nicht erwünschten Seitenbänder durch Summierung der beiden in Gegenphase liegenden Signale. Der zeitinvariante Stromkreis ist hier ein Phasentrenn-Netzwerk, d. h. ein Dreitor, bei dem die Phasendifferenz zwischen den an den Ausgängen erscheinenden Signalen von der Frequenz unabhängig also konstant ist.
An die Ausgänge der Phasentrennstufe schließt sich je ein Modulator an, zwischen deren Träger eine Phasenverschriebung von $\pi/2$ besteht. Nach Addition der Ausgangssignale der Modulatoren erhalten wir das ESB-Signal. Es sind mehrere Varianten dieser Methode bekannt, von denen jedoch jede den Nachteil hat, daß eine breitbandige Phasentrennstufe benötigt wird, bei deren Realisierung man ernsthaften Empfindlichkeitsproblemen gegenübersteht.
Der dritte Weg — das Verfahren nach *Weaver* — stellt eine spezielle Anwendung von N-Pfad-Filtern dar. Anstelle der breitbandigen Phasentrennstufe verwendet man zwei Tiefpaßfilter und zwei weitere Modulatoren. Die Schwierigkeiten liegen hier bei der Einhaltung der exakten Übereinstimmung der Zwei-Pfad-Filter, sowie in der genauen Einstellung der Phasenlage der vier Trägerfrequenzen. In Bild 16 sind die Blockschemen der drei Systeme zur Herstellung des ESB-Signals zu sehen. In allen drei Systemen können die Modulatoren entweder periodisch betriebene Schalter oder analoge Multiplizierer sein. Mit den Fragen des Schaltungsentwurfs sowie mit der Realisierung der zeitinvarianten Netzwerke auf der Basis der Technik der dritten Generation soll später eingegangen werden. Vorher soll aber die Funktionsweise der in Bild 16 gezeigten Schaltungen beschrieben werden.

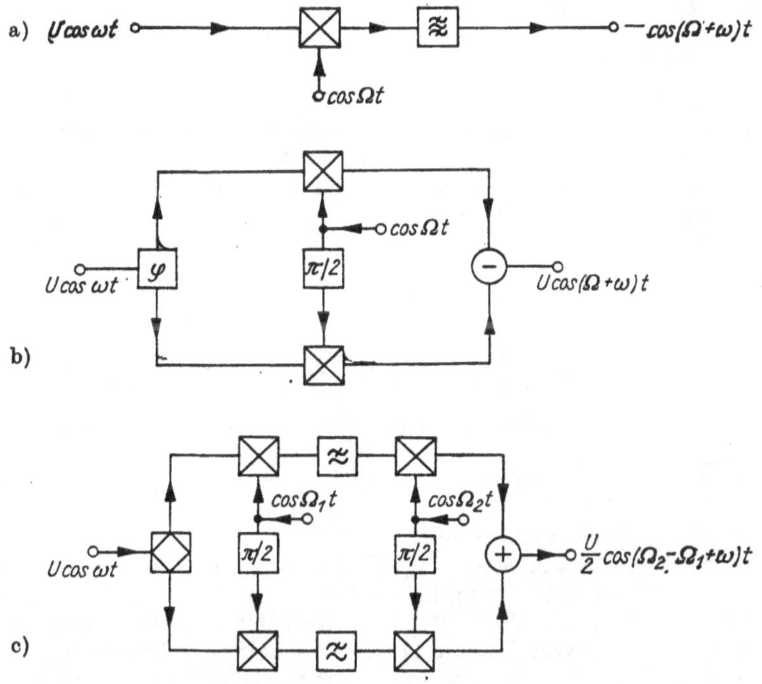

Bild 16. Schaltungsprinzipien zur Erzeugung von Einseitenbandsignalen (ESB)
a) Die „klassische" Methode
b) Phasenmethode
c) Methode nach *Weaver*

4.4.3.1.1. Grundprinzipien der Funktionsweise von Schaltungen zur Erzeugung eines ESB-Signals

Die benötigten mathematischen Zusammenhänge können den obigen Gleichungen entnommen werden. Bei der Aufstellung der Zeitfunktionen benutzt man abhängig von der Art der Aufgabe abwechselnd trigonometrische und exponentielle Ausdrücke.

a) *Die klassische Methode*

Ist der zeitinvariante Teil ein analoger Multiplizierer, auf dessen Eingänge ein Signal mit der Amplitude U_S und ein Träger mit der Amplitude U_C gelangen, dann enthält das auf den Eingang des Bandfilters fallende Frequenzspektrum nach Gleichung (12) lediglich zwei Seitenbänder erster Ordnung:

$$u_1 = U_S \cos \omega t \cdot U_C \cos \Omega t = \frac{U_S \cdot U_C}{2} [\cos (\Omega + \omega) t + \cos (\Omega - \omega) t] \quad (12)$$

Die Bedeutung der verwendten Symbole kann aus Bild 17 entnommen werden.

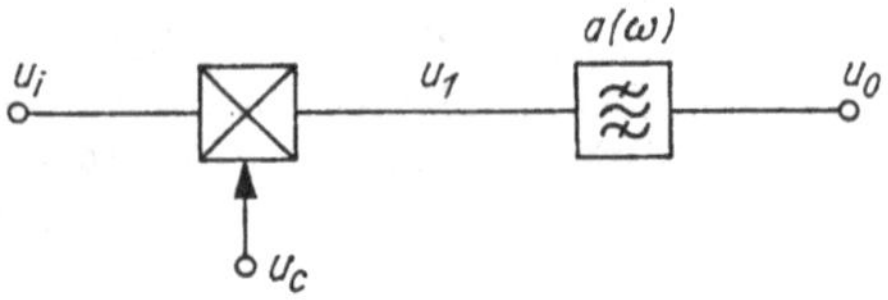

Bild 17. Erzeugung des Einseitenbandsignals nach der „klassischen“ Methode
Eingangssignal $-u_i(t) = U_S \cos \omega t$,
Trägersignal $-u_C(t) = U_C \cos \Omega t$,
Ausgangssignal $-u_0(t)$

Das Ausgangssignal eines mit idealem Rechtecksignal gesteuerten Schaltermodulators kann durch Reihenentwicklung gemäß Ausdruck (13) bzw. (14) angegeben werden. (Ausdruck (13) bezieht sich auf die zweifach kompensierte, Ausdruck (14) nur auf die trägerkompensierte Schaltung.)

$$u_1 = U_S \frac{2}{\pi} \cdot \left[\cos (\Omega \pm \omega) t + \frac{1}{3} \cos (3\Omega \pm \omega) t + \ldots\right] \quad (13)$$

bzw.

$$u_1 = \frac{U_S}{2} \left[\cos \omega t + \frac{U_S}{\pi} \left[\cos (\Omega \pm \omega) t + \frac{1}{3} \cos (3\Omega \pm \omega) t \ldots\right]\right]. \quad (14)$$

Aus dem Spektrum u_1 siebt das Bandfilter mit der Dämpfungscharakteristik $a(\omega)$ das gewünschte Seitenband aus:

$$U \cdot (\omega) = U_1(\omega) \cdot a(\omega) \,. \quad (15)$$

Auf zwei Umstände ist noch hinzuweisen:
Die einfache Schreibweise des Ausgangssignals gemäß (15) ist bei reziproken Schaltungen nur im Falle ohmscher Abschlüsse auf einer Seite der Schaltung möglich. Auf dieses Problem wird noch in Verbindung mit dem Ringmodulator eingegangen.
Vergleicht man die Spektren von (12) und (13), so erscheint die Anwendung der Multiplizierschaltung vorteilhaft, da hier vom Filter nur die Dämpfung eines Seitenbandes gefordert wird. In der Praxis der Übertragungstechnik ist jedoch eher der im Schaltungsbetrieb arbeitende Modulator (wegen der Unabhängigkeit vom Trägersignal) wünschenswert, da bezogen auf die Stabilität des Signalpegels sehr strenge Vorschriften zu erfüllen sind.

b) *Die Phasenkompensationsmethode*

Beim Phasenkompensationsverfahren (quadrature modulation method) geht man von den bekannten trigonometrischen Zusammenhängen (16) bzw. (17) aus:

$$\cos(\Omega + \omega)\, t = \cos \Omega t \cdot \cos \omega t - \sin \Omega t \cdot \sin \omega t\,, \tag{16}$$

$$\cos(\Omega - \omega)\, t = \cos \Omega t \cdot \cos \omega t + \sin \Omega t \cdot \sin \omega t\,. \tag{17}$$

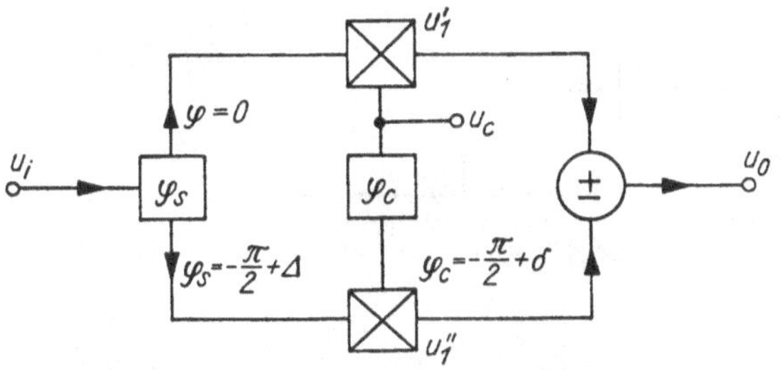

Bild 18. Erzeugung des Einseitenbandsignals nach der Phasenkompensationsmethode

Eingangssignal — $u_i(t) = U_S \cos \omega t$, Phasenfehler im Signalweg — Δ,
Trägersignal — $u_C(t) = U_C \cos \Omega t$, im Träger — δ,
Ausgangssignal — $u_0(t)$, Dämpfungsfehler $|U_1|/|U_1| = 1 \pm \varepsilon$

Die Funktionsweise der Schaltung wird nach Bild 18 verständlich. Im Idealfall existiert kein Phasenfehler, d. h. $\Delta = \delta = 0$ und die Dämpfung der beiden Übertragungswege ist genau gleich. Dann gilt, analoge Multiplizier-Modulatoren vorausgesetzt, der Ausdruck (18):

$$u_1' = U_S U_C \cdot \cos \omega t \cdot \cos \Omega t \tag{18}$$

und der Ausdruck (19):

$$u_1'' = U_S U_C \cdot \cos\left(\omega t - \frac{\pi}{2}\right) \cdot \cos\left(\Omega t - \frac{\pi}{2}\right) = U_S U_C \cdot \sin \omega t \cdot \sin \Omega t\,. \tag{19}$$

Befindet sich am Ausgang des Systems eine Summierschaltung, dann enthält das Ausgangssignal entsprechend dem Ausdruck (17) nur das untere Seitenband. Bildet man $u_1' - u_1''$ so erhält man als Ergebnis das obere Seitenband:

$$u_1' + u_1'' = U_S U_C \cdot \cos(\Omega - \omega)\, t\,, \tag{20}$$

$$u_1' - u_1'' = U_S U_C \cdot \cos(\Omega + \omega)\, t\,. \tag{21}$$

In der Praxis tritt zwischen den beiden Signalwegen eine Phasendifferenz von Δ und zwischen den Trägern der beiden Modulatoren ein Phasenfehler von δ auf, während die Gleichheit der Übertragungsdämpfung der beiden Wege nur mit dem Fehler ε erreicht werden kann. Das führt insgesamt dazu, daß sich die Dämpfung des zu unterdrückenden Seitenbandes um den in Gleichung (22) gegebenen Wert verschlechtert:

$$a_{[\mathrm{dB}]} = 6 - 10 \lg\left[1 + \varepsilon + \frac{1}{1 + \varepsilon} - 2\cos(\Delta - \delta)\right]. \tag{22}$$

c) *Die Methode nach Weaver*

Das Verfahren von *Weaver* basiert auf dem Verhalten der Kaskadenschaltung, die aus einem Modulator und einem Tiefpaßfilter besteht, wie ein Bandfilter, falls die Grenzfrequenz des Filters kleiner als die Trägerfrequenz ist. Die Zusammenhänge sind in Bild 19 dargestellt.

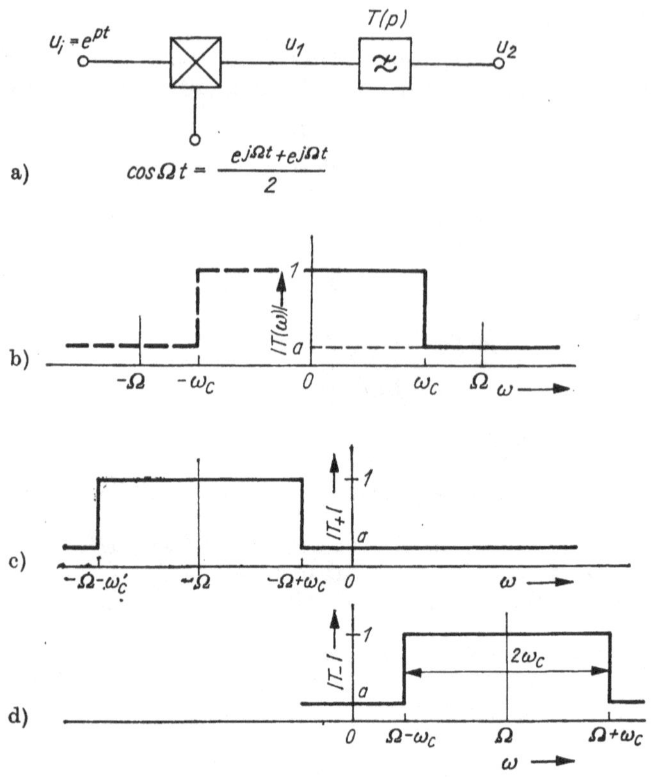

Bild 19. Erzeugung des Einseitenbandsignals nach der Methode von *Weaver*

Am Ausgang des Multiplizier-Modulators enthält das Signal zwei Komponenten:

$$u_1 = \tfrac{1}{2} \exp (p + j\Omega)\, t + \tfrac{1}{2} \exp (p - j\Omega)\, t\,. \tag{23}$$

Das Tiefpaßfilter dämpft die beiden Komponenten unterschiedlich. Bei der Berechnung der Dämpfung der Komponente mit der Frequenz $(p + j\Omega)$ muß für p in $T(p)$ die Frequenz $p + j\Omega$ benutzt werden. In ähnlicher Weise ist bei der Bestimmung der Dämpfung der Komponente mit der Frequenz $(p - j\Omega)$ für p in $T(p)$ die Frequenz $p - j\Omega$ zu zuordnen. Damit gilt Gleichung (24):

$$u_2 = \tfrac{1}{2} \cdot T(p + j\Omega) \exp (p + j\Omega)\, t + \tfrac{1}{2} \cdot T(p - j\Omega) \exp (p - j\Omega)\, t\,. \tag{24}$$

Daraus ist ersichtlich, daß die Funktion $|T(\omega)|$, die die Dämpfung bestimmt, gerade ist, falls $T(p)$ die im p-Bereich gegebene Übertragungsfunktion eines Tiefpasses ist. (Sie liegt symmetrisch zur Achse $\omega = 0$.) In Bild 19b wurde $|T(\omega)|$ aufgetragen und der Wert der Trägerfrequenz Ω eingezeichnet. In den Bildern 19c und 19d sind die zur Übertragungsfunktion $T(p + j\Omega)$ bzw. $T(p - j\Omega)$ gehörenden Dämpfungskennlinien $|T_+|$ und $|T_-|$ dargestellt. $|T_-|$ realisiert bei physikalisch realen, d. h. positiven Frequenzen die Charakteristik eines Bandfilters mit der Mittenfrequenz Ω und der Bandbreite $2\omega_C$ (siehe Ungleichung (25)):

$$|T_-| = \begin{cases} 1 & \text{wenn} \quad \Omega - \omega_C < \omega < \Omega + \omega_C\,, \\ a & \text{wenn} \quad \omega \leqq \Omega - \omega_C \quad \text{und} \quad \omega \geqq \Omega + \omega_C\,. \end{cases} \tag{25}$$

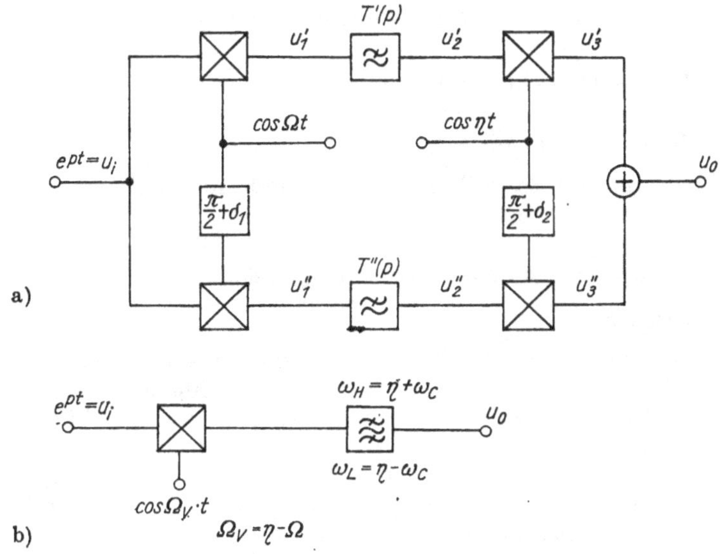

Bild 20. Gesamtschaltung der Einseitenbanderzeugung nach der Methode von *Weaver*

Bild 20 zeigt die Erleuterung der Bezeichnungen. Die entsprechenden Kenngrößen der beiden Wege werden mit ′ bzw. ″ unterschieden, die Phasenfehler der Träger sind mit δ_1 und δ_2 bezeichnet. Durch erneute Anwendung der Aussagen in bezug auf Gleichung (24) können wir für das Ausangssignal — nach elementaren, wenn auch ein wenig langwierigen Rechnungen — die Gleichung (26) aufstellen:

$$\begin{aligned} u_0 &= \exp\,[p + j(\Omega + \eta)]\,t \cdot \left[\frac{a'}{4} - \frac{a''}{4} \cdot \exp j(\delta_1 + \delta_2)\right] \\ &+ \exp\,[p - j(\eta - \Omega)]\,t \cdot \left[\frac{a'}{4} + \frac{a''}{4} \cdot \exp j(\delta_1 - \delta_2)\right] \\ &+ \exp\,[p + j(\eta - \Omega)]\,t \cdot [\tfrac{1}{4}\,|T_-|' + \tfrac{1}{4}\,|T_-|'' \cdot \exp j(\delta_2 - \delta_1)] \\ &+ \exp\,[p - j(\eta + \Omega)]\,t \cdot [\tfrac{1}{4}\,|T_-|' - \tfrac{1}{4}\,|T_-|'' \cdot \exp -j(\delta_1 + \delta_2)]\,. \end{aligned} \tag{26}$$

Am Ausgang erscheinen im allgemeinen Fall vier Frequenzen. Die Ausdrücke in den eckigen Klammern geben die auf u_i bezogenen relativen Amplituden der einzelnen Glieder an. Das Nutzsignal ist der Teil mit der komplexen Frequenz $p + j(\eta - \Omega)$. Handelt es sich um eine ideale Schaltung, dann sind

$$\delta_1 \equiv \delta_2 = 0 \text{ und } a' \equiv a'' = a \quad \text{sowie} \quad |T_-|' \equiv |T_-|'' = |T_-|\,. \tag{27}$$

In diesem Falle läßt sich die Ausgangsspannung gemäß Gleichung (28) schreiben:

$$u_0 = \frac{|T_-|}{2} \cdot \exp\,[p + j(\eta - \Omega)]\,t + \frac{a}{2} \cdot \exp\,[p - j(\eta - \Omega)]\,t\,. \tag{28}$$

Berücksichtigt man Ausdruck (25), so ist festzustellen, daß der (ideale) Stromkreis nach *Weaver* einer klassischen Schaltung zur Erzeugung des ESB-Signals entspricht.

Das zeigt Bild 20b, wobei $\Omega_{\text{virtuell}} = \eta - \Omega$ ist; die obere bzw. untere Grenzfrequenz des Bandfilters ist hier:

$$\omega_L = \Omega_{\text{virt}} + (\Omega - \omega_C) = \eta - \Omega_C$$

bzw.

$$\Omega_H = \Omega_{\text{virt}} + (\Omega + \omega_C) = \eta + \omega_C .$$

In beiden Sperrbereichen des Bandfilters ist die Dämpfung identisch mit dem Wert „a" des Tiefpasses.

4.4.3.1.2. Beschränkungen der Anwendbarkeit der Methoden

a) *Die klassische Methode*

Die klassische Filtermethode hat den Vorteil, daß sie nur einen einzigen Modulator benötigt. In der TF-Technik verwendet man bis heute ausschließlich dieses Verfahren. Das Filter der ersten Modulationsstufe des Kanalumsetzers, das Kanalfilter, ist in der ganzen TF-Einrichtung vielleicht die wichtigste und gleichzeitig „schwierigste" Schaltung, da dieses Filter die Selektivität zwischen den einzelnen Kanälen und die Übertragungskennlinie der Kanäle entscheidend bestimmt. Die an die breitbandigen Filter der höheren Modulationsstufen gestellten Dämpfungsanforderungen sind zwar geringer, es sind aber bei diesen Schaltungen sehr strenge Linearitätsvorschriften zu erfüllen.
Im allgemeinen verursacht das Hauptproblem bei dieser Methode die wirtschaftliche (an die Schaltungen der dritten Generation angepaßte) Realisierung der Filter.

b) *Die Phasenkompensationsmethode*

Der wesentliche Vorteil der Kompensationsmethode ist der, daß das Netzwerk, das die breitbandige Phasenverschiebung realisiert, unverändert bleiben kann, unabhängig von der Verlagerung des Eingangs-Frequenzbandes. In der TF-Technik ist dieses Verfahren dennoch nicht anwendbar, da zu einer ausreichenden Unterdrückung des nicht erwünschten Seitenbandes nicht realisierbar kleine Phasen- und Übertragungsfehler erforderlich wären.
Bei einer Kanalfilterung beträgt zum Beispiel der übliche Wert der Seitenbandunterdrückung etwa 60 dB. Aus Gleichung (22) kann der zulässige Phasen- und Dämpfungsfehler bestimmt werden.
Rechnet man nur mit dem Phasenfehler, so ist:

$$\Delta \cong 0{,}11^\circ ,$$

berücksichtigt man nur den Amplitudenfehler, dann ergibt sich ein Wert vom

$$\varepsilon \cong 2 \cdot 10^{-3} .$$

In der tatsächlichen Schaltung treten die beiden Fehler zusammen auf, so daß als zulässige Ungenauigkeit grob die Hälfte aus beiden Fehlerwerten anzusehen ist.
Die wirtschaftliche Realisierung eines Netzwerkes, das eine solche Genauigkeit in einem breiten Frequenzband sichert, ist bis heute eine nicht gelöste Aufgabe.

c) *Die Methode nach Weaver*

Eine mit diskreten Bauelementen realisierte *Weaver*-Schaltung ist außerordentlich kompliziert und teuer. Deshalb schenkte man dieser Methode bis vor kurzem bei dem praktischen Schaltungsentwurf nicht viel Bedeutung.
Mit der Entwicklung der Technologien integrierter Schaltungen modifizierte man jedoch eindeutig die praktische Beurteilung dieser Methode. Von den funktionellen Einheiten, die zu dieser Schaltung benötigt werden, sind die analogen Multiplizier-Modulatoren und Summierverstärker in monolithisch integrierter Form erhältlich.

Die trägerfrequenten Phasenschieber-Schaltungen lassen sich aus einfachen integrierten Digitalschaltungen zusammenstellen. Da man zur Kanalfilterung bei dieser Methode Tiefpaßfilter mit Grenzfrequenzen um etwa 2 kHz benötigt, lassen sich hierzu vorteilhaft hybrid-integrierte aktive *RC*-Filter anwenden. Die Herstellung eines vollständigen ESB-Modulators nach der Hybridtechnologie ist heute bereits eine lösbare Aufgabe.
Die integrierte Schaltungsherstellung gewährleistet gleichzeitig eine hohe Identität der beiden Signalwege. Über das zulässige Maß der Dämpfungsabweichung der Übertragungswege kann folgendes gesagt werden.
Am Systemausgang erscheinen neben dem Nutzband drei Signale. Unter diesen ist das eine, dessen Frequenz $(\eta - \Omega) - \omega$ ist, das untere Seitenband des virtuellen Trägers. Die Unterdrückung dieses Seitenbandes wird grundlegend von der Dämpfung der Filter im Sperrbereich bestimmt, d. h. für die Amplitudenabweichungen ist die Unterdrückung unempfindlich. Im wesentlichen kann dies auch gleichzeitig über das obere Seitenband des virtuellen Trägers der parasitären Frequenz $\eta + \Omega$ gesagt werden. Von den ausgangsseitigen Störsignalen fallen diese zwei in die Nachbarkanäle des *TF*-Systems, wo sie nicht verständliches bzw. verständliches Übersprechen verursachen. Auf der Grundlage der Vorschriften zum Übersprechen ist die Sperrbereichsdämpfung der Tiefpässe zu bestimmen. Eine ganz andere Situation besteht hinsichtlich des dritten Störsignals, das das untere Seitenband der virtuellen Frequenz $\eta + \Omega$ beinhaltet. Dieses Seitenband bedeckt das gleiche Frequenzband wie das Nutzsignal, hat jedoch gegenüber dem Nutzband eine umgekehrte Lage. Die Dämpfung des parasitären Seitenbandes wird nur vom Maß der Gleichheit der beiden Signalwege bestimmt so daß die Dämpfung gegenüber einem Amplitudenfehler sehr empfindlich ist, wie wir schon bei der Phasenkompensationsmethode gezeigt haben. Diese parasitäre Wirkung verursacht jedoch kein Übersprechen, sondern bedeutet lediglich in der Verständlichkeit der Sprache eine geringe Verschlechterung. (Die Klangfarbe ändert sich.)
Bei der praktischen Anwendung entsteht ein weiteres Problem dadurch, daß der Trägerrest des zweiten Modulatorpaares in der Mitte des Nutzbandes als Pfeifton erscheint. Seine Beseitigung verlangt einen genauen Ausgleich, d. h. Symmetrieren der Modulatoren.
Die Anwendungsschwierigkeiten sind, bezogen auf das klassische Verfahren, auch bei der Methode nach *Weaver* hoch, jedoch übt die Integrierbarkeit der Schaltung eine solche Anziehungskraft aus, die es verständlich ist, daß sich auf diesem Gebiet die Forschungstätigkeit weltweit neu belebt.

4.4.3.2. Mittel zur Realisierung von ESB-Signalen

Nach dem Überblick über die prinzipiellen Methoden und der Beschreibung ihrer Grenzen werden nun die einzelnen Teilschaltungen zur Erzeugung der Einseitenbänder behandelt.
Da die klassische Filtermethode auch bis zum heutigen Tag noch die größte praktische Bedeutung hat, werden im folgenden hauptsächlich Schaltungen dieser Methode besprochen. Zunächst werden die Fragen der Realisierbarkeit von Filterschaltungen mit Hilfe moderner Technologien behandelt, danach wird auf die Schaltungen der verschiedenen Modulatoren eingegangen. Auf Fragen des Filterentwurfs wird nicht eingegangen.

4.4.3.2.1. Die Herstellungstechnologien von Filtern

In Kanalumsetzer-Einrichtungen hat die Anwendung von *LC*-Filtern und diskreten Quarzfiltern alte Tradition. Im seltener angewendeten direkten Modulationssystem benutzt man Quarzfilter als Kanalfilter. Die weitverbreiteten und bis in die 60-er Jahre fast allein herrschenden Vorgruppenmodulationssysteme arbeiten mit *LC*-Filtern, die mit Styroflex-Kondensatoren und Ferritkern-Spulen aufgebaut werden; Quarze wendet man hier nur zur Lösung einiger spezieller Aufgaben an. Diese Filtertechniken passen sich an Schaltungen der dritten Generation schlecht an, da die Induktivitäten nicht integrierbar sind und ihre Fertigung schwer automatisierbar ist. Weiterhin sind die Abmessungen von diskreten Quarzen für den üblichen Frequenzbereich des Kanalumsetzers übertrieben groß. Diese Probleme geben eine Erklärung dafür, daß Filtermethoden, bei denen man ohne Induktivitäten auskommt, in den Vordergrund getreten sind, obgleich zu bemerken ist, daß einige große Firmen der Übertragungstechnik (zum Beispiel PHILIPS und ERICSSON) auch bei ihren neuesten Entwicklungen an der *LC*-Filtertechnik festhalten. Unter den induktivitätsfreien Filterverfahren wendet man in TF-Kanalumsetzer-Einrichtungen zwei verschiedene Filtertechniken an: die mechanischen Filter und die monolothischen Quarzfilter. Die beiden Methoden sind einander verwandt, da bei beiden die Frequenzselektivität mechanische Schwingsysteme sichern. Bei mechanischen Filtern sind die elektromechanischen Wandler und das Schwingsystem voneinander getrennt, während man diese beiden Aufgaben bei monolithischen Filtern gemeinsam löst. Mit mechanischen Schwingungssystemen lassen sich im Frequenzbereich 50 bis 500 kHz Kanalfilter für TF-Einrichtungen realisieren.

Auf mechanischen Filtern aufbauende Kanalumsetzer werden heute in Europa in verschiedenen Ländern entwickelt und gefertigt (Die DDR gehört zu den Pionieren dieser Technik.). Die Betriebsfrequenz von monolithischen Filtern liegt im Bereich von 5 bis 10 MHz. Diese Filter bestehen aus mehreren gekoppelten Resonatoren, die aus Tantal-Dünnfilmelektroden zusammengesetzt sind, welche auf Quarz-Einkristalle aufgetragen wurden. Monolithische Kanalfilter fertigt das BELL-Loboratorium in den USA. Ein solches Filter enthält zum Beispiel 8 Resonatoren und hat ein Volumen von 5 cm^3. Mechanische Filter haben einen Rauminhalt von 15 bis 20 cm^3, während sich die mit modernsten Bauelementen gefertigten *LC*-Kanalfilter mit einem Volumen von 25 cm^3 realisieren lassen.

Die Herstellung von mechanischen und noch eher die der monolithischen Filter beansprucht hohe Investitionen und einen präzisen und teuren Maschinenpark. Im Falle der Herstellung entsprechend hoher Stückzahlen macht sich jedoch die Investition bezahlt, und die Vorteile der automatischen Fertigung kommen zum Tragen. An die aktiven Schaltungen der dritten Generation (wie Verstärker, Modulatoren) passen sich technologisch am besten die aktiven *RC*-Filter an. Aktive *RC*-Schaltungen sind integrierbar, so daß sie aus der Sicht der Herstellungstechnik perspektivisch sind; in bezug auf ihre realisierbare Größe sind sie mit den monolothischen Filtern wettbewerbsfähig.

Allerdings haben aktive *RC*-Filter auch nachteilige elektrische Eigenschaften. Diese sind die Leistungsaufnahme, die Empfindlichkeit und das Rauschen. Entsprechend den in den Jahren 1974/75 veröffentlichten Forschungsergebnissen fällt die Kanalleistung eines Kanalfilters in den Bereich 60 bis 400 mW. In der Kanalumsetzer-Einrichtung erscheint jedoch ein Wert von 100 mW gerade noch tragbar. Diese Grenze läßt sich mit den heute noch recht teuren „micropower"-Verstärkern erreichen.

Das thermische Rauschen kann etwas ausgeglichen werden indem durch Ausnutzung der Filterverstärkung der Pegel auf dem Signalweg entsprechend hoch gehalten wird.

Es existieren zahlreiche Verfahren zur Optimierung des Rauschens bzw. des dynamischen Bereichs. Die in der Fachliteratur praktisch täglich erscheinenden neuen Publikationen sprechen für die rege Forschungstätigkeit auf diesem Gebiet.

In Literaturbeispielen wurden Modelle von Kanalfiltern im Frequenzbereich von 12 bis 24 kHz realisiert. Nach amerikanischen und japanischen Publikationen gelang es,

im Bereich von 16 bis 20 kHz Filter mit angemessener Stabilität zu entwickeln, die den modernsten Anforderungen genügen. Da — wie allgemein bekannt ist — die Empfindlichkeitsprobleme bei niederen Frequenzen geringer sind, müßte bei einer auf *RC*-Filter aufbauenden Kanalumsetzer-Einrichtung das Frequenzband des Kanalfilters noch tiefer gewählt werden. Die Erzeugung des ESB-Signals nach der Methode von *Weaver* ist aus dieser Sicht außerordentlich vorteilhaft, da Tiefpaßfilter mit einer Grenzfrequenz von 2 kHz benötigt werden. Die Anwendbarkeit von aktiven Filtern entscheiden in der TF-Technik letztlich wirtschaftliche Erwägungen. Gegenwärtig sind die hierzu getroffenen Entscheidungen weltweit negativ. Auf der anderen Seite können jedoch die wirtschaftlichen Umstände mit der Zeit anders werden.
Natürlich besteht ein enger Zusammenhang zwischen der angewendeten Filtertechnik und dem Aufbau der Kanalumsetzer-Einrichtung. Das soll anhand von Bild 21 demon-

	Durchlaßbereich des Kanalfilters	Anzahl der Filtertypen in 2. mod. Stufe	Firma	Realisierung des Kanalfilters
Vormodulationsband unter der Grundprimärgruppe	12— 16 kHz	4		LC
	16— 20 kHz	3		
	24— 28 kHz	2	SAT	
Vormodulationsband über der Grundprimärgruppe	48— 52 kHz	1	SIEMENS TELEFUNK	mechanische
	128— 132 kHz	1	SAT	
	200— 204 kHz	1	RFT	
	8140—5144 kHz	1	BELL	monolitische

Bild 21. Zusammenhang zwischen der Filtertechnik und dem Aufbau der Kanalumsetzer

striert werden, in der, für den Fall der Vormodulation, die Zusammenhänge dargestellt sind, die zwischen der Lage des Vormodulationsbandes, der Art der Filter nach der zweiten Modulation und der Herstellungstechnologie des Kanalfilters bestehen.

4.4.3.2.2. Modulatorschaltungen

Die in der TF-Technik angewendeten Modulatorschaltungen lassen sich entsprechend Bild 22 klassifizieren. Für sämtliche Typen existiert eine einfach kompensierte (d. h. nur auf das Signal oder nur auf den Träger bezogene) Variante und eine zweifach kompensierte (auf das Signal und den Träger bezogene) Variante.
An die Modulatoren der TF-Einrichtung stellt man außerordentlich hohe Anforderungen hinsichtlich der Frequenzübertragung, der Verzerrungen sowie der Stabilität, welche man mit aus der Radiotechnik bekannten Mischstufen nicht erreichen kann. Wesentlich besser sind hier die mit einem Trägerfrequenzsignal gesteuerten Schalter oder geschalteten Verstärker.

a) *Passive Modulatoren*

Bis in die 60-er Jahre verwendete man ausschließlich passive Modulatoren, in erster Linie Diodenschaltungen, da eine gute Symmetrie einfacher durch die Auswahl von Dioden als durch Transistoren erreichbar ist. In Bild 23 sind einige Varianten des bekannten Ringmodulators dargestellt. Bild 23a zeigt die traditionelle Anordnung,

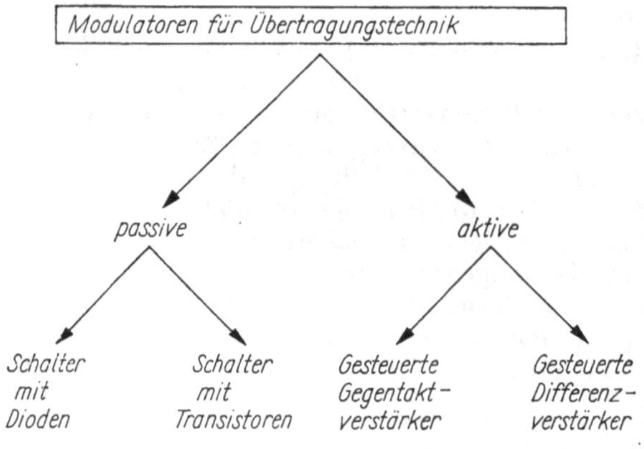

Bild 22. Modulatorschaltungen der TF-Technik

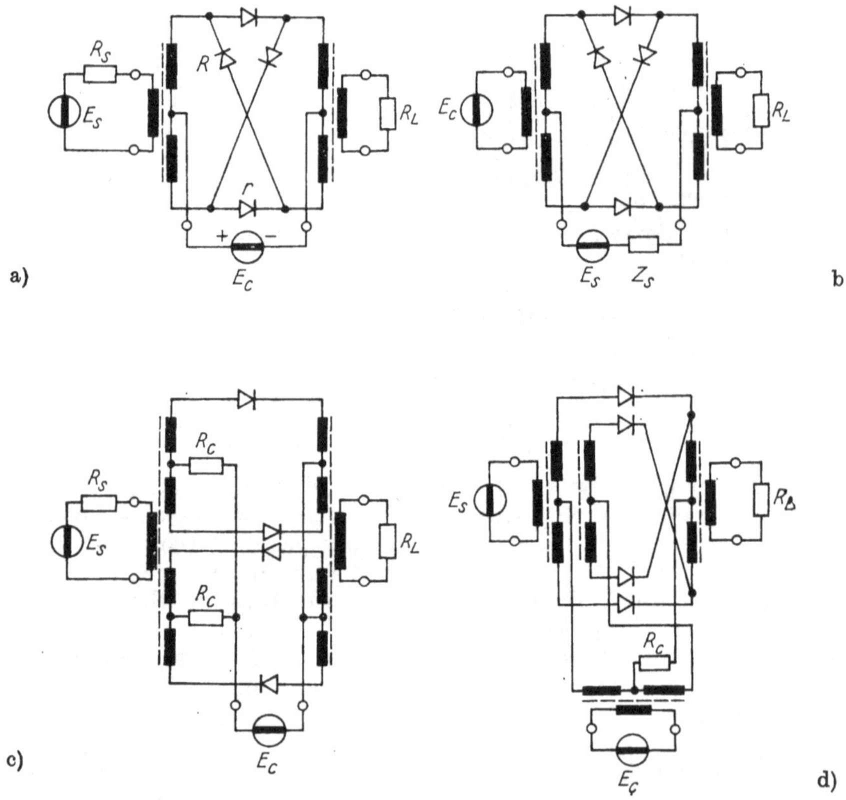

Bild 23. Schaltungen passiver Modulatoren

Bild 23b die Variante mit Serieneinspeisung des Trägers. Letztere hat den Vorteil, daß im Signalweg nur ein Transformator benötigt wird. Mit den Anordnungen nach Bild 23c und 23d läßt sich die Linearität durch Trennung der trägerfrequenten Schaltungen für die gesperrten und geöffneten Dioden verbessern. Die Verzerrungsdämpfung kann mit dem Widerstand R_c eingestellt, d. h. optimiert werden.
Die Zusammenhänge (29) und (31) beschreiben die Grundkenngrößen der Schaltungen:

$$a_{\text{opt}} = 20 \lg \frac{n+1}{n-1} + 20 \lg \frac{\pi}{2}, \tag{29}$$

$$n = \sqrt{\frac{R}{r}}, \tag{30}$$

$$k_3 = \frac{1}{24} \cdot \left(\frac{U_{S,D}}{U_{C,D}}\right)^2. \tag{31}$$

Bei angepaßten, ohmschen Abschlüssen ist die Modulationsdämpfung durch die Gleichung (29) gegeben. Im Falle hochwertiger Schalterdioden beträgt dieser Wert etwa 4 dB. Die harmonische Verzerrung wird durch das Verhältnis der auf die Dioden gelangenden Signal- und Trägerspannung bestimmt.
Im Falle frequenzselektiver Abschlüsse besteht die Möglichkeit der Dämpfungssenkung, und der Transformator kann für beide Signalwege wegfallen, wenn man die Serieneinspeisung des Trägers anwendet. Eine solche Schaltung zeigt Bild 24a. Sind die Eingangs- bzw. Ausgangsimpedanzen (Z_S, Z_L) extrem selektiv, dann beträgt die Modulationsdämpfung 0 dB. Für die in dem Bild beispielsweise gezeigten Filtertypen muß Z_S außerhalb des Frequenzbereichs ω überall vernachlässigbar klein sein, während Z_L außerhalb des Nutzbandes überall quasi-unendlich sein muß.
Werden diese beiden Extremfälle nicht erfüllt, führt dies (über ein Anwachsen der Grunddämpfung hinaus) zu einer Verzerrung der Frequenzcharakteristik des Übertragungsbandes. Die Ursache für diese Erscheinung ist das Fallen eines Teiles der aus den unterdrückten Seitenbändern reflektierten Leistungen nach mehrfach wiederholter Modulation in das Nutzband. Die genaue Berechnung der resultierenden Charakteristik ist eine relativ komplizierte Aufgabe. Hier beziehen wir uns lediglich auf die Fachliteratur — im wesentlichen auf die Arbeiten von Prof. *Gensel*, *Kurth* und *Salzmann*. Die Welligkeit der Charakteristik läßt sich entweder mit vorverzerrten Filtern oder mit nichtangepaßten Anschlüssen der Filter ausgleichen. (Die letzte Methode arbeitete man bereits 1966 in unserem Institut aus.)
Mit der Verfeinerung der technologischen Verfahren der Transistorherstellung erschienen in TF-Einrichtungen auch passive Modulatoren mit Transistoren. Zwei typische Beispiele für diese Schaltungen zeigen die Bilder 24b und 24c. In der Schaltung nach Bild 24b verändert das komplementäre Transistorpaar das Vorzeichen der Transformatorübersetzung periodisch. Bild 24c zeigt einen mit FET-Schalter arbeitenden, einfachen Zerhacker. Die Schaltung nach Bild 24b ist zweifach, während die Anordnung nach Bild 24c nur trägermäßig ausgeglichen ist.

b) *Aktive Modulatoren*

Obwohl man die beiden letzten passiven Modulatoren auch in neuesten Systemen finden kann, sind für Einrichtungen der dritten Generation dennoch eher die aktiven Modulatoren charakteristisch. Ihre Vorteile sind wie folgt zusammenzufassen:
Die Filteranpassung kann mit aktiven Modulatoren perfekt realisiert werden, d. h.: die Modulatoren verursachen selbst zwischen selektiven Abschlüssen keine zusätzliche Dämpfungsverzerrung.

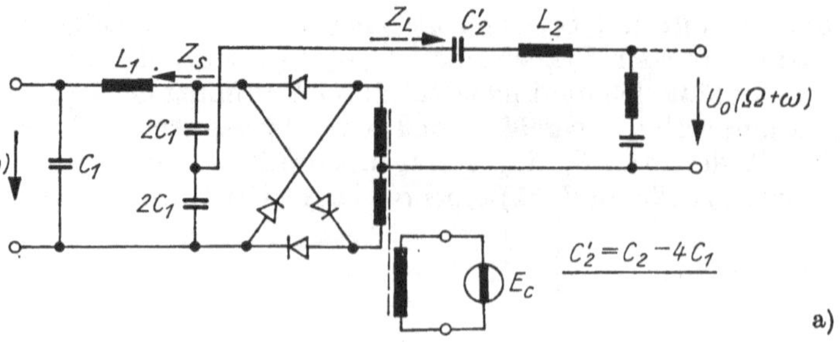

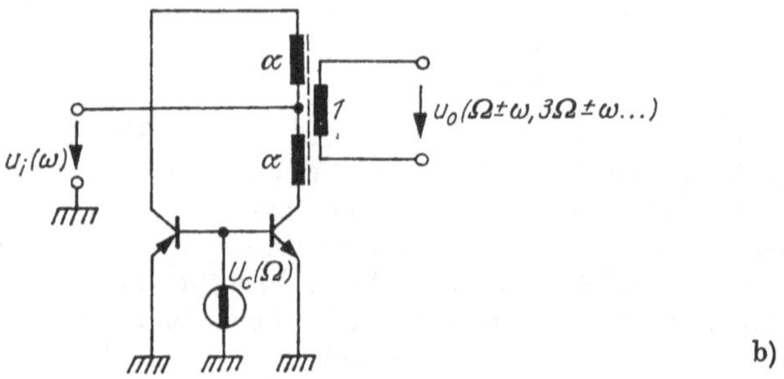

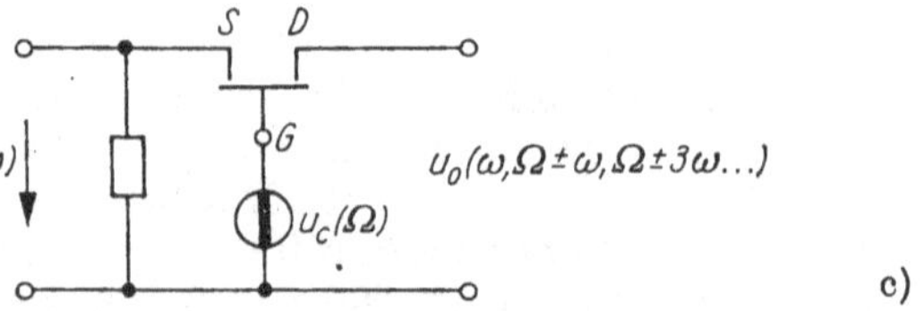

Bild 24. Zwei passive Modulatoren mit Transistoren

Durch Nutzung der Modulatorverstärkung verringern sich die an die Verstärker der Einrichtung gestellten Anforderungen bedeutend. Da der Signalpegel am Ausgang der Modulatoren nicht fällt, ist das Grundrauschen der Kanäle sehr gering.
Da die aktiven Modulatoren gegengekoppelte Schaltungen sind, ist mit ihnen eine hohe Pegelstabilität realisierbar. Ihr Leistungsverbrauch ist gegenüber den mit Dioden arbeitenden Modulatoren eine Größenordnung kleiner.
Die aktiven Modulatoren lassen sich eingangs- und ausgangsseitig direkt parallel schalten. Dieser Vorteil ist besonders bei den mit Vormodulation arbeitenden Kanalumsetzern bedeutend, da sich die Kanäle so außerordentlich einfach zusammenfassen lassen.
Zum Betrieb der aktiven Modulatoren werden keine Transformatoren benötigt, so daß sie in integrierter Ausführung realisierbar sind. Gleichzeitig sichert die integrierte Schaltungstechnik eine mit diskreten Schaltungen nicht erreichbare gute Symmetrie, die einen niedrigen Pegel des Trägerrestes und der parasitären Modulationsprodukte sichert.

Transistorisierte Gegentaktschaltungen lassen sich gut nach der hybrid-integrierten Technologie herstellen. Bild 25 zeigt einen einfach kompensierten Modulator. Die Parameter der Schaltung lassen sich aus den Zusammenhängen, die vom Gegentaktverstärker in Emitterschaltung bekannt sind, leicht bestimmen, wobei man den Modulationsverlust π mit berücksichtigt. Die Pegelstabilität der Schaltung, und die erforderliche Dämpfung der parasitären Modulationsprodukte kann durch entsprechende Einstellung der Basisgleichspannung erreicht werden. Die Widerstandskette R_1, R_2, R_3 dient zur genauen Einstellung des Ausgangspegels.
Heute stellen bereits zahlreiche Weltfirmen monolithisch integrierte Modulatoren in großen Stückzahlen her. Zum Schluß soll eine aus Differenzverstärkern aufgebaute Variante beschrieben werden. Eine solche Schaltung μA 796 fertigt beispielsweise die Firma FAIRCHILD.
Bild 25b zeigt den inneren Aufbau der integrierten Schaltung. Das aus den Transistoren Q_3, Q_4, Q_5, Q_0 bestehende Quartett schaltet den Kollektorstrom des Eingangsdifferenzverstärkers $Q_1 - Q_2$ im Takt der Trägerfrequenz mit wechselnder Polarität auf die Last. Wie ersichtlich ist, dienen als Schalter ebenfalls Differenzverstärker. Den Strom des Stromgenerators Q_7, Q_8 kann man mit dem durch Q_9 fließenden Strom einstellen.

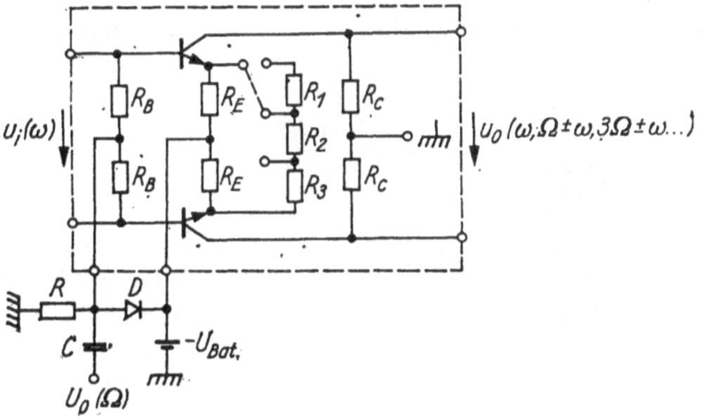

a)

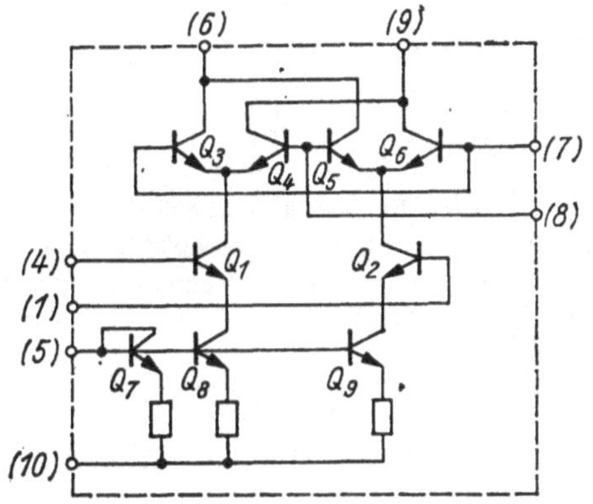

b)

Bild 25. Aktive Modulatorschaltungen

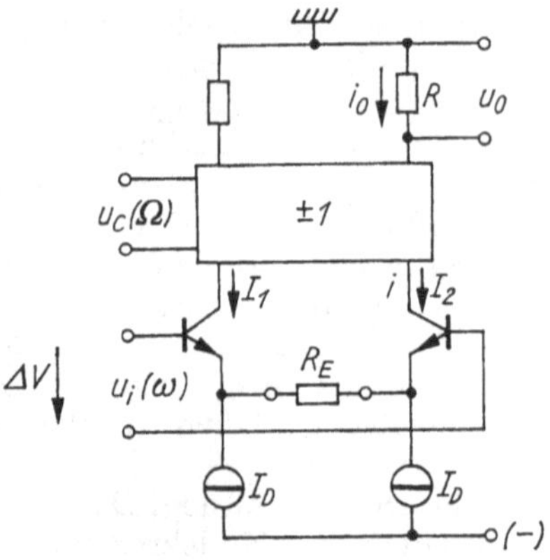

Bild 26. Prinzipschaltung des aktiven Modulators nach Bild 25

Zur Analyse der Modulatorschaltung wird das in Bild 26 gezeigte Prinzipschema der Schaltung verwendet.

Bekanntlich läßt sich die statische Übertragungskennlinie des Eingangs-Differenzverstärkers im Falle $R_E = 0$ mit den Gleichungen (33, 34) beschreiben:

$$I_{C1} = \frac{\alpha \cdot 2I_D}{1 + \exp -\Delta V/U_T}, \tag{33}$$

$$I_{C2} = \frac{\alpha \cdot 2I_D}{1 + \exp \Delta V/U_T}. \tag{34}$$

Hier ist ΔV der Potentialunterschied zwischen den Basen, U_T ist die Temperaturspannung und α der Stromverstärkungsfaktor der Transistoren. Die Kleinsignal-Steilheit des nicht gegengekoppelten Verstärkers erhalten wird durch Differentation dieser Ausdrücke, wenn ΔV den Wert Null hat:

$$G = \frac{\alpha I}{2U_T}. \tag{35}$$

Wegen der durch den Emitterwiderstand R_E verursachten Gegenkopplung verringert sich die Steilheit entsprechend Gleichung (36):

$$g = \frac{\alpha G}{\alpha^2 + R_E G} \cong \frac{G}{1 + R_E G}. \tag{36}$$

Der in das Schalternetzwerk fließende Wechselstrom ist durch das Produkt aus der eingangsseitigen Wechselspannung und der gegengekoppelten Steilheit gegeben. Die Übertragungsfunktion des Schalters kann durch Verwendung der *Kirchhoff*'schen Gleichungen und des Zusammenhangs (33, 34) abgeleitet werden. Als Ergebnis ergibt sich die Beziehung (37)

$$l_0 = i \cdot th \frac{u_C(\Omega)}{2U_T}. \tag{37}$$

Ist die Trägeramplitude größer als $2U_T$, dann läßt sich die tangens-hyperbolicus-Funktion mit praktisch ausreichender Genauigkeit durch ein Rechtseckignal annähern, dessen Amplitude den Wert Eins haben soll.

Als Endergebnis erhält man unter Verwendung der Gleichungen (36), (37) für die Komponente der Ausgangsspannung i_0R mit der gewünschten Frequenz den Ausdruck (38):

$$U_0(\Omega \pm \omega) = R \frac{2}{\pi} \frac{I_D}{2U_T + \frac{1}{\alpha} R_E I_D} U_i(\omega) . \tag{38}$$

Dieser Modulator unterscheidet sich infolge der vollkommenen Trennung des Signals von der Trägerfrequenzsteuerung aus der Sicht der nichtlinearen Verzerrungen grundlegend von den bisher gezeigten Schaltungen. Die mit Dioden oder Transistoren arbeitenden Modulatoren verzerren stark in der Umgebung der Nulldurchgänge der Trägerfrequenz, da das Signal den Zustand des Schalterelements beeinflussem kann; zum Beispiel öffnet es die durch den Träger nur leicht gesperrte Diode. Bei der eben behandelten Schaltung wird diese störende Wirkung vollständig eliminiert; die Verzerrungen bestimmt allein der Eingangs-Differenzverstärker.
Eine nichtlineare Analyse bei kleinen Signalen läßt sich durch implizite Reihenentwicklung des transzendenten Zusammenhanges durchführen, der zwischen der Eingangs-Steuerspannung des Verstärkers und des Kollektor-Wechselstromes besteht. Diese Methode veröffentlichte *Göller* in der Zeitschrift „Nachrichtentechnik und Elektronik" im Jahre 1974. Nach Berechnungen ähnlich zu den dort beschriebenen erhält man für den Verzerrungsfaktor der dritten Harmonischen den einfachen Zusammenhang gemäß Gleichung (3.26):

$$K_3 = \frac{1}{4\delta} \cdot \frac{1}{(GR_E + 1)^3} \cdot \left(\frac{U_i}{U_T}\right)^2 . \tag{3.26}$$

Es sei bemerkt, daß dieses Endergebnis nicht mit dem in der zitierten Publikation übereinstimmt. Aus diesem Grunde wurden zur Kontrolle anhand eines Beispiels die Verzerrungen auch nach einer graphischen Methode bestimmt. Mit den beiden Methoden erhält man innerhalb von 0,5 dB das gleiche Ergebnis, und hierfür sprechen auch die durch Messung gewonnenen Ergebnisse.
Der Modulator wurde mit einem Schaltkreis µA 796 und einem Dünnschichtnetzwerk aufgebaut.
In diesem Beitrag sollte versucht werden ein Überblick zu einigen wichtigen Schaltungsfragen von Kanalumsetzer-Einrichtungen der dritten Generation zu geben. und die engere Beziehung des Schaltungsentwurfs und des Systementwurfs in der modernen Übertragungstechnik aufzuzeigen.

Literaturverzeichnis

[1] *Salzmann*: La modulateur en aneau a filteres integrés. Cables et Transmission 2 (1961).
[2] *Kurth*: Die Analyse quasilinearer Frequenzumsetzer mit selektiven Ein- und Ausgangsnetzwerken. AEÜ 7 (1963).
[3] *Kiss*: Gyürüs modulátorok vizsgálata frekvenciaszelektiv lezárások között. TKI közlemknyek 1 (1966).
[4] *Saraga*: N-path filters. Sommer School on Circuit Theory, Prague 1968.
[5] *Philippow, E.*: Taschenbuch Elektrotechnik, Nachrichtentechnik. VEB Verlag Technik, Berlin 1969.
[6] *Cebe, L.*: A New-Type Pilot Regulation System. Budavox Telecommunication Review (1970).
[7] *Sasvári, J., Elekes, J., Forgó, L.*: Lineáris integrált áramkörök alkalmazásának lehetöségei a frekvenciaostásos multiplex berendezésekben. TKI tanulmány 1970.
[8] *Gensel*: A new method for analizing SSB modulation circuits. Proc. of the IV. colloquium on microwave comm., Budapest 1970.
[9] *Goeller, L.*: Feldeffekttransistoren als steuerbare, lineare Widerstände. NTZ 10 (1970).
[10] *Bleish, Mischand*: The A6 channel bank. Bell Lab. Record 9 (1971).

[11] *Tarlacz, L., Elekes, J.*: Noise minimization in active *RC* sections. Int. symp. on electronics, Varna 1972.
[12] *Olson*: SSB modulator on a chip? Electronic products magazine 9 (1972).
[13] *Volejnik*: Aktive Modulatoren in der Nachrichten-Übertragungstechnik. Siemens-Zeitschrift 10 (1972).
[14] *Duval, G., Renaud-Goud, J.*: Considérations sur l'étude d'une nouvelle génération d'équipements terminaux analogiques a 12 vois. Cables et Transmission 1 (1973).
[15] *Könecke, H.*: Einsatz des stromgesteuerten Transfluxors als Regelspeicher. Fernmeldetechnik 2 (1973).
[16] *Kurth*: Analog and digital filtering in multiplex communication systems. IEEE Trans. on CT 6 (1973).
[17] *Scheible, F.*: Entwurf und Dimensionierung rausch- und klirrarmer Verstärker. Funk-Technik 8 (1973), 9 (1973), 10 (1973) u. 11 (1973).
[18] *Göller*: Berechnung nichtlinearer Verzerrungen in multiplikativen Transistormischern. Nachrichtentechnik-Elektronik 1 (1970) u. 2 (1974).
[19] *Herpy, Miklós*: Analóg integrált áramkörök. Müszaki Könyvkiadó, Budapest 1974.
[20] *Gelder, E.*: Technische und wirtschaftliche Grenzen bei monolitischen integrierten Schaltungen. Siemens Bauteile Report 2 (1974).
[21] *Kagelmann, H., Schwarzbauer, K.*: Ein Leitungsregler mit Kondensator-MOSFET-Speicher zur Pegelhaltung in Breitband-TF-Systemen auf Koaxialkabeln. Frequenz 4 (1974).
[22] *Egerer, G.*: Kanalumsetzereinrichtung der Bauweise 7R. Techn. Mitt. AEG-Telefunken 1974, Beiheft Trägerfrequenztechnik.
[23] *Blömker, K., Korn, J.*: Regelung und Überwachung. Techn. Mitt. AEG-Telefunken 1974, Beiheft Trägerfrequenztechnik.
[24] *Koob, E., Plügge, H.*: Kanalumsetzer mit mechanischen Filtern. Siemens Zeitschrift (1974), Beiheft Nachrichten-Übertragungstechnik.
[25] *Gauss, M., Timmermann, U.*: Überwachungs- und Regelungseinrichtungen für TF-Grundgruppen. Siemens Zeitschrift (1974), Beiheft Nachrichten-Übertragungstechnik.
[26] *Lueder*: Optimization of the dynamic range and the noise distance of *RC* — active filters. Int. J. of CT and Applications 3 (1975).
[27] *Kaneoya*: An overview of channel filters. Rev. of Electrical Laboratories 5 (1975), 6 (1975).
[28] *Коган, А. В.*: АРУ на мемисторах в системе К-300 Р. Электросвязь 10 (1975).

5. Optimierung von Schaltungen

5.1. Zwei Methoden der linearen Optimierung

(Kurzfassung in zweidimensionaler Darstellung betr. Maximierung)

Von *Gerhard Schulz*

Humboldt-Universität Berlin, Sektion Marxistisch-leninistische Philosophie

Die theoretische Grundlage dieser Methoden ist die *Hesse*sche Normalform der Vektorrechnung

$$\boldsymbol{e} \cdot \boldsymbol{x} = p\,.$$

In dieser Gleichung ist $\boldsymbol{e}$ der Einheitsvektor, der ausgehend vom Koordinatenursprung auf der Geraden g senkrecht steht (Bild 1). $p \geqq 0$ ist der Abstand der Geraden vom Koordinatenursprung, und $\boldsymbol{x}$ ist der variable Ortsvektor, der vom Koordinatenursprung zu den Punkten der Geraden g führt.
Für Punkte, die mit dem Koordinatenursprung auf derselben Seite der Geraden liegen, gilt

$$\boldsymbol{e} \cdot \boldsymbol{x} < p\,,$$

für Punkte, die mit dem Koordinatenursprung auf verschiedenen Seiten der Geraden liegen, gilt

$$\boldsymbol{e} \cdot \boldsymbol{x} > p\,.$$

Die Gesamtheit der Nebenbedingungen einer Aufgabe der linearen Optimierung kann durch ein Ungleichungssystem

$$\boldsymbol{a}_i \cdot \boldsymbol{x} \leqq b_i$$

mit $b_i \gtreqless 0$ und $i = 1, 2, \ldots, m$ beschrieben werden. Eventuell vorhandene Gleichungen unter den Nebenbedingungen können von vornherein ausgeschlossen werden, indem man aus der Aufgabenstellung ebenso viele Unbekannte eliminiert, wie linear unabhängige Gleichungen gegeben sind.

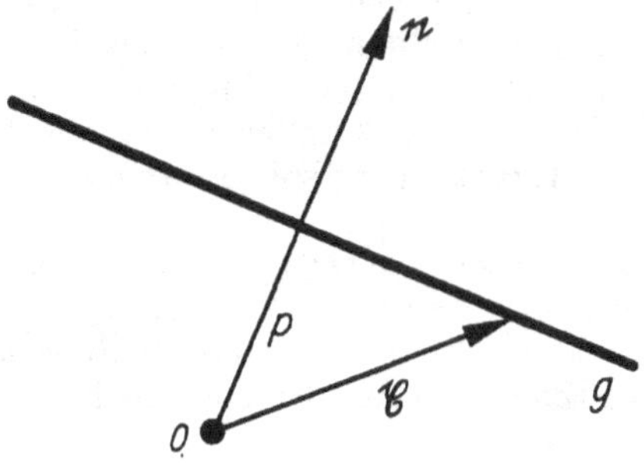

Bild 1

Das Ungleichungssystem läßt sich nach Division durch $|\boldsymbol{a}_i|$ in

$$\frac{\boldsymbol{a}_i}{|\boldsymbol{a}_i|} \cdot \boldsymbol{x} \leqq \frac{b_i}{|\boldsymbol{a}_i|}$$

oder in

$$\boldsymbol{e}_i \cdot \boldsymbol{x} \leqq q_i \quad \text{mit} \quad q_i \gtreqless 0$$

umschreiben und mit Hilfe der *Hesse*schen Normalform als die Menge der Innen- und Randpunkte eines konvexen Polygons deuten. Diese Punktmenge wird als Lösungsbereich oder Lösungspolygon des Ungleichungssystems bezeichnet. Im Sonderfall handelt es sich um eine Punktmenge, die von einem offenen konvexen Polygonzug begrenzt wird oder um die leere Menge. Diese beiden Möglichkeiten sollen außer Acht gelassen werden. Schreibt man das Ungleichungssystem — wie vorgesehen — mit dem $\leqq$ Zeichen, dann sind die $\boldsymbol{a}_i$ die äußeren Normalvektoren der Seiten des konvexen Polygons (Bild 2).

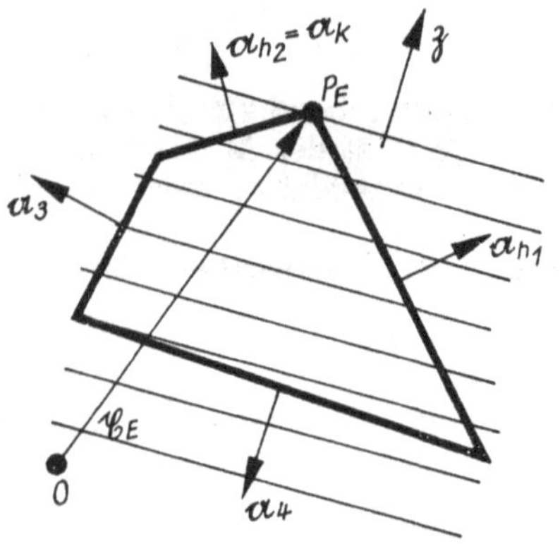

Bild 2

Die Zielfunktion einer Aufgabe der linearen Optimierung

$$f(\boldsymbol{x}) = \boldsymbol{z} \cdot \boldsymbol{x}$$

soll im Lösungsbereich des Ungleichungssystems einen maximalen bzw. minimalen Wert annehmen. Der Zielvektor $\boldsymbol{z}$ ist der Gradient der Zielfunktion

$$\boldsymbol{z} = \operatorname{grad} f(\boldsymbol{x}) \, .$$

Er weist in die Richtung der stärksten Zunahme dieser Funktion und steht auf den hier geradlinigen Niveaulinien — mit jeweils konstanten Werten der Zielfunktion — senkrecht. Die Niveaulinien im konvexen Polygon lassen erkennen, daß sich die Lösung der Optimierungsaufgabe im allgemeinen durch einen Eckpunkt P_E des Polygons veranschaulichen läßt. P_E ist in Bezug auf die Niveaulinien der höchstgelegene Punkt des Polygons (s. Bild 2). P_E soll Extremalpunkt oder Extremalecke der Optimierungsaufgabe heißen. Der zugehörige Ortsvektor $\boldsymbol{x}_E$ soll Extremalvektor genannt werden.
Im Sonderfall, wenn die Niveaulinien zu einer Polygonseite parallel verlaufen, können die Punkte der betreffenden Polygonseite entweder Extremalpunkte der zugehörigen Maximierungsaufgabe oder Extremalpunkte der zugehörigen Minimierungsaufgabe sein. In diesem Fall soll die Polygonseite Extremalseite des entsprechenden Problems heißen.

In n-dimensionaler Betrachtung kann das Ungleichungssystem als ein konvexes Polyeder gedeutet werden. Die Extremalpunkte der Optimierungsaufgabe sind dann ein Eckpunkt, eine Kante oder eine Begrenzungsfläche des konvexen Polyeders.

Die Winkelmethode

beruht darauf, die Extremalecke aus den sich dort schneidenden Geraden zu ermitteln. Dazu dient folgende Aussage über die Normalvektoren der betreffenden Geraden: Unter den Normalvektoren $\boldsymbol{a}_h$ der Geraden, die sich in der Extremalecke schneiden, gibt es immer einen oder mehrere $\boldsymbol{a}_k$ die mit $\boldsymbol{z}$ einen kleineren Winkel einschließen als alle anderen Normalvektoren des Lösungspolygons (Bild 3).

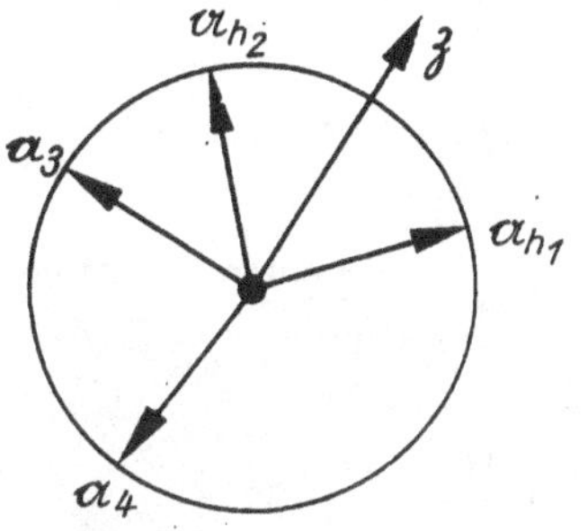

Bild 3

Man erhält daher mindestens einen Normalvektor $\boldsymbol{a}_k$ von den Geraden durch die Extremalecke aus der Menge aller Normalvektoren $\boldsymbol{a}_i$ auf Grund der Eigenschaft

$$\cos(\boldsymbol{a}_k, \boldsymbol{z}) \geqq \cos(\boldsymbol{a}_i, \boldsymbol{z}) \quad \text{für} \quad i = 1, 2, \ldots, m$$

oder wegen

$$\cos(\boldsymbol{a}_i, \boldsymbol{z}) = \frac{\boldsymbol{a}_i \cdot \boldsymbol{z}}{|\boldsymbol{a}_i|\,|\boldsymbol{z}|}$$

nach Multiplikation der Ungleichung mit $\boldsymbol{z}$ auf Grund von

$$\frac{\boldsymbol{a}_k \cdot \boldsymbol{z}}{|\boldsymbol{a}_k|} \geqq \frac{\boldsymbol{a}_i \cdot \boldsymbol{z}}{|\boldsymbol{a}_i|} = v_i \quad \text{für} \quad i = 1, 2, \ldots, m\,.$$

Sind zwei oder mehrere Vergleichswerte v_k gleich groß und maximal, dann bestimmt jeder der zugehörigen Normalvektoren eine Gerade durch die Extremalecke, und zwar mit der Gleichung

$$\boldsymbol{a}_k \cdot \boldsymbol{x} = b_k\,.$$

Mit Hilfe von $\boldsymbol{a}_k\boldsymbol{x}_E = b_k$ kann dann eine Koordinate von $\boldsymbol{x}_E$ sowohl aus den Ungleichungen als auch aus der Zielfunktion eliminiert werden. Das geschilderte Rechenverfahren kann in gleicher Weise für die umgewandelten Ungleichungen und die veränderte Zielfunktion wiederholt werden, bis nur noch eine Koordinate von $\boldsymbol{x}_E$ übrig bleibt.

Es ist von praktischer Bedeutung, daß die Zielfunktion $f(\boldsymbol{x}) = \boldsymbol{z} \cdot \boldsymbol{x}$ beim Eliminieren formal als Gleichung $\boldsymbol{z} \cdot \boldsymbol{x} = 0$ behandelt wird. Wenn nämlich in der Zielfunktion alle Koordinaten von $\boldsymbol{x}_E$ — je nach ihrem Vorzeichen durch Addition oder Subtraktion — eliminiert sind, also die gesamte Zielfunktion für $\boldsymbol{x} = \boldsymbol{x}_E$ subtrahiert wurde, muß auf der rechten Seite der genannten Gleichung der Maximalwert der Zielfunktion subtrahiert sein und wegen des Ausgangswertes Null mit entgegengesetztem Vorzeichen ablesbar sein.

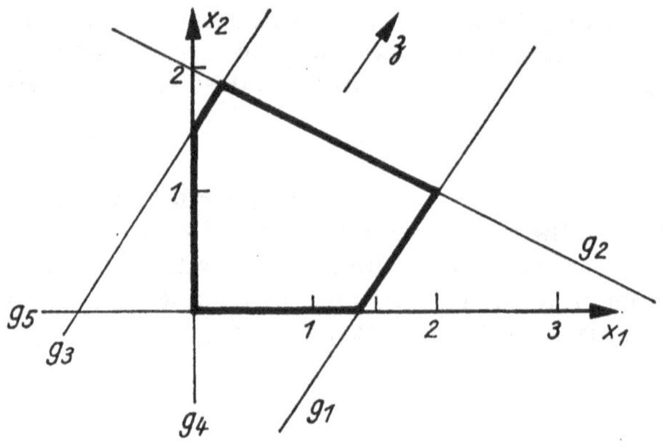

Bild 4

Beispiel 1 (Bild 4):

Tabelle 1. Berechnung der Vergleichswerte $v_i = \dfrac{\boldsymbol{a}_i \cdot \boldsymbol{z}}{|\boldsymbol{a}_i|}$ und Ermittlung des max v_i und des zugehörigen $\boldsymbol{a}_k$

$\boldsymbol{z}$	2	3	b_i	v_i	v_i^2	
$\boldsymbol{a}_1$	3	−2	4	0	0	
$\boldsymbol{a}_2$	1	2	4	$8/\sqrt{5}$	64/5	max v_i
$\boldsymbol{a}_3$	−3	2	3	0	0	
$\boldsymbol{a}_4$	−1	0	0	−2	—	
$\boldsymbol{a}_5$	0	−1	0	−3	—	

Es empfiehlt sich, für die Ermittlung von max v_i eine Spalte mit den Werten von v_i^2 anzufügen, dabei sind die Quadrate negativer v_i von vornherein wegzulassen.

Tabelle 2. Mit Hilfe der Gleichung $\boldsymbol{a}_k \cdot \boldsymbol{x}_E = b_k$ (hier für $k = 2$) wird eine der Unbekannten (x_1) eliminiert

$\boldsymbol{z}$	0	−1	−8
$\boldsymbol{a}_1$	0	−8	−8
$\boldsymbol{a}_2$	0	0	0
$\boldsymbol{a}_3$	0	8	4
$\boldsymbol{a}_4$	0	2	15
$\boldsymbol{a}_5$	0	−1	0
$\boldsymbol{a}_2$	1	2	4

Zur Aufstellung einer Gleichung für die letzte Koordinate von $\boldsymbol{x}_E$ ist das Verfahren der Ermittlung von max v_i nicht mehr brauchbar; denn für die verbleibenden eindimensionalen Vektoren gibt es nur die Winkel von 0 und 180°. Zum Verständnis des letzten andersartigen Rechenschrittes dient folgende Überlegung:
Man denke sich die noch vorhandenen — nunmehr reduzierten — Ungleichungen nach der übrig gebliebenen Koordinate x von $\boldsymbol{x}_E$ aufgelöst. Wenn der Faktor von x positiv war, bleibt für den Wert $x = x^+$ das $\leqq$ Zeichen bestehen. Wenn der Faktor von x

negativ war, entsteht für den Wert $x = x^-$ das $\geqq$ Zeichen. Die Ungleichungen mit dem $\leqq$ Zeichen werden durch das Minimum der zugehörigen x^+-Werte, abgekürzt $\min x^+$, und alle kleineren Werte erfüllt. Die Ungleichungen mit dem $\geqq$ Zeichen werden durch das Maximum der zugehörigen x^--Werte, abgekürzt $\max x^-$, und alle größeren Werte erfüllt. Sämtliche Ungleichungen werden von dem Durchschnitt beider Mengen erfüllt, d. h. von allen x aus dem Intervall

$$\max x^- \leqq x \leqq \min x^+ .$$

Für $\max x^- > \min x^+$ besitzt das Ungleichungssystem keine Lösung.

In dem angegebenen Lösungsbereich der reduzierten Ungleichungen soll die Zielfunktion maximiert werden. Dabei sind in Tab. 2 zwei Möglichkeiten zu unterscheiden: Wenn die übrig gebliebene Koordinate z des Zielvektors $\boldsymbol{z}$ positiv ist, $\operatorname{sgn} z = +1$ ist, dann ist als Koordinate von $\boldsymbol{x}_E$, genannt x_E, der größte Wert aus der angegebenen Lösungsmenge zu verwenden, d. h.

$$x_E(\operatorname{sgn} z = +1) = \min x^+ .$$

Auf diese Weise erhält bei der nachfolgenden Subtraktion des übrig gebliebenen Gliedes der Zielfunktion der Wert $-f(\boldsymbol{x}_E)$ in der Spalte der Absolutglieder seinen Minimalwert, also $+f(\boldsymbol{x}_E)$ seinen Maximalwert.

Wenn dagegen die übrig gebliebene Koordinate z des Zielvektors $\boldsymbol{z}$ negativ ist, $\operatorname{sgn} z = -1$ ist, dann ist als Koordinate von $\boldsymbol{x}_E$ der kleinste Wert aus der angegebenen Lösungsmenge zu verwenden, d. h.

$$x_E(\operatorname{sgn} z = -1) = \max x^- .$$

Auf diese Weise erhält bei der nachfolgenden Elimination durch Addition der Wert $-f(\boldsymbol{x}_E)$ in der Spalte der Absolutglieder wiederum seinen Minimalwert und damit $+f(\boldsymbol{x}_E)$ seinen Maximalwert.

Für den Abschluß der Rechnung ist daher bei positivem Vorzeichen von z die Menge der x mit positiven Koeffizienten in der Spalte von z zu minimieren und bei negativem Vorzeichen von z die Menge der x mit negativen Koeffizienten in der Spalte von z zu maximieren.

Das sieht in dem noch nicht zu Ende gerechneten Beispiel folgendermaßen aus:

Ergänzung der 2. Tabelle, hier wegen $\operatorname{sgn} z = -1$ durch die Spalte x^- und die Ermittlung von $\max x^-$

$\boldsymbol{z}$	0	−1	−8	x^-	
$\boldsymbol{a}_1$	0	−8	−8	1	$\max x^-$
$\boldsymbol{a}_2$	0	0	0	/	
$\boldsymbol{a}_3$	0	8	15	/	
$\boldsymbol{a}_4$	0	2	4	/	
$\boldsymbol{a}_5$	0	−1	0	0	
$\boldsymbol{a}_2$	1	2	4		
$\boldsymbol{a}_1$	0	1	1		

Tabelle 3. x_2 wird eliminiert

$\boldsymbol{z}$	0	0	-7	$=$	$-f(\boldsymbol{x}_E)$
$\boldsymbol{a}_1$	0	0	0		
$\boldsymbol{a}_2$	0	0	0		
$\boldsymbol{a}_3$	0	0	7		
$\boldsymbol{a}_4$	0	0	2		
$\boldsymbol{a}_5$	0	0	1		
$\boldsymbol{a}_2$	1	0	2	$=$	x_1
$\boldsymbol{a}_1$	0	1	1	$=$	x_2

Diese Tabelle liefert die Lösung $\boldsymbol{x}_E = (2; 1)$ mit $f(\boldsymbol{x}_E) = 7$ als Maximalwert der Zielfunktion. Gleichzeitig enthält die Tabelle die Kontrollmöglichkeit für alle Ungleichungen mit dem $\leq$ Zeichen. In den Spalten der Koeffizienten stehen nunmehr lauter Nullen, und die zugehörigen Absolutglieder müssen $\geqq 0$ sein.
Zusammenfassend läßt sich sagen:
Aus den Ungleichungen wurden Schritt für Schritt Gleichungen ausgesondert, die jedesmal benutzt wurden, um mit Hilfe des *Gauß*schen Algorithmus in den Spalten des Rechenschemas eine Variable nach der anderen zu isolieren.
Es kann vorkommen, daß bei einem der Rechenschritte sich die Beziehung $\boldsymbol{z} = \lambda \boldsymbol{a}_k$ ergibt, wobei $\lambda > 0$ ist. Sie bedeutet, daß der Zielvektor $\boldsymbol{z}$ parallel zum Normalvektor $\boldsymbol{a}_k$ ist und dieselbe Richtung besitzt. In diesem Fall ist die Polygonseite, die den Normalvektor $\boldsymbol{a}_k$ besitzt, Extremalbereich, wie schon einleitend angedeutet wurde (Bild 5).

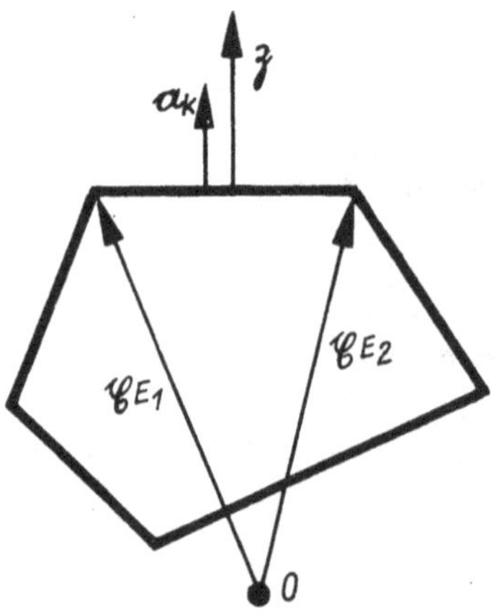

Bild 5

Die vollständige Lösung $\boldsymbol{x}_E$ der Maximierungsaufgabe ergibt sich dann aus den Ortsvektoren der beiden Endpunkte dieser Seite $\boldsymbol{x}_{E_1}$ und $\boldsymbol{x}_{E_2}$. Sie entsprechen beim letzten Rechenschritt den Werten $x_{E_1} = \max x^-$ und $x_{E_2} = \min x^+$. Es ist

$$\boldsymbol{x}_E = d_1 \boldsymbol{x}_{E_1} + d_2 \boldsymbol{x}_{E_2}$$

mit

$$d_1 + d_2 = 1 \quad \text{und} \quad d_1 \geqq 0\,, \quad d_2 \geqq 0\,.$$

Im mehrdimensionalen Fall $n \geqq 3$ läuft eine analoge Betrachtung darauf hinaus, aus einem System von Ungleichungen, das als konvexes Polyeder gedeutet werden

kann, die Eckpunkte einer Polyederfläche bzw. Polyederhyperfläche oder Polyederkante zu berechnen. Das ist eine zusätzliche besondere Aufgabe, auf die hier nicht näher eingegangen werden soll.
Die Winkelmethode ist bis auf eine Ausnahme immer anwendbar. Sie führt zu unbrauchbaren Ergebnissen, wenn eine besondere Art von überflüssigen Nebenbedingungen zusätzlich gegeben ist. Überflüssige Nebenbedingungen sind solche, die nicht zur Abgrenzung des Lösungspolygons beitragen. Die überflüssigen Nebenbedingungen stören dann die Anwendung der geschilderten Lösungsmethode, wenn die zugehörigen Geraden Normalvektoren besitzen, die mit dem Zielvektor einen kleineren Winkel einschließen als die Normalvektoren, die bei der Ermittlung der Extremalecke benötigt werden (Bild 6). Die Bedingung max $\frac{\boldsymbol{a}_i \cdot \boldsymbol{z}}{|\boldsymbol{a}_i|}$ würde in diesem Fall nicht auf die gesuchten Normalvektoren und daher auch nicht auf die Lösung der Optimierungsaufgabe führen.

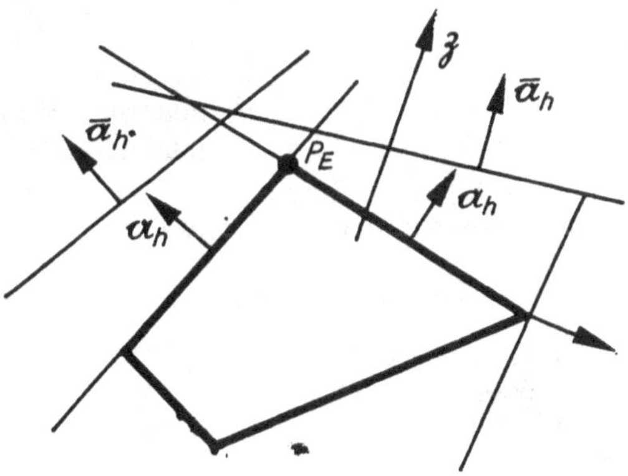

Bild 6

Die Transversalmethode

ist von dem Vorhandensein überflüssiger Nebenbedingungen unabhängig. Sie beruht darauf, von einem inneren oder einem Randpunkt des konvexen Lösungspolygons auszugehen und auf einem möglichst kurzen Wege quer durch das Polygon (transversal) zur Extremalecke oder einem Extremalpunkt zu gelangen.
Für die Aufgaben der Praxis steht meist – auf Grund von Erfahrungen – ein solcher Ausgangspunkt als Lösungsansatz zur Verfügung. Er befriedigt nur die Nebenbedingungen, ohne die Zielfunktion zu maximieren. Wenn aber kein Lösungsansatz gegeben ist, bedarf es eines besonderen Rechenverfahrens, das am Schluß der Arbeit angedeutet wird.
Der Lösungsweg der Transversalmethode ergibt sich im wesentlichen dadurch, daß man mehrmals hintereinander je zwei Mittelpunkte von Sehnen, senkrecht zum Zielvektor auf jeweils höherem Niveau, miteinander geradlinig verbindet (Bild 7). Im einzelnen geht man folgendermaßen vor:
Wenn der Ausgangspunkt ein Randpunkt R_0 (speziell Eckpunkt) ist, benutzt man zunächst einen Vektor $\boldsymbol{z}_0$ – wenn möglich den Zielvektor $\boldsymbol{z}$ –, der ins Innere des Polygons zielt und zu einem weiteren Randpunkt R_1 führt. Einen entsprechenden Randpunkt R_1 erreicht man, wenn man von dem inneren Punkt I_0 ausgeht und der Richtung des Zielvektors $\boldsymbol{z}$ folgt.
Unter Verwendung eines „inneren" Vektors $\boldsymbol{y}_1$, senkrecht zu $\boldsymbol{z}$, gelangt man zu einem R_1 gegenüberliegenden Randpunkt R_1'. Vom Mittelpunkt M_1 der Sehne R_1R_1' ausgehend, erreicht man in der Richtung $\boldsymbol{z}_1 = \boldsymbol{z}$ einen weiteren Randpunkt R_2 und

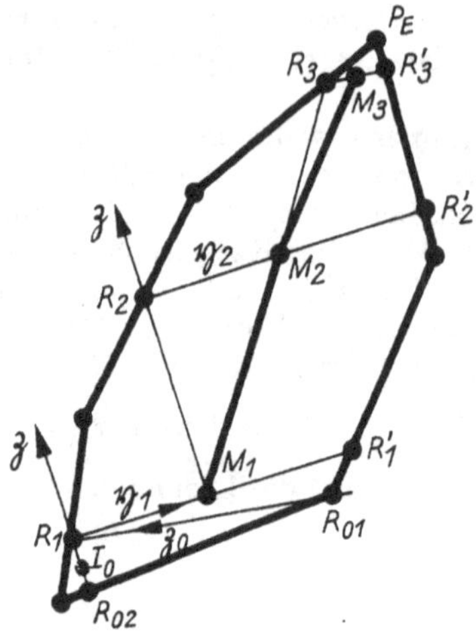

Bild 7

erhält wie vorher den gegenüberliegenden Randpunkt R_2' und die Sehne R_2R_2' mit dem Mittelpunkt M_2. Zu den folgenden Randpunkten R_q gelangt man, indem man der Richtung des Vektors $\mathfrak{z}_{q-1} = \overrightarrow{M_{q-2}M_{q-1}}$ folgt. Nach endlich vielen Schritten wird der Extremalpunkt P_E erreicht, und zwar genau dann, wenn kein innerer Vektor $\mathfrak{y}$, senkrecht zu $\mathfrak{z}$, mehr existiert.

Das geometrische Vorgehen wird folgendermaßen in eine Rechnung umgesetzt:

1. Wenn P_0 mit dem Ortsvektor $\mathfrak{x}_0$ der gegebene Ausgangspunkt ist, so werden — um festzustellen, ob er innerer Punkt oder Randpunkt ist — seine Koordinaten in die Ungleichungen $\mathfrak{a}_i \cdot \mathfrak{x} \leqq b_i$ eingesetzt. Wenn ein oder mehrere Ungleichungen mit dem Gleichheitszeichen erfüllt sind,

$$\mathfrak{a}_h \cdot \mathfrak{x}_0 = b_h ,$$

so handelt es sich um einen Randpunkt R_0, anderenfalls um einen inneren Punkt I_0. Ein Vektor $\mathfrak{z}_0$ führt von R_0 ins Innere des Polygons, wenn für alle h

$$\mathfrak{a}_h \cdot (\mathfrak{x}_0 + \mathfrak{z}_0) < b_h$$

gilt, oder wegen $\mathfrak{a}_h \cdot \mathfrak{x}_0 = b_h$ genau dann, wenn

$$\mathfrak{a}_h \cdot \mathfrak{z}_0 < 0$$

ist.

Es wird zunächst geprüft, ob $\mathfrak{z}_0 = \mathfrak{z}$ diese Ungleichungen erfüllt. Wenn das nicht der Fall ist, verwendet man die zu $-\mathfrak{a}_h$ gehörigen Einheitsvektoren $\mathfrak{e}_h$ (oder Vektoren von einheitlichem Absolutbetrag), die vom Nullpunkt ausgehend auf dem Einheitskreis enden. Offensichtlich werden die Ungleichungen $\mathfrak{e}_h \cdot \mathfrak{z}_0 > 0$ durch jeden Vektor $\mathfrak{z}_0$ erfüllt, dessen Projektion auf die $\mathfrak{e}_h$ positiv ist, d. h. durch jeden Vektor $\mathfrak{z}_0$, der mit den $\mathfrak{e}_h$ einen Winkel kleiner als 90° einschließt (Bild 8). $\mathfrak{z}_0$ existiert daher genau dann, wenn sämtliche $\mathfrak{e}_h$ auf einem Halbkreisbogen ohne Endpunkte enden.

Im allgemeinen ist $\mathfrak{z}_0 = \sum \mathfrak{e}_h$ als Lösung der Ungleichungen $\mathfrak{e}_h \cdot \mathfrak{z}_0 > 0$ brauchbar. Wenn aber der seltene Fall eintritt, daß durch R_0 überflüssige Begrenzungsgeraden verlaufen, die durch überflüssige Nebenbedingungen zustande kommen können, dann ist $\sum \mathfrak{e}_h$ nicht immer Lösung der Ungleichungen. Es sind dann ein oder mehrere Werte $\mathfrak{e}_h \cdot \sum \mathfrak{e}_h \leqq 0$ (Bild 9).

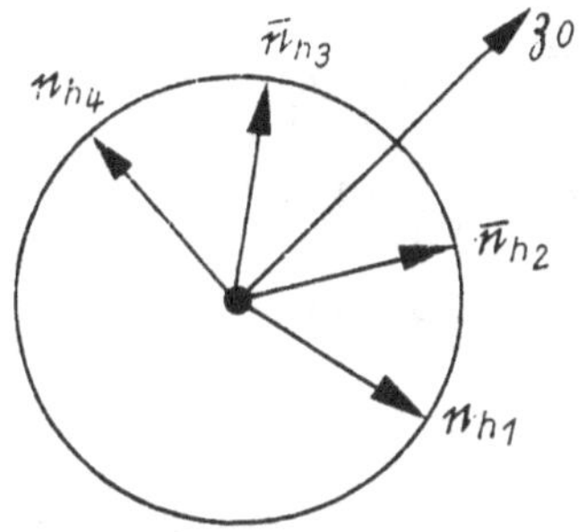

Bild 8

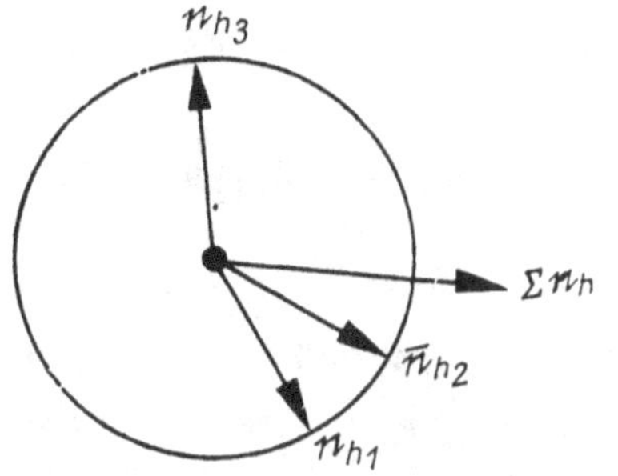

Bild 9

In diesem Fall empfiehlt es sich, bevor man ein exaktes Lösungsverfahren ansetzt, eine einfache Korrektur zu versuchen, nämlich die $\boldsymbol{e}_h$ mit den größten Projektionen von $\sum \boldsymbol{e}_h$, die z. B. größer als $0{,}8 \mid \sum \boldsymbol{e}_h \mid$ sind, wegzulassen und wie oben zu prüfen, ob

$$\boldsymbol{z}_0^* = \sum_{\substack{\text{restl.}\\ \text{Vektoren}}}^* \boldsymbol{e}_h$$

Lösung der Ungleichungen ist. Beim Weglassen von Vektoren $\boldsymbol{e}_h$ ist zu beachten, daß mindestens n Vektoren übrig bleiben müssen (n = Zahl der Variablen). Vgl. Korrekturverfahren am Schluß des folgenden Beispiels.

Ein exaktes Lösungsverfahren für das Ungleichungssystem $\boldsymbol{e}_h \cdot \boldsymbol{z}_0 > 0$ resultiert aus der anfangs dargestellten Winkelmethode. Man berechnet für $-\sum \boldsymbol{e}_h$ als Zielvektor das Maximum der zugehörigen Zielfunktion unter Berücksichtigung der Nebenbedingungen

$$\boldsymbol{e}_h \cdot \boldsymbol{z}_0 > \varepsilon = \text{konst., z. B.} = 1 .$$

Der Wert des Maximums der Zielfunktion ist hier ohne Interesse.

Wegen des $>$ Zeichens der Ungleichungen im Gegensatz zum früher verwendeten $<$ Zeichen gilt im letzten Rechenschritt für $\operatorname{sgn} z = -1$ das Ergebnis $\max x^+$, bzw. für $\operatorname{sgn} z = +1$ das Ergebnis $\min x^-$.

Bei Verwendung von $+\sum \boldsymbol{e}_h$ als Zielfunktion ist im Algorithmus der Winkelmethode $\min v_i$ zu benutzen und

	für	$\operatorname{sgn} z = +1$	das Ergebnis	$\max x^+$
sowie	für	$\operatorname{sgn} z = -1$	das Ergebnis	$\min x^-$.

Beispiel 2: (Bild 10)

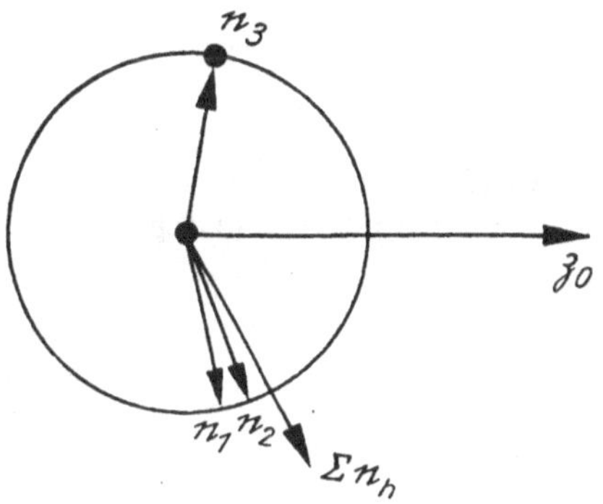

Bild 10

Gegeben: $\boldsymbol{a}_{h_1} = (-1; +3)$, und daher $\boldsymbol{e}_{h_1} = -\frac{1}{\sqrt{10}} \boldsymbol{a}_{h_1}$,

$\boldsymbol{a}_{h_2} = (-2; +4)$, $\boldsymbol{e}_{h_2} = -\frac{1}{\sqrt{20}} \boldsymbol{a}_{h_2}$,

$\boldsymbol{a}_{h_3} = (\ \ 0; -4)$, $\boldsymbol{e}_{h_3} = -\frac{1}{4} \boldsymbol{a}_{h_3}$.

Gesucht: $\boldsymbol{z}_0$, so daß $\boldsymbol{e}_h \cdot \boldsymbol{z}_0 > 0$ für alle h.

Lösung:

$\sum \boldsymbol{e}_h$	0,7634	−1,8430	b_i	$v_h = \boldsymbol{e}_h \cdot \sum \boldsymbol{e}_h$
$\boldsymbol{e}_{h_1}$	0,3162	−0,9486	1	1,9897
$\boldsymbol{e}_{h_2}$	0,4472	−0,8944	1	1,9898
$\boldsymbol{e}_{h_3}$	0	1	1	−1,8430 min

Der Vektor $\sum \boldsymbol{e}_h$ ist als Lösung nicht brauchbar; denn es ist $\boldsymbol{e}_{h_3} \cdot \sum \boldsymbol{e}_h < 0$.
In der zweiten und dritten Tabelle dieses Beispiels wird wie in Beispiel 1 eine Variable in den Zeilen 1 und 2 eliminiert und wegen $\operatorname{sgn} z = +1$ die Spalte zur Ermittlung von $\max x^+$ angefügt.

0,7634	0		x^+	
0,3162	0	1,9486	6,168	max
0,4472	0	1,8944	4,237	
0	1	1	/	$\boldsymbol{z}_0 = (6{,}17; 1)$

Die Anwendung des Korrekturverfahrens führt hier ebenfalls zum Ziel. Es ist

$$|\sum \boldsymbol{e}_h| = \sqrt{0{,}763^2 + 1{,}843^2} = 1{,}995$$

und die untere Schranke $0{,}8 \cdot 1{,}995 \approx 1{,}6$.
Wegen $n = 2$ darf aber nur einer der Vektoren mit $\boldsymbol{e}_h \cdot \sum \boldsymbol{e}_h > 1{,}6$ weggelassen werden. Das ist $\boldsymbol{e}_{h_2}$ mit $1{,}9898 > 1{,}9897$. Daraus folgt

$$\sum\nolimits^* \boldsymbol{e}_h = \boldsymbol{e}_{h_1} + \boldsymbol{e}_{h_3} = (0{,}3162;\ 0{,}0514)$$
$$\text{prop.} \quad (6{,}16; 1) = \boldsymbol{z}_0^* .$$

2. Der Randpunkt R_1 in Richtung des Vektors $\boldsymbol{z}_0$ oder $\boldsymbol{z}$ ergibt sich aus der Berechnung seines Abstandes von R_0 oder I_0, und zwar folgendermaßen:
Setzt man in die *Hesse*sche Normalform $\boldsymbol{e} \cdot \boldsymbol{x} = p$ oder in $\boldsymbol{a} \cdot \boldsymbol{x} = b$ für $\boldsymbol{x}$ einen Vektor $\lambda \boldsymbol{z}_0$ mit variablem λ ein, so erhält man

$$\lambda = \frac{b}{\boldsymbol{a} \cdot \boldsymbol{z}_0} \quad \text{und} \quad \frac{\boldsymbol{a} \cdot \boldsymbol{z}_0}{b} = \frac{1}{\lambda}.$$

Dabei ist λ der Abstand des Nullpunktes von der Geraden in Bezug auf die Richtung von $\boldsymbol{z}_0$, gemessen in Einheiten der Länge $|\boldsymbol{z}_0|$ (Bild 11).
Die Gleichungen $\boldsymbol{a}_i \cdot \boldsymbol{x} = b_i$ lauten für den Koordinatenursprung in R_0 bzw. I_0

$$\boldsymbol{a}_i \cdot \boldsymbol{x} = b_i - \boldsymbol{a}_i \cdot \boldsymbol{x}_0 .$$

Dementsprechend ist

$$\lambda_i = \frac{b_i - \boldsymbol{a}_i \cdot \boldsymbol{x}_0}{\boldsymbol{a}_i \cdot \boldsymbol{z}_0} .$$

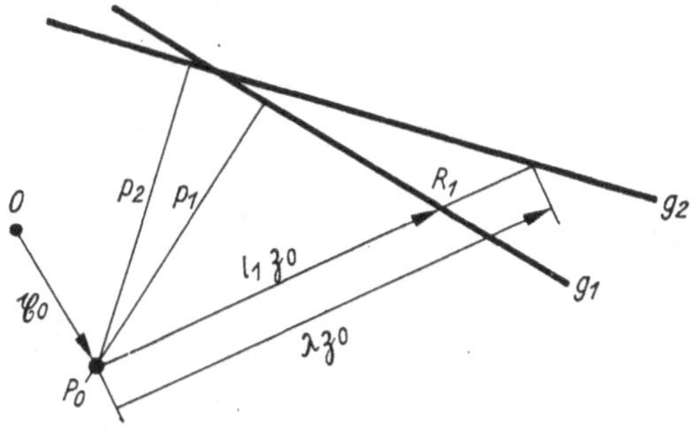

Bild 11

Der Abstand des nächstgelegenen Randpunktes in der Richtung von $\boldsymbol{z}_0$ ist daher

$$l_1 = \min \lambda_i = \min \frac{b_i - \boldsymbol{a}_i \cdot \boldsymbol{x}_0}{\boldsymbol{a}_i \cdot \boldsymbol{z}_0}.$$

Der Ortsvektor von R_1 ist demnach

$$\boldsymbol{x}_1 = \boldsymbol{x}_0 + l_1 \boldsymbol{z}_0 .$$

3. Die Berechnung von R_1' bzw. M_1 verläuft ähnlich wie die von R_1. Es wird ein Vektor $\boldsymbol{y}_1$ gesucht, der senkrecht zu $\boldsymbol{z}$ von R_1 aus in das Innere des Polygons führt. Der gegenüberliegende Randpunkt ist R_1'.
Zunächst ist für R_1 – wie vorher für R_0 – festzustellen, welche von den Ungleichungen $\boldsymbol{a}_i \cdot \boldsymbol{x} \leqq b_i$ mit dem Gleichheitszeichen erfüllt sind. Die erhaltenen Gleichungen seien $\boldsymbol{a}_h \cdot \boldsymbol{x}_1 = b_h$.
Der Vektor $\boldsymbol{y}_1$ führt von R_1 aus ins Innere des Polygons, wenn für alle h gilt $\boldsymbol{a}_h \times$ $\times\ (\boldsymbol{x}_1 + \boldsymbol{y}_1) < b_h$ oder $\boldsymbol{a}_h \cdot \boldsymbol{y}_1 < 0$. Damit ist dieselbe Problemstellung wie unter 1 erreicht. Zusätzlich ist die Bedingung $\boldsymbol{y}_1 \cdot \boldsymbol{z} = 0$ zu erfüllen. Sie wird berücksichtigt, indem man in dem Ungleichungssystem eine Koordinate mit Hilfe dieser Gleichung eliminiert.
Der Ortsvektor von M_1 ist

$$\boldsymbol{x}_{M_1} = \boldsymbol{x}_1 + \tfrac{1}{2} l_1' \boldsymbol{y}_1 .$$

Dabei ist

$$l_1' = \min \frac{b_i - \boldsymbol{a}_i \cdot \boldsymbol{x}_1}{\boldsymbol{a}_i \cdot \boldsymbol{y}_1}.$$

4. Die Berechnung von R_2 erfordert den Vektor $\boldsymbol{z}_1 = \boldsymbol{z}$. Der Ortsvektor von R_2 ist

$$\boldsymbol{x}_2 = \boldsymbol{x}_{M_1} + l_2 \boldsymbol{z}_1$$

mit

$$l_2 = \min \frac{b_i - \boldsymbol{a}_i \cdot \boldsymbol{x}_{M_1}}{\boldsymbol{a}_i \cdot \boldsymbol{z}_1}.$$

Weiterhin wiederholen sich gleichartige Formeln:

5. Der Ortsvektor von M_2 ist

$$\boldsymbol{x}_{M_2} = \boldsymbol{x}_2 + \tfrac{1}{2} l_2' \boldsymbol{y}_2$$

mit $\boldsymbol{y}_2$ aus $\boldsymbol{e}_h \cdot \boldsymbol{y}_2 > 0$ und $\boldsymbol{y}_2 \cdot \boldsymbol{z} = 0$ und

$$l_2' = \min \frac{b_i - \boldsymbol{a}_i \cdot \boldsymbol{x}_2}{\boldsymbol{a}_i \cdot \boldsymbol{y}_2}.$$

6. Der Ortsvektor von R_{q+1} für $q \geqq 2$ ist

$$\boldsymbol{x}_{q+1} = \boldsymbol{x}_{M_q} + l_{q+1}\boldsymbol{z}_q$$

mit

$$\boldsymbol{z}_q = \boldsymbol{x}_{M_q} - \boldsymbol{x}_{M_{q-1}}$$

und

$$l_{q+1} = \min \frac{b_i - \boldsymbol{a}_i \cdot \boldsymbol{x}_{M_q}}{\boldsymbol{a}_i \cdot \boldsymbol{z}_q}.$$

7. Der Ortsvektor von M_{q+1} ist

$$\boldsymbol{x}_{M_{q+1}} = \boldsymbol{x}_{q+1} + \tfrac{1}{2}\, l'_{q+1}\, \boldsymbol{y}_{q+1}$$

mit

$$\boldsymbol{y}_{q+1} \quad \text{aus} \quad \boldsymbol{e}_h \cdot \boldsymbol{y}_{q+1} > 0 \quad \text{und} \quad \boldsymbol{y}_{q+1} \cdot \boldsymbol{z} = 0$$

und

$$l'_{q+1} = \min \frac{b_i - \boldsymbol{a}_i \cdot \boldsymbol{x}_{q+1}}{\boldsymbol{a}_i \cdot \boldsymbol{y}_{q+1}}.$$

8. Die für den Beginn des Algorithmus benötigten Vektoren sind

$$\boldsymbol{z}_0 \quad \text{aus} \quad \boldsymbol{e}_h \cdot \boldsymbol{z}_0 > 0 \quad \text{oder} \quad \boldsymbol{z}_0 = \boldsymbol{z} \text{ (s. Punkt 1)},$$

$$\boldsymbol{z}_1 = \boldsymbol{z}$$

und

$$\boldsymbol{y}_1 \quad \text{aus} \quad \boldsymbol{e}_h \cdot \boldsymbol{y}_1 > 0 \quad \text{zusammen mit} \quad \boldsymbol{y}_1 \cdot \boldsymbol{z} = 0\,.$$

9. Die Reihenfolge der Rechnung ist bei gegebenen $\boldsymbol{a}_i$, b, $\boldsymbol{x}_0$, $\boldsymbol{z}$:

$$\begin{array}{llllll} \boldsymbol{z}_0, l_1, & \boldsymbol{x}_1, & \boldsymbol{y}_1, & l_1, & \boldsymbol{x}_{M_1} \\ \boldsymbol{z}_1, l_2, & \boldsymbol{x}_2, & \boldsymbol{y}_2, & l_2, & \boldsymbol{x}_{M_2} \\ \cdot \quad \cdot & \cdot & \cdot & \cdot & \cdot \\ \boldsymbol{z}_q, l_{q+1}, & \boldsymbol{x}_{q+1}, & \boldsymbol{y}_{q+1}, & l_{q+1}, & \boldsymbol{x}_{M_{q+1}} \end{array}$$

und zeilenweise in der angedeuteten Gesetzmäßigkeit weiter.
Es sind die unter 6. und 7. angegebenen Formeln — für l_1 mit $\boldsymbol{x}_{M_0} = \boldsymbol{x}_0$ — anzuwenden.

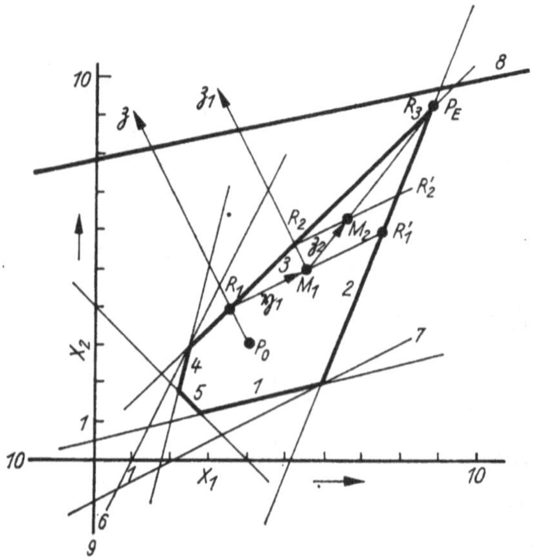

Bild 12

Beispiel 3 (Transversalmethode Bild 12):

Gegeben: $\boldsymbol{a}_i, b_i$ für $i = 1, 2, \dots, 10$, sowie $\boldsymbol{x}_0$ und $\boldsymbol{z}$ (s. Tabelle 4).

Gesucht: $\boldsymbol{x}_E$, so daß $\boldsymbol{z} \cdot \boldsymbol{x}_E$ ein Maximum in Bezug auf die Nebenbedingungen $\boldsymbol{a}_i \cdot \boldsymbol{x}_E \leqq b_i$ ist.

Lösung: $\boldsymbol{x}_0$ erfüllt keine der Ungleichungen als Gleichung (P_0 ist innerer Punkt), daher ist $\boldsymbol{z}_0 = \boldsymbol{z}$.

Tabelle 4. Sie enthält in den ersten drei Spalten die gegebenen Daten. Die folgenden Spalten werden für die Berechnung von l_1 benutzt

$\boldsymbol{x}_0$	4	3	b_i	$\boldsymbol{a}_i \cdot \boldsymbol{x}_0$	Δ_1	$\boldsymbol{a}_i \cdot \boldsymbol{z}$	λ_1	
$\boldsymbol{a}_1$	1	−4	−2	−8	6	−9	—	
$\boldsymbol{a}_2$	10	−4	51	28	23	−18	—	
$\boldsymbol{a}_3$	−2	2	1	−2	3	6	$\frac{1}{2}$	
$\boldsymbol{a}_4$	−4	1	−7	−13	6	6	1	
$\boldsymbol{a}_5$	−1	−1	−4	−7	3	−1	—	min
$\boldsymbol{a}_6$	−6	4	−3	−12	9	14	$\frac{9}{14}$	
$\boldsymbol{a}_7$	1	−2	2	−2	4	−5	—	
$\boldsymbol{a}_8$	−1	4	31	8	23	9	$\frac{23}{9}$	
$\boldsymbol{a}_9$	−1	0	0	−4	4	1	4	
$\boldsymbol{a}_{10}$	0	−1	0	−3	3	−2	—	
$\boldsymbol{z}_0$	−1	2				$l_1 = \frac{1}{2}$		

$$\boldsymbol{x}_1 = (4; 3) + \tfrac{1}{2}(-1; 2) = (\tfrac{7}{2}; 4).$$

Es ist $\boldsymbol{a}_h = \boldsymbol{a}_3$.

Für $\boldsymbol{y}_1$ gilt

$$-\boldsymbol{a}_3 \cdot \boldsymbol{y}_1 = +2y_1 - 2y_2 > 0,$$
$$\boldsymbol{y}_1 \cdot \boldsymbol{z}_0 = \quad -y_1 + 2y_2 = 0.$$

Daraus folgt durch Addition $y_1 > 0$ und bei geeignetem Proportionalitätsfaktor $\boldsymbol{y}_1 = (2;1)$.

Tabelle 5. Die ersten drei Spalten bleiben in allen Tabellen unverändert bestehen. Die Rechenvorgänge sind ebenfalls dieselben. Es sind nur an Stelle von $\boldsymbol{x}_{M_0} = \boldsymbol{x}_0$ und $\boldsymbol{z}_0$ die berechneten Vektoren $\boldsymbol{x}_1, \boldsymbol{y}_1$ zu verwenden und weiterhin $\boldsymbol{x}_{M_1}, \boldsymbol{z}_1$ und dann $\boldsymbol{x}_2, \boldsymbol{y}_2$ usw. Man erhält hier an Stelle von l_1 das Ergebnis l_1', weiterhin l_2 und dann l_2' usw. sowie die zur Fortsetzung der Rechnung notwendigen oben genannten Vektoren

$\boldsymbol{x}_1$	$\frac{7}{2}$	4	b_i	$\boldsymbol{a}_i \cdot \boldsymbol{x}_1$	Δ_1'	$\boldsymbol{a}_i \cdot \boldsymbol{y}_1$	λ_1'	
	1	−4	−2	$-\frac{25}{2}$	$\frac{21}{2}$	−2	—	
	10	−4	51	19	32	16	2	
	−2	2	1	1	0	−2	0	
	−4	1	−7	−10	3	−7	—	
	−1	−1	−4	$-\frac{15}{2}$	$\frac{7}{2}$	−3	—	min
	−6	4	−3	−5	2	−8	—	
	1	−2	2	$-\frac{9}{2}$	$\frac{13}{2}$	0		
	−1	4	31	$\frac{25}{2}$	$\frac{37}{2}$	2	$\frac{37}{4}$	
	−1	0	0	$-\frac{7}{2}$	$\frac{7}{2}$	−2	—	
	0	−1	0	−4	4	−1	—	
$\boldsymbol{y}_1$	2	1				$l_1' = 2$		

$$\boldsymbol{x}_{M_1} = (\tfrac{7}{2}; 4) + \tfrac{1}{2} \cdot 2(2; 1) = (\tfrac{11}{2}; 5).$$

Es ist $\boldsymbol{z}_1 = \boldsymbol{z}$.

Bei Fortsetzung der Rechnung ergibt die 6. Tabelle $l_2 = \frac{1}{3}$ und dann $\boldsymbol{x}_2 = \frac{1}{6}(31; 34)$ sowie $\boldsymbol{y}_2 = \boldsymbol{y}_1 = (2; 1)$. (In zweidimensionalen Problemen kann für die $\boldsymbol{y}_q$ höchstens ein Vorzeichenunterschied auftreten, denn alle $\boldsymbol{y}$ sind zu $\boldsymbol{z}$ senkrecht. In mehrdimensionalen Problemen können die $\boldsymbol{y}_q$ — bei der gleichen Forderung — auch zueinander windschief sein.)
Die 7. Tabelle ergibt $l_2' = \frac{11}{8}$ und dann $\boldsymbol{x}_{M_2} = \frac{1}{48}(314; 305)$.
Es ist $\boldsymbol{z}_2 = \boldsymbol{x}_{M_1} - \boldsymbol{x}_{M_2} = \frac{5}{48}(10; 13)$.
Die 8. Tabelle ergibt unter Verwendung von $\boldsymbol{z}_2^* = (10; 13)$ $l_3 = \frac{11}{48}$ und dann $\boldsymbol{x}_3 = \frac{1}{6}(53; 56)$.
Aus den Bedingungen für $\boldsymbol{y}_3$ folgt aber keine Möglichkeit zur Fortsetzung der Rechnung. Es ist $h = 2, 3$ und die Bedingungen lauten:

$$\begin{aligned} -\boldsymbol{a}_2 \cdot \boldsymbol{y}_3 &= -10y_1 + 4y_2 > 0\,, \\ -\boldsymbol{a}_3 \cdot \boldsymbol{y}_3 &= \quad 2y_1 - 2y_2 > 0\,, \\ \boldsymbol{y}_3 \cdot \boldsymbol{z} &= \quad -y_1 + 2y_2 = 0\,. \end{aligned}$$

Durch Eliminieren von y_1 mit Hilfe der Gleichung folgt aus den beiden Ungleichungen $-16y_2 > 0$ und $+2y_2 > 0$ und daher existiert kein $\boldsymbol{y}_3$.
Der Extremalpunkt für die gestellte Aufgabe ist daher

$$\boldsymbol{x}_E = \boldsymbol{x}_3 = \tfrac{1}{6}(53; 56)\,.$$

Das vorgestellte Beispiel 3 enthält 5 wesentliche und 5 überflüssige Nebenbedingungen. Eine der überflüssigen Nebenbedingungen (s. 8) verhindert die Anwendung der Winkelmethode, weil der Normalvektor der zugehörigen Geraden im Vergleich zu allen anderen Geraden mit dem Zielvektor den kleinsten Winkel einschließt.
Das Beispiel macht deutlich, daß bei Anwendung der Transversalmethode überflüssige Nebenbedingungen keine entscheidende Rolle spielen. Sie können nur den Rechenaufwand vergrößern, insbesondere die Berechnung der Vektoren $\boldsymbol{y}$ erschweren, aber niemals verhindern. Die Erschwerung tritt nur in Ausnahmefällen ein, nämlich wenn durch einen der berechneten Randpunkte R_q bzw. durch R_0 überflüssige Geraden hindurchlaufen. Ganz außerhalb des Polygons befindliche Geraden wie in 8, 9, und 10 haben auf den Gang der Rechnung keinen Einfluß.
Das Beispiel zeigt weiter, daß die Transversalmethode erst beim Vorhandensein vieler Nebenbedingungen Rechenvorteile bringt.

10. Ob eine Gerade als Nebenbedingung überflüssig ist oder nicht, läßt sich durch Rechnung entscheiden.
Eine Gerade, die das Lösungspolygon begrenzt, also nicht überflüssig ist, muß von einem inneren Punkt P_0 des Polygons aus in Richtung eines Vektors $\boldsymbol{y}$ geradlinig, z. B. in R, erreichbar sein, ohne daß dabei weitere gegebene Geraden geschnitten werden (Bild 13).

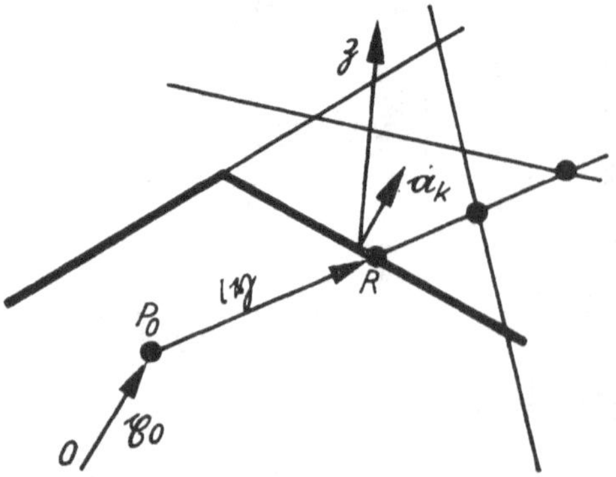

Bild 13

Wenn die Gleichung der zu untersuchenden Geraden $\boldsymbol{a}_k \cdot \boldsymbol{x} = b_k$ lautet und für P_0 als neuer Koordinatenursprung die Gleichung

$$\boldsymbol{a}_k \cdot \boldsymbol{x} = b_k - \boldsymbol{a}_k \cdot \boldsymbol{x}_0 = b_k^*$$

gilt, dann folgt für den Punkt R auf der Geraden mit dem Ortsvektor $l\boldsymbol{y}$ in Bezug auf P_0 — wie S. 380 —

$$\boldsymbol{a}_k \cdot l\boldsymbol{y} = b_k^* \quad \text{und} \quad l = \frac{b_k^*}{\boldsymbol{a}_k \cdot \boldsymbol{y}}.$$

Für jede andere Gerade aus den Nebenbedingungen

$$\boldsymbol{a}_i \cdot \boldsymbol{x} = b_i^* \text{ — wie S. 380 und 381 für die Richtung } \boldsymbol{z}_0 \text{ —}$$

ergeben sich für die Richtung $\boldsymbol{y}$ Abstandswerte $\lambda_i > l$. Eine notwendige und hinreichende Bedingung für eine begrenzende Gerade lautet daher — wegen $\frac{1}{l} = \frac{\boldsymbol{a}_k \cdot \boldsymbol{y}}{b_k}$ und $\frac{1}{\lambda_i} = \frac{\boldsymbol{a}_i \cdot \boldsymbol{y}}{b_i}$ —

$$\left(\frac{\boldsymbol{a}_k}{b_k^*} - \frac{\boldsymbol{a}_i}{b_i^*}\right) \cdot \boldsymbol{y} > 0\,,$$

abgekürzt

$$\boldsymbol{a}_{ki} \cdot \boldsymbol{y} > 0\,.$$

Einige Verfahren zur Lösung eines solchen Ungleichungssystems und ein Verfahren, um seine Unlösbarkeit festzustellen, sind unter 1 bereits erörtert worden.
Die zugehörigen Rechnungen sind hier aufwendiger als früher, weil jetzt sämtliche Nebenbedingungen einzubeziehen sind, im Gegensatz zu den gleichartigen Rechnungen bei Anwendung der Transversalmethode. Dort wurden nur diejenigen Nebenbedingungen berücksichtigt, die zu dem Randpunkt R_0 als Gleichungen gehörten.
Geht man bei der Lösung einer Optimierungsaufgabe nach der Winkelmethode von derjenigen Geraden aus, deren Normalvektor mit dem Zielvektor den kleinsten Winkel einschließt, und läßt sich auf dieser Geraden ein Randpunkt R berechnen, so befindet sich dieser in unmittelbarer Nähe des gesuchten Extremalpunktes; denn die betreffende Gerade geht durch den Extremalpunkt. R ist dann ein außerordentlich günstig gelegener Ausgangspunkt für die Anwendung der Transversalmethode. — Wird dagegen festgestellt, daß auf dieser Geraden kein Randpunkt vorhanden ist, so ergibt sich die Möglichkeit, die zugehörige Nebenbedingung zu streichen.
11. Im Rahmen der Transversalmethode ist noch die Frage offen, wie man zu einem Lösungsansatz gelangt, wenn kein Randpunkt oder innerer Punkt des Polygons gegeben bzw. ohne Mühe zugänglich ist. Dazu dient folgende Überlegung:
Die Nebenbedingungen seien $\boldsymbol{a}_i \cdot \boldsymbol{x} \leqq b_i$ mit $b_i \gtreqless 0$. Sie werden in 3 Klassen eingeteilt,

$$\frac{\boldsymbol{a}_k}{b_k} \cdot \boldsymbol{x} \geqq 1\,, \quad \frac{\boldsymbol{a}_l}{b_l} \cdot \boldsymbol{x} \leqq 1 \text{ und nach Multiplikation mit } -1 \; (\boldsymbol{a}_j \cdot \boldsymbol{x} \geqq 0)\,.$$

$\boldsymbol{x} = 0$ ist genau dann ein brauchbarer Lösungsansatz, wenn die 1. Klasse nicht existiert. In diesem Fall ist der Koordinatenursprung innerer Punkt oder Randpunkt des Lösungspolygons. Andernfalls ist der Koordinatenursprung äußerer Punkt und er liegt auf keiner der Geraden mit den Gleichungen $\frac{\boldsymbol{a}_i}{b_i} \cdot \boldsymbol{x} = 1$. Es gilt dann für jeden Vektor $\boldsymbol{x}$, der vom Koordinatenursprung ins Innere oder zum Rand des Polygons führt,

$$\left(\frac{\boldsymbol{a}_k}{b_k} - \frac{\boldsymbol{a}_l}{b_l}\right) \cdot \boldsymbol{x} \equiv \boldsymbol{a}_{kl} \cdot \boldsymbol{x} \geqq 0 \quad \text{und} \quad \boldsymbol{a}_j \cdot \boldsymbol{x} \geqq 0\,.$$

Für jeden Vektor $\boldsymbol{y}$, in dessen Richtung das Polygon liegt, ist — wie vorher gezeigt wurde

$$\frac{\boldsymbol{a}_k}{b_k} \cdot \boldsymbol{y} = \frac{1}{\lambda_k} > 0 \quad \text{bzw.} \quad \frac{\boldsymbol{a}_l}{b_l} \cdot \boldsymbol{y} = \frac{1}{\lambda_1} > 0$$

der reziproke Abstand des Koordinatenursprungs von der betreffenden Polygonseite, gemessen in Einheiten der Größe $|\boldsymbol{y}|$. Daher ist $\left(\frac{\boldsymbol{a}_k}{b_k} - \frac{\boldsymbol{a}_l}{b_l}\right) \cdot \boldsymbol{y}$ die Differenz der reziproken Abstände des Koordinatenursprungs von den Geraden k und l, gemessen in der Richtung des Vektors $\boldsymbol{y}$ in den Einheiten $|\boldsymbol{y}|$. Die Differenz ist genau dann positiv, wenn die Gerade k vor der Geraden l liegt.
Berechnet man einen Vektor $\boldsymbol{y} \neq 0$, der das homogene Ungleichungssystem

$$\left(\frac{\boldsymbol{a}_k}{b_k} - \frac{\boldsymbol{a}_l}{b_l}\right) \cdot \boldsymbol{y} \geqq 0\,, \qquad \boldsymbol{a}_j \cdot \boldsymbol{y} \geqq 0 \quad \text{und} \quad \frac{\boldsymbol{a}_l}{b_l} \cdot \boldsymbol{y} \geqq 0$$

erfüllt, so gilt für diesen

$$\frac{\boldsymbol{a}_k}{b_k} \boldsymbol{y} \leqq \frac{\boldsymbol{a}_l}{b_l} \cdot \boldsymbol{y} \geqq 0\,.$$

Berechnet man weiterhin zwei Faktoren $c_1 > 0$ und $c_2 > 0$, so daß

$$c_1 \cdot \min \frac{\boldsymbol{a}_k}{b_k} \cdot \boldsymbol{y} \equiv c_1 \frac{\boldsymbol{a}_{\bar{k}}}{b_{\bar{k}}} \cdot \boldsymbol{y} = 1$$

und

$$c_2 \cdot \max \frac{\boldsymbol{a}_l}{b_l} \cdot \boldsymbol{y} \equiv c_2 \frac{\boldsymbol{a}_{\bar{l}}}{b_{\bar{l}}} \cdot \boldsymbol{y} = 1$$

ist, so sind für $\boldsymbol{y}_1 = c_1\boldsymbol{y}$ und $\boldsymbol{y}_2 = c_2\boldsymbol{y}$ die ursprünglich gegebenen Nebenbedingungen erfüllt. Es ist z. B.

$$\frac{\boldsymbol{a}_k}{b_k} \cdot \boldsymbol{y}_1 \geqq \frac{\boldsymbol{a}_{\bar{k}}}{b_{\bar{k}}} \cdot \boldsymbol{y}_1 = 1 \quad \text{auf Grund der Minimaleigenschaft}$$

und

$$\frac{\boldsymbol{a}_{\bar{k}}}{b_{\bar{k}}} \cdot \boldsymbol{y}_1 - \frac{\boldsymbol{a}_l}{b_l} \cdot \boldsymbol{y}_1 = 1 - \frac{\boldsymbol{a}_l}{b_l} \cdot \boldsymbol{y}_1 \geqq 0 \quad \text{oder} \quad \frac{\boldsymbol{a}_l}{b_l} \cdot \boldsymbol{y}_1 \leqq 1 \quad \text{usw.}$$

Dementsprechend sind $c_1\boldsymbol{y}$ und $c_2\boldsymbol{y}$ die Ortsvektoren für zwei Randpunkte des Lösungspolygons auf den Geraden $\bar{k}$ und $\bar{l}$. Alle Punkte des Intervalls $c_1 < c < c_2$ ergeben Ortsvektoren $c\boldsymbol{y}$ für innere Punkte des Polygons. Alle Geraden mit $k \neq \bar{k}$ werden vor dem Lösungspolygon bzw. die mit $l = \bar{l}$ hinter dem Polygon von $c\boldsymbol{y}$ mit Werten c außerhalb des angegebenen Intervalls geschnitten (Bild 14). Für $c_1 = c_2$ verläuft $c\boldsymbol{y}$ durch eine Ecke des Polygons. (Wenn $n = 3$, durch eine Ecke oder durch eine Kante des Polyeders).
Das aufgestellte Ungleichungssystem

$$\boldsymbol{a}_{kl} \cdot \boldsymbol{y} \geqq 0\,, \qquad \boldsymbol{a}_j \cdot \boldsymbol{y} \geqq 0 \quad \text{und} \quad \boldsymbol{a}_l \cdot \boldsymbol{y} \geqq 0 \quad (b_l > 0)$$

unterscheidet sich von dem früher behandelten nur durch die Möglichkeit des Gleichheitszeichens. Löst man das Ungleichungssystem ohne Berücksichtigung des Gleichheitszeichens, so verzichtet man auf die eben erwähnten Eckpunkte. Sie sind an dieser Stelle von geringem Interesse.

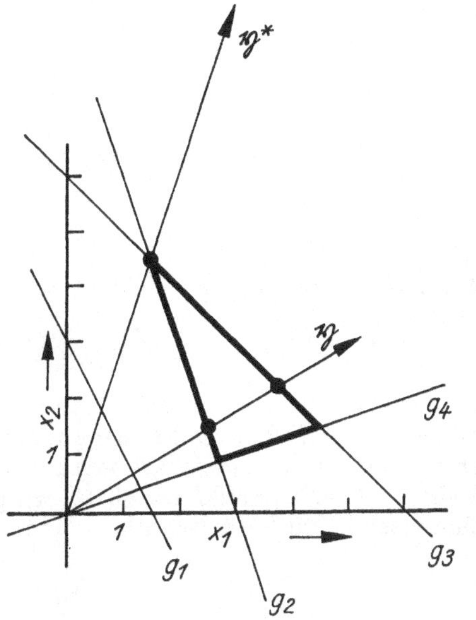

Bild 14

Beispiel 4 (Bild 14):

Gegeben: Die Nebenbedingungen

$$\begin{aligned} \tfrac{2}{3} x_1 + \tfrac{1}{3} x_2 &= 1\,, &\text{mit}\quad a_{k_1} &= (\tfrac{2}{3};\tfrac{1}{3})\,,\\ \tfrac{1}{3} x_1 + \tfrac{1}{9} x_2 &= 1\,, & a_{k_2} &= (\tfrac{1}{3};\tfrac{1}{9})\,,\\ \tfrac{1}{6} x_1 + \tfrac{1}{6} x_2 &= 1\,, & a_l &= (\tfrac{1}{6};\tfrac{1}{6})\,,\\ x_1 - 3x_2 &= 0;\ (-1) & a_j &= (-1;\ +3)\,. \end{aligned}$$

Gesucht: $\boldsymbol{y}$, so daß $a_{k_1l} \cdot \boldsymbol{y},\ a_{k_2l} \cdot \boldsymbol{y},\ a_l \cdot \boldsymbol{y},\ a_j \cdot \boldsymbol{y} > 0$.

Lösung:

$$\begin{aligned} a_{k_1l} &= (\tfrac{3}{6};\tfrac{1}{6}) = \tfrac{1}{6}(3;\,1)\,,\\ a_{k_2l} &= (\tfrac{1}{6};\,-\tfrac{1}{18}) = \tfrac{1}{18}(3;\,-1)\,,\\ a_l &= (\tfrac{1}{6};\tfrac{1}{6})\,,\\ a_j &= (-1;\,3)\,. \end{aligned}$$

Läßt man die Ungleichung $a_l \cdot \boldsymbol{y} > 0$ vorbehaltlich einer nachzuholenden Kontrolle beiseite, so folgt als Lösung unter Verwendung von $|e_h| = \sqrt{10}$

$$\boldsymbol{y} = = \sum e_h = (5;\,3)\,.$$

Es ist

$$\begin{aligned} a_{k_1} \cdot \boldsymbol{y} &= (\tfrac{2}{3};\tfrac{1}{3}) \cdot (5;\,3) = \tfrac{13}{3}\,,\\ a_{k_2} \cdot \boldsymbol{y} &= (\tfrac{1}{3};\tfrac{1}{9}) \cdot (5;\,3) = \tfrac{6}{3} = 2 \min \end{aligned}$$

und

$$c_1 = \tfrac{1}{2}\,.$$

Aus

$$a_l \cdot \boldsymbol{y} = (\tfrac{1}{6};\tfrac{1}{6}) \cdot (5;\,3) = \tfrac{8}{6} = \tfrac{4}{3}$$

folgt

$$c_2 = \tfrac{3}{4}\,.$$

Ergebnis: Die Punkte mit den Ortsvektoren $c \cdot (5;\,3)$ mit $\tfrac{1}{2} \leqq c \leqq \tfrac{3}{4}$ sind Punkte des Lösungspolygons.

Nachtrag:

Für $\boldsymbol{y}^* = (3;9)$ mit $\boldsymbol{a}_{k_3l} \cdot \boldsymbol{y}^* = 0$

ergibt sich

$$\boldsymbol{a}_{k_3} \cdot \boldsymbol{y}^* = (\tfrac{1}{3};\tfrac{1}{3}) \cdot (3;9) = 2\,,$$

$$\boldsymbol{a}_l \cdot \boldsymbol{y}^* = (\tfrac{1}{6};\tfrac{1}{6}) \cdot (3;9) = 2$$

und

$$c_1 = c_2 = \tfrac{1}{2}\,.$$

Ergebnis: $\frac{1}{2}(3;9) = (1{,}5;4{,}5)$ sind die Koordinaten eines Eckpunktes des Lösungspolygons.

Bemerkung:

Wenn für den Ansatz der Transversalmethode ein innerer Punkt des Lösungspolygons nicht unmittelbar vorgegeben ist, sondern nur ein Randpunkt oder ein äußerer Punkt, so läßt sich in beiden Fällen ein innerer Punkt mit fast gleichartigem Rechenverfahren ermitteln. Der Rechenaufwand für einen äußeren Punkt ist allerdings größer, weil mehr Ungleichungen — verständlicherweise — zu berücksichtigen sind.

5.2. Optimierung von Schaltnetzwerken

Von *K. Lehmann*

Ingenieur-Hochschule Mittweida, Sektion Informationselektronik

5.2.1. Voraussetzungen und Ziele der Optimierung

Unter Optimierung eines technischen Systems versteht man ganz allgemein die Veränderung beziehungsweise die Fixierung bestimmter Systemkenngrößen mit dem Ziel, daß ein durch sie gebildetes Gütekriterium einen Maximalwert annimmt. In diesem Sinn stellt die Existenz eines Gütekriteriums eine notwendige Voraussetzung für einen beabsichtigten Optimierungsprozeß dar. Damit ergibt sich als Grundproblem der Optimierung von Schaltnetzwerken die Aufgabe, alle von einer digitalen Schaltung interessierenden Bewertungskriterien in geeigneter Weise in einer Gütefunktion zu vereinigen. Als diesbezügliche Merkmale sind beispielsweise bestimmte funktionelle Eigenschaften, die Geschwindigkeit der Signalübertragung, die statische und dynamische Zuverlässigkeit, die Bauelementeanzahl, die Anzahl der Verbindungsleitungen oder äußeren Anschlüsse u. a. zu nennen. Auf Grund der Vielzahl inhaltlich völlig verschiedener Parameter im betrachteten Problemkreis wird offensichtlich, daß diesbezüglich kein absolutes Gütekriterium formuliert werden kann, sondern dieses ist jeweils abhängig von der Zweckbestimmung und den äußeren Einflüssen, denen eine betreffende Schaltung unterliegt. Es gibt also keine optimale Schaltung an sich, sondern lediglich eine im Vergleich zu äquivalenten Lösungen „beste" im Hinblick auf bestimmte Bewertungskriterien. Gegenwärtig fehlt ein geeigneter mathematischer Apparat, mit dem es möglich wäre, mehrere Bewertungskriterien digitaler Schaltungen sinnvoll in geschlossener Form durch eine Gütefunktion zu formulieren und damit gleichzeitig eine bestimmte Wichtung der einzelnen Kriterien auszudrücken. Die Berücksichtigung mehrerer Zielfunktionen in einem Syntheseschritt wird außerdem dadurch kompliziert, daß sie sich gegenseitig beeinflussen und zum Teil einander ausschließen, wie beispielsweise die Kriterien maximale Funktionssicherheit einerseits und minimale Gesamtkosten einer Schaltung andererseits. Deshalb zielen alle bisher bekannten Lösungsalgorithmen zu dieser Problematik jeweils auf die Optimierung eines einzigen Merkmales ab. Um trotzdem verschiedene Bewertungskriterien im Syntheseprozeß berücksichtigen zu können oder äquivalente Schaltungen bezüglich ihrer Güte miteinander zu vergleichen, hat es sich als praktikabel erwiesen, die Wichtung der einzelnen Bewertungskriterien durch eine Reihenfolge auszudrücken. Indem diese Gütemerkmale dementsprechend der Reihe nach unter Verwendung sogenannter exakter Verfahren oder durch Näherungsmethoden im Entwurfsprozeß optimiert werden, lassen sich Schaltungen generieren, die zwar nicht jede Einzelanforderung bestmöglich erfüllen, aber dem Optimum des Gesamtgütekriteriums hinreichend nahe kommen.

Die nachfolgenden Ausführungen sollen einen Überblick über die wesentlichsten Optimierungsprobleme im Syntheseprozeß digitaler Schaltungen vermitteln. Neben der Vorstellung von Lösungsmöglichkeiten für ausgewählte Teilprobleme wird vielfach auf die bereits vorhandene Literatur verwiesen sowie auf solche Probleme aufmerksam gemacht, für die bis jetzt nur unbefriedigende oder noch gar keine Lösungen existieren.

5.2.2. Optimierung im Syntheseprozeß

In Abhängigkeit vom Gegenstand und dem Ziel der Optimierung läßt sich der Entwurfsprozeß in zwei Hauptschritte gliedern.

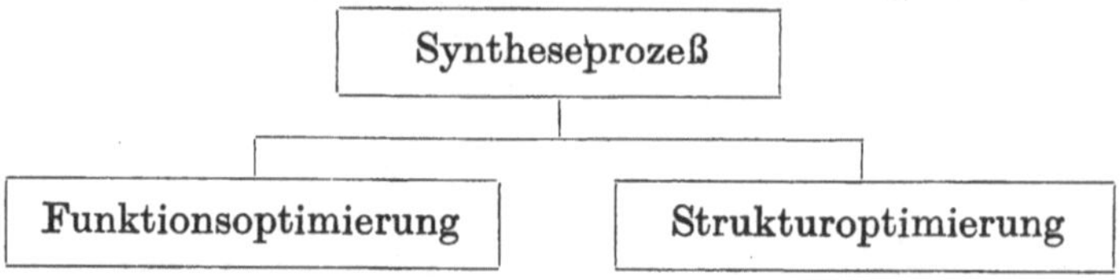

Vorrangig sollen hier die Probleme der Erzeugung optimaler Funktionen betrachtet werden, wobei als Optimierungskriterium entweder gewisse Eigenschaften oder bestimmte Formen des algebraischen Ausdrucks der Funktionen zu berücksichtigen sind. Als Grundlage der Bearbeitung dieser komplexen Problematik werden vollständig oder partiell definierte binäre Funktionen bzw. Bündel mehrerer voneinander unabhängiger Funktionen, die in beliebiger algebraischer Form vorliegen mögen, als bekannt vorausgesetzt.

5.2.2.1. Optimierung partiell definierter Funktionen

Als partiell definierte Funktionen werden bekanntlich solche bezeichnet, bei denen für einen Teil der theoretisch möglichen Variablenbelegungen der Funktionswert unbestimmt bleibt. Praktische Ursachen dafür können unter anderem darin bestehen, daß entweder die betreffenden Funktionswerte für die Weiterverarbeitung in Nachfolgeeinheiten bedeutungslos sind und deshalb nicht bestimmt zu werden brauchen oder daß die betreffenden Eingangssignale beim praktischen Betrieb der Schaltung gar nicht auftreten, weil herrührend von voranliegenden Baugruppen Abhängigkeiten zwischen den Variablen bestehen, die vielfach unter dem Begriff der Signal-Nebenbedingungen zusammengefaßt werden. Indem diesen unbestimmten Variablenbelegungen beliebig ein Funktionswert zugeordnet wird, was offenbar zulässig ist, existieren bei insgesamt n solcher Belegungen genau 2^n verschiedene Belegungsmöglichkeiten. Da jede dieser Zuordnungen eine vollständig definierte Funktion repräsentiert, kann jede partiell definierte Funktion als spezielle Funktionenmenge aufgefaßt werden, deren Elemente alle die geforderte Schaltaufgabe erfüllen. Diese Betrachtung erweist sich in Bezug auf die Optimierung von Funktionen als sehr leistungsfähig indem die Problemstellung darin besteht, aus dieser Funktionenmenge mit Hilfe algebraischer Mittel eine Untermenge zu bestimmen, deren Elemente gewisse geforderte Eigenschaften besitzen. Im Grenzfall der Lösung eines so gestellten Problems wird eine Einzelfunktion erhalten, die vollständig bestimmt ist. Bevor auf die Lösung einzelner Optimierungsprobleme eingegangen werden kann, soll eine bestimmte algebraische Darstellungsweise einer partiell definierten Funktion zugrundegelegt werden.

Die Menge der Variablen sei mit $X = \{x_0, x_1, \ldots, x_{m-1}\}$ vereinbart. Die Belegung der Komponenten (x_i) eines binären Vektors $\boldsymbol{x} = x_0, x_1, \ldots, x_{m-1}$ wird Belegungsvektor genannt. Bei m Variablen existieren wegen des zweielementigen Wertevorrates genau 2^m unterschiedliche Belegungsvektoren. Durch eine binäre Funktion der Form

$$y = f(X)\,, \qquad y \in \{0, \mathrm{I}\} \tag{1}$$

wird die Gesamtmenge der Belegungsvektoren auf die Menge $\{0, \mathrm{I}\}$ abgebildet. Bezogen auf die zu betrachtende Problematik wird folgendes Funktionen-Tripel definiert.

Definition 1: Die „Nullfunktion“ (f_0) nimmt für genau diejenigen Belegungsvektoren den Wert „I“ an, für die das zu beschreibende Schaltproblem den Wert „0“ besitzt.

Definition 2: Die „Einsfunktion“ (f_I) nimmt für genau diejenigen Belegungsvektoren den Wert „I“ an, für die das zu beschreibende Schaltproblem ebenfalls den Wert „I“ besitzt.

Definition 3: Die „Unbestimmtheitsfunktion“ (φ) nimmt für genau diejenigen Belegungsvektoren den Wert „I“ an, für die das zu beschreibende Schaltproblem im Funktionswert unbestimmt ist.

Folgendes Beispiel soll den Inhalt der Definitionen verdeutlichen.

Für die partiell definierte Funktion $f(a, b, c)$

(∅ — Unbestimmtheitssymbol)

a					
0	.	.	∅	I	
I	I	.	∅	I	
	0	I	I	0	b
	0	0	I	I	c

ergeben sich definitionsgemäß folgende Funktionen:

$$f_0 = f(a, b, c) = \bar{a}\bar{c} \vee b\bar{c}\,,$$
$$f_I = f(a, b, c) = a\bar{b} \vee \bar{b}c\,,$$
$$\varphi = f(a, b, c) = bc\,.$$

Aus obigen Definitionen lassen sich bezüglich dieser drei Funktionen (f_0, f_I, φ) unter anderen folgende Beziehungen ableiten:

$$f_0 \wedge f_I = 0\,, \qquad f_0 \nleftrightarrow f_I \nleftrightarrow \varphi = I\,,$$
$$f_0 \wedge \varphi = 0\,, \qquad (\nleftrightarrow \text{ — „Antivalenz“})$$
$$f_I \wedge \varphi = 0\,, \qquad \bar{f}_0 \wedge \bar{f}_I = \varphi\,.$$

Aus diesen Zusammenhängen ist offensichtlich, daß zur eindeutigen Beschreibung des Schaltproblems, d. h. der partiell definierten Funktion, ein beliebiges Funktionenpaar aus diesem Tripel ausreichend ist. Die Funktionenmenge, die alle Lösungen des geforderten Schaltproblems vereinigt, wird durch solche Funktionen (f_i) gebildet, die folgender Beziehung genügen:

$$f_I \leqq f_i \leqq \bar{f}_0\,. \tag{2}$$

Da zwischen zwei beliebigen Funktionen (f_k, f_l) dieser Menge die Halbordnungsrelation $f_k \leqq f_l$ stets erfüllt ist, d. h. es gilt immer $f_k \wedge f_l = f_k$ und $f_k \vee f_l = f_l$, stellt die betrachtete Funktionenmenge algebraisch einen Verband (vgl. [1] S. 81ff.) von Funktionen dar, der symbolisch durch

$$V = (f_0, f_I) \tag{3}$$

beschrieben werden soll. Auf der Grundlage der gegebenen Funktion f_I und der in kanonischer disjunktiver Normalform vorliegenden Unbestimmtheitsfunktion, die insgesamt n konjunktive Terme (K_j) enthalten möge, also n Unbestimmtheitsstellen repräsentiert, können die Funktionsausdrücke für alle Elemente (f_i) des Verbandes nach folgender Vorschrift generiert werden.

$$f_{i+1} = f_I \vee \left(\bigvee_{j=1}^{n} K_j^{b_{ij}}\right), \qquad \forall\, i = 0, 1, \ldots, 2^n - 1\,, \tag{4}$$

K_i — Elementarkonjunktion von

$K_j^0 = 0$,

$K_j^I = K_j$,

$B_i = b_{i1}, b_{i2}, \ldots, b_{in}$ — Binäräquivalent von i.

Bezüglich des oben angegebenen Beispiels ergaben sich nach dieser Vorschrift folgende Lösungen:

Beispiel: $f_1 = f_I \vee (abc^0 \vee \bar{a}bc^0) = a\bar{b} \vee \bar{b}c = (a \vee c)\,\bar{b}\,,$

$$f_2 = f_I \vee (abc^0 \vee \bar{a}bc^I) = a\bar{b} \vee \bar{b}c \vee \bar{a}bc = \bar{a}c \vee a\bar{b}\,,$$

$$f_3 = f_I \vee (abc^I \vee \bar{a}bc^0) = a\bar{b} \vee \bar{b}c \vee abc\,,$$

$$f_4 = f_I \vee (abc^I \vee \bar{a}bc^I) = a\bar{b} \vee c\,.$$

Betreffs der Zugehörigkeit einer beliebigen Funktion $f(X)$ zu einem Verband $V = (f_0, f_I)$ läßt sich folgende Aussage treffen.

Satz 1: Eine Funktion $f(X)$ ist Element eines Verbandes $V = (f_0, f_I)$, wenn folgende Bedingungen erfüllt werden:

$$f_0 \wedge f = 0\,, \tag{5}$$

$$f_I \wedge \bar{f} = 0\,. \tag{6}$$

Beweis: Eine Funktion f kann laut der Definitionen für f_0 und f_I nur dann zum Verband gehören, wenn einerseits kein Belegungsvektor $\boldsymbol{x}_j$ existiert, für den sowohl f_0 als auch f_I den Wert „I" annimmt — Beziehung (5) — und andererseits für jeden Belegungsvektor, für den f_I den Wert „I" besitzt, ebenfalls f diesen Wert besitzt. Letztere Aussage läßt sich unmittelbar algebraisch formulieren als $f_I \wedge f = f_I$. Durch Umformung ergibt sich $f_I \wedge f \nsim f_I = 0$ und dieser Ausdruck entspricht der Beziehung (6).

Wie bereits angedeutet, besteht eine umfangreiche Klasse von Optimierungsproblemen darin, aus einem Verband Funktionen mit bestimmten geforderten Eigenschaften auszuwählen. Funktionseigenschaften, die von praktischem Interesse sein können, sind beispielsweise:

- unabhängig (von bestimmten Variablen),
- minimal (in der Länge des Funktionsausdruckes),
- funktionell dekomponierbar (in bestimmter Weise),
- linear,
- symmetrisch,
- selbstdual,
- monoton .

Im Folgenden soll auf die Lösung einiger dieser Probleme eingegangen werden.

5.2.2.1.1. Optimierung der Variablenanzahl

Die zu betrachtende Aufgabe besteht darin, diejenigen Elemente eines Verbandes zu berechnen, die von bestimmten Variablen $x_i \in X$ unabhängig sind. Die praktische Bedeutung einer solchen Problemstellung ist offensichtlich. Durch die Elimination von Variablen aus einem gegebenen Schaltproblem ergibt sich eine Einsparung von Anschlüssen und Übertragungsleitungen sowie die Verringerung der Belastung der betreffenden Signalquellen. Zunächst soll das Problem auf die Bestimmung der Funktionen eines Verbandes, die von einer Variablen (x_j) unabhängig sind, beschränkt werden.

Zur zweckmäßigen Erläuterung des Lösungsweges wird folgende Definition vorangestellt.

Definition 4: Zwei beliebige Belegungsvektoren sollen genau dann „x_j-Nachbarn" genannt werden, wenn sie sich ausschließlich im Wert der Variablen x_j unterscheiden.

Auf der Grundlage einer einfachen Überlegung läßt sich nachstehende Aussage treffen.

Satz 2: Eine Funktion $f(x_1, x_2, \ldots, x_j, \ldots, x_m)$ ist dann und nur dann von der Variablen x_j unabhängig, wenn der Funktionswert stets für beide Belegungsvektoren, die ein x_j-Nachbarn-Paar bilden, gleich ist.

Beweis: Wenn der Wert einer Funktion (f) für zwei Belegungsvektoren $\boldsymbol{x}_k = \tilde{x}_1, \tilde{x}_2, \ldots, x_j, \ldots, \tilde{x}_m$ und $\boldsymbol{x}_1 = \tilde{x}_1, \tilde{x}_2, \ldots, \bar{x}_j, \ldots, \tilde{x}_m$ ($\tilde{x}_i = x_i$ oder $\bar{x}_i$) stets gleich ist, kann eine Änderung der Variablen x_j niemals eine Funktionswertänderung zur Folge haben. Damit ist f offenbar unabhängig von x_j.

Zur Kennzeichnung des interessierenden Zusammenhangs zwischen gewissen Belegungsvektoren und ihren Funktionswerten ist die von *Bochmann* in [1] (S. 101) angegebene vollständige Ableitung einer Funktion nach einer Variablen geeignet. Diese wird durch folgende Beziehung bestimmt:

$$\frac{\mathrm{d}f}{\mathrm{d}x_j} = f(X)\, f(X, x_j, \bar{x}_j)\,. \tag{7}$$

Aus dieser Definition läßt sich direkt folgende Aussage ableiten, auf deren Beweis verzichtet werden kann.

Satz 3: Die Ableitung $\frac{\mathrm{d}f}{dx_j} = g(X)$ nimmt für diejenigen x_j-Nachbarn-Paare den Wert „I" an, von denen einer jeweils den Funktionswert $f = 0$, der andere den Wert $f = \mathrm{I}$ besitzt.

Aus den beiden Aussagen der Sätze 2 und 3 ergibt sich eine Schlußfolgerung:

Satz 4: Die Ableitung $\frac{df}{\mathrm{d}x_j}$ einer von der Variablen x_j unabhängigen Funktion (f) ist Null.

Die in Satz 4 ausgedrückte Erkenntnis stellt eine mit algebraischen Mitteln prüfbare notwendige und zugleich hinreichende Bedingung für die Unabhängigkeit einer Funktion von einer Variablen dar. Betreffs der Lösung des betrachteten Problems kann damit festgestellt werden:

Satz 5: Der Verband $V = (f_0, f_\mathrm{I})$ enthält dann und nur dann eine von x_j unabhängige Funktion, wenn folgende Bedingung erfüllt ist:

$$\frac{\mathrm{d}f_\mathrm{I}}{\mathrm{d}x_j} \wedge f_0 = 0 \tag{8}$$

bzw.

$$\frac{\mathrm{d}f_0}{\mathrm{d}x_j} \wedge f_\mathrm{I} = 0$$

(sind duale Beziehungen — nur eine braucht geprüft zu werden).

Beweis: Offenbar existiert für den Fall $\frac{\mathrm{d}f_\mathrm{I}}{\mathrm{d}x_j} = 0$ wegen Satz 4 mindestens eine von x_j unabhängige Funktion — nämlich bestimmt f_I als Element des Verbandes. Andernfalls $\left(\frac{\mathrm{d}f_\mathrm{I}}{\mathrm{d}x_j} \neq 0\right)$ nimmt f_I für wenigstens einen Belegungsvektor den Wert „I" an, dessen x_j-Nachbar den Wert $f_\mathrm{I} = 0$ besitzt. Wenn diesem Belegungsvektor ebenfalls der Funktionswert „I" zugeordnet werden darf; d. h. dieser nicht für f_0 den Wert „I" annimmt — also (8) erfüllt, dann existiert gewiß wenigstens eine Funktion im Verband mit der gesuchten Eigenschaft.

Nach Überprüfung dieses Existenzkriteriums läßt sich die Teil-Menge aller von x_j unabhängigen Funktionen eines Verbandes bestimmen, indem alle von x_j abhängigen Funktionen aus dem Verband eliminiert werden.

Satz 6: Die Elimination aller von x_j abhängigen Funktionen aus dem Verband $V = (f_0, f_I)$ erfolgt durch Berechnung neuer engerer Verbandsgrenzen (f_0, f_I) nach folgender Vorschrift:

$$f_I^* = \frac{df_I}{dx_j} \vee f_I , \tag{9}$$

$$f_0^* = \frac{df_0}{dx_j} \vee f_0 . \tag{10}$$

Beweis: Da alle Belegungsvektoren, für die $f_I = I$ ist, für jede Funktion des Verbandes den Wert „I“ besitzen, muß allen ihren x_j-Nachbarn ebenfalls der Wert „I“ zugeordnet werden — durch (9), damit die Aussage von Satz 2 erfüllt wird. Es wird also denjenigen unbestimmten Belegungsvektoren, für die $\frac{df_I}{dx_j} = I$ ist, der Wert „I“ zugewiesen und damit die Funktionen, für die diese Vektoren den Wert „0“ besitzen, aus dem Verband eliminiert. Entsprechendes gilt bezüglich der Nullfunktion.

Satz 7: Die neuen Verbandsgrenzen f_0^* und f_I^* sind Funktionen, die unabhängig von x_j sind und die Lösungsmenge eindeutig beschreiben.

Beweis: Die Aussage ist richtig, falls Satz 4 erfüllt wird, also

$$\frac{df_I^*}{dx_j^*} = \frac{d\left(\frac{df_I}{dx_j} \nleftrightarrow f_I \nleftrightarrow \frac{df_I}{dx_j} f_I\right)}{dx_I} = \frac{df_I}{dx_j} \nleftrightarrow \frac{df_I}{dx_j} = 0$$

analog für f_0!

Falls $f_I^* = f_0^*$, existiert nur eine von x_j unabhängige Funktion im ursprünglichen Verband — und zwar die Funktion f_I^*. Wenn diese Gleichheit nicht besteht, beschreiben die Funktionen f_0^* und f_I^* einen Verband bezüglich der Variablenmenge $X = (x_1, x_2, \ldots, x_{j-1}, x_{j+1}, \ldots, x_m)$. Alle Funktionen dieses Verbandes $V = (f_0, f_I)$ sind Lösungen der ursprünglichen Aufgabenstellung.

Das erweiterte Problem der Bestimmung von Funktionen, die von mehreren Variablen unabhängig sind, kann in trivialer Weise gelöst werden, wenn das vorgestellte Verfahren für die betreffenden Variablen nacheinander angewandt wird, d. h. wenn die Lösungsmenge betreffs einer Variablen als Anfangsmenge bezüglich der nächsten Variablen verwendet wird. Die Reihenfolge der Berücksichtigung der einzelnen Variablen ist dabei bedeutungslos.

Abschließend sei der *Algorithmus* zur Lösung des betrachteten Problems herausgestellt:

Schritt 1 — Überprüfen der notwendigen Bedingung (8) — bei Nichterfüllung ist keine Lösung möglich, sonst

Schritt 2 — Berechnung neuer Verbandsgrenzen nach (9) und (10), dann

Schritt 3 — Berechnung der Lösungen nach (4).

Nachfolgendes Beispiel soll das angegebene Verfahren verdeutlichen. Es wurde ein einfaches Problem mit vier Variablen gewählt, damit die Operationen am angegebenen *Karnaugh*-Plan verfolgt werden können.

Beispiel: Gegeben sei folgendes Schaltproblem:

$$f_{\mathrm{I}} = b\bar{c} \vee \bar{c}\bar{d} \vee abd\ ,$$
$$f_0 = a\bar{b}d \vee \bar{b}c\ .$$

				cd
1	1	I	I	00
.	Ø	Ø	.	I0
.	Ø	I	.	II
Ø	I	I	.	0I
0	I	I	0	b
0	0	I	I	a

Aus den 16 Funktionen, die das gegebene Schaltproblem realisieren, sollen diejenigen bestimmt werden, die von der Variablen a unabhängig sind.

Schritt 1: (Für die Ableitung einer Funktion nach einer Variablen ist ihre Darstellung in der *Shegalkin*-Form sehr bequem, die hier benutzt werden soll.)

$$\frac{\mathrm{d}f_{\mathrm{I}}}{\mathrm{d}a} = \frac{\mathrm{d}(b\bar{c} \nleftrightarrow \bar{b}\bar{c}\bar{d} \nleftrightarrow abd \nleftrightarrow ab\bar{c}d}{\mathrm{d}a} = bd \nleftrightarrow b\bar{c}d = bcd\ ,$$

$$\frac{\mathrm{d}f_{\mathrm{I}}}{\mathrm{d}a} \wedge f_0 = bcd(a\bar{b}d \vee \bar{b}c) = 0 \text{ — Bedingung erfüllt.}$$

.	.	.	.
.	.	.	.
.	I	I	.
.	.	.	.

Schritt 2:

$$f_{\mathrm{I}}^{*} = \frac{\mathrm{d}f_{\mathrm{I}}}{\mathrm{d}a} \vee f_{\mathrm{I}} = bcd \vee b\bar{c} \vee \bar{b}\bar{c}\bar{d} \vee abd = bd \vee \bar{c}\bar{d}\ ,$$

I	I	I	I
.	.	.	.
.	I	I	.
.	I	I	.

$$\frac{\mathrm{d}f_0}{\mathrm{d}a} = \frac{\mathrm{d}(a\bar{b}d \nleftrightarrow \bar{b}c \nleftrightarrow a\bar{b}cd}{\mathrm{d}a} = \bar{b}d \nleftrightarrow \bar{b}cd = \bar{b}\bar{c}d\ ,$$

.	.	.	.
.	.	.	.
.	.	.	.
I	.	.	I

$$f_0^{*} = \frac{\mathrm{d}f_0}{\mathrm{d}a} \vee f_0 = \bar{b}\bar{c}d \vee a\bar{b}d \vee \bar{b}c = \bar{b}(c \vee d)\ .$$

.	.	.	.
I	.	.	I
I	.	.	I
I	.	.	I

Damit steht ein neuer Verband $V = (f_0^{*}, f_{\mathrm{I}}^{*})$ fest, dessen Elemente alle Lösungen der gestellten Aufgabe sind.

		cd
I	I	00
.	Ø	I0
.	I	II
.	I	0I
0	I	b

Schritt 3:

$n = 1:$

$i = 0, f_1 = f_{\mathrm{I}} \vee 0$

$f_1 = bd \vee \bar{c}\bar{d}\,,$

I	I
.	.
.	I
.	I

$i = 1, f_2 = f \vee bc\bar{d}$

$f_2 = b \vee \bar{c}\bar{d}\,.$

I	I
.	I
.	I
.	I

5.2.2.1.2. Bestimmung von Funktionen mit minimaler Länge des algebraischen Funktionsausdrucks

Die Bestimmung von Funktionen innerhalb eines gegebenen Verbandes, die durch einen minimalen Ausdruck darstellbar sind, zielt bekanntlich darauf ab, entsprechend aufwandsarme technische Realisierungen für die betreffende Funktion zu ermöglichen. Obwohl dieser breiten Problematik künftig meist nicht mehr jene vorrangige Bedeutung zukommt, wie es vor etwa 15 Jahren der Fall war, soll sie an dieser Stelle nicht unerwähnt bleiben, da die Aufgabe einer aufwandsarmen Realisierung als Optimierungsproblem im Schaltungsentwurf letztlich immer bestehen bleibt — insbesondere bei der Fertigung großer Stückzahlen einer Schaltung. Bezüglich der Lösung dieser Aufgabe soll im folgenden auf zwei Verfahren aufmerksam gemacht werden.
Ein interessantes Näherungsverfahren wurde von *Kasakov* [2] entwickelt. Obwohl es insbesondere für die maschinelle Bearbeitung konzipiert wurde, können mit dieser Methode auch Funktionen von über zehn Variablen mannuell minimiert werden, falls der größte Teil der Belegungsvektoren funktionell unbestimmt ist. Die Grundlage des Verfahrens bilden die beiden Mengen (M_0 bzw. M_{I}) der Belegungsvektoren, denen der Funktionswert „0" bzw. „I" zugeordnet ist. Die Elemente dieser Mengen, die z. B. aus den disjunktiven Normalformen der den Verband kennzeichnenden Funktionen (f_0, f_{I}) bestimmt werden können, sind jeweils in einer Liste bereitzustellen. Zur Bestimmung von Primimplikanten werden folgende drei Bedingungen dafür formuliert, daß eine beliebige Konjunktion (K_j) einen Primimplikanten darstellt:

Bedingung 1: Die Zeichenkette K_j ist in einer der in M_{I} befindlichen enthalten.

Bedingung 2: Die Zeichenkette K_j ist in keiner der in M_0 befindlichen enthalten.

Bedingung 3: Es gibt keine Zeichenkette K_j^+, die durch Weglassen von Zeichen aus K_j entsteht und trotzdem die Bedingungen 1 und 2 erfüllt.

Beginnend mit dem ersten Element von M_{I} wird eine Zeichenkette K_j ausgewählt und die Bedingung 2 nachgeprüft. Um die Bedingung 3 zu gewährleisten, wird mit der kürzesten Zeichenkette — einer einzelnen Variablen — begonnen und bei Nichterfüllung der Bedingung 2 jeweils eine Variable mehr benutzt. Sind schließlich alle drei Bedingungen erfüllt, stellt die Zeichenkette einen Primimplikanten dar und das betrachtete Element sowie alle anderen in M_{I}, die dieselbe Zeichenkette enthalten, werden markiert. Die markierten Elemente brauchen zur Bestimmung neuer Primimplikanten nicht mehr berücksichtigt zu werden. Das Verfahren ist beendet, wenn alle Elemente aus M_{I} markiert sind. Eine minimale irredundante Teilmenge von Primimplikanten wird bestimmt, indem alle diejenigen zu berücksichtigen sind, die allein ein Element aus M_{I} markieren. Falls damit noch nicht alle Elemente aus M_{I} überdeckt werden, sind weitere zu verwenden, so daß die restlichen Elemente überdeckt werden.

Beispiel:

M_0:	a	b	c	d	e	f
	.	.	.	I	.	.
	.	.	.	I	I	I
	.	I	.	I	.	I
	I	.	.	I	I	I
	I	I	.	.	.	I
	I	I	.	I	.	.

M_I:	a	b	c	d	e	f	Element	Mark.
	.	.	.	.	.	.	1	P_1, P_4
	.	.	.	.	I	.	2	P_1, P_4
	.	.	I	.	I	I	3	P_1, P_3
	.	I	.	I	I	I	4	P_2
	.	I	I	I	.	.	5	P_3
	I	.	.	.	I	.	6	P_4
	I	.	I	I	.	.	7	P_3
	I	I	.	.	I	.	8	P_4
	I	I	.	I	I	.	9	P_2
	I	I	I	I	I	I	10	P_3

Die Primimplikanten wurden im Ergebnis nachfolgender Prüfungen erhalten:

1. Element: $\bar{a}, \bar{b}, \bar{c}, \bar{d}, \bar{e}, f, \bar{a}\bar{b}, \bar{a}\bar{c}, \bar{a}\bar{d} = P_1 \rightarrow$ Markierung der Elemente 1, 2, 3,

4. Element: $\bar{a}, b, \bar{c}, d, e, f, \bar{a}b, \bar{a}\bar{c}, \bar{a}d, \bar{a}e, \bar{a}f, b\bar{c}, bd, be = P_2 \rightarrow$ Markierung der Elemente 4, 9,

5. Element: $\bar{a}, b, c = P_3 \rightarrow$ Markierung der Elemente 3, 5, 7, 10 ,

6. Element: $\ldots, df = P_4 \rightarrow$ Markierung der Elemente 1, 2, 6, 8 .

Damit sind alle Elemente wenigstens durch einen Primimplikanten markiert. Einzeln an einem Element stehen P_2, P_3, P_4. Mit dieser Teilmenge werden alle Elemente von M_I überdeckt. Als Lösung ergibt sich demnach: $f = be \vee c \vee df$.

Auf ein weiteres Verfahren, das von *Dietmeyer* [3] (S. 321 ff.) angegeben wurde, soll noch hingewiesen werden, da es sich gegenüber anderen dadurch auszeichnet, daß eventuell bestehende Abhängigkeiten unter den Belegungsvektoren, die funktionell unbestimmt sind, berücksichtigt werden können. Das Verfahren enthält folgende Grundgedanken: Die jeweils abhängigen Belegungsvektoren werden mit gleichen Bezeichnungen versehen, die Parameter der Funktion genannt werden.

Beispiel:

a	b				
0	0	I	I	.	.
0	I	I	α_1	Ø	$\bar{\alpha}_2$
I	I	Ø	.	.	α_1
I	0	I	α_2	.	.
		0	I	I	0 c
		0	0	I	I d

α_i — Parameter der Funktionen; sie sind gewissen abhängigen Unbestimmtheitsstellen zugeordnet.

Alle Belegungsvektoren, für die die Funktion $g = f_I \vee \varphi$ den Wert „I" besitzt, werden durch eine Anzahl von Stellen erweitert, denen die Parameter (α_i) zugeordnet sind. Durch eine iterative oder generalisierte Konsensusbildung, die auf alle erweiterten

Belegungsvektoren anzuwenden ist, wird eine überdeckende Menge von Primimplikanten gebildet. Infolge der Existenz von Parametern wird diese Menge in disjunkte Teilmengen zerlegt, von denen jede eine Lösung bezüglich einer gewählten Parameterbelegung darstellt. Mit Hilfe eines geeignet modifizierten Auswahlalgorithmus kann aus jeder Teilmenge eine, wenn auch nicht notwendig minimale, so doch zufriedenstellende Lösung des Problems gefunden werden.
Beim Vergleich der bekannten Verfahren zur Lösung des gestellten Problems kann festgestellt werden, daß alle auf umfangreichen Auflistungs- und Vergleichsschritten basieren, die für praxisorientierte Aufgabenstellungen nur in Ausnahmefällen „von Hand“ ausführbar sind. Da einerseits nicht zu erwarten ist, daß diese Problematik unter ausschließlicher Verwendung algebraischer Operationen lösbar ist, und andererseits die praktische Bedeutung dieser Aufgabenstellung für diskrete Schaltungen zurückgeht, ist es nicht erforderlich, an der Entwicklung weiterer neuer Verfahren zu arbeiten. Statt dessen kommt es darauf an, die bekannten Verfahren optimal zu programmieren, um eine maximale Effektivität in der Anwendung moderner Rechner für ihre Bearbeitung zu gewährleisten.

5.2.2.1.3. Bestimmung der Menge der linearen Funktionen eines Verbandes

Die Grundlage der Betrachtungen bildet die Definition der Linearität binärer Funktionen, wie sie auch in [1] (S. 99) angegeben wurde.

Definition 5: Eine *Funktion* $f(X)$ heißt linear genau dann, wenn es gewisse von den Variablen (x_i) unabhängige Koeffizienten (a_k) gibt, so daß sich die Funktion in folgender Form darstellen läßt:

$$f(X) = a_0 \nsim a_1x_1 \nsim a_2x_2 \nsim \dots \nsim a_nx_n\,, \quad a_k \text{ — binäre Konstanten}\,.$$

Eine aus dieser Definition ableitbare, für die Praxis interessante Eigenschaft linearer Funktionen besteht darin, daß sich der Funktionswert offenbar nicht ändert, wenn gleichzeitig eine gerade Anzahl von Variablen geändert wird — oder anders ausgedrückt: Der Funktionswert linearer Funktionen ändert sich gewiß, falls eine ungerade Anzahl von Variablen im Wert verändert wird. Außer diesem speziellen Verhalten spielt die Linearität von Funktionen im Zusammenhang mit dem Problem der funktionellen Vollständigkeit einer Realisierungsbasis eine wichtige Rolle.
Eine Lösung des gestellten Problems ist möglich, indem für die zu betrachtende Variablenmenge alle linearen Funktionen in bestimmter Reihenfolge generiert werden und anschließend jeweils ihre Verbandszugehörigkeit nach (5) und (6) überprüft wird. Dieses indirekte Verfahren ist offenbar sehr aufwendig, da für n Variable 2^n verschiedene Funktionen generiert und geprüft werden müssen. Es existieren zwar 2^{n+1} lineare Funktionen — die Grenzfunktionen $f(X) = \mathrm{I}$ und $f(X) = 0$ sind aber niemals Elemente des Verbandes.
Da das vorgeschlagene Verfahren trotz Anwendung eines Rechners insbesondere für hohe Variablenzahlen nicht den Anforderungen genügen kann, sollten weitere Untersuchungen zur Lösung dieses Problems darauf gerichtet werden, aus den einen Verband kennzeichnenden Funktionen (f_0, f_I bzw. φ) Bestimmungsvorschriften für entsprechende Korffizienten (a_i) direkt abzuleiten.

5.2.2.1.4. Bestimmung der Menge der symmetrischen Funktionen eines Verbandes

Auch bei diesem Optimierungsproblem soll von der Definition der Symmetrie ausgegangen werden:

Definition 6: Eine Funktion $f(X)$ wird als symmetrisch bezeichnet, wenn ausschließlich von der Anzahl der Variablen, die innerhalb eines Belegungsvektors den Wert „I“

besitzen, abhängig ist, welchen Funktionswert der betreffende Belegungsvektor annimmt.
$f(X) = g(A(\boldsymbol{x}_i))$ — Die Funktion $A(\boldsymbol{x}_i)$ bestimmt die Anzahl der Variablen mit dem Wert „I" und nimmt einen Wert aus der Menge $\{0, 1, \ldots, m\}$ an.

Eine für die praktische Anwendung solcher Funktionen interessante Eigenschaft besteht in der Austauschbarkeit jeweils zweier Variablen, ohne den Funktionswert zu beeinflussen. Des weiteren sind symmetrische Funktionen in Verbindung mit optimalen technischen Realisierungen unter Verwendung von Schwellwert- bzw. Majoritätselementen von großer Bedeutung.
Im folgenden soll eine symmetrische Funktion kurz durch die Symbolik $S_{\boldsymbol{c}}$ bezeichnet werden, wobei der Indexvektor ($\boldsymbol{c}$) aus gewissen Komponenten $c_i \in \{0, 1, \ldots, m\}$ besteht, die angeben, für welche Belegungsvektoren der Funktionswert „I" auftritt. Die angegebenen c_i bezeichnen dabei die Anzahl der „Einsen" in den Belegungsvektoren.

Beispiel: S_1 — Diese Funktion besitzt den Wert „I" für alle Belegungsvektoren, in denen eine Variable mit dem Wert „I" belegt ist.
$S_{0,1,3}$ — Diese Funktion besitzt den Wert „I" für alle Belegungsvektoren, in denen keine, eine oder drei Variable mit dem Wert „I" belegt sind.
Es sei weiter vereinbart, die Mengen der Werte der Funktion $A(\boldsymbol{x}_i)$ bezüglich derjenigen Belegungsvektoren, für die die Funktionen f_0 und f_{I} den Wert „I" besitzen, entsprechend mit C_0 und C_{I} zu bezeichnen.

$$C_0 = \{A(\boldsymbol{x}_i)\} \; \forall \, \boldsymbol{x}_i \quad \text{mit} \quad f_0(\boldsymbol{x}_i) = \mathrm{I}\,, \tag{11}$$

$$C_{\mathrm{I}} = \{A(\boldsymbol{x}_i)\} \; \forall \, \boldsymbol{x}_i \quad \text{mit} \quad f_{\mathrm{I}}(\boldsymbol{x}_i) = \mathrm{I}\,. \tag{12}$$

Zur Bestimmung der symmetrischen Funktionen, die Elemente eines gegebenen Verbandes sind, lassen sich folgende Aussagen formulieren:

Satz 8: Alle Elemente $c_i \in C_{\mathrm{I}}$ müssen in jedem Vektor $\boldsymbol{c}$ zur Beschreibung einer symmetrischen Funktion des Verbandes enthalten sein.

Beweis: Fehlen in der Beschreibung einer symmetrischen Funktion gewisse $c_i \in C_{\mathrm{I}}$ innerhalb des Indexvektors $\boldsymbol{c}$, nimmt die beschriebene Funktion laut Vereinbarung für die entsprechenden Belegungsvektoren den Wert „0" an — dann ist diese Funktion aber kein Element des Verbandes.

Satz 9: Ein Verband kann diejenigen symmetrischen Funktionen nicht enthalten, die durch solche Indexvektoren beschrieben werden, in denen wenigstens ein Element $c_j \in C_0$ enthalten ist.

Beweis: Die Existenz einer Komponente c_j innerhalb eines Indexvektors $\boldsymbol{c}$ sagt laut Vereinbarung aus, daß für alle Belegungsvektoren, die c_j „Einsen" enthalten, die bezeichnete Funktion den Wert „I" annimmt. Letzteres ist aber für alle Elemente des Verbandes bei wenigstens einem Belegungsvektor mit c_j „Einsen" unmöglich, wenn $c_j \in C_0$ ist.
Als Erkenntnis aus den beiden voranstehenden Aussagen folgt:

Satz 10: Gibt es wenigstens ein Element c_k mit der Eigenschaft, daß $c_k \in C_0$ und außerdem $c_k \in C_{\mathrm{I}}$ ist, existiert im Verband keine symmetrische Funktion.

Beweis: Da laut Aussage von Satz 8 jedes Element $c_k \in C_{\mathrm{I}}$ zur Beschreibung einer symmetrischen Funktion des Verbandes notwendig ist und laut Satz 9 kein Element $c_k \in C_0$ auftreten darf, besteht im Fall einer Voraussetzung nach Satz 10 ein Widerspruch der keine Lösung zuläßt.

Als notwendige und zugleich hinreichende Bedingung für die Existenz einer symmetrischen Funktion innerhalb eines Verbandes kann deshalb formuliert werden:

$$C_{\mathrm{I}} \cap C_0 = \mathrm{o} \qquad (\mathrm{o} \text{ — leere Menge})\,. \tag{13}$$

Diese Bedingung ist hinreichend, da bei Erfüllung wenigstens eine symmetrische Funktion $S_{\boldsymbol{c}}$ existiert, wobei die Komponenten von $\boldsymbol{c}$ durch alle $c_i \in C_{\mathrm{I}}$ repräsentiert werden.
Weitere Lösungen ergeben sich, falls $\boldsymbol{c}$ durch gewisse $c_i^+ \in C^+$ erweitert werden kann. Mit C^+ sei hier die Teilmenge der Elemente $c_i^+ \in \{0, 1, 2, \dots, m\}$ bezeichnet, die weder in C_0 noch in C_{I} enthalten sind.

$$C^+ = \overline{(C_0 \cup C_{\mathrm{I}})}; \quad \text{Gesamtmenge } C = \{0, 1, \dots, m\}\,. \tag{14}$$

Ist C^+ keine leere Menge, läßt sich eine Potenzmenge $P(C^+)$ bilden, deren Elemente (p_i) durch die möglichen Teilmengen, einschließlich der leeren Menge, von C^+ gebildet werden.

Beispiel: $C = 0, 2, 5,$

$$P(C^+) = \underset{\text{(leer)}}{\mathrm{o}}; 0; 2; 5; 0{,}2; 0{,}5; 2{,}5; 0, 2, 5;$$

In Abhängigkeit von der Anzahl (r) der Elemente der Menge C^+ ergeben sich insgesamt $k = 2^r$ symmetrische Funktionen als Lösungen des Problems — k ist gleichzeitig identisch mit der Anzahl der Elemente der Potenzmenge. Die Lösungen sind zu bestimmen durch Berechnung der Indexvektoren $\boldsymbol{c}_i$ nach folgender Beziehung:

$$\boldsymbol{c}_i = c_{i1}, c_{i2}, \dots, c_{il}; \quad \forall\, c_{ij} \in C_i\,, \text{ mit } C_i = C_{\mathrm{I}} \cup p_i\,,\ i = 1, 2, \dots, k\,. \tag{15}$$

Zusammenfassend kann folgender *Algorithmus* zur Lösung des behandelten Problems angegeben werden:

Schritt 1: Bestimmung der Mengen C_0 und C_{I} nach (11) bzw. (12),
Schritt 2: Prüfen der Bedingung (13),
Schritt 3: Bestimmung von C^+ nach (14),
Schritt 4: Bestimmung von $P(C^+)$,
Schritt 5: Berechnung der $\boldsymbol{c}_i$ nach (15).

Das folgende Beispiel soll den vorgeschlagenen Algorithmus verdeutlichen:

Beispiel: gegeben $V = (f_0, f_{\mathrm{I}})$ durch die Funktionen

$$f_0 = abc\bar{d}\bar{e} \vee \bar{a}\bar{b}\bar{c}\bar{d}\bar{e} \vee \bar{a}\bar{b}cde$$

$$f_{\mathrm{I}} = \bar{a}b\bar{c}\bar{d}\bar{e} \vee \bar{a}\bar{b}\bar{c}de \vee a\bar{b}\bar{c}de \vee \bar{a}\bar{b}c\bar{d}\bar{e}$$

Gesucht sind alle symmetrischen Funktionen des Verbandes:

Schritt 1: $C_0 = \{0, 3\}; C_{\mathrm{I}} = \{1, 2\}$,
Schritt 2: $C_0 \cap C_{\mathrm{I}} = \mathrm{o}$ — Bedingung erfüllt,
Schritt 3: $C^+ = \overline{C_0 \cup C_{\mathrm{I}}} = \overline{0, 1, 2, 3,} = \{4, 5\}$,
Schritt 4: $P(C^+) = \mathrm{o}; 4; 4{,}5;$
Schritt 5: $\boldsymbol{c}_1 = \{1, 2\}$, $\boldsymbol{c}_2 = \{1, 2, 4\}$, $\boldsymbol{c}_3 = \{1, 2, 5\}$, $\boldsymbol{c}_4 = \{1, 2, 4, 5\}$.

Im Verband sind also die symmetrischen Funktionen $S_{1,2}$, $S_{1,2,4}$, $S_{1,2,5}$ und $S_{1,2,4,5}$ enthalten.

5.2.2.2. Optimierung vollständig definierter Funktionen

Vollständig definierte Funktionen sind dadurch gekennzeichnet, daß jedem der 2^m möglichen Belegungsvektoren für m Variable eindeutig ein Wert aus der Menge $\{0, I\}$ zugeordnet wird. Deshalb bestehen hier wesentlich weniger Freiheitsgrade betreffs der Optimierung als bei partiell definierten Funktionen. Ohne auf spezielle Lösungsverfahren im Einzelnen eingehen zu können, sollen zwei grundlegende Problemstellungen dieser Aufgabenklasse genannt und die Bedeutung ihrer Lösung für praktische Belange in Gegenwart und Zukunft eingeschätzt werden.

5.2.2.2.1. Minimierung des Funktionsausdrucks

Der Minimierung des algebraischen Ausdrucks einer Funktion mit dem Ziel der Einsparung von Bauelementen bei der technischen Realisierung der Funktion wurde in den 50er und 60er Jahren eine vorrangige Bedeutung beigemessen. Davon zeugt eine Vielzahl von veröffentlichten Arbeiten ([4, 5, 6, 7] u. a.). Sie verfolgen alle ein Grundprinzip, das darin besteht, für eine gegebene Funktion entweder durch Näherungsverfahren oder mittels sogenannter exakter Algorithmen die Menge aller Primimplikanten zu bestimmen, um anschließend daraus eine minimale nichtredundante Teilmenge auszuwählen. Beim Vergleich der bekannten Methoden muß festgestellt werden, daß keine als die „beste" anzusehen ist. Bestimmte Verfahren sind in Abhängigkeit von der Vorgabeform der Funktion der der Variablenanzahl jeweils anderen in bestimmten Merkmalen überlegen. Da einige dieser Algorithmen auch für die Bearbeitung mit Hilfe der elektronischen Rechentechnik geeignet sind, kann das gestellte Problem in dieser Form als gelöst betrachtet werden. Es kann festgestellt werden, daß insbesondere die Näherungsverfahren unter Ausnutzung von Digitalrechnern die effektivsten Lösungen liefern. Auf Grund der gesunkenen Kosten der Bauelemente und der fortschreitenden Integration kommt es gegenwärtig meist nicht mehr darauf an, eine absolut minimale Struktur zu erhalten, sondern eine mit wesentlich weniger Rechenaufwand bestimmte, nahezu minimale Schaltung kann oft als optimale Lösung angesehen werden.
Der Vollständigkeit halber soll noch das Problem der komplexen Minimierung einer Menge von einander unabhängiger, vollständig bestimmter Funktionen erwähnt werden. Die bekannten Verfahren (z. B. [1] S. 61) zielen darauf ab, solche Primimplikanten zu bestimmen, die in der Mehrzahl der Funktionen vorkommen, um bei der technischen Realisierung dieser Funktionen gewisse Teilstrukturen mehrfach ausnutzen zu können. Dem Problem entsprechend sind die vorgeschlagenen Algorithmen alle sehr kompliziert, und der erforderliche Rechen- und Speicheraufwand ist außerordentlich hoch. Auf inhaltliche Aspekte dieser Verfahren soll nicht eingegangen werden, denn es wird die Ansicht vertreten, daß diese Problemstellung keine wesentliche Bedeutung mehr besitzt. Der im Vergleich zur Einzelminimierung bedeutend höhere Rechenaufwand wird nur in Ausnahmefällen durch die materiell-technische Einsparung gerechtfertigt. Außerdem haften der Lösung dieses Problems in funktioneller Hinsicht prinzipielle Nachteile an. Sie sind darin zu sehen, daß infolge der Mehrfachausnutzung bestimmter Signale auftretende Fehler, wie z. B. Hasards, unmittelbar mehrere Funktionen beeinflussen sowie Belastungs- und Laufzeitprobleme auftreten können.

5.2.2.2.2. Funktionelle Dekomposition

Die Theorie der Dekomposition binärer Funktionen ist seit der fundamentalen Arbeit von *Ashenhurst* [8], die 1952 veröffentlicht wurde, bis heute gleichermaßen für Mathematiker und Ingenieure von großem Interesse und praktischer Bedeutung geblieben.

Die grundlegende Aufgabenstellung der Dekomposition besteht in der Aufspaltung einer gegebenen Funktion in Teilfunktionen, die gewisse vorgegebene Eigenschaften besitzen und im einzelnen einfacher handhabbar (z. B. technisch realisierbar) sind, als die Gesamtfunktion. Seit *Ashenburst*'s Arbeit entstand eine Reihe weiterer theoretischer und praktischer Ergebnisse ([9, 10, 11, 12, 13]) unter der Zielstellung der Anwendbarkeit der funktionellen Dekomposition von Problemen der Strukturoptimierung. Es konnte gezeigt werden, daß die Struktur infolge der Zerlegung einer Funktion in solche Teile, die die logische Funktion der zur Verfügung stehenden Bausteine repräsentieren, stets sehr effektiv generiert werden kann.
Bei der Dekomposition lassen sich zwei prinzipielle unterschiedliche Ziele verfolgen. Eine vorliegende Funktion $f(X)$ kann einerseits in gewisse zu bestimmende Teilfunktionen zerlegt werden, die jeweils ausschließlich von vorgegebenen Variablenteilmengen abhängig sind und aus denen in bestimmter Weise die Funktion $f(X)$ reproduzierbar ist. Andererseits kann die Darstellung einer vorliegenden Funktion durch eine mehrfach ausgenutzte, gleichfalls vorgegebene Teilfunktion von praktischem Interesse sein. Die erstere Problemstellung kann formal wie folgt beschrieben werden:

$$f(X) = g(h_1(X_1), h_2(X_2), \dots, h_k(X_k), X_{k+1}) , \qquad (16)$$
$$X_1 \cup X_2 \cup \dots \cup X_{k+1} = X .$$

Die Funktionen g und h_i sind bezüglich der bezeichneten Variablenteilmengen (X_i) so zu bestimmen, daß die bekannte Funktion $f(X)$ in angegebener Weise dargestellt werden kann. Sind dabei die angegebenen Variablenteilmengen jeweils paarweise disjunkt, spricht man von einer disjunkten, andernfalls von einer nichtdisjunkten funktionellen Dekomposition. Die Zerlegung einer gegebenen Funktion $f(X)$ in die Form

$$f(X) = g_1(g_2(\dots (g_k(X_k), X_{k-1}) \dots, X_2), X_1) \qquad (17)$$

wird als iterative funktionelle Dekomposition bezeichnet. Für diese allgemeinste Formen der Problemstellung sind noch keine Lösungsverfahren bekannt.
Für den Spezialfall der disjunkten funktionellen Dekomposition mit $k = 1$, d. h. für die Zerlegung

$$f(X) = g(h(X_1), X_2) , \qquad X_1 \cup X_2 = X , \quad X_1 \cap X_2 = 0 \qquad (18)$$

gibt *Powarow* [9] ein Kriterium der Zerlegbarkeit von f für gegebene Mengen X_1, X_2 sowie einen Lösungsalgorithmus für dieses Problem an. Als eine Verallgemeinerung dieses Verfahrens ist der von *Zakrewski* vorgestellte Algorithmus zur nichtdisjunkten Dekomposition bezüglich dreier Variablenmengen X_1, X_2 und X_3 anzusehen. Die von ihm vorgenommene Zerlegung besitzt die Form:

$$f(X) = g(X_1, X_3, h(X_2, X_3)) , \qquad (19)$$

X_1, X_2 werden disjunkt gegeben

$$X_3 = \overline{X_1 \cup X_2} .$$

Eine weitere Methode zur Lösung einer solchen Aufgabe für Funktionen von drei bis vier Variablen wird von *Kermani* [13] vorgestellt, bei der die *Karnaugh*-Plan-Darstellung einer Funktion zugrundegelegt wird.
Auf die genannten Algorithmen kann an dieser Stelle nicht eingegangen werden. Statt dessen soll diesbezüglich eine weitere noch ungelöste Problemstellung formuliert werden. Im Fall der Unmöglichkeit einer Lösung des Problems nach (18) für die Variablenmengen X_1, X_2, könnte eine für die Praxis interessante Fragestellung in folgendem

bestehen: „Für welche möglichst große Teilmenge X_0 mit der Eigenschaft $X_0 \subset X_1 \subset X$ ist eine Zerlegung der Form

$$f(X) = g(X_3, h(X_0)) \,, \qquad X_3 = \overline{X_0} \cap X_0 \tag{20}$$

möglich?“
In Anbetracht der fortschreitenden Integration auf dem Bauelementesektor gewinnt die als zweite genannte prinzipielle Problemstellung zunehmend an Bedeutung. Die Aufgabe besteht in der Zerlegung der gegebenen Funktion $f(X)$ unter Berücksichtigung einer gleichfalls vorgegebenen Teilfunktion $h(u_1, u_2, \dots, u_r)$, die z. B. das Klemmenverhalten einer integrierten Schaltung kennzeichnen möge, in folgende Form:

$$f(X) = g(h(x_i, \dots, x_j), x_k, \dots, x_l) \,. \tag{21}$$

Die Zuordnung der x zu den u sei nicht vorgeschrieben. Obwohl diese Aufgabenstellung inhaltlich bereits von *Dietmeyer* [3] formuliert und ein Lösungsalgorithmus für einen Trivialfall demonstriert wurde, sind zur Schaffung eines praktikablen Lösungsverfahrens weiterführende theoretische Untersuchungen notwendig.

5.2.2.3. Strukturoptimierung

Die globalen Ziele jeder Struktursynthese bestehen in der Realisierung maximaler Zuverlässigkeit, möglichst kurzer Reaktionszeit und minimaler Kosten. Die Optimierungskriterien beziehen sich in dieser Hinsicht entweder auf die zu verwendenden Bausteine oder auf den topologischen Aufbau der Schaltungsstruktur. Bezüglich des Einsatzes optimaler Bauelemente sind solche wesentlichen Kennwerte wie die realisierte Elementarfunktion, die fan-in- und fan-out-Kapazitäten, ihre Verzögerungszeiten und die Leistungsaufnahme sowie der Preis der Elemente zu berücksichtigen. Eine Klasse von Optimierungsaufgaben besteht beispielsweise in der Erzielung zuverlässiger Schaltungen unter Berücksichtigung des Zusammenhangs zwischen fan-in-Kapazität der technischen Bauelemente und der sich ergebenden Schaltungstiefe. Die Einbeziehung der Anzahl der Eingänge der Bausteine setzt im allgemeinen voraus, daß keine Beschränkungen in Bezug auf die Zahl der Stufen der zu entwerfenden Schaltung bestehen. Eine diesbezügliche zusätzliche Forderung muß verboten werden, weil sie zur Überbestimmung der Aufgabe, d. h. zu einem unlösbaren Widerspruch führen kann. Eine in Verbindung mit diesen Optimierungsproblemen bestehende Forderung betrifft die möglichst zweistufige Realisierung einer Schaltaufgabe, da gegenüber mehrstufigen Varianten bestimmte Vorteile offensichtlich sind. Sie bestehen insbesondere in der geringen Reaktionszeit auf Grund kurzer Signallaufzeiten sowie in einer hohen statischen und dynamischen Funktionssicherheit, die auf eine weitgehende Vermeidung unterschiedlicher Signallaufzeiten innerhalb des Netzwerkes zurückzuführen ist. Eine Forderung dieser Art ist natürlich nur erfüllbar, wenn Verknüpfungselemente mit entsprechenden fan-in-Kapazitäten verfügbar sind. Bedingungen für eine zweistufige Realisierbarkeit wurden in [14] (S. 121) formuliert.
Im Hinblick auf den praktischen Aufbau einer entworfenen Schaltung besteht das Ziel der Optimierung einer anderen Klasse von Aufgaben in der topologischen Zerlegung der Gesamtstruktur in Teilstrukturen, die durch bestimmte Merkmale gekennzeichnet sind, wie z. B. durch die maximale Anzahl enthaltener Bauelemente und nach außen führender Anschlüsse. Ein praktisch interessantes Problem dieser Aufgabenklasse könnte darin bestehen, die Elemente einer vorliegenden Struktur auf eine minimale Anzahl von Leiterplatten bestimmter Größe aufzuteilen, wobei die Anzahl der Anschlußstellen pro Leiterplatte begrenzt ist und die Menge der durch notwendige Leitungstrennungen entstehenden Anschlußpunkte ebenfalls zu minimieren ist. Teillösungen zu dieser Problemstellung wurden unter dem Begriff der strukturellen Dekomposition in [14] vorgeschlagen.

Da für die Mehrzahl der Probleme beim optimalen Strukturentwurf gegenwärtig noch keine vollständigen Lösungsalgorithmen existieren, ist das Ergebnis der Strukturoptimierung zum großen Teil von der Erfahrung und der Intuition des Bearbeiters abhängig. Das Hauptproblem besteht offenbar in der algebraischen Formulierbarkeit des Optimierungskriteriums einerseits und der komplexen Zusammenhänge zwischen verschiedenen Strukturmerkmalen andererseits. Da die Optimierung in dieser abschließenden Phase des Schaltungsentwurfs im Hinblick auf die fortschreitende Miniaturisierung bei gleichzeitiger Zuverlässigkeitserhöhung zunehmend an Bedeutung gewinnt, sollten Untersuchungen zur effektiven Lösung dieser Problematik in verstärktem Umfang vorgenommen werden.
Künftige Forschungen zur Lösung von Problemen der Optimierung im Schaltungsentwurf müssen vorrangig auf die mathematische Formulierbarkeit des Gütekriteriums sowie auf die algebraische Faßlichkeit der komplexen Zusammenhänge zwischen unterschiedlichen Schaltungseigenschaften gerichtet sein. Bei der Aufstellung von Lösungsalgorithmen muß die Zielstellung einer effektiven Programmierbarkeit für EDVA von Anfang an berücksichtigt werden, da die Aufgaben innerhalb dieses Problemkreises nur unter Einsatz der elektronischen Rechentechnik mit der erforderlichen Effektivität und Qualität gelöst werden können.

Literaturverzeichnis

[1] *Bochmann, D.*: Einführung in die strukturelle Automatentheorie. VEB Verlag Technik, Berlin 1975.

[2] *Kazakov, W. D.*: Minimizacija logiczeskich funkcij bolschogo czisla peremenych. Avtomatika i telemechanika **23**, 9 (1962) 1237–1242.

[3] *Dietmeyer, D.*: Logic design of digital systems. Allyn and Bacon Inc., 1971.

[4] *Mc Cluskey, E.*: Minimization of Boolean functions. Bell System Techn. Journal **35**, 6 (1956).

[5] *Quine, W. V.*: The Problem of simplifying truth functions. Am. Math. Monthly Fall. **59** (1952) 521–531.

[6] *Mott, T. H.*: Determination of the irredundant normal forms of a truth function by iterated consensus of the prime implikants. IRE Trans. on EC, EC-9 (1960).

[7] *Burwick, H.*: Erzeugung der irredundanten Normalformen aussagenlogischer Ausdrücke. Elektronische Rechenanlagen 3 (1963).

[8] *Ashenhurst, R.*: The decomposition of switching functions. Bell Laboratory Rept. BL-1 (II) (1952).

[9] *Powarow, T. H.*: O funktionalnoi razdelimosti bulewych funkcij. Doklady Akademii Nauk, **94**, 5 (1954).

[10] *Zakrewski, A. D.*: Algoritmy razdelenija bulewych funkcij. Trudi SFTI **44** (1964).

[11] *Curtis, H. A.*: A new approach to the design of switching circuits. D. Van Nostrand Co. Princeton 1962.

[12] *Kobrinski, N.*, *Trachtenbrot, B.*: Einführung in die Theorie endlicher Automaten. Akademie-Verlag, Berlin 1967.

[13] *Kermani, M. B.*: Identification of disjunktively decomposable logic functions. IEEE Trans. on C., C-18 (1969) March, 277–279.

[14] *Lehmann, K.*: Beitrag zur Klassifikation einiger Probleme der Schaltalgebra und des Entwurfs digitaler Schaltungen mit dem Ziel ihrer rechnergestützten Lösung. Dissertation, TH Karl-Marx-Stadt, Sektion Informationst. 1976.

[15] *Peschel, M.*: Kybernetische Systeme. VEB Verlag Technik, Reihe AT **100** (1970).

[16] *Eckhardt, D.* u. a.: Entwurf komplexer digitaler Schaltungen. VEB Verlag Technik, Reihe AT **175** (1976).

[17] *Zander, H. J.*: Ein Verfahren zur Optimierung von Kombinationsschaltungen mit mehreren Ausgängen bei unvollständig gegebenen Arbeitsbedingungen. EIK (1970) 177–202.

5.3. Optimierung aktiver *RC*-Netzwerke der Hybridtechnik

Von *L. Kun*

Forschungsinstitut für Nachtrichentechnik (HIKI), Budapest

Der Bereich der Elektrotechnik, der sich mit der selektiven Verarbeitung von Signalinformationen, die gewöhnlich auf eine Filterung zurückzuführen sind, beschäftigt, ist ein Gebiet, dessen Umfang sich in den letzten zehn Jahren erweitert hat.
Einige Fortschritte wurden durch die technologische Entwicklung sowie die schnelle Vergrößerung der Produktion und die integrierte Schaltkreistechnik erreicht. Andere wurden durch theoretische Entwicklungen in spezialisierten Forschungseinrichtungen erzielt. Im allgemeinen haben diese Fortschritte den Anwendungsbereich der Filtertheorie sehr erweitert, die sich ursprünglich nur mit der Schaltungstechnik diskreter Bauelemente, wie Widerstände, Kapazitäten und Induktivitäten, beschäftigt hatte.
Unter Berücksichtigung dieser Tatsache hat sich das Forschungsinstitut HIKI seit 1970 mit der Entwicklung aktiver Filter befaßt. Das Institut ist auf diesem Gebiet der Elektrotechnik führend in Ungarn.
Auf der Grundlage der Hybridtechnologie war es möglich, mit der Produktion von aktiven Filtern zu beginnen. Mitarbeiter des Institutes beschäftigen sich mit Problemapproximationen, dem rechnergestützten Schaltkreisentwurf, der Toleranzanalyse und der Schaltkreiskostenoptimierung.

Im folgenden werden einige Ergebnisse vorgestellt.

Ein wesentlicher Faktor elektronischer Schaltkreise für die Massenproduktion ist eine hohe Ausbeute von Schaltkreisen, die innerhalb eines vorgeschriebenen Toleranzbereiches arbeiten.
Um eine hohe Ausbeute und niedrige Kosten der produzierten Schaltkreise zu gewährleisten, ist es notwendig ,die technischen Schaltkreistoleranzen und die Schaltkreiskosten zu optimieren.
Im wesentlichen gibt es zwei Arten von Toleranzzuordnungsproblemen. Die erste ordnet den Schaltkreiselementen nur eine Grenze diskreter Toleranzwerte zu.
Das ist maßgebend für den Entwurf von Schaltkreisen, die diskrete Bestandteile verwenden.
Das zweite Problem besteht darin, daß der Schaltkreiselementetoleranz einige Werte zugeordnet werden können, d. h., sie ist eine stetige Variable. Diese Situation liegt beim Entwurf integrierter Schaltkreise vor.
Es wurden bereits verschiedene Algorithmen für die Zuordnung von Elementetoleranzen entwickelt. *Karafin* [1] hat eine Methode für den diskreten Fall vorgeschlagen, der die ungünstigsten Bedingungen beinhaltet und die Monte Carlo Methode zur Vergleichsanalyse verwendet.
Die praktischen Spezifikationen für den Filterentwurf benutzen in einem Kommunikationssystem größtenteils den Frequenzgang (Dämpfung, Phase, Laufzeit usw.) und die unterschiedlichen Toleranzgrenzen der verschiedenen Frequenzbänder. Die Toleranzen können Werte von $\pm 0{,}25$ dB und $\pm 0{,}5$ dB annehmen, und es muß ge-

fordert werden, daß 99% aller produzierten Filter oder 95% aller in einem System installierten Filter über einen längeren Einsatzzeitraum (z. B. 20 Jahre) diesen Spezifikationen entspricht. Um eine derartige Produktionsausbeute und Zuverlässigkeit zu Beginn und am Ende des Einsatzes zu erreichen, ist es notwendig, in den Entwurf alle statistischen Informationen der Elementewerte und Geräteparameter, wie Herstellungstoleranzen, Temperatureffekte, Feuchtigkeit, Alterung, Frequenzbereich, dynamische Pegel usw., einfließen zu lassen.
Dabei sind einige andere bedeutende Faktoren, wie eine Nachmontageabstimmung, zu berücksichtigen, die die Wahrscheinlichkeit von Driftausfällen beeinflussen.
Wird eine derartige Präzision und Zuverlässigkeit gefordert, so scheinen aktive *RC*-Filter, die aus Dünn- oder Dickfilmwiderständen und Keramik- oder Glimmerkondensatoren auf üblichen Substraten aufgebaut sind und monolithische Operationsverstärker enthalten, die beste Lösung zu sein.
Um den Entwurfsaufwand zu minimieren, wird gefordert, daß eine Anpassung der Dünnfilmtechnologie an die strengen Spezifikationen der Industrie erfolgt, die nur wenige ausgewählte Schaltkreiskonfigurationen als Bausteine für die Massenproduktion benutzt und über den Abgleich vielen Anwendungsbedürfnissen gerecht wird.
Es gibt fast 100 aktive *RC*-Schaltkreiskonfigurationen, die während der letzten 10 Jahre zur Realisierung verschiedener Arten von Filtern vorgeschlagen wurden. Wenige davon sind zum Einstellen niedriger Toleranzen bekannt, um einzelne mehrparametrige Empfindlichkeitsfunktionen anzuwenden. Sie werden bevorzugt betrachtet.
Aber für gewisse Spezifikationen, die zu Beginn des Abschnitts beschrieben wurden, ist es jedoch nicht klar, welche von ihnen, vom Herstellerstandpunkt betrachtet, die geeignetsten sind.
Vorausgesetzt, es ist ein Schaltkreis und eine Reihe von n Elementnennwerten gegeben, die mit x_i^0 $(i = 1, 2, \ldots, n)$ bezeichnet werden. Die Empfindlichkeit dieses Netzwerkes mit m diskreten Frequenzpunkten, die mit T_i^0 $(i = 1, 2, \ldots, m)$ bezeichnet werden und innerhalb eines interessierenden Frequenzbereiches liegen, wird als Schaltungsnennempfindlichkeit bezeichnet. Es sind zunächst einige Elementetoleranzen $(\Delta x_K/x_K,\ K = 1, 2, \ldots, n)$ prozentual festzulegen, so daß

1. eine Nutzenspezifikation getroffen wird, d. h., ein gegebener Prozentsatz an Schaltkreisen hat eine Empfindlichkeit T_i $(i = 1, 2, \ldots, m)$, die nicht mehr als vorgeschrieben von der Nennempfindlichkeit (T_i^0) für alle möglichen Schaltelemente abweicht

$$x_i = \left(1 \pm \frac{x_i}{100}\right) x_i^0, \qquad 0 < \Delta x < 1, \qquad i = 1, 2, \ldots, n$$

   und

2. eine Kostenspezifikation getroffen wird.

Infolge der Unsicherheit statistischer Analysen wird ein gewisser Nutzen angenommen, der in einen vorgeschriebenen Bereich fällt. Für den Fall, daß ein Nutzen von 100% erwartet wird, kann ein Überziehen eintreten. Das bedeutet, daß 10% Elementetoleranz eine 100%ige Ausbeute gewährleistet, wobei 5% Elementetoleranz eingehalten werden muß. Um diese Schwierigkeit zu vermeiden, wird das Prinzip der genormten Empfindlichkeitsabweichung verwendet.
Bevor diese Quantität definiert wird, führen wir einige ergänzende Bezeichnungen ein.
Mit $\overline{T}_i^u$ und $\overline{T}_i^L$ wird die vorgeschriebene obere und untere Grenze der Schaltungsempfindlichkeit im i-ten Frequenzpunkt bezeichnet. Es zeigt sich, daß

$$\overline{T}_i^L \leqq T_i \leqq \overline{T}_i^u, \qquad i = 1, 2, \ldots, m.$$

Die tatsächlichen oberen und unteren Empfindlichkeitsextrema bei der i-ten Frequenz werden nach der Monte Carlo Methode bestimmt und als T_i^u bzw. T_i^L bezeichnet. Die genormte Empfindlichkeitsabweichung bei der i-ten Frequenz (am i-ten Frequenzpunkt) kann jetzt zu

$$R_i^S = \max\left(\left|\frac{T_i^u - T_i^0}{\overline{T}_i^u - T_i^0}\right| \cdot \left|\frac{T_i^L - T_i^0}{\overline{T}_i^L - \overline{T}_i^0}\right|\right)$$

definiert werden.

Das Maximum der genormten Empfindlichkeitsabweichung wird als

$$R_M^S = \max R_i^S \qquad (i = 1, 2, .. , m)$$

bezeichnet.

Für eine 100%ige Ausbeute muß gelten:

$$R_M^S \leqq 1 .$$

Nach dieser kurzen Einführung werden die Möglichkeiten betrachtet, wie diese Werte für eine gegebene Schaltung (Bild 1) erreicht werden können. Von fast 100 Typen aktiver Filter werden 2 ausgewählt. Im ersten Fall wird ein idealisierter VCVS[1]) mit unendlichem Verstärkungsfaktor und mehrfacher Rückkopplung verwendet. Die Lösung kann bei Annahme niedriger Werte von H_0 und Q_0 und Vorgabe einer Übertragungsfunktion

$$K(p) = \frac{U_{\text{aus}}}{U_{\text{ein}}} = -\frac{Y_1 Y_3}{Y_5(Y_1 + Y_2 + Y_3 + Y_4) + Y_3 Y_4}$$

folgendermaßen lauten:

$$T(p) = \frac{H_0}{1 + \frac{p}{\omega_0 Q_0} + \left(\frac{p}{\omega_0}\right)^2} .$$

Um die Tiefpaß-, Hochpaß- und Bandpaßfunktion zu realisieren, müssen die Admittanzen auf verschiedene Weise gewählt werden, wie in den Bildern 2, 3 und 4 zu sehen ist.

Im ersten Fall, dem Tiefpaß, gibt es einen Faktor K. Es muß eine Möglichkeit gesucht werden, um die Kapazitäten zu realisieren, die Kapazitätswerte können nicht willkürlich gewählt werden.

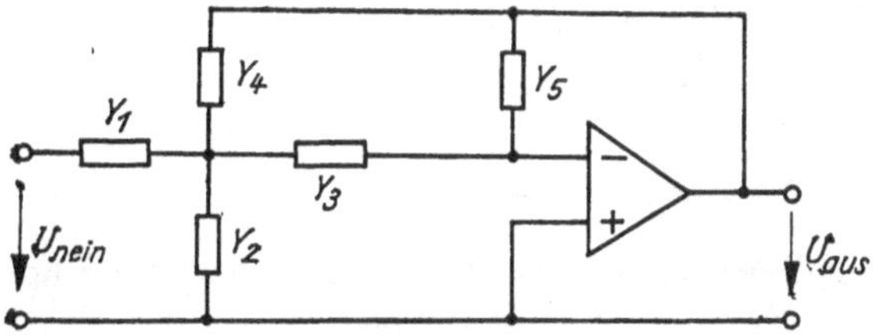

Bild 1. Grundschaltung eines aktiven Filters

[1]) Operationsverstärker.

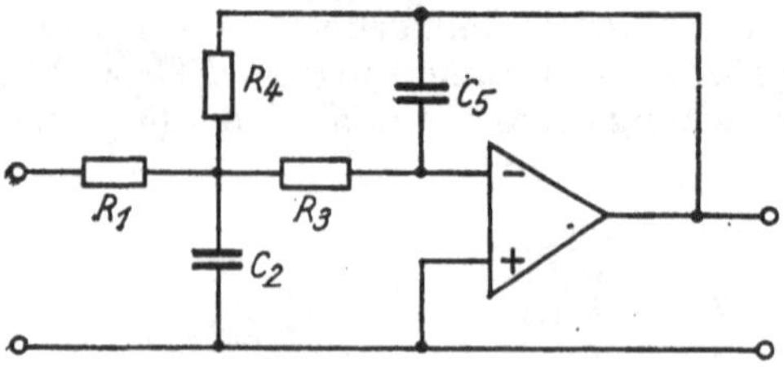

Bild 2. Tiefpaß mit Angabe der Entwurfsgleichungen und der Empfindlichkeiten

$$\omega_0^2 = \frac{1}{R_3 R_4 C_2 C_5},$$

$$\alpha = \frac{1}{Q} = \sqrt{\frac{C_5}{C_2}} \left(\sqrt{\frac{R_3}{R_4}} + \sqrt{\frac{R_4}{R_3}} + \sqrt{\frac{R_3 \cdot R_4}{R_1^2}} \right).$$

Entwurfsgleichungen

$$C_2 = C,$$

$$C_5 = K \cdot C,$$

$$R_1 = \frac{R_4}{H_0},$$

$$R_3 = \frac{1}{\omega_0^2 C^2 R_4 K},$$

$$R_4 = \frac{\alpha}{2\omega_0 C} \left(1 \pm \sqrt{1 - \frac{4(H_0 + 1)}{K\alpha^2}} \right).$$

Empfindlichkeiten

$$S^{\omega_0}_{R_3 R_4;\, C_2;\, C_5} = -\frac{1}{2}, \qquad S^{\alpha}_{R_1} = \frac{Q}{\omega_0 R_1 C_2},$$

$$S^{\alpha}_{C_5} = S^{\alpha}_{C_2} = \frac{1}{2}, \qquad S^{\alpha}_{R_3} = \frac{1}{2} - \frac{Q}{\omega_0 R_3 C_2}.$$

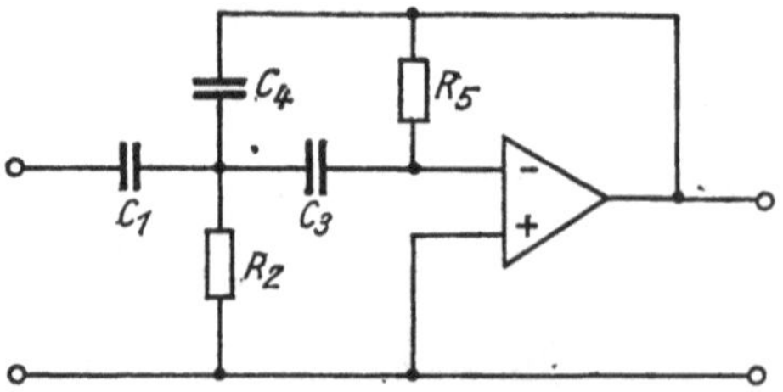

Bild 3. Hochpaß mit Angabe der Entwurfsgleichungen und der Empfindlichkeiten

$$H_0 = \frac{C_1}{C_4}, \qquad \alpha = \sqrt{\frac{R_2}{R_5}} \cdot \left(\sqrt{\frac{C_1^2}{C_3 C_4}} + \sqrt{\frac{C_3}{C_4}} + \sqrt{\frac{C_4}{C_3}} \right),$$

$$\omega_0^2 = \frac{1}{R_2 R_5 C_3 C_4}.$$

Entwurfsgleichungen

$$C = C_1 = C_3, \qquad R_2 = \frac{\alpha}{\omega_0 C(2H_0 + 1)},$$

$$C_4 = \frac{C_1}{H_0}, \qquad R_5 = \frac{Q}{\omega_0 C} \cdot (2H_0 + 1).$$

Empfindlichkeiten

$$S^{\omega_0}_{R_2;\, R_5;\, C_3;\, C_4} = -\frac{1}{2}, \qquad S^{\alpha}_{C_3} = \frac{1}{2} - \frac{Q}{C_0 R_5 C_3} \cdot \left(\frac{C_1}{C_3} + 1\right),$$

$$S^{\alpha}_{R_2} = \frac{1}{2} = -S^{\alpha}_{R_5}, \qquad S^{\alpha}_{C_4} = \frac{1}{2} - \frac{Q}{\omega_0 R_5 C_4} \cdot \left(\frac{C_1}{C_3} + 1\right),$$

$$S^{\alpha}_{C_1} = \frac{Q}{\omega_0 R_5} \cdot \frac{C_1}{C_3 C_4}.$$

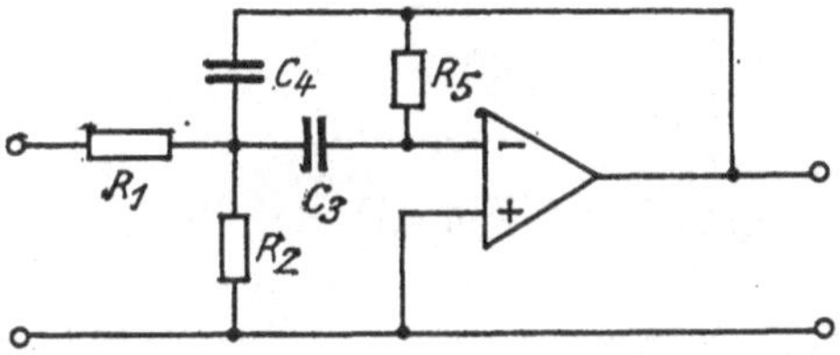

Bild 4. Bandpaß mit Angabe der Entwurfsgleichungen

$$H_0 = \frac{1}{\dfrac{R_1}{R_5} \cdot \left(1 + \dfrac{C_4}{C_3}\right)},$$

$$\omega_0^2 = \frac{1}{R_5 C_3 C_4} \cdot \left(\frac{1}{R_1} + \frac{1}{R_2}\right),$$

$$\alpha = \sqrt{\frac{1}{R_5(G_1 + G_2)}} \left(\sqrt{\frac{C_3}{C_4}} + \sqrt{\frac{C_4}{C_3}}\right).$$

Entwurfsgleichungen

$$C = C_3 = C_4, \qquad R_2 = \frac{Q}{(2Q^2 - H_0)\,\omega_0 C},$$

$$R_1 = \frac{Q}{H_0 \omega_0 C}, \qquad R_5 = \frac{2Q}{\omega_0 C}.$$

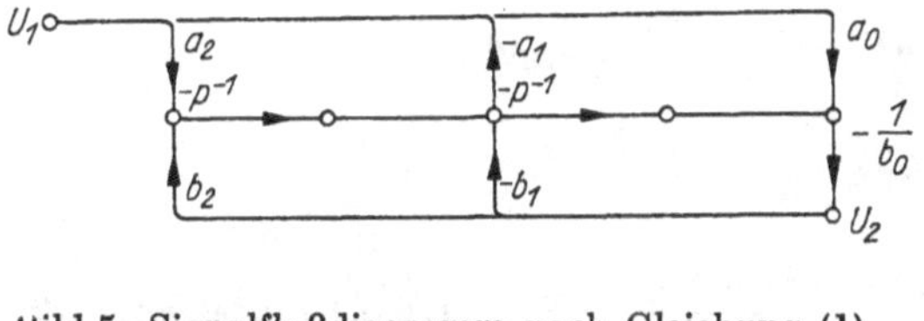

Bild 5. Signalflußdiagramm nach Gleichung (1)

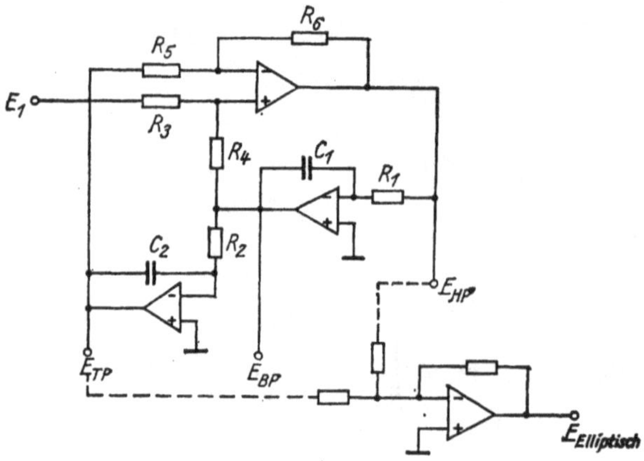

Bild 6. *RC*-Filter mit Angabe der Entwurfsgleichungen und der Empfindlichkeiten

$$\frac{E_{HP}}{E_1} = \frac{p^2 \cdot \dfrac{1 + R_6/R_5}{1 + R_3/R_4}}{p^2 + p \cdot \dfrac{1}{R_1C_1} \cdot \dfrac{1 + R_6/R_5}{1 + R_4/R_3} + \dfrac{R_6}{R_5} \cdot \dfrac{1}{R_1R_2C_1C_2}},$$

$$E_{TP} = \frac{1}{R_1R_2C_1C_2} \cdot \frac{1 + R_6/R_5}{1 + R_3/R_4} \cdot DEN^{-1},$$

$$E_{BP} = -p \frac{1}{R_1C_1} \cdot \frac{1 + R_6/R_5}{1 + R_3/R_4} \cdot DEN^{-1},$$

$$\alpha = \frac{1 + R_6/R_5}{1 + R_4/R_3} \cdot \left(\frac{R_5}{R_6} \cdot \frac{R_2C_2}{R_1C_1}\right)^{1/2}, \qquad \omega_0^2 = \frac{R_6}{R_5} \cdot \frac{1}{R_1R_2C_1C_2}.$$

Entwurfsgleichungen

$$C_1 = C_2 = C, \qquad R_3 = R_5 = R_6, \qquad R_1 = R_2 = \frac{1}{\omega_0 C},$$

$$R_4 = (2Q - 1)\,R_3, \qquad \alpha < 2\,(Q > \tfrac{1}{2}),$$

$$H_0 = 2 - \frac{1}{Q}.$$

Empfindlichkeiten

$$S^{\alpha}_{R_6} = -S^{\alpha}_{R_5} = -\frac{1}{2} + \frac{R_6/R_5 \cdot Q}{R_1C_1\omega_0 \cdot (1 + R_4/R_3)},$$

$$S^{\alpha}_{R_6} = S^{\alpha}_{R_5} = 0, \quad \text{wenn} \quad \frac{R_6/R_5 \cdot Q}{R_1C_1\omega_0\,(1 + R_4/R_3)} = \frac{1}{2},$$

$$E_{HP} + E_{TP} = \frac{H_0(p^2 + \omega_0^2 \cdot R_5/R_6)}{DEN} = \text{Elliptisches Grundelement}.$$

Im Hochpaßfall ist die Beschränkung für die Kapazitäten nicht notwendig, wenn $H_0 = 1$ ist. Sie ist aber für die Hybridrealisierung unumgänglich.
Hinsichtlich der Empfindlichkeit, auf die später noch hingewiesen wird, kann mit dieser Schaltung kein hoher Faktor Q erreicht werden. Um einen höheren Q-Faktor und niedrigere Empfindlichkeiten zu erreichen, wird ein anderes Syntheseverfahren für aktive Filter verwendet. Diese bestehen aus Widerständen, Kapazitäten und Operationsverstärkern, die auf der sogenannten Zustandsgrößenannäherung der linearen Systemtheorie basieren.
Es wird eine zweite Übertragungsfunktion der Form

$$K(p) = -\frac{a_0p^2 + a_1p + a_2}{b_0p^2 + b_1p + b_2} = \frac{U_2}{U_1} \tag{1}$$

betrachtet.
Sie kann durch ein Signalflußdiagramm dargestellt werden (Bild 5). Das Diagramm macht die Verwendung zweier negativ verstärkender integrierter Netzwerke erforderlich, die mit p^{-1} bezeichnet werden und deren Ausgänge für eine Reihe von Zustandsgrößen der Filter ausschlaggebend sind.
Um ein Filter in Schaltkreisform zu konstruieren, das auf diesem Diagramm beruht, sind addierende und integrierte Netzwerke erforderlich, die durch Widerstände, Kapazitäten und Operationsverstärker realisiert werden können. Eine modifizierte Struktur dieses Typs mit Entwurfsgleichungen und Einparameterempfindlichkeiten wird im Bild 6 gezeigt.
Die Filterabstimmung ist sehr einfach. Man kann zeigen, daß die Mittenfrequenz von R_3 und R_4 unabhängig ist. Der erste Schritt dazu ist die Abstimmung von ω_0 für die gewünschten Werte bei Feinabgleich von R_1 oder R_2. Danach kann der Faktor Q durch Variation des R_2/R_4 Verhältnisses eingestellt werden.
Diese Schaltung hat zwei Elemente, mit denen die Q-Empfindlichkeit zu optimieren ist: R_5 und R_6.
Es gilt:

$$S^Q_{R_6} = -S^Q_{R_5} = -\frac{1}{2} + \frac{Q \cdot R_6/R_5}{R_1 \cdot C_1 \cdot \omega_0 \cdot (1 + R_4/R_3)}.$$

Verglichen mit den Entwurfsgleichungen, die oben erwähnt wurden, sind diese Empfindlichkeiten Null.
Ein weiterer Vorteil dieser Schaltung ist die Tatsache, daß die Summe der Signale, die mit E_{TP} und E_{HP} bezeichnet werden, mit unterschiedlichen Einflußfaktoren eingehen. Es ergibt sich eine elliptische Übertragungsfunktion:

$$\frac{K_1\omega_0^2H_0R_5^2/R_6^2}{p^2 + \frac{\omega_0 p}{Q} + \omega_0^2} + \frac{K_2p^2H_0}{p^2 + \frac{\omega_0 p}{Q} + \omega_0^2} = \frac{H_0K_2[p^2 + K_1/K_2 \cdot \omega_0^2 \cdot R_5^2/R_6^2]}{p^2 + \frac{\omega_0 p}{Q} + \omega_0^2}.$$

Um diese Schaltungen zu testen, ist es notwendig, die Parameterempfindlichkeiten in Hinsicht auf die Elementstreuungen zu kennen.
Eine formale Definition der Empfindlichkeitsfunktion wurde zuerst von *Bode* 1945 vorgeschlagen.
Mason benutzte den Kehrwert von Bodes Definition, und so ergab sich die folgende anerkannte klassische Empfindlichkeitsfunktion:

$$S^T_{x_i}(p) = \frac{\mathrm{d}\ln T}{\mathrm{d}\ln x_i} = \frac{x_i}{T} \cdot \frac{\mathrm{d}T}{\mathrm{d}x_i}$$

mit

T — Übertragungsfunktion,
x_i — Schaltelement,
p — komplexe Frequenzvariable.

Die Änderung der Übertragungsfunktion kann infolge des Austausches von Δx_i mit x_i wie folgt geschrieben werden:

$$T(p) = T(x_1, x_2, \dots, x_n, p)\,,$$

$$S_{x_i} = \frac{\partial T}{\partial x_i},$$

$$\Delta T = \sum_i S x_i \, \Delta x_i\,,$$

$$S_{x_i}^T = \frac{x_i}{T} \cdot S_{x_i}\,,$$

$$\frac{\Delta T}{T} = \sum_i S_{x_i}^T \frac{\Delta x_i}{x_i}.$$

Die Empfindlichkeitsinvarianz steht in sehr enger Beziehung mit der Empfindlichkeit.
Enthält eine Schaltung nur Kapazitäten und Widerstände, findet folgende Gleichung Anwendung:

$$T = K(p)\,,$$

$$\sum^{N_R} S_{R_i}^T + \sum^{N_C} S_{C_i}^T = 0\,.$$

Ist die Übertragungsfunktion in der Form

$$K(p) = \frac{H_0}{p^2 + ap + a_0}$$

gegeben, dann gilt:

$$\sum^{N_R} S_{R_i}^Q = 0 \quad \text{und} \quad \sum^{N_C} S_{C_i}^Q = 0\,,$$

mit

$$\omega_0 = \sqrt{a_0}\,, \qquad Q = \frac{\sqrt{a_0}}{a_1} \quad \text{und} \quad \sum S_{R_i}^{\omega_0} = \sum S_{C_i}^{\omega_0} = -1\,.$$

Die Empfindlichkeiten der einzelnen Parameter wurden in den Bildern 2, 3 und 4 gezeigt.
Mit ihrer Hilfe können die ungünstigsten Toleranzen berechnet werden. Die absolute Toleranz ist wie folgt gegeben:

$$\Delta T < \varepsilon = \sum |S_i| \cdot |\Delta x_i|\,,$$

$$S_i = S_{x_i}^T \cdot \frac{T}{x_i}.$$

Mit ε wird die Toleranzgrenze und mit Δx_i die maximale Toleranz der Netzwerkelemente bezeichnet.
Die Toleranzgrenze ε und die Empfindlichkeiten $|S_i|$ sind bekannt. Wenn die Absolutwerte der Teiltoleranzen $|S_i| \cdot |\Delta x_i|$ für jedes Schaltelement identisch sind, hat man ein Netzwerk mit einer gleichförmigen Verteilung der Teiltoleranzen.

Aus dem Verhältnis der Toleranzgrenze ε und der Anzahl der Schaltelemente N

$$\frac{\varepsilon}{N} = |S_i| \cdot |\Delta x_i|$$

werden die Teiltoleranzen bestimmt.
Aus diesen absoluten Toleranzen der Schaltung wird ein Element berechnet:

$$\Delta x_i = \frac{\varepsilon}{N\,|S_i|} \quad \text{oder} \quad \frac{\Delta x_i}{\Delta x_i} = \frac{\varepsilon/T}{N \cdot |S_{x_i}^T|}.$$

Dazu ein Beispiel:

Vorausgesetzt, für ein Tiefpaßfilter sei gegeben:

$Q = 1{,}7$ und $f_0 = 2{,}05$ kHz .

Das Filter werde durch eine Schaltung nach Bild 6 realisiert. Damit erhält man folgende Ergebnisse:

Schaltelemente:		Empfindlichkeiten:
$C_2 = 100$ pF ,	$R_1 = R_4 = 574$ kΩ ,	$S_{R_1}^{\alpha} = 3{,}85$,
$C_5 = 3$ nF ,	$R_3 = 99{,}6$ kΩ	$S_{R_3}^{\alpha} = -7{,}34$,
$K = 30$,	$H_0 = 1$,	$S_{R_4}^{\alpha} = -3{,}35$.

Die niedrigsten Toleranzanforderungen gelten für R_3, wenn die Berechnung über die ungünstigsten Betriebsbedingungen erfolgt:

$$\frac{\Delta x_i}{x_i} = \frac{\varepsilon/T}{N \cdot S_{R_3}^Q}.$$

Nimmt man eine Toleranzgrenze von 0,5 dB an (das entspricht 3%), so erhält man

$$\frac{\Delta x_i}{x_i} = \frac{3 \cdot 10^{-2}}{5 \cdot 7{,}34} = 8{,}17 \cdot 10^{-4}.$$

Das ist die Forderung für die Widerstandsstabilität diskreter Widerstände. Hybridschaltelemente können diese Forderung nicht erfüllen (hier werden nur Dickfilmwiderstände betrachtet). Dieser ungünstige Fall tritt in der Praxis nicht auf.
Bis jetzt wurde nur die Empfindlichkeit einer Netzwerkfunktion hinsichtlich der Variation eines Einzelparameters betrachtet.
In der Praxis (z. B. beim Entwurf von integrierten Schaltungen) muß aber die simultane Variation verschiedener Netzwerkparameter beachtet werden.
Den ersten Beitrag für die Untersuchung der Multiparameterempfindlichkeit lieferte *Sandberg* 1959. Er entwickelte eine vollständige Verallgemeinerung des Empfindlichkeitsbegriffes.
In den folgenden Jahren wurden verschiedene Multiparameterempfindlichkeitsfunktionen vorgeschlagen. Im weiteren wird die grundlegende Methode betrachtet.
Wie oben erwähnt wurde, ist die minimale Änderung von $T(p, x_i)$ für kleine Variationen von x_i durch

$$\frac{\Delta T}{T} = \sum_{i=1}^{N} \frac{\partial(\ln T)}{\partial(\ln x_i)} \cdot \mathrm{d}(\ln x_i)$$

gegeben.

Betrachtet wird eine Reihe von Teilparameterdifferentialen $d(\ln x_i)$, die als Spaltenvektor $d\boldsymbol{Y} = \boldsymbol{n} \times \boldsymbol{l}$ vorliegen, d. h.:

$$d\boldsymbol{Y} = \begin{bmatrix} d(\ln x_1) \\ d(\ln x_2) \\ \vdots \\ d(\ln x_n) \end{bmatrix}$$

und eine Reihe von Gradienten $\partial(\ln T)/\partial(\ln x_i)$ in der Form eines Zeilenvektors $\nabla (\ln T) = \boldsymbol{l} \times \boldsymbol{n}$, d. h.:

$$\nabla (\ln T) = \left\{\frac{\partial \ln T}{\partial \ln x_1}; \frac{\partial \ln T}{\partial \ln x_2}; \dots; \frac{\partial \ln T}{\partial \ln x_n}\right\}.$$

Damit ist $\Delta T/T$ als Skalarprodukt darstellbar:

$$\frac{\Delta T}{T} = \nabla (\ln T)\, d\boldsymbol{Y}.$$

Diese Gleichung zeigt, daß die minimale Änderung der Netzwerkfunktion $T(p, x_i)$ von dem Gradientenvektor $\nabla \ln T$ abhängt. Die Multiparameterempfindlichkeit S^T ist dann wie folgt definiert:

$$S^T = \nabla \ln T.$$

Der Wert der Empfindlichkeitsfunktion, der den maximalen Anteil der Änderung von $(\ln T)$ ergibt, ist unter Berücksichtigung von $\ln x_i$ gegeben zu:

$$|S^T| = (S^T \cdot S^T)^{1/2}$$

(S^{T*} bezeichnet die komplex konjugierte Transponierte zu S^T).
Die Multiparameterempfindlichkeitsfunktion ist eine logische Erweiterung der klassischen Empfindlichkeitsfunktion für den Einparameterfall. Die S^T-Funktion wurde auf der Basis der Tatsache definiert, daß die n Parameter von $T(p, x_i)$ simultan und unabhängig voneinander variiert werden und so als n lineare unabhängige Vektoren betrachtet werden können. Jedoch ist es möglich, daß einige dieser Parameter in dem Sinne linear von $T(p, x_i)$ abhängen, daß die Variation von $T(p, x_i)$ einer einzelnen Parameteränderung auch Einfluß auf die Änderung anderer Parameter für alle Werte von p hat. Diese Möglichkeit untersuchte *Lee*, der das Konzept einer Empfindlichkeitsgruppe eingeführt hat. Eine derartige Gruppe wird als größte Subgruppe von Teilparametern definiert, die von $T(p, x_i)$ linear abhängig sind. Mit anderen Worten, wenn ein Parameter x_i um einen willkürlichen Betrag Δx_i variiert und diese Abweichung sich in einer Änderung von $T(p, x_i)$ äußert, wird das als $\Delta T/\Delta x_i$ bezeichnet. Existiert dann ein Parameter x_j so, daß

$$\Delta T/\Delta x_i = k_T^{ij}\, \Delta T/\Delta x_j$$

$$(\Delta x_j = k_{ji}^T\, \Delta x_i)$$

für alle Werte von p gilt, und wenn weiterhin k_T^{ji} und k_x^{ji} von Null verschiedene und von p unabhängige Konstanten sind, so stellt man fest, daß jede Variation von $T(p, x_i)$ infolge Δx_i gleich x_j sein kann. Aus diesen Gründen sind x_i und x_j linear abhängig von T.
Eine Empfindlichkeitsgruppe ist als größte Subgruppe der Parameter definiert, die von $T(p, x_i)$ linear abhängig sind.

Die Multiparameterempfindlichkeitsfunktion S^T kann jetzt mit dem Begriff der Empfindlichkeitsgruppe wie folgt definiert werden. Bezeichnet man die Skalarsumme der Einparameterempfindlichkeiten aller Elemente der j-ten Empfindlichkeitsgruppe mit S_j, d. h.

$$S_j = \sum_{i=1}^{n_j} \frac{\partial (\ln T)}{\partial (\ln x_{ij})}$$

(n_j — Anzahl der Elemente in der Empfindlichkeitsgruppe, x_{ij} — i-tes Element der j-ten Empfindlichkeitsgruppe), so kann die Multiparameterempfindlichkeitsfunktion dargestellt werden als:

$$S^T = \sum_{j=1}^{m} S_j s_j$$

(s_j — Einheitsvektoren, m — Anzahl der Empfindlichkeitsgruppen).
Die Einführung der Empfindlichkeitsgruppe ist für die Massenproduktion notwendig. Alle Widerstände werden aus dem gleichen Material auf Keramiksubstraten hergestellt. Bei gleichen Substraten treten keine bemerkenswerten Temperaturdifferenzen zwischen den Widerständen auf. Es wurde durch statistische Analysen gezeigt, daß eine sehr enge Anpassung der Widerstandstemperaturkoeffizienten untereinander besteht. Die Langzeitstabilität liegt im Bereich von $1-5 \cdot 10^{-4}$. Das bedeutet, daß die Widerstandswerte fast konstant sind. Bezieht man das auf die Empfindlichkeitsinvarianzen, so bedeutet das:

$$\sum_i S_{R_i}^{Q} = 0; \qquad \sum_i S_{R_i}^{\omega_0} = 1 ,$$

und es ist verständlich, daß durch die Multiplikation aller Widerstandswerte mit gleichen Koeffizienten der Faktor Q konstant bleibt. Die Begrenzung der Hybridrealisierung muß unter einer 0,1%-Forderung betrachtet werden. Das ist die Grenze der korrelierenden Änderungen. Betrachtet man die ungünstigsten Abweichungen der Schaltungszustandsgrößen, z. B. $Q_0 = 50$ und 0,5 dB Abweichung in der Toleranzfunktion, die 1,5% beträgt, so erhält man die geforderte Stabilität:

$$\frac{\Delta x_i}{x_i} = \frac{1{,}5 \cdot 10^{-2}}{7 \cdot 0{,}5} = 4{,}2 \cdot 10^{-3} .$$

Es muß darauf geachtet werden, daß die oben erwähnte Begrenzung keine Barriere für die Produktion von aktiven Filtern hoher Qualität ist.
Für das entwickelte aktive Filter wurden Glimmer- oder NPO-Keramikkapazitäten verwendet. Die Kapazitäten stellen das schwierigste Problem für den Konstrukteur aktiver Filter dar. Die Kapazitäten, die bessere Kennlinien haben, wie Polystyrol, Teflon, NPO-Keramik oder Glimmer, sind teuer und haben große Abmessungen. NPO-Keramik ist brauchbar im Bereich bis zu etwa 0,05 μF. Polystyrolkondensatoren guter Qualität können für große Kapazitätswerte (10 μF) in kritischen Applikationen benutzt werden, aber sie haben sehr große Abmessungen.
Glimmerkondensatoren sind brauchbar bis zu 0,01 μF, sind aber größer als Mylar- oder Polykarbonatkapazitäten gleichen Wertes.
Geometrisch kleine Keramikkondensatoren, wie Keramikscheibenkondensatoren u. a., die eine große Dielektrizitätskonstante besitzen, haben relativ schlechte Kennlinien. Die Kapazitätswerte ändern sich mit der Temperatur, der Frequenz, der Spannung und der Zeit um einige Prozent. Ist für die Anwendung ein hohes Q erforderlich, können diese Änderungen das Filter zeitinstabil machen.

Die zwei Arten von Kapazitäten, die in der vorliegenden Applikation verwendet wurden, haben folgende Parameter:

Dielektrikum	Leistungsfaktor	Temperaturkoeffizient
NPO-Keramik	$(5-20) \cdot 10^{-4}$	0 ± 30 ppm/°C
Glimmer	$(1-7) \cdot 10^{-4}$	$0-70$ ppm/°C .

In der hier vorgestellten Entwicklungsarbeit wurden Tantalkondensatoren und Tantalnitridwiderstände verwendet. Diese Kapazitäten haben keine besseren T_K-Kennlinien als NPO-Keramik oder Glimmer, haben aber eine gute Stabilität, und es besteht bei Verwendung von Tantalnitridwiderständen eine gute Anpassung der Temperaturkoeffizienten.
Diese Tatsachen und das Ergebnis der Empfindlichkeitsinvarianz für die Kondensatoren:

$$\sum_i S_{C_i}^{Q} = 0; \qquad \sum_i S_{C_i}^{\omega_0} = 1$$

regen zur Verwendung dieser neuen Elemente an.
Wenn das RC-Produkt bezüglich der Temperatur und der Lebensdauer und das Kapazitäts- und Widerstandsverhältnis konstant bleibt, dann ist sowohl ω_0 als auch der Faktor Q konstant.
Die einzige Begrenzung stellt die Reihenschaltung eines Widerstandes mit einem Kondensator dar.

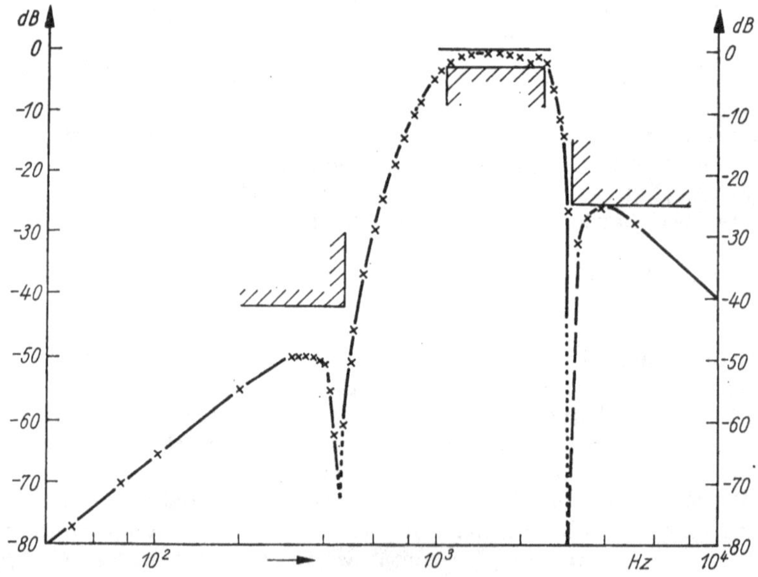

Bild 7. Vereinfachtes Toleranzschema eines 600/1200 Boud Data MODEM
Ergebnis der Approximation:

$\omega_P = 2{,}47$ KHZ	$\omega_{P3} = 2{,}05$ KHZ	$\omega_{Z1} = 3{,}00$ KHZ
$Q_1 = 5{,}00$	$Q_3 = 1{,}70$	$\omega_{Z2} = 0{,}45$
$\omega_{P2} = 0{,}85$ KHZ	$\omega_{P4} = 1{,}30$ KHZ	$Q_Z > 10^3$
$Q_2 = 2{,}50$	$Q_4 = 1{,}20$	

Das muß beachtet werden, und es wird eine neue Filterkonfiguration gefordert:

T_K für Kondensator: 250 ± 25 ppm/°C

T_K für Widerstand: −250 ± 25 ppm/°C

Langzeitstabilität: ± 10^{-3}/Jahr

(liegt unter den Testwerten).

Nach diesen Betrachtungen ist festzustellen, daß Widerstandstoleranzen wie auch statistische Variable mit ihren kovarianten Matrizen und Kapazitäten als unabhängige Elemente bei der Berechnung der ungünstigsten Toleranzen berücksichtigt werden müssen.

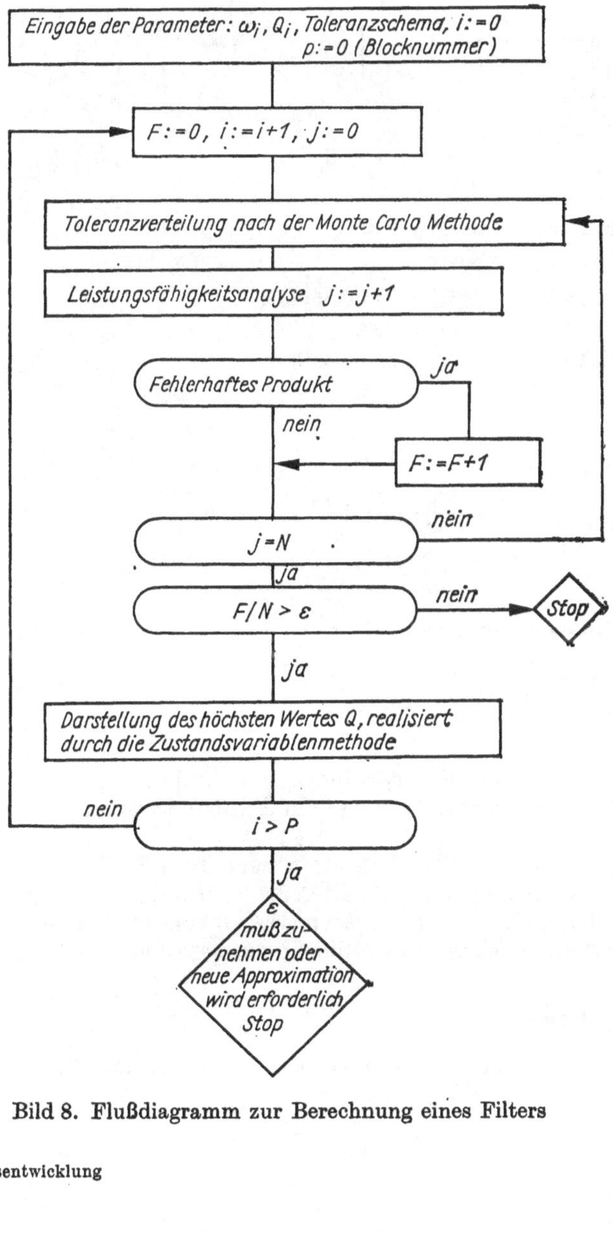

Bild 8. Flußdiagramm zur Berechnung eines Filters

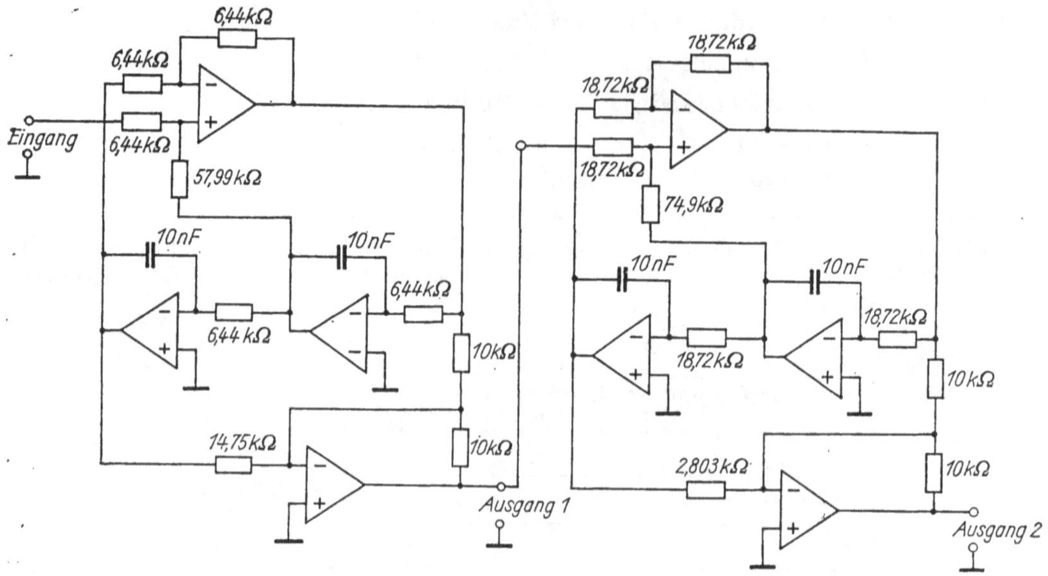

Bild 9. Vollständig optimiertes Filter

Operationsverstärker: 741 PC

$\omega_0 = 2\pi \cdot 2{,}47$ KHz , $\omega_0 = 2\pi \cdot 0{,}85$ KHz ,

$Q = 5$, $Q = 2{,}5$,

$\omega_z = 2\pi \cdot 3$ KHz , $\omega_z = 2\pi \cdot 0{,}45$ KHz .

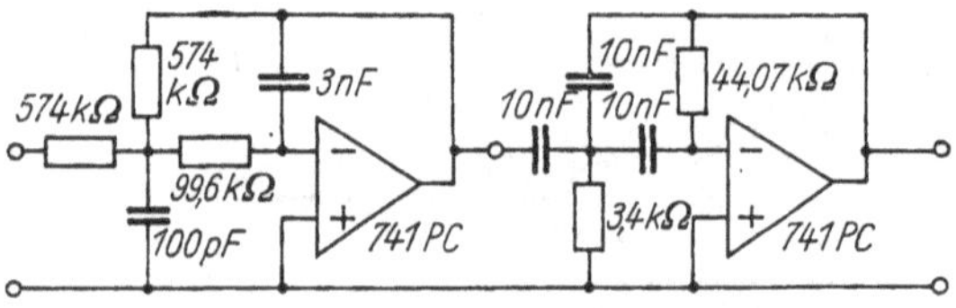

Bild 10. Vollständig optimiertes Filter

$\omega_0 = 2\pi \cdot 2{,}05$ KHz , $\omega_0 = 2\pi \cdot 1{,}3$ KHz ,

$Q = 1{,}7$, $Q = 1{,}2$.

An dieser Stelle ist es möglich, ein Filterproblem zu optimieren.
Im Ergebnis einer Entwicklungsarbeit wurde ein Filter berechnet, dessen Toleranzschema Bild 7 zeigt.
Die Berechnung erfolgte über ein Flußdiagramm nach Bild 8. Das vollständig optimierte Filter und seine Schaltung werden in den Bildern 9 und 10 dargestellt. Unter Verwendung aller oben beschriebenen Analysemethoden konnte nachgewiesen werden, daß die gemessene Übertragungskennlinie (Bild 7) den geforderten Werten entsprach.

Literaturverzeichnis

[1] *Karafin, B. J.*: The Optimum Assignment of component Tolerances for Electrical Networks. The Bell System Tech, J. 50, 4 (1971) 1225–1242.

6. Realisierung von Schaltungen

6.1. Einsatz von Zeichenautomaten in der Elektronikentwicklung

Von *W. Leonhardt*

Technische Hochschule Karl-Marx-Stadt, Sektion Informationstechnik

6.1.1. Einleitung

Im Verlaufe der Entwicklung eines Gerätes oder auch eines Bauelementes ist eine Vielzahl an technischen Unterlagen, insbesondere an Zeichnungen zu erstellen, die sowohl vom Umfang als auch von der Kompliziertheit und der notwendigen Genauigkeit her hohe Anforderungen stellen und teilweise das Leistungsvermögen der Entwicklungseinrichtungen bei konventioneller manueller Unterlagenanfertigung übersteigen.
Numerisch gesteuerte Zeichenmaschinen stellen ein Mittel dar, mit dem dieser Prozeß rationalisiert oder in bestimmten Fällen überhaupt erst ermöglicht werden kann. Typische Beispiele für den Einsatz von Zeichenautomaten im Bereich der Elektronikentwicklung sind

— die Leiterbildoriginalherstellung (Druckstockherstellung),
— die Anfertigung von Masken für mikroelektronische Bauelemente,
— das Zeichnen von Schaltplänen unterschiedlicher Art.

6.1.2. Die Technik des automatischen Zeichnens

Die Aufzeichnung der gewünschten grafischen Darstellung auf dem Zeichenautomaten erfolgt durch eine gesteuerte Relativbewegung zwischen einem Zeichenwerkzeug und einem Aufzeichnungsträger. Diese Relativbewegung wird durch je einen Antrieb in den Achsenrichtungen des kartesischen Koordinatensystems erzeugt. Damit wird jeder zu zeichnende Linienverlauf durch einander überlagerte Teilbewegungen in den beiden Koordinatenrichtungen dargestellt.
Für die Erzeugung der Relativbewegung gibt es zwei Konstruktionsprinzipien. Bei dem einen wird das Zeichenwerkzeug in y-Richtung und der Aufzeichnungsträger darunter in x-Richtung verschoben. Maschinen dieser Art sind meist in Trommelbauform ausgeführt, wobei die seitlich an der Trommel angeordneten Stachelkränze über die Randlochungen des Zeichenpapiers dessen Verschiebung bewirken. Bei dem zweiten Prinzip wird der Aufzeichnungsträger starr auf dem Maschinentisch befestigt. Das Zeichenwerkzeug wird längs einer Brücke in y-Richtung bewegt, die ihrerseits insgesamt gegenüber dem Maschinengestell in x-Richtung verschoben wird. Dieses Prinzip dominiert bei den Flachzeichenmaschinen. Bild 1 zeigt die wichtigsten Typen in Prinzipdarstellung.
Als Antriebe für die Bewegungssteuerung finden Schrittmotoren oder Gleichstrom-Servomotoren Verwendung. Die Umwandlung der rotatorischen Verstellung in die erforderliche translatorische Verschiebung erfolgt bei Anlagen hoher Genauigkeit über Präzisionsspindeln oder Präzisionszahnstangen, bei Geräten geringerer Genauigkeit über Seilzüge.

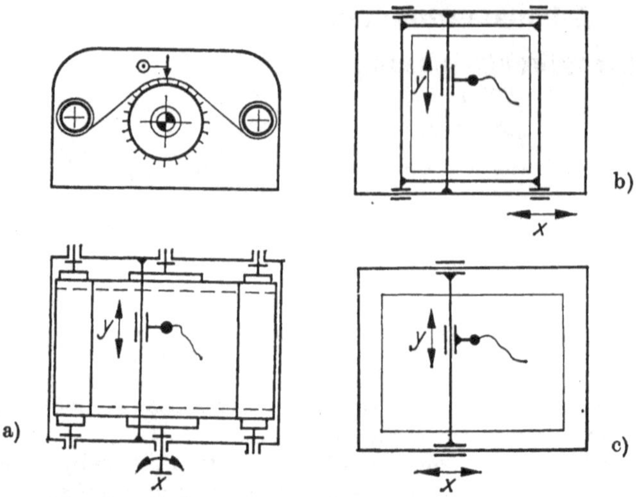

Bild 1. Grundprinzipien von Zeichenautomaten
a) Trommelplotter
b) Flachzeichenmaschine mit verschiebbarem Tisch
c) Flachzeichenmaschine mit feststehendem Tisch

Die für den Zeichenautomaten erforderlichen Steuerinformationen werden von einem Eingabeinformationsträger (meist von einem Lochband) bereitgestellt. Sie umfassen die Weginformationen sowie Funktionsbefehle, die die Schaltoperationen (z. B. Zeichenstift heben oder senken) oder den Aufruf von Steuerprogrammen im Zeichenautomaten auslösen.

Bei einfachen Maschinen wird der Bewegungsablauf durch eine reine Steuerung ohne Rückmeldung realisiert. Hochwertige Anlagen sind mit Wegmeßsystemen ausgestattet, die mit den Antrieben einen Regelkreis bilden. Dabei wird kontinuierlich der jeweilige Istwert gemessen, mit dem vorgegebenen Sollwert verglichen und die Lageabweichung auf den Antrieb zurückgeführt. Die Wegsteuerung und Wegmessung erfolgen je nach Maschinentyp im absoluten oder inkrementalen Maßsystem. Vorteilhaft sind Maschinen, die eine Umschaltung von einer Steuerungsart auf die andere während des Programmablaufs gestatten.

Bezüglich der Genauigkeit und der Ausstattung der Zeichenautomaten lassen sich drei Klassen unterscheiden (Tab. 1):

Tabelle 1. Hauptkenndaten einiger Zeichenautomaten

Type	Auflösung (mm)	Genauigkeit (mm)	Geschwindigkeit (mm/s)	Zeichenfläche (mm²)
CALCOMP 565	0,25		76	275 × 36000
CALCOMP 765	0,125		425	275 × 36000
ADMAP I	0,25	± 0,035	6,6	200 × 380
PRÄCORDI E	0,125	± 0,03	8	500 × 500
ITEKAN-2		± 0,1	60	620 × 840
DIGIGRAF	0,05	± 0,05	100	800 × 1000
CARTIMAT III ER	0,01	± 0,015	25	900 × 1500
KONGSBERG MK III	0,01	± 0,05	80	1200 × 1500

— Plotter ermöglichen die Anfertigung von Kontroll- oder Übersichtszeichnungen mit hoher Geschwindigkeit aber relativ geringer Genauigkeit. Sie sind meist in Trommelbauart ausgeführt.
— Präzisionszeichenanlagen sind für die Herstellung hochgenauer Zeichnungen, die gleichzeitig als Fertigungsmittel dienen (z. B. Druckstockzeichnungen), geeignet. Sie erreichen jedoch nur eine geringe bis mittlere Zeichengeschwindigkeit.
— Universalzeichenmaschinen sind Präzisionszeichenmaschinen, die mit einem eigenen Steuerrechner ausgestattet sind. Sie ermöglichen einen vielfältigen und flexiblen Einsatz und bringen entscheidende Vorteile bezüglich der Aufbereitung der Eingabeinformationsträger. Durch einfache Eingabebefehle können solche Funktionen wie Linear-, Kreisbogen- oder Parabelbogeninterpolation, Nullpunktverschiebung, Maßstabstransformation oder dgl. ausgelöst werden. Der Anschaffungspreis solcher Anlagen liegt jedoch um ein Vielfaches über dem von Plottern oder auch von einfachen Präzisionszeichenmaschinen.

Mit numerisch gesteuerten Zeichenmaschinen können unterschiedliche Zeichentechniken realisiert werden. Bei hochentwickelten Anlagen kann durch Austausch von Zeichenköpfen je nach Einsatzgebiet das geeignete Verfahren gewählt werden.
Die konventionelle Technik (Kugelschreiber, Tuschefüllhalter oder Faserschreiber) eignet sich für Kontroll- und Übersichtszeichnungen, z. B. für das Zeichnen von Blockschaltbildern, Programmablaufplänen, Logikplänen oder Stromlaufplänen. Verschiedene Anlagen sind mit einem Mehrfachzeichenkopf ausgerüstet, in den zwei oder vier Zeichenwerkzeuge eingespannt werden können, die einzeln vom Eingabeinformationsträger aufrufbar sind. Damit ist es möglich, grafische Darstellungen in unterschiedlichen Farben oder mit unterschiedlichen Strichdicken auszuführen, wie das für die Herstellung technischer Zeichnungen des Gerätebaus erforderlich ist.
Für die Herstellung von Leiterbildoriginalen für die Massenfertigung wird die Schichtgravur und in steigendem Maße wegen seiner Vorzüge insbesondere das Lichtzeichenverfahren angewendet.
Bei dem ersten Verfahren kommen als Aufzeichnungsträger mit einem speziellen Gravurlack beschichtete Glasplatten zur Anwendung. Ein meist rotierender Stahlstichel als Zeichenwerkzeug schabt den Lack von der Glasplatte ab. Die Leiterzüge werden während der Bewegung und die Lötaugen im Ruhezustand des Zeichenkopfes gegenüber dem Aufzeichnungsträger erzeugt. Durch einen Revolverkopf mit mehreren Werkzeugen lassen sich unterschiedliche Leiterzugbreiten und Lötaugendurchmesser in einem Durchgang realisieren.
Bei dem zweiten Verfahren erfolgt die Aufzeichnung direkt mit einem Lichtstrahl auf Fotoglasplatten oder einen Planfilm. Durch eine im Strahlengang befindliche schaltbare Blendenscheibe können auch hier unterschiedliche Leiterzugbreiten oder Lötaugendurchmesser realisiert werden. Da der Aufzeichnungsvorgang berührungslos erfolgt, treten keine Veränderungen der Qualität der Aufzeichnung durch Werkzeugverschleiß auf. Nachteilig ist lediglich, daß die Aufzeichnung in einem verdunkelten Raum erfolgen muß.
Für die Anfertigung von Musterleiterplatten geringer Stückzahl in der Entwicklungsphase stellt die Lackzeichentechnik ein sehr schnelles und ökonomisches Verfahren dar. Hierbei wird das Leiterbild mit ätzfestem Lack mittels Röhrchenfeder unmittelbar auf die gereinigte Kupferschicht der Leiterplatte aufgezeichnet. Bei der ungarischen Zeichenmaschine ADMAP, bei der dieses Verfahren angewendet wird, kann der Zeichenkopf gegen einen Bohrkopf ausgetauscht werden, so daß die Platte nach dem Aufzeichnen des Leiterbildes, vom Eingabelochband gesteuert, automatisch gebohrt werden kann. Die Leiterplatte kann anschließend sofort geätzt, bestückt und erprobt werden.

Hochgenaue, scharf begrenzte Konturen werden durch die Folienschneidtechnik erreicht. Auf einer harten glasklaren Trägerfolie ist eine dünne rote Speziallackschicht aufgebracht. Diese wird mit einem messerförmigen Stichel entlang der Kontur der grafischen Darstellung geschnitten. Das geschnittene Bild kann durch Abziehen der Lackschicht als Positiv oder Negativ erhalten werden. Dieses Verfahren wird für die Herstellung der Masken für mikroelektronische Bauelemente vorzugsweise verwendet.

6.1.3. Voraussetzungen für den Einsatz von Zeichenautomaten

Von der technischen Leistungsfähigkeit her sind der Anwendung von Zeichenautomaten kaum Grenzen gesetzt. Sie arbeiten in jedem Falle schneller und genauer, als der Mensch dazu in der Lage ist. Trotzdem werden Anwendungsgrenzen durch ökonomische Faktoren und durch den hohen Aufwand für die Herstellung des Steuerlochbandes bestimmt.

Die Anwendung von Zeichenautomaten lohnt sich deshalb in erster Linie dort, wo

— die Eingabeinformationen aus vorgelagerten Prozessen automatisch anfallen, z. B. bei der automatischen Meßwerterfassung oder bei Aufgabengebieten, die mit Hilfe von Berechnungs- oder Entwurfsprogrammen auf der EDVA bearbeitet werden,

— die Eingabeinformationen gleichzeitig für weitere nachfolgende Prozesse ausgewertet werden, d. h. wo aus den für das Zeichnen erforderlichen Informationen gleichzeitig das Steuerlochband für NC-Fertigungsmaschinen oder aber andere technologische Unterlagen, wie Stücklisten, Bestellunterlagen usw. abgeleitet werden,

— die notwendige Zeichengenauigkeit den Einsatz von Maschinen erfordert, wie bei der Herstellung von Leiterbildoriginalen, Masken oder anderen Vorlagen für die Reprografie,

— die Zeichnungen einen hohen Abstraktionsgrad aufweisen und sich im wesentlichen aus standardisierten Grundstrukturen mit hohem Wiederholgrad zusammensetzen, wie bei Schaltplänen, Prozeßablaufplänen und Projektierungsunterlagen unterschiedlicher Art.

6.1.4. Die digitale Erfassung grafischer Informationen

Bei bestimmten Problemkreisen kann der Eingabeinformationsträger für die Zeichenmaschine als Ergebnis von EDV-Prozessen automatisch gewonnen werden (z. B. bei dem automatischen Leiterbildentwurf). Im überwiegenden Bereich der Anwendung von Zeichenautomaten ist dieser Weg jedoch nicht gangbar. In diesen Fällen ist die Ausgangsbasis eine grafische Vorlage (z. B. eine vom Entwickler angefertigte Entwurfsskizze), deren in analoger Form vorliegender Informationsgehalt in entsprechende digitale Informationen umgewandelt und in die für die Zeichenmaschine erforderliche Eingabedatenstruktur eingepaßt werden muß.

Hierfür gibt es folgende prinzipielle Verfahren:

Die manuelle maschinenorientierte Programmierung

Hierbei müssen für jeden markanten Punkt der Vorlage dessen Lage und inhaltliche Bedeutung ermittelt und zusammen mit den für seine Reproduktion auf der Zeichenmaschine erforderlichen Operationsbefehlen in eine Programmliste übertragen und anschließend auf einem Schreibautomaten abgelocht werden. Es entsteht unmittelbar das Eingabelochband für die Zeichenmaschine.

Die manuelle problemorientierte Programmierung

Die manuelle Programmierung kann durch die Anwendung geometrischer Programmiersprachen verkürzt werden. Dabei wird die Vorlage gedanklich in vereinbarte geometrische Elemente (Punkt-, Linien- und Flächenelemente) zerlegt, und das jeweilige Element wird durch einen entsprechenden Programmaufruf repräsentiert. Das auf diese Weise aufgestellte und manuell abgelochte Quellenprogramm muß in einem nachfolgenden Rechnerlauf mittels eines Compilers in das Maschinenprogramm der Zeichenanlage umgewandelt werden. Die Anwendung dieses Verfahrens bringt dort Vorteile, wo während des Rechnerlaufs noch zusätzliche Manipulationen mit den erfaßten geometrischen Elementen durchgeführt werden. Unter den Bezeichnungen AUZEI, AUGDAT, DIGRA 73 werden solche, meist an FORTRAN angelehnte geometrische Programmiersprachen angeboten.

Die halbautomatische Programmierung

Hierbei wird die Vorlage auf die Abtastfläche eines Digitalisiergerätes aufgespannt. Die markanten Punkte werden mit einem Stift angetastet. Dabei werden die Koordinateninformationen automatisch von den Wegmeßeinrichtungen des Gerätes in ein Lochband übertragen. Zusatzinformationen werden über eine Tastatur zugefügt. Der Abtaststift ist entweder mit einem in x- und y-Richtung beweglichen Laufwagenmechanismus verbunden, dessen Verschiebungen von den Wegmeßsystemen erfaßt werden, oder er ist völlig frei beweglich und nur über ein Kabel elektrisch mit den Wegmeßsystemen gekoppelt. Die Lage der digitalisierten Punkte wird auf Rasterschnittpunkte zurückgeführt, die dem Auflösungsvermögen der Wegmeßsysteme entsprechen. Digitalisiergeräte mit grobem Raster erleichtern das Digitalisieren, da der zu erfassende Punkt mit relativ großen Toleranzen angetastet werden muß. Sie sind teilweise noch mit einer Zusatztastatur ausgerüstet, die eine feinere Rasterung durch zusätzliche manuelle Eingaben ermöglicht. Tab. 2 gibt die wesentlichsten Daten einiger Digitalisiergeräte an.

Tabelle 2. Hauptkenndaten einiger halbautomatischer Digitalisiergeräte

Type	Auflösung (mm)		Abtastflächen (mm^2)	Lagemessung
DIGITRON	0,1		841 × 1189	fotoelektr.
C 8601	2,5	0,5	510 × 550	fotoelektr.
RDE	2,5	0,25	735 × 735	induktiv
RPE 1002	5,0	1,0	450 × 600	druckempf.

Die vollautomatische Programmierung

Bei vollautomatischen Digitalisiergeräten wird ein Abtastkopf durch eine interne Steuerung über die aufgespannte Vorlage geführt, die grafischen Informationen werden ausgewertet und in digitale Informationen umgewandelt. Die Abtastung wird auch hier gerastert durchgeführt und kann entweder zeilenweise oder dem Linienzug der grafischen Darstellung folgend vorgenommen werden. Neben der Erfassung der Lageinformationen muß hierbei auch die Erkennung der dem abgetasteten Punkt zugeordneten Funktion und die Verknüpfung mit benachbarten Punkten von dem Abtastgerät mit übernommen werden.

Auf Grund des erforderlichen extrem hohen gerätetechnischen Aufwandes und der auf wenige Spezialgebiete begrenzten Anwendungsmöglichkeiten haben vollautomatische Digitalisiergeräte noch keinen breiten Einsatz gefunden. Die halbautomatische Digitalisierung stellt deshalb zur Zeit das am meisten verbreitete und effektivste Verfahren dar.

6.1.5. Anwendungsbeispiele

Breit bewährt hat sich die Gerätekonfiguration halbautomatisches Digitalisiergerät — elektronische Kleinrechenanlage — Präzisionszeichenautomat in der technischen Vorbereitung der Leiterplattenfertigung (Bild 2). Die Gerätetechnik ermöglicht auch das Herstellen von Mehrebenenleiterplatten des Schwierigkeitsgrades IV und V. An das Digitalisieren werden keine hohen Genauigkeitsforderungen gestellt. Es genügt ein grobes Maschinenraster (wie z. B. bei den Geräten C 8601 oder RDE). Der Bedienaufwand ist gering. Die Digitalisiervorlage ist ein Freihandentwurf des Leiterbildes auf Rasterpapier. Es werden nacheinander alle Lötaugen sowie alle Anfangs- und Endpunkte einschließlich Knick- und Verzweigungspunkte der Leiterzüge mit dem Abtaststift angefahren und die Koordinaten ausgegeben. Der jeweilige Lötaugendurchmesser und die Leiterzugbreite werden über die Funktionstastatur eingegeben. Alphanumerische Angaben (z. B. Leiterplatten-Nr.) werden über die zugehörige Schreibmaschinentastatur ebenfalls mit erfaßt. Je nach Auslegung des Digitalisiergerätes können die Informationen in der der Zeichenmaschine entsprechenden Datenstruktur oder in einem neutralen Format auf Lochband ausgegeben werden. Bei einer neutralen Datenstruktur können der Erfassungsaufwand und die Lochbandlänge geringer gehalten werden als im anderen Falle. Der Nachteil, daß der Primärdatenträger anschließend in einer EDVA kompiliert werden muß, wird durch den Umstand aufgehoben, daß durch das Zwischenschalten der EDVA zum einen die Informationen zunächst auf syntaktische Richtigkeit überprüft werden können und zum anderen aus dem Primärdatenträger neben dem Steuerlochband für das Zeichnen des Leiterplattenurbildes weitere Sekundärdatenträger (z. B. für das Anfertigen der Bearbeitungszeichnung oder für das Bohren der Leiterplatte auf numerisch gesteuerten Bohrmaschinen) abgeleitet werden können. Durch Anwendung der Unterprogrammtechnik kann der erforderliche Aufwand beim Digitalisieren erheblich gesenkt werden. Für häufig wiederkehrende Strukturen, z. B. für das Zeichnen von Konturmarken, direkten Steckverbindern oder der Lötaugenanordnung von indirekten Steckverbindern oder integrierten Schaltkreisen brauchen nur die Koordinaten eines

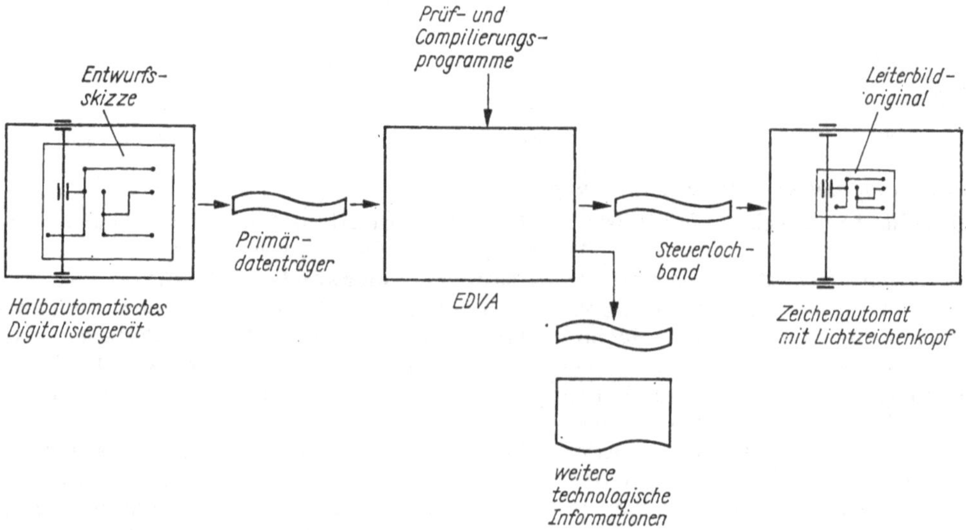

Bild 2. Gerätekonfiguration für die Anfertigung von Leiterbildoriginalen

vereinbarten Bezugspunktes und die Adresse des Speicherplatzes, auf dem die betreffende Struktur abgespeichert ist, erfaßt zu werden. Der Unterprogrammspeicher kann entweder dem Digitalisiergerät, dem Kleinrechner oder dem Zeichenautomaten zugeordnet sein. Die Angliederung des Untergrogrammspeichers an die Zeichenanlage stellt das effektivste Verfahren dar, erfordert jedoch die Möglichkeit der inkrementalen Wegsteuerung, bzw. der vom Programm gesteuerten Nullpunktverschiebung auf dem Zeichenautomaten. Die Herstellung dicht belegter Leiterbildoriginale hohen Schwierigkeitsgrades ist ohne Zeichenautomaten nicht mehr denkbar. Gleichzeitig wird aber durch die Anwendung dieser Technik in Verbindung mit dem halbautomatischen Digitalisieren auch eine beträchtliche Steigerung der Arbeitsproduktivität gegenüber dem manuellen Zeichnen von Druckstockvorlagen mit dem nachfolgenden Reproduktionsprozeß erreicht.
Mit der gleichen Gerätekonfiguration läßt sich das automatische Zeichnen von Logikplänen, Stromlaufplänen oder beliebigen anderen Zeichnungen hohen Abstraktionsgrades wirtschaftlich realisieren. Auch hier kann die Vorlage eine relativ ungenaue

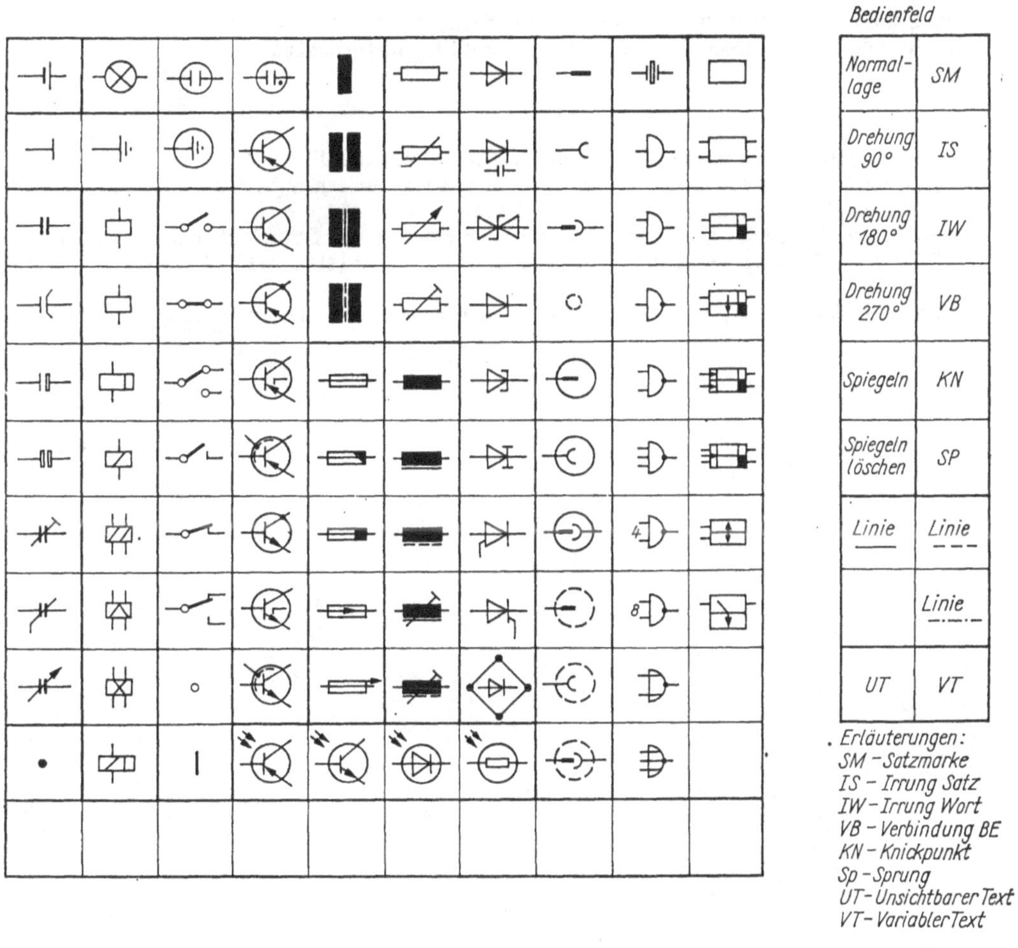

Bild 3. Zusatztastatur für das Digitalisieren von Stromlaufplanentwürfen (Tastenanordnung)

Entwurfsskizze sein. Im Interesse einer schnellen, einfachen und sicheren Bedienbarkeit ist die Ergänzung des Digitalisiergerätes durch eine dem speziellen Problem angepaßte Symboltastatur erforderlich (Bild 3). Mit dem Abtaststift des Digitalisiergerätes werden nur die Bezugspunkte aller Symbole angefahren. Die Ausgabe der Koordinaten des Bezugspunktes und der Kennzeichnung des Symbols erfolgt automatisch durch Betätigen der entsprechenden Taste der Symboltastatur. Während die Zeichengenauigkeit bei dieser Aufgabenklasse keine wesentliche Rolle spielt, werden bezüglich des Ausstattungskomforts an die Zeichenanlage gegenüber dem Leiterbildzeichnen höhere Anforderungen gestellt. Neben der unbedingten Notwendigkeit der Nutzung der Unterprogrammtechnik ist die Zugehörigkeit eines Steuerrechners zur Zeichenanlage für Manipulationen, wie Drehung oder Spiegelung der Symbole, dringend wünschenswert. Obgleich der Gesamtzeitaufwand im Vergleich zum manuellen Zeichnen der Unterlagen niedrig liegt, ist auch bei diesem Beispiel ein hoher wirtschaftlicher Effekt erst dann zu erzielen, wenn aus der erfaßten Vorlage weitere Sekundärinformationen für den konstruktiv-technologischen Prozeß abgeleitet werden.
Die außerordentlich hohen Anlagenkosten der Zeichenautomaten machen die Bildung von Nutzergemeinschaften mit dezentraler Erfassung und zentraler Verarbeitung der Informationen erforderlich. Durch den Einsatz von Datenfernübertragungseinrichtungen kann diese Zusammenarbeit zweckmäßig unterstützt werden.

Literaturverzeichnis

[1] Digitalgrafik. Rechentechnik/Datenverarbeitung, Beiheft 4 **12** (1975).

[2] *Leonhardt, W., Allnoch, G.*: Rationalisierung der technischen Vorbereitung für die Leiterplattenfertigung. Feingerätetechnik, **21**, 10 (1972) 452–455.

[3] *Schönherr, E., Uhlig, B.*: Halbautomatische Erfassung von Stromlauf- und Logikplänen und Weiterverarbeitung der Daten. Feingerätetechnik, **24**, 9 (1975) 412–415 und **24**, 10 (1975) 464–466.

[4] *Streubel, R.*: Bedeutung und Möglichkeiten der grafischen Datenverarbeitung. NTB **19**, 2 (1975) 40–43.

6.2. Technologische Probleme bei der Mehrlagenleiterplattenfertigung

Von *Werner Palitzsch*

VEB Kontaktbauelemente und Spezialmaschinenbau Gornsdorf

6.2.1. Stand der Technik in der DDR und Grundsätze, die bei Anwendungsfällen in Gerätebausystemen zu beachten sind

Das ESER-Programm des RGW setzte 1969/70 für die Fachleute der Leiterplattentechnik die schwierige Aufgabenstellung, in relativ kurzer Zeit die Verfahrenstechnik für Mehrlagenleiterplatten zu entwickeln und die Produktion aufzubauen.
Durch den Einsatz von integrierten Schaltkreisen ergaben sich verdrahtungstechnische Bedingungen — besonders für größere EDV-Anlagen — die aus technischen Gründen nicht mehr mit zweiseitigen durchkontaktierten Leiterplatten realisiert werden konnten.
Diese Aufgabe ist bis zum heutigen Tage in unterschiedlicher Form, abhängig von den Erfordernissen, die sich aus der Entwicklung der jeweiligen EDV-Anlage ergaben, in den Ländern des RGW gelöst worden.
In dieser zurückliegenden Zeit der Entwicklung und Produktion von MLL ab dem Jahre 1970 sind viele Erfahrungen, Erkenntnisse und Erfolge verbucht worden. Es mußte jedoch auch noch eine Vielzahl an Problemen bei laufender Produktion gelöst werden.
Der derzeitige Stand der Technologie und damit der Produktion von MLL in der DDR läßt sich kurz so charakterisieren:

- Technologie und Serienproduktion werden sicher beherrscht. Es ist notwendig, durch enge Zusammenarbeit der Länder des RGW folgende Komplexe zukünftig konzentriert zu bearbeiten;
- weitere Rationalisierung,
- konzentrierter Aufbau bzw. Stabilisierung der Grund- und Hilfsmaterialproduktion,
- weiterer Ausbau spezifischer Qualitätskriterien,
- Weiterentwicklung bei der Erhöhung der Verdrahtungsdichte.

Es werden in den weiteren Ausführungen einige Komplexe unter Einbeziehung praktischer Erfahrungen diskutiert. Die Kenntnis der Grundtechnologie für die Herstellung von MLL nach der Subtraktivtechnik wird vorausgesetzt.
Jede spezifische MLL-Technologie kann nur so gut und rationell sein, wie es die konstruktive Konzeption der Mehrlagenleiterplatte gestattet. Damit wird der erste und wichtigste Schwerpunkt angesprochen. Eine optimale konstruktive Konzeption für eine MLL-Anwendung kann nur in engster Zusammenarbeit zwischen Leiterplattenhersteller und dem Entwickler der elektronischen Anlagen und Geräte erfolgen.
Um eine Mehrlagenleiterplatte optimal konstruieren zu können, muß der Ingenieur mit den elektrischen und mechanischen sowie fertigungstechnischen Bedingungen dieser Technik vertraut sein. Darüber hinaus sind Materialkenntnisse der verwendeten Isolierstoffe und der Kupferfolie erforderlich.

Diese kurzen Bemerkungen allein machen gewiß verständlich, daß die Mehrlagenschaltung ein sehr viel komplizierteres Bauelement als eine einfache bzw. durchkontaktierte Schaltung ist.
Folgende Grundsätze sollten bei der Mehrlagenleiterplattenkonzeption beachtet werden:

1. Wenig Außenabmessungen der MLL und diese abgestimmt mit einer optimalen Ausnutzung des Tafelmaßes vom Grundmaterial.
2. Verwendung von wenig Dickenabmessungen an Prepreg und Basismaterial. Ausgehend davon sollten standardisierte Schichtpläne mit einem Minimum an Varianten vorgesehen werden. Der Schichtaufbau muß symmetrisch sein. Die Grundmaterialdicke von 0,1 mm sollte in jedem Fall vermieden werden und läßt sich heute in fast allen Fällen vermeiden, wie die Praxis gezeigt hat. Es ist leicht vorstellbar, welche Schwierigkeiten im technologischen Prozeß bei Verwendung von Lagen dieser Dicke auftreten würden.
3. Herstellung von nur doppelseitig belegten Lagen und damit Verwendung von nur doppelseitig kaschiertem Basismaterial.
4. Die Außenlage sollte in jedem Fall als Informationsebene oder Ebene für Stromversorgungsleitungen genutzt werden. Der heutige Stand der Schwallöttechnik gestattet, ohne Lötmaske Leiterbildkonfigurationen auf Außenebenen mit den konstruktiven Merkmalen 0,3 mm Leiterbreite und 0,3 mm Leiterabstand zu verarbeiten. Eine Nutzung der Außenebene nur als technologische Ebene, d. h. nur mit Lötaugen, bedeutet Vergeudung von Material und Arbeitszeit.
5. Werden im Inneren der MLL Abschirm- bzw. Stromversorgungsebenen benötigt, sind diese einheitlich für möglichst alle Typen der MLL zu gestalten. Dabei sollten die Anschlüsse an der metallisierten Bohrung über ein mit Stegen an der Massefläche angeschlossenes Lötauge erfolgen. Das Anschließen der vollen Cu-Fläche ist zu vermeiden, da in diesem Fall höhere Lötzeiten erforderlich sind, um beim Lötprozeß ein vollständiges Hochsteigen des Lotes in diesen Bohrungen zu erreichen. Noch größere Schwierigkeiten ergeben sich in diesem Fall beim Ein- und Auslöten von integrierten Bausteinen.
6. Die Anwendung von möglichst nur einem Bohrlochdurchmesser und keine Innenverbindungen. Ideal wäre es, wenn sich für alle Typen an MLL einer Anlage ein einheitliches Lochbild durchsetzen läßt.
7. Vermeiden von direkten Steckverbinderanschlüssen auf Mehrlagenleiterplatten. Ein indirekter Steckverbinder ist zuverlässiger und stellt eine günstigere Technologie für die MLL dar und ist eine bessere Basis für eine gute Ausbeute.
8. Volle Ausnutzung der Ebenen entsprechend den konstruktiv zulässigen Möglichkeiten.

   Dieser Ausgangspunkt bedeutet:

   — Realisierung von mindestens einer Leiterzugsführung zwischen zwei Lötaugen im 2,5 mm — Raster,
   — einheitliche und durchgängige Leiterzugsbreite,
   — Realisierung eines Lochdurchmessers im fertig metallisierten Zustand von mindestens 0,75 mm, da vorwiegend integrierte Schaltkreise eingesetzt werden.

Diese drei Punkte kann und muß man als objektive Erfordernisse für MLL-Konzeptionen von EDV-Anlagen betrachten. Von diesen Gesichtspunkten wurden folgende konkrete Konstruktionswerte abgeleitet:

Lötaugendurchmesser 1,6 mm bei 0,95 mm Bohrlochdurchmesser und 0,75 mm Lochdurchmesser im plattierten Zustand.

Wir sind mit dem Lötaugendurchmesser an die oberste Grenze gegangen, um maximale Sicherheit für eine allseitige Umrandung des Bohrloches durch das Lötauge auf allen Ebenen zu bekommen. Damit ergeben sich unter der Bedingung einer Leiterzugsdurchführung zwischen zwei im Raster von 2,5 mm liegenden Lötaugen die Maße 0,3 mm für die Leiterbreite und 0,3 mm für den Leiterabstand.
Mit diesen konstruktiven Möglichkeiten sollten die Ebenen maximal ausgelastet werden, um so wenig wie möglich Ebenen zu bekommen. Als wichtig wäre noch zu nennen, daß die Ebenen gleichmäßig ausgelastet sind. Gelingt dies nicht in bestimmten Einzelfällen, so müßten freie Flächen mindestens mit Blindlötaugen auf den Bausteinplätzen belegt werden.
Die genannten technischen Kenndaten haben sich bei uns bewährt. MLL mit derartigen Leiterbildgestaltungen und 4 bis 10 Ebenen stellen in der Serienproduktion heute den Stand der Technik dar.
Eine letzte Bemerkung zum Lötaugendurchmesser.
Die Wahl eines relativ großen Lötaugendurchmessers gestattet die Verwendung eines Programmbandes für das NC-Bohren, was die Positionen des Idealrasters beinhaltet. Damit entsteht kein Programmieraufwand in der Leiterplattenherstellung. Das Programmierband für das NC-Bohren wird vom Stammband des Lichtkopfzeichenautomaten abgenommen.
Abschließend sei zusammenfassend gesagt, je konsequenter derartige Grundsätze für die MLL-Konzeptionen durchgesetzt werden können, umso günstiger kann die spezifische Technologie gestaltet werden. Auch bei relativ kleinen Stückzahlen pro Type gelingt es dadurch, den Produktionsprozeß weitgehend rationell und ökonomisch bei gleichzeitiger Sicherung der Standardqualität zu gestalten. Die konkreten Einzelheiten über Konstruktionsrichtlinien sind der TGL 25017 Blatt 1 zu entnehmen.

6.2.2. Erfahrungen zu einigen Prozeßschritten

Die Serienproduktion von MLL der beschriebenen relativ komplizierten konstruktiven Ausführung erfordert höchste Ansprüche an die Qualität des Basismaterials. Das Grundmaterial in einwandfreier Qualität und die Konstanz dieser Qualität ist die erste Voraussetzung für einen reibungslosen Fertigungsprozeß. Jede noch so ausgefeilte Technologie zur Herstellung von Mehrlagenleiterplatten wird uneffektiv bleiben, wenn nicht ein Grundmaterial mit höchsten Qualitätsmerkmalen zur Verfügung steht. Dies ist zwar in der Fertigungstechnik allgemein so, hat aber in der Leiterplattentechnik und speziell bei der Fertigung von Mehrebenenleiterplatten eine besondere Bedeutung.
Bevor zu einzelnen Verfahrensschritten Ausführungen gemacht werden, einiges zu den verwendeten Begriffen und zum technologischen Aufbau der Mehrlagenleiterplatten.
Eine Mehrebenenleiterplatte besteht aus mehreren übereinander angeordneten Leiterebenen, die gegeneinander durch Epoxydharzglasgewebe isoliert und fest verbunden sind. Die Leiterzüge der Leiterebenen können über die metallisierten Bohrungen von Ebene zu Ebene verbunden werden. Als Ebene wird also die gedruckte Verdrahtung *einer* Ebene bezeichnet, unabhängig davon, wo sie angeordnet ist. Ausführung bzw. Zweck der Ebene und Anordnung in der Mehrebenenleiterplatte führten zu folgender Untergliederung dieses Begriffes:

- innenliegende und außenliegende Ebenen,
- Informationsebenen. Das sind Leiterbilder, die nur Signalleitungen enthalten (unabhängig von der Anordnung).

— Masse- und Stromversorgungsebenen. Auf Grund der großen Kupferflächen dieser Ebenen werden andere Anforderungen an den technologischen Prozeß gestellt als bei den Informationsebenen.

Man unterscheidet weiterhin bei den außenliegenden Ebenen noch

— technologische Ebenen (Ebenen, die nur Lötaugen enthalten) und
— sogenannte außenliegende Informationsebenen, die praktisch eine Doppelfunktion zu erfüllen haben. Sie sind einerseits Informationsebene oder Stromversorgungsebene und müssen andererseits für den Stand der Löttechnik geeignet konstruiert und gefertigt sein.

Wie bereits eingangs erwähnt wurde, haben reine technologische Ebenen beim heutigen Stand der Technik keine Bedeutung mehr und werden nur noch in Ausnahmefällen angewendet. Wenn also von einer 10-Ebenenschaltung gesprochen wird, dann sind das 10 Kupferleiterebenen, unabhängig vom Zweck, den sie zu erfüllen haben, und von der Anordnung.
Als Lage bezeichnet man die Einheit von einer oder zwei Ebenen in Verbindung mit dem isolierten Expoxydharzglasgewebe, gefertigt aus dem ein- oder zweiseitig kupferkaschierten Halbzeug, schlechthin Basismaterial genannt. Wie ebenfalls eingangs erwähnt, sind Lagen mit einer Ebene und damit einseitigem Basismaterial unökonomisch und werden heute nur noch in Ausnahmefällen angewendet.
Als weiteren Bestandteil der Mehrebenenleiterplatte haben wir noch die sogenannte Verbundfolie oder auch Prepreg genannt. Diese besteht aus mit nicht ausgehärtetem Expoydharz getränkter Glasseide. Mit dieser Verbundfolie werden die Lagen nach einer speziellen Technologie zum festen und kompakten Bauelement Mehrebenenleiterplatte zusammengefügt.

Betrachten wir nun einige Verfahrensschritte zur Herstellung von Mehrlagenleiterplatten:

Hauptausgangspunkte des Fertigungsprozesses sind

— das kupferkaschierte Basismaterial in verschiedenen Dicken von 0,1 bis 0,6 mm mit einer vorwiegend beidseitigen Kupferauflage von 35 µm in Tafelform von 0,5 bis 1 m^2 ,
— die Verbundfolie oder Prepreg in Tafel- oder Rollenform,
— hochmaßgenaue Glasoriginale für die Leiterbilder der einzelnen Ebenen,
— der Schichtplan der Mehrebenenleiterplatte. Selbiger gibt Auskunft darüber, wie und in welchen Abständen die einzelnen Ebenen zueinander in der Mehrebenenleiterplatte angeordnet sind.

Prozeßschritt — Herstellung der Lagen und der Prepregbogen

Dieser Fertigungsabschnitt kann praktisch als Einzelteilfertigung für die Mehrebenenleiterplatten bezeichnet werden. Das Zuschneiden und Einbringen der Referenzlöcher bei den Lagen und Prepregs gehört wohl zu den einfachsten Prozeßschritten. Eine unsachgemäße Durchführung kann jedoch viel Schaden für die weiteren Prozeßschritte — besonders bei der Lagenherstellung — anrichten.

Worauf kommt es an?

— Die hohe Qualität des Basismaterials, insbesondere der Cu-Oberfläche, muß voll erhalten bleiben. Es dürfen keine Kratzer oder Eindrücke verursacht werden.
— Zuschnitt und Referenzlöcher müssen maßhaltig und gratfrei sein. Besondere Toleranzanforderungen werden an den Durchmesser der Referenzlöcher gestellt.

Das Zuschneiden wird mit hochproduktiven halbautomatischen Papierscheren aus der DDR realisiert. Wir haben damit ausgezeichnete Erfahrungen gemacht. Die Schnittechnik dieser Scheren gestattet es, je nach Materialdicke mehrere Tafeln übereinander gestapelt zuzuschneiden. Die Referenzlöcher werden in speziellen Lochwerkzeugen eigener Produktion eingebracht. Hier werden ebenfalls bei Materialdicken kleiner 0,4 mm mehrere Zuschnitte im Stapel gelocht. Dabei werden Standzeiten von 12 000 bis 14 000 Lagen erreicht.

Auf diesen mit Referenzlöchern versehenen Lagenzuschnitten werden mit Hilfe des fotochemischen Prozesses die Leiterbilder aller Innenebenen aufgebracht. Das Kriterium liegt darin, die Leiterbilder von den Glasoriginalen maßgenau und in fester Beziehung mit geringen Toleranzen zu den Referenzlöchern auf die Lagen zu übertragen.

Die engtolerierte feste Beziehung der Leiterbilder zu den Referenzlöchern hat besondere Bedeutung, da damit die Voraussetzung für eine rastergetreue Deckungsgleichheit der Lagen bzw. Ebenen übereinander geschaffen wird. Diese erforderliche hohe Genauigkeit der Deckungsgleichheit aller Ebenen zueinander wird mit speziellen Belichtungsrahmen gesichert. In diesem Belichtungsrahmen wird der vom Glasoriginal abkopierte Arbeitsfilm des Leiterbildes nach einheitlichen festen Punkten ausgerichtet und fixiert. Der Lagenzuschnitt wird im gleichen Belichtungsrahmen in seinen Referenzlöchern arretiert und steht somit beim Belichtungsprozeß in deckungsgleicher Stellung.

Der fotochemische Prozeß besteht aus folgenden Teilschritten:

- Vorbehandeln, d. h. Entfetten und Entoxydieren der Lagenzuschnitte,
- Beschichten der Lagenzuschnitte mit ätzresistentem Fotoresist,
- Belichten des Lagenzuschnittes mit dem angeführten Belichtungsrahmen in speziellen Belichtungsgeräten,
- Entwickeln des Leiterbildes.

Diese Teilschritte werden auf mechanisierten und teilautomatisierten Anlagen ausgeführt.

Wir arbeiten mit sogenanntem festen Fotoresist. Der feste Fotoresist wird praktisch als feste, in Folien eingebettete Schicht mit einer speziellen Anlage unter Druck und Wärme auflaminiert. Diese Technik wird ausschließlich für Informationsebenen und Außenebenen angewendet.

Der flüssige Resist findet vorwiegend für die Masse- und Stromversorgungsebenen Anwendung, da dort nicht so hohe Anforderungen gestellt werden. Bei der Lagenherstellung werden die Ebenen, welche später als Außenebenen vorgesehen sind, nicht bearbeitet, d. h. die volle Cu-Oberfläche muß erhalten bleiben.

Noch einige zu beachtende Besonderheiten zu diesem Prozeßschritt:

Je fehlerfreier das Leiterbild als Fotoschicht auf die Cu-kaschierten Lagen aufgebracht wird, umso geringer ist der sich anschließende Retuschieraufwand. Es ist gut vorstellbar, daß kleinste Staub- und Schmutzpartikel bei einer sehr hohen Dichte der nur 0,3 mm breiten Leiterzüge zu Einschnürungen und Unterbrechungen dieser als Fotoschicht vorliegenden Leiterzüge führen. Diese Fehler führen dann beim Ätzen zu den gleichen bzw. verstärkten Einschnürungen und Unterbrechungen der Cu-Leiterzüge, wenn diese Fehler nicht vor dem Ätzen durch manuelle Retuschierarbeit ausgebessert werden. Dies erfordert also, daß diese Prozeßschritte in staubarmer bzw. staubfreien Räumen ausgeführt werden müssen. Retuschierarbeit ist zeitaufwendig und kann bei unqualifizierter Ausführung zu noch mehr Schaden führen.

Entscheidend wird weiterhin die Qualität des übertragenen Leiterbildes von der Qualität des mit dem Leiterbild versehenen Arbeitsfilms beeinflußt. Er soll zur Sicherung der notwendigen Konturenschärfe der Leiterzüge eine aktinische Dichte von wenig-

stens 3,5 aufweisen und muß absolut fehlerfrei sein. Da auch hochmaßstabile Filme durch hohe Luftfeuchtigkeit und Temperaturunterschiede zu maßlichen Veränderungen führen, muß in diesen Arbeitsräumen auch Luftfeuchtigkeit und Temperatur in kontrollierbaren Grenzen gehalten und reguliert werden. Wir schätzen heute ein, daß bei idealen Bedingungen für diesen Prozeß eine retuschierfreie Fertigung bei dieser Feinleitertechnik durchführbar ist und die dafür erforderlichen Investitionen in Relation zu den damit verbundenen Einsparungen stehen.
Im weiteren Verlauf dieses Prozeßabschnittes der Lagenherstellung erfolgt jetzt das eigentliche Ätzen des Leiterbildes und anschließend die Entfernung der Fotoschicht. Es wird heute für Leiterbilder, die mit Fotoresist aufgebracht worden sind, das elegante Ätzverfahren mit Kupferchlorid in Durchlaufätzanlagen mit automatischer Regeneration der Ätzflüssigkeit angewendet.
Es wird einmalig eine Ätzlösung angesetzt, die dann automatisch durch kontrollierte Zudosierung von H_2O_2, HCl und Wasser regeneriert wird.
Die mit Cu angereicherte und damit „verbrauchte" Ätzlösung wird abgeführt und von der Industrie für Pflanzenschutz- und Schädlingsbekämpfungsmittel als Ausgangsprodukt genutzt.
Das Entfernen der jetzt nicht mehr benötigten Fotoschicht erfolgt mit Lösemitteln (z. B. Methylenchlorid) in Durchlaufenlagen mit automatischer Destillation des verschmutzten Lösungsmittels.
Als Abschluß der Lagenherstellung wird eine sorgfältige Sichtkontrolle der Leiterbilder auf den einzelnen Lagen durchgeführt. Jeder Haarriß im Leiterzug ist eine Unterbrechung der benötigten Verbindung und führt zu einer unbrauchbaren oder minderwertigen Mehrebenenleiterplatte. Versuche, diese Kontrolle mit elektrischen Prüfmethoden in automatisierter Form durchzuführen, haben bisher noch nicht zum Erfolg geführt.
Mit dieser Endkontrolle ist die Lagenherstellung als Einzelteil abgeschlossen. Die zu einer Mehrlagenleiterplatte gehörenden Lagen werden jetzt zu Sätzen zusammengestellt und für den Preßprozeß vorbereitet.
Vorwegzunehmen ist, daß das Verbinden der Lagen im Preßprozeß der kritischste Prozeßschritt bei der Herstellung von Mehrlagenleiterplatten ist.
Im folgenden werden aus dem Gesamtkomplex einige Schwerpunkte betrachtet, die für das Erreichen qualitätsgerechter Produkte von entscheidender Bedeutung sind.
Beim Prozeßvorgang werden die einzelnen Lagen aus Epoxydharzglasgewebe zusammen mit den zugeschnittenen Verbundfolien unter Druck und Temperatur in einer Spezialpresse laminiert bzw. verpreßt. Im Ergebnis muß ein der späteren Verarbeitung und dem Einsatz des Bauelementes gerechtwerdender fester Verbund der Lagen der MLL zustande kommen. Die technologischen Bemühungen mußten also in erster Linie dahingehen, Methoden zu finden, die eine definierte Rauhigkeit der Cu-Oberfläche erzeugen können. Das uns zur Verfügung stehende Grundmaterial besitzt eine polierte Oberfläche. Aus der Literatur und Praxis sind eine Reihe von Vorschriften und Verfahren bekannt, die oftmals sehr speziell sind und in Beziehung zum Hersteller des Basismaterials stehen.
International wird sowohl das chemische wie auch das mechanische Verfahren des Aufrauhens angewandt. Bei der chemischen Anoxydation erhalten wir eine weitgehendst gleichmäßig aufgerauhte Cu-Oberfläche durch die Bildung von Oxid- bzw. Sulfitverbindungen. Im Metallisierungsprozeß kommt es durch die Einwirkung von HCl innerhalb des chemischen Verkupferungsprozesses ausgehend von den Bohrungen zum teilweisen Auflösen dieser Schicht an den Lötaugen und damit zu Verbundstörungen. Der Idealfall wird in der preßfreudigen Gestaltung des Grundmaterials im Zustand des Halbzeuges, also als Tafel oder Zuschnitt gesehen. Dies ist aber abhängig von den Möglichkeiten der Grundmaterialhersteller.

Bei der Entwicklung großflächiger Mehrlagenleiterplatten mußten neue Überlegungen angestellt werden, um die Voraussetzungen für einen einwandfreien Laminierprozeß optimal zu gestalten.
In der DDR wurde ein Verfahren entwickelt, das es gestattet, die geätzten Lagen mechanisch aufzurauhen. Durch eine Spezialeinrichtung wird mit Hilfe eines Schleifmittels und mittels Schleifkörpern ein mechanischer Effekt erzeugt, der im Ergebnis eine gleichmäßig aufgerauhte Cu-Oberfläche bewirkt.
Gehen wir jetzt zum eigentlichen Laminiervorgang über.
Auf Grund der Kompliziertheit und Vielzahl der bei diesem Arbeitsgang ablaufenden thermischen, physikalischen und chemischen Vorgänge kann nur auf wesentliche Punkte eingegangen werden.
Da die Laminierung, wie eingangs erwähnt, der kritischste Arbeitsgang bei der Herstellung der Mehrlagenschaltung ist, ist die Auswahl der Laminierpresse und der Laminiertechnik von Bedeutung.
Bei den zur Anwendung kommenden Pressen ist die Parallelität der Heizplatten für das Erreichen einer gleichmäßigen Dicke der MLL eine Grundvoraussetzung. Um reproduzierbare Produktionsverhältnisse zu erreichen, ist die Ausrüstung der MLL-Presse mit genauen Meß- und Regelgeräten notwendig. Sehr verbreitet ist das Niederdruck/Hochdruck-Verfahren.

Die Hauptschritte des Vorganges sind:

- Aufheizen der kalten Presse auf eine Temperatur von 175 °C.
- Beschicken der Presse mit dem auf einer Spezialvorrichtung nach einem Schichtplan geschichteten und arretierten Lagenpaket.
- Schließen der Presse und Aufbringen des Niederdruckes von etwa 0,8 bis 2 kp/cm^2 je nach Art und Dichte des Leiterbildes. Der Wärmeübergang zwischen der heißen Presse, den Preßblechen und der MLL kann dadurch verzögert werden, indem man mehrere Bögen Kraftpapier als Wärmedämmung einlegt. Dies hat sich ebenfalls als günstig erwiesen, wenn dann die Technologie des Zwei- oder Mehrfachpressens angewandt wird, um dadurch den Aushärteunterschied zwischen den innen- und außenliegenden Lagen der MLL zu vermindern. Die Kraftpapierlagen dienen gleichzeitig zur besseren Druckverteilung.
- Das erwärmte Harz der Klebebögen erweicht und beginnt bei einer Temperatur von ca. 100 °C zu schmelzen. In dieser Phase fallen die Viskositätswerte ab, der Gelierdruck ist deshalb nur so groß zu halten, daß sich die innerhalb der MLL befindlichen Luftblasen zum Rande entfernen können.
  Es muß vermieden werden, daß zuviel Harz ausfließt. Der Gelierpunkt, d. h. der Zeitpunkt, in dem das Harz der Verbundfolie vom festen zum flüssigen Zustand übergeht, ist bei jedem Preßvorgang genau zu bestimmen.
  Es gibt hierbei eine Anzahl von unterschiedlichen Einflußgrößen, wie z. B. Dicke der Lage, Dicke der Cu-Folie, verwendete Harzkombination für das Prepreg usw.
- Kurz vor Ablauf der Gelierzeit wird der Hauptdruck von ca. 20 kp/cm^2 aufgebracht und 30 bis 45 Minuten ausgehärtet.
- Es ist darauf zu achten, daß das Entnehmen der MLL aus der Presse erst nach einer Abkühlung auf mindestens 40 °C erfolgt.

Beim Schichtaufbau einer MLL sollte folgendes beachtet werden:

- mindestens zwei Prepregs zwischen zwei Lagen,
- nur jeweils eine Pregregabmessung an die Cu-Flächen innerhalb einer MLL schichten.

Ein ausgezeichneter Verbund ist dadurch gekennzeichnet, daß die Cu-Flächen vollständig und homogen benetzt sind. MLL mit dieser Eigenschaft überstehen Thermoschocks von mehr als 20 s bei 260 °C.
Mit Abschluß dieses Preßprozesses ist die Komplettierung zur Mehrebenenleiterplatte als feste Einheit abgeschlossen. Es ist nun noch eine zuverlässige Verbindung zwischen den inneren Ebenen herzustellen, wobei gleichzeitig die Außenebenen gefertigt und mit verbunden werden. Dieser Ablauf erfolgt analog nach der Fertigungstechnologie für zweiseitige durchkontaktierte Leiterplatten.
Im Rahmen dieser Ausführungen wird nicht auf Einzelheiten dieser sich jetzt anschließenden Arbeitsschritte eingegangen. Es werden nur die Schritte und Besonderheiten genannt.

- Am gepreßten Mehrlagenleiterplattenrohling werden die Preßränder grob beschnitten.
- Anschließend erfolgt das Bohren des erforderlichen Lochbildes auf mehrspindeligen Spezialbohrmaschinen, wobei die erwähnten Referenzlöcher wieder als Aufnahme und Bezugspunkt für das Bohrbild genutzt werden.
- Auch wenn die Bohrtechnik noch so optimal und ausgefeilt ist, beim Durchbohren der sogenannten Lötaugen der Innenebenen ist ein leichtes Verschmieren dieses, als Kupferring in der Bohrung sichtbaren Lötauges nicht zu vermeiden. Im Interesse einer hohen Zuverlässigkeit der an dieser Stelle entstehenden Ankontaktierungsstelle zur Metallisierungshülse muß eine chemische oder mechanische Säuberung erfolgen. Wir entfernen mit Schwefelsäure die Epoxydharzschmiere von diesem Kupferring und stumpfen die Glasfasern an der Bohrungswand etwas mit Flußsäure ab. Ausreichende Druckspülprozesse nach diesen chemischen Bearbeitungen sind zur Beseitigung aufgeschwemmter Reste und zur Neutralisation erforderlich.
- Jetzt wird mit einer automatischen Anlage nach einer spezifischen Verfahrenstechnik eine 0,5 bis 1 μm dicke Cu-Schicht reduktiv aufgebracht, die anschließend galvanisch verstärkt wird auf 4 bis 8 μm. Die regelmäßige Anfertigung von Mikroschliffen von der Metallisierungshülse in diesem Zustand gewährleistet eine exakte Qualitätsüberwachung.
- Als nächster Prozeßschritt schließt sich die fotochemische Außenebenenanfertigung an. Der Prozeß erfolgt analog der Lagenfertigung. Es werden jedoch die später abzuätzenden Cu-Flächen abgedeckt und das Leiterbild aus der Fotoschicht ausentwickelt.
- Nun wird die Mehrebenenleiterplatte in der Galvanik weiterbearbeitet, indem mit einer 20 bis 30 μm dicken Cu-Schicht verstärkt und anschließend galvanisch der metallische Ätzresist Sn/Pb abgeschieden wird. Auch die Qualität dieses Prozesses wird mittels Mikroschliffen überwacht.
- Jetzt muß die als Galvanoresist verwendete Fotoschicht vor dem Ätzen entfernt werden.
- Das Ätzen der Außenlagen erfolgt in Natriumpersulfat. Geeignet sind auch Ammoniumpersulfat und alkalische Ätzlösungen. Bekanntlich ist die Sn/Pb-Schicht in Kupferchlorid nicht beständig. Zur Zeit ist das Ätzverfahren mit Natriumsulfat oder ähnlichen Ätzlösungen noch nicht so elegant gelöst wie das Kupferchloridverfahren.
- Die nunmehr formell fertige MLL wird in der Endfertigung durch Sägen und Kopierfräsen auf ihre endgültige Außenabmessung gebracht. Die Sn/Pb-Schicht wird desoxydiert und zur Erreichung einer guten Lötbarkeit und langen Lötfähigkeit aufgeschmolzen.

Bedeutungsvoll ist, daß vor diesem thermischen Prozeß durch eine Intensivtrocknung bei 150 °C mindestens 2 Stunden lang alle Feuchtigkeit aus der Mehrebenenleiterplatte ausgetrieben wird, da sonst Delaminierungen und damit Ausschuß nicht vermeidbar sind.
Eine sorgfältige hundertprozentige manuelle mit Prüfvorrichtungen qualifizierte Endkontrolle sowie eine automatische elektrische Endkontrolle auf einem Prüfautomat sichern eine hohe Auslieferungsqualität.
Zum Abschluß sollen noch einige wichtige Punkte der Produktionsvorbereitung und Produktionsdurchführung von Mehrlagenleiterplatten herausgestellt werden.
Die konstruktiv technische Konzeption von MLL ist von vorherein zwischen Hersteller und Anwender weitgehend abzustimmen. Grundsätzliche Konstruktionsrichtlinien sowie alle technischen Parameter der Mehrebenenleiterplatte sind ausführlich in der TGL 25 017 fixiert. Konstruktive und technologische Erwägungen beeinflussen sich wesentlich und müssen in eine gemeinsame technisch-ökonomisch-optimale Zielstellung münden.
Dabei gilt es, gleichzeitig verbindliche Festlegungen für die konstruktiv zulässigen Ausführungen der Mehrlagenleiterplatte in standardisierter Form zu treffen.
Die Herstellung von MLL ist produktionsseitig nicht zu identifizieren mit der Herstellung der übrigen Leiterplatten.
Ausgehend von den hohen Anforderungen, die an die Sauberkeit und Sorgfalt bei der Ausführung der Arbeitsgänge gestellt werden, erhöhen sich zwangsläufig die Anforderungen an die Arbeitsausführenden.

6.2.3. Anwendungsbereich und weitere Entwicklungsrichtung

Die bisherigen Ausführungen bezogen sich auf den Stand der Technik bei der Herstellung von MLL. Die technische Entwicklung schreitet jedoch ständig voran, und die Beherrschung der Technik von morgen bedeutet, bereits heute klare Überlegungen über Entwicklungstendenzen zu treffen.
Wie mehrfach darauf hingewiesen, dürfen sich konstruktive Forderungen niemals im Widerspruch zur technologischen Realisierung befinden.
Ausgehend von den Grundsätzen unseres sozialistischen Wirtschaftssystems muß deshalb jede neue technische Richtung stets unter dem Aspekt einer maximalen Rationalisierung betrachtet werden. Die Rationalisierung durch Einführung neuer Technologien wiederum muß vom exakten Bedarf der Volkswirtschaft an konkreten Erzeugnissen ausgehen. Die Aussagen zur Weiterentwicklung bestehender Technologien werden umso qualifizierter, je sicherer die Entwicklung der Geräte und der zukünftige Bedarf eingeschätzt werden kann.
Um diese Aufgaben der Rationalisierung und letztlich der Steigerung der Arbeitsproduktivität erfüllen zu können, ist ein Vorlauf in der verfahrenstechnologischen Forschung unbedingt notwendig.
Für die weitere Entwicklung sehen wir folgende Ausgangspunkte:

- steigender Integrationsgrad bei den Bauelementen im Zusammenhang mit höherer Arbeitsgeschwindigkeit und steigender Zuverlässigkeit der Geräte,
- wachsender Grad der Kompliziertheit der Bauelemente und Baugruppen,
- neue technologische Verfahren — Einführung neuer Verbindungstechniken,
- optimale Preis/Leistungsverhältnisse für die Erzeugnisse auf der Grundlage einer fortschreitenden Typisierung und Standardisierung sowie Mechanisierung und Automatisierung.

Aus den genannten Hauptpunkten leiten sich nachstehende konkrete Entwicklungsrichtungen für Mehrlagenleiterplatten ab.

1. Ausgehend von der bestehenden technischen Konzeption für MLL, die dem Stand der Technik der jetzigen Rechnergeneration entspricht, sollte die Anwendung von MLL in stärkerem Maße auch auf die übrige Geräteindustrie ausgedehnt werden. Es muß jedoch streng darauf geachtet werden, daß die Anwendung der MLL in Geräten nicht zum Selbstzweck wird, d. h., eine Anwendung ist nur gerechtfertigt, wenn eine technische Notwendigkeit vorliegt. Kann die Verdrahtungskonzeption mit durchkontaktierten Leiterplatten optimal realisiert werden, darf keine Umstellung ins Auge gefaßt werden.
2. Als zweite Hauptrichtung wäre eine MLL höherer Schwierigkeit für den Einsatz in EDVA zu nennen.

Wie schon erwähnt, lassen die Forderungen nach höherer Integration der Leiterplatten bei gleichzeitiger qualitativer Verbesserung neue technische Richtungen erkennen.
Das Ansteigen der Packungsdichte bedingt zwangsläufig die Miniaturisierung der Bauelemente, es ergeben sich also Wechselwirkungen.
Höhere Geschwindigkeiten und kürzere Anstiegszeiten werden sich immer mehr durchsetzen. Platzsparende Gerätekonstruktionen nehmen an Bedeutung zu und sind nur durch eine höhere Integration zu verwirklichen.
Konstruktive Merkmale, wie Durchführungen bis zu zwei Leiterzügen im Raster 2,5 mm, Einhaltung von Toleranzen in der Leiterbreite und in den Leiterabständen, eingeengte Toleranzen der Ebenenabstände bei Mehrlagenleiterplatten zur Realisierung definierter Wellenwiderstände sind die wichtigsten Kriterien hierbei.

Sachwortverzeichnis

FSC
www.fsc.org
MIX
Papier | Fördert
gute Waldnutzung
FSC® C083411

Kolibri 360 GmbH
Ferdinand-Jühlke-Straße 7
99095 Erfurt, Deutschland
produktsicherheit@kolibri360.de